THE YEARBOOK OF CHINA AGRICULTURAL UNIVERSITY

中国农业大学年鉴

2018

中国农业大学年鉴编委会　编

中国农业大学出版社
·北京·

图书在版编目(CIP)数据

中国农业大学年鉴.2018/中国农业大学年鉴编委会编.—北京:中国农业大学出版社,2019.9

ISBN 978-7-5655-2248-2

Ⅰ.①中… Ⅱ.①中… Ⅲ.①中国农业大学-2018-年鉴 Ⅳ.①S-40

中国版本图书馆CIP数据核字(2019)第176439号

书　　名 中国农业大学年鉴　2018

作　　者 中国农业大学年鉴编委会　编

策划编辑 孙　勇　王笃利　　**责任编辑** 王笃利

封面设计 郑　川

出版发行 中国农业大学出版社

社　　址 北京市海淀区学清路甲38号　　**邮政编码** 100083

电　　话 发行部 010-62733489,1190　　读者服务部 010-62732336

编辑部 010-62732617,2618　　出　版　部 010-62733440

网　　址 http://www.caupress.cn　　**e-mail** cbsszs@cau.edu.cn

经　　销 新华书店

印　　刷 涿州市星河印刷有限公司

版　　次 2019年9月第1版　2019年9月第1次印刷

规　　格 787×1 092　16开本　33印张　820千字　插页8

定　　价 平装:170.00元　精装:190.00元

1 月 8 日，学校荣获六项国家科学技术奖励大奖

3 月 22 日，校长孙其信率团访问坦桑尼亚，在莫罗戈罗省姆泰格瓦辛巴村启动了学校中坦“千户万亩玉米增产示范工程”

4 月 12 日，荷兰瓦赫宁根大学校长亚瑟摩尔率团访问我校，双方共同种植了该校“百年校庆、全球百树”活动的全球第一棵树

5 月 28 日，学校发起成立“双一流”农科联盟

6—9 月，作物学、园艺学、植物保护、畜牧学、兽医学、农业工程、食品科学与工程 7 个博士一级学位授权点开展国际评估

6 月 22 日，学校发起成立“‘一带一路’/南南合作农业教育科技创新联盟”

7 月 22 日，学校举行“国家农业绿色发展研究院暨农业绿色发展学院成立大会”

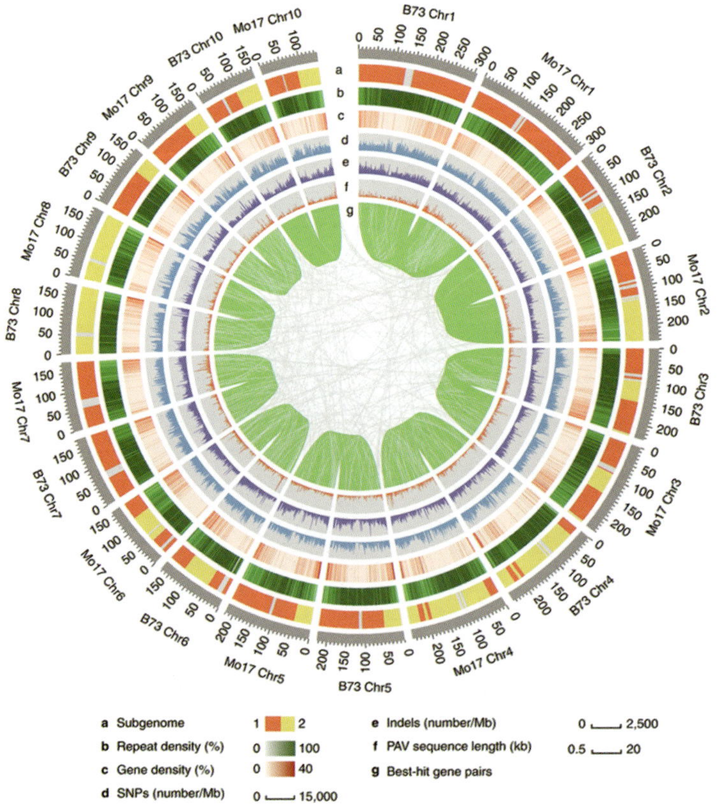

7 月 30 日，赖锦盛教授课题组在玉米基因组学方向的最新研究进展在国际著名期刊 *Nature Genetics* 上在线发表

9 月 14 日，校长孙其信在联合国总部主持发布由学校南南农业合作学院完成的《助力国际发展合作：南南合作评估框架的新探索》

9 月 26 日，李小云教授团队在河边村建立儿童活动中心开展阻断贫困代际传递计划

10 月 15—18 日，学校接受教育部本科教学工作审核评估专家组审核评估

10 月 18 日，康绍忠院士荣获中国学位与研究生教育学会研究生教育成果特等奖

10月21日，学校首个农业绿色发展示范区（曲周）启动仪式在河北曲周县举行

10月27日，学校学子斩获2018中国农业机器人大赛特等奖

11 月 7 日，学校召开全面从严治党工作会

11 月 26 日，北京市教育委员会公布了 2018 年北京大学生音乐节展演成绩，学校合唱团在声乐集中展演中荣获金奖

12 月 5 日，植物保护、园艺学两专业接受中俄联合国际认证

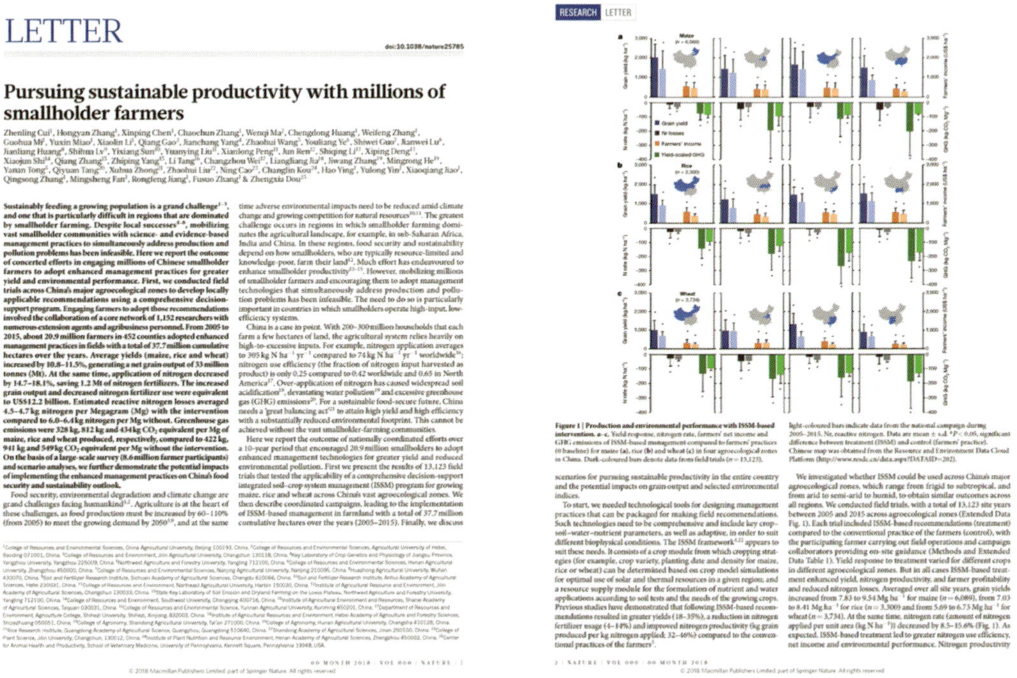

LETTER

doi:10.1038/nature25785

Pursuing sustainable productivity with millions of smallholder farmers

Zhenling Cui[1], Hongyan Zhang[1], Xinping Chen[1], Chaochun Zhang[1], Wenqi Ma[2], Chengdong Huang[1], Weifeng Zhang[1], Guohua Mi[1], Yuxin Miao[1], Xiaolin Li[1], Qiang Gao[3], Jianchang Yang[4], Zhaohui Wang[5], Youliang Ye[6], Shiwei Guo[7], Jianwei Lu[8], Jianliang Huang[8], Shihua Lv[9], Yixiang Sun[10], Yuanying Liu[11], Xianlong Peng[11], Jun Ren[12], Shiqing Li[13], Xiping Deng[13], Xiaojun Shi[14], Qiang Zhang[15], Zhiping Yang[15], Li Tang[16], Changzhou Wei[17], Liangliang Jia[18], Jiwang Zhang[19], Mingrong He[19], Yanan Tong[5], Qiyuan Tang[20], Xuhua Zhong[21], Zhaohui Liu[22], Ning Cao[23], Changlin Kou[24], Hao Ying[1], Yulong Yin[1], Xiaoqiang Jiao[1], Qingsong Zhang[1], Mingsheng Fan[1], Rongfeng Jiang[1], Fusuo Zhang[1] & Zhengxia Dou[25]

Sustainably feeding a growing population is a grand challenge[1–3], and one that is particularly difficult in regions that are dominated by smallholder farming. Despite local successes[4–8], mobilizing vast smallholder communities with science- and evidence-based management practices to simultaneously address production and pollution problems has been infeasible. Here we report the outcome of concerted efforts in engaging millions of Chinese smallholder farmers to adopt enhanced management practices for greater yield and environmental performance. First, we conducted field trials across China's major agroecological zones to develop locally applicable recommendations using a comprehensive decision-support program. Engaging farmers to adopt those recommendations involved the collaboration of a core network of 1,152 researchers with numerous extension agents and agribusiness personnel. From 2005 to 2015, about 20.9 million farmers in 452 counties adopted enhanced management practices in fields with a total of 37.7 million cumulative hectares over the years. Average yields (maize, rice and wheat) increased by 10.8–11.5%, generating a net grain output of 33 million tonnes (Mt). At the same time, application of nitrogen decreased by 14.7–18.1%, saving 1.2 Mt of nitrogen fertilizers. The increased grain output and decreased nitrogen fertilizer use were equivalent to US$12.2 billion. Estimated reactive nitrogen losses averaged 4.5–4.7 kg nitrogen per Megagram (Mg) with the intervention compared to 6.0–6.4 kg nitrogen per Mg without. Greenhouse gas emissions were 328 kg, 812 kg and 434 kg CO_2 equivalent per Mg of maize, rice and wheat produced, respectively, compared to 422 kg, 941 kg and 549 kg CO_2 equivalent per Mg without the intervention. On the basis of a large-scale survey (8.6 million farmer participants) and scenario analyses, we further demonstrate the potential impacts of implementing the enhanced management practices on China's food security and sustainability outlook.

Food security, environmental degradation and climate change are grand challenges facing humankind[1,2]. Agriculture is at the heart of these challenges, as food production must be increased by 60–110% (from 2005) to meet the growing demand by 2050[3,9], and at the same time adverse environmental impacts need to be reduced amid climate change and growing competition for natural resources[10,11]. The greatest challenge occurs in regions in which smallholder farming dominates the agricultural landscape, for example, in sub-Saharan Africa, India and China. In these regions, food security and sustainability depend on how smallholders, who are typically resource-limited and knowledge-poor, farm their land[12]. Much effort has endeavoured to enhance smallholder productivity[13–15]. However, mobilizing millions of smallholder farmers and encouraging them to adopt management technologies that simultaneously address production and pollution problems has been infeasible. The need to do so is particularly important in countries in which smallholders operate high-input, low-efficiency systems.

China is a case in point. With 200–300 million households that each farm a few hectares of land, the agricultural system relies heavily on high-to-excessive inputs. For example, nitrogen application averages to 305 kg N ha^{-1} yr^{-1} compared to 74 kg N ha^{-1} yr^{-1} worldwide[16]; nitrogen use efficiency (the fraction of nitrogen input harvested as product) is only 0.25 compared to 0.42 worldwide and 0.65 in North America[17]. Over-application of nitrogen has caused widespread soil acidification[18], devastating water pollution[19] and excessive greenhouse gas (GHG) emissions[20]. For a sustainable food-secure future, China needs a 'great balancing act'[21] to attain high yield and high efficiency with a substantially reduced environmental footprint. This cannot be achieved without the vast smallholder-farming communities.

Here we report the outcome of nationally coordinated efforts over a 10-year period that encouraged 20.9 million smallholders to adopt enhanced management technologies for greater yield and reduced environmental pollution. First we present the results of 13,123 field trials that tested the applicability of a comprehensive decision-support integrated soil–crop system management (ISSM) program for growing maize, rice and wheat across China's vast agroecological zones. We then describe coordinated campaigns, leading to the implementation of ISSM-based management in farmland with a total of 37.7 million cumulative hectares over the years (2005–2015). Finally, we discuss

Figure 1 | Production and environmental performance with ISSM-based intervention. a–c, Yield response, nitrogen rate, farmers' net income and GHG emissions of ISSM-based management compared to farmers' practices (0 baseline) for maize (**a**), rice (**b**) and wheat (**c**) in four agroecological zones in China. Dark-coloured bars denote data from field trials (n = 13,123), light-coloured bars indicate data from the national campaign during 2005–2015. Nr, reactive nitrogen. Data are mean ± s.d. *P < 0.05, significant difference between treatment (ISSM) and control (farmers' practice). Chinese map was obtained from the Resource and Environment Data Cloud Platform (http://www.resdc.cn/data.aspx?DATAID=202).

scenarios for pursuing sustainable productivity in the entire country and the potential impacts on grain output and selected environmental indices.

To start, we needed technological tools for designing management practices that can be packaged for making field recommendations. Such technologies need to be comprehensive and include key crop–soil–water–nutrient parameters, as well as adaptive, in order to suit different biophysical conditions. The ISSM framework[4,22] appears to suit these needs. It consists of a crop module from which cropping strategies (for example, crop variety, planting date and density for maize, rice or wheat) can be determined based on crop model simulations for optimal use of solar and thermal resources in a given region; and a resource supply module for the formulation of nutrient and water applications according to soil tests and the needs of the growing crops. Previous studies have demonstrated that following ISSM-based recommendations resulted in greater yields (18–35%), a reduction in nitrogen fertilizer usage (4–14%) and improved nitrogen productivity (kg grain produced per kg nitrogen applied; 32–46%) compared to the conventional practices of the farmers[5].

We investigated whether ISSM could be used across China's major agroecological zones, which range from frigid to subtropical, and from arid to semi-arid to humid, to obtain similar outcomes across all regions. We conducted field trials, with a total of 13,123 site years between 2005 and 2015 across agroecological zones (Extended Data Fig. 1). Each trial included ISSM-based recommendations (treatment) compared to the conventional practice of the farmers (control), with the participating farmer carrying out field operations and campaign collaborators providing on-site guidance (Methods and Extended Data Table 1). Yield response to treatment varied for different crops in different agroecological zones. But in all cases ISSM-based treatment enhanced yield, nitrogen productivity, and farmer profitability and reduced nitrogen losses. Averaged over all site years, grain yields increased from 7.83 to 9.54 Mg ha^{-1} for maize (n = 6,089), from 7.03 to 8.41 Mg ha^{-1} for rice (n = 3,300) and from 5.69 to 6.73 Mg ha^{-1} for wheat (n = 3,734). At the same time, nitrogen rate (amount of nitrogen applied per unit area (kg N ha^{-1})) decreased by 8.5–15.6% (Fig. 1). As expected, ISSM-based treatment led to greater nitrogen use efficiency, net income and environmental performance. Nitrogen productivity

12 月 26 日，由教育部科学技术委员会组织评选的 2018 年度“中国高等学校十大科技进展”在京揭晓，张福锁院士负责完成的科研成果“土壤 - 作物系统综合管理技术研究与应用”成功入选

12 月 27 日，学校举办第二届大禹青年学者论坛

12 月 30 日，草业科学与技术学院成立

《中国农业大学年鉴 2018》编委会

《中国农业大学年鉴 2018》编辑部

目　　录

中国农业大学简介

年鉴

中国农业大学作为教育部直属高校，是我国现代农业高等教育的起源地，其历史起自于1905年成立的京师大学堂农科大学。1949年9月，由北京大学农学院、清华大学农学院和华北大学农学院合并为北京农业大学。1952年10月，北京农业大学农业机械系与中央农业部机耕化农业专科学校、华北农业机械专科学校、平原省农学院合并成立北京农业机械化学院，1985年10月更名为北京农业工程大学。1995年9月，北京农业大学与北京农业工程大学合并成立中国农业大学，江泽民同志亲自题写校名。现任党委书记姜沛民，校长孙其信。

长期以来，学校的建设与发展得到了国家的高度重视。北京农业大学于1954年被国务院列为全国6所重点院校之一，于1984年被列为全国重点建设的10所高等院校之一。北京农业机械化学院于1960年被列为全国重点大学之一。学校于1995年进入首批"211工程"建设行列，于2004年被确定为"985工程"重点建设的高水平研究型大学，2017年入选一流大学建设高校（A类）。2003年5月4日，国务院总理温家宝视察中国农业大学，发表了重要讲话。2005年10月13日，全国人大常委会委员长吴邦国视察中国农业大学，祝贺农大建校百年，鼓励学校再创辉煌。2009年5月2日，中共中央总书记、国家主席胡锦涛视察中国农业大学，与师生代表亲切座谈，对青年学生提出了殷切期望，对学校提出了"加快建设世界一流农业大学步伐"的要求。2010年5月2日，胡锦涛总书记给中国农业大学师生回信，鼓励全校师生为发展现代农业做出更大贡献。2012年9月15日，时任国家副主席习近平同志来校参加全国科普日北京主场活动，在视察学校时要求学校教书育人和党的建设"两手抓两促进两不耽误""真正建成有中国特色的、具有农业特色的一流大学"，为学校发展进一步指明了方向，极大激发了全校师生的责任感和使命感。

历经百年的世纪风雨，中国农业大学已经发展成为一所以农学、生命科学、农业工程和食品科学为特色和优势的研究型大学，形成了特色鲜明、优势互补的农业与生命科学、资源与环境科学、信息与计算机科学、农业工程与自动化科学、经济管理与社会科学等学科群。学校共设有19个学院，涉及农学、工学、理学、经济学、管理学、法学、文学、医学、哲学9大学科门类；设有本科生院、研究生院、继续教育学院和体育与艺术教学部。在第四轮一级学科水平评估中，6 个一级学科获评 A+，获评 A+的学科数量在全国高校中排名第六位；拥有 3 个国家级重点实验室、1 个国家工程实验室、2 个国家工程技术研究中心、1 个国家级国际联合研究中心、86 个省部级重点实验室（中心、基地）、1 个国家野外科学观测研究站、6 个部级野外科学观测实验站。

中国农业大学拥有一支实力雄厚、结构合理的师资队伍。现有专任教师 1 731 人，其中教授（含研究员）635 人，副教授（含副研究员）860 人。研究生导师 1 406 人，其中博士生导师 904 人。学校有中国科学院院士 5 人，中国工程院院士 7 人，其中 1 人为双院士。“QR 计划”人才 16 人（含青年项目）。“CJ 学者奖励计划”入选人员 39 人，其中讲座教授 7 人。“国家杰出青年科学基金”获得者 44 人，国家“973 计划”（国家重点基础研究发展计划）项目首席科学家 15 人，“百千万人才工程”国家级人选 27 人，享受政府特殊津贴专家 72 人。聘请了包括诺贝尔生理或医学奖获得者、“DNA 之父”James Watson 和我国杰出的农业科学家、杂交水稻之父袁隆平院士在内的一批国内外著名学者担任名誉教授。

中国农业大学具备培养学士、硕士、博士的完整教育体系。学校拥有 15 个博士后流动站、20 个博士学位授权一级学科、97 个博士学位授权点、30 个硕士学位授权一级学科、149 个硕士学位授权点、9 种专业学位类型、28 个专业学位领域；66 个本科专业，其中生物学、化学两个学科被列入“国家理科基础学科研究和教育人才培养基地”。全日制本科生 11 838 名，全日制研究生 8 181 名，其中全日制硕士研究生 4 654 名，全日制博士研究生 3 527 名，在站博士后研究人员 234 名。

中国农业大学坚持“德才兼备、全面发展、通专平衡、追求卓越”的人才培养理念，培养德智体美劳全面发展，具有宽厚的人文与自然科学基础、扎实的专业知识与实践技能、富有创新精神与能力的拔尖创新人才和行业领军人才。学校大力推进专业认证工作，牵头制定国家农学门类专业认证标准，成为涉农专业建设标准的制定者。农学专业率先通过国家农科专业（第三级）认证，植物保护、园艺 2 个专业率先通过中俄联合认证；农业水利工程、水利水电工程、车辆工程、电气工程及其自动化 4 个专业通过工程教育专业认证。学校拥有 3 名国家高层次人才特殊支持计划（“万人计划”）教学名师，2 名国家级教学名师和 37 名北京市教学名师，5 个国家级优秀教学团队和 10 个北京市优秀教学团队，14 个国家级特色专业和 2 个国家人才培养模式创新实验区。学校不断深化教学内容和教学方法改革，建成了 23 门国家精品课程、15 门精品资源共享课、2 门精品视频公开课、9 门国家精品在线开放课程和 25 门北京市精品课程；122 项教材入选国家级“十一五”规划教材，17 项教材入选国家级“十二五”规划教材；进一步加强实验室、实习基地建设，拥有 3 个国家实验教学示范中心、3 个国家级虚拟仿真实验教学中心和 7 个北京市实验教学示范中心；通过强化实践创新能力培养，构建了创新人才培养体系，为开展高水平的研究性教学奠定了良好的基础，大学生科技创新活动活跃。2008 年以来，学校本科生在各类创新项目支持下，共发表高水平学术论文 469 篇，其中 SCI 353 篇（其中 *Science* 1 篇），EI 86 篇，ISTP 7 篇，CSCD23 篇；学生申请专利以及软件著作权 303 项，其中发明专利 195 项，实用新型专利 77 项，外观设计专利 11 项，软件著作权 20 项；学生获省部级及以上学科竞赛奖励 2 007 项。深入推进研究生教育教学改革，全面实施博士生“申请考核制”；进一步完善研究生学位论文的质量保障体系，促进学位论文的质量不断提高。学校总计有 23 篇博士学位论文入选“全国优秀博士学位论文”，在全国高校中位居前列。学校已培养了 13 万余名合格的毕业生，取得了一大批教育教学成果，以优异的成绩通过了教育部本科教学工作水平评估，办学质量和办学水平得到了社会各界的广泛认可。2018 年，学校本科毕业生 2 778 人，硕士毕业生 1 783 人，博士毕业生 690 人。

中国农业大学围绕人类的营养与健康，以国家农业科技重大需求和国际学术前沿为导向，开展高水平科学研究、社会服务和文化传承与创新。在生物与农业高技术领域的研究居国内领先水平，主持国家重点基础研究计划（“973 计划”）项目 22 项（含重大科学问题导向项目和重大科学研究计划项目各 1 项），有国家现代农业产业技术体系首席科学家 6 名。2001 年以来，获国家级科技奖励 89 项，获省部级科技奖励 542 项，获得授权专利 4 662 件。石元春院士主持完成的“黄淮海平原中低产地区综合治理的研究与开发”研究成果曾获国家科技进步特等奖。先后有 25 篇高水平研究论文在国际著名杂志 *Science*、*Cell*、*Nature* 和 *Nature Genetics* 上发表，奠定了学校在基础研究方面的领先地位。学校 2018 年度被 SCI、EI 和 SSCI 收录论文数量达到 2 869 篇。在 ESI 学科评价指标中，学校的农业科学、植物与动物科学、环境/生态学、生物学与生物化学、化学、微生物学、工程学、分子生物学与遗传学、社会科学总论和药理学与毒理学 10 个学科和所有学科论文总引用量进入了全球前 1%，其中农业科学、植物与动物科学两个学科的总引用量保持在全球前 1‰。学校积极与各级政府和国内外企业开展政产学研合作，通过科技成果转让、授权生产、作价入股等方式，推进科技成果转移转化，为国家经济发展提供技术支撑，为企业科技创新提供动力。学校的专利成果和实用技术已推广覆盖全国，一批重大科技创新成果成为相关行业的主导技术。科技服务重点围绕国家重大需求、区域发展和产业发展需求，立足京津冀，以顶层设计、统筹布局、引领带动的工作思路，针对国家、地方、企业等重大需求，结合学校科研、人才培养和服务社会的需求，在全国 27 个省建设综合实验站（教授工作站）76 个，为区域经济和社会发展提供规划设计、技术指导社会管理等综合服务；进一步开拓成果转化和社会服务领域，拓展转化渠道，扩大服务地区，努力探索科技服务地方的新机制和新模式，已与十余个省、自治区、直辖市和百余个地市签署了科技合作协议，为地方经济的发展提供技术支撑；学校每年与地方签署科技研发及成果转化方面的合同 700 余项，加快了科技成果向企业的转移；依托现代农业产业技术体系专家及其团队成员解决产业发展中的技术难题，依托实验站、教授工作站、科技小院等围绕地方和农民产业发展需求，面向基层农业干部、农业企业经理人、基层技术人员、农民等开展 5.5 万余人次的技能培训，为学校科技成果的推广示范和转化起到了突出的作用。

中国农业大学广泛开展国际交流与合作，努力扩大开放，加速国际化进程。学校与东欧、中亚、非洲、拉丁美洲、北美等 49 个国家和地区的 237 所大学、研究单位建立了友好合作关系。校内设有国际学院、中德综合农业发展中心、中荷奶业中心、中以国际农业培训中心等国际教育、科研与培训机构。学校与荷兰瓦赫宁根大学、美国加州大学戴维斯分校、康奈尔大学和巴西圣保罗大学合作建设“世界顶尖涉农大学（A5）联盟”，并在此机制下开展各项实质性合作。在加强与世界一流大学合作的同时，学校积极响应“一带一路”倡议，与“一带一路”沿线国家院校探讨农业科研与教育合作交流计划，成立了“‘一带一路’农业合作学院”和“中国南南农业合作学院”，先后成立了“一带一路”动物科技创新联盟和“一带一路”/南南合作农业教育科技创新联盟，并依托联盟成立了10个“一带一路”农业合作中心。学校十分重视培养本科生的国际视野和创新精神，与美国康奈尔大学、美国加州大学戴维斯分校、加拿大阿尔伯塔大学、英国爱丁堡大学、哈萨克斯坦国立农业大学、坦桑尼亚苏库因大学等国外著名高校广泛开展本科生联合培养、交换生、短期交流和交换实习等各类本科生交流项目。

中国农业大学十分重视学生综合素质的培养，积极开展第二课堂教育活动，校园文化生活丰富多彩。充分发挥学生会、研究生会自我管理、自我教育、自我服务、自我监督的作用，引导学生规范有序地参与学校民主管理。学校现有学生社团90个，包含志愿公益类、思想政治类、学术科技类、自律互助类、体育文化类等多种类型。学校峰云社的成员曾代表当代大学生成为奥运珠峰火炬手；农村发展研究会、挚友社曾被评为“全国优秀学生社团”，校滑雪社获得全国大学生滑雪挑战赛男女组第一名。学校每年组织3 000余名学生参与社会实践活动，为服务我国乡村振兴战略建言献策，在服务我国“三农”事业发展的过程中将自己的论文写在祖国的大地上，连续11年获得首都大学生暑期社会实践优秀组织单位称号。大学生科技创新与创业活动蓬勃开展，依托大学生科技协会和创业联合协会开展“双创”工作，多次在“挑战杯”全国大学生课外学术科技作品竞赛、“创青春”中国大学生创业计划竞赛、“溢达”创意大赛、全国电子设计大赛、全国机械创新设计大赛、全国大学生数学建模与计算机应用竞赛等赛事中取得优异成绩，大学生创新创业能力和热情不断提高。积极推进志愿服务工作，将其融入新生入学教育，培养学生担当精神与奉献意识。积极组织学生参与奥运会、国庆60周年、园博会、世锦赛、北京半程马拉松、中非合作论坛北京峰会等大型赛会志愿服务，多次获得上级表彰。学校现有百余个志愿服务项目可供学生进行自主的菜单化选择，覆盖扶贫、济困、扶老、救孤、助残、助学等多个领域，学校“青春悦动·温馨家园”项目和“服务‘三农’育英才·志愿人生第一课”项目分别在第三届和第四届中国青年志愿服务项目大赛中荣获银奖。中国农业大学橄榄球队是中国大陆第一支橄榄球队，多次代表国家参加国际比赛，为祖国争光。2010年11月在广州亚运会上，以中国农业大学学生为主的中国橄榄球女队夺得银牌，男队获得第四名。2017年学校男子橄榄球队蝉联全国7人制大学生橄榄球锦标赛五连冠，2018年代表国家参加世界大学生锦标赛获得第九名。2017年学校足球队获得“特步”中国大学生校园足球联赛超级组全国总决赛亚军，创造历史最好成绩。田径队也在北京高校顶级比赛中多人多次获得冠军，在全国大学生比赛中取得优异成绩。经过多年努力，学校艺术教育蓬勃发展，在艺术教育、艺术团管理等方面形成了自己的特色。目前有建制完善的大学生艺术团，包括合唱团、管乐团、舞蹈团、戏剧团、民乐团、弦乐团和音乐剧团。各团在教育部举办的大学生艺术节活动中多次取得优异成绩。2017年获得奖励7项，其中一等奖3项，“优秀组织奖”1项，“优秀男演员奖”1项，“优秀编剧奖”1项，“优秀创作奖”1项。2018年在北京市大学生音乐节中，合唱团、民乐团荣获两项金奖，弦乐团、管乐团荣获三项银奖。学校合唱团和管乐团相继被评为北京市大学生艺术团，并连续几届通过北京市教委的评估达到免检验收。反映学校独特办学精神与百年文化传承的《稼穑之歌》在北京市和各高校产生巨大影响。这些艺术团体充分展现了学校独特的艺术特点和魅力。

国富民殷，强农为本。解民生之多艰，育天下之英才，是中国农业大学百年不变的追求。数代农大人情系乡土，忧患苍生，为实现中国人千百年来的温饱和富庶之梦不遗余力，与祖国和人民保持着最紧密的血肉联系，形成了学校特有的勤勉持重、爱国忧民的精神传统和严谨求实、厚德博学的办学传统。今天的中国农业大学，以习近平新时代中国特色社会主义思想为指导，以培养"三农"人才，提升农业科技水平为己任，保持农业优势学科，发展多种新兴学科，同瞬息万变的世界紧密相连，与日新月异的科技同步发展，朝着建设中国特色、农业特色的世界一流大学目标阔步迈进。

2018 年学校基本情况数据表

表 1　在校学生数　　位

全日制博士	全日制硕士	普通本科生	成人教育本科生	成人教育专科生	网络教育本科生	网络教育专科生
3 527	4 654	11 838	5 831	2 330	22 716	25 839

注：数据截至 2018 年底。

表 2　全校教职工数　　位

在职人数	专任教师			党政管理人员	教辅人员
	数量	正高级	副高级		
2 722	1 731	635	860	500	381

注：数据截至 2018 年底。

表 3　2018 年度科研情况

获国家级奖励/项	获省部级奖励/项	获授权专利数/项	SCI、SSCI、EI 收录论文数/篇	到校经费/万元
5(2 主报，3 参报)	12	554	2 869	152 026

坚定信心 振奋精神 奋力开创学校工作新局面

——党委书记姜沛民在学校 2018 年工作会议上的讲话

（2018 年 3 月 2 日）

同志们：

2018 年，是全面贯彻落实党的十九大精神的开局之年，是改革开放 40 周年，是决胜全面建成小康社会、实施"十三五"规划承上启下的关键一年。对我们学校而言，做好 2018 年工作，对于加快"双一流"建设、谋划学校未来发展也将是至关重要的一年。这一年，我们将面临严峻挑战，面临重要抉择，面临发展机遇，面临深化改革。学校党委经过反复研究，制定了 2018 年党政工作要点，聚焦深入学习贯彻习近平新时代中国特色社会主义思想和立德树人根本任务，聚焦切实加强党的领导和全面从严治党，聚焦加快推进世界一流大学建设和未来学科布局，聚焦全面提升学校管理能力和服务水平，聚焦凝聚广大师生和各方面的力量，进行了全面工作部署。刚才，各位校领导从自己分管的工作角度，进一步向大家介绍了今年要推进的重点工作及其思路举措，其中有大量的信息、大量的工作、不少的亮点，展现了新的气象、新的谋划、新的考虑，对大家全面了解和具体把握学校今年的重点工作并做好年度工作安排有所帮助。孙校长代表学校进行了整体部署，我完全赞成。下面，我就抓好落实再提几点要求。

一、进一步解放思想、转变观念，为学校未来发展谋篇布局、开创局面

我们正处在学校发展的十字路口，面临未来发展的重大抉择，首先要解决好"怎么看？怎么办？怎么干？"等一系列重大认识问题。

所谓解放思想、转变观念，就是要破除关起门来办学的指导思想。对在"985 工程"高校中唯一一个没有新校区的农大而言，实行内涵式发展不是不发展，不是不要扩大规模，而是发展的重点、发展的理念应紧紧围绕提高质量和办学效益来展开。面对建设世界一流大学的目标，面对日益激烈的办学竞争，面对各个学科发展的强烈愿望，面

对国家和社会对我校更多更高的期许和要求，只是困守原来的一千多亩地，限制在不到2万人的办学规模，又处在今天严格限制扩大在校建筑面积的新环境下，如何建设世界一流大学？在这一点上，大家要形成共识。农大必须走出困境，突破瓶颈，寻找新的发展空间。这是目前制约学校发展的主要矛盾，学校办学经费的不足、教师人才的总量、青年教师的补充、各学院和广大教师积极性的充分发挥，都受制于学校总的办学空间的不足。所以，学校在未来的发展中必须要有新校区，这应当提上议事日程，进入各级领导部门的视野。至于办在哪里？如何争取？可以充分听取师生的意见，但现在需要明确提出新校区的需求。

所谓解放思想、转变观念，就是要破除关起门来自拉自唱、闭上眼睛孤芳自赏的心态。要睁眼看社会、看世界、看变化，直面问题，正视自己，了解真实情况，分析突出问题。最近一系列的学科、学校和成果排名，一系列的人才入选数量和结构，一系列的同行追赶和其他学校跨界的挑战，已足够使人警醒和担忧。学校已全面听取了各学院对学科发展的分析，将逐一提出解决措施。总体来看，学校发展中学科单一、体量太小、结构老化、力量分散、机制僵硬、后劲乏力、日趋边缘、相对封闭、比较沉闷等问题十分突出，与国家要求和师生期盼很不相称。目前，就全国而言，高校在重组，格局在洗牌，资源在整合，机制在调整，学校的发展如逆水行舟，不进则退，不快则死。大家一定要有足够的紧迫感和危机感，调动一切积极性，利用一切可利用的资源和机会，放手发动群众，放手奋力一搏，抓住各种机会，把发展的劲头鼓足，把争取资源的触角伸出去，不轻言放弃，不对基层的发展设想轻易说不。只有在发展中才能求生存，只有靠发展才能化解目前的各种矛盾。"双一流"建设，要继续突出优势，强化优势学科发展，同时也要有足够的学科群和完备的学术生态相支撑。"双一流"建设，也不能只是原有优势学科的自然延伸，应当全盘考虑学校未来整个学科布局和新兴学科的发展。目前，学校有限的资源只能向一些优势学科倾斜，但对其他学科，不是不要发展，更要在各种政策上、在工作支持上、在改革力度上、在对外合作上给予更多的支持和鼓励。我们应鼓励所有的学院一院一策，一院一平台，奋力争先，加快发展。国家给了学校足够的自主权，学校也要给学院足够的自主权，一切有利于学校整体发展的想法都可以探讨，一切有利于调动师生积极性的做法都应得到鼓励，前提是要符合国家发展需要，符合学校发展定位，争取到新的发展资源。在这方面，学校要服务于学院，学院要服务于教师。只有放手一搏，发动群众，学校才有出路。过去那种以既定条件定发展、以现有资源定规模的发展模式和发展思路已经走不下去。

所谓解放思想、转变观念，就是要向改革要动力，要活力。我们要在新的形势下、以新的视角来看待和分析学校发展中的弊端和障碍，加快转变发展模式，完善发展机制。鉴于过去学校规模较小和两校合并的历史原因，学校相对集中办学，集中管理，学院的积极性和主动性不高，无法负责、不愿负责的问题始终存在。随着学校的不断发展，这种体制上的弊端日益显现。学校各部处忙于具体事务，但又距离管理对象较远，不符合实际、不理解基层的决策时有发生，忙忙碌碌却有时得不到基层单位和广大教师的理解和支持，相互抱怨的事情也不少，学院一级想担责却无法负责，甚至干脆不愿负责的问题也有出现。这些不只是干部的工作作风问题、个人修养问题，根源上与学校的整体治理结构、管理体制不适应事业发展需求密切相关。需要根据已经变化了的形势,深化体制改革,重新评估我们的管理体制和管理办法,进一步理顺校院两级管理体制,最大限度地给学院放权、给教师放权。学校今年要启动新的"三定"方案,对10年前确定的机构设置进行必要的调整。学校科研组织方式、教育教学模式、人才引进机制、科研成果推广转化机制等方面,也都不同程度地存在着不适应新形势、新要求、新变化的问题。这些都能严重制约学校的发展,影响广大教师和各学院的积极性和主动性,都需要加大改革步伐,破除制度障碍,激活发展活力。

二、认清形势,把握机遇,树立信心,振奋精神,全力做好2018年各项工作

党的十九大提出的乡村振兴战略全面开启,精准扶贫深入实施,绿色发展、美丽中国、健康中国、农村农业现代化全面推进,农大正面临着前所未有的发展机遇,承担着义不容辞的历史使命和责任,农大人正逢大展身手的难得机遇。国家将要召开教育大会,对深入实施科教兴国战略做出新的部署,国家正在加快建设科技强国,北京正在建设国家科创中心,雄安正在建设新的发展高地,都为我们提供了难得的发展机遇。正像习近平总书记在党的十九大报告中指出的那样:"历史车轮滚滚向前,时代潮流浩浩荡荡。历史只会眷顾坚定者、奋进者、搏击者,而不会等待犹豫者、懈怠者、畏难者。全党一定要保持艰苦奋斗、戒骄戒躁的作风,以时不我待、只争朝夕的精神,奋力走好新时代的长征路"。我们应该坚定信心,鼓足勇气,振奋精神,奋力一搏!

目前,学校发展的任务已经下达,要求已经明确,关键要靠大家实干。少讲空话,多做实事。学校发展不是说出来的,更不是抱怨出来的,是靠大家奋斗出来的,同时也是靠任务和形势逼出来的,压出来的。希望大家以时不我待的紧迫感和舍我其谁的责任感,撸起袖子加油干。

一是党的建设要有新加强。做好2018年的工作,根本保障要靠加强党的领导和党的建设。党的十八大以来,以习近平同志为核心的党中央,反复强调坚持和完善党的全面领导,这是中国特色社会主义最本质的特征、最大的优势。今后就要大力加强党对各领域各方面工作的领导,确保党的领导全覆盖,建立健全党对重大工作的领导体制机制,强化党的组织在同级组织中的领导地位。学校党委已经决定将2018年确定为党建工作质量年,研究制定了2018年党建工作计划,提出坚持以党的政治建设为统领,全面推进学校党的政治建设、思想建设、组织建设、作风建设和纪律建设,把制度建设贯穿其中,深入推进反腐败斗争,以开展"不忘初心、牢记使命"主题教育为平台,切实调动各级党组织和全体党员、干部积极性、主动性、创造性,走在前列,干在实处,不断凝聚起广大师生员工同心奋进的积极力量。今年准备从强化学校党委领导核心作用、推动分党委工作机制创新、加强基层支部建设和发挥党员先锋模范作用四个层面,全面加强党建工作。重点推进习近平新时代中国特色社会主义思想的学习宣传贯彻工作,全面落实学校思想政治工作各项任务,持之以恒地推进全面从严治党,切实加强意识形态工作和知识分子思想引领工作,为学校的改革发展和学生的健康成长提供坚强保障,以党建引领发展,促进发展,保证发展。

二是新校区要有新推进。我们目前,已经积极与北京市和教育部沟通,明确提出了建设新校区的要求,并在积极争取资源和政策支持。我们的基本想法是:植根北京,首选北京,同时不放弃其他机会。目前,已向北京市提交了牵头参与国家科技创新中心农业板块建设的设想,得到北京市有关领导和部门、区县的认可和支持,前几天向教育部领导汇报时,也得到了首肯。目前正在加快与平谷区签订战略合作协议。同时,加强与河北省的合作,就在涿州或雄安共同建立国家农业高新区进行进一步磋商,在积极参与京津冀协同发展中寻求新的发展机会。目前已落实与邯郸市和曲周县的合作,积极打造国家绿色农业示范区。同时,积极鼓励各学院、各单位积极与地方政府、企业合作,努力争取新的发展资源和空间,形成新的发展布局和态势。

三是人才工作要有新局面。学校已经启动人才"315"人才引进计划,推出了一系列工作举措,今后重在狠抓落实,取得实效。学校成立了"人才工作办公室",专职负责有关工作的协调落实。各学院今后都要把人才队伍建设摆在重要位置,作为年终考核的重要指标。在办学的各种要素中,人才无疑是第一位的。要以国家重点实验室、重大科研计划和项目为平台,加大引进人才力度和培养领军人才的措施。学校鼓励各学院根据实际情况在学校制定的人才待遇的基础上,继续加大人才资助力度。对特别重要的人才,可以一事一议,特别对待。总而言之,人才队伍要有新的补充,人才工作的局面要有大的改观。

四是教学改革要有新进展。今年我校要接受教育部本科教学审核评估,这既是检验,也是督促。学校在春节前已经召开专门会议进行了部署,开学后要按照计划抓好落实,这项任务很重,时间很紧,不可掉以轻心。我们要借此机会,对我们的教学工作进行一次很好的回顾和总结,对加强教学工作的体制政策来一个大梳理和大完善,对各学院的教学工作来一个大加强。结合全国高校思想政治工作会议精神的贯彻落实,切实把立德树人的根本任务落地生效,把教育教学的任务放到应有的位置。

五是社会服务要有新作为。这些方面孙校长和有关领导已经全面部署,我就不再展开。

六是管理服务要有新面貌。各部门要切实改进工作作风,在坚持严格管理的同时,将管理与服务紧密结合起来,要通过信息化、集中办公等机制创新为学院和教师提供更为便利的服务,通过专业化的服务把广大教师的主要精力解放出来,转到教书育人、科技创新、社会服务上去。这要作为改革任务下达下去,作为工作实效进行评比。在进一步理顺校院两级管理体制和完善机构设置的基础上,加大对机关部处的工作要求、工作考核、工作问责、工作奖励。今后在对各部处的工作考核和评比中,要加大服务对象的评判权重。

七是干部队伍要有新气象。学校的发展任务确定以后,干部就是决定的因素。第一要树立干事创业的用人导向,结合今年中层干部整体换届,大胆选拔和启用一批想干事、干成事、不出事的干部,严把政治关、作风关、能力关、廉洁关,为我们学校的发展注入新的活力。第二要建立坚持严管和厚爱结合、激励和约束并重,完善干部考核评价机制,建立激励机制和容错纠错机制,旗帜鲜明为那些敢于担当、踏实做事、不谋私利的干部撑腰鼓劲。第三要关心爱护基层干部,主动为他们排忧解难,为他们的发展成长拓宽途径。

第四要整体推动干部队伍建设，在职称评定、职级晋升、表彰奖励等方面，破除旧办法，建立新机制，充分激发干部工作的积极性。

三、广大干部教师要积极作为，敢于担责，新时代要有新气象，新学年要有新作为

不可否认，当前农大发展中遇到了一些突出问题。有问题，我们不回避，但也不必要过分悲观，尤其是不能低估了近年来广大教师的辛苦努力的结果和长期以来奠定的基础。我们是学科排名有升有降，但整体实力还在；社会影响有所减弱，但深厚基础还在；部分优势地位下滑，但实力影响还在；面临的困难挑战重重，但人心信心还在。我们遇到的困难是暂时的，我们要看到光明，看到前途，建立信心，勇敢面对。我们不盲目骄傲，但也不要妄自菲薄。“双一流”建设A类名单的进入、自主设定一级学科博士授权点的授权、科研经费15亿的历史新高、第四轮9个A类学科的结果、国家重大科研平台的落地，等等，都从某种意义上说明了农大的地位和影响不可小视，农业院校的龙头地位还没有改变。我们有百年的学术积淀、长期的国家重点建设、群峰并立的优势学科、地处北京直接服务中央的特殊政治条件、一大批行业领军人才、名师荟萃的教师队伍，所以我们有信心、有能力把学校发展得更好。

更何况，我们面临着前所未有的发展机遇和干事创业的最佳时期。党和国家进入新时代，全国政治生态为之一新，党心民心军心空前一致，我们党形成了坚强的领导核心，新一届领导干部和国家机构即将调整到位，正是干事创业的最佳政治周期。引用一段最近网上热议的讲话与大家共勉，因为我们有同样的心境：前面的标兵渐行渐远，后边的追兵越来越近，发展形势逼人，竞争态势逼人，面对这样的困境、这样的压力、这样的期待，我们没有任何理由陶醉于眼前的成绩，没有任何理由沉湎于过去的辉煌，更没有任何理由自暴自弃，自怨自艾，自说自话。机遇抓住了就是良机，错失了就是危机。我们承认差距，但绝不甘心差距！我们已经没有退路，破釜沉舟、背水一战，才是唯一的出路，爬过这座山，迈过这道坎，就是一片坦途。任何等待观望、畏首畏尾、被动应付、行动缓慢，都是不负责任的，将走进死胡同！在座的每一位同志，都要有坐不住、等不起的紧迫感，要都有生于忧患、死于安乐的危机感，都要有勇于担当、造福人民的使命感，牢牢抓住加快发展的重大历史性机遇，确保在激烈的竞争中争取发展的先机，立于不败之地！

同志们，一年之计在于春，一天之计在于晨。新学期已经开学，我们应有新气象、新面貌、新作为。我们在新的一年里，要以重大项目让大家看到希望，以重大变化重塑大家的信心，以重大作为回应师生的期盼。只要我们咬定青山不放松，齐心协力，百折不挠，只争朝夕，开拓创新，就没有克服不了的困难、迈不过去的坎。让我们在以习近平同志为核心的党中央的坚强领导下，紧紧抓住国家开启建设社会主义现代化强国新征程的历史机遇，乘势而上，奋力拼搏，在新的一年里，就一定会推动学校工作全面开创新局面，迈上新台阶，夺取新胜利，再创新辉煌！

以习近平新时代中国特色社会主义思想武装头脑，指导工作，不断提高适应新时代、实现新目标、落实新部署的能力

——党委书记姜沛民在处级干部学习贯彻习近平新时代中国特色社会主义思想和党的十九大精神集中轮训班开班式上的讲话

（2018 年 4 月 4 日）

同志们：

大家上午好！

今天，我校的中层干部学习贯彻党的十九大精神培训班正式开班。大家都知道，学习宣传贯彻十九大精神，是当前和今后一个时期的重要政治任务。十九大胜利闭幕后，学校党委对学习宣传贯彻工作进行了部署，全校兴起“大学习、大宣讲、大落实”的热潮。就在这个生命科学报告厅，我们曾经邀请国家行政学院原副院长周文彰，中国社科院中国特色社会主义理论体系研究中心副主任辛向阳，北京市委常委、副市长阴和俊，中央宣讲团成员、中农办主任、中财办副主任韩俊等同志进行宣讲、辅导和解读。这段时间以来，同志们积极参加各种形式的学习，包括二级党组织理论中心组学习、基层党支部学习，等等，还采取不同方式深入师生进行宣讲、调研，结合实际加强学习。

在此基础上，今天我们举办全校处级干部专题培训班，目的就是在学校中层干部这个层面，把习近平新时代中国特色社会主义思想和党的十九大精神进一步引向深入，进一步学懂弄通做实，进而推动全校学习宣传贯彻工作。我们要通过再学习、再培训、再思考，进一步提高适应新时代、实现新目标、落实新部署的能力。

下面，我就学习培训讲四点意见，与同志们交流：

一、要把增强学习本领摆在更加突出的位置，进一步强化理论学习的思想自觉

我们党历来以学习型政党而著称。作为党的干部，如何对待学习，绝不仅仅是个人态度的问题，也不是个人的私事，而是讲政治的大事，是重大政治任务。在党的十八大前，习近平同志曾多年兼任中央党校校长，他先后十多次在中央党校与学员们专门讨论干部的学习问题。他强调，我们党历来重视学习，中央历届领导人一以贯之地把加强学习作为一项关系党和国家事业兴旺发达的战略任务来对待、来提倡、来坚持。他说：“我们今天的领导干部，大都受过高等教育，学习能力比较强，很多同志有自觉读书、勤于读书的习惯。”同时也指出“一些同志对读书抱有不正确的观念”，主要是：①有的认为自己现有的知识差不多了，不用读书也能应付工作。②有的认为干比学重要，读不读书无所谓。③有的认为领导工作太忙，没有时间顾得上读书。④有的认为社会上潜规则太多，

需要的是关系而不是知识，书读多了反而适应不了社会，照书上的道理做会吃亏。正是这些“差不多”“无所谓”“顾不上”“会吃亏”的思想观念，影响了一些领导干部的读书学习。习近平同志点出的这些问题，至今对我们也有很强的针对性和警示意义。

党的十八大以来，习近平总书记和党中央号召全党要加强学习，明确要求“全党同志一定要善于学习，善于重新学习。同过去相比，我们今天的学习任务不是轻了，而是更重了。”必须要“依靠学习走向未来”。习近平总书记强调：“既然我们都是领导干部，都担负着党和人民交付的职责，就要不断提高自己，丰富自己，兢兢业业做好工作，不断提高工作水平和质量。从这个角度讲，领导干部学习不学习不仅仅是自己的事情，本领大小也不仅仅是自己的事情，而是关乎党和国家事业发展的大事情。”“只有加强学习，才能增强工作的科学性、预见性、主动性，才能使领导和决策体现时代性，把握规律性，富于创造性，避免陷入少知而迷、不知而盲、无知而乱的困境，才能克服本领不足、本领恐慌、本领落后的问题。否则，‘盲人骑瞎马，夜半临深池’，虽勇气可嘉，却是鲁莽和不可取的，不仅不能在工作中打开新局面，而且有迷失方向、落后于时代的危险。”

党的十九大报告提出了“全面增强执政本领”的时代要求，也就是“领导十三亿多人的社会主义大国，我们党既要政治过硬，也要本领高强”。习近平总书记在报告中一口气讲了 8 个本领，首要的就是增强学习本领，在全党营造善于学习、勇于实践的浓厚氛围，建设马克思主义学习型政党，推动建设学习大国。增强学习本领，是新时代摆在广大干部面前的重大政治任务。在当前和今后一个时期我们要把切实增强学习本领摆在更加突出的位置。

同志们，党的十九大把习近平新时代中国特色社会主义思想确立为党的指导思想，具有划时代的重大意义。当前和今后一个时期，我们讲学习，抓学习，最根本的，就是以习近平新时代中国特色社会主义思想和十九大精神武装头脑。这也是我们举办中层干部学习贯彻十九大精神培训班的根本目的。

在这里，我强调以下三点：

(一)习近平新时代中国特色社会主义思想和十九大精神是党的理论创新的集中体现，是马克思主义中国化的最新成果，是党在新时代的指导思想

从理论意义上看，党的十九大最重要的成果和最大的贡献，就是将习近平新时代中国特色社会主义思想确立为我们党必须长期坚持的指导思想。这个重大理论成果先后写入了党章、写进了宪法。

习近平新时代中国特色社会主义思想作为党的十九大的灵魂，从理论和实践结合上系统回答了新时代坚持和发展什么样的中国特色社会主义、怎样坚持和发展中国特色社会主义这个重大时代课题，以全新的视野深化对三大规律即共产党执政规律、社会主义建设规律、人类社会发展规律的认识，为发展马克思主义做出了中国的原始性贡献，为实现中华民族伟大复兴提供了行动指南，为构建人类命运共同体、建设更加美好的世界贡献了中国智慧和中国方案，在马克思主义发展史、中华民族复兴史、人类文明进步史上都具有十分重要而深远的影响。

特别是党的十九大报告不仅坚持了科学社会主义基本原则，而且赋予了科学社会主义全新的时代内涵，使中国特色社会主义这面旗帜在当今世界更加鲜艳夺目，更加令人神往，成为 21 世纪科学社会主义的旗帜，成为振兴世界社会主义的中流砥柱。回顾历史，大家清醒看到，在冷战结束后，西方企图把马克思主义送进"历史博物馆"去。但是，我们党一直高举社会主义旗帜，一直坚持和发展中国特色社会主义，走出一条与西方国家完全不同的社会主义现代化道路，打破了发展中国家对西方国家现代化的"路径依赖"，形成了"中国之治"和"西方之乱"的鲜明对照。党的十八大以来，我们党的创新理论使世界范围内马克思主义的能量大大上升，习近平新时代中国特色社会主义思想的思想力量，以及在科学理论指引下中国发生深刻巨大变化而产生的实践力量，使世界上对马克思主义和中国特色社会主义有兴趣、想破译中国成功密码的人大大增多。由此可见，习近平新时代中国特色社会主义思想，对马克思主义在世界范围内展现强大影响力和生命力做出了非常重要的贡献。

因此，我们要深刻认识到习近平新时代中国特色社会主义思想是21世纪马克思主义、当代中国马克思主义，是马克思主义中国化的最新成果，是最为鲜活的、有时代力量的马克思主义。习近平总书记强调，坚持和发展中国特色社会主义要一以贯之。实践证明并将继续证明，只有马克思主义中国化的最新成果，而没有别的什么思想、理论，能够解决中国特色社会主义、中华民族的前途命运问题。全党只有深入学习贯彻习近平新时代中国特色社会主义思想和十九大精神，才能以永不懈怠的精神状态和一往无前的奋斗姿态把中国特色社会主义不断推向前进。

（二）习近平新时代中国特色社会主义思想和十九大精神是我们认识当今世界、把握时代潮流、理解方针政策、指导工作实践的重要思想武器，是做好本职工作、推动"双一流"建设的行动指南

习近平新时代中国特色社会主义思想既是习近平同志的理论贡献，也是全党同志的智慧结晶，集中体现了我们党对当今时代一系列重大问题的基本思考、基本观点、基本判断、基本立场和基本主张，是当今世界时代精神、中华民族优秀文化的集中体现，特别是我们党制定新时代的路线方针政策的理论基础。只有学懂弄通，才能更好地坚定理论自信，把握中央精神，跟上时代步伐。

从实践意义上看，新思想指引新征程，我们的各项工作都是在习近平新时代中国特色社会主义思想的科学指引下前进的。习近平新时代中国特色社会主义思想和十九大精神，为我们清晰地阐明了坚持和发展中国特色社会主义的总目标、总任务、总体布局、战略布局和发展方向、发展方式、发展动力、战略步骤、外部条件、政治保证，以及乡村振兴、脱贫攻坚、健康中国、美丽中国、科技强国、"双一流"建设等一系列战略任务，成为我们认识当今世界、把握时代潮流、理解方针政策、指导工作实践的重要思想武器。特别是，十九大报告中的很多理论阐述、工作部署，语言生动，浅显易懂，其实离我们很近，例如，"把中国人的饭碗牢牢端在自己手中""做到脱真贫、真脱贫""让人民吃得放心""打赢蓝天保卫战"，等等，已经成为人们耳熟能详、听得懂、用得上、指导工作实践的"金句"。

我们之所以强调以习近平新时代中国特色社会主义思想和十九大精神武装头脑，很重要的就在于，"这是我们做好一切工作的看家本领，也是领导干部必须普遍掌握的工作制胜的看家本领。"

首先，要深刻认识习近平新时代中国特色社会主义思想和十九大精神作为行动指南的重大意义。我们每个人都是为党和人民工作的。在这些工作的过程中，务必始终体现

马克思主义的立场、观点、方法，也就是要时刻按照行动指南开展工作。全党只有统一认识、统一意志，才能统一行动，才能形成战无不胜的力量。处级干部是承上启下的中坚力量，如果没有全局性的战略眼光，不能在站位全局中破解难点问题，不能抓住规律，重点突破和举一反三，以及在破解难题中大刀阔斧地打开工作新的局面，而是被动地忙于应付枝枝节节的局部性事务，就不可能在工作中取得突破和抢占先机。

其次，要注意克服某些只重视具体业务技能、忽视马克思主义"看家本领"的片面倾向。在实际工作中，"看家本领"往往表现为理论联系实际、理论运用于实际，既重务实、又善务虚，学做结合的本领。习近平同志对正确对待"虚"与"实"，有着精辟的见解。他在《之江新语》中撰文论述务实、务虚的关系，认为，务实是指从事某项工作时，能够注重一切从实际出发，说实话、办实事、想实招、求实效；务虚是指在某项工作实际开展之前，先从理论上、思想上、政治上、政策上进行学习、思考、研究、讨论，以求统一思想、凝聚共识、增强信心、鼓舞士气。他强调，如果说务实是"决胜千里之外"的实践，那么务虚则是"运筹帷幄之中"的谋划，两者可谓并蒂之花、相辅相成，辩证统一于全部领导活动之中。

最后，增强做好本职工作、推动"双一流"建设的"看家本领"，还离不开调查研究的基本功。从某种意义上说，一位干部深入开展调查研究的过程，就是以科学理论为指导，锤炼"看家本领"的过程。习近平总书记强调："学习的目的全在于运用。"我们讲，基础在学，关键在做，将科学理论转化为得心应手的"看家本领"的一个重要桥梁、渠道、环节，就是调查研究，甚至在一些难点问题、重点工作面前，所谓干事创业的"基本功"有时全在于调查研究。只有以"十月怀胎"的艰辛去做调查研究，才能像"一朝分娩"那样赢得问题的破解。我们付出很多时间精力组织教育培训、参加教育培训，归根结底，是希望同志们掌握起科学理论的行动指南，掌握起工作制胜的"看家本领"，成为各自岗位基本功扎实的行家里手。这就要为干部创造更多的学习和研究讨论的机会，来提升大家的能力和水平。

（三）习近平新时代中国特色社会主义思想和十九大精神也是每个党员干部提高自身政治觉悟、坚定理想信念、不断成长进步的核心课、必修课

从自身修养意义上看，坚守革命理想高于天，坚持德才兼备、以德为先，"不忘初心、牢记使命"，都需要加强习近平新时代中国特色社会主义思想和十九大精神的教育培训。党的十八大以来，习近平总书记在不同场合反复强调理想信念问题。党的十九大报告开宗明义就强调"不忘初心、牢记使命"。目的就是提醒全党不要忘了中国共产党是什么、要干什么这个根本问题，不要在日益复杂的斗争中迷失了自我、迷失了方向。特别是，不要忘记我们共产党人是革命者，不要丧失了革命精神，要保持过去革命战争时期的那么一股劲、那么一股革命热情、那么一种拼命精神，把革命工作做到底。习近平新时代中国特色社会主义思想，是广大党员干部提升理论素养、增长工作本领的思想宝库，是改造主观世界和客观世界的锐利武器。我们通过学习，掌握蕴含其中的坚定信仰信念、鲜明人民立场、强烈历史担当、求真务实作风、勇于创新精神和科学思想方法，将会极大地帮助广大干部提升马克思主义思想觉悟和理论水平。

也就是说，从理论层面、实践层面和干部修养层面都需要我们不断加强对习近平新时代中国特色社会主义思想的学习和把握，才能真正把上级要求落到实处。

二、通过集中培训来促进学深学透、学懂弄通

最近一个时期，中央和北京市委都对我们学习习近平新时代中国特色社会主义思想和十九大精神提出了明确要求，做出了具体部署。概括起来，有以下几个方面：

(一)坚持“六个学”的重要方法

一是原原本本学。也就是，坚持读原著、学原文、悟原理。其中，要认真研读党的十九大报告，学习十九大关于十八届中央委员会报告的决议。报告文本共分13个部分，以“不忘初心、牢记使命”开宗明义，以“大道之行，天下为公”精彩收尾，是马克思主义的纲领性文献，值得我们反复研读。要认真研读十九大通过的党章原文，来知晓党内最高法规对每个党员和党组织的最新要求，了解党的十九大对党章做出的修改，学深学透，才能更加自觉地遵守和维护党章。要认真研读《习近平谈治国理政》第一卷、第二卷。这两卷原著，包括178篇重要著作(第一卷79篇、第二卷99篇)，作为有机统一的整体，集中反映了习近平新时代中国特色社会主义思想的发展脉络和主要内容，是学习掌握习近平新时代中国特色社会主义思想和十九大精神的权威读本。还要认真研读中纪委的工作报告、习近平总书记在党的十九届一中全会上的讲话、《中华人民共和国宪法》等原著原文，相互结合起来，力求完整系统准确地把握科学理论。

二是全面系统学。主要是，对于习近平新时代中国特色社会主义思想这样博大精深、系统完整的思想体系，对于党的十九大所描绘的决胜全面建成小康社会、夺取新时代中国特色社会主义伟大胜利的宏伟蓝图，对于十九大通过的新党章有关党的自身建设的各项具体规定等，我们都不可能孤立地、零散地、局部地学习，要联系地、系统地、全部地学习把握，防止以偏概全，更要杜绝寻章摘句、挂一漏万。

三是融会贯通学。我们一个时期来学习贯彻习近平新时代中国特色社会主义思想，大家都能感受到，习近平总书记思考问题、做出分析、得出结论，有一个显著特点，坚持把历史、现实、未来贯通起来，从而对一些重大问题做出深刻的历史比较和分析，得出更加科学的判断。这为我们学理论、看问题、干工作，树立了光辉典范。要把学习领会习近平新时代中国特色社会主义思想和十九大精神，与学习马克思主义基本原理贯通起来，努力掌握贯穿其中的马克思主义立场观点方法，做到知其言更知其意、知其然更知其所以然；与学习马克思主义中国化的已有成果(毛泽东思想、邓小平理论、“三个代表”重要思想、科学发展观)贯通起来，深刻领会这一新思想的时代背景、实践基础、历史地位和重大意义，深刻理解党的科学理论既一脉相承又与时俱进的内在联系；与学习党史、国史、改革开放史以及人类社会发展史、中华民族5 000多年文明史、世界社会主义500年等贯通起来，进一步坚定“四个自信”。

四是带着感情学。习近平总书记重复讲过一句话，崇高信仰始终是我们党的强大精神支柱，人民群众始终是我们党的坚实执政基础；只要我们永不动摇信仰、永不脱离群众，我们就能无往而不胜。我们学习领会习近平新时代中国特色社会主义思想和十九大精神，要怀着崇高理想、带着人民感情去学习和感悟。尤其要感悟科学理论所彰显的巨大真理力量，深刻感悟习近平总书记作为这一新思想的主要创立者，展现出的巨大理论勇气、超凡政治智慧、远见卓识和政治定力，不断增强“四个意识”，坚决维护党中央集中统一领导，始终在思想上、政治上、行动上同以习近平同志为核心的党中央保持高度

一致。

五是联系实际学。理论联系实际是我们党的优良传统，是马克思主义学风的重要特征。今天，参加学习贯彻十九大精神培训班的同志，都是学校的中层干部，务必在理论联系实际的学风方面，为全校党员和师生员工的理论学习带个好头，做出示范。主要是联系学校、学院改革发展的实际，把深入学习贯彻习近平新时代中国特色社会主义思想和十九大精神，与做好今年学校部署的各项工作（包括学校党政工作要点、党建工作计划、教学改革方案）紧密结合起来，在解放思想中统一思想，在改革创新中凝聚力量，用新思路、新举措、新作风、新成效来检验学习效果。

六是带着问题学。习近平新时代中国特色社会主义思想和十九大精神，作为重大理论成果、重要思想武器和根本行动指南，既为我们干事创业指明了方向，部署了“过河的任务”，又为我们破解难题、推动工作提供了思想方法，指导如何解决“桥或船”的问题。我们进行理论学习，也要坚持问题导向，建议大家分别列出自己着力解决的问题，边学、边思、边干，切实地运用马克思主义理论中国化最新成果分析解决困惑和难题，进一步增强学习的实效性。培训班也要把大家的研讨问题梳理梳理，针对普遍性问题，着力加强研讨交流，来一个大讨论。

（二）系统把握科学理论体系的主要内容

习近平新时代中国特色社会主义思想紧紧围绕坚持和发展中国特色社会主义，提出了一系列具有开创性意义的新理念新思想新战略，涵盖经济建设、政治建设、文化建设、社会建设、生态文明建设和党的建设各个领域，涉及改革发展稳定、内政外交国防、治党治国治军等各个方面，是一个系统完整、逻辑严密的科学理论体系。

一是理解核心要义。核心要义，也就是全部理论和实践探索的主题主线，是科学理论体系的“大梁”。习近平新时代中国特色社会主义思想的核心要义，就是坚持和发展中国特色社会主义，具体体现在，它从理论和实践结合上，系统回答了新时代坚持和发展什么样的中国特色社会主义、怎样坚持和发展中国特色社会主义这个重大时代课题，回答了新时代坚持和发展中国特色社会主义的总目标、总任务、总体布局、战略布局和发展方向、发展方式、发展动力、战略步骤、外部条件、政治保证等基本问题，并且根据新的实践对经济、政治、法治、科技、文化、教育、民生、民族、宗教、社会、生态文明、国家安全、国防和军队、“一国两制”和祖国统一、统一战线、外交、党的建设等各方面作出理论分析和政策指导。只要我们抓住了核心要义，也就抓住了科学理论体系最根本、最本质的东西，能够做到提纲挈领，更好地理解改革开放以来党的理论创新成果的历史逻辑和内在联系。

二是理解“八个明确”。通过学习研读习近平新时代中国特色社会主义思想和十九大精神，我们认识到，“八个明确”是从指导思想的层面，从“怎么看”的理论认识角度，回答在新时代坚持和发展什么样的中国特色社会主义的问题，成为科学理论体系的“支柱”。具体地说，这“八个明确”，点明了总任务、总布局和主要矛盾，囊括了“五位一体”总布局、“四个全面”战略布局、外交国防等各个方面，支撑起了科学理论体系的整体框架，集中反映了科学理论体系的主要创新观点。理解了这“八个明确”，也就把握了科学理论体系的全貌。

三是理解“十四个坚持”。又称为基本方略。它是从行动纲领的层面，从“怎么办”的实践要求角度，回答在新时代怎样坚持和发展中国特色社会主义的问题，成为科学理论体系的“根基”。“十四个坚持”的总体框架结构，体现了从坚持党的领导和全面从严治党到“五位一体”总体布局、“四个全面”战略布局、国防和军队建设、国家安全、“一国两制”和祖国统一、对外战略相叠加的逻辑线索，体现了改革发展稳定、内政外交国防、治党治国治军的逻辑线索，体现了坚持党的领导、人民当家做主、依法治国有机统一的逻辑线索，体现了党在新时代肩负的“四个伟大”历史使命的逻辑线索。作为基本方略，涵盖了过去所讲的基本纲领、基本经验、基本要求等，与党的基本理论、基本路线并称为“三个基本”。

四是理解思想定位。习近平新时代中国特色社会主义思想的内容非常丰富。十九大通过的新党章，在总纲中做出了明确的表述：十八大以来，以习近平同志为主要代表的中国共产党人，顺应时代发展，从理论和实践结合上系统回答了新时代坚持和发展什么样的中国特色社会主义、怎样坚持和发展中国特色社会主义这个重大时代课题，创立了习近平新时代中国特色社会主义思想。习近平新时代中国特色社会主义思想是对马克思列宁主义、毛泽东思想、邓小平理论、“三个代表”重要思想、科学发展观的继承和发展，是马克思主义中国化最新成果，是党和人民实践经验和集体智慧的结晶，是中国特色社会主义理论体系的重要组成部分，是全党全国人民为实现中华民族伟大复兴而奋斗的行动指南，必须长期坚持并不断发展。在习近平新时代中国特色社会主义思想指导下，中国共产党领导全国各族人民，统揽伟大斗争、伟大工程、伟大事业、伟大梦想，推动中国特色社会主义进入了新时代。这样简明扼要的清晰定位，阐明了新思想的主要创立者和这个科学理论体系的名称，阐明了这个科学理论体系与党的已有理论创新成果的关系及重要理论地位，阐明了习近平新时代中国特色社会主义思想的时代价值。理解党章对于新思想的思想定位，有助于我们加深对科学理论体系的理解。

五是理解理论特色。在新思想形成和发展过程中，习近平新时代中国特色社会主义思想继承和发扬马克思主义理论品质，贯穿坚定信仰信念、鲜明人民立场、强烈历史担当、求真务实作风、勇于创新精神和科学方法论，呈现出当代中国马克思主义的鲜明理论特色。主要是坚持继承创新，老祖宗不能丢，旗帜鲜明地坚持和捍卫马克思主义，理直气壮地驳斥各种奇谈怪论，同时能够洞察时代风云，把握时代大势，站在人类发展前沿引领时代潮流，以我们正在做的事情为中心，直面前进道路上的各种困难和矛盾、风险和挑战，充分吸收中华民族优秀传统文化，充分吸收人类文明有益成果，着力探索破解难题，与时俱进、引领未来，讲了许多老祖宗没有讲过的新话，具有强烈的时代气息和现实针对性，既为实现中华民族伟大复兴提供了科学理论指导，也为解决人类面临的共同问题贡献了中国智慧和中国方案；坚持不忘初心、践行宗旨的人民情怀，亲民、爱民、忧民、为民，把人民对美好生活的向往作为奋斗目标，坚持人民主体地位，尊重人民首创精神，充分体现了马克思主义的根本立场观点方法，充分体现了共产党人立党为公、执政为民的根本宗旨要求，人民至上的价值追求，以及为中国人民谋幸福、为中华民族谋复兴的使命担当；坚持解放思想、实事求是，立足社会主义初级阶段这个最大实际，准确把握我国发展的阶段性特征和我国社会主要矛盾的新变化，坚持一切从实际出发，勇于破除一切不合时宜的思想观念和体制机制弊端，积极探索规律，自觉遵循规律，按照客观规律要求谋划事业发展，正确处理尊重客观规律与发挥主观能动性的关系，使我们党对共产党执政规律、社会主义建设规律、人类社会发展规律的认识达到了新的高度。

六是理解理论贡献。习近平新时代中国特色社会主义思想的历史贡献是多方面的。比如，从历史意义上看，它引领中华民族前所未有地接近伟大复兴的目标；从政治意义上看，它确立了全体人民团结奋斗的新指针、新思想、新征程，接力奋斗成为时代最强音；从实践意义上看，它以科学的思想方法指引着中国特色社会主义不断创造新辉煌；从世界意义上看，它贡献了推动世界发展的新方案。今天，我们主要目标在于理解科学理论体系，因而重点关注习近平新时代中国特色社会主义思想的理论贡献。这一理论贡献体现为"四个新境界"，主要是它为发展马克思主义做出了中国的原始性贡献，实现了马克思主义基本原理与中国具体实际相结合的又一次飞跃，开辟了马克思主义理论新境界；它把中国特色社会主义和实现社会主义现代化、实现中华民族伟大复兴有机贯通起来，深刻回答了新时代坚持和发展中国特色社会主义的一系列重大问题，为中国特色社会主义注入了新的科学内涵，开辟了中国特色社会主义新境界；它植根改革开放的生动实践，引领党和国家事业发生全方位、开创性、深层次、根本性的历史性变革，解决了许多长期想解决而没有解决的难题，办成了许多过去想办而没有办成的大事，开辟了治国理政新境界；它把党的建设推进到全面从严治党的新阶段，管党治党实现从宽松软到严紧硬的深刻转变，消除了党和国家内部存在的严重隐患，党内政治生活气象更新，党内政治生态明显好转，党群关系明显改善，开辟了管党治党新境界。通过认识这些理论贡献，我们要更加深刻地理解科学理论体系的重要内容。

(三)把握新时代党的建设的总要求

我们学习领会习近平新时代中国特色社会主义思想和党的十九大精神，在把握这个科学理论体系的同时，作为党的干部、中坚力量，还要深入理解和认真贯彻新时代党的建设的重大部署，把党建的责任担子挑起来。

一是深入学习和把握新时代党的建设的根本原则和指导方针。也就是，要"坚持和加强党的全面领导，坚持党要管党、全面从严治党"。我们要深刻理解，中国特色社会主义最本质的特征是中国共产党领导，中国特色社会主义制度的最大优势是中国共产党领导，党是最高政治领导力量。一方面，必须坚持和加强党的全面领导，使党成为中国特色社会主义事业的坚强领导核心。只有始终坚持和加强党的全面领导，实现"两个一百年"奋斗目标和中华民族伟大复兴中国梦及各项事业发展才有可靠的政治保证。这是新时代党的建设的根本出发点和落脚点，是党的建设的关键。另一方面，坚持党要管党、全面从严治党。这是党的建设的一贯方针和要求，关系党的先进性纯洁性，关系人心向背，关系国家民族的兴衰，关系党的生死存亡。要以对党和人民高度负责的精神，以严的态度、严的要求、严的措施、严的制度全面加强党的建设，落实好全面从严治党的各项任务。这两个方面是相辅相成的，这也是新时代党的建设根本原则和方针。

二是深入学习和把握新时代党的建设的主线。也就是，要"以加强党的长期执政能力建设、先进性和纯洁性建设为主线"。主线，是把党的建设目标、党的各方面建设、党的建设各项工作连接贯通起来的总要求，是党的建设核心的、系统性的要求，其中蕴含着对党实现执政使命长期性、艰巨性的深远考量。党的十七大、十八大都对"主线"提出过明确要求，党的十九大在继承以往内容的基础上，在"加强党的执政能力建设"中增加了"长期"这两个字，反映了新时代党的建设的新特点新要求。这就要求党的建设一切工作，都必须聚焦到党的长期执政和国家长治久安上来，必须着眼“长期”，加大力度，增强韧劲，始终保持党的先进性和纯洁性，为人民执好政、掌好权，带领干部群众凝心聚力，干事创业。

三是深入学习和把握新时代党的建设的总体布局。也就是，要“以党的政治建设为统领，以坚定理想信念宗旨为根基，以调动全党积极性、主动性、创造性为着力点，全面推进党的政治建设、思想建设、组织建设、作风建设、纪律建设，把制度建设贯穿其中，深入推进反腐败斗争”。这就明确了新时代党的建设总体布局的统领、根基、着力点和“5＋2”基本内容。这一总体布局的一项重大创新，是将政治建设纳入党的建设总体布局，并确立了党的政治建设作为统领的重要地位，体现出政治建设是党的根本性建设，反映出我们党对共产党执政规律的深刻认识，抓住了新时代全面从严治党的“牛鼻子”。同时，这一总体布局突出了坚定理想信念宗旨的根基，将调动全党积极性、主动性、创造性作为着力点，将制度建设由原来的“五大建设”之一调整为“把制度建设贯穿其中”，将纪律建设列为党的建设的一个重要方面，并突出强调深入推进反腐败斗争，都是适应新时代形势与任务要求的重要创新。

四是深入学习和把握新时代党的建设的总目标。也就是，要“不断提高党的建设质量，把党建设成为始终走在时代前列、人民衷心拥护、勇于自我革命、经得起各种风浪考验、朝气蓬勃的马克思主义执政党”。这为新时代党的建设确立了总目标。特别值得注意的是，把“不断提高党的建设质量”摆在了突出位置。不断提高党的建设质量，是一个重大时代课题、重要实践导向，要求我们党的建设必须注重内涵、讲求实效，不断提升工作水平，有特色，出经验，取得实实在在的成果，而不能重形式轻质量，不能搞形式主义、做表面文章，不能“两张皮”。我们学校党委在党建计划之中，也明确将2018年作为“党建质量年”，更好落实新时代党的建设目标要求，着力把学校党的建设质量提升到新水平。

五是深入和把握新时代党的建设的新任务。也就是，党的十九大报告在提出新时代党的建设总要求的基础上，全面部署了把党的政治建设摆在首位、用新时代中国特色社会主义思想武装全党、建设高素质专业化干部队伍、加强基层组织建设、持之以恒正风肃纪、夺取反腐败斗争压倒性胜利、健全党和国家监督体系、全面增强执政本领这八个方面新任务。对于党的制度建设，最近中央印发了《中央党内法规制定工作第二个五年规划（2018—2022年）》，明确到建党100年时形成以党章为根本、以准则条例为主干，覆盖党的领导和党的建设各方面的党内法规制度体系，其中，明确提出了有关重点制定中国共产党支部工作条例、修订中国共产党普通高等学校基层组织工作条例、修订党政领导干部选拔任用工作条例等一系列具体任务。党的建设的新任务，是对新时代党的建设的总要求的具体化实践。落实新时代党的建设的总要求，就需要推动这些重大部署落地生根，不断增强党的政治领导力、组织覆盖力、群众组织力、发展推动力、自我锻造力，确保新时代党的奋斗目标顺利实现。

综上所述，希望同志们通过一段时间的集中学习培训，更好地掌握学习方法，更好地了解科学理论体系的重要内容，更好地把握新时代党的建设的总要求及对干部能力素质的具体要求，进一步学懂弄通习近平新时代中国特色社会主义思想和十九大精神，在新学期工作、谋篇布局中更好地打开新局面。

三、密切联系实际，强化贯彻落实党的十九大精神和中央一系列重大决策部署的行动自觉

同志们，今年是贯彻党的十九大精神的开局之年，是改革开放40周年，是决胜全面建成小康社会、实施“十三五”规划承上启下的关键一年。对于学校来说，今年也是我们抓住开局之年的难得契机，全面贯彻落实党的十九大精神，凝神聚气书写中国特色、农业特色世界一流大学建设奋进之笔的重要一年。

学习教育培训的目的是行动，学懂弄通是为了做实。而要做实，务必以抢抓机遇的紧迫感，审视和谋划好当前、今后及管长远的重大举措。我们要边学习、边领会、边研究我们贯彻落实的举措。要以习近平新时代中国特色社会主义思想为指导，牢固树立“四个意识”，坚定“四个自信”，紧紧围绕党的十九大提出的宏伟目标和各项任务全面审视、主动对标，持续深入推进“大学习”“大宣讲”“大落实”，切实加强党对学校全面领导，着力落实“四个服务”和立德树人根本任务，始终把服务农业农村现代化当作使命，在服务国家战略、积极作为中提升办学水平，增强办学实力，解放思想、深化改革，走在前列、干在实处，乘势而上、奋力拼搏，为决胜全面建成小康社会、夺取中国特色社会主义伟大胜利、实现中华民族伟大复兴的中国梦做出农大人新的贡献。

为了更好地贯彻落实党的十九大精神和中央一系列重大决策部署，借此机会我提出一系列研讨题目供同志们在学习培训中进行思考和讨论：

(1)围绕着乡村振兴战略的实施，如何全面参与、积极作为？

(2)面向国家粮食安全重要战场，如何打响国家粮食安全科技战役，积极推进农业发展绿色变革？

(3)如何瞄准乡村深度贫困治理问题，助力打好脱贫攻坚战？

(4)如何参与建设美丽中国和生态文明建设？

(5)如何主动参与和服务健康中国战略与食品安全战略？

(6)如何积极参与创新型国家和科技强国建设？

(7)如何立足学习型社会建设要求，拓展学校教育功能？

(8)如何加强“一带一路”农业教育科技合作，为世界农业发展贡献智慧和力量？

(9)国家把中华优秀传统文化的传承创新摆在更加突出位置，我们应如何在文化传承创新方面做出农大贡献？

(10)如何服务京津冀协同发展和雄安新区建设？

(11)如何围绕着加快“双一流”建设有新的作为？

(12)如何深化教育教学改革，落实立德树人根本任务？

(13)围绕着大学生的创新创业方面，如何进一步加大支持、推进的力度？

(14)如何围绕着新一轮的“人才强校”工作，采取一些新的改革举措？

(15)如何牢牢掌握意识形态工作领导权，熔铸农大精神和先进校园文化？

(16)如何深入贯彻落实党的十九大提出了党的建设的总要求，开展好“党建质量年”的各项工作？

请组织部(党校)将大家在学习培训研讨中提出的好想法、好建议汇集起来，提供给学校集中研究相关工作时参考，更好地转化学习成果。

四、精心组织，严格管理，切实搞好集中轮训

同志们，大家聚在一起进行学习和讨论机会非常难得。希望大家利用好这次学习机会，深入学习，用心思考，推动落实。

下面，我就本次学习培训提出几点具体要求：

一是坚持党校姓党的原则，把教育培训过程作为强化干部党性锻炼与自身修养的重要途径。这次培训班分为两期，主要考虑方便同志们参加教育培训，无论哪一期，都对教育培训内容进行了精心安排。希望同志们既要学习理论，也要强化党性锻炼，特别是，强化全面贯彻落实习近平新时代中国特色社会主义思想和党的十九大精神的思想自觉、理论自觉、行动自觉，通过教育培训，增强政治觉悟和政治能力。

二是坚持从严管理、规范办班与悉心热情服务学员的学习相结合，多方面努力取得实效。我们的教育培训活动安排比较紧凑，内容十分丰富。从实际出发我们没有采取封闭管理的方式进行，一切从严管理都要靠学员的自觉自愿学习为基础。这次培训班请到的主讲都是方方面面的专家，希望大家珍惜这次学习机会，遵守学习纪律，全身心投入到学习培训之中。

三是坚持边学习培训、边研讨交流、边思考谋划，在学习培训中解放思想，打开工作思路。我们强调理论联系实际，讲的就是学以致用、用以促学，把学与做、知与行更加紧密地结合起来。其中，要加强对学习研讨活动必要的组织，调动大家研讨交流的积极性，直面真问题，提出好建议，形成好成果，在培训之后把大家的学习成果汇集成册。

四是坚持把制度机制建设贯穿教育培训的始终，在办班的实践中建立健全党校工作制度体系。党校的教育培训任务是多方面的，面向师生入党积极分子、发展对象、预备党员、党员干部和干部。这次中层干部培训班要起到示范作用，为带动全校学习、推动全员培训积累宝贵经验。

最后，预祝同志们学有所成，取得更大成绩！

谢谢大家！

党委书记姜沛民在五四青年节与青年学生代表座谈时的讲话

（根据录音整理）

（2018 年 5 月 4 日）

各位同学：

今天是五四青年节，我代表学校对同学们致以节日的问候和美好的祝愿！参加这次座谈会的还有今年“五四青年标兵”和标兵集体代表，也对你们的获奖表示衷心的祝贺！

刚才，我们一起学习了习近平总书记视察北大的讲话和今天上午在纪念马克思诞辰

200 周年大会上的讲话。这两个讲话与青年的成长都是密切相关的。我作为学校党委书记有幸参加了北京大学师生座谈会,面对面聆听了总书记的教诲。有三点感受让我印象深刻,在这里与大家分享一下:

第一,深切感受到习近平总书记对青年学生和高校教育工作的关心、重视和殷切期待。

习近平总书记在百忙之中专门到高校参加活动,再度体现了他心系教育、心系师生、心系青年的情怀。习总书记说,他到中央工作以后,比较重视教育工作,教育领域里比较重视大学。

十八大以来,习总书记几乎每一年五四前后都与青年学生座谈或写信来表达对广大青年的节日祝贺。2014 年,习总书记在北大强调要扣好人生的第一颗扣子,提出了"勤学、修德、明辨、笃实"的八字真经。2015 年,他致信全国学联青年大会,对学生干部、青年干部提出了"志存高远,德才兼备,情理兼修,勇于开拓"的要求。2016 年,他在中国科技大学与知识分子、劳动模范、青年代表座谈。去年,习总书记去的是中国政法大学。今年又来到北大,体现了对青年、对教育工作的一贯重视。

近年来,习总书记反复强调,教育兴则国家兴,青年强则国家强。青年一代有理想,有担当,国家就有前途,民族就有希望。我们的中国梦是历史的,是现在的,同时也是未来的;是国家的,民族的,也是我们每一个中国人的,是我们青年一代的。我们每一代青年都有自己的历史机遇和使命担当。当代青年要勇敢担负起时代赋予的重任,为实现"两个一百年"奋斗目标和中国梦而奋斗。

同时,习总书记也告诉全党,党的事业需要一代又一代青年的接续奋斗,我们党要始终代表青年、赢得青年、依靠青年,始终重视青年、关怀青年、信任青年。要为青年的思想打开浩瀚的天空,为青年实践创新提供广阔的平台,为青年学生塑造人生提供一个丰富的机会,为广大青年建功立业创造更有利的条件。

今年,总书记在北大又对广大青年提出了四点要求,强调青年要"爱国、立志、求真、力行"。这其中的一些话是习总书记反复说的,是一再强调、不断提醒的,也是从不同的角度表达了对青年学生的关心和期待之情。

那么,应该如何理解习近平总书记的这种殷切之情呢?我的体会有以下三点:

第一,青年很重要。青年是国家的未来,民族的希望,我们党的旺盛生命力也来自青年。毛泽东主席等老一辈革命家让中国站起来了,几十年的改革开放使国家逐步富起来了,下一代青年的责任更多是要让国家强起来。今天在校的大学生正逢建设社会主义现代化强国的历史机遇,是实现中国梦的生力军、主力军。

第二,青春很关键。青年是人生发展的重要时期,也是一个很重要的人生路口。在这个时期,青年会面临各种选择,面对各种诱惑。大家要打好基础,立志成才,做出正确的选择,这就格外重要。这就是习近平总书记从党和国家领导人的高度,从关心青年长辈的角度反复叮嘱的原因所在。

第三,学子很不同。习总书记对大学生群体格外关注。现在,每年全国有七八百万高校毕业生。但是相对于 13 亿人口来讲,大学生仍然是天之骄子,是社会精英、国家未来的栋梁。换句话说,大学生群体担负的使命、责任将会更加重要。大家一定要牢记使命，不负重托。

第二，深切感受到办好中国特色社会主义大学的使命担当。

习近平总书记在北大师生座谈会上强调指出了建设中国特色世界一流大学的三个基础性工作，为我们的工作指明了方向：

第一，要坚持正确的办学方向。什么叫中国特色？中国大学和国外大学究竟有什么不同？习总书记第一个就讲到了大学的培养目标。我们现在走的这条道路是从鸦片战争以来，中华民族付出血的代价所选择的一条路，经过了无数的艰辛探索。实践证明，我们是成功的，这个路没有选错。现在，国家在这条路上已经实现了站起来、富起来，正在走向强起来，并且已经逐渐走到了世界舞台的中心。世界上还有很多其他国家在羡慕我们、在向我们学习，我们要继续坚定不移地把这条路走下去。很重要的就是一定要培养继续扛这个旗、走这个路的人。高校一定要有“四个自信”，要能培养出矢志不渝走中国特色社会主义道路的人，把我们国家民族复兴起来。第二，习总书记讲到了马克思主义是我们立党立国的根本指导思想，是中国大学最鲜亮的底色。鲜明地指出了我们办学所秉持的指导思想、立场、观点和方法。第三，习总书记强调要坚持不懈增强和弘扬社会主义核心价值观。育人的根本在于立德。要把立德树人内化到大学工作的各领域、各方面、各环节，作为检验学校一切工作的根本标准。

第二，要建设高素质的教师队伍。有一个好的教师队伍才能为青年大学生成长成才提供一批好的引路人。现在，教师队伍总体是好的，是坚持教书育人的，是严于律己的，赢得了社会的尊重和爱戴。我们不否认任何一个群体都有一些害群之马，但是它是个别的，不是普遍的。习总书记强调，评价教师队伍素质的第一标准应该是师德师风。这应该是每一所学校常抓不懈的工作。教师就要为人师表，大学本来就是个清水衙门，是一个斯文之地。我们广大教职员工要对得起这个称号，做到以德立身、以德立学、以德施教。

第三，要形成高水平的人才培养体系。习总书记强调，这涉及教学体系、教材体系、管理体系，等等，但贯穿其中的是思想政治工作体系。这是因为在人的发展过程之中，品德培养对人的发展非常重要。我们培养出来的人才一定要对当今社会情况有一个正确的把握，对人与人、人与社会的关系要有正确的理解，这样的人格局和未来发展空间才足够大。如果只想着自己，这个人的路一定走不宽、走不远。同时，习总书记也讲到学科建设一定要面向世界，一定要有跨学科交叉，强化前瞻性、原创性的技术研究，力争取得突破性成果。在这几点上，在座同学们都有自己的责任和使命。

以上三点，就是习近平总书记强调的建设中国特色世界一流大学要抓好的三项基础性工作。对中国农业大学来说，我们的目标是建设有中国特色、农业特色的世界一流大学，习总书记的讲话对我们有非常大的启发和很强的指导意义。

第三，深切感受到习近平总书记对于宣传研究马克思主义理论的坚定和执着。

党的十八大以来，习近平总书记亲自来抓理论构建的工作，在不同场合反复强调马克思主义指导地位的重要性，不断推动马克思主义中国化的发展。因为，现代社会的意识形态比较复杂，看法也很多元。在一个 13 亿人口的大国之中必须形成一个思想上的共识，必须有一个基本立场和观点，才能让大家凝聚起来。所以，马克思主义教育的研究、传播、宣传也是社会主义大学的重要使命。

在北京大学,习总书记参观了三个展览,其中包括马克思主义主题教育展。马克思主义在中国首先是在北大落地和传播的。但是,在座的同学们不要忘了我们中国农业大学也有着很强的红色基因。1921 年,我们就建立了中国青年团支部。1924 年,我们成立了第一个中国共产党的党支部。我们学校的一个历史源头就是在延安时期自然科学院的农学系。

今天上午,我们党隆重举行马克思诞辰 200 周年纪念大会,来缅怀马克思的伟大人格和历史功绩,重温马克思主义的崇高精神和光辉思想。习近平总书记在讲话中强调,我们纪念马克思是为了向世界历史上最伟大的思想家致敬,也是为了宣誓我们对马克思主义科学真理的坚定信仰。习总书记是代表全党向全世界表明,说明我们党始终是马克思主义的坚定信仰者和创新发展者,我们要始终把这面旗扛下去。

刚才,大家谈了自己学习习近平总书记重要讲话后的体会,大家讲得都很好。习近平总书记讲话中所提出的要求,既有对干部的要求,也有对青年学子的要求,总的来说是希望我们增强理论认知。习总书记曾反复强调,希望我们的广大青年要勇敢地肩负起时代赋予的重任,要把理想信念建立在对科学理论的理性认同上,建立在对历史规律的正确认识上,建立在对既定国情的准确把握上,坚定永远跟党走的信念,这就要提高我们的理论自觉。人本来就具备社会性,不管个人愿意不愿意,都离不开政治。但是,对于人的区分就在于学习和认知是自觉的,还是被动的;是片面的,还是系统地去看待问题。所以,理论学习对于青年成长是一个重要基础。大家在平时学习过程中,要拿出时间去读一读、看一看马克思主义理论经典著作,多学一些政治常识,对未来发展会受益良多。

关于怎么学习马克思主义,大家都讲了一些很好的意见。在这里,我做一些补充:

首先,要有敬重经典、崇尚科学、致敬大师、信仰真理的态度。马克思主义不仅仅是一个学说或一个学问,它之所以自诞生以来对整个世界历史产生了那么大的影响,是因为它总结了很多前人的科学理论成果,形成了科学的方法体系和基本观点。它是具有指导性的,不是一个教条的学说,更不是一个简单的结论或者说教。它体现了一种态度、一种精神、一种对科学认识的方法。这种方法也不仅仅是马克思自己的,他是整个人类发展知识积累的集大成者。马克思为真理开辟了一个境界,开辟了一个道路。

一是,马克思主义为曾经在西方社会受压迫、被剥削的劳动大众改变命运提供了方法、指明了方向,让大家看到了希望。马克思主义理论为底层的劳苦大众谋幸福,它具有深厚的人民立场。

二是,马克思主义为中国共产党提供了思想武器,为中华民族的复兴找出了一条道路。大家知道,在 20 世纪初的二三十年里,中国社会各阶级尝试了各种救国方案,各种政治势力都粉墨登场,各政党都在试验,但都没有成功。只有中国共产党才彻底实现了我们民族思想上的独立,最后实现了政治上的独立。习总书记讲,马克思主义不仅改变了世界,也改变了中国。中国现在取得的成就与马克思主义的传播和指导是分不开的。

三是,马克思主义为人类认识世界、把握历史规律提供了一个科学的方法。它是智慧的结晶,科学的总结。

四是,马克思主义为每个青年学生成长奠定理论基础。我们每个人要通过学习马克思主义形成理论自觉,要成为一个明白人、自觉者,即便在当今纷繁复杂的社会中很难做到，也不要放弃这个追求。

马克思本身也是青年学生的榜样。他学识广博、研究严谨、理论创新，具有高尚的道德情操。这不是一般人能够达到的，甚至也赢得了敌人的尊重。

其次，要学会在比较中去学习。美国有一个叫福山的学者写过《历史的终结》一书，主要内涵就是所有的争论都应该终结，只有西方的民主政治是最好的。但为什么现在美国经济危机以后又重新陷入《资本论》热？因为资本的贪婪造就了金融危机，把所有人的财产都掠夺了。资本的运行在形式上更加复杂、更加精致了，但是它的本性没有改变，所以导致了很多西方人又来关注《资本论》，想在其中找到危机原因的答案。大家在学习的时候，要联系我们的历史和实际，甚至联系一些反对的观点。在观点交锋当中，你才能体会到马克思主义它所谓的真理性所在，才能体会为什么它穿越近 200 年的时空而熠熠生辉，并保持了强大的生命力。

再次，要在实践中去感悟。一门真正的学问不应该是放在书本里面的，它应该是在实践中具有生命力的。为什么现在中国这些问题考虑得比较周全，解决问题不至于那么偏激，不至于一再失误，就是我们这个方法是正确和科学的。大家学习马克思主义要理论联系实际，同个人生活实际和社会发展联系在一起。这样学对我们才有指导意义，才能有所启迪、有所帮助。

最后，借此机会向在座各位新上任的学生干部，提几点希望：

第一，要学习在先。现在，中央反复强调各级党政领导干部要加强学习，我们党要建设成为学习型政党。其中一个重要原因就是不学习就落后于时代，就有可能会出局。所以，大家的政治学习一定要扎扎实实地做，力争做到学有所获。希望大家在学习过程中，能够敞开心胸，真诚交换意见。即便大家有不同的观点，在内部都可以讨论，真理是不怕争辩的，真理越辩越明。大家要在理论上做到先学一步，这样才能更好地组织和引领同学们，才能发挥你们的领导力。

第二，要立志在先。要立大志向，上大舞台，做大事业。千万不要在学生时期、在青年时期就把人生的格局做小了，把气度做窄了。如果一个人所有的精力都放在自己身上，这个人的成就感一定很差，获得感也很会差。因为个人一时的利益得失是不长久的，也不可持续。因为，它满足不了人在精神上更高层次的需要。这种更高层次的需要一定与国家、百姓融在一起，才能让这个人真正变成一个社会需要的人，一个有作为的人。

第三，要奋斗在先。习近平总书记反复强调我们的幸福是奋斗出来的，奋斗本身就是一种幸福。对大家来讲，现在的奋斗更多的是加强基础学习和科学研究，大家要打好知识基础，努力攀登科学高峰。

第四，要服务在先。作为学生会、研究生会和各个社团的学生干部，作为党支部和团支部书记，大家要在服务当中来凝聚同学们的共识，学会在服务中沟通协调，在服务中去引领和动员。

总之，希望通过今天与各位青年学生代表的共同学习、沟通和交流，能够深化大家对习近平总书记在北大师生座谈会和在纪念马克思诞辰 200 周年大会上重要讲话的理解和认知，并将其转化为我们学校发展的动力，转化为广大学生成长成才的自觉行动。

谢谢大家！

建设中国特色世界一流大学的行动指南

党委书记姜沛民2018年5月31日发表于《光明日报》第13版

（2018年5月31日）

习近平总书记在北京大学师生座谈会上的重要讲话，高屋建瓴，思想深刻，把握时代大势，着眼未来发展，为高校落实立德树人根本任务，建设中国特色世界一流大学提出了奋斗目标，指明了前进方向，具有很强的现实指导意义。

一、习近平总书记北大讲话是习近平教育思想的经典文献和最新成果

党的十八大以来，习近平总书记始终重视教育、关怀师生、心系青年，对教育工作发表了一系列重要讲话，系统回答了事关教育发展改革方向性、全局性、战略性的一系列重大问题，构成了新时代习近平教育思想理论体系。

习近平总书记北大讲话，针对大学的发展方向、教育工作的根本任务、“双一流”建设中的基础性工作、新时代高校、教师和青年学生的使命担当，做出了一系列重要指示，进一步丰富和发展了习近平教育思想。习总书记北大讲话内容丰富、思想深刻，既有一以贯之的立场、观点，又有许多具有现实指导意义的新思想新观点新论断；既有对教育工作的充分肯定，又有鲜明的问题导向和目标导向；既有对高校领导班子和广大教师的工作要求，又有对青年学子的殷切期望；既有对现实问题的破解之策，又有对未来发展的前景展望；既有理论层面的深刻阐述，又有工作层面的路径指引；是习总书记对立德树人这一根本任务的深入阐释，是对中国特色世界一流大学建设的科学指导，通篇闪耀着马克思主义的理论光辉，是对中国共产党教育理论宝库的丰富和发展。

当前，学习贯彻习近平总书记北大讲话，要与深入学习研究习近平中国特色社会主义思想结合起来，与深入研究学习习近平教育思想贯通起来，与深入学习贯彻党的十九大精神联系起来，努力学深悟透、融会贯通。

二、习近平总书记北大讲话深刻阐明了培养社会主义建设者和接班人的根本要求

办学治校首先要回答培养什么人、怎样培养人、为谁培养人这一系列根本问题，这涉及办学的基本方向和学校的重大使命。这是习近平总书记北大讲话中反复阐述和强调的重点，也是习近平教育思想的核心要义和逻辑起点。

1. 讲话从高等教育发展规律出发揭示了中国特色世界一流大学的教育目的

习总书记在北大讲话中强调指出：古今中外，每个国家都是按照自己的政治要求来培养人的，世界一流大学都是在服务自己国家发展中成长起来的。我国社会主义教育就是要培养社会主义建设者和接班人。

高等教育是一种社会存在，不同社会制度决定着不同教育目的。大学作为孕育思

想、传播理论、传承文明、价值塑造的地方，本质上属于上层建筑，属于意识形态领域，具有思想阵地的属性，因而大学必然具有鲜明的政治属性、政治立场和政治功能，必然和国家发展和民族命运紧密联系在一起。这是符合高等教育发展客观规律的，是符合自大学产生以来发展轨迹的，也是符合我们这些大学的发展历史的。

回顾中国的近现代史，从五四运动到中国共产党的诞生，都离不开北京大学等一批高校的孕育、传播和参与；从革命、建设、改革到今天的新时代，每个关键的历史时期、每项重大建设成就，都能看到大学的身影，都能体会到大学的突出贡献和不可或缺的重要作用。我们的大学也在服务祖国、服务人民中不断发展壮大，不断走向更高的水平，不断赢得社会的公认和世界的赞誉。我国大学长期的办学实践充分证明，我们必须扎根中国大地，服务国家发展，才能得到社会的认同和国家的支持，才能更好地走向世界。在这个根本问题上，我们必须要遵循规律，站稳立场，旗帜鲜明，坚定不移。

2.讲话从新时代的目标任务出发揭示了中国特色世界一流大学的使命担当

习近平总书记在北大讲话中指出，每一代青年都有自己的际遇和机缘。中国特色社会主义进入新时代，中华民族迎来了从站起来、富起来到强起来的伟大飞跃。当代青年是同新时代共同前进的一代。我们必须把培养担当民族复兴大任的时代新人作为中国特色世界一流大学的重大使命。

近代以来我国历史告诉我们，只有社会主义才能救中国，只有中国特色社会主义才能发展中国，才能实现中华民族伟大复兴。这是历史的结论，实践的结论，它是中华民族经过千辛万苦、付出血的代价寻找出的成功之路，是被长期历史和亿万群众社会实践检验和证明过的成功之路，是当今世界许多国家都在研究和学习中国的成功之路，我们更没有任何理由改变或放弃这条成功之路。要把这条成功之路走下去，需要一代又一代人接续奋斗，去实现强起来的新的伟大飞跃。

高校必须引导学生从新中国成立前后的翻身、改革开放前后的巨变、当今世界的比较，来了解中国奇迹，讲好中国故事，从中找回中华民族的文化自信。必须引导学生深入了解历史的真相，了解人民和历史的选择，打牢自己的思想根基，明白自己的使命。这事关国家的长治久安，事关党的事业薪火相传，事关中华民族的伟大复兴，必须培养造就坚定不移沿着中国特色社会主义道路走下去的一代新人，而决不能误入歧途。

3.讲话从人才成长规律出发揭示了中国特色世界一流大学的根本任务

习总书记北大讲话再次强调：高校要牢牢抓住培养社会主义建设者和接班人这个根本任务。在 5 000 多字的讲话中，先后 10 次讲到“培养社会主义建设者和接班人”这一根本问题，足见这个问题在习总书记心中的分量。可以说是，一个主题，一条红线，一以贯之，一气呵成。习总书记使用“明确答案、共同使命、办学根本、中国特色、国际话语权”等一系列重要而鲜明的词汇，把培养社会主义建设者和接班人这一根本任务提高到前所未有的政治高度、前所未有的重要地位。与此同时，习总书记又从这一根本任务出发，对高校、对教师、对青年学生提出了明确要求。

一是要把立德树人的成效作为检验学校一切工作的根本标准。习近平总书记在讲话中强调“人无德不立，育人的根本在于立德。这是人才培养的辩证法。办学就要尊重这个规律，否则就办不好学。”如果在这个根本问题上出现偏差或游离，就会产生系统性风险。我们要紧紧围绕这一根本要求，要重新审视、全面检查、及时修正、不断完善我们的办学理念、发展方向、培养目标和评价机制,真正要把立德树人内化到大学建设和管理各领域、各方面、各环节,做到以树人为核心,以立德为根本。

二是要把德育为先、全面发展作为学生健康成长的核心要求。习近平总书记在北大讲话中指出:“才者,德之资也;德者,才之帅也。”再次强调了德育在学生成长道路上的极端重要性。鲜明指出了要把坚定正确的政治方向、社会主义核心价值观、牢固的马克思主义理论基础,作为新时代立德树人的主要内容。这就为我们加强学生德育指明了方向,明确了工作路径和任务。

在学校德育方面,首先要培养青年学生的“四个自信”,增强对党的领导和国家发展的认同,要以中国梦激扬青春梦,激励学生自觉把个人的理想信念追求融入国家和民族事业中,勇做走在时代前列的奋进者、开拓者,书写无愧于时代的青春之歌和精彩人生。

要坚持不懈培育和弘扬社会主义核心价值观,引导广大师生做社会主义核心价值观的坚定信仰者、积极传播者、模范践行者。

要打好马克思主义的鲜亮文化底色,使广大学生把理想信念建立在对科学理论的理性认同上,建立在对历史规律的正确认识上,建立在对基本国情的准确把握上,坚定跟党走的信念。

三是在教师工作中要把师德师风作为评价教师队伍素质的第一标准。习近平总书记强调,评价教师队伍素质的第一标准应该是师德师风。师德师风建设应该是每一所学校常抓不懈的工作。要引导教师把教书育人和自我修养结合起来,做到以德立身、以德立学、以德施教。这具有极强现实针对性和重要指导意义。

教师的职业本身就是人类灵魂的工程师,是智慧、学识、科学的化身,大学在社会大众的心目中是清水衙门、斯文之地。教师的工作本质就是春风化雨、以德育德、以爱育爱,是一个示范、教化、引领的过程。教师的一言一行,超出了个人范围,具有教育性质、公共规范、职业要求,要严肃地对学生成长负责,对公众社会负责,对国家负责。我们要大力加强师德师风建设,完善工作机制,加大师德模范宣传,讲好身边的师德故事,来还高校教师师德高尚的本来面貌,自觉维护教师的良好形象。

三、习近平总书记“5.2”北大讲话是我们推进中国特色世界一流大学建设的根本遵循

一是要进一步提高政治站位,增强坚持正确办学方向的思想自觉和行动自觉。当今社会,学校党委在坚持学校社会主义办学方向、坚守意识形态阵地、坚持马克思主义指导地位、坚持人才培养的政治导向等一系列重大政治原则问题上,要旗帜鲜明、头脑清醒,提高政治站位,牢记使命担当。始终把最广大的教职员工团结在党的周围,把广大的青年学生培养成党的事业的接班人,把学校建设成为马克思主义理论的坚强阵地,把学校党组织建设成为党的事业的坚强堡垒。

二是要把教师队伍建设摆在突出位置,大力提高教师队伍的整体素质和业务水平。要把人才队伍建设作为建设“双一流”建设的重中之重,真正把习总书记提出的“政治素质过硬、业务能力精湛、育人水平高超”以及“有理想信念、有道德情操、有扎实学识、有仁爱之心”的时代要求贯穿于教师工作的全过程。健全教师思政工作体制机制,形成校、院、支部三级联动。构建师德建设工作机制,落实师德“一票否决”制。强化学术道德要

求，开展学术规范教育。

三是努力构建高水平人才培养体系，加快中国特色世界一流大学建设。要把形成高水平的思想政治工作体系摆在重要位置，作为高水平人才培养体系贯穿其中的基础和主干。大力推进人才强校战略，把学校发展资源向人才队伍建设倾斜，推进内涵式发展。要以国家重大科研项目和平台为基础，组建好交叉学科群和科技攻关团队，不断加强学科之间协同创新，加强对原创性、系统性、引领性研究的支持。要深入推进教育教学改革，强化思想政治教育的课堂融入，促进学生德智体美全面发展，培养社会主义事业的合格建设者和可靠接班人。

把立德树人内化到大学建设各环节

党委书记姜沛民2018年8月2日发表于《人民日报》第17版

（2018年8月2日）

习近平总书记在北京大学师生座谈会上的重要讲话，围绕高校立德树人的根本任务，对高校的办学治校、使命担当和重点任务做出了一系列重要指示。这既包含了对高校坚定正确办学方向的政治要求，也包含了对教师师德师风的素质要求，还包含了对青年学生德才兼备的成长要求。对我们牢牢把握社会主义办学方向，推进“双一流”建设，培养社会主义建设者和接班人具有十分重要的指导意义。

立德树人必须坚持正确办学方向，把培养德智体美全面发展的社会主义建设者和接班人作为办学治校的根本。古今中外，每个国家都是按照自己的政治要求来培养人的，世界一流大学都是在服务自己国家发展中成长起来的。我国社会主义教育就是要培养社会主义建设者和接班人。

回顾中国近现代史，从争取民族独立和解放、新中国建设，到改革开放，每个关键的历史时期、每项重大建设成就，都是由大学培养出来的人才担当中流砥柱，都有大学的突出贡献。我们的大学也在立德树人中不断发展壮大，不断走向更高的水平，不断赢得社会的认可和世界的赞誉。我国大学长期的办学实践充分证明，我们必须能够为国家培育社会主义建设者和接班人，才能真正成为中国特色世界一流大学。

立德树人必须以师德师风为第一标准，建设高素质的教师队伍。教师的职业本身就是人类灵魂的工程师，是智慧、学识、科学的化身，教师的工作本质就是春风化雨、以德育德、以爱育爱，是一个示范、教化、引领的过程。教师一言一行的影响，远远超出了个人范围，要对学生成长负责，对公众社会负责、对国家负责。因此，师德师风建设必须是每一所学校常抓不懈的工作。高校作为科技和人才的高地，要引导广大教师把教书育人和自我修养结合起来，做到以德立身、以德立学、以德施教。要大力加强师德师风建设，完善工作机制，加大师德模范宣传，讲好身边的师德故事，塑造高校教师师德高尚的品行面貌，自觉维护教师的良好形象。

同时，必须把立德树人的成效作为检验学校一切工作的根本标准，强化德育对青年学生成长成才的基础性作用。每一代青年都有自己的际遇和机缘，中国特色社会主义进入新时代，中华民族迎来了从站起来、富起来到强起来的伟大飞跃，当代青年是同新时代共同前进的一代，中华民族伟大复兴将在这一代人的奋斗中变为现实。因此，高校作为人才培养的前沿阵地，必须把德育摆在突出位置，帮助这一代年轻人坚定沿着中国特色社会主义道路走下去。

高校以德育人培养青年学生，要把形成高水平的思想政治工作体系摆在重要位置，作为高水平人才培养体系的基础和主干。要培养青年学生的"四个自信"，增强对党的领导和国家发展的认同，要以中国梦激扬青春梦，激励学生自觉把个人的理想信念追求融入国家和民族事业中，勇做走在时代前列的奋进者、开拓者、奉献者。要坚持不懈培育和弘扬社会主义核心价值观，引导青年学生做社会主义核心价值观的坚定信仰者、积极传播者、模范践行者。要引导广大青年打好马克思主义的鲜亮人生底色，把理想信念建立在对科学理论的理性认同上，建立在对历史规律的正确认识上，建立在对基本国情的准确把握上，永远坚定信念跟党走。

努力实现新时代教育的新作为

党委书记姜沛民 2018 年 9 月 22 日发表于《光明日报》第 6 版

（2018 年 9 月 22 日）

在中国特色社会主义进入新时代、全面建成小康社会进入新阶段的关键时期，党中央召开全国教育大会，习近平总书记发表重要讲话，向全党全社会发出加快推进教育现代化、建设教育强国、办好人民满意的教育的伟大号召，吹响了新时代教育新征程的嘹亮号角。

一、牢固树立新时代教育的新理念

习近平总书记在全国教育大会上的重要讲话，站在新时代党和国家事业发展全局的高度，深刻总结了党的十八大以来我国教育事业发展取得的经验和成就，科学分析了教育工作面临的新形势新任务，全面地回答了推进我国教育现代化的一系列理论和实践的重大课题，把新时代教育发展的新理念新思想新观点概括为"九个坚持"。在领导体制、根本任务、发展战略、办学方向、发展道路、办学宗旨、发展动力、使命担当、依靠力量等重大命题上，进行了集中概括、系统阐述和理论升华，形成了习近平同志关于新时代教育工作的重要阐述，构成了习近平新时代中国特色社会主义思想的重要组成部分。这一系列新理念新思想新观点，充分体现了我们党对教育事业时代特征和使命任务的科学把握，体现了对社会主义教育事业发展规律性认识的不断深化，体现了我们党的教育方针的丰富和发展，为加快推进教育现代化、建设教育强国、办好人民满意的教育指明了前进方向，是我们新时代必须长期坚持的办学指导思想、理论遵循和发展理念。

二、全面把握新时代教育的新目标

这次全国教育大会高举教育现代化的旗帜，对当前和今后一个时期的教育工作做出了战略部署。党的十九大确立了社会主义现代化两步走的目标，提出从2020年到2035年，在全面建成小康社会的基础上，再奋斗十五年，基本实现社会主义现代化。这是新时代教育发展首先要面对的战略需求。教育事业是国家现代化的先导和基础，必须根据国家发展的整体战略，超前规划，超前发展，提供支撑。加快推进教育现代化、建设教育强国成为从现在起到2035年教育发展的新目标。实现教育现代化是中华民族的教育梦，是广大教育工作者孜孜以求的奋斗目标，现在到了最为接近和最后冲刺的阶段，这对广大教育工作者是极大的鼓舞和鞭策。从现在开始，我们要立足教育现代化，进一步更新教育观念，明确发展目标，完善教育结构，创新发展模式，提高教育水平，发展现代教育。要用现代化的教育思想、教育体系、教育模式，现代化的学校、设施、条件，现代化的管理体制和治理结构，现代化的教育标准和教育水平，培养出现代化需要的各类人才，全面实现人的现代化。可以说是任务艰巨、使命光荣、意义重大。

三、始终聚焦新时代教育的新任务

新时代教育最根本的任务，就是要培养担当民族复兴大任的时代新人，这是党的十九大赋予教育战线的重大使命。习近平总书记在全国教育大会的重要讲话中进一步强调，培养什么人，是教育的首要问题。我们的教育必须把培养社会主义建设者和接班人作为根本任务，培养一代又一代拥护中国共产党领导和我国社会主义制度、立志为中国特色社会主义奋斗终生的有用人才。这是教育工作的根本任务，也是教育现代化的方向目标。时代新人必须要有坚定的理想信念，要教育引导学生把理想信念建立在对科学理论的理性认同上，建立在对历史规律的正确认识上，建立在对基本国情的准确把握上，坚定中国特色社会主义的道路自信、理论自信、制度自信、文化自信，树立与这个时代主题同心同向的理想信念，勇于担当这个时代赋予的民族复兴的时代重任。时代新人必须要有深厚的爱国主义情怀，热爱祖国、热爱人民、热爱中国共产党，立志扎根人民、奉献国家。时代新人必须具有良好的品德修养，自觉践行社会主义核心价值观，扣好人生的第一粒扣子，踏踏实实修好品德，成为有大爱大德大情怀的人。时代新人必须要有扎实的学识见识，要教育引导学生珍惜学习时光，加强实践锻炼，沿着求真理、悟道理、明事理的方向不断前进。时代新人要有坚韧的奋斗精神，要教育引导学生树立高远志向，养成勇于奋斗的精神状态、乐观向上的人生态度，做到刚健有为、自强不息。时代新人必须要有良好的综合素质，德智体美劳全面发展，教育引导学生培养综合能力，培养创新思维。

四、全面开启新时代教育发展的新征程

现在目标已经明确，号角已经吹响，教育工作者面临着前所未有的施展才华、大有作为的历史机遇。新时代就要有新作为，新教育就要有新气象，全面进入新时代教育发展的新征程，一要全面加强党对学校的全面领导这一关键举措，切实落实新形势下加强学

校党建的各项任务，坚决保证中央决策的贯彻落实，坚持以习近平新时代中国特色社会主义思想为指导，深入学习贯彻关于教育工作的重要论述，以贯彻落实全国教育大会各项要求为主线，部署和统领今后各项工作。二是始终聚焦立德树人这一根本任务，切实加强学校思想政治工作和马克思主义理论教育，牢牢把握正确的办学方向，强化培养社会主义建设者和接班人的使命意识，在办学目的、政治立场上毫不含糊和偏离。三是紧紧抓住建设中国特色、世界一流大学和一流学科这一重大使命，在加快推进教育现代化的总体布局中提高标准，完善目标，调整部署，加快步伐，以"双一流"建设引领教育现代化。四是全力建设好高素质教师队伍这一基础性工程，以新时代教育的使命担当激励和鼓舞广大教师，以"弘扬爱国奋斗精神，建功立业新时代"主题教育活动为抓手唱响主旋律，以重大项目和团队建设为广大教师提供干事创业的平台，以高尚师德师风引领教师职业发展和价值追求。五是下大力气深化教育改革创新，深入推进教育教学改革，创新人才培养模式，改革评价机制，完善工作导向，激发发展活力，以新的面貌、新的状态全面开启新时代教育发展的新征程。

党委书记姜沛民在全面从严治党会上的讲话

（2018 年 11 月 7 日）

同志们：

我们今天在这里召开全面从严治党大会，就是要认真贯彻落实中央纪委十九届二次全会、全国教育大会、教育部和北京市有关工作会议精神，总结前一时期工作，分析当前形势，部署下一阶段工作，以永远在路上的执着和韧劲，切实把全面从严治党引向深入，为学校又好又快发展提供坚强政治保障。

刚才，秦世成同志报告了中央巡视整改以来学校党委和纪委开展的主要工作，反映了我们一年多来认真履行"两个责任"、大力推进全面从严治党的工作力度和实际成效；同时也通报了涉及我校的一些违法违纪典型案例，具有很强的警示意义和教育意义。

下面，我讲三点意见。

一、提高政治站位，进一步强化全面从严治党的政治责任

党的十九大明确提出新时代党的建设总要求，对全面从严治党做出战略性安排。习近平总书记在十九届中央纪委二次全会上向全党发出"重整行装再出发"的号令。我们要深入学习领会中央关于深入推进全面从严治党的最新要求，不断提高政治站位，坚决维护习近平总书记党中央的核心、全党的核心地位，坚决维护以习近平同志为核心的党中央的权威和集中统一领导，不断增强全面从严治党工作的使命感、紧迫感、责任感，切实在思想上正本清源，行动上抓铁有痕，坚定不移推动全面从严治党向纵深发展。

(一)准确理解党中央关于全面从严治党的重要部署

办好中国的事情,关键在党,关键在党要管党、全面从严治党。习总书记刚一上任就在党的十八届一中全会上郑重指出:"我们必须以更大的决心和勇气抓好党的自身建设,确保党在世界形势深刻变化的历史进程中始终走在时代前列,在应对国内外各种风险和考验的历史进程中始终成为全国人民的主心骨,在发展中国特色社会主义的历史进程中始终成为坚强的领导核心。"

党的十八大以来,以习近平同志为核心的党中央以强烈的历史使命感、深沉的忧患意识、顽强的意志品质,坚定旗帜方向,紧盯目标任务,正风肃纪反腐,坚决遏制腐败蔓延势头,反腐败斗争压倒性态势已经形成并巩固发展;强化监督执纪问责,推动管党治党从宽松软走向严紧硬;锲而不舍地落实中央八项规定精神,兑现党对人民的庄严承诺,赢得党心民心。全面从严治党成为党的十八大以来治国理政一大亮点,坚持全面从严治党成为习近平新时代中国特色社会主义思想的重要组成部分。

习近平总书记近期再次强调指出,党风廉政建设和反腐败斗争形势依然严峻复杂,全面从严治党任重道远。必须持之以恒,毫不动摇。要以"越是艰险越向前"的英雄气概和"狭路相逢勇者胜"的斗争精神,"重整行装再出发",毫不动摇地把全面从严治党引向深入。在全面从严治党这个问题上,我们不能有差不多了,该松口气、歇歇脚的想法,不能有打好一仗就一劳永逸的想法,不能有初见成效就见好就收的想法。这些重要论述充分阐明了以习总书记为核心的党中央全面从严治党坚如磐石的决心和意志。

我们要深入学习领会,把握精神实质,强化责任担当,提高思想站位,切实把思想和行动统一到习近平总书记重要讲话精神上来,进一步增强全面从严治党的政治自觉、思想自觉、行动自觉,毫不动摇、坚持不懈、持之以恒地把全面从严治党推向深入。

(二)深刻把握党的十八大以来全面从严治党的重要经验

在党的十九届中央纪委二次全会上,习近平总书记以"六个统一",系统而深刻地总结了党的十八大以来全面从严治党的重要经验。这就是:一要坚持思想建党和制度治党相统一,既要解决思想问题,也要解决制度问题,把坚定理想信念作为根本任务,把制度建设贯穿到党的各项建设之中。二要坚持使命引领和问题导向相统一,既要立足当前、直面问题,在解决人民群众最不满意的问题上下功夫;又要着眼未来、登高望远,在加强统筹谋划、强化顶层设计上着力。三要坚持抓"关键少数"和管"绝大多数"相统一,既对广大党员提出普遍性要求,又对"关键少数"特别是高级干部提出更高更严的标准,进行更严的管理和监督。四要坚持行使权力和担当责任相统一,真正把落实管党治党政治责任作为最根本的政治担当,紧紧咬住"责任"二字,抓住"问责"这个要害。五要坚持严格管理和关心信任相统一,坚持真管真严、敢管敢严、长管长严,贯彻惩前毖后、治病救人的一贯方针,抓早抓小、防微杜渐,最大限度地防止干部出问题,最大限度地激发干部积极性。六要坚持党内监督和群众监督相统一,以党内监督带动其他监督,积极畅通人民群众建言献策和批评监督渠道,充分发挥群众监督、舆论监督作用。

这"六个统一",既是经验性总结,也是规律性认识;既是原则方向,也是具体抓手。这一科学总结,将我们党对全面从严治党的规律性认识提升到全新高度,为推进新时代党的建设新的伟大工程提供了重要遵循。我们必须长期坚持,不断深化,并将这些经验运用到我校实际工作中,在实践中发扬光大,在工作中贯彻落实。

(三)坚决落实新形势下深入推进全面从严治党的重要任务

在十九届中央纪委二次全会上,习总书记对全党发出了"以永远在路上的执着把全面从严治党引向深入"的新号令,明确了坚持以党的政治建设为统领、锲而不舍落实中央八项规定精神、全面加强纪律建设、深化标本兼治、加强纪检监察干部队伍建设等一系列重点任务。

习总书记指出,要坚持以党的政治建设为统领,坚决维护党中央权威和集中统一领导。党中央做出的决策部署,所有党组织都要不折不扣贯彻落实,始终在政治立场、政治方向、政治原则、政治道路上同党中央保持高度一致。任何时候任何情况下,党的领导干部在政治上都要站得稳、靠得住,对党忠诚老实、与党中央同心同德,听党指挥,为党尽责。

习总书记强调,要锲而不舍落实中央八项规定精神,保持党同人民群众的血肉联系。要继续在常和长、严和实、深和细上下功夫,密切关注享乐主义、奢靡之风新动向新表现,坚决防止回潮复燃。纠正形式主义、官僚主义,要靠深入调查研究下功夫解难题,靠贴近实际和贴近群众的务实举措抓落实,确保党中央决策部署落地生根。

习总书记指出,要全面加强纪律建设,用严明的纪律管全党治全党。要加强纪律教育,使铁的纪律转化为党员、干部的日常习惯和自觉遵循。要完善纪律规章,实现制度与时俱进。

习总书记强调,要深化标本兼治,夺取反腐败斗争压倒性胜利。要坚持无禁区、全覆盖、零容忍,坚持重遏制、强高压、长震慑,"老虎"要露头就打,"苍蝇"乱飞也要拍。要推动全面从严治党向基层延伸,严厉整治发生在群众身边的腐败问题。

习近平总书记的讲话,突出强调了党的十九大关于全面从严治党的重大部署和要求,明确了当前和今后一段时期的总体要求和主要任务,为推进新时代全面从严治党指明了方向,具有很强的政治性、思想性、针对性。学校党委和各级党组织要以习近平新时代中国特色社会主义思想为指导,贯彻落实党中央、教育部、北京市的工作部署,以党的政治建设为统领,全面推进学校党的建设。统筹推进"思想建设工程""'双一流'建设工程""人才强校工程""内部治理工程"和"发展保障工程"等五项工作,全面落实新时代党的建设总体要求,始终坚持党对学校工作的全面领导,以"党建质量年"为抓手,切实调动各级党组织和全体党员领导干部积极性、主动性、创造性,走在前列、干在实处,不断凝聚起广大师生员工同心奋进的积极力量。保证以重大项目让大家看到希望,以重大变化重塑大家的信心,以重大作为回应师生的期盼。

二、认清严峻形势,切实增强全面从严治党工作的紧迫感

在过去一年多的时间里,我们党委不断强化全面从严治党主体责任,认真落实中央重大工作部署,持续推进中央巡视整改,坚持不懈地加强从严治党、从严治校。学校各级党组织主体责任意识明显增强,广大干部履职尽责,育人环境持续向好,推动学校各项工作取得较好成效,为推进学校"双一流"建设提供了坚强政治保证,风清气正的校园政治生态正在形成。

但同时也要清醒看到,党风廉政建设和反腐败斗争远未到大功告成的时候,管党治党只能继续加强,而不能有丝毫松懈;只能深入推进,而不能停滞不前。

(一)学校案件警示我们,党风廉政建设和反腐败斗争形势依然严峻复杂,全面从严治党依然任重道远

一是学校信访举报出现持续增长的态势。信访举报去存量和增量的任务依然十分繁重。从信访举报的内容上看,反映的问题主要集中在选人用人、科研经费、考试招生、校办企业、后勤基建、工作作风、师德师风等方面。需要我们认真分析,注意查实。

二是一些同志因各种问题受到党纪政纪处分,教训十分深刻。这反映出一些领导干部,虽三令五申、反复强调,仍然纪律意识淡漠,特权思想严重,对党纪国法熟视无睹、不以为然,对党内开展的各种法规学习、警示教育置若罔闻,把各种纪律规定要求放置脑后,无视纪律约束,违反八项规定,甚至触碰法律底线。根源上是对组织和纪律缺乏敬畏,过不了亲情关,放任自己,随心所欲。不仅自己受到组织严肃处理,也使学校为之蒙羞。

三是微腐败、灯下黑现象时有发生,说明学校反腐败工作还存在一些盲区。近年来,我们在科研经费管理、后勤基建招标、干部选拔使用等方面,加强了制度建设,有效堵塞了管理漏洞,取得了明显成效。但对一些边边角角、微观领域还没有及时整顿,进行有效监督。

结合以上案例可以看出,违反六大纪律的问题在学校仍时有发生。这些案件再次提醒我们,学校绝非净土,不是真空,违纪违法问题依然易发、多发,滋生腐败的土壤依然存在,万不可掉以轻心。

(二)学校案件警示我们,贯彻落实中央八项规定精神仍不够彻底,“四风”问题依然存在

近年来党中央释放出越往后执纪越严的强烈信号。但从我校执纪审查的情况看,违反中央八项规定的问题依然禁而不绝。在巡视整改期间,对违反中央八项规定精神的行为通过退款、自我检查、提醒谈话以及纪律处分的形式做了惩治,但个别党员干部仍抱有侥幸心理,在巡视期间出现顶风违规问题。

同时也要看到,干部作风问题依然突出。形式主义、官僚主义久治不愈,各种报表满天飞,部门只图自己方便,基层单位不堪重负。还有一些部门相互之间推诿扯皮,造成学校决策得不到有效执行。有的部门和干部慵懒无为、懒政惰政,有事情不是千方百计、积极推动,而是满足于找理由解释,寻借口推脱,导致办事拖拉、耽搁误事,甚至给学校带来无可挽回的损失。这都与干部不担当、不作为、慢作为、乱作为有关,学校将严肃追究相关人员责任。学校党委对加强作风建设高度重视,已经制定出台对校级干部约法十条和处级干部的约法六条,各级党组织也要持续用力,久久为功,以钉钉子的精神,打好作风建设的持久战,坚决把“四风”问题压下去、遏制住、解决好。

(三)学校案件警示我们,推进学校全面从严治党向纵深发展,营造强基固本、风清气正的政治生态极端重要

从学校发生的这些典型案例看,深刻反映出我们一些单位依然不同程度地存在着管党治党宽松软,责任落实不到位,对党员干部教育管理监督不严的问题。主体责任认识不清,不把党风廉政建设的工作付诸实施,反映出全面从严治党的螺丝扣没有拧紧,管党治党责任不落实。我们有的干部对新精神不学习,对新要求不掌握,对新规矩不知晓,对新情况不敏感,浑浑噩噩,不以为然,习惯于老一套,脚踩西瓜皮,一失足就成了千古恨。

有的人员还不习惯在严格规矩下办事，在组织和群众监督下工作，总是心想网开一面，搞上有政策、下有对策，特殊化思想严重。有的单位好人主义盛行，发现苗头不提醒不要求，听之任之，不负责任，任其滑向错误的泥潭。有的干部懒政惰政，不作为、少作为的心态严重，整天满腹牢骚，怨天尤人，原因理由一大堆，就是不见难题如何解决、工作有何进展。

说到底，我们之所以发生这样那样的一些问题，关键在于全面从严治党仍不到位，压力没有传导到位，严格管理还跟不上，干部师生中法律意识、规矩意识、程序意识依然淡漠，从严治党的思想自觉、环境氛围、体制机制还不完善，风清气正的政治生态还不巩固。全面从严治党要从治标为主要逐步转向治本阶段，要在政治自觉、思想自觉、行动自觉上狠下功夫。

前车之覆，后车之鉴。全校党员干部要从通报的反面典型中汲取深刻教训，引为镜鉴，做到举一反三，警钟长鸣。要强化纪律要求，任何时候都不能有松口气歇歇脚的念头，要时刻警醒自己严守底线和红线，在纪律和规矩面前不打折扣、不讲特殊，不能心存侥幸，真正把规矩立在心里，把纪律顶在头上，慎独慎微、慎言慎行，以永远在路上的执着推动全面从严治党向纵深发展。各级领导干部更要以身作则，加强党性修养，增强党性观念，要旗帜鲜明讲政治，坚定政治信仰，严明党的政治纪律和政治规矩，严肃党内政治生活，增强政治历练，严格执行规定，对纪律保持敬畏之心，真正把自己摆进去，要心有所畏、言有所戒、行有所止，对自己高标准严要求，在全校做表率、当标兵，营造纪律严明、风清气正的良好政治生态，为学校“双一流”建设提供坚强保障。

三、切实履行两个责任，不断推进学校全面从严治党向纵深发展

当前和今后一个时期，我们要按照习总书记“重整行装再出发”的要求，紧紧围绕坚持和加强党的全面领导，抓好党的建设，坚定不移推动学校全面从严治党工作向纵深发展，各部门各单位特别是在座的各位处级干部，一定要真正把责任担起来，知责、明责、履责、尽责，大力营造风清气正的良好政治生态和育人环境。

重点要抓好以下几方面的工作。

(一)把政治建设摆在首位，不断强化“四个意识”

政治方向历来是学校发展的生命线，在培养什么人、为谁培养人的问题上，没有什么可商榷、可回避、可犹豫的。大学作为孕育思想、传播理论、传承文明、价值塑造的地方，本质上属于上层建筑、属于意识形态领域，具有思想阵地的属性，因而大学必然具有鲜明的政治属性、政治立场和政治功能。习总书记反复告诫我们：“我们的高校是党领导下的高校，是中国特色社会主义高校。办好我们的高校，必须坚持以马克思主义为指导，全面贯彻党的教育方针。一所高校一旦在办学方向上走错了，在培养人的问题上走偏了，那就像一株歪脖子树，无论如何都长不成参天大树”。政治立场也代表着每一个干部群众的人生走向，决定着其一生的发展轨迹和荣辱成败。所有干部，无论党内党外，都是党的干部，都要把讲政治放在第一位。

目前出现的所有腐败问题，从来都不是单纯的经济问题，所有违纪问题发展到一定程度，归根到底都是破坏政治纪律的问题，从本质上看，都是政治问题。一些单位问题多发也往往与这个单位的政治生态密切相关。党员干部违反党纪党规，说到底都是“四个

意识”不强、“四个自信”不坚定、理想缺失、信念动摇、精神滑坡的问题，同时也暴露出所在单位党组织政治责任缺失、政治建设不实等问题。

各级党组织和党员干部，要认真学习领会全面准确把握习近平新时代中国特色社会主义思想的科学内涵和精神实质，学懂、弄通、做实，切实增强贯彻落实的思想自觉和行动自觉，始终在政治立场、政治方向、政治原则、政治道路上同党中央保持高度一致。

一要坚持正确的办学方向，把立德树人放在首位。在当今社会，我们要进一步强化培养接班人的意识和使命担当，学校的发展必须始终与我国发展的现实目标和未来方向紧密联系在一起，为国育人，为党育才，服务国家、服务人民的方向和职能丝毫不能动摇。这就需要我们在学生的培养目标上始终把坚定正确的政治方向摆在第一位，在办学方向上始终把“四个服务”摆在第一位。工作中要把立德树人的成效作为检验学校一切工作的根本标准，把师德师风作为评价教师队伍素质的第一标准，确保我们的大学在服务祖国、服务人民中不断发展壮大，我们培养的学生成为担当时代重任的一代新人。

二要严明政治纪律，切实做到两个维护。政治纪律是党的六项纪律中最重要、最根本、最关键的纪律，是维护党的团结统一的根本保证。政治纪律的红线存在于我们工作的方方面面、时时刻刻。要自觉遵循《党章》《党规》修正言行，始终做政治上的明白人、老实人。学校各级党组织要及时发现和查处政治上违规逾矩问题，要切实加强意识形态工作，严格落实中央关于意识形态工作责任制要求，切实做到守土有责、守土负责、守土尽责。强化教师授课纪律和规矩，加强管理哲学社会科学报告会、研讨会、论坛，坚决反对和抵制各种错误观点，该出手时就出手，该亮剑时就亮剑。

三要严肃党内政治生活，营造健康氛围。党要管党，必须从党内政治生活管起，从严治党必须从党内政治生活严起。学校党内政治生活状况发生了积极变化，但是仍存在一些亟需解决的突出问题。有的党组织政治理论学习走过场，抓而不紧，脱离实际，照本宣科，机械僵化；有的领导干部同下属党员干部谈心谈话碍于情面，不深不透，发现了苗头性倾向性问题也不提醒，不批评；有的党员干部以工作繁忙为借口，不参加组织生活；有的单位民主生活会流于形式，政治生活丧失活力，失去作用。各级党组织要严格执行《关于新形势下党内政治生活的若干准则》，严肃党的组织生活，严格执行“三会一课”、民主生活会、组织生活会、谈心谈话、民主评议党员、请示报告等制度。学校的《党员领导干部民主生活会方案》，要进一步依据教育部党组的相关制度规定，不断细化实施办法，要加强对党内政治生活状况、党的路线方针政策执行情况、民主集中制等各项制度执行情况的监督检查，确保民主集中制得到有效贯彻，确保党内政治生活各项制度落到实处。

四要保持政治警觉，旗帜鲜明地开展斗争。当前，意识形态问题错综复杂，思想战线斗争十分激烈。大量事实证明，改革开放以来的历次政治风波，都有高校师生卷入其中。现在的焦点往往不是直接挑战我们党和国家的基本制度和政治底线，而是通过社会矛盾、现实问题、身边遭遇等一些事端，煽动对党的政策不满，挑拨群众与政府的关系。我们要看到，各种社会思潮都会向学校渗透，各种事端都会向学生全体蔓延、向校园倒灌。如果我们不能保持定力，时刻警惕，明察苗头，及时引导，往往就会风起于青蘋之末，最后酿成无法控制的社会事端，带来无法估计的损失。我们要对国家负责，不能酿成社会动乱；要对学校负责，不能落入他人陷阱；更要对学生负责，不要因一时冲动而带来无可挽回的结局。要引导师生，相信党和政府，坚守法治原则，一切遵循合法程序解决。每个单位都要守土有责，守土负责，主动亮剑，敢于发声，决不允许把高校作为传播错误思想的场所、制造动乱的温床。

(二)把党的建设不断推向深入，进一步强化党的领导和从严治党的责任落实

一是切实加强学校党的领导。在学校层面，要认真落实中央巡视整改，坚持党委领导下的校长负责制，不断完善运行机制，进一步强化党政领导班子的政治意识、大局意识和责任意识。在学院层面，要认真落实中组部关于高校党建工作重点任务20条的有关规定，严格按照新制定的学院党委会和党政联席会的议事规则，强化学院党委对重大事项的前置研究程序，落实党委书记主持党政联席会的工作职责。在教工支部层面，要进一步强化支部的政治功能，在干部提拔、教师考核、人才引进等方面，规定必须听取支部意见的工作程序。

二是强化主体责任落实。管党治党是党委抓的第一大主责要事，是党委的首要之责、根本之责、当然之责。各二级党组织是本单位管党治党的主体，要坚守责任担当，当好领导者、执行者、推动者。把主体责任始终落实在行动上，种好自己的责任田。在座的分党委书记、党总支书记、党支部书记，要牢固树立"第一身份是党的书记、第一职责是管党治党、第一政绩是抓好党建"的意识，要把这种沉甸甸的政治责任，抓在手中、扛在肩上、落实在行动上。各单位班子成员也要不断强化"一岗双责"意识，既要事业发展又要不出问题，既要以身作则又要抓班子带队伍。学校出台《推进领导干部落实党风廉政建设主体责任全程记实工作办法(试行)》，各级党组织和全体处级干部要严肃落实文件内容，切实落实主体责任。要严格组织领导，坚持全面从严治党与业务工作同部署、同检查、同考核，明确任务分工，层层压实责任。要严格教育，抓好政治理论学习，加强纪律教育、警示教育。要严格管理，敢抓敢管与会抓会管，不当好好先生，不搞甩手掌柜，不做太平绅士。要严格监督，监督责任首先是党组织责任、党组织书记的责任，要切实运用好监督执纪四种形态，特别是第一种形态，抓好抓小防范意识。对这几个方面的责任没尽到，党员干部出了问题，要严肃追究领导责任。

三是抓好干部队伍建设。政治路线确定以后，干部就是决定的因素。学校目前正在实施处级干部的整体换届，目前各部处的处长基本到位，按照推动岗位交流、发挥干部特长的原则，大部分干部都到了新岗位，带来了一些新的气象、新的作为。希望所有新到任的干部，加强理论学习，尽快熟悉业务，提高执行能力，开拓新的局面，在非常时期承担起兴校强校的历史使命。副处级干部经过广泛的民主推荐，正在逐步聚焦考察人选，一批年富力强、充满干劲的青年干部很快就要进入领导岗位。本次推选和任用，严格按照以德为先、德才兼备的原则，认真落实党委提出的实现年轻化、专业化的要求，积极推动学院和学校机关的对流，千方百计增加一线教师加入管理队伍的比例，希望各单位从学校大局出发，本着为年轻干部多岗位培养锻炼着想，支持组织部门的工作。接下来，就要启动学院行政领导班子的整体换届，首先要代表学校感谢本届各个学院行政领导班子的无私奉献，是你们的呕心沥血、辛勤努力，奠定了今天的农大地位，铸就了今天农大的成就，有的同志历经几届、功不可没。无论今后是否继续，学校都将永远感激这些同志的奉献和功绩，并将通过各种渠道继续发挥好大家的作用。目前，首先要启动任期考核，我们将尊重干部各自的想法和意愿，但首先要接受组织的选择、群众的选择、事业的选择，我想大家都有这样的境界和觉悟。其次要从事业发展、学校全局和新老更替的规律出发，把

各个学院的班子配强配齐，再续新的辉煌。从时间上看，学校党委将按照成熟一个任命一个的节奏，大体上在本学期结束前完成，考察推荐工作准备近期开始，但各个学院领导班子都要坚守岗位，本着对学校负责、对事业负责的精神，如期完成本届工作任务，年底前的所有行政工作仍由现任领导班子负责。

（三）狠抓工作落实机制，全面推进巡视整改和校内巡察工作

一是深化巡视整改。一年多以来，在全校师生共同努力下，巡视整改各项工作取得了明显成效，但同时有些整改工作与党中央要求特别是新时代要求相比、与师生的期盼相比、与学校党委确定的最初整改目标相比还存在一定的差距。学校党委近期多次强调巡视整改工作，要把巡视整改作为政治建设的基础性、经常性工作，把深化巡视整改作为全面从严治党的重要内容，从“整改不落实，就是对党不忠诚”的政治高度认识，推动深化巡视整改工作。为此，学校党委制定了《深化巡视整改工作方案》，用好巡视成果，建立长效机制，从思想上、行动上围绕学校“双一流”建设和“5＋1”工程等重要工作，确保认识到位、责任到位、落实到位，促进学校事业全面健康发展。

学校党委深化巡视整改工作主要围绕四个方面开展。第一，根据中央对我校巡视整改的意见和学校党委出台的整改方案，开展深化巡视整改工作，高质量、高水平完成所有整改要求；第二，对标十九大后新一轮巡视要求，围绕党的政治建设、思想建设、组织建设、作风建设、纪律建设、夺取反腐败斗争压倒性胜利等六个方面的情况，按照政治从严、监督从严、作风从严、执纪从严的要求，开展深化巡视整改工作；第三，结合党建基本标准检查、经济责任审计、本科教学工作审核评估等，逐一反馈意见，对照检查问题和不足，开展整改落实工作；第四，结合学校“双一流”建设、“5＋1”工程以及“党建质量年”“人才强校年”等重点工作，深入分析工作中存在的问题和薄弱环节，推进工作落实。推动以上四方面的深化巡视整改工作，要进一步强化学校领导班子成员的领导责任，按照职责分工分别牵头负责，分析研判工作中存在的问题和薄弱环节，用更高的标准、更严的尺子逐项分析研判，明确哪些问题已经全面完成整改、哪些问题还需继续深化整改、哪些问题尚未建立长效机制，列出工作清单，推动深化整改。本学期末，学校党委将召开专题会议，逐一听取学校领导班子成员深化巡视整改工作情况。

关于深化巡视整改工作我代表党委在此提出五点要求：一是深化思想认识，自觉推动整改。广大党员领导干部要进一步提高政治站位，强化责任担当，对照中央新要求，做到整改意识再唤醒，整改力量再集结，整改进展再梳理，整改要求再对标，整改落实再发力。二是聚焦重点难点，压实整改责任。各二级党组织要切实增强深化巡视整改的责任意识，强化党组织书记是深化整改第一责任的职责，各单位各部门要把深化巡视整改作为落实全面从严治党的重要举措，作为检验党员忠诚度、工作能力的一次考核。各单位主要负责人要强化责任担当，决不能“新官不理旧账”，重点难点问题要直接抓、抓具体、抓到底，进一步实现压力层层传导、任务层层落实。三是严格验收标准，确保整改到位。自去年上半年以来，中央召开了党的十九大和十九届二中三中全会，还召开了全国教育大会等一系列重要会议，为我们的工作提出了新的要求。我们在盯住巡视组反馈意见和整改清单的同时，要突出政治改的核心地位，围绕质量改的核心要求，对照新思想、新形势、新标准，查找新情况、新问题，推进整改不断深化，确保深化整改实效。四是精心组织部署，狠抓整改落实。学校领导班子将以身作则，带头深化整改。大家在深化整改的过

程中，要明确目标，围绕党的领导、党的建设和全面从严治党工作存在的不足进行重点突破。要深入摸排，自查自纠，查政治态度、查责任主体、查任务落实，举一反三，不打折扣，不留死角，防止反弹。五是强化监督问责，推动整改深化。要从自我监督和纪检监督两个层面强化深化巡视整改的日常监督，坚持以从严从实抓深化整改的标准检验深化整改工作是否到位。要对深化整改行动迟缓、举措不到位、效果不明显、群众反映强烈的问题，通过实际举措维护整改工作严肃性和公信力。要对整改不力、敷衍整改、虚假整改的严肃追责，确保深化巡视整改到位。

二是开展校内巡察。党中央总结巡视工作经验，创新、完善党内监督体系，习近平总书记在十九大报告中明确提出要建立巡视巡察上下联动的监督网，新修订的党章也对巡察做出了专门规定。中共中央办公厅印发《关于市县党委建立巡察制度的意见》《中央巡视工作规划（2018—2022年）》，教育部党组在《教育部巡视工作规划（2018—2022年）》也提出指导推动直属高校党委巡察工作稳步开展的工作任务。学校各级党组织、党员领导干部要认真学习贯彻党中央有关巡察工作的重要决定，深刻认识巡察是巡视向基层的延伸和拓展，是推进全面从严治党向纵深发展的一项重要制度安排，是完善党内监督体系的重要一环，具有党内监督“探头”作用。学校党委为此成立了巡察工作领导小组，组建了巡察督导办公室，提出党委一届任期内对二级党组织巡察全覆盖的工作目标。目前，学校第一轮巡察工作已经启动，学校将召开巡察工作动员会。各级党组织、全体党员干部要支持配合巡察工作，通过巡察发现问题，形成震慑，推动改革，促进发展，推动全面从严治党在基层见实效，为学校事业发展提供坚强政治保障。

（四）持之以恒地推进作风建设，让党的群众路线和中央八项规定精神在学校进一步落地生根

一是锲而不舍落实中央八项规定精神，保持党同人民群众的血肉联系。学校已经出台《贯彻落实中央八项规定及实施细则精神的实施办法》《校级领导干部约法十条》《处级领导干部“约法六条”》，坚持领导带头、以上率下，强化对“关键少数”的约束，教育引导党员领导干部正确对待和处理公与私、义与利、廉与腐、俭与奢、苦与乐、亲与清的关系。广大教师、党员干部既要在重大问题、原则问题上坚守红线，又要在生活小节、工作细节上坚守底线，成为新时代优良作风的坚定支持者、积极传播者、示范带动者。各级党组织要以钉钉子精神打好作风建设持久战，关注“四风”隐形变异、改头换面新动向，牢牢抓住保持党同人民群众血肉联系这个作风建设的根本，牢记民心是最大的政治，落实密切联系群众相关工作。纪委要严肃查处违反中央八项规定精神问题，把监督检查违反中央八项规定及其实施细则精神执行情况作为重点任务和经常性工作。各职能部门要把公车使用、公务接待、因公出国（境）、办公用房使用管起来，开展经常性专项检查监督，发现问题及时整改，整改不到位进行严肃处理。

二是坚决整治形式主义和官僚主义。学校党委深入贯彻落实中央纪委办公厅印发《关于贯彻落实习近平总书记重要指示精神　集中整治形式主义、官僚主义的工作意见》进一步纠正“四风”，全面启动集中整治形式主义、官僚主义工作，紧密联系学校工作实际，重点纠正一些领导干部爱惜羽毛、回避问题、慵懒无为的问题。依据《贯彻落实中国共产党问责条例实施细则（试行）》，重点整治不担当、不作为、慢作为、乱作为、假作为等形式主义、官僚主义突出表现，抓住典型，坚决问责，形成威慑，加大通报曝光力度，坚决

防止“四风”反弹回潮。

三是鼓励担当和主动作为。随着反腐败斗争的持续深入，一些党员干部对全面从严治党存在一些思想认识上的误区，有的心存畏惧，害怕工作上稍有失误，便会触碰纪律红线；有的面对工作缩手缩脚，裹足不前，存有“宁可不做事，也不能做错事”的心态；还有的工作疲沓，不思进取，抱着“混混日子，得过且过”的想法。如果不能及时加以消除，势必会对党员干部队伍肌体乃至党和国家建设事业带来很大的危害。习近平总书记在省部级主要领导干部专题研讨班上的讲话中明确提出了“三个区分开来”的重要指示精神，即“把干部在推进改革中因缺乏经验、先行先试出现的失误和错误，同明知故犯的违纪违法行为区分开来；把上级尚无明确限制的探索性试验中的失误和错误，同上级明令禁止后依然我行我素的违纪违法行为区分开来；把为推动发展的无意过失，同为谋取私利的违纪违法行为区分开来。”这为我们指明了方向。学校党委将坚持严管和厚爱结合、激励和约束并重的原则，完善干部考核评价机制，建立激励机制和容错纠错机制，旗帜鲜明为那些敢于担当、踏实做事、不谋私利的干部撑腰鼓劲。鲜明树立重实干、重实绩的用人导向，既看日常工作中的担当，又看大事要事难事中的表现，突出信念过硬、政治过硬、责任过硬、能力过硬、作风过硬，大力选拔敢于负责、勇于担当、善于作为、实绩突出的干部，让那些想干事、能干事、干成事的干部有机会有舞台。

（五）切实加强党内监督，有效开展新形势下监督执纪问责

我们要进一步加强制度体系建设，努力构建学校党委主体监督、纪委专责监督、党的工作部门职能监督、党的基层组织日常监督、党员民主监督相结合的党内监督体系，形成各有侧重共同发力的监督网络，实现监督全覆盖。

学校纪委，作为党内监督的专职机关，作为管党治党的重要力量，要忠诚履行《党章》赋予的职责。通过强化监督执纪问责，推动学校各项工作落到实处，坚决纠正工作落实过程中出现的温差、落差和偏差。要紧盯重点领域关键环节和关键岗位。对党的十八大后，不收敛不收手，问题线索反映集中、群众反映强烈、政治问题和经济问题交织的腐败案件，违反中央八项规定精神的案件要重点查处，决不姑息，对失责、失察、失职的要严肃问责。学校党委将一如既往地重视纪检监察队伍建设，全力支持纪委依法依规开展工作。

管理服务机构和直属机构要切实履行职能监督责任，坚决纠正只管工作部署、安排，对工作过程不管不问，对出现的问题无动于衷、消极应付、落实工作效果差的现象。

对于发生在学校的各种腐败问题，我们的态度历来是零容忍，增量必须遏制，存量必须减少。党委的态度是绝不姑息、绝不容忍，必须以事实为依据，以法纪为准绳，发现一起就坚决查处一起，查实一起就坚决处理一起。在党纪国法面前，任何人不要心存侥幸，企图蒙混过关。

关于高校纪律检查体制改革，最近党中央决定，在巩固党的十八大以来派驻监督取得的明显成效基础上，进一步深化中央纪委国家监委派驻机构改革，完善派驻监督体制机制。中央还专门对党委书记和校长列入中央管理的高校纪检监察体制改革提出了分类施策的意见。这是进一步加强高校纪律检查工作的强烈信号，也是新形势下改革完善高校纪律检查体制的重要举措。我们要全力配合，推进改革措施落地见效。

同志们，全面从严治党永远在路上，推进党的建设新的伟大工程要一以贯之。中国

特色社会主义进入新时代,我们一定要有新气象新作为。加快建设具有中国特色、农业特色的世界一流大学,我们一定要有新举措新面貌。只有坚定不移推进全面从严治党,不断提高执政能力和领导水平,才能更好肩负起自己的历史使命。我们要紧密团结在以习近平同志为核心的党中央周围,全面贯彻落实党的十九大部署,以时不我待的紧迫感、只争朝夕的奋斗精神,深入推进全面从严治党工作。进入新时代,踏上新征程,让我们以坚定不移的决心和必胜的信心,共同努力,逢山开路、遇水搭桥,凝心聚力、攻坚克难,重整行装再出发,以永远在路上的执着把全面从严治党引向深入,加快实现中国特色、农业特色世界一流大学的伟大目标,为学校科学和谐发展、建设“双一流”提供更加坚实有力的保证!

以习近平新时代中国特色社会主义思想为指引,把握机遇,锐意进取,努力开创学校统战工作新局面

——党委书记姜沛民在中国农业大学统战工作会议上的讲话

(2018 年 12 月 6 日)

同志们:

今天的统战工作会议,是在全面深入贯彻全国教育大会精神、加快推进“双一流”建设步伐的新形势下召开的,主要目的是系统总结党的十八大以来学校统战工作所取得的成效和经验,根据上级部门、上级党委关于高校统战工作的新要求新部署,研究谋划今后一个时期学校统战工作,把握机遇、锐意进取、团结求实、开拓创新,推动学校统战工作迈上一个新台阶。

刚才,四个单位的介绍,从不同侧面展示了近年来我校统战工作的成绩、经验和成效,值得我们各个单位认真学习借鉴。统战部杨志同志介绍了近期学校党委研究出台的两个关于统战工作的政策性文件,对今后一个时期学校统战工作的总体思路、重点工作、工作机制以及具体举措做了说明,希望大家结合自己的工作实际抓好落实。

在此,我代表学校党委强调以下几点:

一、系统总结党的十八大以来学校统战工作所取得的成绩,进一步坚定信心,鼓舞斗志

我们中国农业大学的统战工作,具有深厚的传统和基础,也有很多亮点和成效。我们深入学习贯彻习近平新时代中国特色社会主义思想和十九大精神,贯彻落实党中央关于统一战线的决策部署和上级党委统战部门、教育部门对高校统战工作的一系列具体要求,坚持深入开展“心桥工程”主题活动 10 年不断线。在北京高校统战工作会议上,我校

荣获统战工作特色与创新项目、“心桥工程”优秀项目及先进党外代表人士等9项表彰。持之以恒推进“党外代表人士队伍建设工程”，一大批党外代表人士在校内外发挥积极作用。其中，武维华院士当选九三学社中央主席和全国人大常委会副委员长，张福锁院士获得“全国脱贫攻坚创新奖”。结合新形势新任务，率先探索开展区校统战合作，建设“区域化统战创新综合体”，提出和实施“同心圆”工程，走在了北京高校统战工作前列。中央统战部副部长陈喜庆、北京市委常委统战部部长齐静等领导同志先后来校调研指导，对我校统战工作给予了充分肯定。5年多来，学校统战系统相关工作、人物、活动成果还荣获“全国统战理论政策研究创新成果二等奖”“北京市统战系统优秀信息”“北京市民主党派年度优秀人物”、北京市参政议政服务发展“同心奖”等一系列表彰，形成了积极社会影响。

因此，在加快推进“双一流”建设的新形势下，我们非常有必要对近年来的统战工作进行系统总结。概括起来有以下八个方面：

(一)健全体制，完善机制，不断加强和改进党对学校统一战线工作的领导

学校已经初步形成了相对完善的统战工作体系和工作制度。学校党委成立了学校统战工作领导小组(港澳台侨工作领导小组)，加强统筹协调。定期召开民主党派负责人专题座谈会，面对面听意见、通情况，加强沟通交流。抓实抓细各项统战制度机制建设，研究制定学校《关于加强新时代学校统一战线工作的实施意见》《统战人士专题通报会制度》《统战组织和代表人士意见建议反馈制度》《民主党派调研制度》等制度和学校民主协商工作方案，完善党员校领导联系学校党外代表人士和民主党派组织的制度。专门召开学校统战系统宣传工作、信息工作培训会。各学院党委结合基层实际，支持统战人士参与学院民主管理、民主监督，加强民族宗教工作，积累形成一些制度化、规范化的做法与经验。

(二)凝心聚力，服务发展，不断加强和改进学校党外知识分子思想教育引导

探索建立校、院两级党外知识分子工作体系，坚持对党外高级知识分子思想状况进行调研分析。结合形势任务，定期举办统战系统春季报告会、秋季报告会，承办北京高校统战大讲堂，特别是围绕学习贯彻十九大精神，进行系列访谈、系列座谈、系列主题实践活动，营造了良好的政治氛围。围绕校庆，统战系统举办“三农智库　学术金秋”系列活动。坚持开展“联系老成员，发扬好传统”主题活动立项。制订实施学校《统一战线“心桥工程”脱贫攻坚行动纲要(2016—2020)》，召开“科技教育精准扶贫的路径与模式”研讨会，组织专家赴河北、滇西、毕节等进行帮扶，在贫困山区小学设立“同心”奖学金。2017年7月，学校党委统战部与怀柔区委统战部签署统战战略合作协议，启动和组织百名专家服务怀柔科技行动。2018年与市委统战部一起，在京郊建设5家统农系列“北京科技小院”，搭建了党外知识分子大规模实践锻炼平台。

(三)科学谋划，扎实推进，着力建设一支高素质的学校党外代表人士队伍

着力推进党外代表人士队伍建设工程，制定《中国农业大学党外代表人士队伍建设规划(2018—2022)》建立“高层次代表人士、代表人士、后备人才信息库”，稳步扩大规模、优化结构、提升素质，目前推荐到全国层面党外代表人士10人左右，其他各方面代表人士80人左右，中青年后备骨干120人左右，在校内校外发挥更大作用。学校先后举办党外人士、中青年后备骨干学习党的十八大精神专题培训班、十九大精神专题研修班，举办

暑期高端(留学归国)人才培训班,开展中青年党外人士系列专题学习研讨,举荐一批党外人士参加上级组织、上级部门举办的高级研修班。积极做好党外人士挂职锻炼工作,推荐武维华院士、张福锁院士、龚元石副校长、韩鲁佳教授参加北京市高层次党外挂职,推荐一批党外人士参加北京市中青年党外挂职、项目挂职等。协助中央统战部、北京市委统战部、北京市委教工委、各民主党派市委会等做好党外代表人士的举荐考察工作,配合上级部门做好全国政协和北京市、区政协等换届工作。我校党外人士参政议政、建言献策作用更加突出,何秀荣、李保国、左停、韩鲁佳、朱道林等一大批党外专家的建言成果,得到国家领导人的批示。

(四)健全机制,搭建平台,支持民主党派基层组织加强自身建设,发挥优势作用

支持民主党派在校内外开展特色活动,民盟委员会在河北广宗、贵州毕节设立两个教授工作站,九三学社委员会在北京门头沟黄安坨设立"科技助农示范小院",等等。结合学校"八个一流"建设任务和统战实际,协商确定各民主党派调研重点,加强与机关职能部门对口联系,支持民主党派围绕中心深入调研,为学校"双一流"建设凝聚智慧力量。结合党风监督员聘任工作,新聘任三位民主党派负责人作为学校第三届党风监督员。学校民盟委员会获民盟中央"先进基层组织""社会服务工作先进集体"称号,九三学社委员会荣获九三学社中央"2011—2015 年社会服务工作先进集体"称号,等等。我校民主党派特色发展成果被中央统战部一局评为优秀奖。

(五)维护稳定,促进和谐,扎实做好学校民族宗教工作,稳妥处置热点难点问题

发挥学校民族宗教工作领导小组作用,举行民族政策培训暨学习研讨、宗教政策专题培训,举办民族宗教理论与政策集体备课会,对新生辅导员和班主任进行"党的民族宗教政策"培训,并组织民族宗教工作干部实地考察宗教场所,选派干部教师参加北京高校民族宗教工作高级研修班等,增强本领,扎实做好抵御防范校园传教渗透工作和专项工作任务。举办"中国少数民族科技成就与精英巡展",协助海淀区委统战部选调少数民族研究生毕业生到海淀区工作,立项并完成"新时期各民族大学生交往交流交融政策体系研究"课题。2013 年和 2018 年,陈青云教授、侯书林教授先后获得首都民族团结进步先进个人称号。

(六)围绕中心,服务大局,以中华民族优秀传统文化为纽带,做好港澳台侨及海外统战工作

我们加强了对侨台联和归国留学人员专题情况通报,结合实际组织开展好侨台联主题活动,不断加强侨联"智库"建设。学校侨联(留联会)坚持举办科技前沿论坛、学术沙龙,并邀请归国留学人员进行校内外系列参观交流活动,围绕"两会"精神进行座谈学习,增进对国情、校情的了解。我们还组织了各二级党组织统战干部到台湾会馆参观学习,举办"两岸关系与对台政策"辅导报告。支持台联召开台生座谈会,加强与台生的沟通和联系。组织师生参加北京文化论坛征文,邀请港澳台侨学生进行传统节庆活动等。

(七)加强调研,扩大交流,不断提升学校统战理论水平与工作科学化水平

我校当选为第四届北京高校统战理论与实践研究会会长单位(2008—2013)。承担并完成北京市教育工委、教委"两委"委托重点课题《北京高校统战工作回顾与展望》和北京市统战理论研究基地系列调研课题。认真梳理学校统一战线历史资料和大事记,讲好统战故事。我校向北京高校统战理论与实践研究会报送并发表《一致性和多样性关系的

复杂动态特征及其对统一战线的启示》《加强高校政党协商保障机制建设的实践与思考》《维汉大学生集体生活学习现状及维汉学生互动情况研究》《高校学院层面抵御宗教渗透工作研究》等一系列统战调研成果。

(八)优化作风,提升素质,大力加强校、院两级统战干部队伍自身建设

党委高度重视加强统战部门自身建设和校院专兼职统战干部队伍建设。坚持单独设置统战部门,选优配强统战干部,将统战部建成“党外人士之家”,弘扬“家”的文化,营造“家”的氛围。各分党委、党总支、直属党支部明确由书记分管统战工作,同时配好基层统战委员。多年来,学校统战系统落实全面从严治党,贯彻落实中央八项规定精神,强化廉政为先,加强理论学习和新时期统一战线业务学习,对照《北京高校党建工作检查评估基本标准》,进行了统战工作自查与总结,不断提升水平。

这些统战工作成绩的取得,离不开上级党委、上级部门和各级领导的关心、指导与支持,离不开校院系各级党组织和党员干部的努力工作,也离不开各民主党派的共同奋斗,离不开学校统一战线广大成员的辛勤付出。在此,我代表学校党委对大家表示衷心的感谢!

同时,也要看到新形势下学校统战工作中还存在一些不足与差距,主要是:统战工作发展不均衡,基层统战委员作用发挥不充分;对党外知识分子的引导服务工作还存在一些薄弱环节,特别是对民主党派人士取得的社会服务工作成果,在评价、工作量确认以及政策支持等方面还做得不到位;做好新形势下民族宗教工作还面临一些新的挑战;统战工作也需要根据新形势创新方式方法,与新形势新要求相适应。这些都需要我们在新形势下加大工作力度和工作创新。

二、加强学习,融会贯通,切实用习近平新时代中国特色社会主义思想指引学校统战工作

党的十八大以来,习近平总书记高度重视统战工作,发表了一系列关于新时期统战工作的重要论述,明确了我们党在新形势下加强统战工作的指导思想、主要原则和重点任务。这些重要论述是习近平新时代中国特色社会主义思想的重要组成部分,也是我们做好新时期新形势下统战工作的重要指导思想和工作指引。我们要着力在学懂、弄通、做实上下功夫,以知促行、以行促知。切实以习近平新时代中国特色社会主义思想武装统战干部、引领统战成员、指导统战工作,把统一战线广大成员更加紧密地团结在以习近平同志为核心的党中央周围,画出共同团结奋斗的最大同心圆。

(一)充分认识新形势下做好统战工作的重大意义

一是要从坚持“四个自信”的角度深刻理解和领会新时期统战工作的重要意义。做好新时期的统战工作,首先要理解和把握中国共产党领导的多党合作和政治协商制度的深刻内涵。习近平总书记在全国“两会”期间与民主党派座谈时深刻指出:“中国共产党领导的多党合作和政治协商制度,作为我们国家一项基本政治制度,是中国共产党、中国人民和各民主党派、无党派人士的伟大政治创造,是从中国土壤中生长出来的一种新型政党制度。说它是新型政党制度,新就新在它是马克思主义政党理论同中国实际相结合的产物,它能够真实、广泛、持久地代表和实现最广大人民的根本利益、全国各族各界的根本利益,有效避免了旧式政党制度代表少数人少数利益集团的弊端;新就新在它把各

个政党和无党派人士紧密团结起来，为了共同的目标而奋斗，从而有效避免了一党缺乏监督或者多党轮流做庄、恶性竞争的弊端；新就新在它通过制度化、程序化、规范化的安排，集中各种意见和建议，推动决策科学化民主化，有效避免了旧式的政党制度囿于党派利益、阶级利益、区域和集团利益决策施政导致社会撕裂的弊端；它不仅符合中国的实际，而且符合中华民族一贯倡导的天下为公、兼容并蓄、求同存异等优秀的文化传统，是对人类政治文明的重大贡献”。正是这种新型政党制度，不断强化我们的“四个自信”，凝聚人心，汇聚合力，才成就了我们建国 70 年来的伟大成就。因此，在新的形势下，我们要不断深化对这个制度的理解和认识，不断在其中体会加强统一战线工作的重大意义。

二是要清晰地认识和把握新时期统战工作的重要作用。统一战线、武装斗争、党的建设，历来是中国共产党的三大法宝。无论是在革命、建设、改革的各个历史时期，我们党始终把统一战线和统战工作摆在全党的重要位置，努力团结一切可以团结的力量，调动一切可以调动的积极因素，为我们党和人民事业不断发展营造了十分有利的条件。我们党现在所处的历史方位、所面临的内外形势、所肩负的使命任务都发生了重大变化，但越是变化大，越是要把统一战线管理好，把统战工作开展好。就像毛主席所讲的：“所谓政治就是要把我们的人搞得多多的，把敌人搞得少少的”，这就是我们统一战线工作的核心任务，是最大的政治。也就是说，统战工作关系到人心向背，关系到力量对比，它是决定党和人民事业成败的关键。这也是我们党在新形势下治国理政必须花大心思、下大力气解决好的重大战略问题。我们全面建成小康社会、全面深化改革、全面依法治国和全面从严治党的战略布局，每一项都是艰巨的系统工程，都需要发挥统一战线的优势和作用。特别是随着改革开放的不断推进、利益关系的不断调整，不可避免的会产生一些矛盾和问题，不同程度地反映到我们的政党关系、民族关系、宗教关系、阶层关系、海内外同胞关系之中，就更加需要做好沟通思想、理顺情绪、化解矛盾的工作，要最大限度地凝聚共识，凝聚人心，凝聚智慧，凝聚力量。

(二)深刻理解做好党外知识分子工作的新要求

一是要高度认识党外知识分子工作的地位和作用。习近平总书记在中央统战工作会议上强调：“党外知识分子工作是统一战线的基础性、战略性工作”。这在新形势下，进一步提升了我们党外知识分子工作的地位和作用。所谓“基础性”，强调的就是党外知识分子是统一战线各个领域代表人物的源头。所谓的“战略性”，就是强调党外知识分子工作是关系到党和国家事业发展全局的一项长期重要任务。

回顾党的发展历程，我们就不难发现，统一战线经历了不同的发展阶段，但高校始终是统一战线工作的重要阵地。在我党成立初期，一些党的早期领导人都在高校工作，他们在青年学生中传播进步思想，引导他们支持革命、宣传革命、参加革命。抗战期间，我们党在高校团结大批的爱国党外知识分子，引导他们支持抗战主张，投身抗战事业。解放战争时期，我们通过开展高校的统战工作，形成了反内战、反独裁、争民主、促和平的第二条战线。新中国成立之后，高校的统战工作得以全面发展，我们争取了一大批优秀的留学人才回国参加社会主义建设，也动员广大党外知识分子响应回来的号召，向科学进军，为推动我们国家的科技进步和教育事业的发展贡献了重要力量。改革开放以后，我们党在高校全面落实党的知识分子政策，支持广大知识分子发挥自己的专业和智力优势，为推进改革开放和社会主义现代化建设发挥了特殊重要的作用。因此，可以说高校历来是我们党开展统战工作的缩影，是展示统一战线发挥作用的重要窗口。

从农大的情况来看，我们的党外知识分子数量众多，占据教师队伍的半壁江山，是学校改革发展建设所依靠的重要力量。新形势下，做好统战工作，就是要把我们最广大的知识分子紧密团结在党的周围，这是我们在座的各级党组织负责人非常重要的职责。

二是要明确新形势下学校统战工作的重点任务。高校是党外知识分子工作的重要阵地，其统战工作的重点任务，概括起来是“一个主题、一个方针、一条主线、一个重点和六项重点任务”。一个主题，就是要坚持“大团结、大联合”的主题，这是我们统战工作始终高举的旗帜；一个方针，就是要坚持正确处理一致性和多样性关系的方针；一条主线，就是要强化以党外知识分子政治引领为主线；一个重点，就是加强党外知识分子代表人士队伍的建设。六个方面的工作重点是：要着力加强党外知识分子思想政治工作；着力发挥高校在培养选拔党外代表人士方面的重要源头作用；着力做好高校民主党派、无党派人士的工作；着力做好高校民族团结工作；着力做好抵御利用宗教对高校进行渗透和防范校园传教活动；着力做好高校的港澳台侨活动。

三是学习掌握党外知识分子工作的原则和方法。信任是做好党外知识分子工作的前提。知识分子是工人阶级的一部分，必须坚持政治上充分信任、工作上大力支持。尊重和包容，是做好党外知识分子工作的重要条件。多看党外知识分子的主要方面、多看他们对国家和社会的贡献，做到容人之异、容人之短、容人之失，对存在的缺点和问题要开展平等的交流，给予耐心的帮助。

（三）深刻把握新时代大统战工作的规律性

习近平总书记强调：“统战工作是全党的工作，必须全党重视，大家共同来做。”因而，我们强调要建立健全大统战工作格局，也就是党委统一领导、统战部门牵头协调、有关部门各负其责的大统战工作格局，形成工作合力。

一是明确各级党组织开展统一战线工作的主体责任。学校统战工作的主体责任在学校党委，基层统战工作的主体责任在各二级党组织，党委主要负责人是统一战线工作第一责任人。各级党组织要将统一战线工作纳入重要议事日程，定期专题研究重大问题，这是我们的分内之事，要抓大事、议大事，把统战工作和本单位的总体工作一起考虑、一起布局。

二是明确统战工作的核心是掌握政策。统一战线的工作本质就是做人的工作，团结什么样的人，怎么团结人，都有很强的政治性、政策性。我们要熟悉、掌握新时代中国特色社会主义统战理论，研究、弄通统战政策，运用政策协调关系；要把握好政策尺度，注意从政策走向、实施效果上观察问题，考虑时间、地点、条件的变化，从具体的、历史的、发展的角度处理好一致性和多样性的关系。

统一战线是中国共产党领导的政治联盟，坚持党的领导、坚持爱国主义和中国特色社会主义是统一战线的共同思想政治基础，对于一些违背和削弱这个思想政治基础的言行都必须旗帜鲜明地反对。这是政治底线，绝不能动摇。同时，对党外人士的不同认识和意见要鼓励他们提出，不能压制和打击，这样做是有利于加强党的领导，而不是妨碍和削弱党的领导；是有利于改进我们的工作，而不是干扰和影响工作；是有利于加强人民团结，而不是损害和破坏人民团结。在一些原则性问题上，有错误认识的党外人士，只要拥护中国共产党领导，就应该平等交换意见，在讨论中争取凝聚共识，消融认识差距，而不应该采取扣帽子的方法、批判的方法，推向对立面。我们在座的各级党组织的负责人要做好这方面规律性的把握，正确处理多样性的关系。

三是明确统战工作的重要方式是联谊交友。做好统战工作，要学会做朋友，要学会做人的思想工作，这可能对我们每一个党务工作者来讲是一种学习，也是一个挑战。习近平总书记指出："从某种意义上说，统一战线工作做得好不好，要看交到的朋友多不多、合格不合格，够不够铁。多不多是数量问题，合格不合格、铁不铁是质量问题"。因此，我们统战工作的同志要主动交朋友、交真朋友、交诤友，把联谊交友贯穿到统战工作的方方面面。拓展交友的领域，丰富交友的渠道，创新交友的方法，多接触、多谈心、多帮助，讲尊重、讲平等。学校制定了校院两级党员领导干部联系党外知识分子制度，要切实落实抓好落实。

（四）努力提高党员干部的统战能力素质

习近平总书记曾专门讲到一些干部在统战工作上存在"三个不会"的问题：一是"不会领导"，就是不重视思想政治引导，对党外人士思想活动不关注。二是"不懂政策"，不熟悉党的统战政策要求，遇到问题荒腔走板、动作变形。三是"不讲方法"，统战工作是需要讲究工作艺术的，是党特殊的群众工作，要用特殊的方式方法。有的同志不会跟党外人士谈心交心，说话官腔十足，发言照本宣科，说完话就走人，人情味少，程式化多，让党外人士感到自己像外人，长此以往这个人就会同党渐行渐远了。这都是在告诫我们，要正确运用统战工作的规律和方法。

为了提高各级党员领导干部的统战工作能力，我们要进一步加强培训，加入案例教学，加强政策的重点解释和说明，使得大家在处理这些问题上，能够正确把握工作界限，能够有效地化解矛盾和冲突，提升统战工作水平。

三、加强领导，完善布局，创新抓手，压实责任，全面推动学校统战工作再上新台阶

一是要加强对党委对统战工作的全面领导。学校将继续坚持把统战工作摆在重要位置、把最广大师生的工作热情凝聚到"双一流"建设之中作为最大的政治。学校党委继续坚持把统战工作摆在重要位置，纳入党委常委会议事内容和重要议事日程，纳入校院两级党政领导班子和干部考核内容，纳入宣传工作计划，纳入学校党校教学、干部培训和各级党委理论中心组学习内容，发挥学校统战工作领导小组（港澳台侨工作领导小组）、民族宗教工作领导小组作用，每年专题会议研究部署统战工作。作为党委书记，我将一如既往地做到"三个带头"，即带头学习宣传和贯彻落实党的统一战线理论、方针、政策和法律法规，带头参加统一战线重要活动，带头广交深交党外朋友，亲自研究部署重要工作，亲自推动解决重要问题。

二是要切实完善学校统战工作的总布局。根据上级统战部门的部署与要求，一方面，要健全党委统一领导，行政积极支持参与，统战部门牵头协调，相关部门和院系党组织各负其责、协调配合的大统战工作格局。另一方面，要从 8 个方面完善新时代学校统战工作布局，即：着力加强党外知识分子思想政治工作；着力加强党外代表人士队伍建设；着力加强民主党派和无党派人士工作；着力加强民族和宗教工作；着力加强新疆、西藏少数民族学生工作；着力加强出国和归国留学人员工作；着力加强港澳台侨工作；着力

加强统一战线理论政策的研究和宣传。同时建立健全6个方面的统战工作机制。即:健全和落实校、院两级党外知识分子工作机制;健全和落实同党外人士联谊交友机制;健全和落实征求党外代表人士意见机制;健全和落实传达重要文件和邀请参加重要会议机制;健全和落实支持党外人士发挥作用机制;健全和落实各民族学生交往交流交融工作机制。

三是要坚持以“三大工程”为抓手开拓创新。推进实施三大工程,也就是以“同心圆工程”凝魂聚气,加强政治引领和党外知识分子思想政治工作,以及促进民族宗教关系和谐;以“心桥工程”搭建平台,动员和组织党外人士主动服务国家战略,通过各种实践锻炼、历练和发现人才;以“党外代表人士队伍建设工程”工程吸纳人才,培养和举荐党外代表人士,着力建设一支高素质的党外代表人士队伍,这三大工程,相辅相成,形成完整的工作体系。

四是要破解民族宗教工作中的重点难点问题。农大在民族宗教工作方面具有一定的特殊性。我们要坚持关口前移和重心下移,做好民族宗教政策宣传教育工作。其中,铸牢中华民族共同体意识,构建各民族共居、共学、共乐、共事校园环境。要坚持教育引导和管理服务,做好少数民族师生和信教师生工作,特别是以社会主义核心价值观为引领,做好个别信教师生的思想政治工作。要坚持依法依规和协调配合,做好抵御宗教渗透和防范校园传教工作。尤其强调,党员、团员不能信教,要在抵御渗透中要发挥积极作用。

五是要着力夯实各院系基层统战工作基础。对基层统战工作,要将各级党组织的工作责任确实压实压紧,各二级书记、统战委员指导基层党支部按照职责要求开展党外知识分子、民族宗教等相关工作,充分发挥基础性作用。在基层党组织建设中,也要不断加强对统战工作的重视,不断提升统战工作水平。

同志们,在新形势下,我们要在原来统战工作的基础之上,以高度政治责任感,把握机遇,锐意进取,共同把做好学校统战工作的职责扛在肩上、抓在手上、落到实处,不断汇聚起新时代干事创业的磅礴力量!

深入学习贯彻习近平总书记重要讲话精神
积极投身我国新时代教育事业改革发展新征程

——党委书记姜沛民在第四届教职工暨工会会员代表大会上宣讲全国和全市教育大会精神宣讲稿

(2018年12月20日)

同志们:

今年9月10—11日,全国教育大会在京召开,习近平总书记出席会议并发表重要讲话。这次会议是在中国特色社会主义进入新时代、以习近平同志为核心的党中央决定召开的第一次全国教育大会，全面开启新时代教育发展的新征程，意义重大、影响深远。

10月18日，为深入学习贯彻习近平总书记重要讲话和全国教育大会精神，北京市在全国率先召开全市教育大会，研究部署北京市教育事业改革发展各项任务，加快推进教育现代化，努力办好人民满意的教育。

深入学习贯彻习近平总书记重要讲话和全国、全市教育大会精神，是学校当前和今后一段时期的一项重要任务，也是当前摆在我们面前的首要政治任务。学校党委在第一时间组织学习，并在二级党组织负责人会议上做了传达，先后发出《中共中国农业大学委员会关于认真学习宣传贯彻全国教育大会精神和北京市教育大会精神的通知》和《中国农业大学学习贯彻全国教育大会精神教育培训计划的通知》，要求校院两级党委理论学习中心组要把学习贯彻全国教育大会精神和北京市教育大会精神作为重点内容，各单位要利用"双周三"学习、"三会一课"、期末集中组织生活等形式和载体，抓好全国教育大会精神和北京市教育大会精神学习，确保大会精神传达到每一个党支部、系、所、中心和班级，传达到每一位师生员工。随后，在全校范围内掀起了学习宣传全国和全市教育大会精神的热潮。

为了帮助大家进一步加深理解，根据教育部《关于成立"百人宣讲团"和深入做好全国教育大会精神宣讲对谈工作的通知》，市委教工委《关于成立全国和全市教育大会精神宣讲团的通知》要求，以及学校党委关于学习宣传贯彻落实全国教育大会精神的总体安排，我借学校召开双代会之际，重点宣讲三个方面的内容。

一、充分认识这次全国教育大会的重要意义

（一）这次全国教育大会是一次划时代、历史性的会议，开启了加快推进教育现代化、建设教育强国的新征程

今年是贯彻落实党的十九大精神的开局之年，是改革开放40周年。回顾历史，我国教育率先改革发展，为40年的国家改革发展提供了宝贵的人才支撑。只有紧密结合历史与现实，我们才能更加充分地认识全国教育大会的重要意义。

改革开放以来，我们党始终把教育工作摆在社会主义现代化建设全局的战略地位，每逢国家发展改革的重要阶段，都要对教育工作进行专门部署。在改革开放之后，我国曾先后举办了四次全国教育工作会议，每一次全教会都对我国教育改革发展做出了重大决策和重要部署，在我国教育改革发展进程中，发挥了不可估量的推动作用。

第一次全国教育工作会议是在1985年5月，会后正式颁布了《中共中央关于教育体制改革的决定》，确立了"教育必须为社会主义建设服务，社会主义建设必须依靠教育"的根本指导思想。提出了实行九年制义务教育、调整中等教育结构、改革高等学校的招生计划和毕业生分配制度的任务。

第二次全国教育工作会议是在1994年6月，会议动员全党全社会认真实施《中国教育改革和发展纲要》，提出了到2000年全国基本普及九年义务教育、基本扫除青壮年文盲的目标，大力发展中等职业教育，高等教育实施"211工程"：即面向21世纪重点建设100所左右的高等学校和一批重点学科。会议确定了财政性教育经费占GDP4%的目标。

第三次全国教育工作会议是在1999年6月，会议发布了《中共中央、国务院关于深

化教育改革全面推进素质教育的决定》。会议强调,国运兴衰,系于教育;教育振兴,全民有责。会议提出:全面推进素质教育,全面贯彻党的教育方针,以提高国民素质为根本宗旨,以培养学生的创新精神和实践能力为重点,造就"有理想、有道德、有文化、有纪律"的、德智体美等全面发展的社会主义事业建设者和接班人。会议提出扩大高等教育规模,拓宽人才成长的道路。

第四次全国教育工作会议是在2010年7月,会议动员全党全社会贯彻落实《国家中长期教育改革和发展规划纲要》,强调大力发展教育事业,是全面建设小康社会、加快推进社会主义现代化、实现中华民族伟大复兴的必由之路。要加快从教育大国向教育强国、从人力资源大国向人力资源强国迈进,为中华民族伟大复兴和人类文明进步做出更大贡献。对高等教育,会议提出要建设高等教育强国,到2020年,建成一批国际知名、有特色、高水平的高等学校,若干所大学达到或接近世界一流大学水平,高等教育国际竞争力显著增强。

今年9月,在中国特色社会主义进入新时代、全面建成小康社会进入决胜阶段的大背景下,党中央隆重召开新时代第一次全国教育大会,这是改革开放以来第一次。会议的任务是:分析研究教育工作面临的新形势新任务,对当前和今后一个时期教育工作作出部署,动员全党全国全社会为加快推进教育现代化、建设高等教育强国、办好人民满意的教育而努力。会上,习近平总书记发表了重要讲话,从党和国家事业发展全局的战略高度,对新时代教育工作进行了全面系统深入的阐述和部署,并向全国广大教师和教育工作者致以节日的热烈祝贺和诚挚问候。这充分体现了以习近平同志为核心的党中央对教育工作的高度重视,凸显了教育在党和国家事业中的基础性、先导性、全局性地位,对动员全党全国全社会加快推进教育现代化、建设教育强国、办好人民满意的教育具有重大现实意义和深远历史影响,是我国教育史上一个新的里程碑。

这次全国教育大会的重大意义,可以从以下几个方面加深理解:

1. 大会顺应历史潮流、体现历史规律,在新的历史起点上开启了新时代教育事业新征程

党的十九大郑重宣示中国特色社会主义进入了新时代,确立了社会主义现代化两步走的目标,提出从2020年到2035年,在全面建成小康社会的基础上,再奋斗十五年,基本实现社会主义现代化。这是新时代教育发展首先要面对的国家发展战略需求。教育事业是国家现代化的先导和基础,必须根据国家发展的整体战略超前规划、超前发展、提供支撑。加快推进教育现代化、建设教育强国成为从现在起到2035年教育发展的新目标。实现教育现代化是中华民族的教育梦,是广大教育工作者孜孜以求的奋斗目标,现在到了最为接近和最后冲刺的阶段,这对广大教育工作者是极大的鼓舞和鞭策。从现在开始,我们要立足于教育现代化,进一步更新教育观念、明确发展目标、完善教育结构、创新发展模式、提高教育水平、发展现代教育。要用现代化的教育思想、教育体系、教育模式,现代化的学校、设施、条件,现代化的管理体制和治理结构,现代化的教育标准和教育水平,培养出现代化需要的各类人才,全面实现人的现代化。

新时代主要体现在:我们进入新阶段,发展的环境和条件都发生了新变化;我们面临新矛盾,我国社会主要矛盾已经转化为人民日益增长的美好生活需要和不平衡不充分的发展之间的矛盾,这对党和国家各方面的工作都提出了新要求;我们进入新征程,全国各

族人民踏上即将全面建成小康社会、全面建设社会主义现代化国家的新征程，确立了新目标。在这样的时代大背景和历史新起点下，对教育和学习都提出了新的更高要求，要求我们对加快推进教育现代化、建设教育强国做出总体部署和战略设计。这次大会研究讨论了《中国教育现代化 2035》《加快推进教育现代化实施方案（2018—2022 年）》两个文件，对未来教育现代化做出了战略谋划和工作部署，全面回答了新时代需要什么样的教育？新时代教育向何处走？采取什么样的路径和方式能够实现这一目标等一系列摆在全党全社会和广大教育工作者面前的重大课题。有关具体内容，待两个文件正式颁布后，再详细解读。

2. 大会高举旗帜、统一思想，全面深刻阐释了新时代教育改革发展重大理论和实践问题

这次大会是在习近平新时代中国特色社会主义思想指导下召开的第一次教育大会。习总书记的重要讲话，站在新时代党和国家发展全局的高度，深刻总结了党的十八大以来我国教育事业发展取得的显著成就，把我们党对新时代教育工作的规律性认识概括为“九个坚持”，在领导体制、根本任务、发展战略、办学方向、发展道路、办学宗旨、发展动力、使命担当、依靠力量等重大命题上，进行了集中概括、系统阐述和理论升华，形成了习近平同志关于新时代教育工作的重要阐述，构成了习近平新时代中国特色社会主义思想的重要组成部分，为我们指明了前进方向，提供了根本遵循，是指导新时代教育改革发展的纲领性文件。

3. 大会肯定成绩、总结经验，更加坚定了走中国特色社会主义教育发展道路的信念信心

大会高度肯定了十八大以来我国教育改革发展的历史性经验和成就，坚定了走中国特色社会主义教育发展道路的自觉自信。一是教育总体水平跃居世界中上水平，高等教育大众化水平显著提升，毛入学率达到 42.7%；二是教育公平迈出重大步伐，重点高校面向贫困地区农村招生规模持续扩大、过去 5 年人数增加 60%，家庭经济困难学生资助制度帮助 4.3 亿人次顺利完成学业；三是教育保障水平明显提升，财政性教育经费占国内生产总值的比重连续 6 年达 4%以上，建成了世界上最大规模的教育体系，初步实现了中国民族千百年来“学有所教，有教无类”的教育理想，走出了一条中国特色社会主义教育发展道路，为国民素质提高、经济社会发展、创新能力增强、综合国力提升做出了重要贡献。

4. 大会直面问题、回应期盼，为新时代教育改革发展的伟大实践指明了方向

面对新形势新任务，大会在充分肯定成绩的同时，也客观清醒地指出了当前我国教育大而不强的现状，分析了当前教育问题的突出表现，指出了努力方向。与经济社会发展、人民群众日益增长的需求相比，与发达国家相比，我国教育事业发展还不平衡不充分，面临不少难题和挑战，其中高等教育领域的主要问题突出表现在：人才培养结构与社会需求契合度不够，教师队伍建设尚不能满足教育现代化需要；党对教育领域的领导和党的建设、思想政治工作有待加强，现代化的教育治理能力和水平有待提高等。

李克强同志在讲话中进一步对这些问题进行了阐释，他说，教育事业面临“实现公平而有质量的发展”的双重压力，“既要培养亿万有素质的普通劳动者，又要培养更多创新

型人才和高素质劳动者”的双重任务，我国科技有了很大发展，但技术研究和原始创新能力不强，一些关键核心技术长期受制于人，很多科技成果也没有得到有效转化，这些问题的背后，是人力人才的问题。实现教育现代化任重道远，必须做出不懈努力，做出明确的部署安排。

5.大会谋划未来、吹响号角，对加快推进教育现代化、建设教育强国、办好人民满意的教育进行了全面系统部署

大会全面谋划了当前和今后一段时期教育改革发展工作，发出了加快推进教育现代化的动员令、任务书。大会明确了做好新时代教育工作的总体要求：在党的坚强领导下，全面贯彻党的教育方针，坚持马克思主义指导地位，坚持中国特色社会主义教育发展道路，坚持社会主义办学方向，立足基本国情，遵循教育规律，坚持改革创新，以凝聚人心、完善人格、开发人力、培育人才、造福人民为工作目标，培养德智体美劳全面发展的社会主义建设者和接班人，加快推进教育现代化、建设教育强国、办好人民满意的教育。

其中，党的坚强领导是办好我国教育的根本保证；全面贯彻党的教育方针、坚持马克思主义指导地位、坚持中国特色社会主义教育发展道路、坚持社会主义方向，是不可偏离的根本方向；立足基本国情、遵循教育规律、坚持改革创新，是兴教办学的原则思路；凝聚人心、完善人格、开发人力、培育人才、造福人民是事业发展的工作目标；培养德智体美劳全面发展的社会主义建设者和接班人是教育工作的根本任务；加快推进教育现代化、建设教育强国、办好人民满意的教育，是贯穿教育改革发展的主题主线。这六个方面共同构成了当前和今后一段时期教育工作的总部署、总方略。

(二)北京市教育大会认真贯彻落实全国教育大会精神，在全国率先推进教育现代化

北京市教育大会认真落实全国教育大会精神，研究部署了今后一个时期全市的教育工作。大会承上启下、继往开来，是首都教育改革发展史上一个重要里程碑，标志着新时代北京加快教育现代化的生动实践在现时代的全面推开、全面加速。

蔡奇同志在讲话中全面深刻地分析了首都教育在“四个中心”功能建设中的历史方位和重要作用，对首都高等教育改革发展提出了更高的要求，强调教育举足轻重，至关重要，是加强“四个中心”功能建设、提高“四个服务”水平不可或缺的重要基础和支撑力量，是满足人民群众美好生活新期待的重要方面，是意识形态的前沿阵地、安全稳定的风向标，政治属性强，肩负担子重，工作要求高，在建设教育强国中负有重要职责和使命。陈宝生同志在讲话中对近年来首都教育给予了充分肯定，对未来首都教育提出了“五个继续走在前列”的更高要求，即在落实教育优先发展战略方面走在前列，在落实立德树人根本任务、培养德智体美劳全面发展的社会主义建设者和接班人方面继续走在前列，在加强教师队伍建设方面继续走在前列，在推进教育改革创新方面继续走在前列，在加强党对教育工作的领导方面继续走在前列，奋力建设具有首都特点、中国特色、世界水平的现代教育。大会取得了三个方面的重要成果。

1.统一了思想，凝聚了共识

全市教育大会高度肯定了党的十八大以来首都教育取得的历史性成绩，反复强调的“重要基础和支撑力量”“重要方面”“特殊重要性、高度敏感性、极端复杂性”充分凸显了首都教育举足轻重的地位和至关重要的作用，振奋鼓舞人心，使大家对发展好首都教育、服务“四个中心”功能建设的思想更加统一，信心更加坚定。

2.明确了方向目标和工作重点

会议明确了首都教育各个阶段的战略目标，即到2020年全面实现“十三五”发展目标，总体实现教育现代化；到2022年进一步巩固提升教育现代化成果；到2035年实现高水平教育现代化，建成理念先进、体系完备、质量优良、环境优越、保障有力的首都教育，使北京成为全球主要留学中心和世界杰出青年向往的留学目的地；到2050年，首都教育达到发达国家前列水平，成为具有世界影响力的教育先进城市。明确了当前和今后一个时期五个方面的工作重点，即牢牢把握社会主义办学方向，深入落实立德树人根本任务；全面深化教育体制机制改革，努力办好人民满意的教育；营造全社会尊师重教的浓厚氛围，建设高素质专业化教育人才队伍；紧紧围绕“四个中心”首都城市战略定位，提高教育服务经济社会发展能力；加强党对教育工作的全面领导，形成推动教育改革发展的强大合力。这些是全国教育大会提出的奋斗目标在北京的具体化，凸显了首都特色，体现了首善标准，瞄准了世界一流，使大家更加清晰地看到了新时代首都教育的美好愿景和努力方向。

3.强化了教育优先发展战略，营造了全社会共同办好教育的良好氛围

全市教育大会对形成教育改革发展强大合力提出了新要求，在加强各级各类学校党的建设、促进高校内涵发展、全面加强教师队伍建设等方面，拿出了实举措、硬举措，充分体现了市委对教育战线的关心和重视，形成推动教育改革发展的强大合力。

二、深入学习领会习近平总书记在全国教育大会上关于教育工作的重要讲话精神

学习贯彻全国教育大会精神，最重要的是深入学习领会、全国准确把握习近平总书记关于教育工作重要讲话精神的科学内涵和精神实质，更好地武装头脑、指导实践、推动工作。

(一)坚持党对教育事业的全面领导

党的十八大以来，习近平同志提出并反复强调一个重要论断：“中国特色社会主义最本质的特征就是坚持中国共产党的领导，办好中国的事情，关键在党”。加强党对教育工作的全面领导，是办好教育的根本保证。

习近平同志有关党对高等教育事业全面领导的重要论述包括：

从教育本质属性上强调“我们的高校是党领导下的高校，是中国特色社会主义高校”。我国有独特的历史、独特的文化、独特的国情，这决定了我国必须走自己的高等教育发展道路，扎实办好中国特色社会主义高校。关于中国特色，习近平同志反复强调：“中国共产党的领导是中国特色社会主义最本质的特征。”关于党的领导，习近平同志旗帜鲜明地指出：“坚持党中央集中统一领导，确立和维护党的领导核心，是全党全国各族人民的共同愿望，是推进全面从严治党、提高党的创造力凝聚力战斗力的迫切要求，是保持党和国家事业发展正确方向的根本保证。”

从领导体制上强调“办好我国高等教育，必须坚持党的领导，牢牢掌握党对高校工作的领导权，使高校成为坚持党的领导的坚强阵地。党委要保证高校正确办学方向，掌握高校思想政治工作主导权，保证高校始终成为培养社会主义事业建设者和接班人的坚强阵地。”明确要求：“高校党委对学校工作实行全面领导，承担管党治党、办学治校主体责

任，把方向、管大局、做决策、保落实。要加强高校党的基层组织建设，创新体制机制，改进工作方式，提高党的基层组织做思想政治工作的能力。要做好在高校教师和学生中发展党员的工作，加强党员队伍教育管理，使每个师生党员都做到在党爱党、在党言党、在党为党。”

在本次教育大会上，习近平总书记强调，加强党对教育工作的全面领导，是办好教育的根本保证。必须牢牢掌握党对教育工作的领导权，始终坚持马克思主义指导地位，把思想政治工作贯穿学校教育管理全过程，使教育领域成为坚持党的领导的坚强阵地。

这些重要论述，深刻阐明了中国共产党的领导是中国特色社会主义事业最本质的特征、最鲜亮的底色，旗帜鲜明讲清了为什么要管、管什么、怎么管的问题，为办好新时代中国特色社会主义教育提出了根本要求。我们要牢牢掌握党对教育工作的领导权，坚决维护习近平总书记党中央的核心、全党的核心地位，坚决维护党中央权威和集中统一领导，坚决落实中央的重大决策部署，坚持和完善党委领导下的校长负责制，使中国农业大学成为坚持党的领导的坚强阵地。

（二）坚持把立德树人作为根本任务

习近平总书记强调，培养什么人，是教育的首要问题。教育就是要培养中国特色社会主义事业的建设者和接班人，而不是旁观者和反对派。总书记多次讲，教育最根本的任务就是要完成好、履行好立德树人的职责，培养造就中国特色社会主义事业建设者和接班人。

2016 年 12 月，在全国高校思想政治工作会议上，习近平总书记强调，“只有培养出一流人才的高校，才能够成为世界一流大学。办好我国高校，办出世界一流大学，必须牢牢抓住全面提高人才培养能力这个核心点，并以此来带动高校其他工作。”“要坚持把立德树人作为中心环节，把思想政治工作贯穿教育教学全过程，实现全程育人、全方位育人”。

在本次全国教育大会上，他强调，立德树人关系党的事业后继有人，关系国家前途命运。必须把立德树人成效作为检验学校一切工作的根本标准，把师德师风作为评价教师队伍的第一标准，全力培养社会主义建设者和接班人，培养社会发展、知识积累、文化传承、国家存续、制度运行所要求的人，不管什么时候，为党育人的初心不能忘，为国育才的立场不能改。

对于如何坚持立德树人，在此次讲话中，习近平总书记提出要在“六个方面”下功夫：

一是要在坚定理想信念上下功夫。增强学生“四个自信”，引导学生立志为共产主义的远大理想和中国特色社会主义共同理想奋斗。

二是要在厚植爱国主义情怀上下功夫。习近平总书记在讲话中提到“爱国主义教育是世界各国教育的必修课。爱国主义是中华民族的民族心、民族魂，培养社会主义建设者和接班人，首先要培养学生的爱国情怀。1935 年，在中华民族危急存亡之际，著名教育家张伯苓在南开大学开学典礼上问了 3 个问题：你是中国人吗？你爱中国吗？你愿意中国好吗？振奋了师生爱国斗志。”习近平总书记认为，“这 3 个问题是历史之问，更是时代之问、未来之问，我们要一代代问下去、答下去！”要把爱国主义贯穿教育和精神文明全过程。要教育引导学生把自身的理想同祖国的前途、把自己的命运同民族的命运紧密联系在一起，引导学生树立和坚持正确的历史观、民族观、国家观、文化观，增强爱国意识和爱国情感，增强民族自豪感和自信心，让爱国主义精神在学生心中牢牢扎根，时刻不忘自己是中国人。

三是要在加强品德修养上下功夫。习近平总书记在讲话中提到“人无德不立，育人的根本在于立德。立德为先，修身为本，这是人才成长的基本逻辑。立德修身，既要立意高远，又要立足平实”。他引用了爱因斯坦的话“用专业知识教育人是不够的”“要使学生对价值有所理解并且产生热烈的感情，那是最基本的。”要让学生“必须对美和道德上的善有鲜明的辨别力”，加强品德教育，既有个人品德，也有社会公德、热爱祖国和人民的大德。因此，要教育引导学生以社会主义核心价值观为情感认同和行为习惯，学会做人，做有大爱大德大情怀的时代新人。

四是要在增长知识见识上下功夫。习近平总书记在讲话中提到，学习知识是学生的本职；要让学生求真学问，练真本领，沿着求真理、悟道理、明事理的方向前进；新时代社会主义建设者和接班人，不仅要有中国情怀，而且要有世界眼光和国际视野；不仅能肩负起建设祖国的使命，而且能承担起为世界、为人类作贡献的责任。

五是要在培养奋斗精神上下功夫。“志不立，天下无可成之事”“古之立大事者，不惟有超世之才，亦必有坚忍不拔之志”。习近平总书记多次提到，实现中华民族伟大复兴，绝不是轻轻松松、敲锣打鼓就能实现的，要付出更为艰巨、更为艰苦的努力。2018 年 5 月，他在北京大学对大学生提出了“要立志，立鸿鹄志，做奋斗者”的希望。在本次大会上，他再次强调，要对学生开展时代使命和责任意识教育，教育引导学生懂得，如果想创造出彩人生，就必须树立高远志向，历练敢于担当、不懈奋斗的精神，具有勇于奋斗的精神状态、乐观向上的人生态度，以行求知，以知促行，真正做到知行合一，做到刚健有为、自强不息。

六是要在增强综合素质上下功夫。社会主义建设者和接班人必须全面发展。在这次大会上，党中央经过慎重研究，决定把劳动教育纳入社会主义建设者和接班人的要求之中，提出“德智体美劳”的总体要求，要在学生中弘扬劳动精神，教育引导学生崇尚劳动、尊重劳动，要加强劳动教育，组织好多种形式的劳动实践，让学生在实践中养成劳动习惯，学会劳动、学会勤俭。培养学生的综合能力和创新思维。

这六个下功夫，体现在高水平的人才培养体系上。社会主义建设者和接班人必须全面发展，就要努力构建德智体美劳全面培养的教育体系，形成更高水平的人才培养体系。把立德树人融入思想道德教育、文化知识教育、社会实践教育各环节，贯穿基础教育、职业教育、高等教育各领域，学科体系、教学体系、教材体系、管理体系要围绕这个目标来设计，教师要围绕这个目标来教，学生要围绕这个目标来学，凡是不利于这个目标的做法都要坚决改过来。

这些重要论述，进一步回答了新形势下培养什么人、怎样培养人、为谁培养人这个根本问题，是对我们党的教育理论的继承和发展，明确阐明了我国各级各类学校的共同使命，深刻揭示了教育规律和人才成长规律。我们要把立德树人成效作为检验学校一切工作的根本标准，把思想政治工作贯穿教育教学全过程，健全全员育人、全过程育人、全方位育人的体制机制，培养全面发展的时代新人。

(三)坚持优先发展教育事业

高度重视教育的作用,把教育摆在优先发展的战略地位,是我们党历来的优良传统。习近平总书记历来高度重视教育工作,在当选总书记后的首次中外记者见面会上,就把“更好的教育”放在人民对美好生活的十大期盼之首提出,之后又多次强调这一点。在总书记的教育思想中,对于教育的历史定位,陈宝生部长曾经总结过几个关键词:

一是途径。2013 年 9 月,在联合国“教育第一”全球倡议行动一周年纪念活动上,习近平总书记表示,百年大计,教育为本,教育是人类传承文明和知识、培养年轻一代、创造美好生活的根本途径。明确宣告:“中国将坚定实施科教兴国战略,始终把教育摆在优先发展的战略位置。”

二是基石。习近平总书记继承和发展了党的十六大确立的科教兴国战略思想,强调教育在实现“两个一百年”奋斗目标和中华民族伟大复兴中国梦过程中的重要地位和作用。他在 2014 年教师节前夕与北京师范大学师生代表座谈时指出:“教育是提高人民综合素质、促进人的全面发展的重要途径,是民族振兴、社会进步的重要基石,是对中华民族伟大复兴具有决定性意义的事业。”

三是决定。2013 年,习近平总书记在给清华大学“苏世民学者项目”的贺信中指出,教育决定着人类的今天,也决定着人类的未来。人类社会需要通过教育不断培养社会需要的人才,需要通过教育来传授已知、更新旧知、开掘新知、探索未知,从而使人们能够更好认识世界和改造世界、更好创造人类的美好未来。这是从人类社会发展的角度讲的;从国家发展的角度讲,习近平总书记在 2014 年教师节前夕与北京师范大学师生代表座谈时的讲话中也提到过“教育是对中华民族伟大复兴具有决定性意义的事业”。

四是依靠。习近平总书记指出,“当今世界的综合国力竞争,说到底是人才竞争,人才越来越成为推动经济社会发展的战略性资源,教育的基础性、先导性、全局性地位和作用更加突显。‘两个一百年’奋斗目标的实现、中华民族伟大复兴中国梦的实现,归根到底靠人才、靠教育。”(在 2014 年教师节前夕与北京师范大学师生代表座谈时的讲话)2016 年 9 月 9 日,在北京市八一学校考察时,习近平总书记再次强调,“时代越是向前,知识和人才的重要性就愈发突出,教育的地位和作用就愈发凸显。我国正处于历史上发展最好的时期,但要实现‘两个一百年’奋斗目标、实现中华民族伟大复兴的中国梦,必须更加重视教育”。同年 12 月,在全国高校思想政治工作会议上,习近平总书记再次强调,教育兴则国家兴,教育强则国家强,实现中华民族伟大复兴,教育的地位和作用不可忽视。

2017 年 10 月,在党的十九大上,习近平总书记鲜明指出,“建设教育强国是中华民族伟大复兴的基础工程,必须把教育事业放在优先位置,深化教育改革,加快教育现代化,办好人民满意的教育”。值得一提的是,十九大报告中,教育是明确作为两个“优先”的战略安排之一。

在这次教育大会上,习近平总书记总结了党的十八大以来,我国教育事业取得的辉煌成就,把教育提升到“国之大计、党之大计”的高度。习近平总书记强调,教育是国之大计、党之大计,是提高人民综合素质、促进人的全面发展的重要途径,是民族振兴、社会进步的重要基石,是功在当代、利在千秋的德政工程,对提高人民综合素质、促进人的全面发展、增强中华民族创新创造活力、实现中华民族伟大复兴具有决定性意义。党和国家事业发展对教育的需求、对科学知识和优秀人才的需要比以往任何时候都更为迫切。必须健全优先发展教育事业的体制机制，在组织领导、发展规划、资源保障上把教育事业摆在优先发展地位，努力建设教育强国。

这些重要论述，站在党和国家工作全局的高度，明确了教育在新时代的特殊地位和重要作用，深刻阐明了坚持教育优先发展战略的重大意义和迫切要求，做出了经济社会发展规划优先安排教育发展、财政资金投入优先保障教育投入、公共资源配置优先满足教育和人力资源开发需要的庄严承诺。作为承担“双一流”建设任务的高校，我们使命光荣，责任重大。我们要将使命感转化为持续奋斗的不竭动力，将荣誉感转化为攻坚克难的自觉行动，将责任感转化为战胜一切困难的坚定信心，作出无愧于时代、无愧于党和人民重托、无愧于习总书记嘱托的作为和贡献，为国家的现代化、为中华民族的伟大复兴培养人才，贡献智慧，奠定基石。

(四)坚持社会主义办学方向

习总书记在全国高校思想政治工作会议上曾经专门阐述，高等教育是一种社会存在，不同社会制度决定着不同教育目的。我国高等教育发展方向要同我国发展的现实目标和未来方向紧密联系在一起，为人民服务，为中国共产党治国理政服务，为巩固和发展中国特色社会主义制度服务，为改革开放和社会主义现代化建设服务。脱离了这个最大实际，高等教育就丢失了办学的根本，就很难办好。

习总书记在视察北大时再次指出：“大学之道，在明明德，在亲民，在止于至善。”古今中外，关于教育和办学，思想流派繁多，理论观点各异，但在教育必须培养社会发展所需要的人这一点上是有共识的。培养社会发展所需要的人，说具体了，就是培养社会发展、知识积累、文化传承、国家存续、制度运行所要求的人。所以，古今中外，每个国家都是按照自己的政治要求来培养人的，世界一流大学都是在服务自己国家发展中成长起来的。培养社会主义建设者和接班人，是我们党的教育方针，是我国各级各类学校的共同使命。大学对青年成长成才发挥着重要作用。高校只有抓住培养社会主义建设者和接班人这个根本才能办好、才能办出中国特色世界一流大学。只要我们在培养社会主义建设者和接班人上有作为、有成效，我们的大学就能在世界上有地位、有话语权。

在这次教育大会上，习近平总书记再次强调，培养什么人的问题，是教育的首要问题。从历史和现实的角度看，任何国家、任何社会，其维护政治统治、维系社会稳定的基本途径无一不是通过教育。我国是中国共产党领导的社会主义国家，这就决定了我们的教育必须把培养社会主义建设者和接班人作为根本任务，培养一代又一代拥护中国共产党领导和我国社会主义制度、立志为中国特色社会主义奋斗终生的有用人才。我们的教育决不能培养社会主义破坏者和掘墓人，决不能培养出一些“长着中国脸、不是中国心、没有中国情、缺少中国味”的人，那将是教育的失败。教育的失败是一种根本性失败。我们决不能犯这种历史性错误！这是推进教育现代化、建设教育强国必须把握的大是大非问题，没有什么可隐晦、可商榷、可含糊的。“浇花浇根，育人育心”，我们讲“不忘初心、牢记使命”，推进教育现代化就是要培养德智体美劳全面发展的社会主义建设者和接班人。

这些重要论述深刻指明了新时代教育改革发展的政治立场，明确了我国教育的办学方向。我们要坚持为党育人的初心、为国育才的立场，教育引导学生热爱、拥护中国共产党，立志听党话、跟党走，立志扎根人民、奉献国家。这是教育的根本任务，也是教育现代化的目标方向。

(五)坚持扎根中国大地办教育

2014 年 5 月 4 日,习近平总书记考察北京大学,在与北京大学师生座谈时指出,“办好中国的世界一流大学,必须有中国特色”,并形象表述,“世界上不会有第二个哈佛、牛津、斯坦福、麻省理工、剑桥,但会有第一个北大、清华、浙大、复旦、南大等中国著名学府。我们要认真吸收世界上先进的办学治学经验,更要遵循教育规律,扎根中国大地办大学。”

在 2016 年的全国高校思政会上,习近平总书记强调,我国有独特的历史、独特的文化、独特的国情、独特的优势制度,决定了我们必须走自己的教育现代化之路。我们必须根植于中国历史和现实的土壤中,接受着中国政治、经济和文化的滋养,一切从实际出发,继承而不守旧、借鉴而不照搬、领跑而不追随。扎根中国大地办教育,就是要坚持以马克思主义为指导,全面贯彻党的教育方针,坚持以人民为中心的发展思想、以立德树人为根本任务、以促进公平为基本要求、以优化结构为主攻方向、以深化改革为根本动力,走出一条中国特色的教育现代化之路。

2018 年 5 月,习近平同志在北京大学师生座谈会上一再强调,“人才培养体系必须立足于培养什么人、怎样培养人这个根本问题来建设,可以借鉴国外有益做法,但必须扎根中国大地办大学。”

在这次教育大会上,习近平总书记再次强调,中国的事情必须按照中国的特点、中国的实际办。必须坚持中国特色社会主义发展道路,扎根中国、融通中外,立足时代、面向未来,发展具有中国特色、世界水平的现代教育。

这些重要论述,立足新时代中国特色社会主义国情,旗帜鲜明指出教育要走中国特色社会主义教育发展道路,彰显了我国的制度优势、政治优势,更加增加了我们坚定教育自信的底气。我们要坚定不移走中国特色社会主义教育发展道路,扎根中国、融通中外,立足时代、面向未来,发展具有农业特点、中国特色、世界水平的现代教育。

(六)坚持以人民为中心发展教育

“我们的教育是为人民服务、为中国特色社会主义服务”。这是习近平总书记为教育确立的基本属性。

在十八大上任伊始,他就将人民对于“更好的教育”的期待,作为“人民对美好生活的向往”的内容之一,向全党承诺“对人民的重大责任、我们的奋斗目标”,向世界表达“努力让每个孩子享有受教育的机会,努力让 13 亿人民享有更好更公平的教育,获得发展自身、奉献社会、造福人民的能力”。

十八大以来,他特别关注教育发展的不平衡不充分问题,强调教育公平是社会公平的重要基础,要不断促进教育发展成果更多更公平惠及全体人民,以教育公平促进社会公平正义。“公平而有质量的教育”多次成为中央全面深化改革领导小组会议的议题。

在本次教育大会上,习近平总书记强调,教育公平是社会公平的重要基础。必须不断促进教育事业发展成果更多更公平惠及全体人民,以教育公平促进社会公平正义,着力提高欠发达地区特别是贫困地区教育发展水平,发展全面教育、终身教育,加快建设学习型社会,大力提高国民素质,努力让每个人享有受教育的机会,获得发展自身、奉献社会、造福人民的能力。

这些重要论述,是中国共产党人为人民服务根本宗旨的重要体现,是以人民为中心的发展思想在教育工作中的重要体现。体现了教育的办学宗旨和价值追求。我们要持续扩大优质教育资源供给，切实提高教育质量，促进教育事业发展成果更多更公平惠及人民群众，切实增强人民群众的教育获得感。

(七)坚持深化教育改革创新

改革创新是时代发展的不竭动力，更是教育发展的时代主题。今年是改革开放40周年，教育系统曾经以恢复高考制度、大批派遣留学生，开风气之先，一举扭转了社会风气，深刻改变了一代人的命运。深化教育改革创新、推动新时代教育改革发展，就是对新时代新形势下更高远的历史站位、更宽广的国际视野、更深邃的战略眼光的及时呼应，是改革开放和社会主义现代化建设、促进人的全面发展和社会进步对教育提出新的更高要求的持续响应，不仅是中华民族复兴的力量源泉，也是教育自身提升发展的方向与路径。

“大力推动教育改革发展”，是习近平总书记对“我国教育越办越好、越办越强”动力的判断。他在中央全面深化改革领导小组会议上明确提出，要深化办学体制、管理体制、经费投入体制、考试招生及就业制度等方面的改革，深化学校内部管理制度、人事薪酬制度、教学管理制度等方面的改革，深化人才培养模式、教学内容及方式方法等方面的改革，使各级各类教育更加符合教育规律、更加符合人才成长规律。

习近平总书记对我国教育改革发展的重要论述，指明了促进我国教育发展和办人民满意教育的攻坚方向和重点举措。正是基于这样的基础，党的十八届三中全会对全面深化教育领域综合改革做出了这样的重大部署：“推进社会事业改革创新。实现发展成果更多更公平惠及全体人民，必须加快社会事业改革，解决好人民最关心最直接最现实的利益问题，努力为社会提供多样化服务，更好满足人民需求。”(《中共中央关于全面深化改革若干重大问题的决定》)

党的十九大报告在保障和改善民生的大主题下，提出“深化教育改革，加快教育现代化，办好人民满意的教育”，落实到基础教育“努力让每个孩子都能享有公平而有质量的教育”，职业教育深化产教融合、校企合作，高等教育实现内涵式发展等各层次各领域，充分体现了以习近平同志为核心的党中央站在党和人民事业全局高度，加快社会事业改革创新、推动教育改革发展、着力保障改善民生的战略思考。

在本次教育大会上，习近平总书记强调，改革是教育事业发展的根本动力。必须更加注重教育改革的系统性、整体性、协同性，及时研究解决教育改革发展的重大问题和群众关心的热点问题，以改革激活力、增动力。

2018年12月18日，中央召开了纪念改革开放40周年大会，习总书记做了激情澎湃、气势磅礴的讲话，全面回顾了40年来我们所走过的光辉历程、所取得的显著成就，科学总结了我们的基本经验，在当今特殊的历史时期，毫不动摇地继续推进新时代的改革开放的决心和态度，回应了党内外、国内外的关切，是一篇充满马克思主义理论光辉的经典篇章，极大地鼓舞和振奋了全党全国各族人民的精神。40年的发展变化，深刻改变了中国的命运、人民的面貌和世界的格局，创造了中国发展史乃至人类发展史的奇迹。这是最好、最鲜活、最有说服力的教材，我们要用改革开放40年的发展成就来教育和鼓舞广大师生，进一步坚定“四个自信”。要深刻理解习总书记提出的九个“必须坚持”的重要思想，这是我们对改革开放和坚持发展中国特色社会主义的理论总结，是新时代治国理政的核心理念，也是我们深入推进改革开放的指导思想，是党中央对今后工作的举旗定向，我们要把思想认识和实际行动统一到九个“必须坚持”的要求上来，坚定不移地在以习近平同志为核心的党中央的领导下，按照习总书记在全国教育大会上提出的深化教育改革的要求，把我们的改革开放事业不断推向前进。

这些重要论述，充分体现了党中央深化教育改革创新的坚强决心，深刻阐述了深化改革对于教育发展的极端重要性，指明了教育改革的重点领域和关键环节，为教育改革提供了科学指引。我们要抓住关键环节，推进教育综合改革，构建充满活力、富有效率、更加开放、有利于高质量发展的教育体制机制，充分激发首都教育事业发展的生机活力。

（八）坚持把服务中华民族伟大复兴作为教育的重要使命

习近平总书记多次强调教育是提高人民综合素质、促进人的全面发展的重要途径，是民族振兴、社会进步的重要基石，是对中华民族伟大复兴具有决定性意义的事业。“两个一百年”奋斗目标的实现，中华民族伟大复兴中国梦的实现，归根到底靠人才、靠教育。

习总书记在全国高校思政会上强调指出：教育强则国家强。高等教育发展水平是一个国家发展水平和发展潜力的重要标志。实现中华民族伟大复兴，教育的地位和作用不可忽视。我们对高等教育的需求比以往任何时候都更加迫切，对科学知识和卓越人才的渴求也比以往任何时候都更加强烈。

在本次教育大会上，习近平总书记又再一次强调，新时代新形势，改革开放和社会主义现代化建设、促进人的全面发展和社会全面进步对教育和学习提出了新的更高的要求。我们要抓住机遇、超前布局，以更高远的历史站位、更宽广的国际视野、更深邃的战略眼光，对加快推进教育现代化、建设教育强国做出总体部署和战略设计，坚持把优先发展教育事业作为推动党和国家各项事业发展的重要先手棋，不断使教育同党和国家事业发展相适应、同人民群众期待相契合、同我国综合国力和国际地位相匹配。实现“两个一百年”奋斗目标、实现中华民族伟大复兴的中国梦，归根到底靠人才、靠教育。必须围绕统筹推进“五位一体”总体布局、协调推进“四个全面”战略布局，更加注重加强教育和提升人力资源素质，把教育同党和国家事业发展一起谋划、一起部署、一起检查，推动教育高质量发展。

这些重要论述，着眼国际竞争格局和国家发展大势，把教育同国家发展的目标和需求紧密联系在一起，深刻阐释了新时代教育事业发展的历史使命和责任担当。我们要以更高远的历史站位、更宽广的国际视野、更深邃的战略眼光超前谋划教育事业，努力使学校的发展目标同首都城市战略定位相适应、同人民群众美好生活新期待相契合、同党和国家事业发展相匹配。

（九）坚持把教师队伍建设作为基础工作

习近平总书记非常重视教师的作用和教师队伍的建设，强调教育工作者“承担着让每个孩子健康成长、办好人民满意教育的重任。”（2013 年 9 月，致全国教师慰问信）“教师重要，就在于教师的工作是塑造灵魂、塑造生命、塑造人的工作。一个人遇到好老师是人生的幸运，一个学校拥有好老师是学校的光荣，一个民族源源不断涌现出一批又一批好老师则是民族的希望。国家繁荣、民族振兴、教育发展，需要我们大力培养造就一支师德高尚、业务精湛、结构合理、充满活力的高素质专业化教师队伍，需要涌现一大批好老师。”（2014 年 9 月，在北京师范大学出席教师节活动）

什么是好老师，或者怎样才能成为“好老师”？习近平总书记提出“四个要有”：其一，要有理想信念。好老师应该始终同党和人民站在一起，自觉做中国特色社会主义的坚定信仰者和忠实实践者，忠诚于党和人民的教育事业，自觉把党的教育方针贯彻到教学管理工作全过程。其二，要有道德情操。合格的老师首先应该是道德上的合格者，好老师首先应该是以德施教、以德立身的楷模。其三，要有扎实学识。扎实的知识功底、过硬的教学能力、勤勉的教学态度、科学的教学方法是老师的基本素质，其中知识是根本基础。做好老师，自己所知道的必须大大超过要教给学生的范围，不仅要有胜任教学的专业知识，还要有广博的通用知识和宽阔的胸怀视野。其四，要有仁爱之心。好老师对学生的教育和引导应该是充满爱心和信任的，要用爱培育爱、激发爱、传播爱，把自己的温暖和情感倾注到每一个学生身上，用欣赏增强学生的信心，用信任树立学生的自尊，让每个学生都健康成长，让每个学生都享受成功的喜悦。总书记指出，传道者自己首先要明道、信道，勉励教师要努力做到“三个牢固树立”，即牢固树立中国特色社会主义理想信念，牢固树立终身学习理念，牢固树立改革创新意识。从教育影响、教育效果来说，总书记对于广大教师的希望是“四个引路人”：“要做学生锤炼品格的引路人，做学生学习知识的引路人，做学生创新思维的引路人，做学生奉献祖国的引路人。”（2016 年 9 月，八一学校考察）在全国高校思想政治工作会议上，习近平总书记对高校教师提出了殷切希望：努力成为先进思想文化的传播者、党执政的坚定支持者，更好担起学生健康成长指导者和引路人的责任。他希望广大教师要以德立身、以德立学、以德施教，做到“四个相统一”，即坚持教书和育人相统一，坚持言传和身教相统一，坚持潜心问道和关注社会相统一，坚持学术自由和学术规范相统一。

在本次教育大会上，习近平总书记再次强调“教师是立教之本、兴教之源”，教育工作是塑造灵魂、塑造生命、塑造人的工作。教师的职责是神圣的，教师的一言一行对学生的影响可能就是一生一世。一个人一生遇到好老师，这是一个人的幸运；一个学校拥有好老师，这是这个学校的光荣；一个民族拥有源源不断的好老师，这是这个民族发展的根本依靠、未来依托。建设社会主义现代化强国，对教师队伍建设提出了新的更高要求，也对全党全社会尊师重教提出新的更高要求。对教师提出高标准、严要求，是天经地义的，既是对学生负责，也是对民族负责。评价教师队伍素质的第一标准应该是师德师风。必须从战略高度认识加强教师队伍建设的重大意义，建设一支宏大的高素质专业化教师队伍。教育投入要更多地向教师倾斜，不断提高教师待遇，让广大教师安心从教、热心从教。

这些重要论述，诠释了新时代好教师的内涵要义，集中体现了我们党对教师地位的新认识，对教师职业的新要求，充满了对广大教师的亲切关怀和殷切期望。我们要采取有力举措吸引和激励更多优秀人才长期从教、终身从教，培养造就一支党和人民满意的教师队伍。

这九个坚持，集中概括了习近平同志关于教育的重要论述，强调在领导体制上必须坚持党对教育事业的全面领导、在根本任务上必须坚持把立德树人放在首位、在发展战略上必须坚持教育的优先发展、在办学方向上必须坚持社会主义教育的性质和特色、在发展道路上必须坚持扎根中国大地办教育、在办学宗旨上必须坚持以人民为中心的思想、在发展动力上必须坚持深化教育改革创新、在使命担当上必须紧紧围绕中华民族伟大复兴这一历史性任务、在依靠力量上必须把建设高水平教师队伍作为基础性工程。这一系列新理念新思想新观点，是新时代我们党办学指导思想的集中概括、系统阐述和理论升华，充分体现了我们党对教育事业时代特征的科学把握，体现了我们对社会主义教育事业发展规律性认识的不断深化，体现了我们党的教育方针的丰富和发展，体现了鲜明的政治性、高度的战略性、强烈的人民性、深刻的规律性、突出的创新性，是我们新时代必须长期坚持的办学指导思想和理论遵循。

三、认真落实全国和全市教育大会精神，扎实推进学校事业发展

在全国教育大会上，习近平总书记对加快推进教育现代化做了全面部署，李克强总理提出了明确要求，大会的配套文件《中国教育现代化 2035》《加快推进教育现代化实施方案(2018—2022)》正在修改完善即将印发，前期已经发布了《关于深化教育体制机制改革的意见》《关于全面深化新时代教师队伍建设改革的意见》等，这些是国家对教育现代化建设的顶层设计，绘就了宏伟蓝图，并提出了落实教育优先发展战略、实施新时代立德树人工程、加强新时代教师队伍建设、回应人民群众教育关切、深化教育领域综合改革、提升教育服务经济社会发展能力、加强教育系统党的领导和党的建设七大重点任务。

根据蔡奇同志在全市教育大会上的重要讲话精神，首都教育现代化的重点任务主要有五个方面，即牢牢把握社会主义办学方向，深入落实立德树人根本任务；全面深化教育体制改革，努力办好人民满意的教育；营造全社会尊师重教的浓厚氛围，建设高素质教育专业人才队伍；紧紧围绕"四个中心"首都城市战略定位，提高教育服务经济社会发展能力；加强党对教育工作的全面领导，形成推动教育改革发展的强大合力。

围绕学习贯彻全国和全市教育大会精神的总要求，结合学校工作，我们迫切需要用我校十八大以来重大变革重大成就来教育师生，用习近平关于教育的重要论述武装师生，用全国和全市教育大会所确定的发展目标来鼓舞师生，用全国和全市教育大会提出的各方面的战略安排和各项任务鞭策师生，以全国教育大会上总书记对教师和广大青年的厚爱和期许激励师生。

(一)以学习贯彻全国和全市教育大会精神为契机，凝聚起学校事业发展的强大动力

这次全国教育大会对于教育发展形势做出科学的判断，明确指出"新时代新形势，改革开放和社会主义现代化建设、促进人的全面发展和社会全面进步对教育和学习提出了新的更高的要求，我们要抓住机遇、超前布局，以更高远的历史站位、更宽广的国际视野、更深邃的战略眼光，对加快推进教育现代化、建设教育强国做出总体部署和战略设计"。

当前，我国高等教育正处于从爬坡过坎迈向世界领先的发展阶段，从我们学校的发展来讲，当前正处于从国内一流农业高校向中国特色、农业特色的世界一流大学迈进的关键节点，同样需要爬坡过坎、奋力一搏。从某种程度上说，学校事业发展缓进则退，只有以强烈的危机感、责任感、紧迫感，切实抓紧贯彻落实党的十九大精神开局之年、学习宣传贯彻全国和全市教育大会精神启动之际的难得机遇，全校上下凝聚起学校事业发展的强大动力，跟上加快推进新时代教育现代化的步伐。有几个重要问题大家值得在学习中思考。

第一，中国特色社会主义事业进入新时代，已经开启全面建设社会主义现代化国家新征程以及从 2020 年到 21 世纪中叶分两个阶段来安排，这对我们推进"双一流"建设提出了新的时间表，我们如何做出科学的调整和谋划，如何设计 2035 年的奋斗目标？如何

制定好今后五年的实施方案？

第二，农业的未来、高等农业教育的未来关乎人类的未来，面向未来的农业教育特别是高等农业教育要服务于构建人类更美好的家园，服务于构建人类命运共同体。从学校的发展历史来看，作为我国近现代高等农业教育的起源地，办校113年，今后还要继续引领全国高等农业教育发展，我们在新时代究竟要打造什么样的“教育品牌”，让国家、让人民对我们的教育质量更加满意？

第三，加快推进“双一流”建设只争朝夕、时不我待，全国教育大会精神对“双一流”建设具有重大指导意义，如何深刻领会全国教育大会精神，推进“双一流”加快建设、特色建设、高质量建设？我们的“双一流”建设包括一流大学建设、一流学科建设两个重要的层面，从一流学科建设来讲，要强调九个学科为重点；从一流大学建设来讲，必须全校总动员。而更重要的是，未来我们的学科建设该如何结合国家发展需要和科学技术的发展进步不断打破学科边界，促进学科间的相互渗透和相互交叉，培育新型学科，产出创新性成果，用以引领我国农业的发展和农林院校的提升和创新。

第四，在学校事业发展新的更高阶段，如何进一步处理好改革、发展、稳定之间的关系，特别是把改革作为推进事业发展的强大动力，既要发挥学校层面的积极性，也要最大程度激发学院一级的积极性以及广大师生的积极性。改革离不开开放，我们需要更加重视在服务国家重大发展战略和地方发展中做出我们的贡献，更加积极地争取和拓展办学空间和资源，更加重视高层次人才尤其是中青年人才队伍建设，更加重视搭建综合性的公共研究和服务平台，更加重视国际化、信息化、特色化的发展趋势，进一步凝心聚力、奋发有为，全面加快中国特色、农业特色的世界一流大学建设进程。

第五，把志在一流的追求转化为鲜明的标杆意识、奋进状态，当前，我们已进入教育大会后的工作节奏，一定要转时态、转语态、转状态、转心态，各项工作都要对标争先，努力打造工作质量的标杆，工作创新的标杆，只有这样，我们才能使学校、学院和各方面工作走在全国教育事业发展的前列。

（二）扎实推进学校事业发展的重点任务

1. 实施新时代立德树人工程

习近平总书记在讲话中强调“培养什么人，是教育的首要问题”。要坚持把立德树人作为根本任务，要把立德树人成效作为检验学校一切工作的根本标准。对于学校立德树人提出了新的更高要求。

围绕着落实立德树人这一根本任务，明年工作中有以下几个方面需要认真研究和加以推进：一是坚持德育为先，加强学生的思想政治工作，注重培养学生的爱国情怀和综合素质。要切实加强马克思主义学院建设和思政课教育质量的提高；切实发挥我校实践育人的特色，将社会实践和能力提升课程化、体系化；积极推进课程思政建设，落实“三全育人”的职责和工作机制建设等。二是要积极探讨学部制建设，开展大类培养，拓宽学生基础。三是要主动探讨新农科培养方案，研究制定新农科培养标准和认证标准，引领全国发展和参与国际认证等，使我们在人才培养体系建设方面走在全国前列。

2. 加强新时代教师队伍建设

教师是教育发展的第一资源。建设社会主义现代化强国，对教师队伍提出了新的更高要求，也对全党全社会尊师重教提出了更高要求。全国教育大会后，中共中央、国务院发布了《关于全面深化新时代教师队伍建设改革的意见》，明确了新的工作任务。

我们一是要加大落实人才队伍建设的力度，力争明年有新的突破、大的进展。要坚定不移实施人才强校战略，加大引进人才力度和领军人才培养，加强全体教师培养和培训。要继续加大引进人才的力度，重点充实拔尖人才、领军人才和青年人才，改善和提升我校业已老化的教师结构；与此同时，研究出台校内人才培育计划，为已有教师脱颖而出提供支持、搭建舞台、集中展示、重点聚焦，加大学校支持和培养的力度。二是加强师德师风建设，健全师德师风长效机制，把严格的制度规定和日常教育督导结合起来，突出全员全方位全过程师德养成，建立健全教育、宣传、考核、监督与奖惩相结合的师德建设长效机制。三是加强师德建设和思想引领，提升教师专业素质，提高教师队伍理论修养，提升综合素养，推动教师成为先进思想文化的传播者、党执政的坚定支持者、学生健康成长的指导者和引路人。四是深化教师管理制度改革，推进职称制度、人事制度、考核制度等改革，全面优化教师管理方式，把业绩与绩效挂钩，用足政策、分类评价，强化激励，调动和激发教师的工作热情。五是要千方百计提高和改善教师队伍的待遇，加强对教师的服务，把教师从烦琐的事务中解放出来，舒心工作、安心从教。使教师成为最受人尊敬、最值得羡慕的职业。

3.深化学校综合改革

教育要发展，根本靠改革。习近平总书记在讲话中强调，目前，我们的教育总体上符合我国国情、适应经济社会发展需要，但也存在一些突出问题和短板，在高等教育领域，主要是经历了量的快速扩张，质的提升矛盾越来越突出。

党的十八大以来，我国教育体制机制改革取得显著成效，但教育改革点多面广线长，需要做的事情还很多。2017年，中央印发了《关于深化教育体制机制改革的意见》，总的要求是，遵循教育规律、人才成长规律，着力形成充满活力、富有效率、更加开放，有利于高质量发展的教育体制机制。为此，就要进一步推进教育评价改革、深化办学体制和教育管理改革、扩大教育开放、形成教育发展合力。习总书记提出，要健全立德树人落实机制，扭转不科学的教育评价导向。由于立德树人的要求没有完全落实到体制机制上，教育的指挥棒在中小学实际上是考试分数和升学率，在高校主要是科研论文，关于德育、素质教育的应有地位和科学评价体系没有真正确立起来。要坚决克服唯分数、唯升学、唯文凭、唯论文、唯帽子的顽瘴痼疾，从根本上解决教育评价指挥棒问题，扭转教育功利化倾向。要促进高等学校内涵式发展，支持有条件的高校创一流，但不能把高校人为分为三六九等，而是要鼓励高校办出特色，在不同学科不同方面争创一流。

这些要求落实到学校，就是要推动全校上下解放思想、转变观念，破除关起门来办学的指导思想，向改革要动力、要活力。现在，无论是教育教学改革还是"双一流"建设，都面临着体制性的障碍，必须继承40年来改革开放的精神，继续跋山涉水、攻坚克难。当前要把人才培养体制改革放在首位，切实落实立德树人的根本任务；要把人才队伍建设作为突破口，采取新的机制更大范围地引进和培育人才队伍；要把评价体制改革作为攻坚克难的重点，坚决纠正"五唯"的偏差，发挥积极的导向作用；要积极推进校院两级管理体制的改革，进一步调动和激励学院工作的积极性和主动性；要瞄准国家重大战略方向，大胆改革和重组科研组织方式，积极鼓励团队建设和跨学科研究。

4.提升服务经济社会的能力

现代经济科技和文化的快速发展,对教育服务经济社会的能力提出了新的更高要求。李克强总理在讲话中指出,作为高校,要加快一流大学和一流学科建设,发展高水平本科教育,提升研究生教育水平。加强创新创业教育,深化科教融合,推进产学研协同创新,着重培养创新型、复合型、应用型人才,全面提升高等教育人才培养、科学研究、社会服务、文化传承创新和国际交流的能力水平。把服务经济社会发展的要求落到实处也是北京教育大会一再强调的内容。

这就要求我们,一方面要坚持以育人为中心,深化教育教学改革创新,强化教学管理和学生管理,着力提高教育质量,培养学生创新意识和实践能力。另一方面要对接国家战略,增强科技创新的源头供给,力争在基础研究和原始创新上出更多成果,提高科学研究与社会服务水平。要积极围绕参与创新型国家和科技强国建设整体谋划,积极参与国家科技创新的重大规划,争取国家更多的重大项目在我们农大落地,尤其是,身处北京,更要全面服务"四个中心"功能建设,加强创新平台体系建设,积极与企业、科研院所共建基础研究和前沿技术研究基地,推动协同创新和科技成果产业化;积极对接乡村振兴战略,围绕绿色发展、生态文明建设、建设美丽中国,尤其是在建设北京市的美丽乡村等方面要有更多的作为;强化全面开放格局下的对外交流与合作,在深化农业国际交流合作,引领发展中国家农业发展,为世界农业发展贡献中国智慧和中国方案的同时,继续开展高水平合作办学,为使北京成为全球主要留学中心和世界杰出青年向往的留学目的地贡献力量;积极发挥学校文化辐射引领和服务支撑优势,弘扬办学传统,传承红色基因,为擦亮首都文化的金名片做出更大贡献。

5.加强党的领导和党的建设

习近平总书记强调,党政军民学,东西南北中,党是领导一切的。做好教育工作,加强党的领导是根本保证。各级各类学校党组织要把党建工作作为办学治校的重要工作,把抓好学校党建工作作为办学治校的基本功,把党的教育方针全面贯彻到学校工作各方面。北京市教育大会也强调,把加强党的全面领导落到实处,并提出了健全管理体制机制,提升党建工作质量,落细落实全面从严治党主体责任等几个方面的要求。

这些体现在高等学校,就要求我们,一是要全面贯彻落实党中央的重大决策,把党的教育方针全面贯彻到学校工作各方面。加强党对教育工作的全面领导,就要增强"四个意识"、坚定"四个自信",坚定不移维护党中央权威和集中统一领导,自觉在政治立场、政治方向、政治原则、政治道路上同以习近平同志为核心的党中央保持高度一致,这是新时代加快推进教育现代化、建设教育强国、办好人民满意的教育的根本遵循。二是要加强学校思想政治工作和意识形态工作。要把思想政治工作作为学校各项工作的生命线,紧紧地抓在手上,要精心培养和组织一支会做思想政治工作的政工队伍,把思想政治工作做在日常、做到个人。要牢牢把握意识形态工作领导权,认真落实党委意识形态工作责任制,用马克思主义占领高校意识形态阵地,严明教学纪律,切实维护校园和谐稳定。三是加强基层党组织建设。完善强化党委主体责任,坚持和完善党委领导下的校长负责制,健全完善内部治理结构。明确院系党组织主体责任。院系党组织要在校党委的领导下,通过院党委会加强对学院工作的议事把关,通过院党政联席会与行政共同决策院系重要事项、共同负责落实院系各项工作,通过院系党组织和党员队伍把好政治关、师德关。强化基层党组织的政治功能，使基层党组织成为师生最贴心、最信赖的组织依靠，成为学校教书育人的坚强战斗堡垒。四是坚持全面从严治党，组织开展好对学院党委的巡察工作，加强党员日常教育管理，持之以恒落实中央八项规定精神，为学校营造风清气正的良好政治生态。五是加强干部队伍建设，目前，学校各部处的正副处级干部已经换届到位，一批群众公认、组织信任、年富力强的新鲜血液已经充实到新的岗位，新人新面貌新气象正在呈现。学院行政班子换届的前期工作正在开展，述职考核基本完成，本学期之前要力争完成大部分换届任务。明年将开展学校领导班子的整体换届工作，近期还将开展部分校领导补充的推荐选拔工作。总的指导思想就是坚持新时代党的组织路线，坚持德才兼备、以德为先的选拔原则，积极拓宽干部选人用人的视野和成长路径，积极推进干部的革命化、年轻化、专业化，为学校建设提供坚强有力的组织保障。

同志们，学校各级党组织、各单位、全体师生要切实提高政治站位，增强“四个意识”，坚定“四个自信”，把深刻学习领会、坚决贯彻落实习近平总书记重要讲话精神和大会要求，作为当前和今后一个时期的头等大事、首要任务，切实把思想和行动统一到党中央的决策部署上来。发挥党委理论学习中心组的学习引领作用，把学习落实全国和全市教育大会精神作为政治学习和谋划工作的重点内容，将学习大会精神作为师生员工学习培训的必修课，大家要结合实际学、带着问题学，真正将会议精神落到实处。

现在目标已经明确，号角已经吹响，教育工作者面临着前所未有的施展才华、大有作为的历史机遇。我们要迅速行动起来，全校各级党组织和广大党员干部要在学习、宣传、贯彻、落实上走在前列，做在实处。特别是，各部门、各学院要在学习中列出“五个清单”，也就是教育事业中着力解决的重点问题清单、理论联系实际深入研讨的课题清单、对标新精神新要求的政策措施清单、加快推进“双一流”建设和各项工作的具体任务清单、在本单位持续深入学习宣传贯彻大会精神的责任清单，切实推动学习宣传贯彻大会精神，并以此为契机，进一步统一思想、凝聚力量，奋进创业、改革创新，加快推进中国特色、农业特色世界一流大学建设，以优异的成绩迎接明年建国70周年。

校长孙其信在河边村乡村振兴与精准扶贫现场论坛开幕式上的致辞

（2018年1月6日）

尊敬的陈主任，各位领导、各位专家、各位朋友：

大家上午好！

党的十九大提出了农业农村现代化建设的一个重大战略命题——乡村振兴。十九大结束以后，全国各地以“乡村振兴”为主题召开的论坛相当之多。但是像我们今天这样，在一个村子里召开以乡村振兴和精准扶贫为主题的现场论坛，恐怕是为数不多的。这要感谢勐腊县政府、西双版纳自治州政府以及云南省政府长期以来对我们学校工作的支持，同时也要感谢在河边村开展试点最早的发起人，中国农业大学李小云教授和他的团队长期以来的不懈努力。今天我们和勐腊县人民政府在河边村召开精准脱贫与乡村振兴现场论坛，是我们学校贯彻落实党的十九大精神，学习贯彻中央经济工作会议和中央农村工作会议精神的一项实实在在的举措。

脱贫攻坚是党和国家到2020年决胜全面小康必须完成的一项重点任务，也是一项难点任务。党中央已经向全世界宣布2020年要全面消除贫困，党的十九大着眼于中国现代化建设未来“两步走”战略安排，就农业农村工作提出了乡村振兴战略的伟大部署。我们希望通过今天的现场论坛，能够探索出将脱贫攻坚和乡村振兴这两项重大战略任务有机融合、同步推进的有效途径。

河边村的脱贫攻坚实践，坚持政府主导、大学和公益组织参与，坚持以农民为主体的发展思路，经过短短三年时间，这样一个贫困村实现了翻天覆地的变化。河边村的实践证明了，在中国共产党的坚强领导下，到2020年党和国家完成全面脱贫攻坚、决胜全面小康的伟大目标是一定能够实现的。我们要以河边村的实践为典型，总结脱贫攻坚取得的成绩和经验，借此契机更要展望未来实现农业农村现代化的路径、举措和方向。

中国农业大学作为36所“双一流”A类建设大学之一，学校始终秉承“解民生之多艰，育天下之英才”的办学理念。我们主动参与脱贫攻坚和乡村振兴，就是践行“解民生之多艰”办学理念的政治责任和历史担当。今天我们非常高兴邀请到国内一大批杰出的从事农业农村研究的专家学者共同参与，深入探讨在新时代如何将脱贫攻坚和乡村振兴有机地同步推进。希望大家能够深入研讨，碰撞出智慧的火花，为我们新时期的农业农村现代化建设提出宝贵的建议。

最后，再次感谢各位领导、各位专家！祝愿本次论坛取得圆满成功！

谢谢大家！

解放思想 深化改革 全力提升本科教育教学质量 全面推动学校事业发展开创新局面

——校长孙其信在中国农业大学本科教学工作会暨本科教学审核评估动员会上的讲话

（2018年1月25日）

尊敬的吴司长，各位领导、各位老师、同志们：

在2018年新年即将到来之际，学校决定召开本科教学工作会暨本科教学审核评估动员会。刚才，姜书记做了重要讲话，对深化本科教育教学改革和做好人才培养工作提出了三点重要要求，大家要认真学习贯彻。吴岩司长以《五学、五干、十落实，写好高等教育“奋进之笔”》为题，为我们作了一场非常精彩而且极具启发性的报告。吴司长系统地讲解了新时代高等教育工作新的总体要求和工作思路，强调了2018年的重点任务，这对我们做好今年乃至未来一段时期的各项工作都有十分重要的指导意义。早在2017年10月份，我在网上看到了吴司长关于“一流本科、一流专业、一流人才”的理论文章，并安排党政办公室印发给校领导班子深入学习，同时把全文转发在校园网，在全校范围内引起了非常大的反响。

刚才，王涛同志总结了2016年7月以来学校本科教育教学改革工作的总体情况，并就2018年10月本科教学审核评估工作做了详细部署，我都赞成。上周我听取了教务处关于未来三年新一轮本科教育教学改革工作专题汇报，经校党委常委会审议后，形成了本科教育教学改革方案建议稿并提交本次会议，主要目的是广泛征求意见、集思广益，统一思想、凝聚共识，为我们下一步推动改革方案落实落地做好准备。

按照校历安排，下周全校将迎来寒假。但是考虑到学校当前发展改革任务十分繁重，发展道路形势严峻、挑战巨大，本学期的很多重要任务还没有完成，我们必须转变四平八稳的工作模式，以更加积极主动的工作态度，抓好任务落实、抓出工作成效，因此学校决定下周继续上班。希望各学院、各部门要切实增强责任感、紧迫感，抓紧时间认真研究改革方案建议稿，及时提出反馈意见和建议，以进一步完善改革方案，推动方案尽快印发实施。

接下来，就进一步深化本科教育教学改革以及做好本科教学审核评估筹备工作，全力提升本科教育教学质量，全面推动学校各项事业发展开创新局面，我谈五点意见。

一、过去两年本科教育教学改革成效值得充分肯定

2016年7月，学校出台了《进一步深化本科教育教学改革的若干意见》，启动实施了新一轮本科教育教学改革。通过一系列改革举措推进，已经取得了阶段性成效。刚才，王涛同志已经向各位做了详尽的说明，我完全赞同，在此不再重复。总体感觉，过去两年改革成效为我们扎实推进新一轮本科教育教学改革坚定了信心、积累了经验，我们有基础、有条件在新起点上推动本科教育教学工作再上新台阶。

二、全面推动“双一流”建设必须以提升本科教育教学质量为核心

大学的初心和核心使命是培养人才，一流本科教育是一流大学的底色和最重要的基础，没有本科教育教学质量的全面提升，就很难实现建设中国特色、农业特色世界一流大学的奋斗目标。对此，全校上下必须统一思想、提高认识、凝聚共识。

第一，提升本科教育教学质量是贯彻落实党的十九大精神、习近平新时代中国特色社会主义思想和全国高校思政工作会议精神的必然要求。党的十九大报告强调，我国经济已经从高速度增长阶段转向高质量发展阶段。近期在国务院政府工作报告征求意见座谈会上李克强总理也强调，当前中国经济发展必须要转变到以质量提升为核心的发展方式。2016年12月，习近平总书记在全国高校思政工作会议上强调：“办好我国高校，办出世界一流大学，必须牢牢抓住全面提高人才培养能力这个核心点，并以此来带动高校其他工作。”刚才吴司长也指出，“双一流”高校要发挥引领和标杆作用，核心标准是学校的教育教学工作，特别是人才培养质量。因此，学习贯彻党的十九大精神，全面落实党的教育方针，就必须把提升质量作为大学改革发展的总纲，把高质量、高要求贯穿于人才培养的全过程，如果不转变粗放式、简单看数量论规模的发展方式，建设教育强国的伟大目标就无法真正实现。

第二，提升本科教育教学质量是中国农业大学服务国家战略、服务教育强国建设的必然要求。中央巡视组在专项巡视中国农业大学时明确指出，学校在服务国家战略方面做得不够。什么是国家战略？党的十九大报告提出优先发展教育事业，建设教育强国、科技强国、美丽中国，实施乡村振兴战略，等等，这都是国家战略。如果中国农业大学在服务国家战略担当不够、能力不足、贡献不强，就是服务能力的弱化、虚化。近日，陈宝生部长在教育部直属高校工作咨询委员会第二十七次全体会议上讲："新时代建设高等教育强国需要有领航的旗舰、奋进的标杆、学习的样板"。作为世界一流大学 A 类建设高校，中国农业大学必须勇做旗舰、树立标杆、建好样板，加快推进高质量发展，培养更多担当民族复兴大任的时代新人，做出与学校定位和历史使命相匹配的应有贡献，这才是真真正正地服务于国家战略。

第三，提升本科教育教学质量是中国农业大学实现"中国特色、农业特色世界一流大学"建设目标的必然要求。培养人才是大学的根本任务。一所大学是不是一流，首先看人才培养是不是一流。在学校"双一流"建设布局中，如果人才培养板块撑不起来，人才培养质量只是二流、三流，我们还凭什么建成一流大学。因此，加快"双一流"建设，就必须坚定不移、全力以赴打赢一场提升人才培养质量的攻坚战。

第四，提升本科教育教学质量是办好人民满意的教育、满足广大学生"上好学"强烈愿望的必然要求。据统计，我国高等教育毛入学率很快将达到 50%，完全进入高等教育大众化阶段。在高等教育大众化阶段，教育的主要矛盾已经从"有学上"转变为"上好学"，从"学有所教"转变为"学有良教"，广大学生和家长对优质教育的渴望比任何时候都更加迫切。当前学校本科生录取平均分超过各省一本线 100 多分，录取的是百里挑一的好学生。从一流生源变成一流毕业生，这就要求我们更加注重提升教育教学质量，也是本科教育教学改革的使命和方向。

三、厘清思路、明确重点，下大力气研究解决制约本科教育教学质量提升的主要问题

十九大报告强调，增强政治领导本领，必须坚持战略思维、创新思维、辩证思维。全面提升教育教学质量，我们必须紧紧抓住当前制约学校提升教育教学质量的主要问题，坚持问题导向和问题意识，着力研究和解决这些主要问题。我认为，我们要重点考虑以下六个主要问题。

第一，着力树立人才培养核心地位。严格对照十九大报告关于落实立德树人根本任务的总体要求，各学院、各部门也包括教师层面，还没有真正把人才培养作为第一要务落实到位。上周四，按照课表安排，我到一教和二教去听课，但是看到有课程安排的十几个教室都是空空荡荡的，仅有两个上课的教室是外教在上课。这个现象值得深思，外教严格按照规矩认真上课，我们的教师们在哪里、学生们在哪里？作为人才培养主阵地的课堂，我们守住了吗？学校党委决定，要把本科人才培养作为"双一流"建设首要任务，把本科教育教学工作摆在核心位置，各级干部要亲自抓、靠前抓，全体教师要守初心、践初心，常抓常管、严抓严管、抓出成效。

第二，着力加强一流专业建设。刚才，吴司长在报告中做了专门强调，一流专业和一流人才培养是密不可分的，在此我不展开讲。要强调的是，我们必须要从专业标准、课程

体系、培养方案、师资配备、教材质量等方面通盘考虑、系统发力，坚持高标准、严要求，坚持不懈加强一流专业建设。

第三，着力加强一流课堂建设。多年来，我们谈教育教学改革，强调理念多、关注课堂少。刘延东副总理、陈宝生部长都反复讲，教学工作的基础是课堂，如果连课堂质量都没有保证，何谈提高人才培养质量。教书育人是教师的天职，如果还需要以命令来强调、以政策来约束，那么对履行教书育人天职的思想认识是不到位的。教学机制、教学内容、教学方法、教学功底、评价体系，都是构成一流课堂的基本要素。在这里，我想以自身经历简要回应一下吴司长谈到的助教制度。1987年，我留校任教不久就晋升为副教授，但是主要职责依然是助教。第一年，跟着教授听课，听本科和研究生都学习过的课程，然后在教研组内反复试讲；第二年，在课堂上讲已经反复试讲过的个别章节；第三年，讲课程的一半章节；第四年，再讲课程的另一半章节；第五年，才能独立讲课程全部章节。我们现在抓课堂质量，抓教师教学能力，就要有这种循序渐进、反复锤炼的工作机制。

第四，着力加强创新创业教育。创新创业教育是学校本科教育教学中的短板之一。2017年全国大学生“互联网＋创新创业”大赛，我们获得一块铜牌，创造了历史最好成绩，十分来之不易。但是，以标杆大学的标准来衡量，这样的成绩依然差距巨大。为此，我们必须高度重视创新创业教育，不断深化创新创业教育改革，尽快补齐创新创业教育短板。

第五，着力提高招生生源质量。随着国家高考招生制度和录取方式深化改革，本科招生形势正在发生深刻变化，给我们进一步提高生源质量带来新的挑战。我们必须认真研究形势政策变化，继续做好招生工作，全力招收一流生源。

第六，着力加强质量保障体系建设。质量保障体系是提升教育教学质量的制度保证。加强质量保障体系建设，要抓好三件事：一是抓责任，从分管校领导、教务处、学院班子、全体教师、教学秘书，也包括我，都必须明确各自责任清单，层层落实责任；二是抓标准，没有标准，就谈不上质量。教务处要尽快组织制定学校本科教育教学质量标准，以标准来教学、以标准来管理、以标准来监督；三是抓评价，评价是导向指挥棒。目前学校教师教学评价的主要问题讲好讲坏一个样，没有有效的约束，也没有合理的激励。

以上六个问题，应该是我们今后一段时期本科教育教学改革的主要着力点。我体会，抓教育教学改革关键是三个词：如何教、如何学、如何管。如何教，就是以什么理念教，以什么形式教，用什么方法教，用什么手段教；如何学，就是如何让学生成为教育的主体，成为课堂的主人，积极主动学、思考研究学；如何管，就是教育教学管理部门要履行好监督、管理、服务等职责，加强引导、加强建设、加强监管。

四、准确把握本科教学审核评估存在的风险点，认真应对、切实解决

关于做好迎接本科教学审核评估筹备工作，王涛同志已经做了全面的部署。根据去年西北农林科技大学本科教学审核评估的经验教训，我们要认真查找工作中可能存在的风险点，提前着手、提前应对、提前化解。

第一，认识不到位。有些同志可能认为本科教学审核评估是常规工作，甚至认为仅仅是教务部门的事情，与自身工作没有关系，这是严重错误的。从本科教学审核评估指标体系来看，这是一项系统性工作，涉及方方面面，关系每个教职工，每个部门、每个学院、每位教师干部都责无旁贷。认识一旦不到位，行动上就会找借口，落实上就会打折

扣。从去年西北农林科技大学预评估情况来看，当时专家组提出了40多条意见，其中最要命的是，学校思想认识不到位、工作不在状态。我曾在会上严厉指出，本科教学审核评估就要立下军令状，出了问题必须严肃追责问责。在中国农业大学本科教学审核评估中，希望不要出现这样的问题。

第二，联系不紧密。要举个例子，评估专家到科研部门走访，我们可能习惯于讲有多少项目、多少经费、多少成果，没有把部门工作与本科教育紧密联系起来，对科研如何融入和保障本科教学讲不出多少内容。评估专家不是听部门汇报本职工作，而是看部门工作如何服务和保障本科教学。因此，各部门要认真思考：本部门在本科教学中应担负什么责任，能够为本科教学做什么贡献，坚决杜绝把部门工作与本科教学割裂开来。

第三，学院不主动。从兄弟高校评估情况来看，一些学院容易有等待、观望心态，认为评估是学校的事或者教务处的事。如果抱着这种心态，评估结果就不可能很好。各学院要有主体责任意识，按照学校统一部署扎扎实实做好各项工作。只有这样，我们才能真正经得起严格的评估检验。

第四，本领不够强。刚才吴司长讲到，自评估需要高超的艺术、高超的水平、高超的投入，要画好自画像。如果连自评估都做不好、底数不清，自己都画不清楚、看不明白，怎么能让评估专家看明白，就不可能顺利通过审核评估。

第五，工作不够细。细节上粗心大意、敷衍了事，无法真实客观地反映学校的本科教学水平，这是我最担心的问题。在此，要特别提醒筹备工作组和办公室，一定要严格对照评估要求，抓实抓细抓小，切忌大而化之。

五、解放思想、深化改革，全力提升本科教育教学质量，努力开创学校各项事业发展新局面

本科教育教学改革是一场必须过关的考试，我们必须以高度的政治担当和强烈的改革精神，做好赶考者，当好答卷人，交出一份让国家和师生满意的优秀答卷，全力提升本科教育教学质量，努力推动学校各项事业发展开创新局面。

第一，坚定不移树立"四个意识"，从讲政治的高度认真落实人才培养根本任务。党中央、国务院对抓本科教育教学提出了明确要求，如果我们不抓落实，就是不讲政治；抓不出成效，就是"四个意识"不牢固。我们要站在讲政治的高度，更加重视本科教育教学，认真抓好本科教育教学改革。陈宝生部长曾讲过，本科不牢，地动山摇，一个大学领导，不重视教学，不抓本科教育，不是失职就是渎职，至少是不称职。学校领导班子该怎么做，学院班子该怎么做，部门班子该怎么做，各位教师该怎么做，大家都要深刻对标反思。

第二，坚定不移深化改革，以改革创新的精神推动学校各项工作迈上新台阶。2018年是改革开放40周年，1978年11月，邓小平同志在中央工作会议上发表了"解放思想、实事求是、团结一致向前看"的重要讲话。回学校工作7个月以来，经过初步调研我深刻体会到：不改革，就没有出路；不改革，就没有一流大学。必须指出，有些同志长期以来形成惯性思维，被惯性做法束缚手脚，不愿改、不想改、不敢改，甚至还存在自我感觉良好的错误判断。有些部门消极改革、躲避改革，甚至反对改革，有时对主要领导的批示无动于衷；有些部门缺乏问题意识，不认真研究问题，拿出的改革方案完全不适应学校事业新发

展和赢得新一轮激烈竞争的需要,眼睁睁看着有些问题已经成为制约学校发展的重大障碍,就是不敢下深水、啃硬骨头,下力气推动改革。从本轮国家学科评估结果来看,我们没有理由盲目乐观,没有理由继续按部就班式发展;如果不深化改革,从领跑变为并跑、甚至滑坡落后并不是危言耸听。在迎来国家改革开放40周年之际,我们必须增强危机意识和改革意识,以刀刃向内的勇气和将改革进行到底的决心,勇于推进改革,敢于自我革命,敢闯敢试、敢为人先,全面加快“双一流”建设步伐。

第三,坚定不移追求卓越,把高质量发展要求贯穿于学校改革发展全过程。刚才吴司长谈到,中国农业大学是“双一流”A类建设大学,更要努力成为具有引领性的标杆大学。要当好标杆,就必须不断追求卓越,不断提高发展质量。在调研中我发现,有些部门目标偏低,工作标准偏低,与一流标杆差距甚远。再以全国大学生“互联网+创新”大赛为例,我们拿到一块铜牌,已是突破性成绩。以这样的成绩,别说与其他“双一流”建设A类大学比,即使与其他三所部属农业大学比,我们都是落后的。大家要认真想一想:什么是标杆大学,我们离真正的标杆大学还有多大差距。我理解,中国农业大学要成为标杆大学,任何一项指标都要领先领跑。在学校人才工作座谈会上我讲过,过去一段时期中国农业大学国家级人才和国家科技奖数量一直是其他三所部属农业大学的总和。近两年,兄弟高校追赶势头越发强劲,甚至有些方面已经超越我们。如果还沉醉于过去的领先,不能坚定不移地追求卓越,我们将会与标杆大学目标渐行渐远。

第四,坚定不移践行“三严三实”,以严之又严、实之又实的作风取信于广大师生。在调研中,我有一点深刻感受:广大教师对学校的制度政策执行缺乏信心。在此,我代表学校领导班子向大家郑重表态:学校决定的事情,就是一定要做到的,而且要做就一定做到最好,一定要重塑广大教师对学校的信心和信念,一定要重塑各级干部对学校的信任和信赖。2014年3月习近平总书记在全国人大会议上提出了“三严三实”要求,近期对坚决反对“四风”作出重要批示,近日在中央深改组第二次会议上强调,要拿出实实在在的举措克服形式主义问题,把责任和工作抓实。面临发展中的各种挑战和困难,最怕失去信心,最怕没有精气神。我们的学科金牌绝不能说丢就丢,我们的改革绝不能半途而废。近期学校党委出台《校级领导班子约法十条》,向全校教师干部作出承诺,切实加强和改进领导班子作风建设。严实作风也应当是各级干部推动工作的基本政治要求、纪律要求和规矩要求。

第五,坚定不移推进“5+1”工程,激发释放发展活力和发展潜力。经学校党委批准,我在全校教职工代表大会工作报告中提出了“5+1”工程,作为学校未来发展的基本路线图。“1”是要坚持党委对学校工作的全面领导。关于“5”:一是思想建设工程。全校要开展一场思想建设行动,解放思想、转变作风,深化改革、攻坚克难,加强问责、提高效率,主动学习、提升本领。如果全校上下思想不统一、作风不扎实,我们将无法突破困境、实现发展。二是保障工程。办学资源和物理空间是当前学校发展中最直接、最现实的瓶颈制约,学院加快发展的强烈愿望与学校可提供的物质资源不足的矛盾已经十分突出。为此,学校党委决心通过大力实施保障工程,借助多种途径、多种方式,尽最大努力开拓发展空间,强化基本条件保障。三是人才强校工程。人才队伍是学校发展中的另一个突出短板,高水平青年人才数量严重不足已经成为制约学校“双一流”建设的突出难题。学校决定实施“315”人才计划,深入实施人才强校战略。要强调的是,权力也意味着责任,学校把部分人才引进决定权交给学院，是相信大家能够把好关、选好人，希望大家用好权力、担实责任，充分利用人才新政谱写人才工作新篇章。四是“双一流”工程。“双一流”建设是学校各项工作的总抓手，必须以高质量高标准把各项任务一项一项落地落实，确保顺利通过2020年国家中期考核，并为争取下一阶段建设支持夯实基础、占据先机、掌握主动。五是治理工程。要实现学校发展行稳致远，仅仅依靠学校这个“火车头”来带动是远远不够的，必须通过校院两级管理体制系统改革，切实提升大学治理体系和治理能力现代化水平，充分激发和调动校院两级工作积极性和创造力，真正实现由“火车头”向“动车组”多极驱动发展模式的彻底转变。

伟大的事业是由人来创造的，光明的未来是奋斗出来的。直面前进道路上的各种困难和挑战，必须坚定信念、迎难而上，切忌故步自封、消极无为。我坚信，在校党委的坚强领导下，只要我们坚持解放思想、坚持深化改革、坚持开拓奋进，就一定能够创造中国农业大学更加美好的明天！

谢谢大家！

解放思想 深化改革 高质量推进一流大学建设

——校长孙其信在学校2018年工作会议上的讲话

同志们：

一年之计在于春。在新学期开启之际，召开2018年工作会议，谋划部署学校全年工作。本次会议的主要任务是：全面总结学校2017年工作，安排部署2018年工作。关于2017年工作，姜书记已经代表学校领导班子做了全面回顾，刚才其他9位校领导也就分管工作对学校2018年的相关工作进行了详细部署，在此我不再重复。接下来，结合学校工作半年多来的工作调研和实践，围绕“发展难题、有效破解、高质量发展”三个关键词，谈一谈对学校发展的一些思考。

高质量发展是习近平总书记和党中央对新时代国家经济社会发展的根本要求。我理解，十九大报告提出的“实现高等教育内涵式发展”，核心是推进高等教育的高质量发展。我们讲，中国特色、农业特色世界一流大学建设进入新时代、站在新起点、明确新方位，总的要求就是要实现高质量发展。半年多来，经过深入调研，我深刻认识到，学校当前发展面临的各方面挑战非常严峻，我们必须正确面对、全力破解发展难题。如果这些难题得不到有效破解，学校就不可能持续发展，更谈不上实现高质量发展。下面就如何破解发展难题、实现高质量发展，从认识、谋划、方法论等三个维度，我谈四点意见：

一、深刻认识发展基础和优势，坚定发展信心

实现高质量发展，首先要对标一流大学建设路线图，准确研判学校当前所处的发展阶段，深刻认识所处的历史方位。

（一）积累深厚、基础雄厚，办学实力不断攀升

经过了113年的历史积淀，中国农业大学形成了“积累深厚、基础雄厚、传统优秀”的

坚实底色和较强优势。10个学科领域进入ESI全球排名前1%,其中农业科学、植物学与动物学进入前1‰,作为一所行业特色型大学,这一成绩实属不易。人才队伍竞争力不断提升,两院院士、CJ学者、国家杰青①等高层次人才总数稳居全国高校前列。标志性科技创新成果不断涌现,过去10年主持获得国家三大科技奖总数全国高校排名远高于学校综合排名,"CNS"顶尖论文数量在较长时间内居全国领先水平。以三个国家重点实验室为代表的国家级科技创新平台,构建了比较完善的创新体系,年到位科研经费最高达15亿元。这一系列成就充分显示了学校深厚的积累和雄厚的基础,我们有能力、有信心在新的历史条件下推动各项事业再上新台阶,加快建设世界一流大学。

(二)历史悠久、精神大气,大学文化不断传承

在113年的不断奋斗中,农大人传承了独特的精神力量和文化内涵,形成了具有农大特色和农大标识的内在气质。

1.为国为民的家国情怀

办学113年来,学校秉承"解民生之多艰,育天下之英才"的校训精神,扎根中国大地,与国家民族发展同向同行,在各个历史时期都为国家"三农"事业发展做出了不可磨灭的卓著贡献。只要国家需要的地方,就有农大人的足迹,这是农大人的责任担当。

2.敢为天下先的创新追求

跨越两个世纪,中国农业大学始终处于同类大学发展前列,最重要的是农大人有一种敢为天下先的创新精神。无论是基础研究还是应用研究,老一辈科学家在中国大地上创造了诸多具有历史意义的标志性创新成就,奠定了学校作为一所"国字号"大学的坚强基石。

3.自强不息的奋斗精神

百余年的发展进程中,学校几经挫折磨难,特别是在"文革"期间,办学场所数次搬迁,办学之难超出想象。无论在马连洼的木板房里,还是在涿州被造反派闹得无法正常进行教学科研活动,农大前辈们从来没有被艰苦条件和环境磨难打垮,始终自强不息、艰苦奋斗,始终保持了一种迎难而上、越挫越勇的昂扬锐气和蓬勃朝气,不断推动学校发展向前。

4.追求卓越的办学理念

大学作为一种学术组织,无论时代如何变迁,无论社会如何变革,追求卓越始终是大学的灵魂。无论在各个历史时期,中国农业大学始终以卓越的理念、卓越的标准和卓越的行动践行着大学的真谛,苟日新、日日新、又日新,谋求新发展、追求新突破、创造新成就。

拥有这样的厚重历史积淀和独特精神文化,我们没有任何理由不坚定自信,没有任何借口不挺起腰杆。无论遇到多大困难,都应当打不垮、压不倒,迎难而上、奋勇向前。

综合可比办学指标国际排名来看,学校学术核心竞争力已经接近或者基本达到世界农业大学领先水平。比如,目前学校农业科学已稳居U.S.News世界大学学科排名第3位。可以说,学校发展已经站在新的历史起点上,正在按照习近平总书记提出的建设中国特色、农业特色世界一流大学的指示要求,重整旗鼓再出发、乘势而上创一流。

---

① 国家杰青,即国家杰出青年科学基金获得者。国家杰出青年科学基金(The National Science Fund for Distinguished Young Scholars,简称:杰青基金),是中国为促进青年科学和技术人才的成长,鼓励海外学者回国工作,加速培养造就一批进入世界科技前沿的优秀学术带头人而特别设立的科学基金。(引自百度百科。)

二、坚持以顺大势、谋大事、干实事、见实效的战略思维，系统谋划学校全年工作

要谋求新发展、实现新突破，就必须坚持战略思维和创新思维，做好系统布局和长远谋划。具体来说，就是要坚持顺大势、谋大事、干实事、见实效。

（一）顺大势是学校实现高质量发展的必然选择

1. 顺大势就要坚持把学校发展融入国家发展和世界发展大潮之中

在世界快速变革和中国日益走进世界舞台中央的大格局中，学校必须顺势而为，找准发展方位。如果我们不能深刻认识把握国家发展和世界发展大势，不能主动面向世界科技发展前沿和国家重大战略需求，闭门造车、逆势而为，关起门来搞发展，就很可能被湮没在历史洪流之中。

2. 顺大势就要坚持对表看齐党的基本理论、基本路线、基本方略

党的十九大胜利召开，全面开启了中国特色社会主义现代化强国建设新征程。中央农村工作会议全面部署了新时代乡村振兴战略。在近期教育部直属高校工作咨询会上，刘延东副总理做了重要讲话。教育部 2018 年工作要点明确提出："探索建设一批新时代中国特色社会主义标杆大学，发挥排头兵、领头雁作用"。作为国家世界一流大学建设计划 A 类大学，我们必须深入学习贯彻落实习近平新时代中国特色社会主义思想和党的十九大精神，把高质量发展作为各项工作根本要求，全面贯彻党的教育方针，全力谱写新时代"奋进之笔"。

3. 顺大势就要坚持"四个服务"，服务国家战略需求

习近平总书记在全国高校思想政治工作会议上指出，高等学校要为人民服务，为中国共产党治国理政服务，为巩固和发展中国特色社会主义制度服务，为改革开放和社会主义现代化建设服务。"四个服务"是新时代习近平教育思想的重要体现，是党中央对高等教育发展的总体要求，是一流大学建设的新时代使命。作为中国共产党领导的社会主义大学，如果我们不能牢固树立国家意识和责任意识，坚持把"四个服务"作为发展之基、谋事之要，各项工作都成了无源之水、无根之木。

4. 顺大势就要全面理解现代大学的功能价值

高等教育界普遍认为，现代大学应当肩负人才培养、科学研究、社会服务、文化传承创新、国际交流合作的功能。大学不仅是新思想、新知识、新技术的重要创新源头，更是国家未来发展所需人才培养的最主要基地。谋划学校发展，必须不忘初心、牢记使命，重新审视大学价值，全面履行大学功能。以科学研究为例，2017 年底《科学》杂志公布了世界十大科学突破，其中基因疗法、广谱抗癌药、精准基因编辑、生物学预印本、原子尺度生命研究等均涉及生命科学与生物技术领域，发展速度超乎想象。如果我们不能主动顺应世界科技创新潮流，抢先布局科技创新前沿制高点，就很可能在新的科技革命中被甩出先进行列，在空前激烈的创新竞争中被淘汰出局。

（二）坚持解放思想，强化战略思维，统筹谋划学校发展大事

1. 全面贯彻落实党的十九大精神，坚持以习近平新时代中国特色社会主义思想武装头脑、指导实践

刚才东军同志代表学校做了重点部署。2018 年，是全面贯彻落实党的十九大精神的

开局之年，是改革开放40周年，是开启全面决胜小康社会、实施“十三五”规划承上启下的关键之年。学校要把持续深入学习贯彻习近平新时代中国特色社会主义思想和党的十九大精神作为首要政治任务，切实做到学懂弄通做实。

2.坚持以科学方法论引领思想、谋划工作

深入学习党的十九大精神，我个人体会最深的是，坚持以习近平新时代中国特色社会主义思想武装头脑，首先要坚持科学方法论。习近平总书记对十九大报告起草提出五项原则：一是坚持正确政治方向；二是坚持解放思想与时俱进；三是坚持战略思维和系统思维；四是坚持问题导向、强化问题意识；五是坚持从实际出发。如果每一位干部都能深刻领会并融会贯通这一科学方法论，并真正做到引领思想、谋划工作，学校各项事业发展必将如虎添翼、无往不前。

3.紧紧围绕党的十九大提出的重大战略，深刻思考、积极作为

十九大报告中提出实施科教兴国战略、人才强国战略、创新驱动发展战略、可持续发展战略、乡村振兴战略、美丽中国建设、健康中国建设、脱贫攻坚、“一带一路”与南南合作等一系列重大部署，为我们谋划各项工作提供了理论指导，也勾画了重点任务，指明了前进方向。习近平总书记在十九大报告中指出，中国特色社会主义处于重要的发展机遇期，前景十分光明，挑战也十分严峻，全党同志一定要登高望远、居安思危，勇于变革、勇于创新，永不僵化、永不停滞。加快“双一流”建设、加强人才队伍建设、深化教育教学改革、深化国际交流合作、拓展办学空间和办学资源、优化学校治理体系等各项工作，我们都必须提升政治站位和精神区位，真正谋在要处、抓在实处。

（三）以扎实行动举措推动各项任务落实落地

谋大事是做实事的第一步，以扎实行动举措推动各项任务落实落地是见实效的根本保障。我们要以钉钉子精神真抓实干、久久为功，全面落实学校2018年度党政工作要点明确的5大板块，32项领域重点工作，100多项具体任务。要层层压实责任、人人明确任务，推动各项工作落实落地、落细落小，以严实作风和高质量标准谋实招、求实效，为学校发展办大事、为广大群众办实事，让求真务实、真抓实干成为农大校园的时代最强音。

（四）以抓铁有痕、踏石留印的精神狠抓落实、抓出成效

任何伟大事业都不可能轻轻松松、敲锣打鼓就能实现，都必须付出艰巨艰苦的努力，扎扎实实奋斗出来。反对“新四风”，必须从力戒形式主义抓起；实现新作为，必须从狠抓落实做起，盯住抓，抓到底。无论谋划多么完美，如果不去抓，抓不实，都是空中楼阁、水中之花。实现高质量发展，必须是建立在狠抓落实、抓出成效基础上的高标准、高效率、高质量发展，必须时刻以一流标准来审视、评判、对标各项工作，用事实说话、拿成果证明、以实效检验。

三、持续深化改革，高质量推进中国特色、农业特色世界一流大学建设

（一）持续深化改革是社会主义现代化建设的伟大实践

今年是改革开放40周年，是中国特色社会主义现代化建设具有特殊纪念意义的一年。1978年12月13日，邓小平同志在中央工作会议闭幕式上发表题为“解放思想 实事求是 团结一致向前看”的重要讲话。他在讲话中指出，解放思想是当前一个重大的政治问题，解放思想解决了过去遗留的问题和新出现的一系列问题，只有正确的改革才能取

得成效。他强调，小生产的习惯势力还在影响着人们，这种习惯势力的显著特点就是因循守旧、安于现状、不谋发展、不求进步、不愿接触新事物；干革命搞建设都要有一批勇于思考、勇于探索、勇于创新的闯将，没有这样一大批闯将，我们就无法摆脱贫穷落后的状况，更谈不上赶超国际先进水平。重温小平同志这个重要讲话，对我们破解学校当前各种发展难题依然有着非常重要的现实指导意义。半年多来，我深刻体会到，学校一些部门思想僵化、观念守旧、安于现状、不求进步，导致学校一些重大改革推进不力。历史充分证明，取得社会主义现代化建设伟大成就最重要的法宝就是解放思想、深化改革。要实现学校各项事业高质量发展，我们也必须坚定不移深化改革，坚决破除制约高质量发展的思想观念束缚和体制机制障碍，争当新时代建设高等教育强国的旗舰和标杆。

(二)持续深化改革是学校破解难题、实现新发展的必由之路

半年多以来，经过初步调研，我梳理了各方面意见建议100多条。年前党委常委会听取各学院学习贯彻党的十九大精神和学院事业发展工作汇报，大家又提出若干条意见建议。这些问题是群众的声音，也是实践的起点，改革就是问题倒逼出来的；这些意见建议就是我们要认真面对和全力破解的突出难题。我们要强化问题导向，增强责任担当，凝聚改革共识、形成改革合力，持续深化改革，在破解一个又一个难题中推动学校各项事业不断迈上新的台阶。

(三)持续深化改革要深刻认识学校当前存在的发展难题和严峻挑战

回校工作以来，我认识到学校当前存在一些比较突出的发展难题和严峻挑战。比如，学科竞争力出现下滑。国家第四轮学科评估结果公布后，学校领导班子已经进行了专题研究。从纵向比较来看，按照这次评估的A+学科口径统计，第一轮到第四轮学科评估，我校分别有7个、7个、8个、6个学科；本轮学科评估处于绝对领先地位的只有畜牧学，其他几个学科都存在滑坡到A或者A−学科的风险。从横向比较来看，在前三轮学科评估中，我校A+学科数比其他三所部属农业高校总和还多，这一轮已经被这三所大学反超。此外，学校面临的挑战还包括：学校人才队伍存在断层，尤其是国家“四青”人才[①]数量较少；办学空间和办学资源明显制约未来发展；标志性科技成果产出有所下降，尤其是国家自然科学奖依然空白，顶尖期刊学术论文减少；社会服务集成度和显示度不高，缺乏农大特色；国际化理念和模式比较落后，等等，都是我们不得不直面的问题。习近平总书记强调，领导干部要有发现问题的敏锐、正视问题的清醒、解决问题的自觉，要瞄着问题去、追着问题走。实事求是、承认不足不等于失去信心，勇于直面问题、善于解决问题才是真正的自信。问题绕不开躲不过，我们应当有敢于触及问题、有办法解决问题的责任担当，敢于战胜一切困难而不是被困难吓倒，这正是深化改革的科学方法论。

(四)持续深化改革要准确把握、深入剖析问题背后的深层次原因

透过现象看本质。学校当前出现的这些问题背后隐藏着严峻的深层次原因，突出表现为：一是战略谋划不足，对新时代中国农业大学究竟该向什么方向发展、如何实现高质量发展，缺乏顶层设计和系统谋划；二是思维方式僵化、发展路径保守，因循守旧、依赖惯性，创新意识缺乏、创新能力不强；三是大学治理体系和治理能力落后，不适应高质量推进一流大学建设总体要求；四是部分干部规矩意识和纪律观念淡薄，甚至个别干部对学

① “四青”人才，即中组部千人计划中的青年千人计划、中组部万人计划中的青年拔尖人才、教育部长江学者奖励计划中的青年长江学者、国家自然科学基金委设立的优秀青年科学基金项目获得者。

校决定的工作还存在阳奉阴违的现象;五是部分干部执行力不足、执行能力偏弱,执行力不足反映出规矩意识淡薄,执行能力偏弱体现本领不强。这些现象值得我们深思,否则任其蔓延下去后果不堪设想。

(五)持续深化改革要坚持解放思想,打开解放思想这个"总开关"

思想引领行动,思路决定出路。有积极的思想才会有积极的行动,有思想上的"破冰"才会有行动上的突围。面对新时代新目标,我们要深入解放思想,打开解放思想这个"总开关",推动思想再解放、改革再深入。一是要坚决摒弃保守僵化的思想观念,彻底消除精神懈怠的风险隐患;二是要切实改进执行不严、落实不实的消极作风,一以贯之地把"三严三实"贯穿到各项工作的全过程各方面;三是要坚决破除制约改革发展的体制机制障碍,以制度创新破解空间不足、资源短缺的严重束缚;四是要彻底改变不讲规矩的习惯做法,大学是一个学术共同体,要充分发扬民主,但是行政工作必须讲规矩,没有规矩,无以成方圆,各项工作就是一盘散沙,无法按时保质保量完成;五是要坚持走群众路线,坚持以群众满意与否作为评判各项工作的最高标准;六是要从严从实狠抓工作督查,谋划工作,狠抓落实,督察督办,形成工作闭环链条,任何一个环节都不能打折扣。为此,学校将在党政办公室成立督查督办专门机构,对学校工作进行常态化、动真格督查督办。

四、坚持以"5+1"工程为统揽,全面推动学校各项事业开创新局面

直面复杂难题,应对严峻挑战,我们要在党委的正确领导下,以更坚定的信心、更扎实的作风、更强硬的举措、更坚实的保障,努力开创改革发展新局面。学校将以"5+1"工程为统揽,持续推进深化改革。"1"是坚持党对学校工作的全面领导,学校党委已经进行工作安排,姜书记也将提出工作要求。我主要讲"5"个工程:

(一)思想建设工程

以深入学习贯彻党的十九大精神和习近平新时代中国特色社会主义思想为核心,全校上下要进行一次深入的思想大建设和作风大整改。一是要大力提振精气神,坚决摒除僵化保守、安于现状的懈怠思想,彻底改变遇到问题绕着走、碰到困难往后缩,不作为、慢作为的慵懒懈怠状态;二是要坚持问题导向,彻底转变逃避问题、缺乏问题意识、不注重问题导向的工作方式。针对调研过程中大家提出的100多条意见建议,我向大家表态:这些问题都会列入学校年度工作计划,条件成熟的尽快解决,不成熟的逐步解决,暂时解决不了的创新方式、换一种思路解决;三要强化底线思维,用底线思维管控风险隐患,彻底纠正"只求过得去、不求过得硬"的惯性思维,大力弘扬"追求卓越、争当标杆"的事业标尺,鲜明树立起"干在实处、走在前列"的价值导向。

(二)"双一流"工程

学校"双一流"建设必须有更高的站位和更大的追求,有为世界农业科技创新进步做出标志性重大贡献的雄心,有为中国农业农村现代化做出标志性重大贡献的决心,有为中国乃至世界农业高等教育发展树立标杆的信心。在这些方面,农大前辈们为我们树立了光辉的榜样。在基础创新方面,阎隆飞先生在世界上首次发现植物肌动蛋白,娄成后先生首次发现植物胞间联络,在世界生理生化学界都具有举足轻重的地位。在技术创新方面,有蔡旭先生的小麦育种,李季伦先生的植物生长激素——赤霉素,石元春先生的黄淮海地区盐碱地综合治理等重要成就。这些标志性成就都是我们至今依然引以为傲、津

津乐道的辉煌篇章。新时代的农大人必须坚定创新自信、对表卓越标准，在科学谋划上下功夫，在狠抓落实上做文章，在攻克难关难题上求突破，如果没有这样的雄心决心信心，学校就不能成为真正的一流大学，我们也有愧于前辈们开创的伟大事业。

要厘清学科建设的“纲”和“目”。学校“双一流”建设实施方案经过多次修改，但仍然还不能令人非常满意。究其原因，我总结为：有“目”无“纲”。所谓“目”，就是9个学科被列为“双一流”建设学科，这只是“目”，缺乏“纲”的统领。“纲”是什么？就是要服务国家重大战略，引领世界科技创新前沿。学科建设是大学发展的龙头，是大学核心竞争力的集中体现。对一个具体学科而言，“纲”就是学科建设的方向，只有明确了要解决什么科学问题、实现什么技术突破，才是找准了“纲”；学科建设要素中的队伍建设、人才培养、科学研究、社会服务、国际交流等就是“目”。我们要从“纲”与“目”紧密结合的视角上，系统谋划所有学科的中长期发展战略。

纲举才能目张，执本方可事遂。学校的战略目标是建设中国特色、农业特色的世界一流大学，学科建设的“纲”就是在实现战略目标中的任务和使命。结合十九大报告学习体会，我认为可以从以下六个方面构建学校学科建设的“纲”：

一是国家粮食安全。习近平总书记反复讲，中国人要把饭碗牢牢端在自己的手里，保障13亿多人的口粮绝对安全。我们要围绕保障国家粮食安全，在基础研究、应用研究和技术成果推广转化等方面重新进行全方位系统布局。

二是食物营养与人民健康。随着人民群众对美好生活需要日益增长，食物需求已经“从吃得饱”转变为“吃得好”“吃得健康”，为相关学科带来广阔的发展空间。中国农业大学应当在这一重大问题上主动担当使命、展现更大作为。

三是美丽中国建设。“美丽”成为现代化强国的重要标志，生态文明建设上升为千年大计和国家意志。打好水、气、土三大污染防治攻坚战，解决好人民群众关心的环境问题、推进绿色发展、保障生态安全，关系到国家永久可持续发展。学校在农业环境、畜禽粪便绿色处理等方面有很好的基础，取得了很多重要的成果，在服务美丽中国建设、推进国家绿色可持续发展中，也必定大有可为、大有作为。

四是农业工业化与信息化。当前中国很多农产品缺乏国际竞争力，重要原因之一就是生产方式落后、机械化与信息化水平较低、科技含量不高。农业工业化与信息化是中国农业未来发展的必然趋势，我们必须积极主动参与、抢占创新高地。

五是乡村振兴战略。实施乡村振兴战略是十九大做出的重大决策部署，是新时代党中央“三农”工作的总抓手。按照“产业兴旺、生态宜居、乡村文明、治理有效、生活富裕”的总要求，全校各个学科都必定大有用武之地。

六是农业国际化发展。在20世纪80年代出国留学时，我们看到美国的大学研究非洲农业发展问题，德国、荷兰的大学在研究中国农业发展问题，当时我们并不完全理解。现在我们才深刻体会，这就是大国的国际责任和国际担当。中国农业大学要成为真正的世界一流大学，应当有责任、有抱负、有能力为世界农业发展贡献中国智慧和中国方案。“一带一路”和南南合作倡仪，为我们构建以我为主、牵头主导的国际教育科技合作新模式，深化农业国际交流合作、引领发展中国家农业发展搭建广阔平台。我们要抓住机遇、主动担当，在更高层次和更大舞台上发出农大声音、提供农大方案。

以上六个方面可以考虑作为学校“双一流”建设中学科结构布局的“纲”，也是学校未来中长期发展的战略使命。希望大家一起思考，一起讨论。

(三)人才强校工程

2018 年是学校党委研究确定的“人才强校年”。我们要以更加积极、更加开放、更加有效的制度政策，坚定不移实施人才强校战略，聚天下英才而用之。接下来，学校将出台专门文件，进行专题部署，在此我不展开讲。

(四)治理工程

当前学校治理体系和治理能力与一流大学建设要求还存在不小差距。为此，学校将从推进大学治理体系和治理能力现代化的战略高度，对机构设置、职能配置、校院两级管理体制等重大问题进行系统改革，有效激发校院两级办学活力和发展潜力，推动学校加快实现从“火车头”向“动车组”发展模式的彻底转变，推动发展动力变革、质量变革和效率变革。

(五)保障工程

无论是与兄弟高校对比，还是从自身实际来看，办学空间和办学资源短缺已经严重制约学校一流大学建设。在调研中，教师干部反映最多的问题就是科研和办公场地不足。受客观条件限制，解决空间和资源难题，不可能一步到位、一蹴而就，也请大家理解。我代表学校领导班子向大家保证，办学空间和资源拓展是“5＋1”工程的重中之重，在未来 5 年内，我们将想尽一切办法、用尽一切努力，并持续深化资源配置体制机制改革，在拓展办学空间和资源上迈出实质性步伐。

同志们，新时代是奋斗者的时代，2018 年是学校一流大学建设进程中极为关键的一年。回望来路，展望前路，我们要在校党委的正确领导下，坚守艰苦奋斗、追求卓越的文化精神，坚定建设一流、争当标杆的理想信念，坚持解放思想、深化改革的发展路径，不驰于空想，不骛于虚声，逢山开路、遇水搭桥，凝心聚力、攻坚克难，加快实现中国特色、农业特色世界一流大学的伟大目标！让我们携手奋进，共同奋斗！

谢谢大家！

深入学习贯彻党的十九大精神 高质量推进中国特色、农业特色世界一流大学建设

——校长孙其信在学校处级干部学习贯彻习近平新时代中国特色社会主义思想和党的十九大精神集中轮训会议上的专题报告

(2018 年 4 月 4 日)

同志们：

按照中央关于深入学习宣传贯彻党的十九大精神统一要求，学校党委决定对全校处级干部进行轮训。党的十九大胜利召开后，习近平总书记在新进中央委员会的委员、候补委员和省部级主要领导干部学习贯彻习近平新时代中国特色社会主义思想和党的十九大精神研讨班上做了重要讲话。近期，姜沛民书记和我也先后参加了中央组织部安排的省部级干部集中轮训。刚才，姜书记做了主题报告，对党的十九大精神做了深刻解读

和全面辅导。接下来，我想就“深入学习贯彻党的十九大精神，高质量推进中国特色、农业特色世界一流大学建设”这一主题，与同志们做一些交流。

一、深刻领会党的十九大精神和习近平新时代中国特色社会主义思想

党的十九大做出了中国特色社会主义进入了新时代的重大论断，并将十八大以来党的理论创新成果概括为习近平新时代中国特色社会主义思想。习近平新时代中国特色社会主义思想是马克思主义中国化的最新成果，是党和人民实践经验和集体智慧的结晶，是中国特色社会主义理论体系的重要组成部分，是全党全国各族人民为实现中华民族伟大复兴而不懈奋斗的行动指南。刚刚闭幕的十三届全国人大一次会议，把习近平新时代中国特色社会主义思想写入国家宪法，以国家根本法的形式进一步巩固了全党全国各族人民团结奋斗的共同思想政治基础，明确了新时代国家发展的根本任务、奋斗目标和战略步骤，确保党和国家各项事业始终沿着正确的方向前进。

党的十九大报告提出，分两步走全面建设社会主义现代化强国。从 2020 年到 2035 年，要在全面建成小康社会的基础上，再奋斗十五年，基本实现社会主义现代化；从 2035 年到 21 世纪中叶，把我国建成富强民主文明和谐美丽的社会主义现代化强国。两个阶段的战略安排，全面开启了中国特色社会主义建设的新征程。如何理解新时代、新思想、新征程之间的逻辑关系，值得我们认真思考。

中国特色社会主义进入新时代，这是我国发展新的历史方位。习近平总书记强调，中国特色社会主义不是从天上掉下来的，而是改革开放 40 年的伟大实践中得来的，是在中华人民共和国成立近 70 年的持续探索中得来的，是我们党领导人民进行伟大社会革命 97 年的实践中得来的，是近代以来中华民族由衰到盛 170 多年的历史进程中得来的，是对中华文明五千年的传承发展中得来的，得到这个成果极不容易。

回顾中华民族五千年历史，我们可以看到：公元 749 年，中国经济总量占世界的 58％；1083 年、1600 年、1820 年，这一比例分别为 50％、29.2％、32.5％。改革开放初期，1978 年中国经济总量仅占世界的 1.8％，2012 年上升到 11.47％；2017 年经济总量达到 82.7 万亿元，占世界的 16％，对全球经济增长贡献率超过 30％。习近平总书记在党的十九大报告中指出，党的十八大以来的五年所取得成就是全方位、开创性的，五年的变革是深层次、根本性的，推动了党和国家事业发生了历史性变革。站在新的历史起点，我们可以自信地说，新中国成立以来特别是改革开放 40 年以来，在中国共产党的坚强领导下，我们坚持走中国特色社会主义道路，久经磨难的中华民族实现了从站起来、富起来到强起来的伟大飞跃，迎来了实现中华民族伟大复兴的光明前景。

党的十八大以来的五年，是我国发展进程中极不平凡的五年，改革开放和社会主义现代化建设事业开创了全新的历史局面，我们都是这五年的见证者和亲历者。在中央党校省部级干部轮训班上，王沪宁同志讲，过去五年我们解决了许多长期想解决而没有解决的难题，办成了许多过去想办而没有办成的大事。他举了一个例子，十八大之前国家进行了六次人口普查，一直没有解决无户籍人口的“黑户”问题，据统计全国“黑户”人口约有 1 300 万人，导致很多农民工子女因为没有户口无法在城市享受公平而有质量的教

育。在以习近平同志为核心的党中央领导下，在第七次人口普查中我们就彻底解决了这个长期影响社会公平正义的巨大难题。在西北农林科技大学工作期间，我曾多次听李岚清同志谈到，过去很长一段时间中央都在考虑“一带一路”构想，但是受到多方面条件限制一直没有启动实施。党的十八大以来，在以习近平同志为核心的党中央坚强领导下，中国站在构建人类命运共同体的高度，全方位推进中国特色大国外交，大力推动“一带一路”建设，大踏步走进世界舞台中央。此外，中美贸易争端是近期大家高度关注并热议的话题，网民们发现了一个很有意思的现象：中国对美国贸易制裁的是农产品，而美国对中国贸易制裁的是工业品，突然间美国成了一个农业国，中国成了一个工业国，其背后正是中国经济结构和综合国力的深刻变革。中国特色社会主义进入新时代，在中华人民共和国、中华民族发展史上具有重大意义，在世界社会主义发展史上、人类社会发展史上也具有重大意义。这些历史性成就的取得，根本原因在于有以习近平同志为核心的党中央集中统一领导，有习近平新时代中国特色社会主义思想的正确指引。

中国特色社会主义发展进入新时代，对党和国家的事业发展提出了许多新课题新挑战。我体会，主要体现在以下几个方面：一是我国发展站在新的历史起点上，中国特色社会主义事业进入新的历史阶段，新时代要有新气象有新作为，从十九大到二十大，是“两个一百年”奋斗目标的历史交汇期，我们要在全面建成小康社会、实现第一个百年目标基础上，乘势而上开启全面建设社会主义现代化强国新征程，向第二个百年目标进军。二是世界进入大变革大调整时期，面临千年未有之大变局，如何在乱局中保持战略定力，在变局中抓住历史机遇，对党中央统筹国际国内两个大局提出了更高要求。三是党执政的内外环境和现实条件发生重大变化，“四大考验”更加长期而复杂，“四大风险”更加尖锐而严峻。四是我国社会主要矛盾已经转化为人民日益增长的美好生活需要和不平衡不充分发展之间的矛盾，这是一场关系全局的历史性变化，我们要在继续推动发展的基础上，着力解决好不平衡不充分的问题，大力提升发展质量和效益。

时代是思想之母，实践是理论之源。党要带领全国人民应对重大挑战，抵御重大风险，克服重大阻力，解决重大矛盾，迫切需要新的理论指导。十九大的最大理论贡献就是形成了习近平新时代中国特色社会主义思想。围绕新时代坚持和发展什么样的中国特色社会主义、怎么坚持和发展中国特色社会主义这一重大时代课题，对新时代坚持和发展中国特色社会主义的总目标、总任务、总体布局、战略布局和发展方向、发展方式、发展动力、战略步骤、外部条件、政治保证等基本问题做出了科学回答。习近平新时代中国特色社会主义思想是在坚持马克思主义基本原理同新时代我国改革开放和社会主义现代化建设的伟大实践相结合基础上形成的，是马克思主义中国化的新飞跃，是21世纪的马克思主义。

新时代开启新征程，新思想指导新实践，习近平新时代中国特色社会主义思想是新时代的理论灯塔和思想旗帜。实现新时代党的历史使命，统揽伟大斗争、伟大工程、伟大事业、伟大梦想，决胜全面建成小康社会，夺取新时代中国特色社会主义伟大胜利，实现中华民族伟大复兴的中国梦，我们都必须坚定不移以习近平新时代中国特色社会主义思想武装全党、指导实践，全面加快建设社会主义现代化强国

以上是我学习领会党的十九大精神和习近平新时代中国特色社会主义思想的初步体会，不当之处请大家批评指正。

二、坚持以习近平新时代中国特色社会主义思想为武装头脑，做好中国特色、农业特色世界一流大学战略谋划

习近平总书记强调，学习贯彻党的十九大精神要在"学懂弄通做实"上下功夫。学懂是前提，我们要坚持以习近平新时代中国特色社会主义思想为指导，努力掌握十九大精神的政治意义、历史意义、理论意义和实践意义，更好地指导学校改革发展各项事业。我体会，坚持以习近平新时代中国特色社会主义思想武装头脑，首先要树立战略思维，在中国特色社会主义进入新时代的大背景下，做好中国特色、农业特色世界一流大学的战略谋划。

战略问题始终是一个根本问题。战略上谋划得准确，谋划得科学，就能赢得战略上的主动。在重大转折期，缺乏战略谋划的行动必然是短视的，是无法凝聚共识的，也是不可能顺利完成建设中国特色、农业特色世界一流大学历史任务的。一个国家需要战略，一个大学需要战略，一个学院也需要战略，各级干部必须坚持以习近平新时代中国特色社会主义思想为指导，自觉把新思想、新理论与学校、学院发展实践紧密结合起来，切实提升战略思维和战略谋划能力。

提升战略思维和战略谋划能力，必须增强思维的全局性和系统性。任何事物都是相互联系的，只谋局部、不谋全局不是战略思维，只谋当前、不谋长远也不是战略思维。当前学校改革发展进入攻坚期、深水区，改革方案如果没有全局性和系统性设计，就难以引领事业持续健康发展。提升战略思维和战略谋划能力，必须增强思维的前瞻性和预见性，善于透过纷繁复杂的表面现象把握未来的发展方向，做到未雨绸缪、超前谋篇布局。现在的改革在若干年后才能见到成效，如果缺乏前瞻性和预见性思维，改革就不可避免地走弯路，也会错失重要的发展机遇期。

做好战略谋划，必须增强战略定力，保持清醒头脑，准确把握形势，做出科学判断。要加快建设中国特色、农业特色世界一流大学，我们应当重点考虑以下几个重要问题：

第一，中国特色社会主义进入新时代，建设世界一流大学必须始终坚持世界一流标准。党的十九大报告指出，建设教育强国是实现中华民族伟大复兴的基础性工程，必须把教育事业放在优先发展位置，加快教育现代化。到2035年，我国要基本实现社会主义现代化，这就意味着高等教育必须在2035年之前率先基本实现现代化。作为一所"国字号"大学，2035年的中国农业大学应当具备什么样的水平，应当在世界大学之林中占据什么样的地位，能够为实现中国高等教育现代化做出什么样的贡献，我们要认真思考。

从部分国际可比学术指标排名来看，目前我校有11个学科领域进入ESI全球前1%，农业科学居U. S. News世界排名第3位，但是学术综合竞争力依然只排在400～500位之间。我最近访问了荷兰瓦赫宁根大学，瓦赫宁根大学有13个学科领域进入ESI世界前1%，仅比我们多2个，但是瓦赫宁根大学综合排名高居全球第88位。到2035年，我们要基本建成中国特色、农业特色世界一流大学，就应当树立适当的国际标杆，换句话说，学术综合实力应当进入全球前200名，到2050年应当进入全球前100名，否则就难以真正建成世界一流大学。

第二，中国特色社会主义进入新时代，建设世界一流大学必须更加彰显中国特色。在中国建设世界一流大学，要坚持国际标准，更要突出中国特色，扎根中国大地办大学，坚持党的领导，坚持社会主义办学方向，坚持为人民服务、为中国共产党治国理政服务、

为巩固和发展中国特色社会主义制度服务、为改革开放和社会主义现代化建设服务。刚才姜书记就坚持党的领导、坚持社会主义办学方向、坚持“四个服务”做了全面部署。我体会，坚持“四个服务”，关键是全方位提升服务国家战略能力。去年中央巡视组明确指出了我校在服务国家战略方面的不足。百余年来，中国农业大学秉承“解民生之多艰，育天下之英才”的校训，在各个历史时期都为国家农业农村发展振兴做出了不可磨灭的贡献。对照十九大报告中提出的实施科教兴国战略、人才强国战略、创新驱动发展战略、可持续发展战略、乡村振兴战略、美丽中国建设、健康中国建设、脱贫攻坚、“一带一路”等一系列战略部署，新时代的农大人应当担当更大的责任，为国家发展、民族振兴做出更大的贡献。

在服务国家战略方面，学校已经开展了很多卓有成效的探索实践。在山西省灵丘县，农学院教授在开展有机旱作农业助力脱贫攻坚的艰苦攻关；在云南省西双版纳州勐腊县河边村，由我校牵头主导实现了农村整村脱贫，并走出了一条深度贫困村整体脱贫与乡村振兴紧密结合的新路子。在李克强总理主持召开的政府工作报告征求意见座谈会上，我向总理做了汇报。汪洋同志在云南调研时也强调，要把脱贫攻坚与乡村振兴有机衔接起来。在这些区域，我们能够深切感受到当地老百姓对科技和知识的迫切需求，以及对我们所做服务贡献的由衷尊敬。实践启示我们：扎根中国大地办大学，自觉服务国家战略，是新时代中国大学的责任担当，是建设世界一流大学的必由之路。

第三，中国特色社会主义进入新时代，建设世界一流大学必须更加突出创新引领发展。党的十九大报告强调，加快建设创新型国家，瞄准世界科技前沿，强化基础研究，实现前瞻性基础研究、引领性原创成果重大突破。最近，张福锁院士团队在 *Nature* 发表的一篇论文，在国内外学术同行引起了极大反响。今年全国“两会”期间很多代表谈道，大学校长要深刻反思行业内技术突破有多少是本校贡献的。作为一所“国字号”大学，如果农业领域重大技术创新没有我们的一席之地，那是不够格的。创新是引领发展的第一动力，要实现高质量发展，核心是坚持创新驱动发展，敢为人先、追求天下先。如果没有这样的雄心壮志，一流大学就是空谈。

第四，中国特色社会主义进入新时代，建设世界一流大学必须重新审视大学战略使命。战略使命就是我们的办学理念和奋斗目标，我们要围绕建成中国特色、农业特色世界一流大学的总体目标来进行战略谋划。要明确的是，中国特色、农业特色世界一流大学不等同于世界一流农业大学，中国特色与农业特色必须统筹结合、全面理解，才能树立我们的旗帜，找准我们的前进方向。基于这一战略判断，我们应当认真思考，到 2035 年中国农业大学应当是一所什么样的大学，应当担当什么样的国家使命，能够为国家做出什么样的贡献。

从农业特色来讲，我们的战略使命首先要支撑和引领中国现代农业发展。现代农业的内涵已经发生根本性变化，过去很长时间内，农业的核心任务是增长产量，围绕着提升产量做文章，解决供给不足问题。但这种以牺牲环境、透支资源为代价的发展方式已经难以为继，已经无法适应新时代高质量发展、创新发展、绿色发展的要求。建设中国特色、农业特色世界一流大学，必须在国家重大战略需求、世界科技发展前沿与学校传统基础优势三方面的结合点、交集区，找准我们的战略使命和奋斗方向。我考虑，可以把学校未来发展的战略使命凝练为以下六个方面，与大家一起交流和探讨：

第一，粮食安全。习近平总书记讲，中国人要把饭碗牢牢端在自己手里，保障口粮绝对安全和主要农产品有效供给。粮食安全是我们学校积累最深、最有优势的领域，也是我们目前为国家贡献力度最大的领域。各学院、各学科在做战略规划时，都要聚焦粮食安全这一重大战略问题，围绕产前产中产后、加工储藏运输、水资源高效利用、耕种收机械化等各领域，深刻思考我们可作为、可贡献的空间。

第二，营养与健康。十九大报告提出，实施健康中国战略。随着人民群众对美好生活需要日益增长，营养与健康是从"从吃得饱"到"吃得好""吃得健康"的必然升级。营养过剩带来了代谢病、肥胖症等诸多健康问题，中国幼儿肥胖症发病率已经处于较高水平。很多研究表明，中国人遗传基因里没有肥胖基因，不合理的饮食和营养搭配是造成肥胖的重要原因。近年来，肠道微生物组研究成为全世界的研究热点，产生了很多高水平研究成果。荷兰学者发现，小麦有一种过敏原，欧洲大约有千分之二的人对小麦面筋过敏，中国也有一定比例人群，不能吃面包，面筋对于有过敏症的人就是有害物质。一些专家在研究抗性淀粉水稻，糖尿病人也可以吃，对健康没有影响。浙江大学学者发表论文提出，人要吃高纤维食物，因为纤维可以调节肠道微生物组群，缓解糖尿病症状。在营养与健康方面，食品学院、动医学院、生物学院很多学者在从事相关研究。拓展营养与健康领域布局，不仅是提升学校学术水平的重大举措，也是有可能为中国人民乃至是全人类健康做出更大贡献的事业。

第三，生态环境。习近平总书记讲，绿水青山就是金山银山。十九大报告强调，我们要建设的现代化是人与自然和谐相处的现代化，提供更多优质生态产品满足人民日益增长的优美生态环境需要。水、土壤、大气污染严重影响中华民族的可持续发展，打赢污染攻坚战成为决胜全面建成小康社会必须攻克的三大难关之一。去年有一篇研究论文提出，农业是造成空气污染的源头之一。为此，我专门向有关专家求证，答案是肯定的。过量使用的氮肥变成气态氮进入大气后，通过化学反应就会形成雾霾。土壤污染防治是我们的传统优势学科领域，已经取得了很多标志性研究成果。在打赢污染防治攻坚战，建设美丽中国、保障国家生态环境安全中，我们应当有更大的决心、更大的作为，做出更大的贡献。

第四，农业工业化与信息化。当前人工智能迅速发展，成为国际竞争新焦点、经济发展新引擎。最近一篇论文提出，如果把人工智能技术与生物信息技术结合起来，进行肿瘤早期识别和判断，将取得肿瘤防治的重大技术突破。近年来，人工智能开始大量应用于农业领域，有专家预测，人工智能与农业结合会产生重大技术创新，带来新的农业革命。在农业信息化方面，信电学院、工学院、资环学院都有一定的基础，但是与世界前沿水平相比，还是差距比较大。当前中国主要农产品市场价格高于进口到岸价格，重要因素之一是我们的工业化装备水平偏低，劳动力成本偏高。比如，当前中国棉花、油菜种植面积大幅减少，茶叶价格高居不下。中国农业要提升国际竞争力，工业化、信息化是必由之路，我们应当抓住机遇，更好服务国家农业工业化、信息化。

第五，乡村振兴。2017 年底我国户籍人口城镇化率达 48%，常住人口城镇化率达 58%，按照目前发展趋势，到 2035 年常住人口城镇化率将达 70%～75%，这意味着仍然有 30%左右、4 亿～4.5 亿人口生活在农村。农村如何建设、如何管理、如何实现可持续发展，这是中国面临的巨大挑战。十九大报告提出实施乡村振兴战略，2018 年中央一号文件对乡村振兴战略进行全面部署。一号文件提出，实现乡村振兴，产业兴旺是重点、生态宜居是关键、乡风文明是保障、治理有效是基础、生活富裕是根本。我们要全面对照五个方面要求，在提高农业发展质量、推进乡村绿色发展、繁荣乡村文化、完善乡村治理体系、保障和改善乡村民生等各领域做出应有的贡献。

谈到乡村振兴，要强调的是，我们要尽快把哲学社会科学做大做强。目前我校学科结构不够均衡，哲学社会科学发展不够充分，份额、比重、贡献还没有达到中国特色、农业特色世界一流大学建设应有的要求，我们要认真做好战略谋划。国家经济社会发展到了一定阶段，社会矛盾会更加突出，就更加需要哲学社会科学的理论创新、政策创新、制度创新来解决重大社会问题。叶敬忠教授首创的“三留守”[①]概念，在中国乡村治理研究中具有重大影响；最近李小云教授一篇关于精准扶贫的政策建议又得到了国家领导人的批示；左停教授、林万龙教授成为国务院扶贫开发领导小组专家咨询委员会委员。可以说，国家有需求、有期待，我们也有基础、有能力，把哲学社会科学做大做强，实现更快更好的发展。

要特别指出的是，党中央高度重视高校马克思主义学科建设，学校也多次专题研究马克思主义理论学科建设。目前我校马克思主义理论学科基础比较薄弱，停留在主要承担思想政治理论课教学任务阶段。我们要建设中国特色、农业特色一流哲学社会科学学科体系，就必须尽快补齐马克思主义理论学科短板。昨天党委常委会专门研究调整思想政治理论课建设领导小组人员组成，以更好统筹马克思主义理论学科建设。希望马克思主义学院同志们也认真思考谋划，大力提升马克思主义理论学科建设水平。

第六，国际农业发展。过去我们到国外访问时，经常会发现德国、美国大学在研究非洲问题，虽然其背后有战略意图考虑，但是他们的确在不同程度上推动了发展中国家经济社会发展。党的十九大报告提出，构建人类命运共同体，加大对发展中国家特别是最不发达国家援助力度。为世界发展贡献中国智慧、中国方案和中国力量，这是大国的国际责任和国际担当。要建成中国特色、农业特色世界一流大学，必然要求在推动全世界农业发展中有我们的贡献。我年初去东南亚访问，学校与泰国农业大学联合成立了食品加工研究中心。柬埔寨提出，希望中国援建一座大学，并邀请中国农业大学深度参与。

今年全国人大会议通过了国务院机构改革方案，其中一项内容就是整合对外援助机构，成立国家国际发展合作署，通过加强对外援助服务大国外交。近期到非洲访问，在马拉维我发现英国向当地农业合作社援助奶牛冷藏加工设备，解决了牛奶存储加工问题。我们在坦桑尼亚开展的扶贫项目，集成利用密植、起垄、除草等技术，让作为当地最主要粮食作物的玉米大幅增产，亩产从100斤[②]增加到300斤，得到坦桑尼亚前总理平达先生的高度评价。很多非洲国家以农业为主，生产规模与经营方式与中国比较相似，中国小农户生产经营模式非常适用于非洲。中国特色社会主义进入新时代，我们要更多履行大国的国际责任和义务，为人类做出更大的贡献，推动国际农业发展应当成为中国农业大学的责任和使命。

三、深入贯彻党的十九大精神和习近平新时代中国特色社会主义思想，坚持以“5＋1”工程为统揽，高质量推进中国特色、农业特色世界一流大学建设

昨天校党委常委会研究通过了《中国农业大学关于统筹推进“5＋1”工程的实施意见》。关于“5＋1”工程，我在学校教代会和2018年度工作会议上都做了解读。今天，就

---

① “三留守”，即三类农村留守群体——留守儿童、留守妇女、留守老人。

② 1斤＝500克

为什么实施“5＋1”工程以及如何推进“5＋1”工程再谈一些认识。

“5＋1”工程是校党委针对当前学校改革发展面临的突出问题和挑战认真分析研究提出的，并作为推进学校改革发展的总抓手。“5＋1”工程不是凭空而来的，更不是搞什么新花样、新名堂，而是为了切实解决学校当前发展面临的突出问题和主要矛盾。“5＋1”工程是学校在“学懂弄通”基础上，“做实”党的十九大精神的具体行动，是深入学习贯彻习近平新时代中国特色社会主义思想，解放思想、深化改革、加快发展的具体举措。我在多个场合讲过，学校发展基础很牢、形势很好，但问题不少、难题更多，解决这些问题必须也必然要坚持改革的精神和改革的办法。可以说，在改革开放40年之际，“5＋1”工程正是学校全面深化改革的总抓手。

关于如何推进“5＋1”工程，“1”就是要全面加强党委对学校一切工作的领导，刚才姜书记已经做了全面部署。在此，我向同志们简要介绍一下五大工程。

一是思想建设工程。学校发展进入新阶段，面临新问题、应对新挑战，没有思想的大解放，就没有事业的大发展。在推进思想建设工程中，我们要持续加强学习，强化理论武装，筑牢信仰之基，进一步解放思想，不断转变观念，强化规矩意识，加强作风建设。

二是“双一流”建设工程。“双一流”建设工程是学校加快建设中国特色、农业特色世界一流大学的发动机，接下来我们将召开“双一流”建设推进大会，进一步全面细致安排部署，统筹推进各项任务落地落实。

三是人才强校工程。当前，学校发展面临的最大挑战和制约是人才队伍。未来3年内我们要全力实施“315”人才计划，在人才队伍建设体制机制上实施一系列改革。目前“315”人才计划已经取得一定进展，更重要的是，我们要以更大的力度和更实的措施深化人才体制机制改革，彻底冲破束缚人才工作的各种不合理制度和观念，推动人才队伍大建设实现大发展。

四是内部治理工程。建设一流大学，必然要求有与之相匹配的一流治理体系和治理能力，在坚持党委全面领导下，规范治理结构，完善治理体系，提升治理能力。内部治理工程的突破口是完善校院两级管理体制和运行机制。当前学校管理重心偏高，职责有交叉、有空白，学院办学活力不足。针对这一问题，学校成立专门工作组，启动校院两级管理体制改革。在“双一流”建设经费分配使用以及人事人才管理改革中，我们已经迈出了一小步。接下来，我们将以更大的力度和更实的举措系统推进校院两级管理体制改革，推动学校发展模式和动力机制实现由“火车头”向“动车组”的根本性转变。此外，我们还要大力推进定编定岗与机构改革、专业化管理干部队伍建设、科技成果转化等重点领域改革。

五是发展保障工程。办学资源空间严重不足，也是严重制约学校发展的重要因素。为此，学校将成立拓展办学资源空间专门工作组，从优化校内公共资源配置、推进基本建设、完善资金募集和管理机制、提升校办产业效益、维护校园和谐稳定安全等各方面，全方位推进发展保障工程。

同志们，3月15日校长办公会就我专题调研、领导班子专题民主生活会以及听取学院汇报工作时收集整理的300多条问题和意见，进行分类梳理并将相关任务逐一落实到分管领导负责协调解决，这是领导班子加强自身建设、转变工作作风的第一步。能尽快解决的，必须抓紧解决；需要政策支持的，比如学术型硕士学制改革、人才住房待遇等，要抓紧研究出台相关政策加以解决；受各方面条件限制，暂时无法解决的，要向同志们实事求是地做出解释说明，绝不允许出现群众有呼声、学校无回应的情况。在此，希望各位处级干部以“约法十条”为要求，进一步转变观念、转变作风，主动作为、履职尽责。我注意到，最近国资处经过调研提出，建立公共服务平台以提高教师科研仪器设备招标采购效率，这是一种很好的工作表现，值得肯定表扬。

在3月15日校长办公会上，我对学校行政班子成员提了六点工作要求，在此我向大家报告一下，希望与同志们共勉：

第一，我们要以对党的事业忠诚负责的政治担当，振奋精神、坚定信念。

第二，我们要以对共同的母校高度负责的深厚情怀，担当责任、干事创业，深化改革、加快发展。在座大部分同志都是在中国农业大学学习、成长起来的，是这所大学培养了我们，成就了我们。如果我们不竭尽全力、奉献全部来推动学校发展，我们就成了农大的“不肖子孙”，我们将无颜面对农大的先辈前贤，也无法给后人们满意的答卷。

第三，我们要以“三严三实”和“五个过硬”要求来检验工作作风和工作成效。要自觉对照习近平总书记“信念过硬、政治过硬、责任过硬、能力过硬、作风过硬”要求，既政治坚定，又本领高强，以自我约束之严，谋干事创业之实。

第四，我们要以世界一流标准来谋大事、干实事、求实效。要建设世界一流大学，谋划工作、推进工作、评价工作都必须以世界一流标尺来衡量，决不能降低标准、贻误战机。

第五，我们要以改革创新、攻坚克难的奋斗精神推动各项事业快速发展。改革再出发，精神最重要，我们决不能碰到问题绕着走，遇到困难往后缩，否则我们将没有出路。

第六，我们既要谋划大事，更要解决小事，以扎扎实实的行动、实实在在的成效赢得师生的信任和支持。老实讲，我在调研中感受到部分群众对领导班子的信任不足。各级领导班子都要认真反思，如何倾听群众呼声，如何回应师生诉求，否则小事都办不好，何谈谋战略、干大事。

同志们，让我们以党的十九大精神和习近平新时代中国特色社会主义思想为指引，振奋精神，乘势而上，为高质量推进中国特色、农业特色世界一流大学建设而努力奋斗！

校长孙其信在中国农业大学健康食品产业研究院(兴化)揭牌仪式上的讲话

(2018年4月10日)

尊敬的各位领导，各位来宾，各位媒体朋友们：

大家上午好！

今天，我们在兴化举行中国农业大学健康食品产业研究院揭牌仪式。首先请允许我代表中国农业大学向各位的到来表示热烈的欢迎，对长期以来支持和关心中国农业大学发展建设的社会各界朋友表示衷心的感谢！

中国农业大学是一所与中华民族发展、兴旺紧密关联的百年老校，到今年已经有

113年的悠久历史。新中国成立之初，为了百废待兴的农业发展，中国农业大学一大批知名专家奔赴祖国的四面八方，深入东北、新疆、西藏，为中国农业的复兴做出了历史性贡献。

党的十九大提出建设中国特色社会主义现代化强国的伟大目标。作为一个农业大国，要建成社会主义现代化强国，必然要建设成为农业强国。今天我们发起成立健康食品产业研究院，就是服务国家战略、推动农业现代化强国建设的一项重要举措。之所以命名为“健康食品产业研究院”，我想有以下几层含义：

第一，着眼健康。健康是广大人民对美好生活向往的首要追求，所以我们成立这样一个研究院，就是紧紧抓住了实现全面建成小康社会进程中广大人民对美好生活的不懈追求。这对我们推进健康中国战略的实施、助推兴化市的健康产业发展都具有十分重要的意义。

第二，立足食品。民以食为天，食品是我们每一个人每天都离不开的必需品。经过改革开放40年的发展，食品对于人们的意义，已经不仅仅在于提供能量，它更加关乎着每一个人的健康。大量的研究认为，健康是可以吃出来的，所以食品产业对未来社会的进步具有十分重大的意义。在发达国家，食品产业的产值最高可以达到农业产值的8倍以上。据统计，目前在中国这一数字还仅仅只有2倍。所以未来的食品产业有着巨大的发展空间。

第三，面向产业。我了解到，兴化市制定了一个雄心勃勃的千亿级的健康食品产业发展规划。在江苏这样一个工业高度发达的省份，把健康食品打造成未来兴化市经济发展的支柱产业，我认为选得准、选得对、选得好。目前兴化市已经在农产品健康、食品产业等相关领域取得了突破，成为全国乃至部分领域在全球都十分具有竞争力的产业基地。我坚信，未来兴化市以推进千亿级健康食品产业为战略的发展模式，必将会取得更大的成就。

第四，以“研究院”为核心。研究院的核心工作就是开展研究。我注意到在兴化的健康食品发展规划中，有一项具有前瞻性的战略举措，就是把兴化市健康食品产业生产、加工、贸易向上下两头延伸，上游延伸到研发设计，下游拓展到安全检测。这样就构建了一个更全面、更具有可持续发展能力的健康食品产业链条，形成了强大的竞争力。未来健康食品产业能走多远、能做多强，核心要素就是创新。只有创新才能够带动技术的进步，只有技术的进步才能推动产品的升级，只有产品的升级才能带来更大的市场竞争力。这样的一种创新，将是引领未来健康食品产业发展的原动力和核心竞争力。

今天健康食品产业研究院的成立，既是推动兴化市把健康食品产业链条做大做强的具体行动，标志着兴化市推动千亿级健康食品产业发展迈向了一个新阶段，也体现了中国农业大学作为“双一流”建设大学坚持服务国家战略、服务地方经济社会发展积极作为和主动担当。

我坚信，在各方的共同努力下，健康食品产业研究院一定能够做大做强，为助推兴化市乃至江苏省健康食品产业发展做出更大的贡献！

谢谢大家！

校长孙其信在"一带一路"/南南合作农业教育科技创新联盟成立大会上的致辞

（2018 年 6 月 22 日）

尊敬的农业部领导马爱国先生，教育部国际司领导班子成员陶洪建参赞，农业部国际司唐盛尧副司长，商务部刘明哲副院长，各位中外院校校长和代表，女士们、先生们：

大家上午好！

今年，在中国迎来改革开放 40 周年和"中非合作论坛峰会"召开之际，我们举行"一带一路"/南南合作农业教育科技创新联盟成立大会。首先，我代表中国农业大学对来自国内外 70 所院校的代表表示热烈欢迎和衷心感谢！此次大会历经一年筹备，是在中国教育部、农业部、商务部等上级部门支持下，国内外 70 所院校的积极响应和参与下成立的，在此向你们的关心和大力支持表示衷心感谢！

共建"一带一路"倡议是中国国家主席习近平提出的重大国际合作行动。2013 年习近平总书记出访哈萨克斯坦和印度尼西亚期间，先后提出了共建丝绸之路经济带和 21 世纪海上丝绸之路的重大倡议。2017 年在北京召开了首届"一带一路"国际高峰论坛，习近平总书记在开幕式演讲中指出，"一带一路"建设根植于丝绸之路的历史土壤，重点面向亚欧非大陆，不论来自亚洲、欧洲，还是非洲、美洲，都是"一带一路"建设国际合作的伙伴。

共建"一带一路"倡议的核心理念，就是走和平之路、繁荣之路、开放之路、创新之路、文明之路。坚持共商、共建、共享的原则，实现政策沟通、设施联通、贸易畅通、资金融通、民心相通，促进协同联动发展，实现共同繁荣。在 2018 年新年贺词中，习近平总书记提出，中国与世界各国一起积极推动共建"一带一路"，始终做世界和平的建设者、全球发展的贡献者、国际秩序的维护者。

"一带一路"倡议已经成为促进全球经济可持续发展的重要国际共识。2017 年 3 月联合国安理会一致通过第 2344 号决议，呼吁国际社会凝聚共识，通过"一带一路"建设加强区域经济合作，构建人类命运共同体。2017 年 9 月第 71 届联合国大会通过的联合国与全球治理决议，要求各方本着共商、共建、共享原则，改善全球经济治理，构建人类命运共同体。2017 年北京召开首届"一带一路"国际高峰论坛，有 29 个国家元首和政府首脑出席，140 多个国家代表参会。目前，中国已经与近 100 个国家和国际组织签署了合作协议，与 83 个国家和国际组织共同发布了《推进"一带一路"贸易畅通合作倡议》。在教育领域，截至 2017 年底，沿线国家在中国留学生人数达到 31.72 万人，中国有 35 万学生赴沿线国家留学。中国与 60 多个国家签署了共建"一带一路"教育合作协议，在 50 多个国家设立了 138 所孔子学院。我国已与 60 多个国家签订了文化合作协议，双方旅游人数超过 8 500 万人次，推动旅游消费 1 000 多亿美元。

中国政府近年来出台了多个支持"一带一路"农业教育科技创新合作的政策。教育部出台了《推进共建“一带一路”教育行动》，支持“丝绸之路”来华奖学金计划、中外合作办学计划、师资培训计划、人才联合培养四大推进计划。农业部和商务部出台了《共同推进“一带一路”建设农业合作的愿景与行动》，支持构建农业政策对话平台，强化农业科技交流合作，优化农产品贸易合作，拓展农业投资合作，加强能力建设与民间交流五大合作重点。科技部和商务部出台了《推进“一带一路”建设科技创新合作专项规划》，支持密切科技沟通，深化人文交流；加强平台建设，推动技术转移；支撑重大工程建设，促进科技资源互联互通；共建特色园区，鼓励企业创新创业；聚焦共性技术，强化合作研究五大重点任务。

中国在全力积极推进“一带一路”合作共建的同时，也全面参与联合国提出的南南合作。习近平主席 2015 年在联合国总部出席并主持由中国和联合国共同举办的南南合作圆桌会议时发表讲话，强调南南合作是平等互信的合作，是互利共赢的合作。中国将与广大南方国家一起，互通有无、优势互补，联手开发国际市场，全面融入全球产业链、价值链，共同在新一轮科技革命和产业变革中争取有利地位。在这次会议上习近平主席宣布，为帮助发展中国家发展经济、改善民生，未来 5 年中国将向发展中国家提供“6 个 100”项目支持，包括 100 个减贫项目、100 个农业合作项目、100 个促贸援助项目、100 个生态保护和应对气候变化项目、100 所医院和诊所、100 所学校和职业培训中心。未来 5 年，中国将向发展中国家提供 12 万个来华培训和 15 万个奖学金名额，为发展中国家培养 50 万名职业技术人员。

中国农业大学一直把促进国际农业合作作为学校发展的重大使命，积极推进与“一带一路”沿线国家的农业合作和南南合作，成立了中国首个“一带一路”农业合作学院，与西北农林科技大学合作成立了中国南南农业合作学院，在特立尼达和多巴哥共和国与西印度大学共同建立了“中特农业创新园”，在坦桑尼亚创建了村级减贫学习中心和中坦联合研究中心，与泰国农业大学合作建立了“中泰农业与食品科学与技术研究中心”，援建了马拉维科技大学。今年 3 月，学校组织成立了“一带一路”动物科技创新联盟，包括 35 所国内农林院校动科或畜牧学院、20 家饲料畜牧企业、9 所“一带一路”沿线涉农院校加入了这个动物科技的产学研合作平台。

积极参与南南合作是中国农业大学努力为构建人类命运共同体做出的一项实际行动。我校近期与联合国南南合作办公室签署了合作备忘录，将在联合国南南合作办公室的支持下，通过政策对话、教育培训、农业科技合作，推动全球的农业和农村可持续发展，推动国际减贫事业的发展。本着共商、共建、共享的原则，积极为推动南南农业合作，推进“一带一路”沿线国家的农业科技教育工作发挥桥梁作用、引领作用和支撑作用，为共同促进“一带一路”农业科技教育的繁荣和可持续发展贡献中国智慧，提供中国方案。

今天，我们相聚北京协商成立“‘一带一路’/南南合作农业教育科技创新联盟”，这是国内外最大的农业全领域教育科技合作平台，首批加入联盟的包括国内 40 所农林院校和“一带一路”沿线 30 所院校，联盟是“一带一路”和南南合作农业教育科技合作的重要平台和桥梁，本着共商、共建、共享的基本原则，围绕农业农村发展、教育培训、科技合作三个主题，联盟将以优势互补、务实合作、协力推动、民生发展、文化交融、绿色可持续为主题，以促进民生发展为目标，以农业产业提升和农村经济社会发展为切入点，以国内农林院校联合“一带一路”沿线国家涉农院校建设海外农业教育科技创新中心和示范园区为抓手，建立一批具有实效性、影响力、可持续的“一带一路”农业发展品牌中心和示范园区，服务中国和沿线农业需求，显著推动“一带一路”农业和民生发展。

经过协商，中国农业大学已经与一批国内外院校达成一致，共建首批联盟合作中心。我校将与塔里木大学、吉尔吉斯斯坦国立农业大学、海南大学、柬埔寨皇家农业大学、吉林农业大学、波兰波兹南生命科学大学、阿尔巴尼亚地拉那农业大学、罗马尼亚布加勒斯特农业与兽医药大学等院校签署双边和多边合作协议，共建农业教育科技合作创新中心，并筹划依托有发展潜力的合作中心，进一步扩大建设示范园区。我们相信，在“‘一带一路’/南南合作农业教育科技创新联盟”所有成员单位的积极努力下，将有更多的共商、共建的合作中心和示范园区出现，将为中国和“一带一路”沿线国家创造更多、更大的农业发展机遇和成果！

再次感谢中国教育部、农业部、商务部等上级部门的支持！感谢联合国南南合作办公室对联盟成立的支持！感谢各国政府和驻华使领馆对联盟成立的支持！感谢 70 所中外院校积极参与联盟的建设！

各位来宾，女士们、先生们，联盟的成立是我们推动“一带一路”和南南合作的起点，不是终点。联盟就像新生的婴儿，需要大家共同呵护、关心、支持才能长大成人，有所作为。“一带一路”建设需要大家共同协商，“一带一路”成果期待大家共同分享。

各位来宾，让我们坚持共商、共建、共享的基本原则，为构建更加美好的世界做出我们共同的努力！

谢谢大家！

坚定恒心 实现梦想

——校长孙其信在 2018 届本科生毕业典礼上的讲话

（2018 年 6 月 24 日）

尊敬的各位老师，亲爱的同学们，远道而来的家长朋友们：

大家上午好！

今天我们相聚在奥运场馆，举行 2018 届本科生毕业典礼，首先请允许我代表学校向全体本科毕业生致以热烈的祝贺。在此我也提议，请同学们把掌声献给今天在场地就座的以及没有到场的你们的家长，感谢他们的养育之恩。也请同学们把掌声献给今天到场的以及大部分没有到场的全体教职员工，感谢他们的教育之情。

昨天中午我在西校区餐厅吃午饭的时候，有很多即将毕业的同学与我合影留念，让我真切感受到了毕业季的氛围，感受到了同学们对母校的依依不舍。看到同学们洋溢着喜悦的笑容，我也回忆起 40 年前自己上大学的情形。1978 年 3 月，我从一个农村孩子成为一名大学生，进入到甘肃农业大学学习。非常巧合，昨天中午在吃完午饭回办公室的路上，我遇到了一位 40 年前的校友，而他的女儿今天就在我们学校圆满完成了学业，在这里向他们致以诚挚的祝福。

大学毕业，是追梦的起点，而不是终点。今年，共计 2 700 多名本科毕业生，即将奔赴各自的岗位，开始追逐自己的梦想。特别值得一提的是，我们很高兴地看到有 65 位同学选择到基层和西部就业。刚才作为毕业生代表上台发言的刘宜同学就是其中之一，她选择到革命老区陕西延安的志丹县从事基层工作，这既是一种光荣的使命，更是一个伟大的梦想。习近平总书记在梁家河的七年知青岁月，正是他努力奋斗、追逐梦想的起点。

中国农业大学建校 113 年以来，也从未停止追梦的脚步。时刻心系国家、胸怀伟大理想、不畏艰苦挑战，为国家、为民族、为人民做出了历史性的贡献。中国特色社会主义进入新时代，中国农业大学的梦想就是实现习近平总书记提出的建成中国特色、农业特色的世界一流大学的伟大目标，为此我们正在努力奋斗！

我们每个人都拥有自己的梦想，也都在不断追梦，这是一件值得庆幸的事情。今天给同学们讲最后一堂课，我想送给大家一句话：追梦就要永不放弃——have a dream, never give up。

实现梦想，不能只靠空想，更需要实实在在地努力和付出。20 世纪 50 年代，我们学校有 10 位一级教授，这在全国高校中也处于领先位置。他们用自己不懈追求梦想的实际行动，推动我国农业快速发展、不断进步。在这里，我想跟大家分享他们中的 3 位老教授追梦的故事。

情系祖国、坚守梦想的植物病理学奠基人——俞大绂院士

著名植物病理学家俞大绂院士的一生充满传奇色彩。20 世纪 30 年代他从美国留学归来，直到 1949 年北平解放前夕，他依然坚守在校园的实验室里，冒着硝烟战火的生命危险，带领他的学生保全了清华大学农学院的实验设施，这为新中国成立之后合并组建北京农业大学保存了极为珍贵的仪器设施。国民政府要派飞机接他去南京，他拒绝了；许多欧美国家向他发来聘书，他也拒绝了；他的母校美国爱荷华大学也向他发来聘书，他还是拒绝了。他选择留在百废待兴的新中国，他的梦想就是要为新中国的植物病理事业贡献自己的力量。1951 年，我国东北地区发生了严重的苹果腐烂病，300 多万棵苹果树濒临死亡，在他的亲自主持攻关下，有效遏制了苹果腐烂病的蔓延，果树又重新恢复了生机。在他的带领下，我们学校还在国内率先提纯了赤霉素结晶，填补了新中国赤霉素研究和生产的空白。他在给一位学生的毕业册上写过这样一段话：识欲其博，事欲其专，思欲其勤，学欲其恒。一个“恒”字，向我们展现了俞大绂先生追梦的境界，那就是坚守！

游历祖国、扎根大地的土壤学科创始人——李连捷教授

在西校区老校门旁边，矗立着一位老先生的雕像，他就是中国土壤学的奠基人李连捷先生。他在青年时期就立志要走遍全中国的每一寸土地，实地勘察中国的土壤，他的足迹遍布祖国的大江南北。20 世纪 50 年代，西藏刚刚和平解放不久，为了亲自考察西藏的土壤，他冒着生命危险，两次赶着牦牛从青海进藏。现在有了青藏铁路和公路，乘坐火车或者开汽车尚且需要数个小时，当时的艰辛可想而知。但就是在那样艰苦的条件下，还要承受高原缺氧的痛苦，忍受恶劣气候的折磨，为了清楚地了解中国的每一寸土壤，为了世界屋脊的农牧业更好地发展，李连捷先生走出了一条脚印坚实的考察之路，更走出了一条通往他青年时期立下宏伟志向的梦想之路。

吨粮田里的“马扎教授”——王树安教授

曾经有一篇报道，把我们学校的一位教授称作“马扎教授”，他就是有着北方“吨粮田之父”称号的王树安教授。为什么称他“马扎教授”呢？20世纪80年代，在完成了黄淮海地区沧州盐碱地初步治理后，王树安教授提出在盐碱地改良的基础上，在长江以北的河北省实现粮食亩产1吨的目标，对于当时粮食亩产只有300斤的平均水平而言，这的确是一个伟大的梦想。每年有200多天他要住在村里，为了不影响回学校上课，要坐夜班车从沧州赶回北京。当时沧州还只有途经的火车，买不到座票，工作人员被这位大名鼎鼎的老教授感动，就送给他一个马扎。王树安教授回到学校上完课后，再带着马扎坐火车回到沧州。提着马扎上车，提着马扎下车，当地农民也由衷地敬佩他的这种坚持和毅力，称他为“马扎教授”。经过6年这样的往返奔波和艰苦奋斗，到了1989年，在吴桥县的盐碱地上真的实现了亩产超吨，实现了王树安教授的梦想。

同学们，我相信大家每个人都有伟大的梦想，也都在追求梦想的路上努力拼搏，不断前行。实现梦想看起来真的很难，但其实又很简单，就是坚定一颗恒心。蒲松龄先生曾经写过这样一幅自勉的读书联：“有志者，事竟成，破釜沉舟，百二秦关终属楚；苦心人，天不负，卧薪尝胆，三千越甲可吞吴”。希望大家一直坚定恒心，不懈追求，共同努力，实现伟大的梦想！

谢谢大家！

弘扬科学精神 创造精彩人生

——校长孙其信在2018届研究生毕业典礼上的讲话

（2018年6月24日）

同学们，老师们，远道而来参加今天研究生毕业典礼的家人朋友们：

大家下午好！

首先请允许我代表学校向顺利完成学业、获得学位的2 000多名硕士和博士毕业生表示热烈的祝贺和衷心的祝福。

同学们即将毕业，开启你们新的人生征程。刚才辛校长说这是我给大家讲的最后一节课，讲课是很难的，我博士毕业以后为了能给本科生讲好一门课，准备了足足五年时间。这是我回学校担任校长以来第一次在毕业典礼上与大家进行交流，所以今天这节课对我来说也是个极大的挑战。

研究生毕业最值得从学校带走的是什么？每位同学可能都会有不同的感受，给出不同的答案。有的同学收获了爱情，是值得留恋的美好回忆；多数同学钻研了高深的学问，获得了更高一级的学位，这是一种具有成就感的突破；大家对我们学校食堂的饭菜给予了高度的评价，是其他学校同学眼中“别人家的食堂”，这也值得自豪并永远珍藏。但我想说，为了奠定未来事业更加坚实的基础，为了成就更加辉煌的人生，请大家带着一种精神离开——那就是科学精神。

作为一名研究生，无论是自然科学还是人文科学，科学精神是做好研究的基础；对一个国家、一个民族、一个社会而言，科学精神是一种根基；一个人的成长和发展，更需要秉承科学精神。有的人把科学精神翻译成 scientific spirit，而我更倾向于 the spirit of science。科学精神的本质含义，是在科学发展的过程中形成的优良传统、认知方式、行为规范和价值取向。科学精神强调求真务实、实事求是；倡导实践是检验真理的标准、强调质疑、强调批判；倡导坚持自信，更要反对浮夸和浮躁；倡导传承和奉献，追求创新和卓越。这最后一堂课，我想结合我们学校的传统和实践，与大家分享怎样"弘扬科学精神 创造精彩人生"。

弘扬科学精神就是要坚持追求创新和卓越。《周礼·考工记》里有这样一段话："知者创物，巧者述守，世谓之工"。要实现事业的发展，创新应该永远放在第一位。阎隆飞院士是我们学校历史上一位著名的生物化学家，他对科学界做出过不朽的贡献，就是源自一个伟大的创新。肌肉收缩是脊椎动物的重要机能，是依靠肌纤维里的肌动蛋白驱动实现的。根据这样的原理，阎隆飞院士在世界上首次提出"高等植物是否也有类似脊椎动物一样的肌动蛋白?"这一命题，因为植物受精时花粉管伸长和花的开放，都是植物的运动。经过多次实验和持续研究，1962 年阎隆飞院士第一次提纯出了高等植物中存在的肌动球蛋白，引起了世界的轰动，这是国际上高等植物细胞骨架研究的里程碑，使得中国在植物收缩蛋白领域的研究迈向世界领先水平。

我们学校历史上还有一位著名的农业工程学家曾德超院士。大家知道，我们国家农业机械化的发展起步比较晚，自主创新研发的机械屈指可数。在这其中有一项技术叫旋转翻筏犁，就是由曾德超院士实现的对土壤耕作机具的伟大改进和创新。这个创新技术是怎么实现的呢？土壤在犁耕的过程中，会产生巨大的阻力，在拖拉机拉动的时候，因为需要克服这个阻力，就需要更大的动力；而动力越大，犁耕过程对土壤的压力反而更大，本来是为了松土，却把土壤压得更实，适得其反。经过不断的改进和完善，曾德超院士制造出了一种既能保留犁的良好耕翻性能，又能实现降低阻力的耕具，就是旋转翻筏犁，这一发明获得了国家专利，对提高土壤的犁翻效率做出了重大贡献。

我分享的这两个故事，充分体现了我们学校老一辈科学家在科研攻关中诠释出的科学精神的精髓：坚持不断创新，不断追求卓越。这应当是我们每一位同学在弘扬科学精神的过程中始终坚守的一种精神理念。

弘扬科学精神就是要坚持担当和奉献。20 世纪 70 年代初，我国出现了大面积旱灾。在我的记忆里，1971 年干旱波及范围相当大，我的家乡甘肃夏粮绝收，所以我们当年吃的都是其他省份供应的红薯。为了解决这一重大难题，周恩来总理在 1973 年召集了全国抗旱会议，决定以河北省为试验区，解决干旱和土壤盐碱对农业生产的严重制约问题。在这次会议的要求和号召之下，以我们学校老校长石元春院士为代表的百余名科技工作者扎根河北省曲周县，开展盐碱地治理的重大攻关。通过他们近 20 年的艰苦奋斗和联合攻关，粮食产量由二三百斤提高到将近 1 000 斤，为国家新增粮食 3.4 亿斤、棉花 8 100 万斤、油料 5 300 万斤。在七八十年代，国家粮食最为紧缺、百姓生活最为艰难的关键时期，在国家和人民面临重大难题和重大需求面前，我们的老一辈科学家敢于担当、勇于奉献，艰苦攻关、力求突破，为我们的国家和人民做出了不可磨灭的历史性贡献。这项研究成果获得了国家科技进步特等奖，这也是从1978年到现在，农业科学领域获此殊荣的仅有的两项成果之一。

奉献的人生是美好的，特别是在事关国家命运，事关人民幸福的重要时刻，这样一种主动担当、无私奉献的精神，更值得我们年轻一代的科学家们牢固坚守、发扬光大。

弘扬科学精神就是要坚持敬畏和传承。大家知道，全球气候变暖已经对农业产生了非常大的影响。联合国政府间组织框架委员会通过的《联合国气候变化框架公约》呼吁，希望到21世纪末全球平均气温可以控制在比工业化开始之前的平均气温不高于1.5～2℃。但是根据世界气象组织发布的2015—2017年全球平均气温监测结果，近3年全球平均气温较工业化开始前已经高出1.1～1.2℃，距离最低要求的1.5℃已经非常接近，所以世界气象组织判断近3年是全球有气温记录以来连续最热的3年。

随着全球气温的升高，对粮食产量是否会产生影响呢？最近我们就在研究这样一个课题，气温升高对小麦产量是否会产生影响？通过查阅文献我们了解到，大约在1994年前后，国内的一批科学家开始研究这一问题。再往前追溯，1979年有一篇文献提出高温可能会对小麦产生影响。但是最近我们又发现，早在1964年，中国科学院植物生理研究所的两位科学家陈因和黄卓辉就发表了一篇题为《温度对小麦成熟期间叶片光合能力衰退的影响》的文章，这篇文章在后来小麦研究领域的引用率非常低，累计引用不超过5次。而在更早的1963年，中国科学院植物生理研究所的专家也发表了一篇《温度对小麦籽粒形成过程中生理变化的影响》的文章。这两篇文章都提出了小麦在南方没有在北方和高海拔地区产量高，原因是南方地区小麦成熟区的温度高，对产量产生了影响。20世纪60年代的这两篇文章都直接指出温度会对小麦产量产生影响，但改革开放以来的研究却很少有人关注到这个问题。

与此同时，国外是从什么时候开始关注这个问题呢？我们发现，1947年3月发表在*Nature*上的一篇文章，研究了在印度小麦籽粒成熟期间温度和产量的关系。大家都知道印度是一个干旱高温国家，刚开始大家都认为是受到干旱的影响，导致小麦产量降低。但这一研究的结果证明了，夜间的积温过高才是造成减产的重要原因。直到1990年前后，国际水稻研究所一名华人科学家发表的一篇文章指出，高温气候变化带来的产量损失不是因为白天温度高，更大的影响是夜间温度过高造成的。也就是说，早在50年之前，国外的专家就证明了这一观点。

在从事相关领域的研究时，我们要对前人的研究保持足够的敬畏和尊敬，只有在前人研究的基础上继承创新，才能实现更大的突破。当前科学界还存在一些浮夸和浮躁现象，这都会对科学技术的发展进步产生不利影响。如果不能对前人的研究保持一颗敬畏和敬仰之心，就不是真正地弘扬科学精神。

同学们，你们即将开始新的人生征程，在各自的研究领域实现突破、创造辉煌。我希望你们时刻以科学精神为向导，因为它不仅会指引大家做好科学研究，更会照亮前行的道路，引领你们创造更加精彩的人生！

谢谢大家！

校长孙其信在中国农业大学有机循环研究院(苏州)揭牌仪式上的致辞

(2018 年 7 月 18 日)

尊敬的各位领导、各位朋友：

今天，我们举行中国农业大学有机循环研究院(苏州)揭牌成立仪式。首先请允许我代表中国农业大学，向研究院筹备成立过程中给予大力支持的苏州市、吴中区以及社会各界朋友表示衷心的感谢！也向长期以来支持和帮助学校发展的兄弟单位表示衷心的感谢！

当前中国经济正逐步迈向高质量发展阶段，如何应对资源紧缺问题是未来中国经济社会发展必须要面临的重大挑战。中国是一个人均资源十分短缺的国家，我们的土地、水等各种自然资源的人均占有量在全世界范围都是相对贫乏的。近 40 年来，国家经济快速发展，但是我们对资源可持续的循环利用是相当不足的。据统计，全国每年产出的畜禽废物将近 40 亿吨、秸秆 10 亿吨、工业固体废物 33 亿吨、建筑垃圾 18 亿吨、生活垃圾 2 亿吨。为了更好地解决这些问题，党中央国务院提出对废弃物的处理要实现无害化、减量化和资源化。今天我们成立的有机循环研究院，就是瞄准了全国将近 100 亿的固体废物，为它们的无害化、减量化、特别是资源化利用实现新作为、翻开新篇章。

一个月前召开的十三届全国人大常委会第三次会议，审议了国务院对去年全国人大关于《中华人民共和国固体废物环境保护法》的执法检查报告。我注意到，在执法检查报告和国务院的报告里都特别强调了一点，就是我们对固体废弃物处理的科技支撑能力严重不足。所以全国人大常委会对执法检查报告提出的一条建议，就是要强化固体废弃物污染防治的科技创新支撑能力建设。在国家推动生态文明建设大战略背景下，实现巨量固体废物的无害化、减量化和资源化利用，既是一个重大的社会问题，也是一个科技攻关的重大难题，更是一个培育新兴产业的重大机遇。

我们很高兴地看到，在苏州有像韩博(苏州韩博厨房电器科技有限公司)这样的现代化企业，已经深度介入废弃物资源化利用的新兴产业发展，并且已经取得了一定成就。未来在中国固体废物生产量巨大，废弃物无害化、减量化、资源化利用产业空间潜力巨大的背景下，通过强有力的科技支撑来实现废弃物的资源化利用和新兴产业的培育，将是实现创新驱动发展、转换发展动能、推动生态文明建设大有可为的新兴产业。

在这样一个时代背景下，中国农业大学非常有幸能够与苏州市、吴中区联合开拓这样一个新兴的产业市场。这是中国农业大学服务国家战略发展的历史责任，也是新时期推动地方经济社会发展的时代担当。中国农业大学建校 113 年来，始终秉承“解民生之多艰，育天下之英才”的办学理念，在新中国发展的每一个历史阶段，都为国计民生的重大需求、破解“三农”发展重大难题做出了历史性贡献。中国特色社会主义进入新时代，国家发展迈入新阶段，解决生态环境问题、推动生态文明建设，也是我们义不容辞的责任。

对新成立的研究院，我想提四个要求，也是四点希望：

第一，要落地。落地的概念，不仅仅是把牌子挂在大楼上，更要谋划把研究院建设成为中国农业大学在苏州市、吴中区支持地方以科技创新推动产业发展的一个永久性招牌。

第二，要生根。种子落地以后，不生根就不可能生长发育。废弃物的有机循环利用是一个有着巨大潜力和发展空间的科技领域，也是一个新兴产业领域。研究院的成立，必须要瞄准当前和未来科学技术前沿，开展有针对性的科技攻关，为真正实现废弃物的有机循环利用提供强有力的科技支撑。

第三，要开花。在废弃物有机循环利用领域，要开出美丽的花朵，就要求我们要实现实质性的重大的原创性科技突破，带动整个产业的快速发展。

第四，要结果。要结出一批丰硕的成果，回报社会，推动发展。这个果子就是要以新的原创技术推动产业发展，从而涌现出一批具有代表性的新产品、新产业、新业态。

我坚信，在苏州市、吴中区各级政府的支持下，在高新区管委会的关心下，在兄弟单位的帮助下，在研究院同志们的共同努力下，我们一定能够把有机循环研究院建成具有中国特色、瞄准世界一流、能够为有机循环产业发展提供一流科技支撑的高水平研究院，为服务国家战略、推动地方经济社会发展做出更大的贡献！

谢谢大家！

校长孙其信在国家农业绿色发展研究院成立大会上的讲话

（2018 年 7 月 22 日）

尊敬的各位领导，各位来宾，老师们、同学们：

为响应党中央关于深入实施乡村振兴战略的伟大号召，经过将近八个月的筹备，今天我们在这里举行国家农业绿色发展研究院暨绿色发展学院成立大会。首先请允许我代表学校，向出席今天大会的各位领导、各位嘉宾表示衷心的感谢！向研究院和学院的成立表示热烈的祝贺！

今年是改革开放 40 周年，40 年来中国的农业农村发生了天翻地覆的变化。我们在保障农产品的供给方面取得了历史性的成就；农村的贫困人口大幅度减少，党的十八大以来累计减少农村贫困人口 60 多万；农民收入实现了大幅增长，已经基本达到小康水平。中国特色社会主义进入新时代，党的十九大做出了战略部署，今年的中央一号文件提出了具体的任务安排，新时期的农业农村工作要以乡村振兴作为总抓手。按照党中央的总体要求，乡村振兴要实现产业兴旺，也要实现生态宜居，必须更加坚定地发展人与自然和谐共生的生产生态。最近刚刚发布的乡村振兴战略规划，提出要以生态环境友好和资源永续利用为导向，推动形成农业绿色生产方式，实现投入品减量化，生产清洁化，废弃物资源化。

改革开放 40 年来，中国农业取得巨大成就的同时，也面临着一些严峻的挑战。据统计，全国每年产生的畜禽粪便将近 40 亿吨、秸秆 10 亿吨、城市的生活垃圾 2 亿吨。如何实现大量废弃物的无害化、减量化、资源化利用，是中国社会必须面对的一个重大难题。在此背景下，中国农业大学积极响应国家号召，主动服务国家战略，决定成立国家农业绿色发展研究院，并同时成立绿色发展学院。主要目的就是在新时代中国农业农村发展进入新阶段、推动实施乡村振兴战略的总要求下，充分发挥中国农业大学的科技、人才资源优势，服务乡村振兴战略的实施。

今年是中国农业大学成立 113 周年。100 多年来，学校始终秉承“解民生之多难，育天下之英才”的办学理念，在新中国农业发展的每一个阶段，都做出了农大人应有的贡献。20 世纪 50 年代，中国农业的资源匮乏，一大批专家走遍了祖国的山山水水，考察自然资源。60 年代，国家农业发展的最艰难阶段，又一批教授深入农村一线，为农民的脱贫做出了重要贡献。改革开放以后，为推动中国农业的科技进步，学校大量科研工作者在农业前沿领域基础研究、农业科技示范推广、重大技术培育等方面也做出了突出贡献。

中国特色社会主义进入新时代，作为一所有着百余年历史的国字号大学，我们必须要担当新使命、贯彻新战略、应对新挑战。我们最近在考虑，新时代以建设中国特色、农业特色世界一流大学为目标的中国农业大学将肩负起六大战略使命。一是确保粮食生产和安全，二是要为国家的生态环境建设做出应有的贡献，三是要为全中国 14 亿人口乃至全球人口的食品健康与营养做出农大的贡献，四是要在农业装备现代化、信息化建设上做出农大特色，五是要为乡村振兴和农业农村发展贡献农大力量，六是为世界农业的发展贡献农大智慧和农大方案。今天成立的国家农业绿色发展研究院，就是贯彻落实党中央重大决策部署，为启动实施中国农业大学未来六大战略使命开启新篇章。

改革开放 40 多年来，中国的农业在取得巨大成就的同时，也给生态环境、人民健康等方面带来了诸多问题。可以说，过去的农业是单纯追求发展生产的农业。而未来坚持农业绿色发展，我认为至少应该做到四个方面：

第一，必须坚持确保农产品供给的数量。第二，在确保数量供给的同时，必须更加重视生态环境安全和生态文明建设。第三，必须确保消费者健康和营养。第四，必须确保农民收入的不断增加。

我相信，研究院和学院的成立将在推动学校的科学研究、人才培养和社会服务等方面取得更大的成绩。同时，这也将是一个开放、协作、共享的研究院，我们将汇集国内外高水平学术力量开展协同攻关，努力为促进中国农业的进步，乃至推动世界农业的发展贡献中国农业大学的智慧和力量。

最后，再次感谢各位领导和专家出席成立大会！祝愿研究院未来取得更大的成绩！

谢谢大家！

涉农高校该为乡村振兴做些什么

校长孙其信2018年8月2日发表于《光明日报》第14版

（2018年8月2日）

【知与行】

乡村振兴战略是新时代做好“三农”工作的总抓手。涉农高校作为中国特色社会主义大学的重要组成部分，服务国家乡村振兴战略，是新时代的第一责任和首要任务，要有为党分忧、为国担当的政治意识，更要有早作为、大作为、实作为的深入行动。我认为，在新时代，全体涉农高校只有真正做到了“育人、顶天、立地、报国”的无缝结合，只有深情地植根乡土乡村，只有真正将论文书写在祖国大地上，只有真正将人才输送到“三农”建设和服务的主战场，才有望真正建成有中国特色、农业特色的涉农高校。

精心谋划，打一场乡村振兴的持久战

站位要高，视野要宽，落地要深。涉农高校要从建设社会主义现代强国的高度来谋划乡村振兴战略，要能够准确把握乡村振兴的科学内涵，落地生根，围绕乡村振兴总体规划，未来涉农高校应高度协同重点实施“农产品安全生产供给、生态环境建设、食品健康与营养、农业装备现代化和信息化改造、区域农业农村发展、人类命运共同体”六大战略，加大投入，埋头苦干，狠抓落实，以高校科研资源和能力深入推动农业全面升级、农村全面进步、农民全面发展。

大协同，聚合力，大行动，凝众心。乡村振兴不仅仅是农业生产的事情，也是一项农业农村现代化的系统工程，是城市之外的地理空间上全面现代化的工程，是城乡融合的中国特色社会主义强国建设的优先工程。涉农高校和涉农科研院所具有在学科、专业、人才培养等方面更懂农业、更亲农村、更爱农民的优势，是乡村振兴战略实施的先锋部队。因此，要主动担当，联合发挥牵头带动作用，引领全国高校和科研院所聚力乡村振兴，也要牵头主动、积极开展现代农业先进科技文化科普和中华优秀传统农业文化传承与传播活动，营造全社会敬农、重农、爱农的氛围，引导全社会共同行动。

组织形成乡村振兴的协同战斗力量。面向全国2 800多个县域、近4万个乡镇、60多万个村庄的全面振兴的主战场，各中央和地方高校、科研院所不仅要当好作战参谋，也要加强与地方政府、企业等产业主体的合作，针对不同区域乡村特点联合组建集团军，建设协作网，形成共建共享的教学、科研、服务一体化的作战基地，依托基地积极开展各类乡村振兴适用人才教育培训、农业技术转移和成果转化与应用示范；还要组建特种部队，加强专项专题研究，引导形成新产业和新业态，培育一批乡村振兴引领型企业，推动形成有重大带动力的产业集群和重要影响力的乡村振兴示范的样板间。为此，可在国家层面研究建立相应的投入、工作、激励和保障机制，形成政府主导和引导，高等学校、科研院所、产业主体等联合协同形成系列联盟积极参与乡村振兴的生动局面。

立德树人，悉心锻造乡村振兴的精兵强将

乡村振兴是新时代涉农高校继续深化综合改革的关键机遇，要紧紧围绕立德树人这一根本任务，在人才培养上，立足乡村振兴战略的重大需求，再也不把小麦种在黑板上，着力在农业农村高层次人才培养方面深化改革，建设新农科，推进专业设置、课程设置、教学方法、教师队伍建设等方面改革与创新；要开门办学，推进全员、全过程、全方位育人模式创新，尤其是在实践育人环节要突出加强，让广大的乡村、企业车间等成为大学实战教室，让有技能的农民、企业技术人员也成为大学的实战教师，真正培养出“懂农业、爱农村、爱农民、有理想、有本领、有担当”的农业农村现代化建设接班人，为乡村振兴战略实施培养既有“洋气”更有“土气”的高质量创新人才。

应积极探索专业研究生培养机制改革，建议国家在涉农高校和科研院所设立“乡村振兴专业硕士”专项，全国每年如果招收 10 000 人，5 年左右可以初步实现全国乡村级的全覆盖。同时，积极推进“乡村振兴专业博士”的论证和建设，如果得以实现，目标 5 年内实现县域级别的全覆盖。有了好的机制体制和接地气的人才走进乡土乡村，乡村振兴战略才能真正落地。有了年轻人进入乡村和扎实工作，未来随着国家系列激励政策的实施和乡村产业逐步形成和兴旺发达，定会推动大量的青年人才在乡村扎根创业，从而成为新兴的乡村青年创客和乡村青年“新农人”，最终必将会吸引形成大批的离乡打工青年“返乡潮”和“回归乡村、再续乡情、再建乡村”的壮丽画面，这是十分令人期待并憧憬的乡村未来。在教师队伍建设上，要建立绩效和服务导向等多维评价方式，围绕乡村振兴战略，可以设立“乡村振兴特聘教授”，引导教师深入一线服务乡村振兴；要牵头建立区域乡村振兴产学研联盟，建立与区域、校地之间的人才培养合作与交流机制；要建设乡村振兴开放大学，支持教师积极参与农民技术培训与乡村建设基层专业人才培训。

苦练真功，唱响乡村振兴的中国声音

创新是第一动力，乡村振兴战略是我国建成现代化强国的短板，优先建设支撑国家农业农村现代化的创新体系是涉农高校义不容辞的责任。涉农高校要真正建立起以问题导向、目标导向和服务导向的创新体系，要联合其他高校一起，完善学科布局，加快建设一流人才队伍和高水平创新团队，要针对新一轮的农业科技革命的前沿重大科学问题以及关键核心技术创新上真坐冷板凳的问题，下真功夫；要打造和掌握一批农业农村现代化核心关键技术和模式上的国之重器；要改变以科研成果为导向的项目思维，而是要围绕国家的粮食安全、食品安全、生态安全等重大战略需求以及区域农业产业重大需求，提升关键核心技术的创新能力，通过关键技术突破与技术集成创新，真正形成促进乡村振兴的技术支撑集群力量，为乡村振兴注入强大的科技动力。

涉农高校应登高望远、极目远眺，既加强国内的联合协作，又要眼光向外，围绕全球农业问题、环境问题、粮食安全、人类营养与健康、可持续发展等涉农重大问题的研究和治理积极推进人类命运共同体构建。因此，涉农高校要努力把握农业农村工作前沿，以建设世界农业农村科技创新中心的视野，围绕现代农业和乡村发展国际前沿问题，要积极创造条件“引高智”“建高地”，积极加强国际合作与交流，在农业农村领域加快聚集国内外知名学者参与学科建设和科学研究，选择典型区域共同建设世界（中国）乡村发展研究中心，培养未来乡村振兴高端领军国际人才；在若干村建设永久性主题和特色鲜明的高层次乡村振兴国际学术论坛；积极鼓励高校学者走出去，提升国际影响力，在“一带一路”沿线国家和南南合作国家的农业农村发展与减贫事业中发出嘹亮的中国声音，贡献中国智慧，提供中国方案。

养成健全人格 担当公民责任

——校长孙其信在中国农业大学2018年本科生开学典礼上的讲话

（2018年9月5日）

亲爱的2018级全体新同学：

大家上午好！

今天，我们迎来了3 216名本科新同学。首先我代表学校以及今天因为参加重要会议无法出席开学典礼的姜沛民书记，向同学们的到来表示热烈的欢迎和衷心的祝贺！

大家入学报到已有一周多的时间，校园网对同学们做了大量详尽全方位的报道，从各个层面反映了大家对学校的期待、对未来的向往。来自台湾地区的蔡湉涵同学说，她的梦想是认真做好一个小兽医。大家知道，我校的兽医专业是全国最好的，我坚信她的目标一定能实够现。同学们中年龄最小的韩笑同学说，她的梦想是有一座山，在山上种满东西，春有繁花、夏有西瓜、秋有百果飘香、冬有蜡梅傲雪，这是多么美好的梦想。

刚才，新生代表兴阿尔同学讲出了大家对大学生活的期盼，教师代表康绍忠院士向大家分享了自己的大学经历，并提出了殷切希望。接下来，我想与大家探讨一下，为什么要读大学。可能有同学会认为这是一个很简单的小问题，但是我认为这是值得每一位同学深刻思考的重大课题。

在同学们入学报到时，学工部就“为什么读大学”这个问题做了一次抽样调研。在此，我与大家分享一些“原汁原味”的答案。有同学说：“能用自己喜欢的知识为国家做贡献是很光荣的。”有同学说：“大学是让自己的特长得到充分的进步和发挥的地方，让我们明白自己应该如何扮演这个世界微小而又伟大的齿轮。”有同学说：“大学是一个可以对事物进行深入研究的地方，对未知有一种强烈的探究欲望”。有同学说：“自己多学一些，就能为天下百姓多做一些”。有同学说：“想通过自己的研究，深入探索自然的奥秘，找到解决生态问题的办法，让每一代人不为环境而担忧，所以我来到大学。”有同学说：“我来大学是想要为人类更加健康和高品质的生活做出贡献，不再因转基因大豆是不是致癌而忧虑”。有同学说：“一想起为什么上大学，我想让自己像马丁·路德·金那样慷慨激昂。受到高等教育的我，能给不幸之人以幸，梦想有一天，在大学学习的我，能接近世界的真谛，让这个世界更加美好。”有同学说：“上大学是为了自己拥有更加丰富多彩的人生，为了懂得更多，学会如何在社会中扎根、生长，然后回报社会，也为了过去和未来，背负上祖辈和父辈带给我们的过去和远方，带着父母的爱和希冀开拓更远更广阔的世界”，这既有对家庭的爱，也有对社会的担当。

看了同学们的这些思考，我深受鼓舞、备受感动，更为新时代青年学生的独立思考、家国情怀和责任担当感到自豪。作为校长，接下来，我想跟大家分享一些关于“为什么要读大学”的认识和理解。概括起来，要做好三件事：

第一，要养成健全人格。什么是人格？人格是一种具有自我意识和自我控制能力，具有感觉、情感、意志等机能的主体。它可以离开人的肉体,离开人所处的物质生活条件,而独立出现在人类的精神文化维度里。人格主要是指人所具有的与他人相区别、独特而稳定的思维方式和行为风格。人格是一个整体的精神面貌,是具有一定倾向性的和比较稳定的心理特征的总和。可以说,人格决定了一个人的生活方式,也决定了一个人的人生命运,是前途事业成败的关键所在。

什么是健全的人格?健全的人格就是人格正常和谐地发展。从心理学来讲,可以从五个维度来评判:性格、品质、责任感、情绪稳定性、思维开创性。有人把健全的人格归纳为十个方面:一是有爱心;二是能忍耐;三是宽容;四是乐观;五是有平和的心态;六是能节制;七是谦逊;八是守信;九是有责任感;十是能不断自省。

在中国传统文化里,有很多关于人格的经典论述。孔子说:"君子道者三,我无能焉;仁者不忧,智者不惑,勇者不惧。"《论语》里有"不知命,无以为君子也;不知礼,无以立也;不知言,无以知人也",后世把孔子这一论述称为"三知"君子。孔子还讲:"志于道,据于德,依于仁,游于艺",其人格表现就是入世的积极态度。从义利观来看,孔子的见利思义观:"君子喻于义,小人喻于利",孟子的重利轻义观:"生我所欲也,义亦我所欲也。二者不可得兼,舍生而取义者也",荀子的以义制利观:"先义而后利者荣,先利而后义者辱",等等,都体现了中国优秀知识分子对完美人格的自觉追求和坚定选择。习近平总书记在今年 5 月 2 日北京大学师生座谈会重要讲话中,向新时代青年学生提出四点希望:爱国、励志、求真、力行,也正是对同学培养健全人格的集中表达和总体要求。我们常讲,做人要有气节、要有人格,爱国是最重要的、是第一位的。

第二,要担当公民责任。什么是责任?责任是社会成员对社会所承担的,与自己的社会角色相适应的应为的行为和社会成员对自己的实际所为的行为所承担一定后果的义务。当人在感情上认同和接受了责任,责任的要求便成为人内心的一种自觉,成为责任意识,这对人生行为具有巨大的推动作用。公民责任是指公民履行与自己公民身份相适应的符合社会规范预期的责任,以及没有履行好这种责任时所承担的谴责和制裁。当社会公民在感情上认同和接受了与自己的社会角色所相适应的公民责任时,公民责任的要求便成为社会公民内心的一种自觉,转化为公民责任的意识。

要成为有健全人格的人,必须要承担公民责任。西方哲学认为,每个人都在追求自由,而自由其实是"轻松""儒雅"和"负责"的高度统一。主体在自由选择行为的同时,也相应选择了责任。正如德国哲学家马志尼所说:"你们是自由的,因此是负有责任的。"自由是责任的基础,责任是对自由的捍卫。美国学者里奇拉克在《发现自由意志与个人责任》一书中讲道:"只有当一个人如他所希望的那样,从一开始自由地行动时,我们才能对实际上发生的事情追究责任。"因此,在任何时间、任何场合,我们都必须有自己的责任视阈和对应的义务,学会承担责任。范仲淹讲:"先天下之忧而忧,后天下之乐而乐"。在加快实现中华民族伟大复兴的历史进程中,每一位青年学生都要学会担当,敢于担当,担当公民责任,担当对自己的责任、对家庭的责任、对国家的责任、对民族的责任。

第三,要追求高深学问。古人说:"非学无以广才,非志无以成学"。知识是成才的基石,要学习就必须求真学问,求真理、悟道理、明事理。大家必须把追求高深学问作为大学学习的第一追求、第一要务。只有求得真学问、练得真本领,才能干得一番大事业,才能不辱时代使命、不负人民期望，真正成长为社会主义建设者和接班人。希望大家保持求知的热情，博学审问、慎思明辨，努力成为有知识、有智慧、有学问的人。

同学们，大学生活已经开始，更多精彩等待你们创造。希望你们与伟大时代同行，与国家民族同奋斗，在农大度过一段充实愉快的大学时光，奠定一生生活幸福、事业成功的基础！

谢谢大家！

勇做新时代创新排头兵

——校长孙其信在中国农业大学2018年研究生开学典礼上的讲话

（2018年9月5日）

2018级全体研究生新同学：

大家下午好！

今天我们迎来了3 431名研究生新同学，首先我代表学校向你们加入中国农业大学研究生队伍表示热烈的欢迎。

大家都知道，今年是改革开放40周年。过去40年间，中国经济社会发生了翻天覆地的变化，中国科技事业也实现了历史性的飞跃。在上午本科生开学典礼上，我向你们的学弟学妹们分享了“为什么要读大学”的几点思考。在此，我想跟大家交流一下，在这个科学技术正在发生革命性、颠覆性变化的时代，为什么读研究生，研究生应该有什么样的追求？

40年前，在中国大地轰轰烈烈开始改革开放的时候，1978年3月国家召开了“文革”后首次全国科学大会，向广大知识分子发出了“向科学进军”的伟大号召。时任中国科学院院长郭沫若先生曾说：科学的春天到来了。40年来，中国快速发展成为全球第二大经济体，科技整体水平大幅提升，一些重要领域已跻身世界先进行列，某些领域正由跟跑向并跑领跑转变。但是今年突如其来的中美经贸摩擦，向我们敲响了警钟。习近平总书记在今年5月28日召开的全国两院院士大会上讲：“当前我国科技领域仍然存在一些亟待解决的突出问题，关键核心技术受制于人的局面没有得到根本性转变。”总书记指出：“中国要强盛、要复兴，就一定要大力发展科学技术，努力成为世界主要科学中心和创新高地。我们比历史上任何时期都更接近中华民族伟大复兴的目标，我们比历史上任何时期都更需要建设世界科技强国。”回顾40年前的全国科学大会，深刻领会总书记向科技界提出的重大要求，我们意识到：中国经济社会发展和科技创新事业已经走到了一个关键的历史转折点。

按照总书记的指示要求，实现建设世界科技强国的奋斗目标，是在座的每一位同学必须认真思考的重大课题，也是必须担当的历史使命。因此，在为什么读研究生这个问题上，我想应当包含这样几层内涵：勇于担当的责任意识、甘于奉献的家国情怀、敢于创新的科学精神和坚定自信的创新文化。

习近平总书记在今年全国两院院士大会重要讲话中谈道："我们的很多院士都有'先天下之忧而忧，后天下之乐而乐'的深厚情怀，都是'干惊天动地事，做隐姓埋名人'的民族英雄。"这充分体现了科学家们的科学精神和奉献精神。接下来，我想与大家分享几位"干惊天动地事，做隐姓埋名人"的大师故事。

中国爆炸力学专家林俊德院士，很多人不一定知道他，也不熟悉他。从1960年到去世的2012年，他一直坚守在新疆某核爆试验基地。从新中国第一次核试爆开始，他参与了历次核试验的全过程。在试爆第一颗氢弹的时候，为了测试一种可以在低温下记录放射性的仪器，他亲自抱着仪器爬上3 000米的高峰，在山上守了整整一夜来检测仪器的稳定性。50多年来，林先生把自己的生命和智慧全部奉献给了中国国防科技事业。

中国核潜艇之父黄旭华院士，1958年开始就一直从事核潜艇研究。1970年研制成功中国第一艘核潜艇，1974年第一艘核潜艇正式装备中国人民解放军。后来，他又参与了我国核潜艇的深潜试验。因为从事国防科技工作，他30年没有回家，父亲去世时他也没有在身边。1988年，回家见到93岁母亲的时候，他说了这样一句话："人们常说忠孝不能双全，我说对国家的忠就是对父母最大的孝。"这样的爱国奋斗奉献精神，在一般人眼里可能是无法想象的。但正是这样一批有着强烈家国情怀和担当精神的先辈们，挺起了中华民族科技创新和国家振兴的脊梁。

我们中国农业大学有一位教授，被《人民日报》称为"扛棍棒"的教授，就是著名小麦遗传育种专家蔡旭院士，他的铜像就矗立在西校区农学楼的前面。1948年他从美国留学归国，开启了毕生从事的小麦遗传育种研究。1958年"大跃进"时期，四川、河南等地出现了小麦亩产过万斤的浮夸现象，他坚持认为这是不科学的，因此受到了批斗。"文革"期间，中国农业大学搬迁到河北涿州办学，蔡旭院士没有放弃科学事业，在涿州开辟了一片新的试验田，夜以继日地开展小麦遗传育种研究。有一年小麦刚刚出苗，当地造反派说是资产阶级知识分子的毒苗，把麦苗全部铲除。蔡旭院士在造反派离开以后，打着手电筒连夜在地里寻找和收集被铲掉的麦苗。正是这样一种对科学真理的自觉坚守、对科学事业的坚定追求，成就了以蔡旭先生为代表的老一辈科学家的辉煌成就和卓越人生。

中国特色社会主义事业进入新时代，当今世界科技竞争空前激烈。梳理中国哪些领域存在"卡脖子"的技术难题，其实不仅在电子信息领域，农业科技领域也存在着不少"卡脖子"的瓶颈问题。如果5年、10年以后，这一状况没有根本性转变，国家的发展潜力和国际竞争力都会面临严峻挑战。新时代的研究生，绝不能仅仅满足于获得一个学位，必须有更高的追求，要勇做新时代创新排头兵。在此，我向同学们提四点希望：

第一，要坚定创新自信。要坚定创新自信和能力自信，敢于走前人没有走过的路，敢于干别人认为是天方夜谭的事，追求创新、追求卓越，苦练扎实内功、引领创新之先。

第二，要追求原始创新。研究生阶段是最具创新精神和创新能力的黄金年华，大家不能满足于跟踪模仿，要在独创独有上下功夫，敢为天下先，勇于挑战最前沿的科学问题，为改变中国关键核心技术受制于人的局面做出自己的贡献。

第三，要敢于质疑求真。南宋学者朱熹曾说："读书无疑者，须教有疑；有疑者却要无疑，到这里方是长进。"明代学者陈献章认为："前辈学者为学贵质疑，小疑则小进，大疑则大进。疑者，觉悟之机也。"质疑批判是基本的科学精神，没有质疑批判，就没有原始创新。重大的创新成果都是在质疑批判、超越前人的基础上获得的。大胆进行质疑和批判，就要敢于挑战权威，敢入无人之境，以创造性的方式对新问题、新发现提出新解释，做出新判断，构建新理论。

第四，要砥砺家国情怀。一代人有一代人的使命，一代人有一代人的担当。当今中国科技发展正面临着前所未有的战略机遇，我们要弘扬老一代知识分子爱国奉献、敢于担当的光荣传统，勇担民族大任，不辱时代使命，自觉把创新梦想融入建设世界科技强国的伟大事业中。无论是从事基础研究还是应用研究，都应当更加关注国家发展未来，更加关注世界学术前沿，为创新驱动高质量发展提供更多的源头活水。

同学们，在科学研究道路上，希望你们志存高远，敢于担当，不畏艰辛，不懈探索，勇做新时代创新排头兵，为学校创建中国特色、农业特色世界一流大学，为中国加快建设世界科技强国努力奋斗！

谢谢大家！

校长孙其信在车河有机农业论坛开幕式上的讲话

（2018 年 9 月 8 日）

尊敬的张吉福书记，各位领导、各位来宾、各位朋友：

非常高兴再次来到大同，出席有机农业论坛。首先请允许我代表中国农业大学，向本次论坛的召开表示热烈的祝贺！向大同市认真贯彻落实习近平总书记关于发展有机旱作农业的重要指示，在推动有机旱作农业带动脱贫攻坚和乡村振兴方面取得的优异成绩，表示衷心的祝贺！

今天的论坛以"有机农业与乡村振兴"为主题，深入探讨有机农业的发展和乡村振兴战略的实施。我有几点思考，与大家交流。

党的十九大以来，党中央明确以乡村振兴战略作为未来农业农村发展的总抓手，并按照"产业兴旺、生态宜居、乡风文明、治理有效、生活富裕"的总要求推动实施。大家都知道，中国是拥有 14 亿人口的世界人口第一大国，即便在未来城镇化率可以达到 70%，仍然会有 4 亿以上的人口生活在农村。所以要实现全面建成小康社会，完成中华民族伟大复兴的艰巨任务，中国的乡村必须全面振兴。今天大同市发起举办第五届车河有机农业论坛，就是切实贯彻落实党中央重大决策部署的一项重要举措。

本次论坛以有机农业作为主题，我认为是十分有意义的。第一，发展有机农业是对中国传统农耕文明的大力弘扬。以山西为代表的黄土高原，是中华民族的发源地，也是中华悠久农业文明的发源地。有机农业、旱作农业是中华优秀农耕文化最基础的组成部分，优秀的农耕文化也造就了我们广大劳动人民自强不息、百折不挠的奋斗精神。第二，有机农业也是当今世界现代农业发展的一个重要方向和标志，发展有机农业就是满足人民对美好生活向往的必然趋势。当前广大消费者购买食品不再是以价格为首要因素，更多考虑食品的营养和安全，所以，在全世界范围内有机农业蓬勃发展。第三，在中国有机农业、农产品有着非常广阔的发展前景。当前市场上很多高品质、高营养价值的有机产品深受消费者欢迎,这既说明了产品本身具有巨大的市场价值,也体现了广大人民追求高品质健康生活的趋势。所以,在大同探索以有机农业推动乡村振兴的发展模式,我认为有着非常独特的意义。

从2013年开始,中国农业大学从灵丘县起步,以发展有机旱作农业为抓手与大同市开展了多方面合作。几年来,双方在有机农产品开发、有机农业产业链培育、有机农业产业发展模式以及以有机农业发展带动乡村脱贫和乡村振兴方面进行了有益的探索,在大同市委市政府、灵丘县委县政府以及当地的企业、乡镇的大力支持下,形成了以车河为代表的有机旱作农业带动乡村振兴的发展模式。

过去几年的探索,我们更加坚信在大同市、灵丘县、车河村有机旱作农业的探索是初具成效的,有机旱作农业是促进产业经济发展的一条富裕之路,更是带动农村发展的一条振兴之路。在此基础上,我们要全面对接大同市推进实施乡村振兴战略,以车河模式为代表,力争为山西、为大同的脱贫攻坚和乡村振兴做出更大的贡献。

就下一阶段双方进一步深入开展合作,我谈四点建议:

第一,要率先在有机农产品的品牌建设方面实现突破。现代经济包括农业经济的竞争,主要体现在品牌的竞争。只有消费者普遍认可的知名品牌,才能够在市场上立于不败之地。昨天晚上我见到了一位大同市的企业家,得知他做小米的企业已经达到了6亿元的产值。我认为在大同可以打造更多具有地方特色的农产品品牌,在市场上形成更大的竞争力。

第二,要探索有机旱作农产品产业发展的新模式。品牌的打造来自全产业链的保障,产地的环境、品种的选择、生产过程的优化、品种的营养价值、品牌的市场开拓等各个环节都至关重要,我们必须要构建全产业链条的培育和发展模式。现代农业产业的发展,必须要有竞争力的品牌,更需要全产业链的保障,否则就不可能实现品牌的可持续发展。

第三,要着力创新有机农产品品牌建设的产业组织模式。我们很高兴地看到,在灵丘的几年时间,我们已经初步探索了龙头企业带动模式、龙头经济合作组织协作模式以及农民家庭农场产出模式。在推进有机农产品品牌建设过程中,市场的竞争就是产业组织模式的竞争,必须要把品牌的模式、生产的模式打造成一种可持续发展模式。

第四,有机农业的发展要深入到乡村振兴各领域。有机农业是以产业兴旺来推动实现农民的生活富裕。产业兴旺是基础,但是文明建设、乡村治理才是实现乡村振兴可持续发展的保障。所以我们在车河的实践,不仅仅要实现产业兴旺,更要力争通过有机农业的产业发展带动乡村治理、乡村建设、乡村文明等各领域的重大进展,真正实现乡村振兴的可持续发展。

中国农业大学将一如既往地秉承“解民生之多艰,育天下之英才”的办学理念,扎根大同、脚踏实地,为山西省、大同市推动实施乡村振兴贡献更大的力量!

祝本次论坛圆满成功,谢谢大家!

校长孙其信在本科教学工作审核评估推进会上的讲话

（2018 年 9 月 11 日）

老师们、同志们：

今天我们召开本科教学工作审核评估推进会。

昨天是第 34 个教师节，9 月 7 日姜书记和我参加了学校从事教育工作 30 年教职工表彰与座谈会，在会上向广大教师致以节日的祝福。今天借本次会议，我再次代表学校，也代表正在参加全国教育大会的姜书记向全校教职员工致以节日慰问和衷心的祝愿。

本次会议的主题是：全校上下团结一致，确保高质量完成一个月后即将到来的本科教学审核评估工作。刚才王涛副校长就学校已经开展的各项工作向大家进行了详细的汇报，并就接下来一个月的工作安排做出了全面部署。今天的会议，全体校领导出席，参加人员还包括学校各管理服务机构和直属单位负责人，各学院书记、院长、主管教学工作副院长、主管学生工作的副书记、教务员，各系主任以及各核心课程负责教授。这不是一个简单的教学部门会议，而是学校层面就做好本科教学审核评估工作召开的一次重要的大会，大家务必高度重视。

本次会议要明确释放一个信号：今后一个月，全校各部门、各学院、全体教职员工和广大师生，必须要团结一致、集中精力，紧紧围绕本科教学审核评估这一核心任务做好各项工作。这是一项业务工作，更是一项政治任务，我们必须以对党和学校事业发展高度负责的态度，扎扎实实完成好这项任务。学校已经组织成立 6 个专项工作组，分别由相关校领导亲自担任组长，督促各专项工作推进落实。参会的各部门、各学院也必须要按照会议要求，把本科教学审核评估工作作为重中之重，深入思考，靠前安排，狠抓落实。

本次本科教学审核评估工作，将有 3 位外籍专家参与，这不仅是我们学校本科教学审核评估历史上前所未有，在全国各农林高校中也是第一次。新形势给我们的工作提出了全新的挑战和更高的要求，也有着更加重大的意义。希望通过这样一次考验，我们能够立足国内，放眼世界，充分体现雄厚的办学实力，全面展示农大的办学精神，评出我们坚定追求一流的气魄和自信。

今年上半年，学校先后开展了 6 个研究生学位点的国际评估试点。我基本上参加了全部评估的反馈会，深刻体会到国际评估对我们认清差距、找准目标、迎头赶上具有十分重要的意义。评估专家从一流标准和国际视野审视、评判我们的教学工作，提出了非常有价值和启发性的指导意见。所以在我们即将迎来的本科教学审核评估工作中，3 位国际专家也一定会对我们以评促改、以评促建，提升本科教育教学质量提出宝贵意见，这是一次难得的学习机会，各部门、各学院必须高度重视起来。

刚才王涛同志从工作层面上已经做出了明确部署和着重安排。对做好下一步的各方面工作，我提五点要求：

第一，认识到位。说得直白一点，各部门、各学院要高度重视起来，重视起来才能叫认识到位。各部门、各学院必须要把迎接本科教学审核评估作为接下来一段时间内各项工作的重中之重，加以思考，加以安排，加以落实。决不允许思想上松松垮垮、可有可无，甚至对评估工作的要点模棱两可、领会不清。

第二，安排到位。从学校层面，我们将对前期准备工作中还存在的完成不利、落实不到位等问题，进行逐一排查，认真对照审核评估的要求，在学校各级层面做好安排部署。各学院和部门，也必须要对照本次审核评估承担的相应工作责任，细化任务分工，强化工作重点，扎扎实实加以安排推进。

第三，落实到位。思想上重视、安排上到位，最重要的还是要抓好落实。现在个别部门和学院在工作作风方面，还存在抓不紧、抓不严的现象，缺乏踏石留印和钉钉子精神。我们部署的任何一项工作的任何一个环节，如果不抓好落实，出现了疏忽和漏洞，就可能影响全局工作。落实到位、强化细节，全校上下都必须高度重视。

第四，责任到位。抓落实就是明确责任，就必须责任到人。为了做好本次评估工作，全体校领导班子主动担责，每一位校领导明确任务分工，亲自牵头抓好责任落实。所以各部门和学院要拿出落实到位的具体举措，责任落实到相应领导。学校的专项工作组要抓落实到学院和部门，学院要抓到系，系要抓到课程、到每一位教师，全体教职工要抓到每一位学生。责任层层压实，压力层层传导，确保任务有人抓、问题有人管、责任有人担。

第五，状态到位。全校上下要形成迎接评估的饱满的精神状态和精神风貌，向全世界展现新时代中国农业大学乘势而上、争创一流的坚定信心和扎实行动。

同志们，希望我们能够紧盯目标、团结一致，共同完成好本科教学审核评估任务，为学校实现高质量的“双一流”建设不懈努力！

谢谢大家！

弘扬曲周精神 引领绿色发展

——校长孙其信在中国农业大学绿色发展示范区（曲周）启动仪式上的讲话

（2018 年 10 月 21 日）

尊敬的武维华副委员长，各位领导、各位来宾、各位朋友，老师们、同学们：

大家下午好！

今天我们相聚曲周，共同见证中国农业大学农业绿色发展示范区（曲周）正式启动。首先请允许我代表中国农业大学，向出席本次活动的各位领导、嘉宾以及长期以来关心、支持和帮助中国农业大学发展的社会各界朋友，表示热烈的欢迎和衷心的感谢！

一、45 年峥嵘岁月——扎根曲周大地，勇挑时代重任

45 年前，以石元春老校长为代表的中国农业大学的一大批师生，在曲周展开了一场轰轰烈烈的黄淮海农业科技战役，在中国农业的发展历程中，在中国农业大学的办学历

史上都具有里程碑意义。回顾45年的奋斗历程，我们认为：

中国农业大学在曲周45年取得的一系列成绩是新中国改革开放40年农业辉煌成果的显著标志。改革开放40年来，国家农业发展取得了辉煌成果，曲周黄淮海平原盐碱地治理就是其中的典型代表。从20世纪70年代开始的中低产田治理取得了巨大成就，实现了中国老百姓从饿肚子到吃得饱的历史性转变。这一标志性成果在1993年荣获国家科技进步特等奖。

中国农业大学在曲周的45年是学校践行"解民生之多艰，育天下之英才"办学理念的光辉典范。中国农业大学作为现代国立高等农业教育的起源地，自1905年发端至今已有113年的厚重历史。113年来，一代代农大人前赴后继、接续奋斗，用45年曲周治碱的扎实行动，坚定不移地践行着中国农业大学"解民生之多艰，育天下之英才"的办学理念，树立了扎根中国大地办大学的光辉典范。

中国农业大学在曲周的45年是农大精神一代代薪火传承的光辉典范。45年间，一代又一代农大人薪火相传，不仅在曲周创造了丰硕的科技成果，凝练出了"责任、奉献、科学、为民"的曲周精神，更深刻诠释了中国农业大学百年历史沉淀形成的为国为民的家国情怀、敢为天下先的创新追求、自强不息的奋斗精神和追求卓越的创新魄力，这样的农大精神生生不息、代代相传，成为始终引领农大不断前进的精神力量。

中国农业大学在曲周的45年是农大人奉献担当、情系"三农"的一面旗帜。粮食安全是国家的难题、民族的忧患，一批又一批农大师生始终忧国家之所忧、想人民之所想，与时俱进、聚焦难点，致力于攻克农业生产不同发展阶段的重大难关，深入开展研究、示范，全心服务农业、农民，树立起农大人胸怀国家、心系"三农"、敢于担当、无私奉献的一面光辉旗帜。

中国农业大学在曲周的45年是新一代农大人不忘初心、开拓创新的壮丽篇章。经过45年的不懈努力，曲周焕发了崭新的面貌，迈上了更高的台阶，站到了时代的前沿。过去的成绩让我们坚定信念，新的历史机遇更激励我们勇往直前。新一代农大人正以更饱满的热情，更高质量的投入，更大力度的创新持续不断推动曲周发展，以追求卓越的理想信念书写不忘初心、开拓创新的壮丽篇章。

中国农业大学在曲周的45年是农大将服务社会与创建世界一流大学有机融合的生动实践。服务国家战略是大学的历史使命、时代担当，建设世界一流大学更要加快速度、提升质量。45年的曲周实践，我们创造了以科技小院为典型代表的科学研究与技术示范紧密结合的服务"三农"新模式，并把这一创新性成果写在世界顶级期刊 *Nature* 上，探索了服务社会与争创一流有机融合的生动实践。

二、新时代奋斗前行——服务国家战略，引领绿色发展

新时代推动农业绿色发展是我们贯彻党中央新发展理念的必然要求，是推动农业现代化的重大举措，是建设美丽中国的时代担当。站在建站45年的新起点上，曲周实验站将贯彻什么理念，坚持怎样的思路，通过何种方式，焕发新的生机，实现更高的目标？中国农业大学又应该以怎样的姿态和行动为实施乡村振兴战略做出新的贡献？在农业发展处在转型升级的关键时期，坚持以绿色发展理念作为推动农业高质量可持续发展的重大举措和发展方向，我认为要实现以下六个方面的根本转变：

第一，从概念转变为理念。绿色发展是一个概念，更是一种理念，要着力推动绿色发展的概念转变为全域农业发展的核心理念，支撑全域农业绿色发展平稳起步、加速前进、实现突破。

第二，从理论走向实践。任何经典而伟大的理论，离开了实践的检验，都将变成苍白无力的空谈。绿色发展理论必须走向实践，指导实践，引领实践。

第三，从技术转变成产品。农业农村发展进入新的阶段，绿色发展想要被广大农民接受和欢迎，就必须转化成以绿色产品为标志的优质产品，提高生产效率，提升产品质量，增加农民收入。

第四，从产品升级为品牌。农业发展进入到提高质量效益和竞争力的关键时期，农业生产将由产品竞争升级为品牌竞争。绿色发展既是一种理念，更是一块难得的品牌，推进质量兴农、绿色兴农、品牌强农是实现农业绿色发展的必由之路。

第五，以品牌带动绿色产业。培育农业特色品牌将推动绿色农业标准化、规模化、信息化产业体系构建，形成绿色农业产业，引领农业产业提档升级，推动绿色农业产业快速发展。

第六，以绿色产业引领农村经济社会发展和乡村振兴。绿色发展的目标是形成有竞争力的绿色产业，引领农村经济社会发展，最终实现为乡村全面振兴提供源源不断的强大动力。

各位领导、各位来宾、各位朋友，中国农业大学的发展长期以来得到了河北省、邯郸市、曲周县各级领导的大力支持。回首过往，我们密切合作，成绩斐然；展望未来，我们更加坚定信心，充满希望。让我们携起手来，努力把曲周优先建成国家推动农业绿色发展的“示范田”，为中国乃至世界农业的可持续发展，做出新的更大贡献！

谢谢大家！

思想再解放 改革再深入 高质量推进中国特色、农业特色世界一流大学建设

——校长孙其信在中国农业大学第四届教职工暨工会会员代表大会第二次会议上的报告

（2018 年 12 月 20 日）

各位代表：

现在，我向大会报告学校 2018 年的工作。

一、2018 年工作情况

2018 年，是全面学习贯彻落实习近平新时代中国特色社会主义思想和党的十九大精神的开局之年，是改革开放 40 周年，是决胜全面建成小康社会、打赢脱贫攻坚战的关键一年。2018 年，也是学校高质量推进“双一流”建设的关键一年，全校上下坚持以习近平

新时代中国特色社会主义思想和党的十九大精神为指引，全面落实全国教育大会精神，坚持社会主义办学方向，坚守立德树人根本任务。在学校党委的领导下，以着力推动“5＋1”工程为统揽，解放思想、深化改革，紧抓机遇、迎接挑战，加快推进中国特色、农业特色世界一流大学建设，重点开展了以下几方面工作：

（一）全面贯彻党委领导下的校长负责制

坚持和完善党委领导下的校长负责制。明确校长办公会作为学校行政议事决策的要求，不断坚持和完善科学决策、民主决策、依法决策程序。

强化依法治校政策制度保障。坚决贯彻依法治校理念，2018年新制定校级规章制度30项，修订制度13项，建立健全科学决策、教育教学、学生管理、教师队伍建设、干部管理、科学研究、财务资产管理等校级规章制度447项，逐步形成了以学校章程为统领的规章制度体系。学校治理做到有法必依，有章可循。

完成管理服务机构调整和定岗定编。为适应快速发展新形势，满足深化改革新要求，开创干事创业新局面，完成新一届管理服务与直属机构设置及调整，进一步理顺管理职能，强化服务导向，提高工作效能，促进科学管理，推进学校治理能力与治理体系的现代化，为学校“双一流”建设提供坚实保障。

（二）教育教学改革持续深入

2018年，学校深入贯彻党的十九大提出的加快建设教育强国战略，全面落实全国教育大会精神，以立德树人为根本任务，着力深化推进教育教学改革，取得显著成效，人才培养质量进一步提升。

落实立德树人根本任务。坚持以立德树人为根本，以理想信念教育为核心，把社会主义核心价值观融入教育教学全过程。大力推进思政课程和课程思政建设，编印《专业课发挥育人功能专项教学改革成果集》。强化研究生导师队伍建设，制定导师落实立德树人职责相关细则，在导师遴选、招生资格审核、考核中实行师德“一票否决制”。

顺利完成本科教学工作审核评估。10月，学校接受教育部本科教学工作审核评估，本次评估在农林高校中首次包含国际专家参与。以评估为契机，达到了以评促改、以评促建的目的，推动本科教育教学工作迈向新台阶。

生源质量持续提高。本科生源质量再创新高，全校普通理工类新生投档成绩平均高出当地一本线109.77分，理工类录取最低分院校平均排名较2017年提升4位，实现十一连增。通过提高接受推免生名额比例、组织夏令营活动吸引优质硕士生生源等手段，2018年学校2511名硕士新生中推荐免试生比例达到28%，其中“双一流”、211高校生源占47%。

专业建设取得新突破。植物保护和园艺专业成为第一批通过中俄联合国际认证的农科专业，开创全国农科专业国际认证先河。学校牵头制定国家大农学门类和兽医专业的专业标准，成为涉农专业建设标准制定者。车辆工程、农业水利工程、水利水电工程、电气工程及其自动化4个专业通过工程教育专业认证，总数位居农林高校之首。完成覆盖学校所有51个博士、硕士学位授权点合格评估，首次开展了作物学等7个A类学科学位授权点的国际专家评估。开展学位授权点优化和动态调整，申报增设营养与健康科学交叉学科一级博士学位点和风景园林学一级硕士点。

本科教学深化改革成效显著。出台“双一流—卓越”本科教学改革若干意见，实施一系列本科教育教学改革措施，成效显著。获北京市高等教育教学成果特等奖 1 项，国家高等教育教学成果二等奖 2 项。25 人入选新一届教育部教育指导委员会，4 人担任主任委员，均创历史新高。国家万人计划教学名师增至 3 人，名列全国高校前茅。

研究生教育改革取得成果。作为全国专业学位培养模式改革试点单位，开展专项培养改革，形成了“科技小院”、产业体系、“牛精英”、精准扶贫和乡村振兴等全国特色培养模式典范，16 个教学案例入选中国学位与研究生教育中心案例库中心。康绍忠院士团队获中国学位与研究生教育学会研究生教育成果奖特等奖，沈建忠院士团队获得二等奖，张福锁院士团队依托科技小院模式在国际顶尖期刊 *Nature* 发表文章。

人才培养质量进一步提升。2018 届毕业生总就业率 95.41%，其中，赴基层就业人数提高至 184 人。在校本科生发表论文 158 篇，申请专利及软件著作权 19 项，在校博士生发表论文人数超 90%，学校发表的国际论文中 60%以上的第一作者为研究生。2018 年，学生共获得国家级竞赛奖励 353 项，含特等奖 3 项和一等奖 40 项，其中获全国大学生机械创新设计大赛一等奖 5 项，全国大学生数学建模竞赛一等奖 19 项，美国 ASABE 大学生机器人设计竞赛一等奖 1 项，全国大学生英语竞赛特等奖 3 项，全国大学生智能互联网创新应用设计大赛一等奖 4 项，全国大学生农业建筑环境与能源工程相关专业创新设计竞赛特等奖 1 项。

双创工作迈向新台阶。学校成立就业创业办公室，进一步推进学校就业创业工作。支持开展大学生国创、北创、URP 项目 1 010 项，理学院本科生郭真言“国创”项目研究成果发表在化学一区期刊 *Organic Letters*（影响因子 6.579）。学校荣获教育部“全国创新创业典型经验高校”称号，大学生创业园获批北京市教委“北京高校大学生创业园高校分园”。

学生工作屡获佳绩。学生体质健康合格率保持在 95%以上，学生足球队在北京高校 11 人制和 5 人制比赛中获双料冠军，艺术团荣获北京大学生音乐节混声合唱组金奖、民乐合奏组金奖、西乐室内乐组 3 项银奖。学生资助体系进一步完善，发放各类奖学金 3 598 万元，助学金 13 775 万元，建立首个“中国农业大学资助育人实践基地”，学校获全国学生资助工作“优秀单位案例典型”。心理素质教育工作凸显特色，学校编写的《大学新生校园适应辅导员班主任工作手册》在北京高校广泛推广，3 名学生当选首届“全国百佳心理委员”，学校荣获首都大学生心理健康节“最佳组织奖”。研究生校外社会实践和科技服务基地总数达到 147 个，覆盖专业学位点 90%以上。“农博士在线”“红色 1+1”、科技小院等成为全国知名的研究生服务扶贫攻坚和乡村振兴的模式。2018 年红色“1+1”共建活动立项 65 项，创近年新高，其中农学院研究生联合党支部获北京高校红色“1+1”一等奖，学校获“优秀组织奖”。

（三）全面推进人才强校战略

2018 年是人才强校年，一年来，学校对标建设世界一流大学人才队伍标准，加速推进“315”人才计划，突破学校发展人才队伍建设的短板和困境，取得一定成效。

推进“315”人才计划。打破传统招聘模式，各层次人才和实验技术岗位招聘由一年一次改革为全年招聘，教师引进可根据需要随时进行。充分发挥学院的招聘主体地位，可两年内统筹使用进人指标。2018 年学校组织 8 场进人遴选评审会，实际到岗领军人才 1 人、杰出人才 4 人、优秀人才 21 人、普通人才 44 人。进站博士后 89 人，博士后在站 252

人，入选“博士后创新人才支持计划”7人，入选“博士后国际交流计划”5人，获得博士后科学基金面上资助49人，获得国家自然科学基金青年奖资助16人。举办大禹青年学者论坛，延揽海内外优秀青年学者。

打造人才聘任新体系。构建人才管理新机制，2018年6名在校“四青”人员通过新机制选拔直聘教授。进一步完善特聘教授岗位制度，将二级教授纳入特聘教授选聘，提高特聘教授待遇分别到80万元、70万元、60万元和50万元。

健全人才考核、晋升体制。改进年度考核评价方式，细化考核工作量，增强考核评价工作实效。打通专业技术职务晋升通道，完善管理人员职业晋升机制，促进人才分类评价，充分释放人才活力。2018年首次开设实验技术系列正高级岗位2个，继续设立教学型教授指标2个。开展两次延迟退休申报工作，审定批准55人延迟退休申请，充分发挥高水平教师的传帮带作用，破解人才断档难题。

提升人才服务、保障质量。调增课时津贴教学绩效，鼓励广大教师潜心教学。启动奖励津贴改革方案，统筹各类奖励性津贴，优化薪酬资源配置。为新机制引进的杰出人才提供200多万元科研启动经费，依法依规调整薪酬标准，平稳有序进入国家社保系统。解决学校教职工夫妻两地分居18例，建立人才住房专项维修基金，充分保障人才权益，排除后顾之忧。

(四)谋划学科布局，完善“双一流”建设机制

2018年，学校紧紧围绕世界一流大学和一流学科建设要求，聚焦国家发展战略领域重大需求和国际科学技术发展前沿核心领域，立足学科优势和潜力增长点，谋划学科布局，完善“双一流”建设机制。

聚焦发展战略，谋划“双一流”学科布局。系统谋划学校长远发展，以服务国家战略需求为导向，以引领国内新农科建设为突破，以高质量推动“双一流”建设为契机，系统布局学校长远发展学科布局，全面提升服务国家战略能力，提升学校基础科学研究能力，通过战略规划引领和驱动“双一流”建设。

完善“双一流”建设机制。制定《“双一流”建设项目实施方案编制与论证管理办法》《“双一流”建设项目过程执行管理办法》《“双一流”建设项目考核与验收管理办法》和《“双一流”建设项目动态监测与成效评价管理办法》等“双一流”建设管理文件。实行项目分类管理，明确各类项目责任人，建立过程监督、实行年度考核和绩效奖励的管理体系。

聚焦“强优势、补短板”。根据教育部第四轮学科评估指标及结果，深入分析学校学科建设的优势和短板，形成各类学科、排名分析报告50余个，为各学科发展提供全方位数据分析与咨询服务。启动学科发展动态监测与成效评价工作，完成学院与学科2018年建设成效奖励方案，优化学科资源配置，完善组织管理机制体制，促进学科发展。发起组建“双一流”农科联盟，召开农科发展论坛，进一步强化优势学科。

(五)科技创新取得新成绩

2018年，学校面向国家重大战略需求和国际科学技术前沿，紧抓机遇全力提升科技创新能力，布局基础前沿、关键技术、重大工程等科技创新重大任务，凝聚高水平创新团队，科技创新影响力进一步扩大。

科研经费持续增加。2018年1—11月，累计到校科研经费13.20亿元，比上年同期

增长 5%。

科研项目稳中有升。2018 年获批国家研发计划项目 10 项;国家自然基金 176 项,其中面上基金 102 项,青年基金 45 项,重点项目 7 项;横向项目立项 653 项。

科研成果快速增长。2018 年 1 至 11 月,学校论文累计被 SCI、EI 和 SSCI 收录 2 696 篇次,同期增长 25%。其中 SCI 收录 1 774 篇,同期增长 15%;EI 收录 868 篇,同期增长 51%;SSCI 收录 54 篇,同期增长 29%。SCI 论文中影响因子大于 5.0 的 271 篇,比去年同期增长 16%。累计申请专利 971 项,比去年同期增长 21%,获授权国际专利 2 项。

科技成果再创佳绩。李德发院士提出将猪饲料中大豆含量由 16%降至 14%,每年可减少大豆需求量 1 130 万吨,对国家的经济建设具有重大的战略意义。园艺学院高俊平教授和食品科学与营养工程学院江正强教授主持完成的项目分别获得国家科学技术进步二等奖,其他相关教师获得 2018 年度中国高等学校十大科技进展 1 项,第二十届中国专利奖金奖 1 项,北京市科学技术二等奖 1 项。

重大创新平台建设迈向新层次。深化改革食品营养与人类健康高精尖中心建设体制机制,大力推进模式动物大设施项目建设。积极筹划建设兽医公共卫生学国家重点实验室和教育部农业生物分子设计前沿科学中心。果蔬加工工程中心获评 2018 年教育部优秀工程研究中心。新获认证省部级实验室 2 个,全校省部级以上平台数量突破 100 个,新增校级基地 7 个,总数达到 91 个。

哲学与社会科学研究成果显著。2018 年学校共有 4 项政策建议、研究成果获得党和国家领导人批示。获得国家社科基金重大项目 1 项,中国农业大学学报(社会科学版)在全国 625 种综合性人文社会科学期刊中排名第 9 位,影响力指数排名第 14 位。

(六)创新社会服务机制,积极主动服务国家战略

2018 年,学校围绕现代农业发展重大战略需求,服务创新驱动发展、乡村振兴、区域协调发展和精准扶贫,积极探索高校服务新农村建设的新模式与新机制,形成学校社会服务工作新格局。

打造校地、校企合作新品牌。立足曲周 45 年科技攻关成果,依托国家绿色发展研究院创建曲周农业绿色发展示范区,引领区域绿色发展。积极探索与地方政府、企业合作,形成“学校+政府+企业”集促进成果研发、转化、落地为一体的社会服务新模式,与云南省、大同市、平谷区、重庆荣昌高新技术产业开发区等 10 余个省、市签署了合作协议,先后与苏州市共建有机循环研究院,与兴化市共建健康食品产业研究院,为地方科技创新、成果转化等重要领域和关键环节提供强有力支撑,推动地方经济社会发展。

服务国家乡村振兴战略结硕果。李小云教授河边村深度性贫困综合治理试验获人民日报社和中国扶贫基金会“精准扶贫综合治理模式”推荐案例。张福锁院士荣获全国脱贫攻坚奖。

实验基地服务能力增强。结合国家粮食安全、生态安全、农业节水、农业信息化等重大需求,服务京津冀都市农业、东北现代农业、西北绿洲农业的可持续发展。建立科技小院 121 个,培训农民 68 762 人次,开办农民田间学校 10 个,培养农民技术骨干 2 400 多人,推广各类农业新技术 1 000 多万亩以上。与吉林省共建国家黑土地现代农业研究院,助力东北黑土地率先实现农业现代化。

定点扶贫、对口支援、对口合作工作扎实开展。在新一届管理服务机构调整中,新增

社会服务处，成立学校对口支援与对口合作工作领导小组，推进定点帮扶云南镇康县，对口支援塔里木大学、西藏农牧学院，对口合作河北大学（生物学）、贵州大学（植物保护学）、石河子大学（农业工程）、海南大学（作物学、园艺学、植物保护学、食品科学与工程）各项工作扎实开展。

（七）引领农业教育科技国际合作

2018年，学校立足深化与国际顶尖涉农大学和世界一流大学高层次合作，以推动“一带一路”、南南合作为突破，为推动国际农业高等教育和科技创新发出中国声音，提供中国方案。

深化顶尖涉农大学A5联盟和世界一流大学合作。与美国康奈尔大学启动了“牛精英”创新人才博士生培养项目，签署了食品科学本科人才中外合作办学协议，与加州大学戴维斯分校启动了本科生暑期项目并签署本硕连读项目协议，与巴西圣保罗大学签署了学生交流协议并共建中巴农业创新中心。学科创新引智项目“111”计划新增1项，“111”计划总数共9项位列全国高校第一。研究生国际合作培养交流进一步深化，获得CSC资助156人，研究生国际合作培养和交流432人次，较2017年增加15.2%。加强与一流大学和“一带一路”沿线学生国际交流，新启动7个海外暑期交流项目，分别赴美国、加拿大、哈萨克斯坦等世界一流农业院校和“一带一路”沿线国家交流，国际化办学能力和影响力进一步增强。

引领“一带一路”、南南合作农业教育科技合作。配合中非合作论坛北京峰会召开，举办世界农业青年领袖培训项目等系列高端培训项目，召开中国与非洲农业合作发展的系列政策论坛，与联合国南南合作办公室签署了合作备忘录，在联合国总部共同举办了全球南南合作智库对话会，发布了南南合作智库研究报告，切实提升“一带一路”、南南合作新高度。积极开展国际减贫和援助工作，坦桑尼亚“千户万亩”玉米增产示范二期工程入选南南合作农业减贫杰出实践案例，完成了马拉维科技大学学科建设评估。积极推进“一带一路”农业教育科技学科合作平台、院校合作平台建设，我校先后发起成立了44所中外院校参加的“一带一路”动物科技联盟、中外70所院校参加的“一带一路农业教育科技创新联盟”。在联盟框架下，举办了“一带一路”饲料畜牧等多个大型产学研合作论坛，新建了覆盖南亚、中亚、东欧、拉美、非洲“一带一路”全线的10个教育科技合作中心，为我校长期引领“一带一路”农业教育科技合作奠定了坚实的基础。人文与发展学院唐丽霞老师获中国-联合国粮食及农业组织南南合作项目特别贡献奖。

（八）着力改善校园民生，服务保障能力持续增强

2018年，学校坚持以师生为中心、为师生办实事的办学理念，着力推动改善校园民生，提升校院管理建设水平，为广大师生提供全方位优质服务，为学校各项事业的快速发展提供有力保障。

财务工作质量进一步提升。2018年学校综合财力截至目前收入33.9亿元，支出33.7亿元。学校在确保教学科研、人才培养、学科建设、队伍建设、后勤保障等工作正常开展情况下，依照上级部门相关文件精神，配合各项改革，增加人员经费支出8 000余万元，切实提高在职和离退休人员待遇。积极筹措资金，成功与中国建设银行签署了战略合作协议，建设银行支持学校信息化建设3 500万元。

国有资产管理水平提升。坚持教学、科研、学生用房优先的原则，办公用房严格控

制，服务用房确保基本需求。强化对公用房资源的统筹调配，完善公用房资源配置办法，建立以绩效为导向的公用房配置机制，进一步提高公用房的利用效率。修订完善采购制度，采购工作进一步规范，2018 年新购设备、家具共 57 966 台(件)。加强采购信息化建设，实现资产从采购到登记到报废处置全周期管理的线上审批，进一步简化办事程序，提高工作效率。

实验室管理进一步强化。成立实验室管理处，统筹实验室管理工作。完善实验室管理相关制度，推进实验室安全责任体系建设。加强危险化学品、废弃物泄漏事故应急演练，编发实验室安全工作简报。建立实验室安全检查联动监督机制，开展科研实验室安全专项检查。建立实验室安全隐患自查台账，组织开展全校各级各类实验室危险源调查工作，下达安全整改通知书。规范危险化学品申购、使用管理，加强基础条件建设、规范危废物处置，积极推进大型仪器开放共享和实验试剂耗材采购管理平台建设，实验室管理水平明显提升。

后勤保障能力增强。不断推进后勤管理工作精细化、智慧化，提升服务保障质量，全年为学校提供 186 万吨水，6 211 万度电，977 万立方米天然气，水电暖各类维修 9 200 余次，提供 1 426.74 万人次就餐，做好 4 512 间 2 万余学生住宿管理服务，运行 6 456 次班车服务师生 30.4 万人次，信件收发投递 4 000 余份，确保教学、科研和师生员工的正常工作生活。多次开展专项清理违建、废旧车辆、小广告、杂乱条幅，为师生营造清新整洁校园环境，打造精致校园，并做好社区、房产、物业、幼儿园等配套管理服务，提升教工幸福指数。

校园基础建设水平稳步提升。组织完成西区新楼和新图书馆建设工程，积极推进筹建留学生与专家公寓、涿州教学实验场新增工程建设。组织完成 2018 年改善基本办学条件专项修缮任务，提前启动 2019 年改善基本办学条件专项项目。顺利组织完成西区旧教维修、校医院污水处理系统安装、彩钢板房整改、东校区 9/10 号楼屋顶改造、P2 生物实验室、人工气候室改造等应急、消防安全和民生工程。

平安校园建设持续加强。建立健全制度机制，压实安稳工作责任，学校投入专项资金升级改造 2018 年学校监控中心管理平台，提升科技创安水平。全年累计发放各类宣传材料 12 000 余份，制作展示宣传展板 80 余块，举办安全教育讲座培训 16 场次，组织安全疏散演习 10 场次，教育师生近 2 万人次，提升师生安全防范意识。2018 年校园内发生的诈骗、失窃类警情较往年明显下降。开展二级单位专项巡查 5 次，整改彩钢房 28 处，完成 21 栋楼宇的消防设施设备标识化。妥善处置 3·22 浴室火情、7·16 校园汛情，校园安全水平显著提升。

(九)着力突出民主办学，汇聚各方发展力量

2018 年，学校继续完善民主管理、民主参与、民主监督制度，广泛凝聚广大师生员工的智慧和力量。积极调动校友、捐赠等社会资源，汇聚各方发展力量。

一是充分发挥工会职能，坚持为教职工办实事，围绕教职工实际需求做好分类精细化服务。进一步完善教代会提案制度，全年立案提案 58 件，充分发挥教代会执委会和各专门委员会的作用和广大教职员工在学校重大决策中的调研、咨询、论证、审议、监督作用，使学校的决策更民主、更科学，更有感召力和凝聚力。二是发挥共青团凝聚青年同学的作用，充分发挥学代会、研代会、校长信箱桥梁纽带作用，积极搭建联系学生、服务学

生、贡献学校的平台，畅通听取和征求学生的意见建议的渠道，有效发挥学生为学校建设发展献计献策、贡献力量的作用。三是做好离退休工作，坚持对老同志思想上关心、生活上照顾、精神上关怀，各级党政领导干部主动加强与老同志的沟通联系，认真落实离退休干部相关政策。做好关工委工作，支持老教协开展工作。充分吸纳老同志对学校发展的意见建议，调动老同志发挥余热，助力学校发展的积极性。四是发挥学校民主党派成员参与民主管理、民主监督的作用，结合新的形势任务，组织动员广大统战成员对接国家重大战略需求，积极投身乡村振兴美丽乡村建设，为推进学校改革发展、"双一流"建设提供广泛力量支持。五是广泛调动校友和社会捐赠等办学资源，多渠道拓展社会资源筹集资金，2018 年积获捐协议金额 5 133 万元。校友会登记工作取得突破进展，凝聚全球校友智慧力量，做好年度校庆日庆祝活动。

各位代表，过去的一年，在党中央的坚强领导下，在教育部等部门的正确指导下，学校坚持深化改革创新，着力加快发展，各项事业取得新的成绩，为顺利通过"双一流"动态评估打下坚实基础，为建设中国特色、农业特色世界一流大学奠定良好开端。在此，我谨代表学校，向为学校改革发展奉献全部智慧心血的老领导、老同志表示崇高的敬意，向为学校事业发展做出突出贡献的广大师生和校友们致以诚挚的感谢！

在取得成绩的同时，我们还必须清醒地认识到，紧跟党的十九大提出的中国特色社会主义现代化建设三步走战略步伐，肩负加快建设教育强国、科技强国、实施乡村振兴战略的艰巨任务，勇赶改革开放 40 年推动中国经济社会不断前进的时代浪潮，对标习近平总书记提出的建设中国特色、农业特色世界一流大学的建设目标，我们的战略谋划，我们的总体布局，我们的发展路径、我们的治理能力等等都还存在不小的差距，学校的发展道路上还面临着诸多困难和挑战：发展理念无法适应世界一流大学的本质要求，必须进一步解放思想，破除深层次的思想矛盾；学科布局和建设水平无法完全适应世界一流大学的战略需求，必须通过战略谋划，提升科技创新和综合竞争力；人才竞争力不能支撑高质量发展，必须以更大力度举措，建设适应世界一流大学建设的高水平人才队伍；治理体系和治理能力无法提供高水平的管理和服务，必须深化改革管理体制，充分释放学院办学潜力和活力；办学空间不能满足现代大学办学的现实需求，必须通过突破空间束缚，破解资源限制难题。

我们现在所处的，是一个"船到中流浪更急，人道半山路更陡"的时候，只有顺应历史潮流，积极应变，主动求变，坚定建设世界一流大学的决心和信心，进一步增强责任感和紧迫感，以改革创新的精神和攻坚克难的勇气，才能实现学校的快速发展。

二、2019 年工作总体思考

（一）总体要求

2019 年是中华人民共和国成立 70 周年，是党和国家事业发展具有重大意义的一年。学校要坚持以习近平新时代中国特色社会主义思想和党的十九大精神为引领，深入贯彻落实全国教育大会精神，围绕学校第三次党代会、十三五发展规划和"双一流"建设方案确定的目标，在学校党委领导下，以"5＋1"工程为统揽，全面深入推进中国特色、农业特色世界一流大学建设，学校各项事业发展力争取得新突破，为加快教育强国建设、科技强国建设、推动实施乡村振兴战略做出与学校历史地位相符的贡献，以优异的成绩迎接建国 70 周年。

(二)总体思路

坚持解放思想,深化改革。改革开放 40 年的实践启示我们:创新是改革开放的生命。实践发展永无止境,解放思想永无止境。面对当前存在的各类问题和挑战,必须进一步解放思想,加快转变观念。思想不解放,我们就很难准确地看清各种问题的症结所在,很难找准突破的方向和着力点,也很难拿出创造性的改革举措。必须高举深化改革的大旗,找准一两件制约学校发展的突出难题,积极寻求破解难题的新举措,有力推动学校发展。

坚持攻坚克难,抢抓机遇。当前学校发展面临着诸多难题和挑战,与此同时,党和国家加快建设教育强国、科技强国,推动实施乡村振兴战略,加快建设世界一流大学的战略部署,经济社会和科技创新对农业大学实现内涵式发展的更高要求也创造了难得的历史机遇。我们必须有敢啃"硬骨头",敢于"涉险滩"的信心和勇气,以敢为天下先的魄力,主动作为,抢抓机遇,加快推动学校各项事业的高质量发展。

坚持以人民为中心。办大学依靠的是广大师生,学校更好的发展也是为了广大师生,必须牢固树立以人民为中心的发展理念,任何偏离以广大师生利益为宗旨的"发展"就不是科学发展,就不是贯彻执行党的教育方针。必须时刻把解决群众的诉求、群众的期盼当成最大的政治。只有让广大师生满意了,我们的工作才算是合格的,只有广大师生的幸福指数提升了,我们的努力才是有价值的。

坚持高标准、大气魄。学校历来坚持宏大气魄和远大视野,必须坚持大气魄设计学校的发展愿景,必须坚持战略思维谋划学校工作,坚持对照一流标准推动工作落实,以抓工作不到一流标准不松手的劲头谋划工作,推动落实,见到成效。

(三)重点任务

面对 2019 年艰巨繁重的改革发展任务,我们要通观全局、统筹兼顾,突出重点、把握关键,着重抓好以下几个方面工作:

1.全面贯彻全国教育大会精神,落实立德树人根本任务

加强一流专业和一流课程建设,强化"三全育人"体系,培养更多德智体美劳全面发展的社会主义建设者和接班人,全面提升人才培养质量。

2.更大力度实施人才强校战略,切实推动"315"人才计划落实落地,启动兴农人才计划

坚决以更大力度实施人才强校战略,深化人才工作体制机制改革,提升人才质量,释放人才活力,着力提升人才队伍建设水平,有力支撑"双一流"建设。

3.启动学校治理体制改革

系统设计、加快推进校院两级管理体制和运行机制改革,重构和完善治理体系。进一步整合资源,下放办学自主权,发挥学院建设主体作用,充分调动学院积极性、主动性和创造性。

4.全面深入推进"双一流"建设,强化组织体系保障和体制机制改革

深化体制机制改革,明确建设目标,规划建设路径,制定考核标准,强化责任落实,确保"双一流"建设各项工作深入扎实推进,取得实效。

5."一带一路"/南南合作做实做强,引领国际高等农业教育

着力推动一带一路/南南合作做实做强,在推动人类命运共同体中发出学校的响亮

声音。积极谋划，大力推进筹备国际顶尖涉农高校 A5 联盟启动工作，引领国际农业高等教育。

6. 提升服务国家战略水平，打造社会服务品牌

进一步提高社会服务工作政治站位，显著提升服务国家战略水平和能力。加强社会服务工作总体设计，打造学校社会服务标志性品牌。

7. 完善校园基础设施建设，提升服务保障水平

推进校园基础设施建设，深入挖掘校园空间潜力。积极推动相关新项目建设，改善办学条件。整体设计、加快推进校园信息化建设，制定校园环境整治总体计划方案，

8. 积极拓展办学空间，提高资源利用效率

积极争取教育部和北京市支持，探索与地方政府、企事业单位合作新模式，强化承载人才培养功能，积极拓展校外办学空间资源。制定学校内部房屋统筹调配使用总体方案，提高资源利用效率。

两天前，党中央在人民大会堂召开了纪念改革开放 40 周年庆祝大会。习近平总书记发表了重要讲话，他指出，改革开放是我们党的一次伟大觉醒，这次觉醒孕育了党从理论到实践的伟大创造。改革开放是中国人民和中华民族发展史上的一次伟大革命，这次革命推动了中国特色社会主义事业的伟大飞跃。总书记指出，建立中国共产党、成立中华人民共和国、改革开放是“五四运动”以来三大历史性事件，是近代以来中华民族在实现伟大复兴征程中的三大里程碑。总书记从十个方面，用“十个始终坚持”来总结改革开放 40 年的伟大事业，以“九个必须坚持”来总结改革开放 40 年的宝贵经验。我想只有经历过改革开放 40 年完整历程的人，才能真正体会改革开放给我们国家、给我们民族、给我们党带来的新生命。

所以，就做好 2019 年学校的工作我再讲三点：

第一，思想再解放。党的十九大提出习近平新时代中国特色社会主义思想，指引新时代中国特色社会主义事业的伟大进程。解放思想作为总书记提出的改革开放 40 年十条经验中的第一条，弥足珍贵。结合学校当前的发展现状，我认为依然必须要高举解放思想的大旗，才能把学校世界一流大学建设推向新的阶段。因为不解放思想就无法认清学校当前发展面临的主要矛盾，不解放思想就找不出破解矛盾的有效办法，不解放思想就不可能建立与新时代一流大学建设相适应的体制机制。解放思想的核心就是实事求是，如果要坚持实事求是这一毛泽东思想的灵魂，我们就要认识到中国农业大学经历了 113 年的发展已经取得了许多辉煌的成就，但是对照总书记提出的中国特色、农业特色世界一流大学的建设目标，我们的发展水平、学科建设水平等都还存在着较大的差距，我认为这就是当前我们学校发展面临的主要矛盾。我们必须坚持以实事求是的态度，来正确审视学校当前所处的发展阶段，以及我们面临发展的主要矛盾，发展和改革应当成为学校未来发展的中心和主旋律。当前学校里还依然存在着办学活力不足、安于现状、不追求卓越、不研究问题、工作不严谨等各种问题。存在差距并不可怕，怕的是不能够正视差距，怕的是看到差距而没有紧迫感，怕的是看到差距但缺乏有效的办法。所以，思想再解放将是学校破解难题、迎头赶上，推进新一阶段中国特色、农业特色世界一流大学建设的宝贵思想武器。

第二，改革再深入。在 2017 年教代会报告以及 2018 年学校工作会议上，我都讲到学校必须紧紧抓住高质量推进中国特色、农业特色世界一流大学建设目标不放松，来谋划学校的发展。首要的任务就是深化改革，要改革不合时宜的思想观念，要改革制约发展的体制机制和治理，要创造鼓励改革者、激励干事者的文化氛围，要树立实干真干的工作作风，而在这些方面我们的改革任务还十分繁重。

第三，就学校 2019 年的重点工作，我补充以下方面：

(1)全面启动校院两级管理体制改革。针对学校长期存在的校院两级管理职责划分不清、学院活力调动不足等问题，学校决定 2019 年为校院两级管理改革年。要系统调研，系统设计，系统谋划，系统推进。

(2)人才强校战略再深化。2018 年是学校人才强校年，但是人才强校工作将是贯穿学校未来长期发展的重要工作，必须持续推动实施。最近我们在谋划实施“兴农学者支持计划”，在引进人才的基础上，全力做好现有人才的培育、支持工作，并把这项工作作为 2019 年人才工作的中心和重点。

(3)以深化改革全面深入推进“双一流”建设。2019 年是学校以改革全面推进“双一流”实质性建设的开局之年，要通过强化组织体系保障和体制机制改革全力推进。

(4)以深化改革推进人才培养质量进一步提升。我们考虑建立学部制，大类招生、大类培养，加大对教学秩序改革力度。加大新兴学科专业建设力度，加快推动新农科建设。

(5)大力推动自主创新。我们学校的科技创新有着光荣传统和雄厚积累，但是我们的组织模式、创新方向依然需要进一步的改革和凝练，同时也要进一步改革评价体系。

(6)更大力度服务国家战略。2019 年我们要谋划实施全面服务乡村振兴的若干战略行动，继续做好脱贫攻坚工作，发挥学校在“一带一路”工作中的引领作用和带头作用，进一步扩大影响力。实质性推动南南农业合作，力争取得更大成效。

(7)推进高质量国际合作。加快专业国际认证，谋划研究制定国际农科培养标准。

(8)以大学章程为统领，进一步完善现代大学制度。

(9)进一步改善民生。

(10)优化和拓展办学资源。我们学校的办学空间资源比较紧张，但是通过系统优化配置，还有不小的空间潜力。今年我们将通过全校系统调配，进一步提升空间利用效率。

(11)进一步研究加强校务公开。学校推出的一系列发展改革举措，在全校师生层面了解非常有限，对我们推动发展改革产生了一定阻力。必须通过进一步强化校务公开，将学校改革的思路和行动举措转变为每一位师生的思想动力，这对学校当前的发展具有现实、紧迫的重大意义。

(12)认真做好建国 70 周年庆祝活动相关工作。党中央已经对建国 70 周年活动安排做出了重要部署，学校也应该以更加优异的成绩迎接建国 70 周年。

2019 年全校上下必须坚定雄心壮志，紧抓发展机遇，坚持深化改革，勇于攻坚克难，以时不我待的紧迫感，以咬定青山不放松的劲头，以更加昂扬的斗志和饱满的热情，全面深入推进高质量“双一流”建设，加快建设中国特色、农业特色世界一流大学，以优异的成绩迎接建国 70 周年。

谢谢大家！

校长孙其信在草业科学技术学院成立大会上的讲话

（2018 年 12 月 30 日）

尊敬的武维华副委员长，各位领导、各位来宾，

老师们、同学们：

今天我们举行草业科学技术学院成立大会，首先请允许我代表学校对各位领导、嘉宾的到来表示热烈的欢迎，对长期以来支持和关心学校发展的社会各界表示衷心的感谢！

白居易有一首脍炙人口的诗叫《草》，“离离原上草，一岁一枯荣。野火烧不尽，春风吹又生。”这首诗把草顽强的生命力描绘得淋漓尽致。从人类的发展史来看，草与人类的发展进化是息息相关的。提到草，我们首先想到的是原始的草原，逐渐发展为传统的草原畜牧业，直到今天发展成现代的草地畜牧业。所以说，草与现代经济社会的发展，也有着密不可分的关系。习近平总书记在党的十九大报告中对加快生态文明建设作做了重要部署，特别是提出山水林田湖草生命共同体的重要思想，充分强调了草在美丽中国建设、生态文明建设中的重要地位。

经过长时间的谋划、论证，学校党委决定正式成立中国农业大学草业科学技术学院。首先，这是学校服务国家重大战略的实际行动，是适应新时代草业科技由单纯满足发展草地畜牧业到更好发挥草地生态功能，服务美丽中国和生态文明建设的必然要求。中国农业大学作为一所有着 113 年办学历史的百年老校，始终坚持秉承“解民生之多艰，育天下之英才”的办学理念，为国家的发展和民族的振兴积极担当、主动作为。中国特色社会主义进入新时代，作为一所“双一流”建设大学，我们也必须更高质量地服务国家重大战略需求。

其次，在实现“中国特色、农业特色世界一流大学”建设目标的进程中，这也是学校学科布局战略转型迈出的重要一步。习近平总书记在 2012 年视察中国农业大学时提出，学校要建设成为“中国特色、农业特色的世界一流大学”，这为学校未来的发展明确了战略目标，指明了奋斗方向。学校一直在思考、领会总书记提出的建设目标的深刻内涵，我们认为，从世界各国经济社会发展的经验来看，满足和保障基本农产品生产的农业依然是未来长时间内中国农业必须要解决的基本问题，这也是中国的农业大学必须要承担的重大历史使命，所以我们必须要立足农业特色办好世界一流大学。与此同时我们也清楚地看到，未来的农业绝不是仅限于满足农产品生产，而是向着工业化、信息化乃至更广阔的领域发展。要建成一所具有农业特色的世界一流大学，就必须要在中国乃至全世界的生态环境建设方面发挥应有的作用，强化与生态环境相关领域的学科布局，是建设农业特色世界一流大学的必然要求。

今天成立草业科学技术学院，就是学校构建与 2050 年建成中国特色、农业特色世界一流大学目标相适应学科布局的一项重要举措。我们成立这样一个学院，具备十分坚实的基础，中国农业大学的草业科学，可以说是我们国家最早开始在相关领域开展教学和

科研的单位之一。新中国成立初期，我们学校贾慎修等一批老先生，率先在国内开展了草学相关的研究，并在南山牧场建立了草地研究站。“文化大革命”结束以后成立了中国草原学会，贾慎修先生任中国草原学会的主任委员，草原学会的秘书单位一直挂靠在中国农业大学。20 世纪 80 年代初，农业部组织开展了第一次全国草原普查工作，贾慎修先生担任技术顾问，直到今天我国草地资源分类依然采用贾先生提出的方法。20 世纪 90 年代，学校相继成立了草地研究所、草业科学系，形成了完整的草业科学人才培养体系。学校还成为中国大陆首家国际种子检验协会的会员实验室，获批建设农业部牧草与草坪质量监测检验中心。2005 年，获批建设草地生态系统国家野外科学观测实验站。到目前，中国农业大学已经为我国草业科学领域输送了上千名优秀毕业生，成为国家草业科学与技术进步和产业发展的重要力量。在去年教育部第四轮学科评估中，中国农业大学的草业学科与兰州大学的草业学科同时获评 A＋级重点学科。这充分说明，学校在草业科学与技术领域的人才培养、科学研究都处在国内领先水平。

今天，草业科学技术学院成立标志着中国农业大学草业科学技术学科的发展站在了新的起点。在此，我衷心希望各位领导、各位专家、各界人士、各位朋友能够继续关心和支持中国农业大学草业科学的发展。借此机会，我也对新成立的学院提三点要求：

第一，要做好学院发展的战略谋划。中国特色社会主义进入新时代，在党中央坚持农业农村优先发展、大力推动生态文明建设的战略部署下，必须要站在服务国家战略的高度来谋划草业科学技术支撑农业农村发展和生态文明建设。我国的草地资源面积是耕地资源的 3 倍，未来发展草业科学依然是推进农业农村现代化建设的重要领域。美丽中国建设、城乡生态环境建设等都离不开草原的涵养和保障。

第二，要努力提升人才培养质量。大学不同于科研院所，必须坚持把人才培养放在首位。要加大人才培养的改革力度，创新教育改革的方式方法，培养更多适应经济社会发展的新需求、适应中国现代化建设需要的高质量草业专业人才。

第三，要持续加强人才队伍建设。高质量的人才队伍是推动学科发展的根本，学院要加大人才的引进、支持力度，为学科实现更高水平发展提供有力支撑。

作为新成立的学院，学校会全心全意、全力以赴给予支持。让我们共同努力，为中国的草业科学技术发展做出中国农业大学更大的贡献。

谢谢大家！

机构与干部

校级领导干部

党委书记	姜沛民
校长	孙其信
党委常务副书记	张东军(2017年9月任)
常务副校长	李召虎(2017年9月任,2018年9月免)
党委副书记	秦世成、宁秋娅、钱学军(2018年10月免)
副校长	张建华(2018年6月免)、王　涛、龚元石、钱学军(2018年10月任)、辛　贤
纪委书记	秦世成(兼)

管理服务机构负责人

党政办公室	主任	李培景
党委巡察督导办公室	主任	李培景(2018.06.26任)
党委研究室	主任	赵竹村(2018.06.26任)
党委组织部(党校)	部长	洪海燕
党委宣传部	部长	陈明海(2018.04.17免)
		钱学军(兼)(2018.04.17任)
		钱学军(2018.11.27免)
	常务副部长	陈明海(2018.04.17任)
		陈明海(2018.06.26免)
		王　勇(2018.06.26任)

党委统战部	部长	赵竹村(2018.04.17免)
		张东军(兼)(2018.04.17任)
	常务副部长	赵竹村(2018.04.17任)
		赵竹村(2018.06.26免)
		杨　志(2018.06.26任)
纪委办公室(监察处)	主任(处长)	高立国
党委学生工作部(学生处、武装部)	部(处)长	王　勇(2018.06.28免)
		张　银(2018.06.28任)
党委研究生工作部	部长	郭　鑫
党委教师工作部	部长	陈明海(兼)(2018.06.26免)
		江　丽(2018.07.20任)
党委保卫部(保卫处)	部(处)长	黄清波(2018.07.20任)
本科生院	院长	王　涛(兼)(2018.06.27任)
	常务副院长	林万龙(2018.06.26任)
研究生院	院长	辛　贤(兼)
	常务副院长	段留生(2018.06.28任)
科学技术发展研究院	院长	李召虎(兼)(2018.11.27免)
	常务副院长	田见晖(2018.07.20任)
发展规划处	处长	刘竹青(2018.07.12免)
		曲瑛德(2018.07.12任)
人事处	处长	孟超英(2018.01.29免)
		隋　熠(2018.07.12任)
人才工作办公室	主任	刘竹青(2018.06.28任)
财务处(会计核算中心)	处长	刘　罡(2018.06.26免)
		张树彦(2018.06.26任)
审计处	处长	张树彦(2018.06.26免)
		刘　罡(2018.06.26任)
国有资产管理处	处长	果雅静
国际合作与交流处(港澳台办公室)	处长	冯伟哲
社会服务处(新农村发展研究院)	处长	杜金昆(2018.07.12任)
就业创业办公室	主任	郭立群(2018.07.20任)
信息化办公室	主任	陈　昕(2018.07.20任)
实验室管理处	处长	马国玉(2018.06.28任)
后勤基建党委	书记	杜学振
后勤保障处	处长	马国玉(2018.07.12免)
		张永生(2018.07.12任)
基建处	处长	马国玉(2018.07.12免)
		汪九林(2018.07.20任)

离退休党委	书记	葛树林
离退休工作处	处长	王　扬(2018.07.20 任)
机关党委	书记	杨　志

群团组织负责人

工会	主席	张东军
	常务副主席	张海涛
团委	书记	张　银(2018.06.28 免)

直属机构负责人

图书馆	党总支书记	孙德昊
	馆长	何秀荣
档案与校史馆	馆长	何秀荣
涿州教学实验场(农业科技园)	党委书记	苏　洲
	党委常务副书记	李克江(2018.07.20 任)
	场长	肖　杰(2018.06.28 免)
		苏　洲(2018.06.28 任)
曲周实验站	站长	江荣风
上庄实验站	站长	杜金昆(2018.06.28 免)
		肖　杰(2018.06.28 任)
教育基金会秘书处	秘书长	周旭锋(2018.06.28 免)
		胡金有(2018.06.28 任)
校友工作办公室	主任	骆　骢
继续教育学院(网络学院)	直属党支部书记	吴海芹
	院长	吴海芹
烟台研究院	党委书记	傅泽田(2018.07.16 任)
	院长	傅泽田
校办产业党委	书记	高恩复
资产经营公司	董事长	李　洋(2018.06.28 任)
北京建设大学	校长	张建华(兼)
	常务副校长	吴加志
校医院	院长	张元忠(2018.07.20 任)
体育馆管理中心	主任	杜学振
模式动物重大设施建设办公室	主任	张树川(2018.03.15 任)

各学院负责人

农学院	党委书记	曲瑛德
	院长	金危危
园艺学院	党委书记	初春霖
	院长	韩振海
植物保护学院	党委书记	李海滨
	院长	彭友良
生物学院	党委书记	史长丽
	院长	巩志忠
资源与环境学院	党委书记	潘志华
	院长	吴文良
动物科学技术学院	党委书记	周旭峰
	院长	呙于明
动物医学院	党委书记	李青山
	院长	沈建忠
食品科学与营养工程学院	党委书记	张普光
	院长	胡小松
工学院	党委书记	宋正河
	院长	韩鲁佳
信息与电气工程学院	党委书记	刘尚民
	院长	高万林
水利与土木工程学院	党委书记	沈立峰
	院长	严海军
理学院	党委书记	周志强(2018.01.03任)
	院长	周志强
经济管理学院	党委书记	张瑞海
	院长	郭　沛
人文与发展学院	党委书记	景　发
	院长	叶敬忠
马克思主义学院	党总支书记	卢兆彤
	院长	钱学军(兼)(2018.06.26免)
		张　晖(2018.06.26任)
国际学院	党委书记	隋　熠(2018.07.12免)
		陈明海(2018.07.12任)
	院长	黄冠华

体育与艺术教学部	直属党支部书记	杜学振
	主任	束景丹
土地与科学技术学院	党委书记	刘尚民(2018.06.12 任)
	院长	李召虎(兼)(2018.06.26 免)
		李保国(2018.06.26 任)

2018 年新增和调整各类委员会、领导小组(非常设机构)及成员名单

中国农业大学人才工作领导小组(中农大党发〔2018〕6 号)

组　长　姜沛民

副组长　孙其信

成　员　其他校领导、党委常委

领导小组下设学校人才工作组,组长由孙其信担任,副组长由分管干部的党委副书记、分管人事工作的副校长担任。

中国农业大学交通安全委员会(中农大保字〔2018〕1 号)

主　任　孙其信

副主任　宁秋娅

委　员　党委保卫部(保卫处)、党政办公室、后勤基建处、研究生院、党委学生工作部、团委、国际合作与交流处(港澳台办公室)单位主要负责人。

学校交通安全委员会下设办公室,挂靠在党委保卫部(保卫处),主任由党委保卫部(保卫处)部(处)长兼任,副主任由党委保卫部(保卫处)主管副部(处)长兼任。

中国农业大学社会治安综合治理委员会(中农大保字〔2018〕2 号)

主　任　孙其信

副主任　宁秋娅　龚元石

委　员　党委保卫部(保卫处)、党政办公室、党委组织部、党委宣传部、党委统战部、纪委办公室(监察处)、财务处、党委学生工作部、教务处、研究生院、科学技术发展研究院、人事处、后勤基建处、国际合作与交流处(港澳台办公室)、工会、离退休工作处、团委、国有资产管理处、校办产业办公室等单位主要负责人。

学校社会治安综合治理委员会下设办公室,挂靠在党委保卫部(保卫处),主任由党委保卫部(保卫处)部(处)长兼任,副主任由党委保卫部(保卫处)、后勤基建处分管负责人兼任。

中国农业大学安全稳定工作领导小组(中农大保字〔2018〕3 号)

组　长　姜沛民　孙其信

副组长　宁秋娅

成　员　张东军　秦世成　张建华　王　涛　李召虎　龚元石　钱学军　辛　贤

学校安全稳定工作领导小组下设办公室，挂靠党委保卫部（保卫处），办公室主任由党委保卫部（保卫处）主要负责人兼任。

中国农业大学思想政治理论课建设领导小组（中农大党发〔2018〕19号）

组　长　姜沛民　孙其信

副组长　钱学军　王　涛　宁秋娅

成　员　教务处、党委宣传部、发展规划处、研究生院、人事处、科学技术发展研究院、财务处、党委学生工作部（学生处）、党委研究生工作部、团委、马克思主义学院等单位主要负责人。

思想政治理论课建设领导小组下设办公室，挂靠马克思主义学院。

中国农业大学国家安全人民防线建设小组（中农大党发〔2018〕20号）

组　长　姜沛民

副组长　宁秋娅　钱学军

成　员　党政办公室、党委宣传部、党委保卫部（保卫处）、党委学生工作部、党委研究生工作部、国际合作与交流处、科学技术发展研究院、网络中心等单位主要负责人。

国家安全人民防线建设小组下设办公室，挂靠在党委保卫部（保卫处），分管政保工作的副部（处）长为国家安全工作联系人。

中国农业大学创新创业工作领导小组（中农大教字〔2018〕3号）

组　长　孙其信

副组长　王　涛　宁秋娅

成　员　就业创业指导中心、教务处、研究生院、党委学生工作部、团委、校办产业办公室、北京建设大学、教育基金会、校友工作办公室、科学技术发展研究院、人事处、财务处等单位主要负责人。

领导小组下设办公室，挂靠教务处。办公室主任由教务处处长和就业创业指导中心主任兼任。

中国农业大学学生资助工作领导小组（中农大学字〔2018〕4号）

组　长　宁秋娅

成　员　党委学生工作部（学生处、武装部）、党委研究生工作部、教务处、财务处、教育基金会、校团委。

领导小组下设办公室，设在学生资助管理中心（党委学生工作部）。

中国农业大学学生学业指导工作领导小组（中农大教字〔2018〕7号）

组　长　王　涛　宁秋娅

成　员　教务处、党委学生工作部(学生处、武装部)、党委研究生工作部、人事处、校团委、图书馆。

领导小组下设办公室,设在学业指导中心(教务处)。

中国农业大学思想政治工作领导小组(中农大党发〔2018〕41 号)

组　长　姜沛民　孙其信

副组长　钱学军　宁秋娅

成　员　张东军　秦世成　张建华　王　涛　李召虎　龚元石　辛贤　李培景　洪海燕

领导小组办公室设在党委宣传部和党委学生工作部(学生处、武装部)。

中国农业大学学生心理素质教育工作领导小组(中农大学字〔2018〕2 号)

组　长　宁秋娅

成　员　党委宣传部、党委学生工作部(学生处、武装部)、党委保卫部(保卫处)、党委研究生工作部、教务处、人事处、校团委、校医院。

领导小组下设办公室,设在学生心理素质教育中心(党委学生工作部)。

中国农业大学院士退休工作领导小组(中农大人字〔2018〕20 号)

组　长　姜沛民　孙其信

副组长　张东军　李召虎　辛　贤

成　员　党政办公室、党委组织部、人事处、财务处、离退休工作处主要负责人。

领导小组下设办公室,挂靠人事处,承担日常工作,办公室主任由人事处处长兼任。

中国农业大学师德建设委员会(中农大党发〔2018〕59 号)

主　任　姜沛民　孙其信

副主任　王　涛　钱学军　辛　贤

成　员　党政办公室、党委组织部、党委宣传部、纪委办公室(监察处)、党委教师工作部、党委学生工作部、党委保卫部、本科生院、研究生院(党委研究生工作部)、科学技术发展研究院、人事处、国际合作与交流处、工会等单位主要负责人。

委员会办公室设在党委教师工作部,党委教师工作部部长兼任办公室主任。

中国农业大学经营性资产管理委员会(中农大校产字〔2018〕23 号)

主　任　孙其信

副主任　李召虎　龚元石

成　员　党政办公室、纪委办公室(监察处)、科学技术发展研究院、人事处、财务处、审计处、国有资产管理处、社会服务处、后勤保障处、资产经营公司主要负责人。

经营性资产管理委员会下设办公室(简称“经资委办公室”),设在资产经营公司,资产经营公司董事长兼任经资委办公室主任。

中国农业大学国有资产监督管理委员会(中农国资字〔2018〕13号)

主　任　孙其信

副主任　李召虎　龚元石

成　员　党政办公室、纪委办公室(监察处)、科学技术发展研究院、社会服务处、财务处、审计处、国有资产管理处、实验室管理处、后勤保障处、基建处、图书馆、信息化办公室、档案与校史馆、资产经营公司主要负责人。

委员会下设办公室,设在国有资产管理处,国有资产管理处处长兼任办公室主任。

中共中国农业大学委员会巡察工作领导小组(中农大党发〔2018〕67号)

组　长　姜沛民

副组长　秦世成

成　员　党政办公室、党委组织部、纪委办公室(监察处)、党委宣传部、党委巡察督导办公室主要负责人。

领导小组下设办公室,设在党委巡察督导办公室,承担日常工作,办公室主任由党委巡察督导办公室主任兼任。

中国农业大学公用房出租管理委员会成员(中农国资字〔2018〕11号)

主　任　李召虎

副主任　龚元石

成　员　纪委办公室(监察处)、财务处、国有资产管理处、后勤保障处、资产经营公司主要负责人。

委员会下设办公室,设在国有资产管理处,国有资产管理处处长兼任办公室主任。

中国农业大学学位授权点合格评估领导小组(中农大研生字〔2018〕8号)

组　长　辛　贤

副组长　段留生

成　员　研究生院、发展规划处、人事处、科学技术发展研究院、就业创业办公室、国际交流与合作处、财务处、国有资产管理处等相关部门负责人。

领导小组下设办公室,挂靠研究生院,在领导小组指导下组织开展合格评估工作。

中国农业大学教职工处分工作委员会(中农大人字〔2018〕25号)

主　任　辛　贤

副主任　秦世成　张东军

委　员　党政办公室、党委组织部、纪委办公室(监察处)、人事处、工会等单位主要负责人。

委员会下设办公室,设在人事处,办公室主任由人事处处长兼任。

中国农业大学统战工作领导小组(港澳台侨工作领导小组)(中农大党发〔2018〕75号)

组　长　张东军

成　员　党政办公室、党委组织部(党校)、党委宣传部、党委统战部、党委学生工作部(学生处、武装部)、党委研究生工作部、党委教师工作部、党委保卫部(保卫处)、本科生院、科学技术发展研究院、发展规划处、人事处、人才工作办公室、国际合作与交流处(港澳台办公室)、社会服务处(新农村发展研究院)、后勤保障处、信息化办公室、离退休工作处、教育基金会秘书处、校友工作办公室、共青团中国农业大学委员会等单位主要负责人担任。

领导小组下设办公室,设在党委统战部,负责协助领导小组召集相关会议,处理日常工作事务。

中国农业大学民族宗教工作领导小组(中农大党发〔2018〕74号)

组　长　张东军

副组长　宁秋娅

成　员　党委统战部常务副部长、党政办公室主任、党委组织部(党校)部长、党委宣传部常务副部长、党委学生工作部(学生处、武装部)部(处)长、党委研究生工作部部长兼研究生院副院长、党委教师工作部部长、党委保卫部(保卫处)部(处)长、本科生院常务副院长、科学技术发展研究院常务副院长、国际合作与交流处(港澳台办公室)处长、信息化办公室主任、后勤保障处处长、离退休工作处处长、共青团中国农业大学委员会书记。

领导小组下设办公室,设在党委统战部,办公室主任由党委统战部常务副部长兼任。

中国农业大学党务公开工作领导小组(中农大党发〔2018〕76号)

组　长　姜沛民

副组长　张东军　秦世成

学校党务公开领导小组下设党务公开办公室,设在党政办公室,主任由党政办公室主任兼任,副主任由党委组织部、党委宣传部、纪委办公室(监察处)等部门主要负责人兼任。

中国农业大学信息公开工作领导小组(中农党政办发〔2018〕9号)

组　长　孙其信

副组长　秦世成

成　员　党政办公室、党委组织部、党委宣传部、纪委办公室(监察处)、人事处、工会、团委等部门主要负责人。

信息公开领导小组下设信息公开办公室,设在党政办公室,主任由党政办公室主任兼任,副主任由党政办公室分管信息公开工作的副主任兼任。信息公开领导小组下设监督检查办公室,设在纪委办公室(监察处),主任由纪委办公室(监察处)主任(处长)兼任。

中国农业大学党的建设工作领导小组(中农大党发〔2018〕77号)

组　长　姜沛民

副组长　张东军　秦世成　钱学军　宁秋娅

成　员　党政办公室、党委巡察督导办公室、党委研究室、党委组织部(党校)、党委宣传部、党委统战部、纪委办公室、党委学生工作部、党委研究生工作部、党委教师工作部、党委保卫部、工会、团委。

领导小组办公室设在党政办公室,主任由党政办公室主要负责人兼任。

中共中国农业大学保密委员会(中农大党发〔2018〕80号)

主　任　姜沛民

副主任　秦世成

成　员　党政办公室、党委组织部、党委宣传部、纪委办公室(监察处)、党委保卫部(保卫处)、党委统战部、研究生院、本科生院、人事处、科学技术发展研究院、国际合作与交流处、信息化办公室、档案与校史馆等单位主要负责人。

中共中国农业大学保密委员会下设办公室,设在党政办公室,主任由党政办公室主任兼任,副主任由党政办公室分管保密工作副主任兼任。

中国农业大学延迟退休审批工作专门委员会(中农大人字〔2018〕27号)

牵　头　分管人事校领导

组　成　发展规划处、本科生院、研究生院、科学技术发展研究院、人事处等部门负责人和三个人才工作分委员会主任或副主任各一名。

中国农业大学脱贫攻坚工作领导小组(中农大党发〔2018〕84号)

组　长　姜沛民　孙其信

副组长　张东军　龚元石

成　员　党政办公室、党委组织部、党委宣传部、党委统战部、党委学生工作部、党委研究生工作部、本科生院、研究生院、科学技术发展研究院、人事处、财务处、社会服务处、团委。

中国农业大学脱贫攻坚工作领导小组办公室设在社会服务处,办公室主任由社会服务处处长兼任,负责领导小组的日常工作。

中共中国农业大学党校校务委员会(中农大党发〔2018〕90号)

主　任　张东军

副主任　宁秋娅

委　员　党政办公室、党委研究室、党委组织部、党委宣传部、党委统战部、纪委办公室、党委学生工作部、党委研究生工作部、党委教师工作部、马克思主义学院等单位主要负责人。

中国农业大学招标采购工作领导小组(中农大国资字〔2018〕16号)

组　长　分管国有资产工作的校领导

副组长　分管后勤基建工作的校领导

成　员　纪委办公室(监察处)、发展规划处、科学技术发展研究院、财务处、审计处、国有资产管理处、实验室管理处、后勤保障处、基建处、图书馆主要负责人组成。

领导小组下设办公室,设在国有资产管理处招标采购中心。

中国农业大学科技成果转移转化领导小组(中农大校产字〔2018〕28号)

组　长　孙其信

副组长　龚元石

成　员　党政办公室、社会服务处(新农村发展研究院)、纪委办公室(监察处)、科学技术发展研究院、财务处、审计处、国有资产管理处、资产经营公司等单位主要负责人。

科技成果转移转化领导小组下设办公室,设在社会服务处(新农村发展研究院),科技成果转移转化领导小组办公室主任由社会服务处(新农村发展研究院)处长兼任,副主任由科学技术发展研究院成果管理处处长和社会服务处(新农村发展研究院)负责成果转移转化工作的副处长兼任。

中国农业大学辐射安全与防护领导小组(中农大国资字〔2018〕3号)

组　长　分管实验室安全工作的校领导

副组长　分管后勤基建及科研工作的校领导

成　员　党政办公室、保卫处、科学技术发展研究院、国有资产管理处、后勤基建处、校医院等单位主要负责人,以及生物学院、农学院、园艺学院、植物保护学院、资源与环境学院、动物科学技术学院、动物医学院负责安全工作的院领导。

中国农业大学就业创业工作领导小组(中农大学字〔2018〕3号)

组　长　姜沛民　孙其信

副组长　宁秋娅

成　员　党政办公室、党委组织部、党委学生工作部(学生处、武装部)、党委保卫部(保卫处)、研究生院(党委研究生工作部)、教务处、科学技术研究院、人事处、财务处、校办产业办公室、校团委、北京建设大学、档案与校史馆、教育基金会、校友工作办公室、就业创业指导中心。

领导小组下设办公室,设在就业创业指导中心。

中国农业大学离退休工作领导小组(中农大党发〔2018〕102号)

组　长　张东军

副组长　钱学军

成　员　党政办公室、党委组织部、党委统战部、人事处、财务处(会计核算中心)、国有资产管理处、后勤保障处、离退休工作处、工会、校医院主要负责人。

领导小组下设办公室，设在离退休工作处，办公室主任由离退休工作处主要负责人兼任。

中国农业大学基本科研业务费领导小组（中农大财字〔2018〕24号）

组　长　校长

副组长　分管科研和财务工作校领导

成　员　科学技术发展研究院（以下简称“科研院”）、发展规划处、研究生院、本科生院、人事处、财务处等部门负责人。

领导小组办公室设在科研院，科研院负责基本科研业务费的总体规划、立项方案制定、组织实施和日常管理工作。

中国农业大学“教改专项”领导小组（中农大教字〔2018〕11号）

组　长　校长

副组长　分管教学工作校领导

成　员　本科生院、财务处、发展规划处和审计处等部门主要负责人。

中国农业大学管理人员招聘评审委员会及职员评议组（中农大人字〔2018〕32号）

主　任　辛　贤　张东军

成　员　秦世成　钱学军　宁秋娅

党政办公室、党委组织部、纪委办公室（监察处）、党委学生工作部、发展规划处、研究生院、本科生院、科学技术发展研究院、人事处、财务处主要负责人。

农 学 院

【学院概况】

农学院设置 4 个系:作物生态与农作学系、作物生理与栽培学系、植物遗传育种与种子科学系、作物基因组与生物信息学系。学院拥有 9 个研究中心:区域农业发展研究中心、作物生理与栽培研究中心、作物化控研究中心、生物质工程研究中心、玉米研究中心、小麦研究中心、水稻研究中心、特用作物研究中心、种子科学与技术研究中心。拥有 1 个实验教学中心:植物生产类实验教学中心。

(胡云　李珊)

【学科专业建设】

学院依托作物学一级学科开设 2 个本科专业:农学专业和种子科学与工程专业;具有一级专业学科 1 个,一级学科博士点 1 个,博士学位授权点 5 个,硕士学位授权点 5 个和专业学位授权点 2 个;博士后流动站 1 个。

学院现有国家重点学科 2 个、部级重点学科 1 个。拥有国家创新群体 1 个,教育部、农业部创新团队 5 个,国家玉米改良中心、作物杂种优势研究与利用教育部重点实验室等国家及省部级重点实验室或工程中心 15 个。

2018 年,学院以作物学一流学科建设为指导,制定了学院"双一流"建设实施方案。

(倪中福　王婷)

【师资队伍】

学院共有教职工 123 人,其中专任教师 97 人,包括教授(含研究员等正高职称)45 人,副教授(含副研究员等副高职称)41 人;博士生导师 57 人,硕士生导师 72 人;工程院院士 1 人，“CJ 学者奖励计划”特聘教授 2 人，国家杰出青年基金获得者 10 人，“973 计划”首席科学家 2 人，国家优秀青年基金获得者 4 人，国家重点研发计划首席科学家 5 人，青年 QR 计划 4 人，国家级教学名师 1 人，“万人计划”教学名师 1 人，“万人计划”科技创新领军人才 3 人，北京市教学名师 2 人，教育部“新世纪优秀人才支持计划”15 人。

2018 年引进各类人才 8 人，退休 3 人，晋升正教授 2 人，副教授 3 人；博士后研究人员在站 25 人，进站 9 人、出站 8 人。

（胡云　李珊）

【本科教学】

本科生在校 435 人，招生 128 人，毕业 118 人（其中出国深造 12 人，国内深造 54 人）。

5 月，校级在线开放课程建设项目立项 2 个，李金杰获全国农学院华北片区青年教师教学技能大赛二等奖和最佳教学演示奖。

6 月，校级专业课发挥思政教育功能专项立项 4 个，彭惠茹获校级教学名师。

7 月，院级优质课堂项目立项 2 个，杨晓琳获校级青年教师教学基本功大赛三等奖，刘凤霞获优秀奖，学院获优秀组织奖。

7—9 月，院级教材建设项目立项 7 个。

9 月，实施 2019 届推荐应届本科毕业生免试攻读研究生的评选标准改革，从总 GPA、创新创业、科研素质、思想品德与综合素质等方面考核学生能力，共 30 名学生申请推免，22 名学生获得推免资格。

至 10 月，制定《农学院本科教学工作审核评估实施方案》，撰写《农学院本科教学工作审核评估自评报告》，配合学校完成本科教学工作审核评估。

12 月，学院 6 名教师被聘为 2018—2022 年教育部高等教育教学指导委员会委员，其中：孙其信教授担任植物生产类专业教指委主任委员，王建华教授担任植物生产类专业教指委副主任委员及种子科学与工程分委员会主任委员，李召虎教授和刘庆昌教授分别任农艺（含农学、植物保护）类教学指导分委员会副主任委员及委员，张海林教授和孙群副教授分别担任植物生产类专业教指委副主任委员及种子科学与工程分委员会秘书长。

至 12 月，建设校级核心课程 18 门，其中专业核心课程 15 门，核心通识课程 3 门（《世界农业概论 1》7 月入选为核心通识课）。

（张海林　吴敏）

【研究生教学】

2018 年，学院在校研究生 720 人，其中博士生 337 人、硕士生 383 人；招生 290 人，其中博士生 87 人、硕士生 193 人；毕业研究生 179 人，其中博士生 68 人，授予博士学位 65 人；硕士生 111 人，授予硕士学位 137 人。

至 6 月，完成学术学位授权点国际评估及专业学位授权点国内合格评估工作；完成研究生学位授予和培养方案修订工作。

3 月，2018 级精准扶贫-乡村振兴专项研究生和 1＋3 专项研究生共招收 32 人。5 月，2017 级精准扶贫专项研究生全部完成开题，其中在灵丘开展论文研究和社会服务的研究生集中开题，选题均紧密围绕“精准扶贫”主题。7 月，精准扶贫-乡村振兴专项研究生班协助灵丘县成立黍稷工艺品合作社和西蒙米荞示范基地。2018级专项研究生赴项目地开展第一阶段培训。

（曾昭海　王美芹　田沁兰）

【科学研究】

2018年，到校科研经费16 518万元，在研项目240个，其中“973计划”3项，重点研发计划56项，国家重大研究计划项目5项，国家自然科学基金90项。

科研产出状况：2018年共发表152篇论文，其中，SCI收录132篇，EI发表18篇，SSCI收录论文2篇；影响因子大于5的论文34篇，影响因子大于10的论文5篇。2018年学院成果转化共获得17项专利授权，2项国审品种。

（倪中福　王婷）

【合作交流】

2018年，学院在校留学生22人（其中博士14人，硕士8人），招生7人（其中博士4人，硕士3人），毕业1人（博士1人）。境外访问20余人次；邀请Jason Wallace等来自美国、澳洲、欧洲等地的近20名外籍专家来校进行学术访问、合作研究。

学院进一步加强国际合作与交流，特别是“一带一路”和A5联盟国家的交流，接待了哈萨克斯坦塞弗林大学和巴西圣保罗等大学等多所大学的来访。优秀本科生赴美国加州大学戴维斯分校，参加为期两周的“全球视野一流人才培养”暑期交流学习。10月24日，邀请“2018年吉尔吉斯斯坦农业技术培训班”的29名学员赴农学院参观实验室及教学试验田。

（辛明明）

【学生工作】

2018年，学院党委根据学生发展规律，按照学校工作部署，稳步推进全年各项工作，全面提高学生综合素质，服务学生成长成才，开创学生工作新局面。

获评教育部“三全育人”综合改革试点　10月17日，教育部办公厅公布首批“三全育人”综合改革试点单位遴选结果，农学院以“一懂两爱三有”新农科“三全育人”工程脱颖而出，成为全国首批“三全育人”综合改革试点院（系）。

资助工作　至12月，学院共认定家庭经济困难学生111名，评选综合奖学金、专项奖学金、单项奖学金共计200人次，评审国家助学金111人次，社会助学金27人次。设立勤工助学固定岗位20个，并根据学校及学院安排加设临时勤工助学岗位。申请国家生源地贷款32人，校园地贷款13人。

学风建设与创新创业工作　11月，学院首次推行学业指导兼职辅导员计划，招募成绩优秀、道德品质突出的研究生、高年级本科生帮扶学业困难同学，聘任学业辅导员11人，覆盖辅导人数43人。同月，学院承办首届全国农科学子创新创业大赛、农业微课程大赛，学院“植愈系”团队获创新创业大赛全国决赛第1名。

深入开展全国农科学子联合实践行动　农学院作为中国作物学会作物学人才培养与教育专业委员会秘书单位，连续3年组织开展全国农科学子联合实践行动。3年间共组建小队900余支，奔赴全国835个贫困村开展调研，组织千余名指导教师、万余名农科学子参与联合实践行动，出版发行《阡陌众行》《阡陌众语》联合实践纪实录。2018年，学院共派出19支实践小队，189名队员，其中14个实践地已连续2年在寒假开展多种形式的社会服务工作。学院党委委员陈源泉教授继续带队驻扎灵丘，撰写《"穿越2050"的乡村振兴愿景》一书。

（杨海岩）

【党建工作】

农学院党委设有26个党支部，其中教工党支部5个（含上庄党支部），研究生党支部17个，本科生党支部4个。党员共计568人，其中教职工党员（含博士后）79人，学生党员438人（含预备党员71人），组织关系暂存党员51人。至12月，召开党委会18次，党政联席会18次，理论中心组学习会8次，全体教职工理论学习10次。

组织管理工作 7月，农学院"教·思"创新空间陈源泉工作室获批学校首批教工党支书"双带头人"工作室。9月，成立农学院党委工作室，全面推进党员组织与管理的专业化，党员培养与教育的精细化，党员理论与实践活动的品牌化。10月，建立"CAU农学院党委工作室"微信公众号，创办党刊《初心》。至12月，《初心》发行"113周年校庆"和"改革开放四十周年"专刊共2期。

党员教育工作 5月，开展学习习总书记北大重要讲话系列活动、"致敬·纪念马克思诞辰200周年"学习月活动，举办"不忘初心、牢记使命"党支部书记井冈山专题培训班。6月，开展毕业生党员主题教育，为123位同学制作精美的毕业生党员纪念册。10月，邀请中央党校郇雷副教授做"习近平新时代中国特色社会主义思想三十讲解读"的主题讲座。12月，开展以"礼赞新时代·共筑中国梦"为主题的庆贺改革开放40周年主题征稿活动，收到近400份稿件，共计55 000余字。

二级党校工作 2018年举办农学院二级党校积极分子、发展对象培训班各2期，预备党员培训班1期。除邀请老师讲党课之外，还举办了"铭记历史祭英烈，不忘初心爱国情"主题实践活动、"两学两入、言党爱党"党的基础知识大赛、"践行核心价值观，激扬青春中国梦"主题辩论赛等。

红色"1+1"活动至12月，学院共有8个红色"1+1"活动立项，累计11个学生支部共126人参与活动，结对支部共受益381人次。12月，农学院党委种子科学与技术-生物质工程研究生联合党支部同怀柔区琉璃庙镇梁根村党支部共建活动荣获2018年北京高校红色"1+1"示范活动一等奖。

（李珊　张莹）

【教代会与工会工作】

10月，针对学院新楼地下一层500平方米的活动场地，工会制定建家方案，学院给予15万元经费支持。11月，农学院羽毛球俱乐部、篮球俱乐部在北京建设大学租赁固定室内场馆，不定期开展学院师生、机关及兄弟院系教师的友谊赛，并组建成立乒乓球俱乐部。至12月，工会在教师节、春节等节日，组织在职教师登门慰问学院患病、生活困难及离退休教师，全年慰问80岁以上离退休教师20余人次。

（何绍贞）

园 艺 学 院

【学院概况】

园艺学院由原农学与生物技术学院于 2015 年 10 月调整分立而成，下设三系二所一中心，分别为：果树系、蔬菜系、观赏园艺与园林系、园艺植物研究所、园林景观规划设计研究所和园艺政策经济研究中心。

（郝京辉）

【学科专业建设】

学院设置园艺学 1 个一级学科，涵盖果树学、蔬菜学、观赏园艺学等 3 个二级学科；另外学院还设有园林植物与观赏园艺、风景园林 2 个二级学科；一级学科博士点 1 个，博士学位授权点 3 个，硕士学位授权点 4 个和专业学位授权点 2 个；博士后流动站 1 个。

学院现有国家重点二级学科 1 个(果树学)、北京市重点二级学科 2 个(蔬菜学和观赏园艺学)，园艺学为北京市重点一级学科。

学院继续推进“十三五”规划建设，进一步凝练学科方向，突出优势与特色。围绕国家园艺产业发展重大科技需求，结合国际同类学科发展趋势，将原有的 8 个研究方向，凝练为 5 个主要研究方向：园艺作物种质创新与高效育种、园艺作物发育生理与品质调控、园艺作物逆境生理与生物技术、园艺作物生态生理与高效栽培、风景园林规划与设计。

（郝京辉）

【师资队伍】

学院共有教职工 79 人，其中专任教师 65 人，包括教授 30 人、副教授 28 人；博士生导师 38 人、硕士生导师 49 人；国家有突出贡献专家 1 人、享受政府特殊津贴专家 2 人、“百千万人才工程”国家级人选 1 人、国家优秀青年基金获得者 2 人、北京市教学名师 1 人。

本年度学院引进优秀人才 1 人，普通招聘 2 人，退休 1 人，晋升正教授 2 人，副教授 2 人，博士后研究人员在站 7 人，联合培养博士后 3 人，出站 6 人。

（郝京辉）

【本科教育教学】

2018 年，学院本科生在校 455 人，招生 120 人，本科毕业生 139 人，6 人获得百篇校级优秀论文。2015 级免试推荐研究生 28 人，园艺专业 20 人，园林专业 8 人，保送比例 21%。2018 年，园艺学院开设本科课程 77 门，102 个课堂，核心课程建设 17 门。

在校生积极申报参加科研项目，科教相融合，2018 年本科生申报获得国家级大学生创新创业训练项目 37 项；学校 URP 项目 38 项。

2018 年，园艺专业通过中俄联合国际认证。完成本科教学审核评估工作。

组织 2015 级、2016 级园艺专业学生到北京市昌平区农科教基地、北京市小汤山特菜基地、云南石林万家欢蓝莓庄园、云南通海云秀花卉公司、云南通海县原态蔬菜专业合作社实习，校内科学园开展认知实习，园林专业学生到承德避暑山庄及普陀宗乘之庙、须弥福寿之庙、杭州、乌镇写生实习。

（张艳）

【研究生教育】

2018 年，在校研究生 397 人，其中博士生 177 人、硕士生 220 人；招生 161 人，其中博士生 41 人、硕士生 120 人；毕业研究生 123 人，其中博士生 40 人，授予博士学位 48 人，硕士生 83 人，授予硕士学位 108 人。

修改和完善研究生导师遴选制度，鼓励研究生导师多出成果，出大成果；完成 2018 年研究生培养方案的修订工作，重点修订了申请学位对发表论文的要求。

组织并通过园艺（专业学位）、风景园林、园林植物与观赏园艺研究生学位授权点国内合格评估，园艺学研究生学位授权国际合格评估。对研究生学位授权点的学科方向、师资力量、教学科研支撑、奖助体系、招生选拔、课程教学、学术训练、学术交流、分流淘汰、论文质量、管理服务、就业发展、人才培养特色与成效进行系统、深入梳理。在培养目标、导师队伍、培养条件、培养质量、就业发展等方面，获得国内外专家高度评价与认可。

（丁荣娥）

【科学研究】

2018 年在研项目共 83 项，其中纵向课题 62 项、横向课题 21 项。年度到账科研经费 3 605 万元，同期相比增长 30%。

新获批国家自然科学基金项目 16 项，其中重点资助项目 1 项、优秀青年科学基金项目 1 项、联合申请项目 1 项、面上项目 9 项、青年基金资助项目 4 项。资助金额共 1 109 万元。

完成"园艺作物发育生理与品质调控引智基地"工作计划和工作任务。邀请 2 位海外学术大师 Elliot Martin Meyerowitz 和 William John Lucas 院士和 Caizhong Jiang 等 10 位海外学术骨干来院进行科研项目合作与交流。科研成果在 *Plant Physiology*，*Plant Journal*，*Journal of Experimental Botany*，*Horticultural Research* 等期刊上发表合作论文 10 余篇，并有多篇合作论文已投稿。

2018 年学院教师发表 SCI 论文 60 篇，EI 论文 6 篇，总计 66 篇，同比增长 9%。通讯作者教师 35 人，其中影响因子大于 5.0 的论文 17 篇，学科前 10%论文篇数 32 篇，学科前 10%～20%论文篇数 8 篇。植物新品种授权 6 项，品种审定 3 项，著作权 1 项，专利 1 项。

高俊平教授主持研究的项目"月季等主要切花高质高效栽培与运销保鲜关键技术及应用"荣获国家科学技术进步奖二等奖；沈火林教授主持研究的项目"设施专用番茄种质资源创新及新品种选育与应用"荣获山东省农业科学进步奖。

（高琪洁）

【合作交流】

留学生在校生 14 人，招生 2 人，毕业 4 人。联合培养博士研究生 2 人，硕士研究生 1 人，硕士毕业攻读博士 2 人。

共接待来自美国加州大学戴维斯分校、美国加州理工大学、康奈尔大学、美国康涅狄格大学、意大利埃德蒙马赫基金会研究所、以色列希伯来大学、新西兰植物和食品研究所等20名专家学者学术交流与访问，举办17次大师级学术报告会。教职工境外访问交流累计10人次，出访国家包括美国、土耳其、德国、日本、埃及、法国、韩国、塞尔维亚、阿尔巴尼亚、罗马尼亚等。

7月20—24日，中国农业大学和 *Horticulture Research* 杂志共同主办第五届园艺研究大会。大会以“展示国际园艺学最新研究进展与成果，促进园艺领域国际合作”为主旨，研讨促进全球园艺同行的交流与合作。

积极服务“一带一路”建设。11月5—7日，中阿园艺蔬菜培训班在地拉那农业大学举行。蔬菜学系系主任沈火林教授、副系主任高丽红教授在为期3天的培训中，分别围绕“中国蔬菜与种业现状”和“设施农业与无土栽培技术”进行相关内容讲授，并就具体问题进行现场指导。

学院与国内高校、研究机构及企事业单位在科学研究、人才培养、论文互审等方面开展多种形式的交流与合作。在服务环首都生态农业圈园艺种苗生产技术集成与示范、京津冀协同创新中心设施园艺平台建设、农产品质量安全追溯技术及应用国家工程实验室建设等方面发挥了重大作用。

（高琪洁）

【学生工作】

2018年，在“达标创优”工作中，园艺171团支部获得“校十佳团日活动”称号；园艺171班、园艺173班获得校级“优良班集体”称号；园艺171团支部、园林161团支部、园艺153团支部获得校级“优秀团支部”称号；园林151团支部获得“北京市先锋杯优秀团支部”称号。1人获得“北京市先锋杯优秀团员”称号，1人获得“北京市先锋杯优秀团干部”称号；1人获得“北京市三好学生”称号，1人获得“北京市优秀学生干部”称号；1人获得“五四青年标兵”称号；59人获得校级“三好学生”称号；21人获得校级“优秀学生干部”称号；15人获得校级“优秀团员”称号；10人获得校级“优秀团干部”称号；园艺学院志愿者支队获得第十二届“志愿农大”志愿服务团体称号。

2018年认定经济困难学生84人，其中特别困难30人、比较困难35人、一般困难19人，结构比例均正常；84名学生获得国家助学金，26名学生获得9类社会助学金，累计金额42.18万元；210人次本科生获得奖学金，37人次获得12项校级和院级专项奖学金，累计金额56.55万元；175人次研究生获得各类奖学金，累计金额107.5万元；新设立院级助学金“大漠阳光校友助学金”，奖励品学兼优的本科困难学生。

2018年，学院毕业生共250人，其中本科毕业生138人、硕士毕业生83人、博士毕业生29人。截至10月底，本科生就业率92.75%，深造率50.72%，其中出国深造率15.94%、硕士毕业生就业率96.39%，博士生就业率96.55%，总就业率94.4%。

（孙伟）

【党建工作】

学院共有党员351人，其中教工党员33人，研究生党员258人，本科生党员60人。2018年发展党员56人，51名预备党员按期转正；开展积极分子党课2次，发展对象党课

2次，预备党员党课1次，成功推优积极分子36人。学院现有党支部17个，其中教职工党支部3个、研究生党支部10个、本科生党支部4个。

加强政治核心作用 一是完善议事决策规则，认真贯彻落实学校党委修订的《学院党委会议议事规则》和《学院党政联席会议事规则》；二是加强政治把关作用，严格落实意识形态工作责任制，加大对学院网站、出国政审、意识形态问题审核、师德师风等方面的政治把关；三是加强党风廉政建设，认真执行《园艺学院党风廉政责任制实施细则》，先后组织学习4次。

注重加强理论学习，推进"两学一做" 理论业务相融促学，组织党委理论中心组学习9次，每月组织召开一次教职工理论学习活动；持续推进"两学一做"，丰富"两学一做"学习教育形式，先后组织开展主题党日、参观、观影、科技服务等活动；制定《关于在园艺学院全体师生中开展"学习贯彻全国教育大会精神"的教育培训计划》，在全院范围内进行了全覆盖的学习活动。

完善考核评价，推进支部建设 加强书记培训考核，组织以"回顾建档历史，铭记奋斗历程"为主题的党支部书记培训，制定《园艺学院党支部书记述职考核方案》，对党支部书记进行考核；继续开展"建特色支部、创品牌活动"项目，全年共立项14项，通过开展形式多样的活动加强支部建设；加强委员联系支部，继续认真贯彻落实党委委员联系党支部制度。

本科生2015级党支部获得校级"先进基层党组织"称号，陈青云获得"优秀共产党员"称号，蒋瑶、程青获得校级"优秀学生党员"称号。

（孙伟）

【教代会与工会工作】

1月18日，学院分工会委员会及二级教代会主席团召开工作会，总结2017年工作经验，部署2018年工作计划。1月19日，赴资源与环境学院调研相关工作，交流学习工作经验。

学院工会认真组织教职工体检及女工体检，组织教工参加学校羽毛球赛、运动会等；组织园艺"润"生活系列讲座2期；组织"重走背篓路，传承'红色背篓精神'"主题教育活动。进一步加强学院羽毛球队、篮球足球活动小组建设，完善园艺临时工会之家。进一步增强学院凝聚力，关心退休教师及新教师，为其拍摄工作照。继续发挥CAU园艺之家微信公众号等新媒体平台优势，发布工作信息，服务全院教工。

（李险峰　李轩复）

植物保护学院

【学院概况】

中国农业大学植物保护学院的前身是始建于清末的京师大学堂农科大学农学门，已经有110余年的历史，是我国植物病理学和昆虫学的主要发祥地之一。戴芳澜、俞大绂、刘崇乐、蔡邦华、裘维蕃、陆近仁、周明牂、沈其益、曾士迈等多名院士和知名学者先后在本学科任教，奠定了学科在国内植物保护学科的领军地位。近几年，学院作为“双一流”建设学科不断推出新的改革措施，不断巩固和提升植物保护学科的综合实力。

（董斌）

【学科专业建设】

学院下设植物病理学系、昆虫学系2个系，覆盖植物保护1个本科专业，拥有植物病理学、农业昆虫与害虫防治、植物检疫与农业生态健康3个硕士和博士学位授权点。2007年植物保护学科被批准为国家一级重点学科。2018年，学院先后完成“植物保护学一级学科学位授权点国际评估”“农业硕士植物保护领域学位合格评估”“植物保护专业中俄联合国际认证”，对植物保护学科发展具有重要意义。

（董斌）

【师资队伍】

学院有专任教师82人，具有高级职称的教师占90.24%，具有博士学位者80人，占97.56%，45岁以下教师占45.12%；现拥有国家级教学团队1个（普通昆虫学）；现有教授（研究员）38人、副教授（副研究员）37人，其中教育部“CJ学者”特聘教授1人、国家杰出青年科学基金获得者3人、“万人计划”国家级教学名师1人、“万人计划”科技创新领军人才4人、国家基础研究发展计划（“973计划”）首席科学家1人、农业部现代农业产业技术体系岗位科学家7人、科技部中青年科技创新领军人才4人、教育部新（跨）世纪优秀人才8人、国家优秀青年基金获得者1人；北京市教学名师1人、北京市现代农业产业技术体系岗位科学家3人。

2018年，学院引进领军人才1人，优秀人才4人，讲师3人。顺利完成学校“大禹学者论坛”学术活动，推进2019年人才引进工作。1名教授入选第四批国家“万人计划”，获得“科技创新领军人才”称号。完成2018年职称评审工作，1人晋升教授，2人晋升副教授，1人晋升高级实验师，1人晋升助教。

（左景行）

【本科教育教学】

2018年，学院本科生在校422人，招生120人，本科毕业生96人，深造率68.75%，就业率为93.75%。学生共申报URP项目37项，比2017年增加8项；指导教师参与人数37人，同比增长24%；学生参与人数75人，占学院在校本科生17.78%。申请2018年度国家级及北京市级本科生创新创业项目共计17项，参与学生人数达37人。

12月5—7日，植物保护专业进行中俄联合国际认证，中俄联合专家组进驻学校进行全面深入考察。

2018年暑期本科生招生宣传组一行10人赴河南郑州、洛阳、新乡、开封等地开展招生宣传工作，与郑州外国语中学、郑州市一中、河南省实验中学等优质生源学校的教师进行交流。

（魏佳宁）

【研究生教育】

7 月 8—12 日，通过植物保护学位授权点国际评估；9 月 21 日，通过资源利用与植物保护学位授权点国内评估。国际评估专家在阅读自评估报告及与师生校企广泛座谈的基础上，提出了为达到国际一流水准需要采取的行动建议。

学院共招收直博生 5 人，硕博连读生 19 人。举办第三届夏令营，经选拔共有来自 23 所兄弟院校的 60 名同学参加，签订招生意向 49 人，25 人通过考核环节被学校录取，有 3 名学生保送直博生。绿色植保专项从植物有害生物的绿色防控、植物检疫工程与技术、种苗健康与农产品安全等 3 个方向共招收 30 名研究生。

学院共招收学术型硕士研究生 88 人，专业型硕士研究生 68 人，博士研究生 64 人。共有 60 人获得博士学位，93 人获得硕士学位。其中评选校级优秀硕士学位论文 1 篇、院级优秀博士学位论文 2 篇，院级优秀硕士学位论文 6 篇，院级优秀博士学位论文 10 篇。

9 月 25 日，举办第一届博士论坛(暨校长奖学金、院长奖学金评审答辩会)，共有 16 名博士做了现场报告。经过专家评定，张鑫、何丹两人获得优秀一等奖，其他参加人员分获二、三等奖和优秀墙报奖。

(魏佳宁)

【科学研究】

2018 年，共发表 SCI 论文 133 篇，EI 论文 10 篇，SSCI 论文 1 篇。其中影响因子大于 5 的论文 14 篇，高被引论文 2 篇，获得国家自然基金 17 项，其中重点项目 1 项。

全年到校科研经费 7 236 万元。

(沈杰)

【合作交流】

7 月 8 日，中国农业大学植物保护学院等发起、联合全国 40 多家涉农高校共同参与的“植物保护专业教学创新联盟”成立大会在山东泰安召开。会议商讨并确定了“植物保护专业教学创新联盟”章程，推选了理事长、副理事长、秘书长和常务理事，提出了植物保护教学的“泰山倡议”。彩万志教授当选为理事长，吴学宏教授当选为秘书长。

为探索新时代教学规律，推进教学工作，本科教学主要负责人先后到西南大学、华中农业大学、西北农林科技大学、重庆文理学院等院校进行调研交流。

(张迪)

【学生工作】

2018 年，学院毕业生共 243 人，其中本科 96 人、硕士 97 人、博士 50 人。截至 10 月底，本科生就业率 93.75%，深造率 68.75%，硕士毕业生就业率 95.88%，博士毕业生就业率 98.00%，总就业率 95.47%。毕业生赴西部就业 23 人，3 人选聘为大学生村官，9 人选聘为基层选调生。

组织学生参加社会实践，其中“植保黑龙江社会实践小队”获得全校社会实践第一名，同时获得北京市“青年服务国家”暑期大中专优秀社会实践小队；联合农学院、园艺学院继续开办“农声讲坛”，覆盖学生 800 余人。

11月10日，由教育部高等学校植物生产类专业教学指导委员会农艺类教学指导分委员会主办的第一届全国大学生植物保护专业能力大赛在扬州大学举办，吴学宏教授、张贸越老师带队参加。张栋源、杨文钊、杨英同学组成的代表队以总分第1名的成绩获得大赛特等奖，并且获得“创新创业项目单项金奖”和“病虫害识别银奖”。会上，农艺类教学指导分委员会决定成立由15所高校组成的大赛工作组，中国农业大学被推选为组长单位，西北农林科技大学、南京农业大学、扬州大学为副组长单位。

（张迪）

【党建工作】

学院党委制定党政联席会会议计划，严格执行“三重一大”制度[①]并进行民主决策。全年共召开党政联席会16次。学院严格执行《植物保护学院党风廉政建设责任制实施细则》，对照纯洁性教育的要求，有针对性地提出整改措施。邀请北京大学廉政建设研究中心副主任庄德水、纪委办公室副处长蒋俊鹏为全体教师讲授《中国共产党纪律处分条例》以及教育腐败案例等。

2018年，学院共发展党员36人，其中本科生18人、研究生16人、教职工2人，发展的党员中1人为2015年引进的优秀人才。党委制定2018年党委理论学习中心组学习计划，全年共组织集体学习12次。

昆虫学系、植病学系教工支部根据组织流程完成支部换届，党委委员为联系党支部讲授党课10余次。

学院党委组织师生参观“真理的力量——纪念马克思诞辰200年大型主题展”，教育党员坚定共产主义理想信念；组织参观“伟大变革——改革开放40年大型成就展”，回顾改革开放以来祖国变化；12月1日，组织全体新生380余人前往天安门广场观看升旗仪式，接受爱国主义教育等。

全年共召开党支部书记例会21次，集体学习专题10个，共读经典2部。制定《植物保护学院2018年秋季学期教职工集中理论学习安排》，内容涉及辅导报告和社会实践10次，举办十九大理论学习系列讲座等。

4月，启动“青年教师学术沙龙”，邀请吴常信院士、张福锁院士与青年教师交流科研精神、师德师风，并通过学术互动促进青年教师全面成长。全年共举办8期，参与人数260余人次。

春季学期组织“讲好中国故事——不忘入党初心、牢记党员使命”系列活动，秋季学期策划组织“讲好中国故事——改革开放40年、文化自信中国心”系列活动。9月，开展“讲好植保故事，传承大师精神”系列主题活动，邀请离退休党委第32党支部老党员雷新云、肖悦岩等同志讲授专题党课，全年累计开展6期，覆盖所有党支部，受众400余人，整理文字稿件达12万字，视频约20小时。学院党委组织师生观看《厉害了我的国》电影、习近平总书记考察北大时的讲话新闻、纪念马克思诞辰200周年大会讲话新闻、纪念改革开放40年大会讲话和《榜样3》等，引导师生学习理论，把握思政教育主动权。

---

① “三重一大”，即重大问题决策、重要干部任免、重大项目投资决策、大额资金使用。“重大事项决策、重要干部任免、重要项目安排、大额资金的使用，必须经集体讨论做出决定”的制度，简称“三重一大”制度 。

昆虫学系教工党支部继续赴大兴梨享庄园果园开展技术帮扶活动，并将挂牌作为长期活动基地，并获得学校 2018 年教职工党支部“十佳党日活动”荣誉。

（张迪）

【教代会与工会工作】

2018 年，学院分工会继续服务教职工，组织多种形式的活动，维护职工权益。联合昆虫学系举办闫跃英老师退休欢送会，对离退休教师的辛苦和努力表达慰问和感谢，关注离退休教职工生活和身体健康，春节前夕探望离退休教职工。

组织青年教工赴井冈山红色文化教育学院开展学习党的十九大精神培训班等多种形式的红色教育活动，提高教职工的政治素养。举办青年教师教学基本功大赛，邀请经验丰富的老教师给中青年教师上示范课，提高教职工业务水平。

组织全院教职工赴妙峰山、百花山开展春秋游活动，丰富教职工业余生活。组织植物保护学院首届春季运动会，共计 50 余名教职工参与其中，走进操场，强健体魄。在中国农业大学 2018 年教职工羽毛球赛中，学院羽毛球队第 3 次获得冠军。

（张迪）

生物学院

【学院概况】

生物学院始建于 1984 年，是国内各大院校中最早设立的生物（生命科学）学院。学院设有植物科学、动物学与动物生理学、微生物学与免疫学、生物化学与分子生物学 4 个系和教学中心。2018 年生物学院在校内共有建筑面积 4.64 万平方米。

（饶晓盼）

【学科专业建设】

学院拥有植物学、微生物学、生物化学与分子生物学 3 个国家级重点学科，及动物学北京市重点学科（二级）和生物学北京市重点学科（一级）。依托农业生物技术国家重点实验室、植物生理学与生物化学国家重点实验室以及农业部微生物资源与利用重点实验室建设，在“植物抗逆和水分、养分高效吸收利用的生理生化及分子生物学基础”“动物分子遗传与基因工程”“作物分子遗传与基因工程”“病毒分子生物学与免疫工程”和“农业微生物与基因工程”等领域的研究成果达到了国际领先水平或先进水平。

学院拥有生物学一级学科博士学位授予权，在植物学、生理学、微生物学、遗传学、细胞生物学、生物化学与分子生物学、生物信息学 7 个专业招收硕士和博士研究生，并设有生物学博士后流动站。2018 年通过生物学一级学科博士学位授权点合格评估。

本科教学开设生物科学和生物技术两个专业，拥有生物学国家理科基础科学研究与教学人才培养基地、国家生物技术人才培养基地、国家生命科学实验教学示范中心，是教育部农业生命科学人才培养模式创新实验区。

（饶晓盼）

【师资队伍】

学院有教职工 157 人，其中中国科学院院士 3 人、中国工程院院士 1 人、正高级职称 53 人、副高级职称 73 人(其中副教授 54 人、副研究员 4 人、高级实验师 13 人、副编审 2 人)；教育部“CJ 学者奖励计划”特聘教授 8 人；“973 计划”项目首席科学家 7 人；国家杰出青年科学基金获得者 14 人；国家优秀青年基金获得者 7 人，青年 CJ 学者 1 人、青年 QR5 人。国家自然科学基金委员会优秀创新群体 3 个；现代农业产业技术岗位专家 1 人。

2018 年引进优秀人才 2 人(李少芳、丁杨林)，招聘普通教职工 3 人(张帅松、吴寒宇、贾亚男)。新晋升研究员 1 名(齐俊生)，晋升高级职员 2 名(刘采菲：六级晋升五级；冯丽华：七级晋升六级)。12 月，学校任命饶晓盼为生物学院副书记(兼副院长)。陈文新院士、李季伦院士、叶德教授、李赞东教授、肖兴国教授、任立明高级实验师等教师退休。张树川、马紫威调离学院分别升任模式动物重大设施建设办公室主任和校团委副书记。

截至 12 月底，博士后研究人员进站 10 人，出站 12 人，在站博士后研究人员 27 人。

(迪娜　王欣)

【本科教育教学】

2018 年，生物学大类招生 84 人，生命科学理科试验班录取新生 49 人，共录取各类新生 133 人，其中男生 53 人、女生 80 人，团员 125 人、群众 7 人、港澳台 1 人。录取的新生来自全国 28 个省，北京生源 11 人，京外生源 122 人。应届考生 129 人，占 97%；往届考生 4 人，占 3%。少数民族 15 人(哈萨克族 1 人、回族 3 人、满族 4 人、蒙古族 2 人、土家族 1 人、瑶族 1 人、彝族 2 人、壮族 1 人)。另外，继续与首都师范大学(北京农学院)联合培养的班级——生技 182 班，北京籍 20 人，男生 13 人、女生 7 人，在生物学院就读 3 年。

2018 届本科毕业生 124 人。

至 12 月底，学院在校本科生共 594 人(含双培 63 人，联合培养 2 人)。

王涛等获得“高等教育国家级教学成果奖二等奖”及“北京市教学成果特等奖”，刘国琴等人获得“北京市教学成果二等奖”。韩海棠、曹勤红、王娜分别获得“全国高校生命科学类微课教学比赛”二、三等奖及优秀制作奖。朱蕾在学校青年教师教学基本功比赛中获一等奖，汪洋获三等奖和优秀教案奖。韩海棠获得 2018 年度校级“教学名师”称号。

完成“《分子生物学实验》课程全面评价学生学习情况体系的建设”等 15 项后立项校级教改项目，招标类校级教改项目“国家级生命科学实验教学示范中心平台化建设模式探索”即将结束，“构建《普通生物学》‘课程思政’的有效途径探索”等 3 项获批校级专业课发挥思政教育功能专项教学研究项目立项。发表教改论文一篇。

学院不断加强本科核心课程建设工作。建设课堂应答系统促进师生互动和教学效果；改革课程考核方式，实现了课程的全过程考核；开展视频课程建设，部分视频已经与吉林大学等多所高校联合在高等教育出版社作为数字化课程出版《生物学实验基本技术与方法(中国农业大学分册)》；修订“十三五”普通高等教育本科国家级规划教材一本《植物生理学》(第 3 版)。

进一步加强“学促会”的建设，通过第一、第二课堂的有机结合，发挥学生在教学中的主体性，实现真正意义上的教学相长，不断融合。注重对学生创新能力的培养，楼慧强、曹勤红指导 4 名本科生获第二届全国大学生生命科学竞赛二等奖 2 项。

承办由北京市教委主办的第四届“北京市大学生生物竞赛”，竞赛由 3 项独立子竞赛组成，分别是：生物学基础知识竞赛、实验设计竞赛和奇思妙想竞赛。来自清华大学、北京师范大学、中国农业大学等 17 所北京地区高校本科生近 2 000 余人(次)参加。学校共有 178 人(次)获得 2018 年北京市大学生生物学竞赛奖励，获奖 103 人(次)，荣获市级一等奖 34 人(次)、二等奖 40 人(次)、三等奖 49 人(次)。

发表本科生参与 SCI 科研论文 5 篇，其中 2 篇论文第一作者是本科生。

完成本科教学工作审核评估。对学院本科生培养、队伍建设、条件保障等进行全面总结，对实验教学条件进行全面建设。10 月 15—18 日，专家组入校评估期间，学院共迎接包括专家组组长在内的 5 次评估专家考察。在师资队伍建设、高素质拔尖创新人才培养、教育教学改革特别是教学组织管理创新、科研转化教学、育人工作的开展、国家级生命科学实验教学示范中心的建设等方面获得评估专家的充分肯定和高度评价。

（马俊瑜　王轩　吴晓岚　苏俊）

【研究生教育】

2018 年学院共招收研究生 148 人。其中博士生 121 人(普通博士生 35 人、直博生 86 人)、硕士生 27 人(招考硕士生 27 人)。截至 12 月，在校研究生 740 人，其中硕士研究生 68 人、普通博士生 157 人(含朝鲜留学生 3 人、巴基斯坦留学生 3 人)、直博生 515 人。

2018 年，博士毕业生 90 人，硕士毕业生 29 人(含直博生转硕)。82 名博士获得理学博士学位(含往届生)，28 名获得硕士学位(含直博生转硕)。硕士研究生就业率 93.10%，博士研究生就业率 100%。

“研究生科研创新综合培养中的‘四梁八柱’”和“研究生实验课程教学改革创新与实践激发组织内在驱动力，促进教师卓越教学”分别获得 2018 年中国农业大学研究生教学成果一、二等奖。

完善研究生国家奖学金评定工作，通过研究生学术年会暨国家奖学金评定答辩会公开答辩，15 人获得国家奖学金，2 人获校长奖学金，36 人获校级专项奖。10 名研究生获得优秀学术墙报奖，3 名研究生获得优秀实验记录奖，4 名研究生获得优秀学术报告奖。

8 月，举办第八届生命科学夏令营，全国高校 96 名优秀本科生参加，通过 5 天的活动，61 名学生确定了拟录取意向，其中有 24 人获得推免、3 人申请直博士生并拟录取。

（冯丽华　宋致远）

【科学研究】

2018 年，新立项各类项目共计 48 项，国家自然科学基金面上项目 13 项、重点项目 1 项，青年科学基金项目 3 项，新立项科研项目合同经费累计 6 564.4 万元。全年到校科研经费 22 240 万元。以第一作者或通讯作者累计发表 SCI 论文 129 篇，EI 论文 8 篇，累计影响因子 479.8，平均单篇影响因子 5.216，影响因子大于 5 的论文 47 篇，学科前 10%论文 48 篇。

学院教师申请专利获批 15 项、软件著作权 4 项，专利转化 1 项。苏震教授等人获得“2018 年度高等学校科学研究优秀成果奖自然奖二等奖”。

学院科研成果转化取得突破，齐俊生副研究员的专利成果成功转让并实现了产业化，签约转让费 3 800 万元，2018 年到校转让费 1 000 万元。专利转化到校经费 1 000 万元。

（迪娜）

【合作交流】

2018 年，学院继续加强与国内外科研院所及来人来访的开放交流。邀请国内外学者讲学 36 人次；派出教师参加国际会议或学术访问 34 人次；成功举办“第二届大禹青年学者分论坛暨青年学者招聘会”，邀请到 6 位海内外顶尖大学和科研院所的青年学者学习和交流。学院派出 2 名教师（张永亮、李媛）赴国外学习，开展合作研究。

（迪娜　冯丽华）

【学生工作】

2018 年，学院继续坚持“正德厚生、生生不息”的院训，坚持“巩固、提高、创新”的指导思想，开展团学工作。以党建带动团建，将本科生、研究生党支部、团支部、班级的体系重新梳理，建立联动机制。

党建活动与共青团志愿、实践活动相结合，与社区支部共建项目获北京高校“红色 1+1”活动三等奖。同时进一步深化学生组织制度改革，对分团委、学生会、志路通讯社、研究生会四大学生组织加强管理，激发活力。学生会、研究生会获 2018 年度优秀学生会奖、研究生会奖。学院分团委召开第一次团员代表大会，选举宋致远担任学院分团委书记；开展第三期共青团业余团校，助力青年学生思想引领和能力提升。加强育人体系保障，施行双班主任制度。

在 2018 年的“达标创优”工作中，生物 151 团支部获得“北京市先锋杯优秀团支部”称号；生物 163 团支部、试验 171 团支部、生物 172 团支部获得校级“优秀团支部”称号，生物 162 班、生技 162 班获得校级“优秀班集体”称号；2 名学生获得“北京市三好学生”称号，1 名学生获得“北京市优秀学生干部”称号，1 名学生获得“北京市优秀团干部”称号，1 名学生获得“北京市优秀团员”称号；92 名学生（本科 38 名、研究生 54 名）获得校级“三好学生”称号，32 名学生（本科 13 名、研究生 19 名）获得校级“优秀学生干部”称号，12 名学生（本科 10 名、研究生 2 名）获得校级“优秀团干部”称号，23 名学生（本科 10 名、研究生 13 名）获得校级“优秀团员”称号；15 名学生获得社会工作奖学金，5 名学生获得文化活动奖学金。学院共组织 397 名本科生参加奖学金评定，其中 212 人（300 人次）获得奖学金，获奖率 53.40%，总金额 73.6 万元。其中经济困难学生获得奖学金率为 50%，党员获奖率为 65.52%，学生干部获奖率为 66.2%。2018 年，学院共有 40 名同学申请经济困难认定，均获得国家助学金，其中有 17 人新评续评各类社会助学金。学院利用学校专项助困款 105 434.6 元，共资助 389 人次，主要用于勤工助学工资发放和经济困难学生的返乡补助等。设立勤工助学岗位固定岗位 38 个，临时岗位 37 个，共计 325 人次参加勤工俭学工作。16 名学生申请生源地国家助学贷款，6 名同学申请校园地国家助学贷款，有 2 人申请学费减免，获准减免额度为学费的 1/3。

（饶晓盼　宋致远　王轩）

【党建工作】

生物学院党委贯彻落实学校党委有关要求，通过组织理论中心组学习、组织教师理论学习、带领党支部学习和党员干部在线学习平台学习等途径，学习贯彻习近平新时代中国特色社会主义思想、党的十九大精神和全国教育大会精神，不断增强“四个意识”，坚定“四个自信”，落实“两个维护”。将深入学习领会习近平新时代中国特色社会主义思想以及习近平教育思想的任务与生物学一流学科建设相结合，落实立德树人根本任务。

为充分发挥政治核心和思想保障作用，根据学校《学院党委会议议事规则（试行）》和《学院党政联席会议议事规则（试行）》，对学院党委会和党政联席会议事流程进行细化和完善。坚持民主集中制原则，实行集体领导、民主集中、个别酝酿、会议决策，严格实行党政联席会议事决策制度。

学院党委不断加强党的基层组织建设。学生党员发展稳步推进，教师党员发展取得突破。2018 年发展党员 55 人，其中本科生 20 人、研究生 34 人，教职工 1 人。党支部工作取得积极成效，生物化学与分子生物学系党支部被评为学校首批“双带头人”教师党支部书记工作室；微生物系党支部书记获得“双带头人”科技创新培育专项资助；植物系党支部的“校园雕像认知系列行动”弘扬知名科学家立德树人的先进事迹，获得校教职工党支部“十佳主题党日活动”；研究生第十八、十九党支部与马连洼街道机关第六党支部的支部共建，获得北京高校红色“1+1”活动三等奖。7 月，模式动物重大设施建设办公室建立党支部挂靠生物学院。

学院积极创新新媒体党建工作载体，“新媒体条件下学生党建工作载体创新研究”获评学校大学生思想政治教育工作创新奖。

（赵森）

【行政工作】

学院办公室在岗行政人员 8 人，承担学院行政管理、教师事务管理科、学生事务管理科和研究生培养管理工作。学院完善各类规章制度，促进科学管理。

2018 年新增国有资产 946 台件，资产总额 36 301 151.5 元。报废 684 台件，资产总额 11 339 633.87 元。

（饶晓盼　王欣）

【工会工作】

杨淑华教授获得“2018 年度北京市三八红旗奖章”。

学院羽毛球队获得校职工比赛第二名，首届“羽协杯”双打比赛中，楼慧强、李召虎组合获得男双季军，傅静雁、王颖组合获得女双亚军，毛同林、刘毅敏组合获得混双季军。

2018 年共有 360 人次参与生物学院“生院羽球”品牌活动，承办校工会西区瑜伽练习活动，参与教职工超过 400 人次。

建设职工小家，更新工会之家的健身器材，方便学院教职员工锻炼，促进身体健康。

（李耀宇）

【校庆工作】

10 月 13 日，举办 113 周年校庆校友返校活动，2008 届、1998 届、1988 届校友参加返校值年活动及座谈会。

10 月 16 日晚，学院利用“中农生院校友平台”微信公众号，召集校友、在校生举办“荧光夜跑”活动，百余名师生按照规定路线围绕校园夜跑到达老校门并用荧光棒等摆出“CAU”“CBS”“113”等造型祝福母校生日。

（宋致远）

资源与环境学院

【学院概况】

资源与环境学院成立于1992年4月，由原北京农业大学的土壤与农业化学系、土地资源系、农业气象系和遥感研究所等单位合并而成，是全国第一个农业资源与环境学院。学院设置5个系：土壤与水科学系、植物营养系、农业气象系、生态科学与工程系和环境科学与工程系。

（王雪娟）

【学科专业建设】

学院拥有国家重点一级学科农业资源与环境、北京市重点一级学科生态学。其中，农业资源与环境是国家重点建设的一流学科。现有9个博士学位授予点，12个硕士学位授予点。是首批国家“211工程”重点建设的资源环境学科群，也是中国农业大学国家“985工程”二期重点建设单位。

学院拥有教育部植物-土壤相互作用重点实验室、农业农村部华北耕地保育重点实验室、生物多样性与有机农业北京市重点实验室、农田土壤污染防控与修复北京市重点实验室4个省部级重点实验室；农业农村部武川农业环境科学观测实验站、农业农村部桓台农业环境科学观测实验站2个省部级野外实验站；校级研究中心3个；校级野外基地4个。

（王雪娟）

【师资队伍】

学院共有教职工140人，其中专任教师123人，包括教授（含研究员等正高职称）69人、副教授（含副研究员等副高职称）57人；博士生导师80人、硕士生导师111人，中科院院士1人、工程院院士2人，“CJ学者奖励计划”特聘教授2人，国家杰出青年基金获得者4人，国家“万人计划”科技创新领军人才1名，国家青年“QR计划”2人，国家优秀青年基金获得者1人，国家有突出贡献专家2人，享受政府特殊津贴专家6人，北京市教学名师1人。

2018年引进各类人才8人，晋升正教授2人、副教授3人，博士后研究人员在站36人，进站13人、出站10人。

（王雪娟）

【本科教学】

2018年招收本科生150人，从理学院转入1人，在读本科生151人，在5个自然班学习。2018年本科毕业143人(含结业8人),其中资源环境科学专业毕业14人、环境工程专业毕业34人、环境科学专业毕业22人、应用气象学专业毕业18人、土地资源管理专业毕业37人、生态学专业毕业18人;7人因课程或论文未达到培养方案要求,没有获得学位证书。38人获得保送免试攻读硕士学位资格,保研率为25.9%。

开设本科课程167门,春季学期有104人次、秋季学期有150人次教师参与本科教学。小学期安排实习15门,组织2017级京郊资源环境认知实习、2016级农业资源环境专业实习、2015级资源环境野外综合实习。

实验教学中心承担34门课程的236个实验,在小学期为气象学实习、地质学实习、测量学实习,以及土壤地质大实习提供相关实验设备和必要的人员保证;作为本科实验教学基地,积极配合完成本科教学评估,累计接待5次校领导、评估专家指导工作。中心大型仪器为336人次提供教学服务51小时,为217人次提供科研服务1 034小时,其中本科生创新实验22人次使用92小时,包括烘箱、离心机在内的小型仪器等。

本科生URP实行全员参与,经费共计11.9万元。大学生创新项目获批30项,其中国家级创新项目21项(39.7万元)、北京市创新项目9项(6.8万元),获批经费共计46.5万元。

完成本科教学审核评估工作。组织各专业完善人才培养定位、修订培养目标,从师资队伍、教学资源、培养过程、第二课堂等方面系统梳理本科教育教学工作。

(刘依)

【研究生教育】

学院在校研究生823人,其中博士生322人、硕士生501人;招生368人,其中博士生94人、硕士生274人;毕业研究生260人,其中博士生71人,授予博士学位75人(含同等学力及农科院联合培养);硕士生189人,授予硕士学位189人。

完成学位授权点合格评估工作。完成农业资源与环境博士学位授权点、生态学博士学位授权点、环境科学与工程博士学位授权点、大气科学硕士学位授权点、农业资源利用专业学位授权点及环境工程专业学位授权点6个学位点的合格评估工作,评估结果均为合格。

研究生国际交流深入开展。共有17名研究生获批国家留学基金委公派留学研究生项目,联合培养博士研究生9人,攻读博士学位研究生4人,联合培养硕士研究生4人,留学单位包括爱丁堡大学、奥本大学、奥胡斯大学、北德克萨斯大学、德州农工大学、哈珀亚当斯大学、华盛顿州立大学、九州大学、洛桑研究所、麻省大学阿默斯特分校、美国农业部农业研究院、瓦格宁根大学、西澳大学、伊利诺伊大学厄本纳香槟分校14个学校。通过“双一流”建设经费(研究生引导专项)资助博士生参加国际学术会议、短期访学(3个月以上)累计47人,其中博士44人、硕士3人,出访地涉及意大利、美国、希腊、新加坡、澳大利亚、德国、英国、以色列、比利时、法国、巴西、荷兰、泰国、新西兰、西班牙、日本等国家。

(张玲娥　王谦)

【科学研究】

2018年,新立项科研项目136项,其中,纵向课题60项,经费6 347万元;横向课题

76 项，经费 1 813 万元。年度到账经费 9 433 万元。获得国家自然科学基金资助 13 项，面上项目 8 项，青年项目 4 项，国际(地区)合作与交流项目 1 项，重点项目 1 项，获批经费 874.7 万元。

发表 SCI 论文 226 篇，EI 论文 103 篇，SSCI 收录 14 篇，三大检索收录篇次合计 343 篇。通讯作者教师数 89 人。影响因子大于 5 的 SCI 论文篇数 42 篇，ESI 前 10%论文篇数 66 篇，10%～20%的文章 73 篇。

石元春院士主持的国家"六五"至"九五"期间"黄淮海平原中低产地区综合治理"项目获颁"全国粮安之星"奖项。张福锁院士荣获全国脱贫攻坚奖。2018 年，李季教授团队负责的"养殖粪污生物机械一体化处理关键技术及装备研发和应用"项目获得"第十届大北农科技奖环境工程奖"。赵桂慎副教授主持的项目荣获 2017 年度农业部软科学优秀研究成果一等奖。

(马春秀　王崧)

【合作交流】

学院在校留学生 20 人，新招收 5 人，毕业 1 人。

学院的"一院一平台"项目，外专项目立项累计 9 项，申请项目经费累计 70 万元，出访教职工(含博士后)140 人次，研究生因公出访累计 47 人次，与美国、加拿大、德国、荷兰、澳大利亚等 20 多个国家和地区开展学术交流活动；举办外国专家学术报告 57 场次，邀请外宾 144 人次。

(史小忆)

【学生工作】

2018 年，资源与环境学院共有本科毕业生 143 名(含结业 8 名)，就业率为 96.43%；硕士毕业生 189 名，就业率为 95.74%；博士毕业生 71 名，就业率为 91.04%。

学院 302 人次本科生获 18 项奖学金，奖金总额 72.67 万元，人均 3 633.5 元。学院 138 名经济困难的本科生全部获助学金资助，资助总额 61.6 万元，人均 4462 元。366 人次研究生共获得 203.2 万元奖学金。

学院团委积极开展团支部建设和团员教育工作，2 名本科生获得"北京市三好学生"称号；1 名硕士生获得"北京市三好学生、优秀学生干部"称号；1 名本科生获得首都"先锋杯"优秀基层团干部称号；1 名本科生获得首都"先锋杯"优秀基层团员称号；生态 151 团支部获得首都"先锋杯"优秀团支部称号，科技小院赴河北曲周"十九大精神"宣讲团获评中国农业大学"五四青年标兵集体"和 2018 年北京高校学习宣传贯彻党的十九大精神优秀项目。

打造丰富的校园文化活动，举办春季趣味运动会、元旦晚会等，1 名本科生获得"首届全国百佳心理委员"称号，心理剧团队获评北京市"首届心理剧大赛"二等奖以及"优秀学生会""优秀心理部""志愿农大优秀团体"等荣誉。寒假共有本科生、研究生共 22 个党团支部，45 支小队奔赴全国 26 个地区，将十九大精神散播在祖国乡村各处；暑假共有 14 支院级小队，15 支校级小队，225 人次深入农村开展实践活动。

(杜鹃姜萌　高纹曾)

【党建工作】

2018 年，资源与环境学院党委共有党员 658 人，其中教职工党员 92 名（含曲周实验站 9 名、退休教师 5 名），本科生党员 85 名，硕士生党员 203 名，博士生党员 206 名，博士后及科研助理党员 32 名，托管党员 44 人（含出国留学党员 25 人）；有党支部 35 个，其中教工支部 9 个（含曲周实验站教工党支部），博士生支部 9 个，硕士生支部 13 个，本科生支部 4 个，博士后党支部 1 个。

学院发展党员 79 人，其中本科生 44 人、研究生 34 人、教职工 1 人，另有 86 名预备党员按期转正；新增积极分子 171 人。学院二级党校培训入党积极分子 113 人，发展对象 84 人，预备党员 92 人，党员骨干 30 余名。

评选优秀党员 9 人。科技小院研究生党支部获评全国高校"百个研究生样板党支部"。曲周实验站教工党支部在 2018 年"七一"表彰中获评"先进基层党组织"、中国农业大学教职工党支部"十佳主题党日活动"。2018 年北京市高校红色"1＋1"共建活动评选中，曲周实验站研究生党支部获三等奖。5 月 30 日，在《中国教育报》的《北京以改革创新精神不断提升高校党建水平——党旗飘起来 党员站出来》报道中，科技小院党支部以"在实践中'解'民生之多艰"的创新方式作为入选的党建案例。

（翁雨晴）

【工会工作】

学院工会每个学期初召开例行会议。全年关注并关心教职工身体锻炼，组织日常的羽毛球、乒乓球、瑜伽、健步走等活动。关注教职工的婚、育、嫁、娶、孩子上学，对有困难的教职工及时慰问。春季学期组织教职工参加春游、院运动会、校运动会、校工会和校羽毛球协会组织的各项比赛；秋季学期组织教职工参加校教职工体检等，努力建设安全、温馨、和谐、进取的"教工之家"。

2018 年，学院工会获得校工会颁发的"2018 年年度品牌项目奖"，李洁明荣获"中国农业大学优秀工会干部"称号，左强、王雅婧、焦讷荣获"中国农业大学工会先进个人"称号。

（于福同）

动物科学技术学院

【学院概况】

动物科学技术学院源于 1921 年北京农业专科学校创建的畜牧学科，北京农业专科学校于 1923 年改名为国立北京农业大学，畜牧学科改为畜牧学系；1949 年由北京大学、清华大学、华北大学三校的畜牧学系合并成立北京农业大学畜牧学系；1993 年在原北京农业大学畜牧学系的基础上成立动物科学技术学院。学院设置 3 个系：动物遗传育种与繁殖系、动物营养与饲料科学系和草业科学系。

（张建云）

【学科与专业建设】

学院拥有畜牧学、草学2个国家一级重点学科，开设2个本科专业（动物科学、草业科学），4个硕士、博士学位授权点（动物遗传育种与繁殖、动物营养与饲料科学、草学、畜牧生物工程）、2个专业学位授权点（畜牧、农艺与种业），畜牧学博士后流动站1个、草学博士后流动站1个。设有农业专业学位硕士研究生招生点。畜牧学和草学2个学科均入选“双一流”建设学科，教育部第四轮学科评估中，畜牧学和草学均排名A＋。12月30日，以草业科学系为基础，组建成立中国农业大学草业科学与技术学院。

学院拥有动物营养学国家重点实验室、畜禽育种国家工程实验室、国家饲料工程技术研究中心、国家家禽测定中心和河北沽源草地生态系统国家野外科学观测研究站；国家级产业联盟2个：国家畜禽良种产业技术创新战略联盟和国家牧草产业技术创新战略联盟；省部级重点实验室6个：农业部动物遗传育种与繁殖重点实验室、农业部饲料安全与生物学效价重点实验室、畜禽遗传改良北京市重点实验室、生物饲料添加剂北京市重点实验室、草业科学北京市重点实验室和农业部草地管理与合理利用重点实验室；省部级中心7个：农业部饲料工业中心、农业部饲料效价与安全监督检验测试中心（北京）、农业部家禽品质监督检验测试中心（北京）、农业部牧草与草坪草种子质量监督检验测试中心（北京）、农业部饲料质量安全监督检验中心、农业部牧草工程技术研究中心、北京市生鲜乳质量安全工程技术研究中心；部级野外站1个：农业部草地生态环境科学观测实验站；国家农业产业技术研发中心5个：国家蛋鸡产业技术研发中心、国家奶牛产业技术研发中心、国家肉牛牦牛产业技术研发中心、国家兔产业技术研发中心和国家牧草产业技术研发中心；实验与实践教学中心1个；教育部农科教合作人才培养基地3个，全国农业专业学位研究生实践教育特色基地1个。国家一级学会中国草学会秘书处挂靠动物科学技术学院。

（张建云）

【师资队伍】

学院共有教职工144人，其中，专任教师115人，包括教授（含研究员等正高职称）51人，副教授（含副研究员等副高职称）58人；博士生导师68人，硕士生导师103人。中科院院士1人，中国工程院院士1人，国家“QR计划”1人，“CJ学者奖励计划”特聘教授3人，国家杰出青年基金获得者5人，国家级“有突出贡献中青年专家”2人，享受政府特殊津贴专家6人，新世纪百千万人才工程国家级人选4人，国家“万人计划”科技创新领军人才6人，国家“万人计划”青年拔尖人才3人，“CJ学者奖励计划”青年学者2人，国家优秀青年科学基金获得者2人，国家现代农业产业技术体系首席科学家5人，北京市教学名师1人。

本年度引进各类人才4人，退休3人，晋升教授5人，副教授2人，博士后研究人员在站29人，进站12人、出站11人。

（崔盈）

【本科教学】

2018 年度，学院本科生在校 493 人，招生 150 人，毕业 105 人。

10 月 15—18 日，教育部对学校开展本科教学工作审核评估，其间，评估专家调阅动物科学专业毕业论文 92 本，听取 1 门专业课，共 16 名教师、18 名学生参与两场评估专家座谈会，10 名学生参与专家调查问卷，邀请 1 名校友返校参与专家座谈。

邓学梅教授获得“第六届中国农业大学教学名师奖”，曹志军副教授获得第 11 届中国农业大学青年教师教学基本功比赛第一名。毛培胜教授主编的核心课程教材《草地学》、孙彦教授主编的核心课程教材《草坪管理学》签约出版。

有 76 位教师指导 2018 届 104 名毕业生的毕业设计，全部通过毕业设计答辩。共评选出院级优秀（成绩为 A/A＋）21 篇，其中 5 篇入选学校百篇优秀毕业论文。

开展 2019 届应届毕业生推荐免试攻读研究生工作改革，在考察学生成绩排名的基础上，增加科技创新成果、综合素质及科技文献阅读能力等考察内容，有 35 人获得推荐免试资格。

（刘佳）

【研究生教育】

学院在校研究生 645 人，其中，博士生 295 人、硕士生 350 人；招生 266 人，其中，博士生 86 人、硕士生 180 人；毕业研究生 201 人，其中博士生 65 人，授予博士学位 61 人，硕士生 136 人，授予硕士学位 136 人。招收非全日制农业硕士生 6 人，授予农业推广硕士学位 22 人。

完成 2019 年招生导师资格遴选（博士生导师 68 人，硕士生导师 35 人），其中新增博士生导师 6 人、硕士生导师 6 人。

现代农业产业技术体系专项招生 21 人，依托牧草、蛋鸡、奶牛、肉牛牦牛、兔 5 个现代农业产业技术体系，与各体系综合试验站共建培养基地，配备校内导师和校外导师，实行“实践－理论－实践”三段式培养模式，培养高层次应用型复合人才。

牛精英计划专项招生 14 人，依托于中国农业大学研究生院和牛精英联盟两个平台，在畜牧现代农业产业体系专项（2015、2017）和牛精英计划专项（2017）的基础上，进一步完善制度，加深理论，对同类专业学位研究生教育进行以实践育人为核心，以培养畜牧业未来领军人才为目标，以畜牧全产业链、价值链为主线的人才培养模式改革，获得北京市高等教育教学成果一等奖并推荐国家级教学成果奖。

国家建设高水平大学公派研究生项目联合培养博士生 11 人，攻读博士学位 7 人。支持研究生参加国际交流 28 人，资助总额 19.54 万元。

5 月 17—18 日，草业一级学科邀请兰州大学中国工程院院士以及西北农林科技大学、甘肃农业大学、内蒙古农业大学、宁夏大学、东北农业大学、北京林业大学的 6 位专家对草学一级学科博士、硕士学位授权点进行了现场评估。草学一级学科、草业专业学位授权点评估合格。

7 月 3—5 日，畜牧学一级学科学位授权点通过国际评估，来自美国德克萨斯农工大学、丹麦奥胡斯大学、美国佛罗里达大学、加拿大阿尔伯塔大学、美国俄克拉荷马州立大学、美国夏威夷大学、丹麦奥胡斯大学，爱尔兰国立都柏林大学的8位世界一流畜牧学国外专家，以及国务院学位委员会评议组成员中国海洋大学中国工程院院士以及四川农业大学、湖南农业大学校长助理3位国内专家进行了现场评估。畜牧学一级学科、养殖专业学位授权点评估合格。

（徐威　郑楠　杨坤　周建玉）

【科学研究】

2018年，学院在研项目470余项(新增60余项)，其中横向合作项目170余项(新增10余项)全年到校科研经费28 259万元；新增国家自然科学基金项目13项，其中重点项目2项。

学院作为主报单位获得国家级奖1项。申请专利51项，授权专利24项。SCI收录论文240篇(其中IF≥5.0的16篇，进入ESI全球前10%的23篇，10%～20%的63篇)，EI收录论文21篇。

（杨坤）

【合作交流】

学院在校留学生13人，招生3人，毕业4人。

审批教师因公出国申请71人次，其中参加国际会议43人次，邀请外国专家及学生来访80余人次，学生因公出国参加国际会议28人次。

为拓宽师生国际化视野，聘请6位外籍兼职教授，澳大利亚新格兰大学Mingan Choct、美国北卡罗莱纳州立大学Sung Woo Kim、美国普渡大学Machaty Zoltan、美国俄克拉荷马州立大学Gail WT Wilson、澳大利亚拉筹伯大学James Whelan和澳大利亚新州基础产业部Warwick Badgery，每位教授来访学院一个月，进行授课和学术交流。

3月19日，与农业部饲料工业中心、国际合作与交流处共同承办的2018年饲料畜牧产业“一带一路”国际合作论坛在北京举行。多个国际组织、国家或地区政府部门的官员，“一带一路”沿线国家及美国、加拿大、荷兰的14所涉农院校和国内35所农林院校专家学者，百余家知名企业的代表近300人出席，共同探讨“一带一路”饲料畜牧产业和学科的发展。

8月4—5日，与中国畜牧兽医学会动物遗传育种学分会共同主办的“国际动物健康及抗病遗传育种研讨会”在北京召开，来自8个国家近50个单位的306位代表参会，邀请来自美国、中国、加拿大、英国、爱尔兰等国的12位专家做特邀报告。

10月27—28日，动物营养学国家重点实验室举办“家禽营养与健康论坛”，邀请来自美国佐治亚大学、悉尼大学、比利时根特大学、夏威夷大学马诺阿分校、新英格兰大学，以及中国农业大学、四川农业大学、山东农业大学、南京农业大学、华中农业大学、华南农业大学、中国农业科学院饲料研究所、中国农业科学院北京畜牧兽医研究所等28位专家做了报告。

11月3—4日，举办动物科学技术学院学科发展前沿暨青年学者论坛，邀请中国科学院动物研究所、植物研究所，华南农业大学，南京农业大学，兰州大学，吉林大学等及学院的14位畜牧学和草学学科专家做了主题报告。

（孙东晓　徐威　郑楠　杨坤）

【学生工作】

本科生参评奖学金 161 人，共颁发本科生综合、单项、专项、学院专项奖学金 826 100 元，获奖学生共计 308 人次。发放勤工助学工资共计 34 988 元，一般补助 7 000 元，特殊补助 3 600 元，通过社会助学金和国家助学金向经济困难学生发放经济资助 471 100 元。研究生共 361 人次获得各类奖学金，15 人获得国家奖学金，其中博士生 8 人、硕士生 7 人。本科生就业率为 97.06%，硕士研究生就业率为 98.54%，博士研究生就业率为 98.28%。

本科生有 1 人获得北京市三好学生称号，38 人获得校级三好学生称号，14 人获得校级优秀团干部称号，10 人获得校级优秀团员称号，13 人获得校级优秀学生干部称号。研究生有 1 人获得北京市三好学生称号，42 人获得校级三好学生称号，10 人获得校级优秀团员称号，15 人获得校级优秀研究生干部称号。2 名本科生获得中国农业大学优秀大学生党员称号，1 名研究生获得中国农业大学优秀研究生党员称号。动科 171 团支部、草业 161 团支部、草业 151 团支部获得 2017—2018 年度中国农业大学优秀团支部称号，草业 161 班、草业 151 班获得 2017—2018 年度中国农业大学优秀班集体称号，草业 161 班获得 2017—2018 学年北京市先进班集体称号。

“三全育人”学生培养平台在牛精英计划、牛百科、雏鹰俱乐部的基础上，成立了青年 i 猪联盟。学院“新朋辈教育创新与实践”工作获学校大学生思想政治教育工作创新奖第 1 名。研究生会荣获校级优秀研究生会荣誉称号。

（朱婷　曹志军）

【党建工作】

学院有党员 569 人（正式党员 499 人），其中教职工党员 112 人、研究生党员 334 人、本科生党员 106 人，其他因出国、退休等暂存组织关系 17 人；教工党支部 5 个，每个系有 1 位支部书记担任副系主任；研究生党支部 12 个，本科生党支部 5 个。共发展党员 69 人，其中本科生 38 人、研究生 30 人、教师 1 人。65 名预备党员转正，完成入党积极分子培训班 2 期、发展对象培训班 2 期、预备党员培训班 2 期。“七一”表彰校级先进基层党组织 1 个，优秀党务工作者 1 人、校级优秀党员 6 人、院级优秀学生支部书记 6 人，院级优秀党员 37 人。

2018 年召开党委委员会议 10 次，党政联席会 12 次，理论中心组学习 10 次，召开民主生活会 1 次，有 547 名党员参加民主评议，评议结果为优秀党员 132 人，合格党员 344 人，基本合格 2 人。为引导教师成长成才，加强思想政治工作，学院开展理论学习大讲堂 7 次，分别前往西柏坡、深圳、沽源和江西开展实践 4 次，开展青椒荟 6 次。规范基层党支部换届、党费收缴工作。落实学校巡察整改，梳理学院整改任务，加强教风建设、优良学风建设和基层党组织建设，认真落实意识形态工作责任制，领导班子共同参与，分工负责。

动物遗传育种与繁殖教职工党支部连正兴工作室获评全国高校首批“双带头人”教师党支部书记工作室。

11月23日，学校党委举行动科学院副书记、副院长任免会，任命曹志军为动物科学技术学院党委副书记、刘剑锋为动物科学技术学院副院长。

（孙丹丹　曹志军）

【教代会与工会工作】

落实二级教代会提案工作，郭晓旭“关于加强我校本科生国际交流工作的提案”获得学校四届一次教代会优秀提案奖。吴常信院士被评选为北京市师德榜样。在学校工会网发稿11篇，开展乒乓球、瑜伽、健步走等6项活动，其中乒乓球对抗赛项目获得学校2018年度品牌项目奖，周旭峰被评选为优秀教职工之友，赵春江、黄莺获评2018年度学校工会先进个人，张建云获评优秀工会干部奖。

（连正兴　刘泽立）

动物医学院

【学院概况】

动物医学院前身为1949年10月9日成立的北京农业大学兽医系，1984年10月25日北京农业大学成立兽医学院，1993年4月更名为动物医学院。学院设置基础兽医学系、预防兽医学系、临床兽医学系3个教学系部，以及教学动物医院、学校畜禽疫病诊断研究中心等附属单位。

2018年，动物医学院顺利通过本科教学审核评估、兽医学一级学科博士点国际专家现场评估、兽医专业学位博士点国内专家现场评估。“基于‘一优二改三培育’的兽医专业学位研究生培养模式改革与实践”获校级教育成果特等奖、国家级“研究生教育成果二等奖”；沈建忠院士受聘为2018—2022年教育部高等学校动物医学类教学指导委员会主任委员，张国中教授担任秘书长，2018年12月28日在京召开第一次委员会。

（马毅新）

【学科专业建设】

学院拥有博士授权一级学科兽医学，涵盖基础兽医学、预防兽医学、临床兽医学、兽医生物工程和兽医公共卫生等5个二级学科，具有本科、硕士、博士3个人才培养层次，设有兽医学博士后流动站。

依托学院建有农业部动物流行病学重点实验室、农业部兽药残留及违禁添加物检测重点实验室、国家兽药安全评价中心、国家兽药残留基准实验室、国家级兽药安全评价（环境评估）实验室、农业部动物产品质量安全化学性危害因子风险评估实验室（北京）、农业部兽药安全监督检验测试中心（北京）、国家动物寄生原虫实验室、国家动物海绵状脑病检测实验室、教育部中国农业大学动物疫病快速诊断技术实验室、动物源食品安全检测技术北京市重点实验室、北京市高等学校实验教学示范中心、生物安全三级实验室、学校畜禽疫病诊断研究中心、学校实验动物平台、教学动物医院等实验室或研究中心。

（赵世云）

【师资队伍】

学院有教职工 129 人，其中专任教师 96 人，包括教授（含研究员等正高职称）43 人、副教授（含副研究员等副高职称）45 人；博士生导师 43 人、硕士生导师 78 人；中国工程院院士 1 人，“CJ 学者奖励计划”特聘教授 2 人，国家杰出青年基金获得者 4 人，新世纪百千万人才国家级人选 4 人，国家“QR 计划”青年人才 1 人，“CJ 学者奖励计划”青年学者 1 人，国家优秀青年基金获得者 4 人，中青年科技创新领军人才 1 人，国家有突出贡献专家 4 人，享受政府特殊津贴专家 7 人，北京市科技新星 3 人，教育部新（跨）世纪优秀人才 15 人，北京高等学校“青年英才计划”2 人，全国优秀教师 1 人，北京市优秀教师 1 人，北京市教学名师 3 人，宝钢优秀教师 6 人，中国农业大学教学名师 4 人。

2018 年度学院引进杰出人才 2 人，新进教师 4 人，退休 4 人。晋升教授 5 人，副教授 1 人，博士后研究人员在站 16 人，进站 9 人、出站 3 人。

（王继凤）

【本科教育教学】

学院本科生在校 493 人，招生 96 人，另接收留学生 3 人；毕业 82 人；2014 级免试研究生共 22 人，保送比例达 26％。获国家级大学生创新创业训练项目 6 项、北京市大学生创新项目 9 项、URP 计划 24 项。校级本科生优秀毕业论文 4 篇。

盖新娜、曹杰、汪洋被评为中国农业大学优秀教师，韩德平、李格宾和林珈好获得“优秀班主任”称号。孙怡朋、张大丙、周向梅、林德贵获得中国农业大学 2018 届本科生“百篇优秀毕业生论文（设计）”优秀指导教师奖。高健在学校第十一届青年教师教学基本功比赛中获得一等奖。陈耀星主持的《国家级精品资源共享课“动物解剖学”的建设与改革》获得北京市高等教育教学成果奖二等奖。

2018 年，本科实验教学中心完成“双一流”引导专项建设项目 110 万元、虚拟仿真教学项目 30 万元、解剖实验室建设及设备购置项目 117 万元。

7 月 22 日至 9 月 24 日，组织 2015 级 103 名学生参加校外农场实习，12 名教师带队分别在鸡场、奶牛场和猪场实习 2 周。本科教学技能训练中心举办 2 期小动物临床技能培训，22 名同学通过考核并获得学院颁发的结业证书。

2018 年是教学审核评估关键之年，学院围绕教学评估要求，加强本科教学管理、完善本科教学档案、总结教育教学经验、展示本科教学成果，圆满完成本科教学审核评估工作。

牵头制定《普通高等学校本科农林类动物医学专业认证标准》的一二三级标准，体现新时代全面振兴本科教育的保合格、上水平、追卓越的教育质量评价体系。

（王继凤）

【研究生教育】

在校研究生 855 人，其中全日制博士生 274 人、全日制硕士生 301 人、非全日制兽医博士生 111 人、非全日制兽医硕士生 169 人；招收各类研究生 244 人，其中全日制博士生 83 人、全日制硕士生 155 人（含 2 名港澳台生源）、非全日制兽医硕士生 6 人；毕业全日制研究生 150 人，其中博士生 47 人、硕士生 103 人，校级优秀毕业生 22 人，其中市级优秀毕业生 7 人；获得学位研究生 172 人，其中全日制研究生 46 人获农学博士学位、60 人获农学硕士学位、44 人获兽医硕士学位，非全日制研究生 32 人获兽医博士学位、27 人获兽医硕士学位。

5 月，学院邀请来自中、美、英、德、韩的 8 位专家对兽医学一级学科博士点进行评估；邀请来自全国兽医专业学位研究生教育指导委员会、南京农业大学、华南农业大学、东北农业大学、甘肃农业大学、浙江大学等 7 位专家对兽医专业学位博士点进行评估。完成兽医学一级学科博士点国际专家现场评估和兽医专业学位博士点国内专家现场评估。5 月，组织第三届博士生学术论坛，66 名博士生进行了墙报展示，其中 16 人参加汇报交流，评选出报告一等奖 3 名、二等奖 5 名、三等奖 8 名，优秀墙报奖 32 名。7 月，第四届夏令营完美落幕，59 人签订拟录取协议，47 名学生秋季网报成功。

完成兽医学 5 个二级学科和 3 个专业学位方向的培养方案、学位授予标准和环节要求的修订，更新 75 门课程教学大纲。组织 30 名研究生导师参加导师培训会。78 名导师通过 2019 年导师招生资格审核。完成 2017 级全日制专业学位 45 名硕士生实践环节考核。组织对研究生学制调整情况进行调研，向学校提交学院意见。深入开展专业学位研究生教育综合改革专项，招收专项硕士生 20 人，组织学生前往上海、南宁等地开展实践教学和学术交流，开展多期学术沙龙。落实引导专项，支持 10 名博士生前往美国、日本、韩国、希腊等地参加国际学术会议，5 名学生在会议上进行口头报告。圆满完成全国兽医专业学位研究生教育指导委员会专家对学院开展的兽医专业学位研究生教育专项调研工作。

（赵世云）

【科学研究】

全年到校科研经费 9 601 万元，新立项各类科研项目 152 项，合同总经费 10 816.26 万元。其中，纵向项目 79 项，合同总经费 7 761.78 万元，包括“十三五”国家重点研发计划 20 项、国家自然科学基金项目 18 项、国际合作项目 3 项、北京市创新团队项目 4 项、北京市自然科学基金项目 3 项、北京市科委项目 4 项、农业财政项目 8 项、农业行业标准项目 12 项、其他纵向项目 7 项；横向技术服务、技术开发、技术咨询项目共计 73 项，合同总经费 3 054.49 万元。立项基本科研业务费青年教师创新项目 18 项，合同总经费 221 万元。发表 SCI 收录论文 142 篇、EI 收录论文 9 篇，共计 151 篇，总影响因子 479.463，其中影响因子 5.0 以上的 20 篇。获授权专利 10 项，申请专利 30 项；转化科技成果 1 项，合同总金额 600 万元。此外，据 2018 年农业部公告（第 2645 号），学院新增设立国家猪繁殖与呼吸综合征专业实验室（北京）（含高致病性猪蓝耳病）、国家牛海绵状脑病专业实验室(北京);组织召开国家级平台建设专家咨询会,积极推进学院国家级平台筹建工作。

(张海燕)

【合作交流】

学院在校留学生 30 人,招生 4 人,毕业 3 人。密切联系美国爱荷华州立大学等境外知名大学,先后出访阿尔巴尼亚、塞尔维亚、罗马尼亚、波兰、匈牙利等“一带一路”沿线国家,并与匈牙利布达佩斯兽医大学、波兰弗罗茨瓦夫环境与生命科学大学签署合作备忘录;稳步推进与英国爱丁堡大学的本科生“2＋4”联合培养项目,已选派第三批“2＋4”项目本科生赴爱丁堡大学学习。

参与主办第 25 届国际猪病大会暨 2018 国际猪繁殖与呼吸综合征学术研讨会、2018 年国家自然科学基金委中英太菲动物健康项目启动会、首届 CL-Davis 猪病病理学培训交流会;依托各级、各类项目外籍专家来校开设兽医药理学、动物福利与伦理等兽医专业英文课程,或举办学术报告、开展学术交流等 70 余人次;聘请美国科学院院士、华盛顿大学 Laurence David Sibley 教授为荣誉教授,佛罗里达大学 Huisheng Xie 教授为兼职教授。

2018 年立项学校“一院一平台”外专项目 1 项,下设子项目 3 项;教师因公出国(境)30 余人次;通过国家公派出国研究生项目选派攻读博士学位研究生 1 人、联合培养博士研究生 3 人、联合培养硕士研究生 1 人。

(张海燕)

【学生工作】

本科毕业生 79 人,就业率 96.2%,深造率 68.4%;全日制硕士毕业生 103 人,就业率 98.1%;博士毕业生 47 人获得学位,就业率 100%。

2017—2018 学年,学院累计发放各类本科生奖学金 20 余项,总额达 74.33 万元,共有 155 名学生、累计 217 人次获奖,奖学金覆盖面 41.78%;发放各类研究生奖学金 10 余项,总额达 177.1 万元,共有 234 名学生,累计 307 人次获奖,奖学金覆盖面超 79.05%。经济困难学生得到现金资助超过 17.4 万元,达到经济困难学生资助全覆盖,参与学校学院勤工助学岗位 156 人次。

本科生共评选三好学生 35 人、优秀学生干部 12 人、优秀团员 9 人、优秀团干部 9 人、优秀毕业生 12 人,其中市级优秀毕业生 4 人。研究生共评选三好学生 37 人、优秀学生干部 13 人、优秀团员 9 人、优秀团干部 3 人、优秀毕业生 22 人,其中市级优秀毕业生 7 人。2 个班级获得校级优秀班集体,2 个支部被评为校级优秀团支部。在首都“先锋杯”评选中,1 人获得“优秀基层团干部”称号,1 人获得“优秀团员”称号,动医 162 团支部获评“优秀团支部”称号。1 人获得校级“五四青年标兵”称号。

学院积极推进构建“三全育人”体系,发动学院教师、知名校友等协助开展创业就业教育,创新“兽医概论课”教学内容和模式,开展兽医大家坛等系列活动。

2018 级新生获得军训争先创优活动“先进连队”称号,排球队获得校阳光体育排球联赛男子组季军,合唱队获得“纪念 12・9 运动”合唱比赛二等奖,啦啦队获得中国农业大学啦啦操比赛三等奖，校运动会上获得女子团体总分第4名，学生会心理部获得校“优秀心理部”称号，分团委获得舆情收集工作优秀奖。临床兽医系研究生第二、第三党支部联合举办的“红色1+1”活动获得北京市优秀奖。

（高浩嵩　潘伯阳）

【党建行政工作】

学院共有党员448人，正式党员408人，其中教职工党员63人、学生党员385人；设置教职工党支部4个，研究生党支部11个，本科生党支部3个。2018年，确定入党积极分子80人，新发展党员45人，转正44人。

在学校党委的领导下，学院党委坚持深入学习贯彻党的十九大精神，贯彻落实全国教育大会精神，以迎接学校党委巡察和工作整改为契机，进一步发挥分党委的政治核心作用。

坚持和完善党政联席会制度，发挥学术委员会、学位委员会等教授治学职能，推进系务会制度，完善学院治理机制；推进理论中心组学习制度化，加强党员教育，继续开展“党员教师先锋论坛”“党建进社区”“双周三”系列学习以及“党建走近双一流”等特色学习教育及实践活动，师生党员走进峪口禽业、河北远征等行业企业进行共建；带领党员走进中共一大会址、中国人民抗日战争纪念馆、“改革开放40周年展览”等红色教育基地，参观强生等相关行业龙头企业。

坚持宣传党员先锋，讲好学科故事，杨汉春、胡艳欣获“中国农业大学优秀共产党员”称号，孙艳争、高浩嵩获“中国农业大学优秀党务工作者”称号，曹晓钰、李佳琪、靳倩兰获“中国农业大学优秀学生党员”称号，基础兽医学系教工第二党支部获得校级先进基层党组织。临床联合党支部获得校级教职工党支部“十佳主题党日活动”。基础兽医学系第二党支部汪洋工作室申请成为中国农业大学首批“双带头人”教师党支部书记工作室。基础兽医学教工第二党支部入选教育部“全国党建工作样板支部”。

继续坚持推进党务院务公开，通过网站和官微实时更新学院“三重一大”事项及党政管理、财务管理等各项制度；优化国有资产管理，规范离退休人员国有资产交接工作；继续加强实验室管理和师生生物安全教育，层层签订《中国农业大学动物医学院安全保卫工作责任书》、组织安全知识培训和消防演习、常态化安全检查，加强人防、物防、技防，全年无安全事故。

（邵丹　马毅新）

【工会工作】

2018年，学院分工会组建了篮球队、足球队、羽毛球队和乒乓球队，并加大了对教职工各项文体活动的支持。除参加学校组织的运动会、爬山比赛等各项比赛外，还与兄弟单位、友谊单位进行了数十场不同类型的友谊赛；聘请专业教练，定期开展教职工羽毛球健身活动。高浩嵩获得年度“优秀工会干部”称号，张念之、巫娟获得“工会活动积极分子”称号。召开教职工大会，进行提案征集、处理、答复等工作，充分调动广大教职工参与学院管理积极性，切实履行维护教职工权益的职责。

（常建宇）

食品科学与营养工程学院

【学院概况】

2018年,食品科学与营养工程学院设置3个系:食品科学与工程系、食品质量与安全系、生物工程系。学院拥有15个研究机构/研究中心:国家果蔬加工工程技术研究中心、国家果蔬加工技术研发中心、教育部果蔬加工工程研究中心、功能乳品教育部北京市共建重点实验室、农业部农产品贮藏保鲜质量安全风险评估实验室(北京)、农业部农产品质量监督检验测试中心(北京)、农业部农业转基因生物安全评价(食用)重点实验室、农业部果蔬加工重点实验室、农业部葡萄酒加工重点实验室、植物源功能食品北京市重点实验室、植物蛋白与谷物加工北京市重点实验室、食品非热加工北京市重点实验室、食品质量与安全北京实验室、畜产品北京市高等学校工程研究中心、食品精准营养与质量控制教育部重点实验室。拥有2个国家级实验教学中心:食品科学与工程国家级实验教学中心、食品科学与工程国家级虚拟仿真实验教学中心。

(周晓璇)

【学科专业建设】

学院本科生按食品科学与工程类招生,入校后第一、第二年实行统一的基础教学,从第三年开始,分成4个专业,即食品科学与工程、生物工程、食品质量与安全、葡萄与葡萄酒工程。招收食品科学专业、粮食油脂及植物蛋白工程专业、农产品加工及贮藏工程专业、食品生物技术专业、营养与食品安全专业、水产品加工专业研究生;覆盖食品科学与工程1个学科;具有一级专业学科1个、一级学科博士点1个、博士学位授权点6个、硕士学位授权点6个和专业学位授权点2个;博士后流动站1个。

学院拥有"农产品加工及贮藏工程"国家级重点学科(二级学科)、"食品科学与工程"北京市重点学科(一级学科)和"食品科学"国家重点(培育)学科(二级学科)。拥有国家级实验教学中心2个,国家工程技术研究中心1个,省部级重点实验室、研究中心14个。

(郭顺堂　周晓璇)

【师资队伍】

学院共有教职工122人,其中,专任教师100人,包括教授(含研究员等正高职称)43人、副教授(含副研究员等副高职称)49人;博士生导师58人、硕士生导师30人;"CJ学者奖励计划"特聘教授1人、国家杰出青年基金获得者2人,万人计划科技领军人才3人,国家优秀青年基金获得者2人,农业部"有突出贡献中青年"专家1人,新世纪"百千万人才工程"国家级人选1人,教育部"新世纪优秀人才支持计划"人选12人,农业产业体系首席专家1人,"科技北京百名领军人才"1人,北京市教学名师1人,享受政府特殊津贴专家4人。

本年度引进各类人才2人，退休5人，晋升正教授2人，副教授2人，博士后研究人员在站43人，进站17人、出站8人。

（魏秀英　周晓璇）

【本科教育教学】

2018年，本科生在校835人，招生221人、毕业189人。学院全面落实高校思政工作会议精神，立德树人。本科教育以创新能力培养为核心，秉持“德才兼备、全面发展、通专平衡、追求卓越”的理念，依托“实验课程、科研训练、生产实习、虚拟仿真”四平台，实施“课内与课外、校内与校外、虚拟和实操”三结合，贯穿本科生培养全过程的教学体系。

学院获批5项国家级大学生创业项目、7项国家级大学生创新项目、7项北京市级大学生创新项目、48项校级URP、43项院级URP，累计支持经费67万元，比2017年提高40余万元，同比增长178%。12名本科生参加国际交流项目，比2017年增加33%，其中暑期项目8人、国家公派攻读研究生项目4人（攻读博士2人，攻读硕士2人）。获得首届全国大学生食品工程虚拟仿真大赛全国总决赛特等奖。

2018年，学院教师获得北京市教学成果一等奖1项、中国农业大学校级教学特等奖1项、中国农业大学教学一等奖2项、中国农业大学教学二等奖2项。

完成本科教学管理审核评估，受到国内外评估专家的一致好评。

（周忻）

【研究生教育】

研究生在校718人，其中，博士生246人、硕士生472人；招生259人，其中，博士生70人、硕士生199人；毕业研究生232人，其中博士生41人，授予博士学位41人；硕士生160人，授予硕士学位160人。

研究生培养方面，加强博士、硕士生的学术研究水平和专业硕士学位研究生的解决实际问题能力的培养，以服务国家战略和经济建设为出发点，发挥研究生的学科发展生力军作用，围绕现代食品科学与工程技术领域的发展前沿，创造国内外高水平研究成果，切实解决食品产业发展过程中的实际问题，引领食品科技发展。2018年，对2013版培养方案的执行情况进行全面梳理，找出突出问题和关键环节，深入调研，组成以各系主任以及学科带头人为主的培养方案修订小组，全面审视研究生培养全过程，统筹硕士和博士课程结构，强化博士研究生创新能力培养，促进课程学习与实践相结合，强化硕士生的实践能力培养。开展“学位授权点合格评估”工作，其中“食品科学与工程”学科为国际评估，“食品工程”和“食品加工与安全”两学科为合格评估。6月11—15日，国际专家入校评估，获得专家一致好评并通过学位授权点国际评估。在2018年中国农业大学研究生教育成果奖评选中，荣获校级一等奖2项、校级二等奖1项。

作为农业硕士食品加工与安全领域组长单位，组织召开全国农业硕士（食品加工与安全领域）专业学位研究生教学案例和联合培养基地建设研讨会、2018年农业硕士食品加工与安全领域研究生培养经验交流研讨会及2018年农业硕士食品加工与安全领域分委员会第一次会议，开展2018年农业硕士食品加工与安全领域教学案例评选工作，组织专家撰写食品加工与安全领域核心课程指南以及领域发展报告。在农业教指委组织的

2018年实践教学成果奖评审中，学院申报的项目获得一等奖1项、二等奖1项。

（石宝霞　苗敬）

【科学研究】

2018年新增课题212项，合同金额1.5亿元，包括纵向课题99项、横向课题113项。纵向课题中主持重点研发计划项目3项：食品加工条件对食品中外源安全危害物的影响与作用机理，主持人胡小松；现代饮料高速灌装加工技术及成套装备开发，主持人高彦祥；野外自热食品品质提升与制造关键技术研究，主持人廖小军。主持重点研发计划课题8项，子课题10项；国家自然科学基金优秀青年科学基金项目（简称优青项目）1项（杨绍青），面上项目14项，青年科学基金项目3项。到校科研经费14 745万元。

江正强教授主持的“半纤维素酶高效生产及应用关键技术”获国家科技进步二等奖、倪元颖教授发明的“一种浓缩苹果清汁大容量罐群低温无菌贮存方法”获中国专利奖金奖、郭顺堂教授主持的“蛋白质热聚集控制技术与装备的研制及高品质豆制品开发”获北京市科学技术二等奖。发表SCI论文260篇，EI论文140篇，其中影响因子大于5的20篇，学科前10%的93篇，学科10%～20%的71篇，单篇影响因子最高13.709，通讯作者赵广华。获授权专利40项，申请专利104项，转化科技成果5项。

（江正强　苏春元）

【合作交流】

2018年，留学生在校生11人，其中研究生5人、本科生6人；招收研究生2人，本科生3人；联合培养硕士研究生6名，联合培养博士研究生13名，攻读博士学位研究生13名。

全年共审批外事出访任务50余人次，引入外国专家19人次，接待访团13个。其中，依托国家“一带一路”倡议和“健康中国”战略，在大学、企业、政府的参与下，提出建设中国-泰国农业大学技术合作中心，并以此中心为基础，相继开展学生交流、成果技术转移、人才培训等工作，带动中泰双方乃至周边国家相关行业发展的构想。

积极实践高校服务社会职能，对北京市食品药品监督管理局72人进行了为期7天的北京市食品药品安全所长研修培训，培训内容包括食品安全基础、食品安全生产规范、食品添加剂、食品标准与法规、食品安全分析及快速检验等；与法国INSEEC葡萄酒与烈酒商学院联合开展“葡萄酒市场营销及管理工商管理硕士”培训，内容涉及国际营销、财务管理等；以“阳江-和鲜食品科技产业园”为依托，发挥科研及学科优势，建设了制度完善、管理先进、教学科研条件完备的“阳江-和鲜食品科技产业园”食品加工与安全领域专业学位研究生创新人才培养特色实践基地。

（郭顺堂　苗敬）

【学生工作】

2018年，本科生奖学金总金额116.39万元，覆盖248人，累计471人次；研究生奖学金总金额257万元，覆盖406人，累计475人次。2018—2019学年获得国家助学金38余万元，社会助学金10余万元。102人获得中国农业大学“三好学生”称号（53名本科生、

49名研究生)，36人获得“优秀学生干部”称号(19名本科生、17名研究生)，18人获得“优秀团干部”称号(16名本科生、1名研究生、1名教职工)，25人获得“优秀团员”称号(12名本科生、12名研究生、1名教职工)。3人获得北京市“三好学生”称号，1人获得北京市“优秀学生干部”称号。集体评优中，共有5个团支部获得中国农业大学优秀团支部称号，3个班级获得中国农业大学优秀班集体称号，食工163班获得北京市先进班集体称号，食工165团支部获得北京市优秀团支部称号。

2018年毕业生总数401人(不含留学生及港澳台学生)，总就业率为94.76%。其中本科毕业生181人，就业率为92.82%；硕士毕业生175人，就业率为96%；博士毕业生45人，就业率为97.78%。

获得校春季运动会团体总分第2名、女子团体总分第1名；校春季运动会团体操比赛第1名、第八届啦啦操赛亚军、“回望四十梦成，唱响改革新声”纪念“一二·九”运动合唱比赛二等奖。

(张普光　丁倩)

【党建工作】

2018年，学院党政领导班子带领全院教职工党员、学生党员学习党的十九大精神和全国教育大会精神，书记院长带头为党员讲党课和形势与政策课6次以上。开展《厉害了，我的国》红色观影，参观国家博物馆“真理的力量”“庆祝改革开放40周年”主题展览，参与“首都百万师生同上一堂课”活动，师生参与累计600余人次。2018年学院党委共发展党员111人，其中本科生75人、研究生35人、教职工1人。新交入党申请书并通过积极分子党课考试2人，且1人为海外留学归国高知人才。在党建评优中，教工食品科学与工程党支部、本科第二党支部获评校级先进基层党组织；本科生、研究生红色“1+1”项目获得北京市三等奖1项、优秀奖2项，教工、本科生党支部活动获评校级优秀党日活动3项；燕国梁被评选为校级优秀党务工作者，戴瑞彤、曹建康被评选为校级优秀共产党员，3名研究生、2名本科生获得优秀大学生党员称号。

(张普光　丁倩)

【教代会与工会工作】

2018年，在学校工会的指导、学院党委书记和院领导的大力支持、教代会和全院工会会员们的共同努力下，学院工会把目标锁定在维护和谐学院、促进民主气氛、营造健康氛围上，同时继续加强工会组织的建设，在教职工之家建设、民主管理和健康生活方面取得了一定的成绩。学院领导班子积极参与工会活动，参与教职工小家建设。通过组织每月集体生日会、美食烹饪、慰问教师、体育健身、健康讲座等活动，加强人文关怀，营造温馨氛围。工会为全院教职工精心拍摄职业形象照，组织教职工参加朗诵比赛并获得一等奖。

李景妍获评校级优秀工会干部，吴晶晶和赵玉梅获评校级工会先进个人。用于慰问教职工结婚、生育、本人患病、家人患病、家人去世等方面的慰问金10 000元，女职工保险共计支出3 600元。

(范志红　丁倩)

工　学　院

【学院概况】

2002 年 7 月由原机械工程学院、车辆与交通工程学院和农业工程研究院 3 个单位组建成立工学院，其发展历史源于 20 世纪 50 年代初期北京农业机械化学院创办的农业机械设计制造专业和农业机械化专业。

工学院下设农业工程、车辆与交通工程、机械设计与制造和机电工程 4 个系；教学科研办公用房总面积达 2.3 万平方米，设施、设备以及科研、教学条件先进。拥有机械工程训练中心、综合实验中心、大学生创新创业实践中心、教育部现代农业装备与设施工程研究中心、中国农业机械化发展研究中心、机械与农业工程国家级实验教学示范中心。

学院设置分党委、分团委、办公室、教务与学生管理科、科研与研究生管理科、学生教育管理科、学生发展服务中心（挂靠学生教育管理科）。

（高茹英）

【学科专业建设】

拥有农业工程国家一级重点学科、农业机械化工程国家级重点学科、车辆工程部级重点学科、农业工程和机械工程 2 个博士后流动站；设有农业工程、农业机械化工程、车辆工程、机械工程、机械设计及理论、农产品加工与贮藏工程、机械电子工程、机械制造及自动化等 8 个博士点和硕士点。设有农业工程、机械工程 2 个本科生大类，共有 6 个本科专业。

（高茹英）

【师资队伍】

学院现有教职工 151 人，其中专任教师 117 人，有教授、研究员 43 人，副教授、副研究员 59 人，讲师 17 人；聘请国外兼职教授 12 人、国内兼职教授 30 人。拥有 CJ 学者特聘教授 2 人、北京市教学名师 3 人、“大北农”教学名师 5 人、北京市优秀教师 2 人、宝钢教育基金 9 人；享受国务院政府特殊津贴 6 人。研究生指导教师 105 人，其中具有博士研究生招生资格 60 人。2018 年晋升教授 2 人，晋升副教授 4 人；新进教职工 2 人，退休职工 8 人，接收博士后进站 3 人。

2018 年，4 人获评中国农业大学“优秀教师”，1 人获评“大北农”教学名师，1 人获评“优秀教育工作者”，9 人获评“优秀班主任”，2 人获评“优秀辅导员”，3 人获评“优秀共产党员”，1 人获评“工会先进个人”，23 人年度考核优秀。

（高茹英）

【本科教育教学】

2018 年，学院本科生在校 1 079 人，招生 325 人。录取本科生 6 专业，11 个班级，共计325人。专业划分，农业工程专业82人、机械设计制造及其自动化专业59人、机械电子工程专业61人、车辆工程专业90人、工业设计专业33人。

2018届本科生毕业生286人。其中273人（含中外联合培养10人）获得学位，13人结业。双学位33人。毕业设计（论文）成绩优秀55人。12人入选校级百篇优秀论文。

春季学期本科生课程192门次、停开13门，工程实训375人次，任课教师92人。夏季实践类校内课程39门次，工程实训300人；夏季实践类校外课程12门次。秋季学期本科生理论课程214门次，工程实训323人，任课教师98人。完成院级教改申报项目28项、一流专业建设教改项目12项、一流课堂建设教学改革项目16项；完成校级核心课3门、院级核心课51门课程建设工作；完成2017年申报的校级思政课程15门、院级2门课程建设；完成3门校级思政教改课程申报工作，专业课发挥思政教育功能专项教改项目17项。

2015级毕业生总人数255人，获免试资格学生68人，占毕业人数的26.7%。其中，普通推免56人、学术专长6人、支教1人、思政5人。

成立本科教学审核评估领导小组、本科教学审核评估工作组，撰写学院自评报告，对各专业从培养方案（2016版）、课程教学大纲、课程清单、存档试卷、本科毕业设计、档案管理的标准、教学改革项目、各类教学成果、教师主编教材、教学质量监控、教学管理文件、教师名单、学生名单、毕业生名单等方面进行自查自检，顺利完成6月5—8日预评估和10月15—17日正式评估工作。

4月，选拔3名青年教师参加第十一届青年教师教学基本功比赛决赛，王新、张俊雄获得二等奖。

9月26—29日，教育部专家入校现场考查核实专业认证材料，车辆工程专业通过教育部专家认证。

12月10日，本科生院组织校级视导组专家及本科生院教师对学院本科教学基本文档进行检查并提出整改意见。院级视导组对本科生教学进行全覆盖督导。

国家级实验教学示范中心建设 12月，参加全国高校本科实验实践教学能力提升研讨会；10月，参加中国机械行业卓越工程师教育联盟2018年理事大会；接待美国普渡大学Richard Stroshine教授和Kinsley副教授，丹麦奥胡斯大学Clause教授，老挝农林部副部长带领的老挝代表团，非洲工程组织联合会Martin Manuhwa、欧洲国家工程协会联合会主席José VIEIRA、WFEO工程教育委员会副主席J. P. Mohsen、英国工程技术学会国际运营总监Ian Mercer、澳大利亚工程师认证委员会主席Elizabeth Taylor和中国电机工程协会原秘书长李若梅等国际认证协会代表团，英国布鲁内尔大学Cheng教授等国内外高校、科研机构、企业等相关教学科研人员参观交流；10月，对各实验室进行安全检查，完成网站建设和设备、环境建设。

国家级虚拟仿真实验教学中心建设 9月，全国工程教育专业认证现场考查专家组对车辆工程专业进行考查；举办行业特色学科竞赛、特色资源建设评奖、优质虚拟仿真课程推选等活动，建设虚拟仿真资源；举办中国农业大学三维数字化创新设计大赛；开展对外交流和科普服务工作。接待海南大学、福建农林大学、潍坊科技学院、中国农机院等国内外高校、研究机构、企业等相关教学、科研人员参观交流100余人次，并接待了来自全国暑期夏令营、北京市小学等中小学校师生的科普参观，持续提升中心的社会影响力。

工程训练中心建设 完成工程基础训练实习(14 班,每班 2 周);先进制造技术训练(14 班,每班 2 周),实现基于产品制造任务的综合性工程训练的教学改革工作;完成工程实训 A (18 班,每班 2 周);工程实训 B(3 个班,每班 2 周);协助完成数控技术(本科)、先进制造技术(研究生)的课程数控加工实验工作;完成"发改委项目"机床采购、验收以及操作人员的培训工作;组织承担 2018 年北京市工程训练能力竞赛的校内加工制作和比赛组织工作。获得北京市一等奖 3 项,其中一组获得代表北京市参加全国比赛的资格;中国农业大学获得优秀组织参赛奖。

大学生创新中心 9—10 月,在工学院一层南侧原"智能型土壤-机器-植物系统技术实验室"完成 500 平方米的"互联网+"大学生创新创业中心建设。参加美国 ASABE 机器人大赛,囊括本科生和研究生两个组别第 1 名;获得全国大学生机械创新设计大赛二等奖 4 项,在北京赛区中获得一等奖 9 项。在大学生科技创新项目方面,完成 2017 年 URP 结题 30 项、2018 年立项 40 项,参与学生 175 人次;2017 年国创、北创项结题 46 项,2018 年中期检查 40 项,参与学生 251 人次;在学科竞赛方面,组织参赛队伍 95 支,参与学生 254 人次,指导教师 89 人次,获省部级及以上奖励 58 项,其中国家特等奖 1 项、一等奖 1 项、二等奖 9 项,省部级特等奖 2 项、一等奖 20 项、二等奖 14 项。学生在参与创新创业活动中发表论文 7 篇,其中 SCI/EI 收录 6 篇,授权专利 6 项。

教学成果及获奖情况 获得北京市教育教学成果奖一等奖 1 项、二等奖 2 项;徐杨教授获得北京市教学名师奖;汤修映教授(大北农)获得中国农业大学教学名师奖;王书茂、杨德勇、张俊雄、朱忠祥获得 2018 年校级优秀教师;王新、张俊雄获得第十一届青年教师教学基本功比赛二等奖。

(张敏)

【研究生教育】

2018 年共录取全日制研究生 268 人。其中普通博士研究生 63 人,含直博生 1 人、留学生 1 人。普通硕士研究生 205 人,含全日制专业学位研究生 96 人、留学生 1 人。在校全日制研究生共计 645 人,其中硕士研究生 390 人、博士研究生 255 人;在职专业学位在读研究生 25 人。暑期夏令营营员共计 59 人,其中推免录取 16 人。

开设研究生课程 83 门,其中博士课程 18 门、硕士课程 65 门。

2018 年,共有 229 人获得学位,其中工学博士 65 人、工学硕士 92 人、工程硕士 72 人。共 2 篇学位论文被评为校级优秀学位论文。

共有 353 人次获得研究生奖学金,总计 185.6 万元。其中学业奖学金 293 人、校长奖学金 2 人、国家奖学金 15 人、大北农励志奖学金 2 人、香港崇正奖学金 5 人、三久奖学金 15 人、五征奖学金 10 人、思威博奖学金 10 人、未来农机工程师奖学金 1 人。

落实"国家建设高水平大学公派研究生项目",其中联合培养博士 14 人、攻读博士学位 8 人、联合培养硕士 2 人。

60 名教师通过博士生导师招生资格年度审核,其中新增博导 5 人、外聘导师 1 人、副教授具有博士生招生资格 28 人;105 人通过硕士生导师招生资格年度审核,其中新增硕导 11 人、讲师具有硕士生招生资格 9 人。

对"农业工程学科""机械工程学科"以及全日制"农业工程""机械工程"和"车辆工

程”工程硕士招生领域的研究生培养方案、学位授予标准和培养环节要求进行修订。

组织国内专家对机械工程一级学科博士点和机械工程和车辆工程硕士招生领域进行合格评估；组织农业工程国际知名专家对农业工程一级学科博士学位授权点进行国际评估；协助水利与土木工程学院和信息与电气工程学院，分别就农业工程工程硕士招生领域和农业机械化推广硕士招生领域进行自评估。

（郑志伟　崔岳宁）

【科学研究】

2018 年，获批科研项目 90 项，到校科研经费 6 853 万元。获得授权专利 214 项，其中发明专利 84 项，实用新型专利 98 项，外观设计专利 13 项；登记软件著作权 151 项。

学院发表 SCI/EI 论文 336 篇，其中 SCI 收录论文 147 篇、EI 收录论文 182 篇、SSCI 收录论文 7 篇。通讯作者教师数 66 人，影响因子大于 5 的 SCI 论文 29 篇，学科前 10％的论文 21 篇，学科 10％～20％的论文 41 篇。

拥有各类科研基地 10 个。包括生物质能科学与技术国际联合研究中心、现代农业装备与设施教育部工程研究中心、现代农业装备优化设计北京市重点实验室、农业部土壤一机器一植物系统技术重点实验室、农业部可再生能源清洁化利用技术重点实验室、农业部保护性精细耕作研究中心、农业部河北北部耕地保育科学观察实验站、国家农产品加工技术装备研发分中心、中国农业大学中国农业机械化发展研究中心、中国农业大学农业工程研究院。

（郑志伟）

【合作交流】

举办农业工程研究生教育国际论坛，邀请 5 位国外研究生教育专家作专题报告，就国际农业工程研究生教育与学院师生进行交流。在 2018 年 ASABE 农业机器人大赛中，两支参赛队伍均以总分第 1 的成绩分别荣获高级组和初级组冠军。

（崔岳宁）

【学生工作】

2018 年，毕业本科生 286 人，研究生 261 人，其中博士研究生 77 人、硕士研究生 184 人。2018 届毕业生就业率为 96.7％。

学院共有本科生班级 42 个，班主任 42 名，辅导员 15 名，9 人获得“优秀班主任”称号，2 人获得“优秀辅导员”称号。

学院有经济困难本科生 267 人，占比 24.21％。2018 级新生共有 78 人获得 1 000～5 000 元不等的各项资助。为 47 名新生办理绿色通道。全年资助本科生总金额 281.145 万元，累计 1 367 人次。其中助学金 335 人次，累计 111.05 万元；国家助学贷款 26 人次，累计 15.76 万元；生源地贷款 170 人次，累计 127.65 万元；勤工助学 811 人次，累计 22.34 万元；冬衣补助 13 人次，累计 0.65 万元；特殊困难补助 2 人次，累计 0.615 万元；减免学费 10 人次，累计 3.08 万元。

2018 年，共有 513 人次获得学习优秀一、二、三等奖学金、国家奖学金、国家励志奖学金、优秀学生奖学金等单、专项奖学金以及社会工作奖学金、文化活动优秀奖学金，奖金总额 126.68 万元。

继续实施第三期励耘班感恩教育项目，2017、2018 级学生共 30 人参加。组织开展心理团培训 13 场，并对 2018 级新生进行心理普查。

评选中国农业大学优秀团员 21 人、中国农业大学优秀团干部 21 人、中国农业大学优秀学生干部 44 人、中国农业大学三好学生 124 人，中国农业大学社会工作优秀奖学金 29 项、中国农业大学文化活动优秀奖学金 11 项，优秀班集体 4 个、优秀团支部 5 个。崔单丹获评“北京市优秀学生干部”、车辆 153 班获评“北京市先进班集体”。

（田笛　尹长林　曹娟娟　刘名洋）

【党建行政工作】

2018 年，学院共发展党员 125 人，其中研究生 56 人、本科生 69 人。预备党员按期转正 130 人，其中研究生 60 人、本科生 70 人。

学院党委机制本科生第二党支部获评“中国农业大学先进基层党组织”；税勇、田笛获得“中国农业大学优秀共产党员”称号；张云文获得校级“优秀党务工作者”称号；学院党委车辆系党支部获评“先进基层党组织”；常艺菲等 4 人获得“中国农业大学优秀学生党员”称号。

学院党委理论中心组的学习和政治要求扩大到支部委员，切实提高支部党员干部的政治素质和理论水平。对党的日常工作组织原则加强培训指导，进一步提高其综合素质和业务能力。通过党的理论、国情、管理、领导力等多方面内容的培训，提高党员骨干管理决策、调查研究、危机应对等基本素质。

学院二级党校将党员教育培训时间贯穿全年，系统设计党课安排，针对入党积极分子、发展对象、预备党员、正式党员开展分层次的培训。特别是在学院“双一流”建设任务中发挥党委的积极引导和政治领导作用。

完善落实学院党委书记、党委委员讲党课制度，党委书记讲党课 2 次，党委委员讲党课 24 次。学院党委理论中心组集中学习 15 次。坚持理论中心组“双周三”学习制度，加强党员领导干部理论武装。分层次、分阶段、有重点地学习习近平总书记系列重要讲话精神和治国理政新理念、新思想、新战略，全国“两会”精神、十八届六中全会精神、十九大精神等内容，结合学校“双一流”、学院“双一流”建设，培养一流人才等实际问题，开展专题研讨，深化认识，凝聚共识，推动发展。

继续开展“两学一做”学习教育，深入学习“曲周精神”，研究生党支部开展“我是一面旗帜”主题党日活动，以及十余次富有专业特色的“红色 1+1”活动。响应国家振兴农村政策，农工研究生第七党支部赴平谷区大华山镇与挂甲峪村进行交流共建；机电研究生第一党支部联合农工研究生第五党支部与门头沟黄安坨村党支部开展支部共建活动。

划分本科生党员责任区，充分发挥学生党员先锋模范、桥梁纽带、战斗堡垒作用。由党员深入宿舍宣传党的十九大精神，带领宿舍学生学习党的知识，关注时事政治，关心学生的学业发展。

以师德建设为着力点推进教职工党支部建设。通过网络，及时报道宣传工学院师德人物典型；以“青年教师互助组”为依托，加强对青年教师的师德培养和实践锻炼，充分发挥青年教师在教职工党组织建设中的作用。继续组织“班主任沙龙”活动，邀请经验丰富的班主任与年轻班主任进行座谈交流，帮助解决年轻教师在带班过程中遇到的各类问题。

优化党支部设置，推动党、团、班一体化。工学院党委对原有的党支部进行了合并和换届，本科生采取按照系划分的原则，由高年级党员带领低年级党员、积极分子进行党支部建设，更好地发挥了“传帮带”的作用，各年级辅导员担任年级党建责任人，指导、参与、督促本科生党支部建设。

（张青岳）

信息与电气工程学院

【学院概况】

信息与电气工程学院起源于1955年筹建的农村电气化系，学院涵盖农业工程高峰学科、计算机科学与技术高原学科、电气工程特色学科。下设电力工程系、电子工程系、计算机工程系、控制工程系4个系，1个工程实践创新中心；中国农业大学计算中心挂靠学院。学院重点建设并形成了电气工程与新能源发电、电子技术与自动化、计算机与信息技术3个特色鲜明的科技创新平台，在农业电气化与自动化、农业农村信息化技术、精准农业与智慧农业等领域具有重要学术地位和影响力。目前学院拥有3个校级研究中心、4个部级重点实验室和试验基地，3个省部级工程（技术）研究中心。中国农业工程学会农业电气化与信息化分会、中国电机工程学会农电科教专委会、全国高等院校计算机基础教育研究会农林类专业委员会挂靠学院。

（杜松怀）

【学科专业建设】

学院拥有1个国家级重点学科（农业电气化与自动化）、2个一级学科博士点（计算机科学与技术、农业工程）、2个二级学科博士点（农业电气化与自动化、农业信息化技术）、3个一级学科硕士点（农业工程、电气工程、计算机科学与技术）、4个专业学位硕士点（电气工程、计算机技术、电子与通信工程、农业工程与信息技术）。开设6个本科专业（电气工程及其自动化、计算机科学与技术、通信工程、电子信息工程、自动化、数据科学与大数据技术）。

学院的学科特色已从原来仅围绕解决农村电源科技问题，发展为集计算机技术、电气技术、自动化技术、电子信息与数字技术、通信技术、生物和生命科学技术于一体的农业电气化、自动化和信息化学科，并已成为我国高等农业院校中唯一具备完整的电气、电子、以及信息工程学科基础的农业电气化与自动化高级专门人才培养和科学研究基地。

（许朝辉）

【师资队伍】

学院有教职工158人，其中教授36人、副教授82人、高级实验师2名、高级工程师

1名；博士生导师31人、硕士生导师96人，党政管理11人。

2018年，学院引进优秀人才1人、普通人才1人；晋升教授2人、晋升副教授3人；退休4人。

（陈继威）

【本科教学】

2018年，共招收本科生262人（8个班，含信息科学试验班50人），其中数据科学与大数据技术专业首次招生；共招收计算机科学与技术专业双学位学生40人，招收数据科学与大数据技术专业双学位学生120人。2018届毕业生239人，其中234人获得学士学位；推荐免试研究生89名；11篇校级优秀毕业论文。本科生申请北京市大学生创新训练计划14项、国家大学生创新训练计划10项、校级URP项目24项，各类经费累计46万元。吕春利的MOOC课程“信息安全”获得2018年国家级精品在线课程；苏娟获得第十一届青年教师基本功比赛校级二等奖。获批中国农业大学2018年专业课发挥思政功能立项3项，经费支持1.5万元。2018年度本科教学运转费共计235.63万元，本科教改工程经费252万元。

（段颖昕）

【研究生教育】

2018年，学院招收硕士研究生185人，全日制专业学位研究生91人、非全日制专业学位5人；博士研究生35人，其中留学生1人；毕业博士研究生20人，授予博士学位23人；毕业硕士研究生148人，授予硕士学位164人，其中专业学位68人；157人获得奖学金；7人获评三好学生，7人获评优秀学生干部，4人获评北京市优秀毕业生，13人获评中国农业大学优秀毕业生，11人获得“国家高水平大学公派研究生项目”资助。

2018年，博士生导师31人，其中外聘5人；硕士生导师96人，其中外聘5人 。共开设研究生课程60门。

（许朝辉）

【科研工作】

2018年，学院在研科研项目183项；其中纵向课题116项、横向课题67项，到校总经费4 311万元。申报国家自然科学基金43项，获批10项，共计315万元。

2018年发表国际论文313篇，其中SCI论文94篇、EI论文213篇、SSCI论文6篇；申请专利178项，其中发明专利174项、实用新型专利4项；获得专利授权114项，其中发明专利99项、实用新型专利15项；软件著作权登记295项。

（王晓红）

【学生工作】

2018年，学院共有本科生1 027人、硕士研究生338人、博士研究生122人、班主任35人、专职辅导员5人、兼职辅导员7人。本科毕业生239人，保送、考取研究生106人，出国深造19人，本科毕业生就业率为97.07%。奖优助困工作中，798名本科生参加综合测评，共有519人次获得综合、单项、专项各类奖学金，累计金额126.24万元。共有232人次获得三好学生、优秀学生干部、优秀团干部、优秀团员荣誉称号。192名经济困难学生申请国家助学金，资助金额累计71.52万元，40人获得社会助学金，资助金额累计14.17万元，5人获得不同档次学费减免。评选出3个校优秀班集体、5个校级优秀团支部、6名“优秀班主任”、2名“中国农业大学优秀辅导员”。

学院积极组织学生参加全国大学生数学建模竞赛、全国大学生智能互联创新应用设计大赛、全国大学生“恩智浦”杯智能汽车竞赛、“蓝桥杯”全国软件和信息技术专业人才大赛、“创青春”首都大学生创业大赛等市级竞赛，均取得优异成绩。其中全国大学生智能互联创新应用设计大赛获国家级一等奖4组，“创青春”首都大学生创业大赛获北京市一等奖1组，“蓝桥杯”全国软件和信息技术专业人才大赛获北京市二等奖5组，三等奖8组。举办了夕阳再晨、微读等系列活动。在校运动会、校新生运动会上均取得优异成绩，学生组获得精神文明奖，教工组获优秀组织奖。

（张鑫）

【合作交流】

学院先后与美国、加拿大、澳大利亚、德国、希腊、俄罗斯、日本、韩国、罗马尼亚、泰国、越南、斯洛伐克、巴基斯坦等国家的多所大学、研究机构及国际组织建立了长期友好的合作关系，开展广泛的学术交流与科研合作。7月13日至15日，举办2018年智慧农业创新发展国际研讨会，共1个大会场、7个分会场，大会共邀请来自英国、希腊、日本、美国、加拿大、韩国、德国、比利时、爱尔兰、法国等国家和地区的60余名知名专家及300余名学者参加，会议共收录论文235篇，其中英文论文203篇，中文论文32篇。引进1名国际专家参与英文专业课程建设，1名国际高端外国专家开展科学研究项目。教师赴国外参加学术会议、合作交流、培训进修41人次；邀请外籍专家 30人次；接待多个外国大学代表团来访；和美国伊利诺伊大学签署协议或备忘录；与英国布鲁内尔大学，澳大利亚科技大学初步达成协议，备忘录已进入签署过程。

（史银雪）

【党建工作】

学院有党支部40个，其中教工党支部9个、研究生党支部21个、本科生党支部10个；共有党员630人，其中教工党员102人，占全院教职工总人数60.4%；学生党员513人，其中研究生党员322人，占全院研究生总人数54.5%，本科生党员191人，占全院本科生总人数18.1%。新发展学生党员135人，其中，研究生47人；144名预备党员按期转正；提出入党申请311人，入党积极分子115人。1个红色“1＋1”活动获评北京市优秀奖。

（张鑫）

【工会工作】

2018年，成功召开学院二级教代会，广泛征求教职工意见，维护教职工权益，调动教职工参与学院管理的积极性。多次组织青年教师座谈会，了解青年教师的思想状况和工作、生活中遇到的困难，并及时帮助他们解决，使青年教工心情愉快地投入教学、科研工作中。积极组织教职工参与校工会组织的各项活动，在学院内部组织教师、学生参与健身活动和体育比赛。组织了羽毛球比赛、参观北京市农业嘉年华、奥林匹克公园健步走等活动。

（陈继威）

水利与土木工程学院

【学院概况】

水利与土木工程学院源于1958年成立的北京农业机械化学院农田水利化系，2018年学院迎来建院60周年庆典系列活动。学院下设水利工程系、农业建筑与环境工程系、流体机械与流体工程系、土木工程系等4个系；拥有5个本科专业、2个国家级重点学科、1个省部级重点学科、5个省部级重点实验室、工程中心及野外观测实验站；在作物高效用水理论与技术、节水灌溉技术与产品、农业水资源与水环境、水动力学与水力机械、动物健康养殖环境工程、设施园艺环境工程、城乡规划与建筑工程、环境增值能源与废弃物处理工程等领域形成了优势互补的研究方向。

（戈志奇）

【学科专业建设】

学院设置农业水利工程、水利水电工程、能源与动力工程、农业建筑环境与能源工程和土木工程5个本科专业，博士学位授权点（水利工程、农业生物环境与能源工程、农业水土工程）3个，学术型硕士学位授权点（农业生物环境与能源工程、农业水土工程、水利工程、土木工程、城乡规划学）5个，专业型硕士学位授权点（水利工程、农业工程、动力工程、建筑与土木工程、项目管理、设施农业）6个，博士后流动站2个（水利工程、农业工程）。学院建有农业工程（农业生物环境与能源工程、农业水土工程）、水利工程、土木工程学科，在教育部第四轮学科评估中，农业工程评估结果为A＋，水利工程评估结果为B＋，土木工程评估结果为C－。

学院拥有农业农村部设施农业工程（综合性）重点实验室、农业节水与水资源教育部工程研究中心、北京市畜禽健康养殖环境工程技术研究中心、北京市供水管网系统安全与节能工程技术研究中心、农业农村部作物高效用水武威科学观测实验站、农业农村部沼气质量测试中心华北工作站等科研平台，在甘肃武威、北京通州、内蒙古巴彦淖尔等地建有多个科研教学基地，其中石羊河实验站入选国家农业科技创新与集成示范基地。建设有科技部温室设备国际科技合作基地和北京市畜禽健康环境与福利养殖国际科技合作基地、现代节水灌溉技术与设备国际科技合作基地。

（李凴峰）

【师资队伍】

学院有教职工115人，具有博士学位81人。其中教授35人、副教授48人、副研究员

1人、高级工程师3人、高级实验师1人。2018年新引进教师5人，校内调动调出1人。截至12月，博士后研究人员在站11人，进站5人。

拥有中国工程院院士1人、国家"QR计划"1人、CJ学者特聘教授4人、国家杰出青年基金获得者3人、中科院百人计划2人、国家"万人计划"领军人才1人、国家"青年QR计划"1人、青年CJ学者2人、国家优秀青年基金获得者4人、北京市教学名师4人、农业农村部产业技术体系岗位科学家4人、教育部新世纪优秀人才9人、宝钢优秀教师奖获得者7人、霍英东奖励及基金获得者3人、北京市科技新星2人、北京高校青年英才计划入选者2人。拥有国家自然科学基金创新研究群体1个、教育部创新团队1个、农业农村部农业科研杰出人才及创新团队1个。

（戈志奇）

【本科教育教学】

学院在校本科生743人。本科毕业生182人，其中授予学位177人，结业5人，2018级210名本科生顺利入学。

由康绍忠院士领衔完成的《突出农工交融的农业院校水利工程卓越人才培养体系创建与实践》荣获2018年北京市教学成果一等奖、国家级教学成果二等奖。施正香教授荣获2018年北京市教学名师；赵淑梅副教授荣获"（大北农）中国农业大学教学名师奖"。农业水利工程、水利水电工程两个专业于5月30日至6月1日通过全国工程教育专业认证专家组现场考察。学院青年导航计划成果显著，在第六届全国水利类专业青年教师讲课竞赛中，刘浏、牛俊两位副教授分别获得特等奖（第1名）和一等奖。启动2018—2020年一流课程与一流课堂建设，对本科教学工作进行系列的重点支持。推进免试推荐研究生制度改革，对学生科研潜质进行全面考核，2018届本科生免推人数达到49人，9篇本科生毕业设计论文获校优秀毕业论文（设计）。

学院以科创竞赛带动学风建设，2018年获批国家级、北京市级本科生创新项目30项，获得资助经费总额达60.2万元；学校URP项目立项53项，经费5.3万元，近250人参与创新创业项目。

主办第六届全国大学生农业建筑环境与能源工程相关专业创新创业设计竞赛，获得特等奖2项、一等奖1项，优秀指导教师2名，以及优秀组织奖。第七届北京市大学生建筑结构设计竞赛获得北京市A组比赛一等奖（第1名），并代表北京队参加"富力杯"全国建筑结构设计大赛，获得优胜奖及优秀组织奖。

国家级虚拟仿真实验教学中心申报27项软件著作权，推进农业工程虚拟仿真资源建设。执行条件建设项目200万元用于本科教学评估实验室条件建设，执行条件建设项目115万元用于水利工程类实验室条件建设。本科生以第一作者发表SCI论文1篇，中文核心期刊1篇，软件著作权1项。

（孙艳京）

【研究生教育】

学院在校研究生483人，其中，博士生162人、硕士生321人；招生193人，其中，博士生38人、硕士生155人；毕业研究生159人，其中博士生26人，授予博士学位25人，硕士生 133 人，授予硕士学位 131 人。

开设全日制研究生课程 75 门，非全日制研究生课程 11 门。推荐公派出国联合培养博士研究生 16 人，出国攻读博士学位研究生 12 人，出国联合培养硕士研究生 4 人。完成博士生资格考试、开题报告、论文中期检查、教学实践、学术交流以及硕士生开题报告、实践教育等研究生培养环节的考核工作。

由康绍忠院士团队完成的研究生教育成果“创建‘五链环’野外综合实训平台与‘四融合’人才培养模式的探索及其实践”荣获“第三届中国学位与研究生教育学会研究生教育成果奖”特等奖，实现了学校在中国学位与研究生教育学会研究生教育成果特等奖项上的零突破。由李保明教授团队完成的“基于国家 QR 计划教授平台的研究生培养模式创新与实践”荣获中国农业大学研究生教育成果校级一等奖。

完成水利工程一级学科博士学位授权点、土木工程一级学科硕士学位授权点以及水利工程、动力工程、建筑与土木工程领域专业学位授权点合格评估工作；与工学院、信电学院合作完成农业工程一级学科博士学位授权点国际评估、农业工程领域专业学位授权点国内合格评估工作。

完成学术型硕士研究生学制调研与调整（2 年→3 年）、培养方案修订与学位授予标准编写工作。

（王宝芝）

【科学研究】

2018 年，学院承担国家重点研发计划项目、国家自然科学基金、公益性行业专项、现代农业产业技术体系建设项目等各类纵向科研项目 140 项，横向科研项目 49 项；全年到校科研经费 6 423 万元。获批国家“十三五”重点研发计划项目 1 项、国家“十三五”重点研发计划项目课题 6 项；申报国家自然科学基金项目 45 项，获批 17 项，其中重点项目 2 项、优青项目 1 项、国际（地区）合作与交流项目 3 项、面上项目 6 项、青年科学基金项目 5 项。

2018 年“农业高效用水创新引智基地”高校学科创新引智计划（“111”计划）开展顺利，来自美国、英国、法国、澳大利亚、以色列等 140 余人参会。国家自然科学基金重大项目“西北旱区农业节水抑盐机理与灌排协同调控”顺利启动。获批国家自然科学基金中美“食物、能源、水”系统关联合作研究“INFEWS：U. S.-China：旱区‘食物、能源、水’系统技术-环境-经济耦合平台构建与模拟”项目并顺利召开启动会。主持的中国工程院重大咨询研究项目“中国种植业科技中长期发展战略研究”顺利结题。主持的国家重点研发计划“畜禽养殖智能装备与信息化技术研发”项目启动会顺利召开。国家重点研发计划课题“灌区用水多过程耦合调控理论与方法”顺利启动。北京市畜禽健康养殖环境工程技术研究中心创新基地培育与发展专项通过验收。“农业农村部设施农业工程重点实验室学科群”召开学术委员会会议，学科群建设顺利开展。

发表 SCI 收录论文 127 篇、EI 收录论文 119 篇、SSCI 收录论文 2 篇，影响因子大于 5 的 5 篇。获授权专利 57 项，其中发明专利 25 项，登记软件著作权 40 项。

（李愿峰）

【合作交流】

学院在籍留学生 2 人。多次聘请国内外学者、专家到学院进行学术交流和研究，积极组织申报外国专家项目。主办或协办国际会议 2 项、国内会议 5 项；接待来访外国专家 60 余人；承办国际培训班项目 1 个。

学院与美国农业部农业研究组织（USDA-ARS）开展了互访交流；积极推进与美国伊利诺伊大学开展的“3＋2”联合办学项目。此外，学院与美国新墨西哥州立大学、佛罗里达大学、伊利诺依大学、英国斯旺西大学、丹麦奥胡斯大学、以色列理工大学、香港中文大学等国内外高校开展互访工作，与美国农业部农业研究组织、法国国家农业研究中心、中国科学院、中国工程院、中国水科院、中国农机院等科研单位通过项目合作和人员交流，建立了长期合作研究关系。

（张立伟）

【学生工作】

学生荣获美国大学生数学建模大赛二等奖 1 项，全国大学生英语竞赛二等奖 4 项，三等奖 7 项，全国部分地区大学生物理竞赛一等奖 1 项，民生杯数学建模比赛一等奖 1 项，二等奖 1 项，北京市大学生数学竞赛获一等奖 1 项，二等奖 2 项，三等奖 1 项；全国部分地区大学生物理竞赛一等奖 2 项。主办第六届全国大学生农业建筑环境与能源工程相关专业创新创业设计竞赛，选送的 5 组选手在全国参赛的 150 支队伍中表现优异，斩获特等奖 2 项、一等奖 1 项，荣获“优秀组织奖”，李明、郑炜超老师获得“优秀指导教师奖”。承办中国农业大学第十二届结构设计大赛，34 组参加校内比赛，评选出 1 组代表队，参加第七届北京市大学生建筑结构设计竞赛，并获得北京市 A 组比赛一等奖（第 1 名），代表北京队参加“富力杯”全国建筑结构设计大赛，获得优胜奖及优秀组织奖。本科生以第一作者发表 SCI 论文 1 篇、中文核心期刊 1 篇，取得软件著作权 1 项。

学院 1 个团支部获得“北京市先锋团支部”称号，1 个班级获得“北京市先进班集体”称号，1 个党支部获得“中国农业大学标兵集体”称号，2 个班级获得“中国农业大学优秀班集体”称号，4 个团支部获得“中国农业大学优秀团支部”称号，1 个团支部获得“十佳团日活动”称号。2 人获得“北京市三好学生”称号，2 人获得“北京市优秀学生干部”称号，1 人获得“北京市‘先锋杯’优秀基层团干部”称号，1 人获得“北京市‘先锋杯’优秀团员”称号，1 人获得“中国农业大学五四青年标兵”称号。

在校春季田径运动会上获得精神文明奖、学生组男子团体总分第 2 名，男女团体总分第 4 名；获得新生运动会女子团体总分第 3 名、新生排球赛第 1 名、新生篮球赛第 4 名。在学校“一二·九”运动合唱比赛中获得 3 等奖。

全年共有 350 人次本科生获得各类奖学金 89.07 万元，192 人次研究生获得各类奖学金 104.2 万元；助困方面，共认定家庭经济困难学生 186 人，全年各类资助 800 余人次，总金额 101.46 万元。

2018年，本科生就业率95.06%，硕士研究生就业率96.85%，博士研究生就业率95.83%。

（王胜男）

【党建行政工作】

2018年，共吸收优秀大学生入党87人，其中女性43人，少数民族4人，预备期满转正84人。开办二级业余党校，开办4期积极分子培训班、发展对象培训班、预备党员培训班和党支部书记培训班，共培养入党积极分子199人，其中171人通过党课考核，培养发展对象91人，其中79人通过考核。

学院开展了系列主题党日活动、学习贯彻落实十九大精神、全国教育大会精神、推进“两学一做”常态化制度化、“红色1+1”等一系列主题教育实践活动，5个党支部获北京市红色“1+1”共建活动优秀奖，北京高校师生服务首都“四个中心”功能建设“双百行动计划”立项支持2项（全校共3项），1名教师获得“第十四届北京市优秀思想政治工作者”称号，学校优秀主题党日活动2项（全校共20项）、1个党支部获得“中国农业大学先进基层党组织”称号，1个党支部获得“中国农业大学五四青年标兵集体”，1名教师获得“中国农业大学优秀党务工作者”称号，2名教职工获得“中国农业大学优秀共产党员”称号，2个党支部活动获评“中国农业大学优秀党日活动”，4名学生党员获得“中国农业大学优秀学生党员”称号。

有序开展学院60周年院庆工作，成立60周年院庆组织机构，开展系列学术活动、文体活动和校友联谊活动，完成《水院六十年》院庆图书编撰工作，完成10 000余名校友录整理和校友集体照征集、校友墙设计制作工作，接受校友及社会各界捐赠合计300余万元，共计1 000余名校友返校。

（王胜男　张立伟）

【教代会与工会工作】

召开学院二级教代会，就学院绩效津贴发放情况、学院规章制度修订等进行通报并征集代表意见与建议。

学院分工会继续加强教职工之家建设，参加学校教职工之家评审；组织教职工参加校运动会等活动；开展乒乓球、拖拉机扑克比赛。举办教职工中医针灸、健康咨询和职工插花活动；举办奥森公园健步行和职工读书活动；组织离退休教师交流座谈会和年度退休离岗与新入职教师座谈会等活动，承办学校第四届拖拉机扑克牌（东区）比赛。在校工会举办的“改革开放四十年，筑梦美好新时代”2018年教职工诗歌朗诵比赛中取得好成绩。

学院工会慰问退休老领导、老教师，以及有病住院、有生活困难的职工，为生育青年教工送上慰问金；组织召开新老教工迎送座谈会，重阳节举办退休老同志座谈会等。

（董清）

理 学 院

【学院概况】

理学院下设应用数学系、应用物理系、应用化学系和应用力学系 4 个系。

（宋慧芳）

【学科建设】

学院拥有农药学、农产品安全及化学一级学科博士点，与信息与电气工程学院共建计算机科学与技术博士学位点，设有化学、数学、力学一级学科及农药学、农产品安全、生物物理学硕士学位点。农药学是国家"双一流""985""211 工程"重点建设学科，设有博士后流动站；化学专业是全国农林院校唯一的"国家化学理科基础科学研究和教学人才培养基地"。拥有北京市实验教学示范中心、农业部农产品质量检验测试中心等。

（何志巍）

【师资队伍】

学院共有教职工 172 人，其中专任教师 147 人，包括教授 53 人、副教授 78 人；博士生导师 30 人、硕士生导师 75 人；享受政府特殊津贴专家 4 人。北京市教学名师 4 人。

2018 年度，引进各类人才 7 人，其中优秀人才 3 人、讲师 4 人，退休 3 人；晋升正教授 3 人，副教授 1 人；博士后研究人员在站 4 人，进站 2 人、出站 3 人。

（孙薇）

【本科教育教学】

2018 年，承担学校和学院各类本科课程 171 门，153 位教师承担相应教学任务，涉及学生 3 000 余人，全年共完成本科生教学工作量 78 483 标准学时。

完成包括《高等数学》《大学物理》《无机及分析》《理论力学》等在内的共 49 门公共基础课课程、119 门本科生课程新版大纲的制定工作。对数学、化学、应用化学和工程力学 4 个专业 2012 年版培养方案进行修订。

在学校第十一届青年教师教学基本功比赛中，理学院取得校级一等奖 1 名；1 人获得 2018 年北京市教学名师光荣称号，2 人获得中国农业大学教学名师称号。

组织指导全校各专业学生 600 余人参加国际国内各类学科竞赛 30 余项，获奖情况：①2018 年"高教社杯"全国大学生数学建模竞赛，全国一等奖 2 项、全国二等奖 5 项、北京市一等奖 13 项、北京市二等奖 16 项。②2018 民生杯数学建模竞赛：省部级一等奖 6 项、二等奖 22 项、三等奖 14 项。③2018 美国大学生数学建模竞赛，国家级二等奖 7 项、三等奖 48 项。④第十届全国大学生数学竞赛（北京赛区非数学专业）：全国一等奖 4 个、全国二等奖 12 项、北京市一等奖 11 项、二等奖 17 项。⑤第七届全国大学生数学竞赛(北京赛区数学专业):北京市二等奖 2 项、北京市三等奖 2 项。⑥第七届北京市大学生实验化学竞赛:二等奖 2 项。⑦37 届全国部分地区大学生物理竞赛:一等奖 7 项、二等奖 30 项、三等奖 13 项。⑧北京市大学生物理实验竞赛:三等奖 2 项。

2018 年国家级大学生创新项目立项 36 项,北京市大学生创新项目立项 13 项。

院级教改项目立项 13 项。

(何志巍　任雪静)

【研究生教育】

研究生在校 286 人,其中博士生 126 人、硕士生 160 人;招生 115 人,其中博士生 35 人、硕士生 80 人;毕业研究生 94 人,其中博士生 42 人,授予博士学位 40 人,硕士生 52 人,授予硕士学位 52 人。

共开设研究生课程 47 门,其中全校公共基础课 8 门。

与植物保护学院共同完成农药学博士学位授权点国际评估;完成化学、力学、数学硕士学位授权点国内评估。

7 月 13—15 日,组织理学院第二届优秀大学生夏令营活动,来自海南大学、北京林业大学、山东农业大学等院校的 44 名同学参加活动。

12 月 2—9 日,举办第三届理学院研究生学术交流活动,促进理学院研究生内部的学术交流。

(王鹏 宋慧芳)

【科学研究】

2018 年,学院到校科研经费 6 207 万元。获批国家重点研发计划课题 2 项,科研经费超过 700 万元。签署横向项目 200 多项,辐射全国 20 多个省(市、区),总经费 1 500 万元。

发表国际论文 245 篇,其中 SCI 论文 179 篇、EI 论文 65 篇、SSCI 论文 1 篇。高水平论文大幅增加,其中影响因子大于 5 的有 27 篇,在 *AngewandteChemises*, *International Edition* 等影响因子大于 10 刊物上发表 4 篇论文,学科前 10% 论文 31 篇,学科前 10%～20% 论文 40 篇,通讯作者教师数 65 人。已获国家发明专利 18 项,较 2017 年增加 50%以上。

(杜凤沛)

【合作交流】

组织申报外专项目及“一院一平台”外国专家项目。加强教职工出国境、境外专家请进管理,2018 年办理出入境手续 40 余人次。

(王鹏)

【学生工作】

截至 10 月 31 日,2018 届本科和研究生毕业生一次就业率分别达到 76.87% 和

97.75%，总就业率84.75%，博士生实现100%就业。举办大型双选会1场，30家企业提供了1 200余个岗位；开展“一对一辅导”工作，并帮助1名同学赴西藏拉萨第一中学任教，支援西藏建设。积极开拓就业市场，利用校友资源促进就业，组织校园专场招聘10余场；联系校内外资源，邀请专业人士为毕业生进行简历投递、面试技巧等方面的培训和指导；连续第6年举办求职大赛，吸引百余名同学积极参与，在全校范围内引导积极就业观念。

开展“走进新时代 青春再出发”团员主题教育、推荐“争做新时代向上向善好青年”主题活动、“乘风新时代，筑梦新征程”专题教育活动等多个主题鲜明的思想教育活动，并依托“CAU理院学生平台”微信公众号平台，助力学生思想提升。1个集体获得北京市“先锋杯”优秀团支部；1个集体获得北京市先进班集体；1名同学被评为北京市“先锋杯”优秀团干部；1名同学被评为北京市“先锋杯”优秀团员；1名同学被评为北京市优秀学生干部；2名同学被评为北京市“三好学生”；化学172团支部获得校级“十佳团日活动”称号，数学161班被评为北京市先进班集体。2018年，理学院分团委组织学生参加科技创新、创业、社会实践和志愿服务活动，如“挑战杯”课外学术科技作品竞赛，“溢达”创意大赛、社会实践等活动，有142名同学参与涉及精准扶贫、“饮水思源”回访母校等内容的社会实践；共计500人次团员参加中国科技馆志愿项目、北京南站春运、毛主席纪念堂志愿项目、富润家园志愿项目、15号线地铁志愿项目等多项志愿服务活动。

2017—2018年度，共216名本科生获得国家奖学金、校长奖学金、优秀学生奖学金等各类奖学金，累计奖励金额近76万元，获奖面达30.47%；128名研究生获得国家奖学金、大北农奖学金、农药学学科奖学金等各类奖学金，累计奖励金额近83万元，获奖面达46.5%。资助经济困难学生127人，资助覆盖面达100%。关注心理问题学生19人，成功干预心理危机案件7起，处理应急事件4起。

（罗涛　李岩　张玲）

【党建工作】

认真落实各项政治学习。学院党委带领全院师生完成学习十九大精神、学习全国教育大会精神、习近平北大讲话精神、在两院院士大会讲话精神、改革开放40周年庆祝大会上的讲话精神、意识形态专题教育等10个主题的教职工理论学习，组织党员干部到中共一大会址、卢沟桥等红色基地进行党支部工作培训和党员教育培训。

加强支部建设，促进支部工作规范化。学院党委召开党建专题会议，每学期至少1次对支部建设进行专题研究。采用“走支部”现场指导工作、实施“支部书记工作能力提升计划”等提升支部整体建设水平。教工党支部严格执行“双周三”学习制度，坚持“三会一课”制度，支部组织生活至少2次/月，民主生活会1次/学期，各支部建立并实行组织生活考勤制、支部活动内容记录制、支部手册填写要求等，组织生活有考勤、有记录，支部换届有报告、有批复，工作更为规范。

大力开展党员教育，设计和组织形式新颖、吸引力强的党的实践活动，包括：“我是一面旗帜”主题党日活动、“学习十九大精神”“改革开放40周年”主题实践等。

继续做好宣传工作，利用7大宣传平台对学院中心工作进行全面报道和信息发布，以此引领主流文化。学院首页新闻稿件数 120 余篇，二级栏目稿件 400 余篇。

2018 年，理学院党委成为教育部首批“全国党建工作标杆院系”培育创建单位。教工数学一党支部被评为校级先进基层党组织，1 人被评为校级优秀党务工作者，5 人获校级优秀党员，1 个党日活动获校级优秀党日活动，1 个红色“1＋1”党支部共建活动获得北京市红色“1＋1”示范性活动三等奖。

2018 年新发展党员 48 人。

（古丽）

【工会工作】

2018 年，学院工会为职工购置发放公园年票、防雾霾口罩，举办“三八”有奖知识问答活动及教师基本功大赛预赛等教研沙龙系列活动，组织参观第六届农业嘉年华及雄安新区，举办手机摄影培训、插花培训、观影、离退休教师座谈会等活动。在校工会组织的教职工之家等级评定中，理学院获得优秀。

（刘丰茂）

经济管理学院

【学院概况】

经济管理学院设置 5 个系：农业经济系、金融系、工商管理系、会计系、经济贸易系。拥有中国农业大学首个省部级哲学社科基地“北京食品安全政策与战略研究基地”并纳入北京市智库建设系列。拥有 3 个校级研究中心：中国农业大学期货与金融衍生品研究中心、中国农业大学食品安全政策与战略研究中心、中国农业大学国家农业市场研究中心；拥有 17 个院级研究中心：农村金融与投资研究中心、国际农产品贸易研究中心、战略与决策研究中心、区域物流规划与发展战略研究中心、风险管理与农业保险研究所、中国农户经济研究中心、食物与健康经济研究中心、中国县域经济研究中心、中国农业品牌研究中心、农村休闲旅游与风险管理研究中心、畜牧经济研究中心、中国食品流通研究中心、国际应用经济与政策研究中心、会计案例研究中心、东亚农业农村发展研究中心、人力资本发展数据研究中心、国际经济研究所。

（章博）

【学科专业建设】

拥有农林经济管理和应用经济学 2 个一级学科博士学位授予权，工商管理一级硕士学位授予权，农业经济管理博士后流动站；其中，农林经济管理一级学科下的农业经济管理二级学科是国家级重点建设学科。开设 5 个博士招生专业（农业经济管理、农业经济史、金融学、产业经济学、国际贸易学）、6 个学术型硕士招生专业（农业经济管理、金融学、产业经济学、国际贸易学、会计学、企业管理）和 3 个专业硕士招生专业（工商管理硕士、金融硕士、会计硕士）。

2018 年，学院先后完成农林经济管理一级学科博士学位授权点、应用经济学一级学科硕士学位授权点和工商管理一级学科硕士学位点的自我评估工作。

（章博　郭沛）

【师资队伍】

学院共有教职工 127 人，其中，专任教师 106 人，包括教授 44 人、副教授（含副研究员）50 人；博士生导师 57 人、硕士生导师 37 人；国务院参事 1 人，“CJ 学者奖励计划”青年学者 1 人，享受政府特殊津贴专家 5 人，北京市教学名师 3 人。

本年度引进杰出人才 1 人（李春顶），普通人才 1 人（路西），退休 2 人（米增渝、马晓燕），晋升正教授 2 人（蔡海龙、陈红华），晋升副教授 1 人（马红旗），晋升高级实验师 1 人（谷征），晋升编辑 1 人（肖亦天），博士后研究人员在站 1 人（张明霞）。

（章博）

【本科教育教学】

2018 年，学院获得北京市教学成果特等奖、一等奖、二等奖各 1 项，其中，林万龙等申报的“农业现代化创新领军人才五位一体培养模式研究与实践”获得北京市教学成果特等奖；卢凤君等申报的“农业专业学位研究生创新创业能力培养机制理论研究与实践”获得北京市教学成果一等奖；王瑞梅等申报的“开放式、柔考核、重创新——基于系统分解与重构的管理信息系统教学改革”获得北京市教学成果二等奖。廖媛红获得中国农业大学教师名师奖；赵霞与洪如玲分别获得校级青年教师教学基本比赛优秀奖。获批校级教改项目 6 项，其中核心通识建设计划项目 1 项、在线开放课程建设 1 项、专业课思想政治建设项目 4 项；组建 6 支教学团队，院级后立项方式立项 14 项。

出版农业经济管理本科卓越班学生寒假调研成果论文集《看得见山、看得见水、记得住乡愁》一书。9 月，2016 级农业经济管理卓越班学生王玥璇赴美国加州大学戴维斯分校，参加为期两周的“全球视野一流人才培养”暑期交流项目。11 月 17 日，学院与本科生院共同举办“新农经专业建设与人才培养”专题研讨会，邀请来自各高校、国际机构、企业的十余位专家，深度探讨如何培养更具有广度和宽度、适应社会发展的新农经人才。

完成本科教学审核评估工作。10 月 15—17 日，本科教学工作审核评估专家李忠云、江志斌、杨力先后走访学院，对本科教学工作进行实地考察和调研。

2018 年，招收本科生 208 人、双学位学生 168 人。本科毕业生 275 人、双学位毕业生 195 人。截至 2018 年底，在校本科生 990 人。开设本科课程 315 门。完成实验室改造项目，多种教学软件投入使用，实践实训课程运转正常；新增校外实习基地 4 个，6 个本科专业的小学期实习均走出校门。制定经济管理学院本科生学位论文查重工作实施办法，对本科生导师制的开始时间进行修订。

（郭淑媛　魏占祥　郭沛）

【研究生教育】

2018年，研究生教育实践成果奖项实现突破。李军等申报的研究生教育实践成果《以教带研，以研促教，创新融合，不断提升：农业经济史教学研究改革与实践》和谷征等申报的研究生教育实践成果《工商管理硕士(MBA)期货投资实战培养模式》获得2018年中国农业大学研究生教育成果二等奖。

学院颁布《案例开发管理暂行办法》，组建学院案例研发中心。2018年，共有7篇案例被不同专业学位案例库收录，其中中国管理案例共享中心收录案例2篇，作者分别为谷征和陈红华；中国专业学位教学案例中心收录案例4篇，作者分别为许骞、陈秀凤和李平；全国金融专业学位案例中心收录案例1篇，并荣获全国金融硕士教学案例大赛优秀案例奖，作者为何婧等。

工商管理硕士(MBA)生源质量稳步提升。2018年报考人数破历年纪录，招生名额较往年略有增加，共录取156人，实际报到147人，其中，已拥有硕士学历的学生占3%，本科学历占比较2017年略有增长。

2018年，学院共录取研究生346人，其中博士研究生52人、学术型硕士研究生64人(含留学生6人)、全日制专业硕士研究生83人、非全日制专业学位硕士研究生147人。9月，完成2018年推免生接收工作，共招收推荐免试全日制学术型硕士研究生25人，推荐免试全日制专业学位硕士研究生27人。

截至12月，在校研究生915人，其中博士研究生254人、硕士研究生661人。毕业研究生280人，其中博士研究生29人，授予博士学位27人；硕士研究生251人，授予硕士学位241人。穆月英指导的金融硕士(专业学位)研究生刘凯获评校级优秀硕士学位论文。

(陈琰　谷征　郭沛)

【科学研究】

2018年，省部级哲学社会科学研究中心建设取得零突破。1月5日，北京市哲学社会科学研究基地"北京食品安全政策与战略研究基地"成立。北京市哲学社会科学规划办副主任张庆玺，副校长、基地主任辛贤，北京工商大学党委书记、基地学术委员会主任谭向勇，国家食药总局保健食品审评中心副主任樊红平等共同为该研究基地揭牌。该研究基地聘请经管学院教授、教育部青年CJ学者白军飞为首席专家，研究团队由经济管理、人文与发展、食品科学与营养工程、植物保护、马克思主义等5个学院的30位专家组成，同时还聘请农业部农产品质量评估中心、中国标准化研究院、中国农业大学MBA教育中心、北京工商大学经济学院相关专家为特邀研究员。

多篇政策研究报告获得国家领导人及相关部委领导批示。其中，林万龙等撰写的《关于产业扶贫主要模式的调查与思考》获汪洋副总理的重要批示；司伟撰写的《稳定和恢复大豆生产关系重大，建议尽快采取措施予以支持》、王玉斌等撰写的《农村"厕所革命"面临的几个突出问题》获胡春华副总理的重要批示；李军等撰写的《"数字化""表格化"扶贫仍旧存在，为扶贫考核减压迫在眉睫》、马铃等撰写的《莫让扶贫伤了村民的心，也要避免出现“人人争当贫困户”的现象》获全国政协副主席（副国级）辜胜阻及农业农村部副部长韩俊的重要批示；李军等撰写的《产业扶贫精准施策尚有偏差，可持续发展能力有待提高》、马铃等撰写的《新疆地区扶贫需更加突出特色，因地制宜》获辜胜阻副主席的重要批示；王秀清等撰写的《必须准确把握我国目前正处于农业转型第三阶段的特点和要求，为全面实现农业现代化筑牢根基》、李军等撰写的《产前产后的农业社会化服务提供不足，小农户的需求更难得到满足》、吕之望等撰写的《土地托管是促进小农户与现代农业衔接的有效途径》《应鼓励大中型龙头企业从事和扩大保险业务》获农业农村部副部长韩俊的批示；李军等撰写的《牧民“收入增加却难富裕”现象严重，需切实推进科技兴牧，促进牧民降本增收》获国务院研究室副主任（副部级）郭玮的批示；武拉平撰写的《中国特色农业市场化模式研究》获农业农村部屈冬玉副部长的批示；韩一军撰写的《增加美农产品进口对我国农业的风险压力与对策建议》获教育部领导批示；马铃等撰写的《如何促进新型农业经营主体的高质量发展?》《小农户衔接现代农业面临的困境和建议》被中央政策研究室《简报》转载。

学院新增科研项目 102 项，科研经费总额 2 947 万元。其中国家自然科学基金项目 5 项，主持人为任金政、王文信、白军飞（国际合作项目）、许骞（青年项目）、宋默西（青年项目）；国家社会科学基金项目 3 项，主持人为穆月英（重大项目）、乔娟（面上项目）、王玉斌（面上项目）；教育部人文社科项目 3 项，主持人为朱俊峰、陈祁晖（青年项目）、许骞（青年项目）；其他部委项目 44 项；北京市及其他项目 47 项。

学院教师共获得科研奖项 17 项。其中，田志宏获得农业部软科学优秀研究成果一等奖，穆月英获得北京市优秀调研成果一等奖，李春顶获得第 20 届安子介国际贸易研究奖优秀著作三等奖，卢凤君获得第十三届北京市调查研究工作优秀调研成果奖，何秀荣获得第八届中国农村发展研究奖论文奖。

学院师生发表论文及著作共计 300 篇（部），发表期刊包括《经济研究》、*Journal of Agricultural Economics* 及 *Applied Economics* 等。其中，SSCI、SCI 期刊收录论文 27 篇；EI 收录论文 4 篇；CSSCI 收录论文 117 篇（包括 13 篇扩展版论文）；CSCD 收录论文 38 篇；核心期刊论文 15 篇；其他期刊及著作 99 篇。

（章博　郭沛）

【合作交流】

2018 年，招收硕士留学生 6 人。截至 12 月底，在校留学生 14 人，其中博士研究生 1 人、硕士生 13 人。共有 9 位硕士留学生毕业并获得学位。

派出 9 名博士生参加联合培养博士生项目，2 名金融硕士参加联合培养硕士生项目，1 名金融硕士毕业生参加攻读博士学位项目。

接待来访外宾 32 批次，43 人次，其中，美国来访者占 30%，澳大利亚来访者占 30%，韩国来访者占 7%，日本来访者占 5%；合作研究、学术访问占 31%，专业教学占 30%，讲座讲学占 22%。

学院师生参加校外学术会议 59 人次，其中国际会议 12 人次、国内会议 47 人次，发表会议论文 31 篇;受聘讲学共派出 43 人次;国内社科考察合计 60 人次,国内外进修学习 6 人次;国内合作研究 12 项,国际合作研究 1 项。

学院共主办大型学术交流会议 13 场次,平均场次受众人数达到 140 余人。其中,涉及乡村振兴战略以及改革开放农村改革 40 周年回顾与展望相关议题 5 场,包括:"农村改革 40 周年:乡村振兴与农民工发展"研讨会,"农村改革 40 周年:乡村振兴与金融服务"研讨会,"农村改革 40 周年:乡村振兴与新型经营主体发展"研讨会,"新时代农业品牌建设与乡村振兴"座谈会,以及中国农业大学北京食品安全政策与战略研究中心以及经济管理学院共同举办的"纪念农村改革 40 周年"学术研讨会等;农业经济前沿问题研究 4 场,包括:与《经济研究》杂志社及华南农业大学国家农业制度与发展研究院共同发起并由学院承办的"第二届农业经济理论前沿论坛",张福锁院士主讲"农业绿色发展策略与行动"专题报告,以及北京食品安全政策与战略研究基地系列学术报告等;农业经济方法论研究 1 场,即:6 月 11—15 日由美国普渡大学农业经济系副教授 Michael Delgado 博士主讲的"农业经济研究与计量经济学应用"系列学术讲座;中国农业经济国际交流相关议题 3 场,包括:日本农林中金综合研究所代表团来访并举行学术活动,加拿大驻华大使馆商务参赞代表团来访并探讨 WTO 改革进展和未来方向,以及 11 月 8—10 日由中国农业大学国际期刊 *China Agricultural Economic Review*(CAER)编辑部和国际食物政策研究所(IFPRI)联合主办、华南农业大学承办的题为"中国农业农村改革 40 年:农民、食物与未来"的第十届 CAER-IFPRI 国际学术年会。

(陈琰　肖亦天)

【学生工作】

团学工作　召开分团委第一届团代会,推行班团一体化改革;搭建二级团校、精英摇篮和英才沙龙 3 个平台,培养综合素质;大力开展志愿活动,组织志愿服务活动共计 13 次,志愿者达 700 余人,其中"圆明园讲解志愿活动"获得 2018 年"志愿农大"优秀志愿服务项目第 1 名;鼓励创新创业,收取双创成果申报较 2017 年增加 26%;组织丰富文体活动,春季运动会中取得男女团体第 1 名、女子团体第 1 名、男子团体第 3 名、团体操表演二等奖的优异成绩,"一二・九合唱比赛"中荣获一等奖。1 名博士生获得学校五四青年标兵;1 个志愿项目获得学校表彰。

就业工作　2018 年共有毕业生 554 人。截至 12 月底,本科生就业率 96.36%(深造率 47.6%),研究生就业率 93.55%。选调生 7 人。建立"CEM 就业之家"微信公众号,发布招聘信息以及就业相关重要通知;举办学院第二届专场招聘会,参会单位 53 家,单位质量有所提升,更有国外知名大学参加。

资助工作　对家庭经济困难学生进行经济帮扶。本年度共有 729 人次获得奖学金,本科生认定经济困难 176 人。继续自主开展资助育人项目——"家庭经济困难学生个人成长团体",开展《家庭经济困难学生学业精准帮扶机制研究——以经管学院为例》的课题调研。

心理工作　一抓队伍建设,二抓全员教育。发挥年级主任、班主任和学生干部的作用，同时邀请学校心理咨询中心师晓霞老师为所有班主任进行心理工作的辅导。通过“逐梦初心、以爱为翼”心理剧、经管最美心理文化衫设计、狼人杀挑战赛等活动提高学生对心理健康的关注度。落实个案跟踪督导工作，学院在校生总体心理状况稳定。学院心理部获评学校优秀等级。

（朱葛军　史煜成）

【党建工作】

2018年，学院分党委共召开党委会（扩大）会议8次，贯彻落实学校党委各项决议，推动学院党的建设和人才培养、学科建设等各项事业发展。落实“一会一报”和“一事一报”制度，审批把关各类报告会、研讨会和讲座共计114场次。开展党委理论中心组专题学习11次，“双周三”集中理论学习10次，邀请校内外专家就绿色发展、乡村振兴、宪法等专题做报告；组织教师前往京郊开展乡村振兴产学研实践合作；前往国家博物馆参观“庆祝改革开放40周年大型展览”等。

截至12月底，学院共有党员540人，其中教职工党员88人、学生党员452人，学生党员中本科生130人、研究生322人；教职工党支部6个，学生党支部16个，其中本科生党支部5个、研究生党支部11个。2018年完成发展党员85人，开设积极分子、发展对象、预备党员和党员骨干二级党校。

各教工和学生党支部开展特色主题党日活动，师生党支部之间、校内党支部与京郊农村、企业之间开展支部共建活动。会计系教工党支部与会计专硕党支部前往山东莱州和当地政府农业局党支部开展“三农”实践和红色教育活动获评校级“十佳主题党日活动”；金融系教工党支部联合安华农业保险公司奔赴平谷爱国主义教育基地开展共建活动；行政管理教工党支部开展系列微党课活动；本科15级联合党支部与通州区马坊村开展的“红色1＋1”共建活动获评北京市三等奖，另有两个“红色1＋1”项目获评北京市优秀奖。

2018年是“党建质量年”，学院党委实施多项创新举措。一是筹建学生党建工委，成为学生党建工作的组织保障；二是打造学生党员学习小组，强化学生党建理论武装，加强党员骨干在“党团班一体化”建设中的引领作用；三是依托线上“CEM党员之家”，建设学生党建宣传阵地。2018年初，学院党委设立党建工作微信公众号“CEM党员之家”，内容涵盖理论研读、思想火炬、支部风采、时事速递、荐读等板块，加强线上理论学习，积极挖掘基层党支部和党员的亮点。

（史煜成　朱葛军）

【校友工作】

学院1993届农村金融专业本科毕业生刘强，于2018年9月任山东省政府党组成员、副省长；1993届农村金融专业本科毕业生孙国峰，于2018年10月任中国人民银行货币政策司司长；孙国峰博士所撰写论文《中国影子银行界定及其规模测算——基于信用货币创造的视角》获得第三届孙冶方金融创新奖。

10月2—3日，作为改革开放后农业经济系招收的首批学生，21名1978级校友回到西区校园参加返校活动。退休教师张仲威、袁若飞、常务副书记张东军、副校长辛贤、校友工作办公室主任骆骢、学院党委书记张瑞海及院长郭沛参加活动。

（郭沛）

【教代会与工会工作】

2018年，学院分工会于每学期末召开二级教代会。重视和关心教职工身心健康，为教职工购买保险、办理公园年卡；关心女教工，组织女工制度性体检；坚持每月一次的生日会，为教工搭建交流平台，活动获评中国农业大学工会品牌活动；支持组建男女羽毛球队；校运动会取得第4名，学院被授予“优秀组织奖”。

（陶益清）

人文与发展学院

【学院概况】

人文与发展学院成立于2002年，是在原人文社会科学学院与农村发展学院等院系基础上组建而成。学院下设5个系：发展管理系、社会学系、法律系、媒体传播系和外语系。学院同时承担中国农业大学公共管理学院的职能。中国农业大学公共管理学院职能包括MPA教育、研究、培训与咨询。

学院设有国际发展研究中心、中国生态补偿政策研究中心、农业与农村法治研究中心、农民问题研究所、乡村传播研究所、纪录片创作与研究中心、农业伦理学与公共政策研究中心、生物经济发展研究中心、推广与创新管理研究中心、性别与发展研究中心10个研究咨询机构。学院还设有教育部“985工程”中国农村发展与政策研究哲学社会科学创新基地。

（龚利）

【学科专业建设】

人文与发展学院成立以来，学科建设得到快速发展，已经建立起学科较为齐全、培养层次完善、专业性强、综合性突出的较为完备的高级研究人才培养体系。

博士招生专业现有：公共管理一级学科授权点，招收专业包括农村发展与管理（北京市重点学科，公共管理下自设二级学位点）和社会保障；社会学一级学科授权点，招收专业包括发展研究（社会学下自设二级学位点）、社会学和人类学；应用经济学一级学科授权点，招收专业为区域经济学专业。

学术型硕士专业现有：公共管理学一级学科授权点（目前招收农村发展与管理、社会保障、行政管理和教育经济管理专业）、社会学一级学科授权点（目前招收社会学和发展研究专业)、法学一级学科授权点、新闻传播学一级学科授权点(目前按一级学科点招生)、区域经济学专业、英语语言文学专业。

学院还招收包括公共管理(MPA)硕士、农业硕士(农村发展领域)、法律硕士等全日制和在职人员专业学位研究生。设有面向留学生的全英文农村发展与管理专业博士和硕士研究生项目,2018 年继续招收商务部留学生全英文公共管理硕士研究生项目和国家留学基金项目博士生项目。2018 年承接了北京市教委"一带一路"人才培养基地项目、教育部"中非高校 20+20 合作计划"项目和教育部"丝绸之路"教育项目。

(武晋)

【师资队伍】

学院共有教职工 198 人。其中,专任教师 164 人,包括教授(含研究员等正高职称)32 人、副教授(含副研究员等副高职称)89 人、讲师 41 人、高级实验师 2 人,博士生导师 30 名,硕士生导师 53 名(含文体部 4 人);北京市教学名师 1 人,享受国务院特殊津贴 2 人,宝钢教育基金奖 3 人,教育部"新世纪优秀人才计划"2 人,北京市新世纪社科理论人才百人工程 1 人,北京高等学校"青年英才计划"8 人,"大北农"中国农业大学教学名师 4 人(2018 年新增 1 人),"大北农"青年学者奖 2 人;事业编行政、教辅人员 14 人,C 岗人员 17 人;"2+2"辅导员 3 人。

2018 年,新入职教职工 5 人(其中专职教师 3 人、事业编行政管理人员 1 人、C 岗人员 1 人);退休 3 人;长期病假、离职 9 人;晋升正教授 2 人、副教授 1 人;为 1 人办理延期退休手续。

(朱智毅)

【本科教育教学】

学院本科生在校 760 人,招生 193 人,毕业 164 人。

完成本科教学工作审核评估　2018 年,学院将人才培养目标明确为:紧密围绕乡村振兴和"一带一路"建设等国家重大发展战略,培养具有深切的人文情怀、深厚的学术底蕴和深耕的实践经验的开放型、国际型和复合型人文社会科学人才。制定了实现人才培养目标的"二十四字方针",即:政治方向、专业传统、"三农"特色、道器结合、行动育人、国际视野。

实践教学与学科竞赛　新开拓"怀柔区琉璃庙镇八宝堂村"与"山西晋中左权县拐儿镇老井村"两个实践教学基地,实践教学基地数量已达 15 个;发展管理系开展"发展干预实习",7 名三年级同学经选拔到坦桑尼亚海外实践基地实习;第十届北京市大学生模拟法庭竞赛中,张雅、瓮怡洁两位老师指导的法律系同学获二等奖;媒体传播系师生参与摄制的"巢状市场"纪录片获"中国梦・扶贫攻坚影像盛典"一等奖;媒体传播系杨芃、胡琬丽、辛陈伊囡制作的 H5 作品——《枣乡记忆》获第五届大学生新媒体大赛一等奖;张彩华老师指导的外语系同学获得全国大学生英语竞赛一等奖;崔迎春老师指导的外语系同学获得第二届全国高校大学生日语演讲比赛二等奖。

开展课堂教学改革 共有15项"专业课发挥思政功能"教改专项获得学校教学工程项目资助。新增周津春讲授的《生活中的社会心理学》和任大鹏讲授的《中国农村土地制度》2门校级核心通识课，学院服务于全校的核心通识课已达10门，占全校核心通识课的22%。进行"主干课程入主流'移植培育'计划"的探索尝试，邀请北京大学刘世定教授和清华大学沈原教授讲授《经济社会学》知识；开展学院自设的7项"马克思主义中国化"课题研究和8项"在专业课程中强化马克思主义分析方法"教学改革项目。

教材出版、教学成果、教师获奖 出版教材2本，分别为任大鹏主编的《农业法学》和李红艳主编的《媒介素养概论》。孙庆忠主编的《枣缘社会》《乡村记忆》《村史留痕》3本著作也相继出版。"南南发展合作本科人才培养体系创新"成果荣获2017年北京市教育教学成果奖一等奖。周超获得"大北农教学名师"称号。

（何慧丽）

【研究生教育】

增选博士生导师3人，现有博士生导师30人、硕士生导师53人（含文体部4人）。在校博士研究生131人（其中留学生21人），硕士研究生533人（其中全日制学术型硕士211人、全日制农业硕士94人（其中非全日制1人，全日制27人，单证66人），非全日制MPA专业学位硕士288人（其中非全日制225人，全日制2人，单证61人），留学生硕士75人。

春季共有167人获得博士、硕士学位（其中博士16人，其中有1人为返回申请学位；学术型硕士78人，全日制专业学位硕士50人，非全日制专业学位硕士23人），其中获得博士学位留学生6人、硕士学位留学生24人。秋季共有15人获得博士、硕士学位（其中博士1人，全日制学术型硕士1人，非全日制专业学位硕士13人）。

继续优化专业学位硕士研究生招生结构，拟定2019招生计划中公共管理硕士（MPA）全部招收非全日制学生，农业硕士全部招收全日制学生，法律硕士不再招生。同时，积极发展特色专业学位研究生项目，在国务院扶贫办全国扶贫宣传教育中心支持下，MPA重点招收扶贫方向学生，2018年录取新生111人。

（武晋）

【科学研究】

2018年，顺利完成各学位授权点合格评估工作。社会科学总论ESI全球排名继续保持前1%，篇均引用次数比2017年有所提高。发表SSCI/SCI论文12篇，CSSCI、中文核心期刊论文100余篇，到校科研经费1 551万元，在研基金项目20余项，新获批社会科学基金十九大专项重大项目1项、社科基金一般项目1项、社科基金青年项目1项、社科基金后期资助项目1项、教育部人文社科规划基金项目1项，共有4项政策咨询报告获得国家领导人批示（李小云教授《2020年后扶贫工作的若干思考》的政策建议、左停教授《坚持开发式扶贫与综合保障性扶贫并重》的政策建议、叶敬忠教授《对接城市消费　助力农户脱贫》的政策建议、叶敬忠教授《乡村振兴亟待避免七种错误倾向》的政策建议）。

邀请6位教授举办了6期农政与发展系列讲座。中国农业大学学报(人文社科版)在全国期刊影响力指数及影响因子排名稳定。乡村振兴、国际发展与中非合作、精准扶贫、生态补偿、农村法制、传播与乡村文化遗产等研究取得了广泛的政策、学术及社会影响。在人文社科领域的学术影响力和科研竞争力显著增强,逐步引导该领域学术讨论。

部署实施服务乡村振兴战略"四个系列"行动 策划服务乡村振兴战略"四个系列"行动。4月24日,组织召开"乡村振兴战略"研讨会,对《中共中央 国务院关于实施乡村振兴战略的意见》进行学习和研讨,提出人文与发展学院必须在乡村振兴的学术研究和行动创新方面,起到引领作用。启动全院师生全面投身乡村振兴战略"四个系列"行动,即系列研究、系列试验、系列研讨和系列培训。其中,"系列研究" 涵盖乡村振兴战略涉及的哲学社会科学方面的重大议题,陆续召开"乡村振兴系列研究"布置会、"乡村振兴系列研究"动员会以及"乡村振兴系列研究"调研协调会等8次会议,并于7—8月,组织139名师生奔赴全国20多个省、直辖市、自治区的乡村一线,开展有关76个主题的实地调研活动。"系列试验"旨在为乡村振兴实践提供总结经验和教训的经典范例,学院教师在各试验地开展基地建设、试验和实践,已完成基础材料收集和初步整理。"系列研讨"对乡村振兴的社会科学议题进行深入探讨,并构建高端学术交流平台。举办"中俄乡村振兴学术研讨会""乡村振兴与妇女发展学术研讨会""第十届中国农村发展研究博士生暨青年学者论坛""第二届'三农'传播高端论坛——'乡村振兴:政策话语与国家传播'""第二届乡村振兴学术研讨会"等系列学术研讨活动。"系列培训"为各级政府官员、一线工作人员和青年学者提供优质理念和精湛培育,组织2018年全国大学生乡村振兴夏令营,吸引来自全国30多所高校的青年才俊报名参加。

科学研究成果的社会影响 11月,全球南南发展博览会在纽约联合国总部举办,李小云主持的"中坦千户万亩玉米增产示范工程"项目入选全球南南发展博览会南南合作杰出实践案例;12月,唐丽霞获得中国-联合国粮农组织南南合作特别突出贡献个人奖。李小云当选2018年度十大公益人物。

举办第五届华北地区MPA教育发展研讨会和全国农业专业学位研究生教育指导委员会农村发展领域分委员会2018年全体专家会议 10月27日,由全国MPA教指委主办、学院承办的"第五届华北地区MPA教育发展研讨会"成功举办,来自华北地区以及全国其他地区的37所MPA培养院校的93位代表出席会议。12月14日,全国农业专业学位研究生教育指导委员会农村发展领域分委员会2018年全体专家会议在学院举办。

(武晋)

【国际合作交流】

开展国际学术交流与合作 2018年共请进外国专家57人次,因公出国(出境)69人次,其中老教师因公出国出境56人次、学生因公出国出境13人次。来访学者涉及德国、法国、菲律宾、荷兰、加拿大、美国、孟加拉国、坦桑尼亚、英国、意大利等国家。因公出访涉及埃塞俄比亚、捷克、德国、法国、俄罗斯、韩国、日本、荷兰、美国、马拉维、坦桑尼亚、土耳其等国家。

服务国家教育援外战略，积极申请国际留学生项目 承担援外国际留学生项目4项，分别为：商务部援外学历学位教育项目、北京市教委“一带一路”人才培养基地项目、教育部“中非高校20+20合作计划”项目和教育部丝绸之路教育项目，同时也接收单独申请中国政府奖学金项目的学生和自费留学生。组建专门的留学生管理团队，聘任外事秘书1人，学院英文网站初步建成并投入使用。

承办国家部委多项短期援外培训 承担“坦桑尼亚现代农业技术推广与转化机制海外培训班”和“发展中国家农业发展政策与规划研修班”。

组织首届跨文化交流嘉年华 12月27日，组织策划首届“人文与发展学院跨文化嘉年华”(COHD Cross-Cultural Carnival)，来自29个国家的60多名留学生参加活动。

（龚利）

【学生工作】

学生党建工作 学院共有学生党员282人，其中本科生105人、研究生177人；本科生预备党员35人，正式党员70人，研究生预备党员24人，正式党员153人。本科生党支部5个，研究生党支部9个。全年共发展学生党员58人。

学生团学工作 积极开展“乘风新时代，筑梦新征程”专题教育活动和“不忘跟党初心，牢记青春使命”主题活动，结合学院优势，开展“共趁东风放纸鸢”、人文知识竞赛、汉字听写大赛、人发讲坛等系列活动，参与学校“一二·九”红歌比赛，连续3年荣获一等奖。配合校团委积极开展学生干部培训，完成第十六届学生会干部换届等。

经济困难学生帮扶工作 2018级新生中，14人通过绿色通道缓缴学费，29人得到爱心礼包，1人获得绿色通道特困生临时补助；认定经济困难学生126人，占全院本科生总数的16.03%，经济困难学生全部获得助学金资助，总计57.98万元，人均4 601.58元，达到全覆盖。为30名特困学生提供冬衣补助和返乡补助。

就业工作 2018届毕业生共284人，其中本科生164人、硕士研究生108人、博士研究生12人。截至10月31日，就业率95.07%。其中，本科生就业75人，参军入伍1人，国内深造读研50人，出国深造27人，深造率为46.95%，总就业率为93.29%；硕士研究生就业98人，国内深造5人，出国深造2人，深造率为6.48%，总就业率为97.22%；博士研究生就业11人，继续攻读博士后1人，总就业率为100%。

心理健康工作 承办“5·25心理健康节开幕式暨心理嘉年华”活动；在“10·25”期间，开展以“逐梦初心，以爱为翼”为主题的心理节活动，与水利与土木工程学院合办的心理剧大赛“以心为翼，为爱远方”在学生中引起强烈反响。

（卢梦沁）

【教代会与工会工作】

参加教职工之家评审 学院分工会获得“2015—2017年度优秀教职工之家”和“2017年度宣传工作先进单位”称号，并通过北京市教育工会先进教职工小家评审。

组织参加学校各项文体活动 组织教职工参加学校举办的各项文体活动。在校春季运动会上获得教工组团体总分第1名、优秀组织奖及精神文明奖;“12·9合唱比赛”和“改革开放四十年,筑梦美好新时代”教职工诗歌朗诵大赛均获得一等奖。

召开教职工代表大会,推动学院民主建设 11月28日,召开全院教职工大会,对行政领导班子成员进行任期考核述职测评。

开展教育创新活动 学院工会积极开展教育创新活动,努力加强“四有”教职工队伍建设。开展“青年教师暑期培训”“青年教师教学基本功培训和基本功大赛”“科研工作交流会”等活动激发青年教师的学术兴趣,提高业务水平。配合学院党委,开展“双周三”理论学习活动和塞罕坝农场学习参观、“纪念改革开放40周年”大型成就展学习参观等教育实践活动。

(龚利)

马克思主义学院

【学院概况】

马克思主义学院前身是人文与发展学院下属的社会科学部。2009年6月,学校成立中国农业大学思想政治教育学院,2015年底,更名为马克思主义学院。

马克思主义学院设置4个系和2个教研中心:思想道德教育系、马克思主义原理系、近现代历史系、中国化马克思主义系和研究生教研中心、“形势与政策”课教研中心,承担全校本科生、硕士研究生和博士研究生的思想政治理论课教学任务,同时为全校学生开设富有特色的文化素质教育公选课程。

(李梦雅)

【学科专业建设】

学院现有马克思主义理论一级学科硕士学位授权点,下设4个二级学科方向,即思想政治教育、马克思主义基本原理、中国近现代史基本问题研究、马克思主义中国化研究。

(李梦雅)

【师资队伍】

学院共有教职工44人,其中,专任教师40人,包括教授7人、副教授20人、讲师13人;具有博士学位31人,占77.5%;硕士生导师23人,占57.5%。学院现有中国农业大学教学名师5人;兼职教授2人、兼职教师7人,共同参与思政课课程建设。

本年度学院引进普通人才9人,退休1人,晋升教授2人、副教授1人。为进一步提高教师队伍整体素质,学院积极为师生搭建马克思主义理论学术交流平台,本年度共举办“求是论坛”12 期，来自中国社会科学院、清华大学、北京大学、中国人民大学、北京师范大学的专家学者来校做报告。

（赵晓帼）

【教学工作】

2018 年，学院获批北京高校思想政治理论课教育教学改革示范点，深入推进以问题为导向的“三三制”协同育人思想政治理论课教学改革，探索“体系＋专题”的教学模式，推进习近平新时代中国特色社会主义思想和十九大精神“三进”，深化学生对于马克思主义中国化最新成果的理解和掌握。

学院在思想政治理论课教学方面获得丰硕成果。“思想道德修养与法律基础”课教学成果《从独白式授课到对话性学习——建构思想政治理论课教学有效课堂》荣获 2017 年北京市高等教育教学成果二等奖。为进一步引导学生深化对思政课教学内容的认识和思考，学院教师着力于培养大学生讲思想政治理论课，推选出的优秀代表在第二届全国高校大学生讲思想政治理论课公开课展示活动中荣获北京地区二等奖。

学院组织开展了青年教师教学基本功比赛，全体青年教师参加，相互观摩交流，专家指导帮助提升青年教师的教学能力和水平，进一步督促了青年教师加深理论学习、夯实教学功底。比赛推荐优秀教师参加学校的教学基本功大赛，荣获教师个人校级三等奖及学院优秀组织奖。

9 月，学院举办“新时代高校思想政治理论课教学理念创新与实践探索”教学研讨会，全国 26 所高校思想政治理论课教师代表以及马克思主义学院全体教师共计 100 余人参加会议。

在教育部本科教学工作审核评估中，学院教师全员参与、认真准备，“以评促改、以评促建、以评促管、评建结合、重在建设”，学院思想政治理论课建设的举措及成效得到了专家组的充分肯定。

（乔琪雯）

【科学研究】

2018 年，学院科研总经费 192 万元，其中中央基本科研业务费 143 万元、到校科研经费 49 万元。教师个人在研项目 28 项，其中国家社科基金项目 3 项、教育部社科基金项目 5 项、北京市社科基金项目 6 项。本年度获批国家社科基金项目 1 项、北京市社科基金项目 2 项、国家统计局项目 2 项、北京市教工委项目 2 项。

本年度学院科研团队出版相关学术著述 2 部。学院教师发表期刊论文 49 篇，其中 C 刊(CSSCI)16 篇、核心期刊 9 篇。

（李梦雅）

【合作交流】

学院与北京农学院马克思主义学院签署合作共建协议，从教学共建、科研共建、师资共建、学科建设共建四个方面开展建设，推进思想政治理论课师资队伍共建和学科建设有关资源的共享，共同建强建好马克思主义学院。

先后邀请外国专家举办了3场学术讲座，拓展了师生的国际视野，进一步增进了国际交流和合作。

11月9—10日，中国农业大学马克思主义学院主办改革开放40年中国共产党“三农”思想与实践研讨会，来自全国农林高校等36个单位的100多位师生参会，征集论文43篇。

（乔琪雯）

【学生工作】

2018年，学院招收硕士研究生15人，毕业硕士研究生14人，在读硕士研究生28人。在读硕士研究生获得北京高校马克思主义理论学术奖学金1人、新生奖学金2人，国家奖学金1人，学校奖学金10人。在2018年北京高校思想政治理论课学生社会实践优秀论文评选中，学院学生荣获一等奖、二等奖各一项。

学院直属团支部与大兴区亦庄镇团委对接，成立马克思主义学院“行思”志愿团。学院主创、校团委监制的微电影《稼穑缘 思政情 振兴梦》获“我心中的思政课”全国高校大学生微电影二等奖。学院直属团支部获得2017—2018年度首都大学、中职院校“先锋杯”“优秀团支部”的荣誉称号。学院毕业硕士研究生就业状况良好，就业率达92.9%。

（李梦雅）

【党建工作】

学院党总支下设党支部5个，党员50人，其中教工党员37人、学生党员13人；2018年发展党员6人，转正1人；转入党员13人，转出10人。中国化马克思主义系党支部被评为学校“先进基层党组织”，获批学校首批“双带头人”教师党支部书记工作室；近现代历史系党支部荣获学校教职工党支部“十佳主题党日活动”，获批学校支部活动立项；研究生党支部荣获北京高校红色“1+1”示范活动优秀奖。

学院党总支着力加强领导班子建设和制度建设。5月，召开党员大会，选举产生新一届党总支委员会，党总支委员五人（以姓氏笔画为序）：卢兆彤（女）、吕文林、李桂华、张晖（女）、陈东琼；卢兆彤同志为党总支书记，李桂华同志为党总支副书记。进一步完善会议制度、学习制度和工作制度，制定和修订了《马克思主义学院党总支委员会会议制度》《马克思主义学院党政联席会议制度（2018年修订）》《马克思主义学院党总支理论学习中心组学习制度》。

学院党总支坚持思想引领，加强理论武装。每月组织1～2次教职工集中理论学习，邀请学术界知名专家做报告，不断提升理论素养，拓宽学术视野。积极组织开展纪念马克思诞辰200周年系列活动和庆祝改革开放40周年系列活动，通过观看大会直播、举办专题讲座、参观主题展览、开展实践研修等多种形式深入学习研讨。学院理论中心组和各党支部组织专题学习会，认真贯彻落实习近平新时代中国特色社会主义思想“三进”工作，切实做到入脑入心。学院教师积极承担理论宣传任务，深入到各单位做理论学习辅导报告；承担校、院两级党校的党课教学任务。

学院工会积极为教职工搭建相互交流的平台，组织开展了集体生日会、健步走、午间茶座、羽毛球比赛等一系列丰富多彩的活动，荣获学校 2015—2017 年度“优秀教职工之家”称号。

（赵晓帼）

国际学院

【学院概况】

1994 年，原北京农业工程大学与美国科罗拉多大学（丹佛）合作举办国际经济与贸易本科专业中外合作办学项目。

1995 年 4 月，经农业部批准，原国家教育委员会备案正式成立国际学院。同年，国际学院通过美国中北部高等教育委员会（NCA）的学位教育资格评估，获得学位教育资格的正式批准。1998 年，北京市教育委员会批准国际学院为北京市首批中外合作办学单位。2006 年，国际学院通过英国高等教育质量保障署（QAA）的教学质量评估。

国际学院与英美大学合作举办 5 个专业：包括与美国科罗拉多大学（丹佛）合作举办的经济学和传播学专业，与美国俄克拉荷马州立大学合作举办的农林经济管理（农业商务方向）专业，在教育部留学服务中心指导下举办的国际金融类专业和工商管理类专业。

学院有教职工 98 人，其中专任教师 75 人、党政管理人员 23 人。专任教师包括外籍教师 59 人，中籍教师 16 人。70%以上专任教师拥有世界一流大学博士学位，且具有良好的科研经历或在国外大学教学经验。

2018 年，学院在读学生 1 272 人，其中国内在读学生 838 人、国外在读学生 434 人，另有来华长短期留学生 12 人。2018 年录取新生 337 人，毕业学生 338 人，赴海外交流学习 220 人。

（黄冠华）

【合作办学项目建设】

中国农业大学与美国俄克拉荷马州立大学联合举办的农林经济管理（农业商务方向）专业项目 2012 年获教育部批准，2015 年通过教育部中外合作办学评估。该项目重视实践教学，先后组织学生前往中科院植物研究所、动物研究所、北京市排水集团、上庄试验站等单位开展实践教学活动。开发线上学习辅助系统，学生可以在线随时查阅课程资料，任课教师可以通过平台与学生互动，包括与学生展开讨论、解答学生提出的问题等。

中国农业大学与美国科罗拉多大学（丹佛）合作举办的经济学和传播学项目平稳运行。为传播学专业的高年级学生增设《谈判技巧》选修课，课程开设以学生为本，涉及多个人文学科，满足学生的差异化需求。学生根据个人兴趣申请辅修学位。2018 届毕业生中，约 85％的毕业生获双学位或辅修学位。

出国留学项目为学生提供多层次多专业的出国交流学习选择。2018 年，出国交流学习 57 人，其中普利茅斯大学 26 人、赫瑞瓦特大学 18 人、德蒙福特大学 13 人。出国留学项目继续推进与国外院校“点对面”的合作关系，在夯实与目前国外合作伙伴关系的基础上，调整专业设置，修改培养方案，不断提升项目吸引力。

10 月 15—18 日，本科教学审核评估专家组到访国际学院，通过听取汇报、课堂听课、师生访谈、校友座谈、档案查阅、试卷抽查、实地考察等形式对国际学院教育教学工作进行全面检查。在评估反馈会上，专家组对国际学院的教学质量、学生英语水平和全球化视野给予高度评价。

（许廷武）

【教育教学】

学院办学坚持以人为本，充分尊重学生个性化发展的需求，通过个性化、多维度的学业指导体系帮助学生解决有关课程规划、学习方法、学习效果等方面的问题和困惑。教师在课堂上采用启发式、讨论式、探究式、案例式等教学方法，实现从以教师“教”为中心向以学生“学”为中心的转变。学生在课前完成预习环节，师生在课中开展互动环节，学生在课后完成作业和复习环节，教师通过课下答疑和学业指导开展个性化教育。教师注重学生能力的培养，使学生能够触类旁通，活学活用，实现“翻转课堂”的创新性教学效果。2018 年，国际学院学业指导体系建设荣获中国农业大学大学生思想政治教育工作创新奖。

2018 年，90％的毕业生选择继续攻读国内外大学研究生，其中 30％的毕业生进入世界排名前 50 位的大学深造，50％的毕业生进入世界排名前 100 位的大学深造，深造学校包括耶鲁大学、伦敦大学学院、康奈尔大学、宾夕法尼亚大学、哥伦比亚大学、布朗大学等。

2018 年，1 300 余名在校生中，729 人次荣获各类奖学金，奖学金总额超过 227 万元人民币。

2018 年，学院的科研水平有了新突破。青年教师柴利博士在 SCI 期刊 *Applied Energy*，*Journal of Cleaner Production* 和 *Journal of Environmental Management* 上，以第一作者或通讯作者身份，发表了 3 篇学术论文。John Wilson 博士发表了 3 篇 SCI 论文，Ioannis Diamantis 博士参编出版专著 1 部。

（王晓燕）

【助推学校国际化人才培养】

2018 年，学院在开展中外合作办学的同时，继续助推国际化人才培养，协同育人，为其他学院开设课程 9 门，累计开课超过 1 000 学时。继续配合学校“高校支持附中附小发展项目”，为中国农业大学附属实验小学开设英文课程，开设选修课累计 100 余学时。举办雅思笔试考试 19 场次,6 727 名学生参加考试。举办汉语水平考试(HSK)6 场次,168 人参加考试。

(黄冠华)

【学生工作】

2018 年,学院全面贯彻落实全国高校思想政治工作会议精神,以思政课为抓手,加强思想政治理论学习。融合学院网站、微信公众号等多媒体平台,推进网络思政教育创新。

健全学生指导与服务的组织保障,完善学生工作队伍建设,加强学生工作制度建设,落实学风建设,加强诚信教育,结合每个学生的特点,差异化地为学生的科学研究、升学指导、就业规划等提供帮助和服务。

积极开展学生心理健康教育工作,构建“学院-班主任-班级”三级心理健康教育引导和预警体系,以新生心理普查与咨询为重点,增强学生心理调适能力,提升心理素质。

加强团的基层组织建设,结合学生特点,分年级分主题开展团日活动,细化主题内容。规范奖学金评选,严格按照评选流程开展奖学金评定工作。

(陈明海)

【党建工作】

规范调整党支部建制,调整后设置 3 个党支部,分别为学生党支部、师生联合党支部和教工党支部。进一步规范学生党支部的成员构成和工作机制。采取线下会议或视频会议的方式,定期指导国内外党员结合工作和学习实际,分阶段开展学习教育和实践活动。

严格党员考核标准,规范发展程序,2018 年发展学生党员 40 名,教工党员 1 名。举办两期积极分子党课培训,两期党的发展对象党课培训,并开展实践教育活动,共有 40 人参加发展对象培训,150 名学生参加入党积极分子培训。对党员综合管理系统及党员 E 先锋支持服务系统管理进行管理及维护,完成毕业生党员组织关系排查及线上、线下转接工作。

组织师生党员进行各类学习参观活动,包括参观改革开放 40 周年大型展览、赴上海嘉兴等地开展红色之旅、赴延庆八达岭镇石峡村党支部开展共建活动、赴易县狼牙山开展爱国主义教育活动等。

积极践行“两学一做”,强化理论学习,筑牢理想信念。师生党员先后开展“我是一面旗帜”主题党日活动,观看学习习总书记北大讲话与马克思 200 周年诞辰讲话视频,观看《青年马克思》及《为你而歌》电视片并交流感想,开展学习十九大精神、“曲周精神”、学习《习近平新时代中国特色社会主义思想三十讲》和《中国共产党纪律处分条例》等专题学习活动十余次。

(陈明海)

【教代会与工会工作】

2018 年,学院工会教工之家被评选为校级模范教工之家。教代会与工会通力协作,组织外教参加春游、运动会、元旦晚会等活动，丰富外教生活，使外教更加了解中国。

（杨子华）

体育与艺术教学部

【概况】

2018 年，体育与艺术教学部进一步贯彻党的十九大精神，深入学习习总书记在全国教育大会上重要讲话，在学校“双一流”建设背景下，对照学校党政工作要点，以教改为抓手，发挥体育与艺术的教育功能，促进学生德智体美劳全面发展，扩大体育与艺术的校园影响力。

（王永生　吴林珍）

【师资队伍】

体育与艺术教学部有教职工 65 人，其中体育教师 52 人、艺术教师 7 人。教授 5 人（体育教师 4 人、艺术教师 1 人）、副教授 28 人（体育教师 25 人、艺术教师 3 人）。

（王永生）

【本科教学】

体育与艺术教学部围绕教学这一核心工作，以评促建，不断深化教学改革，提升教学水平。2018 年是体育教改的第 3 年，恰逢全国教育大会会议召开，结合会议精神，重点关注各级各类体育课程的教学效果，探索如何将“培养德智体美劳全面发展的社会主义接班人”这一目标更好地融入课堂教学。现已建立多层次课程体系，并形成有效的评价体系。

艺术教学进一步完善和丰富学校独具特色的“三层次”艺术教育课程体系，一是面向全体学生的艺术核心通识课，如《艺术发展史・音乐》等评论类、戏曲类课程。二是面向不同学生的多样化需求，开设多种类型的选修课。三是面向有一定艺术素养和技术基础学生的精深课，以实践为主，主要包括音乐、美术（绘画、书法等）、舞蹈、戏剧、戏曲、影视等。

（王永生　吴林珍）

【科学研究】

2018 年，主持新增科研项目 2 项，其中省部级 1 项，校级 1 项，项目经费总计 15 万元。1 名教师获得中国体育科学大会论文一等奖。在首都学校体育科学大会上获得一等奖 1 个、三等奖 2 个。见表 1、表 2。

表 1 2018 年发表论文情况

论文题目	类别	发表时间	发表刊物	唯一/共同作者
基于 4H-YDP 理念的我国大学生体能发展与管理实践研究	CSSCI	2018.4.15	体育文化导刊	共同通讯作者
体育活动对大学生人格优化作用的理论研究与实践探索	重要学术专著	2018.1.18	中国农业大学出版社	第一作者
基于库恩范式意蕴的社区教育认知发展路径	CSSCI	2018.6.14	中国成人教育	第一作者
自我导向理论视野下成人教育教师的专业化发展路径	CSSCI	2018.1.17	中国成人教育	第一作者

注:本表仅统计第一作者(通讯作者)为体育与艺术教学部教师论文及专著数量。

表 2 2018 年科研课题情况

项目名称	项目来源	经费/万元	主持人
普通高校艺术教育课程体系构建及信息化技术支持平台研究	教务处	3	王怡
普通高校钢琴教学效率的提升	北京市科学研究院	10	栗林林
探索普通高校室内乐教学新模式	北京市科学研究院	10	胡含之

注:本表仅统计体育与艺术教学部教师为课题主持人项目。

(王永生 吴林珍)

【党建工作】

发挥政治核心作用,加强对工作的领导坚持支委会制度;坚持党政联席会制度。做好思想建设工作,制订学习计划,定期进行理论学习,学习内容结合体育与艺术实际需要,突出重点热点。

重视掌握意识形态工作主动权,加强政治思想教育 开展教师思想状况调查,形成调查报告;加强对意识形态阵地的管理,对各类课堂、讲座、网页等意识形态阵地和涉及意识形态活动严格管理。艺术团举行以“聚焦十九大,迈向新时代”为主题的学习十九大精神系列活动,进一步加强了十九大精神对艺术团工作的思想引领作用。

严格党内组织生活,开展自审自查 丰富党的组织活动,加强师德师风教育。坚持“三会一课”制度,开展“对标争先”工作自查。

加强入党积极分子培养 为积极分子配培养联系人;定期要求入党积极分子递交思想汇报;重大理论学习及党员活动要求入党积极分子参加;对入党积极分子及时考察,提供学习平台。2 名入党积极分子取得党课结业证,4 名入党积极分子再次取得党课结业证。

开展党风廉政专题教育,树立规矩意识 将党风廉政教育融入日常,强调党员领导干部以身作则,树立规矩意识。

(王永生)

【工会工作】

履行分工会职责，关爱工会会员。及时了解困难职工情况，想办法解决困难。积极发展工会会员，对个别家庭经济困难的职工减免会费。

发挥专业优势，积极协同校工会开展各类教工文体活动。在分工会内部开展健步走、定点投篮等活动，丰富教职工文化生活，增强体育与艺术教学部的凝聚力和向心力。

（王永生）

【校园文化建设】

结合国办发〔2012〕53号和国办发〔2016〕27号及教育部体艺〔2014〕4号文件精神，坚持以“育人为本，健康第一，全面发展”为指导思想，开展各类课外体育活动。成功举办了春季运动会和新生运动会，各个单项的课外体育活动和竞赛保持长年不断。在校园内营造热爱体育、崇尚运动、健康向上的良好风气。加强学生的课外体育辅导，2018年辅导学生670余次，较2017年提高11%，运动项目涉及篮球、排球、网球、羽毛球、高尔夫球、足球、瑜伽、武术、乒乓球等。校外群体参赛项目涉及14个大项，进一步丰富学生课余生活。

艺术方面，着力营造良好校园文化氛围，完善艺术教育网络教学“云平台”和移动学习平台；开设文化艺术讲堂，邀请国内外各界知名专家、学者参与学校文化建设与素质教育。

（王永生　吴林珍）

【学生体质测试工作】

2018年，本科生体质测试总体达标率保持在95.05%，与2017年96.14%的达标率相比略有下降，平均分较2017年下降0.46分。优秀率较2017年提高0.28%；良好率较2017年下降1.3%。其中新生平均分下降最为明显，为4.03分，见表3。

表3　2018年学生总体分性别样本数、均分、综合评定等级人数比例统计表

性别	样本数	均分	优秀率/%	良好率/%	及格率/%	不及格率/%	达标率/%
男生	4 393	71.72	2.73	16.50	73.64	7.12	92.88
女生	6 514	77.41	3.84	36.01	56.66	3.48	96.52
总体	10 907	75.12	3.39	28.16	63.5	4.95	95.05

（王永生）

【代表队与艺术团工作】

调整各支高水平队伍资源配置和培养方向　加大对足球队的支持力度，确保男子橄榄球队在国内高校领头羊的位置，维持田径队规模，将女子橄榄球队作为C类队建设。在培养环节，积极与人文与发展学院协商，调整足球及田径方向高水平运动员的专业，同时增设符合学生专业学习需求的体育课程，强化综合素养的培养。

橄榄球队成绩 男队获得全国大学生七人制橄榄球锦标赛第 2 名；代表中国参加世界大学生 7 人制橄榄球锦标赛获得第 9 名，这也是第 2 次代表中国参加世界大学生橄榄球比赛获奖。

足球队成绩 获得 2017—2018 全国青少年校园足球联赛大学超级组总决赛第 8 名；获得 2018 卡尔美中国大学生 5 人制足球联赛(东北赛区)亚军；获得 2018 首都高校大学生足球联赛(超级组)冠军。

田径队成绩 获得首都高校第 56 届学生田径运动会男、女团体总分第 8 名；获得第九届全国农业系统大学生田径运动会男、女团体总分第 6 名。

艺术团招生 严格执行教育部招生文件和学校招办、纪委的要求，建立涵盖多个学科的校外专家库，根据需要优化招生结构，制定招生实施方案及特长生考测程序，确保无差错，公正、公平、干净招生。

艺术团演出 加大艺术团节目创作、排练、比赛、演出的投入，受邀参加《五月的鲜花》央视五四青年节大型文艺晚会演出。9 月 10 日，举办“韵满稼穑情，筑梦新时代”——中国农业大学 2018 年迎新暨教师节文艺晚会。合唱团参加 2018 年北京市大学生音乐节声乐集中展演，演唱的中国乐府诗改编的《陌上桑》、现代西方合唱《Lux Aurumque(金色之光)》获得混声合唱金奖；民乐团参加北京市大学音乐节声器乐类展演民乐合奏比赛，获得金奖；在器乐类展演西乐室内乐(普通乙组)中，管乐团和弦乐团获得 3 项银奖。

(王永生　吴林珍)

【社会服务工作】

积极推动橄榄球项目的发展。6 月，橄榄球世界杯世界巡展活动在校举行，橄榄球从业者就国内橄榄球项目发展展开交流与讨论。7 月，承接海峡两岸(北京)体育交流活动橄榄球项目，体育与艺术教学部成立工作小组，制定比赛方案，积极筹备组织，圆满完成交流活动。

积极响应北京市教委号召，配合学校做好中小学共建工作。2018 年体育教师为共建中小学累计授课 257 次，艺术教师累计授课 500 余次。帮助中国农业大学附属中学成立多个体育及艺术学生兴趣社团，包括足球社团、橄榄球社团、舞蹈团和民乐团等。

响应国家全民健身的号召，向周边居民免费开放运动场地。

(王永生　吴林珍)

土地科学与技术学院

【学院概况】

为进一步推动土地科学与技术学科建设，培养新时代土地科技人才，夯实土地科技创新根基，在国家“双一流”建设及土地科技创新需求的战略背景下，以全面推动学校“双一流”建设为契机，培育学科增长点，瞄准科学问题和国家战略需求，学校统筹谋划学科布局，优化整合校内外资源，于2017年12月17日组建成立土地科学与技术学院。学院现设土地资源管理系、地理信息工程系。

（曹兆红）

【学科与专业建设】

学院拥有公共管理一级学科博士学位授权点，招收土地资源管理、地理信息科学2个专业本科生和土地资源管理、计算机科学与技术2个专业研究生。拥有北京市重点学科1个，拥有自然资源部农用地质量与监控、农业农村部农业灾害遥感2个部级重点实验室。

（曹兆红）

【师资队伍】

学院有教职工19人，其中教授5人，副教授8人；博士生导师8人、硕士生导师13人，另有2名兼职博士生导师。

2018年，引进优秀人才1人，晋升教授1人、副教授1人。

（曹兆红）

【本科教育教学】

10月，土地资源管理、地理信息科学2个专业238名本科生划归学院管理，其中60名为新生。49名学生参加2018年创新训练计划项目，其中参加国家级8人，北京市级9人，校级“URP”32人。

调整现有本科专业培养方案，开设本科课程55门次。

段增强、王数、郭浩和张晓东老师分别获得北京市教学成果奖。

（赵瑞春）

【研究生教育】

2018年，学院有研究生155人，其中博士58人，硕士97人。9月，土地资源管理系导师所带87名研究生划归土地科学与技术学院管理和培养，其中博士21人，硕转博14人，硕士38人(包括硕博连读4人)，专业学位硕士14人。

（李杨）

【科学研究】

2018年，新立项主持项目58项，其中国家自然科学基金2项，国家社会科学基金1项；参与科技部重大专项2项；获得省部级科技奖励6项。

作为第一作者或通讯作者发表SCI论文6篇，SSCI论文3篇，EI论文4篇，CSSCI论文21篇。

学科平台建设顺利进行。自然资源部农用地质量与监控重点实验室顺利通过评审，取得良好成绩。成立学院学术委员会、开展春季学术报告并组织各类科普活动，编著出版《中国农用地质量发展报告(2017)》。

（李杨）

【合作交流】

11 月 24—26 日，合作主办第一届农业与生态遥感国际研讨会暨研究生培训会，来自农业和生态遥感领域 110 多家单位的 500 名学者和研究生参会。

（曹兆红）

【学生工作】

学院分团委在党委领导下积极开展学生工作。在新生年级大会上开展理想信念教育；参观国家博物馆“伟大的变革——庆祝改革开放 40 周年大型展览”；开展入党积极分子党课培训，在新生中选树榜样，发挥先锋引领作用。

开展土地资源管理专业和地理信息科学专业分专业认知系列讲座，讲述专业发展背景、主要学习内容和方向、未来发展规划、就业前景等。教育新生了解校情校史，学习“曲周精神”，引领新生融入学校，融入学院，融入专业。举办元旦晚会，搭建才艺展示平台，促进学生融合。

完成家庭经济困难新生资助、助学金评审和发放工作，帮助新生完成校园贷款。建立困难学生认定制度、特困基金使用办法、助学金评定办法、宿舍安全预案、宿舍长管理制度等规章制度，力求学生工作运行有章可循。

（高同）

【党建工作】

6 月，经学校党委研究决定，成立中国共产党中国农业大学土地科学与技术学院委员会，任命刘尚民同志为学院党委书记，李保国同志为土地科学与技术学院院长，并于 7 月配齐学院领导班子。

根据学院党员组成情况，组建土地资源管理系党支部、地理信息工程系党支部和学院行政人员党支部。健全支委会，教师支部由教授、副教授担任支部书记，行政支部由副处级领导担任支部书记。

9 月，学院行政人员逐步到位，学生辅导工作、本科生教务管理和研究生教务管理等均有专人负责，2 个教学系分别选举产生主任和副主任。

（曹兆红）

【教代会与工会工作】

成立学院工会委员会，行政副院长兼任工会主席。

设立土地资源管理系、土地信息工程系和学院行政人员 3 个工会小组，由工会小组推选工会委员候选人并在年终全体教职工及工会会员大会上通过工会委员组成名单。

（曹兆红）

"一带一路"农业合作学院/南南农业合作学院

【学院概况】

2018 年,"一带一路"农业合作学院/南南农业合作学院在国家相关部委和联合国等国际发展机构的支持下,基于中国农业大学已有的学科优势,形成了智库研究、政策对话、人才培训和海外发展示范 4 个稳定的业务模块,并在国际发展合作、南南合作、中非合作、"一带一路"等领域,尤其涉及农业农村发展、减贫、公益、社会政策等相关领域取得阶段性成果。

(张瑶)

【智库研究】

1 月,学院发布 UNDP 报告《向国内公众传播发展合作:各国传播方式及对南南合作提供方的启示》。

3 月,两会期间,学院发布建言《建设新时期社会主义特色对外援助体系的五点建议》,围绕国家国际发展合作署建立的背景、使命及工作重点等领域提供专业建议。

6—10 月,作为南南合作技术知识提供方,学院专家受邀对中国-联合国粮农组织南南合作项目第一期进行总结性评估,并于 10 月在全球农业南南合作高层论坛上发布了《中国-联合国粮农组织南南合作信托基金一期项目独立评估报告》。

8 月,中非合作论坛峰会前夕,《非洲农业发展潜力及中非农业合作建议》报告发布,提供基于数据之上的对非洲农业发展挑战和潜力的分析,并在中非合作论坛的框架下对"中国能为非洲提供什么"的命题做出了诠释。

8 月,中非合作论坛-减贫与发展会议:"一带一路"与中非减贫合作"国际研讨会在京开幕。学院为会议提供背景报告《中非合作论坛农业合作回顾报告》。通过会议与会代表交流了各国社会发展和减贫经验,探讨在"一带一路"框架下,进一步推进中非减贫合作进程。

9 月,报告《助力国际发展合作:南南合作评估框架的新探索》英文版在联合国总部发布,该报告提出了不同于西方发展合作评价体系的南南合作评估框架。联合国秘书长南南合作特使兼南南合作中心主任、国际食物政策研究所所长、联合国粮农组织、世界粮食计划署、国际农发基金、联合国开发计划署等国际机构代表出席了报告发布会并对报告做了高度评价,认为报告弥补了南南合作知识创新中的一项空白,为理解和更好地实践南南合作提供了新的工具。坦桑尼亚、乌干达、以色列、墨西哥等近 20 个发展中国家代表出席发布会。

此外,学院还较早地提出《对非洲的报道中缺少了什么》等命题,并通过广播、电视、报纸等各种大众传媒,及时为公众提供国际发展合作、南南合作、中非合作、"一带一路"等领域的前沿专业知识。

(张瑶)

【政策对话】

4 月，学院专家受邀参加中国国际交流中心和联合国开发计划署联合主办的 2018 全球治理高层政策论坛暨 2018“一带一路”金融投资论坛，介绍农业领域南南合作和“一带一路”建设中的创新和设想。

5 月，学院专家受邀列席联合国 2018 发展合作论坛，并作报告“中国应该加入 GPEDC 吗?”。作为全球南方智库联盟(NeST)的核心成员，学院专家在与印度、南非、巴西等金砖国家智库成员进行了深入的对话。

5—10 月，学院发起“南南合作和国家发展合作洞见”系列，并陆续在北京、伦敦、牛津、剑桥等地举办了 7 次活动，内容涉及包括中国国际发展合作机构设置、发展金融与国际规则、国际发展青年人才培养、发展专家的海外生活、“一带一路”与中非合作、中国与经合组织的对外援助对比、发展合作的未来、中非农业合作，以及中国转型的世界意义等关键性议题。

9 月，2018 年第五届东北亚发展合作论坛在韩国首尔举行，该论坛由联合国亚太经济社会理事会东亚与东北亚区域办公室发起，论坛主题聚焦发展合作评估，学院专家受邀并在大会上做了评估框架报告，与韩国、日本、俄罗斯、蒙古国等各国国际发展同行进行了分享。

10 月，学院首届国际顾问委员会暨高峰洞见在京举行，坦桑尼亚联合共和国前总理，坦桑尼亚开放大学校长 Mizengo P. Pinda 先生，全国政协常委、国务院参事、北京大学新结构经济学研究院院长林毅夫教授，乌干达前农业部部长 Victoria Sekitoleko 女士，经济合作组织发展合作司前司长 Richard Carey 先生，中国发展研究基金会副理事长兼秘书长卢迈先生，国务院参事室特邀研究员、南都公益基金会理事长徐永光先生等就“中国的发展给世界带来什么”这一主题进行了交流互动。

11 月，“一带一路”乡村振兴国际论坛在云南省勐腊县河边村顺利召开，来自英国、印度等十余国关注南亚、东南亚及中国农村发展的学者和国内专家学者聚集一堂，围绕中国与南亚东南亚乡村变迁、土地政策、乡村与工业化城市化，以及乡村贫困等方面展开研讨，交流了各自国家乡村转型的现状、挑战及相关政策问题。

11 月，学院针对国家国际发展合作署关于《〈对外援助管理办法〉(意见征求稿)》提供政策建议，并面向公众提供及时的政策解读。

12 月，学院专家受邀参加包括中国扶贫改革 40 周年座谈会、GES 未来教育大会、2018 年年终国际形势研讨会等多项国内大会。

(张瑶)

【人才培训】

6—9 月，中国农业大学与联合国南南合作办公室(UNOSSC)签订合作协议，并展开一系列务实合作，包括：6 月在土耳其共同举办首届“南方青年领袖培养计划”；9 月在中非合作论坛峰会前夕，共同在京举办首届非洲青年领袖培养计划。

7 月，坦桑尼亚农业境外培训班顺利开班，与非洲官员和技术专家近距离分享中国农业发展和减贫的技术与经验，并通过与当地发展项目结合的方式，推动培训知识的落地应用。通过“引进来”“走出去”两种培训模式，境内、境外两个场域，双边、多边两种方式，推动“一带一路”和南南合作多层次人才的培育，促进全球可持续发展。

9 月，第七届“东盟＋3 村官交流项目”在京举办。学院作为协办方与来自 9 个东盟国家和中国、韩国的政府官员、基层村官、专家学者，以及东盟秘书处和中国-东盟中心等近 80 位国际组织代表一同，通过专家专题讲座、国别案例分享、参与式小组讨论、实地考察、驻村体验等方式进行交流分享。

9 月，“2018 发展中国家农业发展政策与规划研修班”在京举办，学院作为承办方接待了来自亚非拉三个大洲共 10 个国家的 25 位农业专家，并在 20 天的活动中以课堂讲座、实地考察、文化体验等形式进行交流分享。

（张瑶）

【海外发展示范】

3 月，拓宽政策对话平台，中坦农业合作田间论坛在坦桑尼亚举行，同时在坦桑尼亚启动了中坦“千户万亩玉米增产示范工程”，尝试探索中国劳动密集型农业技术和政府支持农业发展这两个减贫和发展经验落地分享的方式方法。CGTN、CCTV4、新华网、财经时报、坦桑尼亚当地主流媒体 THE CITIZEN 等多家报纸电视均对本次活动进行了专题报道。

11 月，2018 年全球南南发展博览会在纽约联合国总部开幕，其中，中坦千户万亩玉米增产示范工程项目成功入选全球南南发展博览会南南合作杰出实践案例。

（张瑶）

【获奖情况】

4 月，“南南发展合作本科人才培养体系创新”荣获北京市高等教育成果奖一等奖，中国农业大学基于过去 20 多年发展研究教学系统之上，自 2011 年开创了国际发展和南南合作人才培养体系，并建成了综合的海内外实践基地。

12 月，由李小云教授主持的报告《助力国际发展合作：南南合作评估框架的新探索》成功入选中国智库索引（CTTI）2018 年度优秀成果，唐丽霞教授荣获农业部和联合国粮农组织共同授予的中国-联合国粮农组织南南合作特别突出贡献个人奖。

（张瑶）

烟台研究院

【学院概况】

烟台研究院源于 2003 年中国农业大学与烟台市人民政府合作建设的中国农业大学

烟台校区。2007 年 5 月 30 日，教育部批复同意设立中国农业大学烟台研究院，隶属中国农业大学。2015 年 6 月 17 日，烟台研究院正式注册为独立事业法人，成为中国农业大学的二级单位，下设人文学院、理工学院、商学院、海洋学院、食品与葡萄酒学院 5 个学院。图书馆馆藏资源总量 28.8 万册。

（张海瑜）

【学科建设】

烟台研究院现开设公共事业管理、市场营销、设施农业科学与工程、水产养殖学 4 个本科专业，拥有小麦玉米国家工程实验室烟台实验站（国家级）、食用菌育种实验室，农业农村规划研究中心、葡萄与葡萄酒研究中心、海洋与水产资源可持续利用研究中心、农业文化研究中心、农业物联网与大数据研究中心、生物质能科学与技术研究中心、智能无人飞行器应用研究中心 7 个校级科研中心。

（张海瑜）

【师资队伍】

烟台研究院拥有专业技术人员 241 人，其中正高级职称 11 人，副高级职称 93 人，中级职称 119 人，初级职称 18 人；具有博士学位 30 人，具有硕士学位 121 人。现有全国优秀教师 1 人，省级教学名师 2 人，市级学科拔尖人才及学科带头人 2 人。

2018 年，选派 5 名教师参加由山东省教育厅举办的 2018 年度职业院校教师省级培训；选派 2 名教师参加由教育部、财政部联合举办的 2018 年度职业院校教师国家级培训；组织 120 名教师参加由市教育局组织的“互联网＋教师专业发展”工程研修平台的学习。

2018 年，研究院启动主系列专业技术人员职称评聘工作，共 4 人取得教授任职资格，6 人取得副教授任职资格；辅助系列专业技术人员有 1 人通过人事代理中心评审取得高级会计师任职资格。

举办了第九届中青年教师教学基本功大赛和“互联网＋现代教学方法应用”经验交流报告会；评选出优秀教师 20 人、立项校级精品课程 10 门，验收校级精品课程 6 门；立项校级教研课题 1 项，验收校级教研课题 3 项。

（张海瑜）

【本科教学】

招生情况 2018 年，烟台研究院计划招生 450 人，实际录取 450 人（表 1）。其中，理工类 280 人，文史类 170 人，均为山东生源。录取男生 195 人，女生 255 人。其中，文史类专业录取最高分 610 分，平均分为 595 分，最低分为 589 分；理工类专业录取最高分为 598 分，平均分为 574 分，最低分为 564 分。院校一志愿率 100％，报到率 98.89％。截至 2018 年 12 月 31 日，本科在校生总数 1 452 人（含驻京 450 人）。

表1 2018年本科录取情况统计表

科类	专业	录取数	最低分	最高分	平均成绩
理科	设施农业科学与工程	90	570	592	577.90
理科	水产养殖学	89	564	589	569.37
理科	市场营销	101	565	598	574.57
文科	市场营销	50	593	610	597.68
文科	公共事业管理	120	589	609	593.83
合　计		450	—	—	—

教育教学　全年安排本科开课326门次，完成教学工作量1.45万个标准学时，开课教师193人次，其中，聘请校本部教师10人次，聘请驻烟高校教师27人次，外聘教师占任课教师总数的19.2%，外聘教师比去年增加19.4%。其中必修课237门次、选修课89门次，选课人数1 744人次。制定《关于进一步加强教师教学工作管理的实施意见》和《教师教学工作考核方案》。8月，引进智慧树选课平台，该平台共有46门课程，秋季学期共有397人次进入该平台选课，占选课总人次的22.8%。

2018年，烟台研究院批准立项本科生科研训练计划（URP）项目125项，结题验收76项，评选15个优秀项目，优秀URP项目指导教师13人，发表学术论文45篇，论文产出率为59.2%。

举办烟台研究院第八届大学生科技论文大赛和第十一届大学生基本技能大赛。申请建立全国大学生数学竞赛考点，已建立全国大学生英语竞赛考点和全国大学生数学竞赛考点2个全国基础性学科竞赛考点。在第二届全国大学生英语竞赛中，获得特等奖1项、二等奖7项、三等奖13项、优秀指导教师奖1项、优秀组织奖1项。在第十届全国大学生数学竞赛初赛暨第九届山东省大学生数学竞赛决赛中，获得国家级三等奖4项，获得省级一等奖1项、二等奖3项、三等奖6项。在第六届全国大学生农业建筑环境与能源工程相关专业创业竞赛中，获得特等奖2项、一等奖1项、二等奖1项。6月，组织574名学生报名参加英语等级考试，四级考试通过率41.3%，六级考试通过率为35.6%。12月，组织649名学生报名参加英语等级考试，四级考试通过率60.0%，六级考试通过率为35.7%。

2018年，毕业论文质量检测实行全覆盖，查重一次性通过率86%，比去年提升9.5%；按5%比例组织校级答辩，评选优秀毕业论文70篇，汇编出版了优秀毕业论文集，16名教师被评为优秀毕业设计指导教师；春季学期学生通过毕业论文研究平台发表学术论文18篇，论文产出率为6.2%。

（张海瑜）

【科学研究】

课题申报与立项　2018年，组织申报各级各类科研项目共60项，立项科研项目23项，总经费274.988 15万元。其中纵向科研项目13项，经费123万元；横向科研项目10项，经费151.988 15万元。校内科研基金立项20项，资助经费为14.8万元。2018年申报各级各类标准及基础研究项目 39 项，立项标准 12 项，其中山东省地方标准制修订项目 10 项（第二承担单位 1 项），烟台市地方标准修订项目 2 项，获得资助金额为 8 万元。在山东省实施标准化战略（国家标准化综合改革试点工作）领导小组发布的两个计划中，1 个团体标准项目立项，1 个基础研究项目立项。承建及参与烟台市开展国家标准化综合改革试点工作行动计划（2018—2020）重点项目 23 项。

科技成果 获得山东省“农牧渔业丰收奖”一等奖 1 项，烟台市科技进步三等奖 2 项，烟台市第 31 届社会科学优秀成果奖二等奖 2 项、三等奖 3 项。申请专利 6 项，其中发明专利 4 项，实用新型 2 项。授权专利 9 项，其中发明专利 1 项，实用新型 8 项。授权软件著作权 2 项。发表学术论文 97 篇，其中 SCI 6 篇。出版教材 6 部。科技成果登记 6 项。2018 年 3 月，申请设立“山东省技术合同认定登记服务点”。

项目验收 2018 年，完成 5 项省部级纵向课题、16 项市级纵向课题、1 项横向课题、12 项研究院校内科研基金项目的结题工作。5 项山东省地方标准通过山东省农业标准化技术委员会审查。

学术会议 6 月 21 日至 22 日，由中国农业大学和荷兰格罗宁根大学联合举办的中荷生物质转化科技与创新研讨会在烟台召开，会议围绕生物转化研究热点和山东乡村振兴、新旧动能转换、农村能源革命、畜禽养殖废弃物资源化利用的产业发展需求，探讨各类生物质原料转化为气态、液态、固态的能源、肥料、化工制品的技术和工艺，探寻生物质转化领域的创新合作。来自中荷两国近 30 所相关高校科研院所的专家学者及实业界代表等近 100 人参加。

10 月 21 日，“2018 中国设施园艺学术年会”在烟台召开。此次大会由中国农业工程学会设施园艺工程专业委员会、中国园艺学会设施园艺分会主办，中国农业大学烟台研究院承办，中国农业机械化协会设施农业分会、北京慧农信息咨询有限公司协办。大会围绕新型温室建设技术、设施节能技术、温室环境调控技术、设施园艺作物优质高产栽培技术、栽培基质的研发与应用等方面进行交流与探讨。近 500 位设施园艺专家、学者及企业代表出席会议。

校企合作 组织科技人员先后与 200 家企业联系，走访 70 余家企业，联系近 30 家企事业单位申请组建烟台市科技创新联盟。

日本与亚洲青少年科技交流计划（樱花科技计划）8—9 月，烟台研究院分别与日本带广畜产大学、日本新潟大学开展日本与亚洲青少年科技交流计划（樱花科技计划），该项目是中国及亚洲青少年短期访日的科技交流项目，是烟台市首批申请并获批的两个樱花项目。两批考察团队出访日本期间与日方合作单位分别以“畜禽粪便的能源化与肥料化处理”“农业与食品的可持续生产”为主题进行参观考察与交流，探讨在教学、科研等方面推进合作。10 月 29—31 日，日本新潟大学农学部中野和弘教授、大桥慎太郎教授一行回访中国农业大学和烟台研究院生物质研究中心，双方拟在学术交流、学生交换等方面继续合作。10 月，烟台研究院与日本“农业食品产业技术综合研究机构”农村工学研究所合作申报第三期樱花科技计划，并确定 2019 年 3 月赴日交流。

发展中国家杰出青年科学家来华工作计划（国际杰青计划） 首次申报国际杰青计划 9 个岗位，并全部获批通过，是烟台市首次申报该项目。引进巴基斯坦和埃及两国的杰青共 4 人来校进行科研工作。

国际合作与交流 接待国外团体来访12批次，外宾69人次。其中烟台格罗宁根大学项目访问团9个，外宾45人次；科研合作访团3个；“发展中国家杰出青年科学家来华工作”项目4人。来访单位涉及荷兰格罗宁根大学、英国贝德福特大学、日本新潟大学、荷兰商务服务中心等。为2个批次共3人办理“2018年度中日樱花科技计划”因公出国手续。

（张海瑜）

【学生工作】

学生教育 开展“春雨助梦润青春，雷锋精神永相传”系列学雷锋主题活动、走进新时代青春再出发、“乘风新时代，筑梦新征程”等主题团日活动。11月18日，组织部分学生干部，举办学习《宗教事务条例》交流会。评选吕悦馨等十位青年学生作为烟台研究院“五四青年标兵”。开展“一二・九”运动纪念、国家公祭日烛光悼念等活动。

社会实践 组织开展“乡村稼穑情・振兴中国梦”为主题的社会实践活动，11支小队获得校级优秀小队，1支小队获得校级一等奖，4支小队获得校级二等奖，6支小队获得校级三等奖；11人获得暑期社会实践校级优秀个人，10人获得社会实践院级优秀个人。5支小队获得北京市团市委一等奖，3支小队获得团市委二等奖。配合学校进行寒假社会实践改革，在“农科学子十九大宣讲行动”“农科学子乡村调查行动”和“农科学子乡村志愿行动”寒假社会实践中，4支小队通过终审。组织开展志愿农大评选活动，评选第十二届“志愿农大”优秀志愿者2人。

心理健康教育 全年举办活动20项，活动参与人员600余人次。组织开展女生节活动、定向越野赛，“5・25”大学生心理健康宣传月、“10・25”大学生心理文化节系列活动。进行个体心理咨询面询30余人次，网上邮箱、QQ咨询及电话、短信咨询数十次，收到、阅读、回复心理委员各月度班级情况汇报表170余份，阅读并反馈各学院例会记录32次（份）。在11月学校优秀心理部评比活动中，获得三等奖。

创新创业 3—5月，参加“创青春”全国大学生创业大赛和第四届中国“互联网＋”大学生创新创业大赛，共26支小队，105人参赛，获得金奖1项、银奖1项、铜奖9项；获得首都赛铜奖2项。3—5月，参加第六届溢达全国创意大赛，共42支小队，86人参赛，获得三等奖4项，优秀奖5项。获得学校特等奖1项、二等奖1项，总决赛中获得二等奖1项，获得优秀组织奖1项。4月，参加山东省学生联合会主办、青岛啤酒有限公司协办的“第六届青岛啤酒大学生微营销创意大赛”，共计14支团队参赛，获得微营销优秀奖1项。

团务工作 组织开展2018—2019学年秋季学期基础团务工作，主要包括团务统计、团员证注册和团费收缴，填写并上报《2018—2019学年秋季学期基础团务统计》。截至2018年底，烟台研究院共有学生团员996名。

就业与深造 2018届本科毕业生共292人，截至年底就业率达97.26%，其中升研112人，推免研究生62人，出国24人，升研率为38.36%，深造率为46.71%。考取山东、江苏、天津等地选调生7人，考取公务员及事业编28人（其中北京市公务员4人），应征入伍3人。输送公派留学生3人、国际交换生4人、“2＋2”国际联合培养生1人。

奖学助贷 完成生源地助学贷款毕业还款诚信教育及相关协议的填报工作，为

34 名学生办理生源地助学贷款。认定经济困难学生 121 名,15 人获得社会助学金。评选国家奖学金 15 人,国家励志奖学金 52 人。评选三好学生 89 名,优秀学生干部 31 名,优秀团干部 17 名,优秀团员 25 名,优秀班集体 4 名,优秀团支部 5 名,各级社工奖 36 名,文化活动奖 14 名,30 名学生获优秀学生奖学金,411 名学生获单项奖学金。获得中国农业大学"五四青年标兵集体" 荣誉 1 项,获得中国农业大学优秀班集体 4 项,获得中国农业大学优秀团支部荣誉 4 项。荣获中国农业大学 2017－2018 年度北京市"先进班集体"荣誉称号 1 项。共有 44 名学生获得校级"优秀毕业生",13 名学生获得"北京地区高校优秀毕业生"。

成人教育 设置中国农业大学烟台函授站、中国农业大学现代远程教育烟台研究院学习中心。2018 年烟台函授站毕业生 12 人,在校生总数 52 人。远程教育毕业生 51 人,在校生总数 169 人。

(张海瑜)

【社会服务】

农民培训 承担"农业合作社经营管理"和"农村村级事务管理"两个培训科目共 880 人的培训任务,实际培训 895 人。

其他培训 与贵阳市国土资源局合作举办贵阳市国土资源开发利用保护专题研讨班,共培训贵阳市国土资源系统干部 60 人。

包村服务 10 月开始,对牟平区王格庄镇前松椒村进行为期 3 年的包村扶贫工作。10 月 10 日,党委书记兼院长傅泽田带领包村工作组成员 3 人,赴王格庄镇和前松椒村进行实地走访,开展包村对接工作。10 月 19 日,包村干部带队赴前松椒村,对村容村貌和周边环境进行实地信息考察和信息采集工作。10 月 22 日,前松椒村村两委主要负责人来研究院与研究院党委书记校长傅泽田及包村干部等见面,对接包村扶贫工作。11 月 30 日,组织相关专家到前松椒村举办"科技扶贫——民间课堂培训"首堂课讲授,由研究院食用菌专家丁强副教授为近 50 位村民讲授《特色农业产业——食用菌》。选派一名中层干部到重庆市巫山县开展"组团式"支教工作。选派一名中层干部到海阳市郭城镇宅家夼村开展"第一书记包村工作",被评为 2015—2018 年科技包村服务先进单位。

(张海瑜)

【党建行政工作】

党务工作 烟台研究院现设 14 个党支部(包括 2 个离退休党支部),党员 274 人,其中,在职党员 155 人,学生党员 54 人,离退休党员 65 人。全年共发展党员 47 人,预备党员转正 3 人。开展全校性学习贯彻活动 23 次,召开 6 次全体党员会议,举行党委中心组理论学习 7 次,全校性党课教育活动 6 次,党委委员上党课 7 次。召开 4 次座谈会,开展调研指导 2 次,完成"大学习、大调研、大改进"活动调研报告 5 篇。收缴党费 64 972 元,建设过硬支部 5 个。

确立"固堡垒,争先锋,乡村振兴我先行"为党建特色创建品牌。多次召开专门会议,专题研究部署创建工作,成立工作组,定期召开支部书记会,各支部通过召开支委会、党员大会,引导广大党员参加活动。先后出台《关于在开展"一校一品"党建特色品牌创建活动的实施方案》《关于积极推进“一校一品”党建特色品牌创建工作的通知》《中国农业大学烟台研究院建设过硬党支部的实施方案》《关于在全校推行党员积分量化管理的实施意见》等文件，明确创建目标和内容，细化创建措施，落实创建专项经费。学校拨付近20余万元专款用于“一校一品”党建特色品牌创建活动建设。其中，学校党建活动室投资10万元；各支部按照每支部1 000元、每人100元标准，从党费中列支经费。12个党员活动室相继建立并完善，举办创建活动校级成果展1次。

廉政建设 贯彻落实党风廉政主体责任，层层签订党风廉政责任书，召开3次党风廉政建设落实会议。健全党风廉政建设责任制、干部教育管理制、重大事项决策制等，把党风廉政建设纳入工作考核的重点内容之一。全年参与校园改造项目招投标3次。组织党员干部收听收看系列反腐警示教育片，举办专题警示教育宣讲，查找廉政风险点，制定整改方案，要求限期整改。

宣传思想教育工作 全年累计处理182篇校网新闻、266条公告。建设专题4个，自主转载内容120篇，其他供稿文章15篇。连续6年被授予烟台市“精神文明单位”称号。

舆情监控反馈 全年处理287件信件，完成293条校长信箱有效信件处理答复。问题涉及招生咨询，餐饮、住宿和整体设施环境，宿舍区供暖质量等问题。

意识形态工作 健全和完善宣传统战工作的运行机制，构建完善的制度体系，促进规范管理。全年发布9个意识形态方面的管理制度和实施意见：①理论中心组学习制度；②理论中心组学习计划；③师德建设实施意见；④落实意识形态工作责任制实施细则；⑤网络舆情管理与处置实施办法；⑥新媒体建设管理办法；⑦抵御和防范校园传教渗透工作实施意见；⑧教职工思想政治工作；⑨精神文明建设实施意见。

统战工作 推荐3名党外优秀知识分子参政议政。4月，向烟台市委统战部推荐6名优秀党外知识分子充实市级党外人才库建设。组织3名教师参加烟台市新阶层党外知识分子联谊会换届暨烟台市党外知识分子成立大会。

宗教工作 成立抵御和防范校园传教渗透工作领导小组，实行党支部书记和行政单位负责人双负责人制度。加强校园网络管理，严防利用校园网传教和宗教渗透；两次党员和师生宗教信仰情况统计排查，签订《党员不信仰宗教承诺书》166份。加强外籍专家学者的宗教政策宣传教育。根据省高教工委标列的问题清单，自查存在3个问题，于12月10日前完成整改。完成宗教自查报表12次，自查和整改报告汇报材料7份。

（张海瑜）

【后勤保障工作】

基础建设 完成二期教工住宅东侧钢结构实验室的设计规划、勘察及招投标工作，并开工建设，建筑面积2 165平方米。11月，凤巢顶风景亭竣工。

网络安全 制定《中国农业大学烟台研究院校园网安全管理暂行条例》等规章制度，对校园网络设备存在严重老化、性能不稳等隐患，以及学生公寓、行政楼等关键楼宇设备进行重新部署。完成集装箱式数据中心18个集装箱及附属设施的安放，完成主副数据中心设备的安装。归档50余份施工技术档案。

资产管理 制定《中国农业大学烟台研究院国有资产管理暂行办法》。建立土地房产台账，完成学校报废资产审核出账和校内黑松资产报废任务。完善和优化预算编制、计划采购、验收入库、登记入账、领用发出、维修保养、处置等各环节工作流程。完成烟台农格大房地产开发有限公司的注册工作。

校园安全 以构建“平安校园”为目标，加强法制安全教育，强化校园治安管理，完善安全防范措施，落实综合治理工作责任制，加大安全督查力度。多次利用广播、板报、宣传栏等开展“创建平安校园”宣传教育活动。全年无安全生产责任事故、无刑事案件、无食品安全事故、无群体性事件。

餐饮服务 采取严格的索证、索票和审核准入制度，建立台账登记制度，严把食品采购关。严格遵循食品加工流程。按照《食品安全法》规定，要求从业人员一律持健康证上岗，并定期组织人员培训。

公寓管理 强化制度管理，明确工作职责。开展“普及安全知识，增强防范意识，促进校园和谐”“珍爱生命 杜绝隐患”等系列活动，强化安全教育。

物业管理 完善住户档案 932 户、清理违章乱建 5 处、受理住户诉求 300 多起、维护保养电梯 80 余次、更换自来水阀门 64 个、维修楼宇门 12 次、吸污、清理，疏通污水管道 13 次。完成 57 997 平方米的卫生清洁。制定冬季除雪预案，组织扫雪 15 次。收取住户物业费 99.7 万元。

后勤服务 年度用电 4 632 794.6 度，电费总支出 2 779 676.88 元，其中公共用电 2 327 407.4 度，电费支出 1 256 800.08 元；用水总量 127 697 立方米，水费合计 452 284 元；采暖费支出 1 707 352.72 元。医疗卫生工作全年安全无事故。

（张海瑜）

【烟台格罗宁根合作大学项目】

合作办学工作进展 1 月 29 日，格罗宁根大学在其官网发表声明：鉴于烟台格罗宁根大学项目无法得到本届大学理事会的充分支持，格罗宁根大学行政委员会决定暂不向荷兰教育、文化与科学部提交关于在中国设立分校以在烟台格罗宁根大学开展完整学位项目的申请，学校决定转而与中方探讨合作办学的过渡性方案。2 月 2 日和 7 日，学校向教育部国际合作与交流司呈报《中国农业大学关于报送烟台格罗宁根大学项目最新情况的报告》（中农大校字〔2018〕3 号）文件和《中国农业大学关于报送对烟台格罗宁根大学项目近况的初步研判与分析情况的报告》（中农大校字〔2018〕4 号）文件。3 月 9 日，格罗宁根大学校长西布兰德·波佩玛、理工学院院长雅思伯·诺斯特、烟台格罗宁根大学项目主任巴特·扬·范·德拉一行 3 人来访，与中国农业大学姜沛民书记及烟台市人民政府金志海副市长会谈。波佩玛校长明确表示坚持三方协议，积极创造条件、通过实质性的科研合作保持和提振荷兰格罗宁根大学师生对举办烟台格罗宁根大学的信心，促成大学理事会的支持，在烟台格罗宁根大学的框架下首先由其理工学院开展“3＋1”合作办学项目，并强化科研合作。姜沛民书记表示，中国农业大学将与烟台市和山东省进行协商，落实下一步工作安排，希望三方保持密切联系，扭转不利局面。金志海副市长表示，烟台市政府将继续推进校园建设项目，为烟台格罗宁根大学筹建工作提供强有力的条件保障。希望两校通力合作，突破当前困境，使烟台格罗宁根大学按计划尽快开办。3 月 24—27 日，格罗宁根大学理工学院科研项目主管马克·凯斯、刁雯雯一行 2 人来烟台进行科研对接会谈，烟台高新技术产业开发区管委、烟台市科技局、烟台市经信委及相关科研院所、企事业单位等负责同志参加了此次会谈。3 月 27—28 日，中国农业大学校长孙其信访问格罗宁根大学，与波佩玛校长进一步沟通。波佩玛校长表示，格罗宁根大学将继续坚持合作办学目标，积极创造条件推进办学。4 月 20 日，荷兰格罗宁根大学通过官网发布烟台格罗宁根大学项目最新进展通报：格罗宁根大学行政委员会与院长委员会、大学监督指导委员会及中国农业大学沟通后决定，在烟台的合作办学当前可通过格罗宁根大学所属学院与中国农业大学开展科研与教学合作办学项目的方式进行，目前其理工学院正在准备启动与中国农业大学在烟台的合作办学项目。4 月 26 日，格罗宁根大学波佩玛校长致信姜沛民书记，重申其签署的三方合作办学协议继续有效，因 2017 年荷兰修法后，其境外办学项目的开展需得到校内大学理事会的同意和荷兰教育、文化与科学部部长的批准，格罗宁根大学希望通过开展联合研究项目和举办"3＋1"合作办学项目积累经验，增强双方信心，为未来举办合作大学提供参考。5 月 5—9 日，烟台格罗宁根大学筹备工作组多次召开工作会议，就当前办学现状进行探讨并提出可行性方案，并于 2018 年第 5 次烟台研究院办公会议审议通过了向学校提交的《中国农业大学关于烟台格罗宁根大学项目近期情况及相关问题的报告》。5 月 21—22 日，格罗宁根大学理工学院范·德拉、塔尼娅·范德伍德、龚颖清、凯斯一行 4 人来访，与烟台研究院院长兼党委书记、烟台格罗宁根大学筹委会主任傅泽田、筹委会副主任董仁杰等在京举行工作会议，就实施本科"3＋1"合作办学项目、在烟台举办科技研讨活动、加强多层面沟通等方面进行探讨。6 月 14 日，格罗宁根大学波佩玛校长正式致函烟台市人民政府，解释当前面临的合作办学困境，表示会继续坚持三方合作协议，并由其理工学院先期开展科研和教育合作项目。6 月 20 日，格罗宁根大学理工学院院长雅思伯·诺斯特、烟台研究院院长兼党委书记、烟台格罗宁根大学筹委会主任傅泽田及中荷合作办学工作团队人员在烟台进行工作会议，会议强调：重申 2015 年合作三方签署的《关于合作建立烟台格罗宁根大学三方协议》及其三方在 2018 年 3 月北京会谈期间所达成的系列共识是中国农业大学、格罗宁根大学和烟台市当前以及今后开展合作项目的前提。6 月 21 日，格罗宁根大学理工学院院长雅思伯·诺斯特、烟台研究院院长兼党委书记、烟台格罗宁根大学筹委会主任傅泽田与烟台市科技局、高新区管委等领导就中荷生物质转化科技创新进行会谈，明确将继续全力推动 UGY 合作项目，并就未来相关领域的合作机制、科技合作及人才引进等方面进行探讨以及启动两校科研团队与烟台市高新区政府及有关部门的对接工作等事宜。6 月 21 日至 22 日，中国农业大学和格罗宁根大学在烟台联合举办中荷生物质转化科技与创新研讨会，活动吸引了来自中荷两国近 30 所相关高校科研院所的专家学者及产业界代表等近百人参与。本次活动共有 27 个/场专题报告，实现了中荷高校科研院所与实业产业界的密切交流，达成了产学研合作的重要共识。6 月 26 日，格罗宁根大学官网发布消息：格罗宁根大学监督指导委员会任命乔克·德·弗里斯接替西布兰德·波佩玛担任格罗宁根大学新一任校长一职，任期四年，自 2018 年 10 月 1 日起生效。7 月 6 日，格罗宁根大学波佩玛校长分别致信中国农业大学党委书记姜沛民和校长孙其信、山东省教育厅厅长邓云锋、烟台市委书记张术平和时任市长张永霞，重申 3 月会谈中三方确认的在《三方关于建立烟台格罗宁根大学的合作协议》中各方对烟台格罗宁根大学的义务，以及在烟台格罗宁根大学批筹基础上继续推进三方认同的科研和教育合作过渡方案及具体实施建议，并提出希望借在京参加孔子学院总部理事会会议之机，携工作组成员拜会中国农大、山东省和烟台市相关领导，共同探讨荷兰与中国当前局势，商讨开展科研与教育合作的后续安排等事宜。7月16—19日，格罗宁根大学波佩玛校长，理工学院院长雅思博·诺斯特、烟台格罗宁根大学项目主任巴特·扬·范德拉和烟台项目协调员龚颖清一行4人先后来华，分别拜会中国农业大学党委书记姜沛民、校长孙其信，山东省教育厅厅长邓云锋和烟台市委书记张术平，就推动烟台格罗宁根大学项目及过渡性工作方案等事宜进行会谈。7月23日，格罗宁根大学波佩玛校长正式致信中国教育部部长陈宝生和副部长田学军，希望教育部能够给予特殊政策，用“3＋1”模式过渡性方案正式批准设立烟台格罗宁根大学。9月19—24日，格罗宁根大学理工学院院长雅思伯·诺斯特一行3人赴中国农业大学会见烟台研究院院长兼党委书记、烟台格罗宁根大学筹委会主任傅泽田，双方通报了自7月份以来烟台格罗宁根大学各方的工作进展情况，商谈了关于首届中荷生物质转化科技与创新研讨会的后续工作事宜。9月27日，格罗宁根大学为西布兰德·波佩玛举行盛大的退休庆典活动，波佩玛卸任格罗宁根大学校长一职。10月2日，格罗宁根大学监督指导委员会委托甘霖达·克拉森对在中国烟台开展跨境教育筹备工作所投入的时间开展独立调查。同时，教育督查组将对格罗宁根大学的部分私募资金来源进行调查。格罗宁根大学对此项调查表示欢迎。同时，大学理事会、监事会及董事会也会对烟台项目的筹备情况展开调查。11月20日，格罗宁根大学校办负责人史蒂芬·范·盖伦、格罗宁根大学孔子学院院长曹雪菲到访中国农业大学，与烟台研究院院长兼党委书记、烟台格罗宁根大学筹委会主任傅泽田、筹委会副主任董仁杰进行会谈，双方通报烟台格罗宁根大学的项目具体进展，并对当前的局势进行研判，双方均表示将共同努力，继续推动烟台格罗宁根大学项目，并商定共同推动学院层面的科研合作，联合举办研讨会，并做好双学位项目的准备工作；推动两校校长就烟台格罗宁根大学项目进行磋商，研究新烟台格罗宁根大学方案的可行性；彼此加强各层面的沟通交流，积极争取包括两国教育部在内的高层支持。11月17日，山东省委教育工委常务副书记、省教育厅厅长、党组书记邓云锋一行赴烟台研究院对烟台格罗宁根大学和中国农业大学烟台校区筹建情况进行实地考察，烟台研究院院长兼党委书记、烟台格罗宁根大学筹委会主任傅泽田陪同参观并就烟台格罗宁根大学项目筹备情况和烟台校区规划等做了专题汇报。

校园建设工作 2018年，以公开招标、竞争性谈判等方式通过政府采购项目8项。完成图书馆改造工程投资额的76.5%。完成校园一期二标段(学生餐厅、教学楼、双塔学生公寓)项目电气、给排水、消防安装工程总计产值36%，完成土建及装饰工程总产值33%，完成数据中心3 000平方米基础设施建设。

(张海瑜)

烟台校区推进情况 5月23日，中国农业大学收到山东省农业厅《关于对接商洽合作交流事宜的函》：山东省委、省政府决定，由省领导带队走访全国重点科研机构和高校，吸引国家级科教资源在山东开展协同创新，为加快山东农业新旧动能转换、助力打造乡村振兴齐鲁样板提供科技支撑和智力支持。5月24日，山东省农业厅代表与中国农业大学分管科研工作的副校长、科研院、发展规划处等部门进行了会谈，双方就在已有的合作基础上，加强省校合作，建设好、发展好烟台研究院达成共识。7月13日，山东省副省长于杰率教育厅、发展规划处、烟台市方面负责人等一行赴中国农业大学访问，与中国农业大学党委书记主要领导及有关负责人就推进烟台研究院建设与发展等省校合作事宜进行座谈，双方就在已有的合作基础上，继续加大与中国农业大学的合作，共同推进烟台研究院建设与发展达成共识。7月16日，山东省人民政府向中国农业大学发来合作意向征求意见方案，提出推动“烟台研究院”升级为“烟台校区”，建议依托中国农业大学烟台研究院现有办学资源，由山东省政府与中国农业大学共同向教育部申请获批中国农业大学烟台校区，把烟台校区建成为山东省一所具有创新能力和引领作用的高水平研究型“双一流”大学。烟台校区成立后，由中国农业大学和山东省人民政府共建共管，共同搭建高水平合作平台和高层次人才引进平台。7月31日，烟台市委书记张术平书记会见中国农业大学党委书记姜沛民、校长孙其信一行，双方就同步加快推进烟台校区工作和解决烟台研究院各类历史遗留问题达成共识。8月12—16日，王涛副校长率学校发展规划处、本科生院、人事处、研究生院、科学技术发展研究院、社会服务处、财务处等部门来烟研究校区筹建具体工作。8月15日，烟台市副市长张波在烟台会见中国农业大学王涛副校长一行，落实校市主要领导会面达成的共识，并就中国农业大学烟台校区建设方案达成共识。

附：烟台研究院2018年大事记

5月24日，山东省农业厅等一行5人到中国农业大学交流研讨，双方就在已有的合作基础上，加强省校合作，建设好、发展好烟台研究院达成共识。

6月21—22日，由中国农业大学和荷兰格罗宁根大学联合举办的中荷生物质转化科技与创新研讨活动在烟台召开。

7月13日，山东省副省长于杰率教育厅、发展规划处、烟台市方面负责人等一行赴中国农业大学访问，与中国农业大学党委书记姜沛民等主要领导及有关负责人就推进烟台研究院建设与发展等省校合作事宜进行座谈。

8月12—16日，王涛副校长率学校发展规划处、本科生院、人事处、研究生院、科学技术发展研究院、社会服务处、财务处等部门来烟研究校区筹建具体工作。

8月15日，烟台市副市长张波在烟台会见中国农业大学王涛副校长一行，落实校市主要领导会面达成的共识，并就中国农业大学烟台校区建设方案达成共识。

8—9月，烟台研究院分别与日本带広畜产大学、日本新潟大学成功开展日本与亚洲青少年科技交流计划(樱花科技计划)。

10月21日，“2018中国设施园艺学术年会”在烟台召开。

（李梅 张海瑜）

巡察督导工作

【概况】

2018 年，中国农业大学党委深入贯彻落实习近平新时代中国特色社会主义思想和党的十九大精神，坚决落实习近平总书记关于巡视工作的重要讲话精神和中央关于建立巡视巡察上下联动监督网的要求，在 2016 年、2017 年开展专项巡察工作试点的基础上，创新性开展校内常规巡察全覆盖工作。

（张磊）

【成立机构】

突出学校党委巡察主体责任　学校党委明确巡察是党委履行管党治党、全面从严治党主体责任的重要政治任务，围绕这一定位，从机构设置到体制机制都突出了党委的主体责任。

党委成立专门工作机构　2018 年 7 月，在学校新一轮机构改革中，成立党委巡察督导办公室，明确负责巡察日常工作，突出强化巡察是党委履行管党治党、全面从严治党主体责任重要抓手的制度安排。党委巡察督导办公室成立后就校内巡察计划征询学院党委意见，编制《巡察工作手册》，制定巡察培训方案，设计巡察问卷、谈话提纲，为开展巡察全覆盖工作做好基础性准备。

党委成立巡察工作领导小组　2018 年 9 月，经学校党委常委会研究决定，成立巡察工作领导小组，由党委书记任组长，党委副书记、纪委书记任副组长，党政办公室、党委组织部、党委宣传部、纪委办公室、党委巡察督导办公室主要负责人为成员，负责学校巡察工作的组织统筹。巡察工作组组长由党委主要部门负责人担任，二级党组织主要负责人担任副组长。巡察工作领导小组下设办公室(以下简称“巡察办公室”),设在党委巡察督导办公室,承担日常工作。

(张磊)

【建章立制】

修订巡察工作实施办法 2018年9月,学校党委常委会审议修订《巡察工作实施办法(试行)》(以下简称《办法》)。《办法》坚持政治巡察定位,以“两个维护”为根本任务,以“六个围绕、一个加强”为主线,建立党委统一领导、巡察工作领导小组组织统筹、巡察工作组具体实施、巡察办公室联络协调的工作机制,规定巡察工作组组成、工作职责、工作方式、工作程序等运行机制,明确巡察范围为二级党组织,巡察对象聚焦二级党组织党政领导班子及其成员、管理服务与直属机构领导班子及其成员。根据工作需要,巡察范围和对象可以向下延伸,突出紧盯关键少数。《办法》为巡察工作提供了根本遵循,为巡察全覆盖奠定了坚实基础。

(张磊)

【开展工作】

制定巡察全覆盖工作方案 根据巡察工作领导小组意见,于2018年11月正式启动常规巡察全覆盖工作,每轮巡察以“一托*N*”方式进行。11月8—29日,成立两个工作组完成第一轮对4个学院(动物科学技术学院、动物医学院、食品科学与营养工程学院、国际学院)党委的集中巡察。12月10日至2019年1月7日,成立一个工作组开展第二轮对3个学院(农学院、园艺学院、植物保护学院)党委的集中巡察。

探索巡察方式 巡察工作坚持实事求是、大胆创新。结合“六个围绕、一个加强”梳理制定80多个观测点,培训巡察干部针对性开展工作;整理3年来学校党委根据中央和上级文件精神制定的重要规章制度,结合巡察需要,编制制度文件;紧扣巡察主要内容,设计调查问卷,涉及6类40多个问题;拟定谈话提纲,并在谈话前组织巡察工作组讨论谈话重点,调整谈话方式,提升谈话效果;做好外围调查工作,按照“综合会诊”的要求,在进驻谈话前征询学校主要部门书面意见,形成巡察联动模式,并与相关校领导座谈,进一步了解被巡察单位的情况,做到精准巡察。

坚持以广大师生为中心的工作方针 学校党委要求巡察必须特别注意听取广大教职工意见,在普通教师与学校党委之间架起沟通桥梁。在已经开展的两轮巡察中,工作组坚持以人民为中心的工作方针,实现对二级党组织超过60%人员的个别谈话,超过80%人员的问卷调查,并向教职工反复强调,巡察将严守谈话秘密,原汁原味记录谈话内容,打消谈话人顾虑,鼓励谈话人充分反映意见。巡察工作尊重广大教师的教学和科研安排,不给基层增添负担,在几天的集中谈话中,请教师根据自己的时间自行选择,谈话组围绕教职工开展工作,在集中谈话中不能安排的,还进行个别约谈、到实验室谈话等形式,拉近与教职工的距离。

严格程序、依规依纪开展巡察 巡察代表学校党委的权威,是中央部署的政治任务,政治性突出、政策性严格,程序必须规范,方式必须严谨。巡察办公室从筹备巡察工作领导小组会议、确定研究事项,到提交党委常委会审议,从发布巡察通知、召开巡察干部培训会、签署巡察工作承诺书，到召开巡察动员会、发布巡察公告、组织问卷调查、开展集中谈话、清点意见箱，再到召开巡察反馈会等等环节，都严格依规依纪展开，彰显巡察的严肃性、权威性。

多渠道用好巡察成果学校党委研究巡察工作时提出，巡察成果运用“1＋5”模式。“1”是被巡察党组织要根据巡察反馈意见进行整改，以政治建设为统领，按照新时代党的建设总要求，做好巡察“后半篇文章”。“5”个方面包括：一是以巡察架构学校党委与普通教师的沟通桥梁，谈话记录要原汁原味反映给学校党委，成为学校党委广泛听取基层声音的重要形式；二是巡察中反映学校相关职能部门的问题，转有关部门在工作中研究改进；三是对巡察中发现的问题线索，涉及纪律、干部等问题，转有关部门处理；四是对巡察中与民生等相关的个别的典型的事例，虽不具有普遍性，但仍作为切实为师生解决实事的事项，进行督办；五是巡察期间，各管理服务部门在职责范围内就所了解的被巡察党组织情况提供了材料，为巡察全面体检提供了依据，其中也有很多关于业务工作的建议意见，一并提供给被巡察党组织，作为改进工作的参考，形成发展合力。

（张磊）

【加强巡察干部队伍建设】

学校党委重视巡察队伍建设工作，提出要坚持政治过硬、作风过硬、能力过硬、纪律过硬的标准，选强配好巡察干部。巡察工作组设立“一事一组成”机制，组长、副组长均是具有丰富党务、纪检等相关工作经验的同志，成员“老中青”结合，既有熟悉学校工作的老同志，又有年富力强的处级干部，还有一线工作的青年同志，既在巡察中锻炼提高，也在巡察中进一步了解学校各方面情况，以巡察促进干部成长。巡察工作领导小组对每轮巡察均举行专门培训，巡察办公室全程参与指导巡察工作。建立巡察干部库，巡察干部在巡察期间的表现，均形成书面鉴定材料，交党委组织部门备案，作为干部培养考察的重要内容。

（张磊）

党委研究工作

【概况】

党委研究室成立于 2018 年 6 月 26 日，负责统筹学校党委重要工作的研究。2018 年下半年，在学校党建研究会多年工作基础上，研究室以深入学习贯彻习近平新时代中国特色社会主义思想和党的十九大精神、全国教育大会精神为主线，聚焦党建质量年、人才强校年重大任务，开展理论研究与综合调研。

（赵竹村）

【党建思想政治研究工作】

学习贯彻习近平总书记关于全国党建研究会要“发挥党建高端智库作用”的重要指示精神，贯彻落实《关于进一步发挥全国党建研究会党建高端智库作用的意见》，以中国农业大学党建研究会、北京高校统战理论与实践研究会、北京高校党建研究会三级平台为依托、开展机关党务部门、学院党委、教工党支部党建理论研究三级联动。承担北京市系列课题，其中《加强和规范高校党组织党内政治生活研究》获得北京高校党建研究会优秀课题奖、北京市党的建设研究会2018年度优秀自选课题二等奖。依托学校党建研究会秘书处，组织召开党建课题系列研讨会，邀请党建研究会秘书处成员、校内外党建专家对加强和改进新形势下学校党建工作研究等8个党建重点课题进行了研讨。汇集党建热点问题和兄弟院校优秀党建质量创优案例，编制《党建研究内参》3期。牵手相关部门创建机关党务部门、学院党委、党支部三级联动党建研究模式：党委研究室携手党委职能部门联合学院党委、党支部进行党建课题研究，实现“基层党组织党建研究能力”与“机关党务部门服务实践能力”的双促进、双提升。联合各学院党委参加北京高校统战理论与实践研究会“北京高校少数民族学生教育管理工作现状与政策研究”；协同党委组织部落实基层教职工党支部党建课题立项。汇集学校2016年以来各级党组织、党务工作者和专家学者的党建研究成果，组织开展《党建研究成果文集(2018)》的出版工作。服务学校党建质量提升攻坚行动，参加“五建五提升，推进五项工程”专题调研，撰写文章《以政治建设为统领，深入推进学校党建质量提升攻坚》在教育部网站上全文报道。

(赵竹村)

【改革发展相关课题研究】

在高水平人才培养体系建设、高校教育改革、科技革命和服务乡村振兴等方面加强专题研究分析，调研和参与“北京科技小院建设”，参与《“双一流”背景下新农科内涵研究》等课题研究，参与《念兹在兹，朝乾夕惕——中国农大与新中国70年的奋斗情怀》(暂定名)的编写，梳理习近平全国教育大会精神课题清单，拟定中国农业大学2018年度党建研究选题。支持校内相关课题组围绕中国特色一流大学建设、教育与创新创业、六个“下功夫”等开展理论与实践问题研究，围绕大局聚智聚力，服务中心工作。

(韩晓燕)

【决策参考与信息服务】

聚焦党和国家教育重点工作，跟踪研究全国组织工作会议、全国宣传思想工作会议、全国教育大会精神，围绕全国教育大会的新理念、新思想、新观点和重大理论及实践问题进行研究阐释，制定“中国农业大学全国教育大会精神研究阐释工作百天攻坚行动”，跟踪各高校和研究会对重点工作的研究阐释情况以及全国教育大会后各高校教育改革动态，先后推出调查研究9期，共37篇文章，及时为校党委提供相关信息服务。坚持分层收集外界信息，密切关注上级单位网站和党建研究权威网站、杂志信息，同时重点关注兄弟院校的改革发展动态，逐步形成有重点、分层次、多方位信息收集网。注重发挥校内外专家作用，对接高端视野，促进与相关智库的协作，提升信息质量。通过参加专家专题报告会以及校内外各种交流大会，听取参加全国组织工作会、全国宣传思想工作会议、全国教育大会的校领导对会议精神的理解和传达，汇集各方专家意见，开拓思想，为学校工作提供智力支持。

(张艳)

【学校重要综合性文件、文稿起草】

坚持融调研于写作，融参谋于写作的理念，秉承字斟句酌的高度负责态度组织起草学校重要综合性文稿。起草了全国教育大会宣讲材料、学校主要领导经济责任审计述职报告、学校基层党建工作述职报告、第 26 次全国高校党建工作会议经验交流材料、全国高等农林水院校党建与思想政治工作研讨会第 17 次会议交流材料以及相关专题报告等文稿近 10 万字。

（韩晓燕）

【内部制度建设】

完成办公室的筹建工作。完成办公设备和办公家具的采购安装工作，依托有关部门完成财务管理系统、固定资产管理系统、文件接收管理系统、人事管理系统的建立。完善办公室规章制度建设，制定例会制度。为提高工作人员的自身素质，成立学习小组，定期开展业务学习。

（张艳）

组 织 工 作

【概况】

2018 年，组织部门在上级和学校党委的领导下，全面贯彻落实习近平新时代中国特色社会主义思想和党的十九大精神，以落实高校党建工作重点任务为契机，扎实推进基层党组织建设，有序开展干部换届，进一步提升组织工作科学化与专业化水平，为学校“双一流”建设提供组织保障。

（宋岳镇）

【党建工作】

中国农业大学党委下属 22 个分党委、2 个党总支、2 个直属党支部，491 个基层党支部。基层党支部中，学生党支部 288 个，在职教职工党支部 155 个（其中，教学科研一线党支部 73 个），离退休党支部 48 个。全校共有党员 9 728 人，占全校总人数的 35%。学生党员共计 5 961 人，占学生总数的 30%（其中，本科生党员 1 493 人，占本科生总数的 13%；研究生党员 4 468 人，占研究生总数的 53%）；在职教职工党员 2 153 人，占教职工总数的 45%（其中在职专任教师党员 1 068 人，占教师总数的 56%）；离退休党员 1 085 人，占离退休总数的 37%；其他党员 529 人。2018 年共发展党员 1 133 名，其中本科生 648 名、研究生 463 名、教职工 22 名。全年共有 3 091 人办理党员组织关系接转手续，其中转入 1 145 人，转出 1 946 人。

落实高校党建重点任务 针对中组部、教育部提出的高校党建工作任务，召开学校党建工作领导小组会议，逐条研讨，制定《落实高校党建工作重点任务清单》（党发〔2018〕

44号）和北京市高校党建与思想政治工作检查反馈意见整改清单，明确任务分工，督促推进落实。

强化基层单位党的领导 制定《学院党委会议议事规则（试行）》（党发〔2018〕72号），通过制度保障学院党委会议成为学院党委议事决策的主要形式，推进学院党委（党总支）议事决策民主化、规范化、科学化。推进落实学院党政班子成员的交叉任职，所有党员院长均任学院党委委员。根据二级党组织换届等具体情况，在条件成熟的学院试行党员院长转任党委书记。实现二级党组织书记和教职工党支部书记抓党建现场述职评议考核全覆盖，抓实党组织书记作为抓党建工作第一责任人的职责。2018年初，22名二级党组织书记全部进行了现场述职，6名书记考核结果为“好”。

推进基层党组织规范化建设 一是规范基层党组织换届。落实中央《关于党的基层组织任期的意见》，建立二级党组织、教职工党支部换届工作台账，提醒督促二级党组织按期换届，并要求二级党组织指导党支部做好换届工作。2018年，完成离退休党委、后勤基建党委换届工作。二是深入推进党支部规范化建设。下发《支部工作手册》《党支部工作规范》，使用“北京长城网”党员月度学习平台，把“一规一表一册一网”落到实处，开展党支部记录专项检查，督促党支部落实“三会一课”等制度。坚持期末集中组织生活制度，制定春季、秋季学期期末集中组织生活制度方案，各党支部开展了专题学习、党课教育、述学评学和主题党日活动并开展党员民主评议。查摆问题党支部层面1 140条，党支部书记个人1 670条。在民主评议中2 082名党员被评为优秀，合格5 674人，基本合格79人，不合格4人。1 091名预备党员参加了民主评议工作，未评定等级。

实施“双带头人”培育工程 相继出台《教师党支部书记“双带头人”培育工程实施计划（2018—2020）》（党发〔2018〕53号）、《教师“双带头人”党支部书记工作室创建工作实施方案》（党发〔2018〕54号）等文件，为工程实施提供制度保障。2018年确定立项首批工作室7个，其中动物科学技术学院动物遗传育种与繁殖教职工党支部连正兴工作室获批全国高校首批教师党支部书记“双带头人”工作室。着力加强教师党支部书记双向培养，依托处级干部轮训，3次组织教职工党支部书记集中听取专题辅导报告；选派50名教师党支部书记参加“2018年教师党支部书记学习贯彻党的十九大精神专题网络培训班”；组织30名教师党支部书记和学院组织员赴浙江嘉兴南湖进行“红船领航”主题实践教育，加强党性锻炼。设立科技创新培育专项，首批投入经费100万元，10位教师党支部书记获得支持，为党支部书记提升科研水平搭平台、铺台阶、创条件。

开展“对标争先”建设计划 研究制定方案，开展对标自查。研究制定学校《“对标争先”建设计划实施方案》（党发〔2018〕65号），明确指导思想、总体要求、主要任务、工作目标、方法步骤和组织领导；下发《关于推进实施“对标争先”建设计划的通知》，组织二级党组织、基层党支部对照各自目标任务，开展集中自查，形成问题清单和整改任务清单。加强选树培育，申报首批“双创”单位。开展实地调研，了解掌握学校二级党组织、基层党支部现状并进行研判，确定理学院党委和动物医学院基础兽医学系教工第二党支部和水利与土木工程学院水利系教工党支部为重点培育单位，并推荐参评首批“全国党建工作标杆院系”和“全国党建工作样板支部”培育创建单位，最终3个基层组织全部入选。评选教职工党支部“十佳主题党日活动”；开展教职工支部活动立项，28项党支部活动获得立项，资助金额8.3万元。

加强基层条件保障 根据《关于进一步加强和改进新形势下党务工作队伍建设的实施意见》(党发〔2017〕52号),分批健全组织员队伍,加强党务干部力量,2018年聘任11人。持续加大对基层党组织工作和活动经费支持力度,除党费返还以外,2018年共下拨党建活动经费190万元,用于支持各级党组织开展工作、组织活动和进行党员教育培训。投入61万元开展党内评比表彰,评选优秀基层党组织20个,优秀共产党员100人,优秀党务工作者20人。

(周进)

【干部工作】

截至2018年12月31日,学校处级干部共计227人,其中正处级干部79人,副处级干部148人;具有硕士及以上学位的207人,占干部总数的91.19%(其中具有博士学位的114人,占干部总数的50.22%);平均年龄45岁(其中正处49岁,副处43岁),35岁以下的处级干部26人,占11.45%;女干部72人,占31.72%;少数民族干部15人,占6.61%;党外干部33人,占14.54%。

改进选任方式,稳步开展干部换届 坚持正确选人用人导向,以优化干部队伍结构、提高干部素质为重点,以建设一支高素质专业化的干部队伍为目标,按照"改革选任方式,扩大选人视野,优化干部结构,拓展成长路径"的要求,稳步开展换届工作。制定干部任期考核工作方案,在全校范围内开展了处级干部任期考核。按照中央的新精神新要求,创新干部选任方式,由竞争上岗方式为主转变为通过民主推荐产生考察人选。畅通推荐干部渠道,丰富民主推荐形式,注重组织推荐,增加干部群众参与度,构建更加科学的干部推荐机制。加大干部交流轮岗力度,注重从专业技术人员中选拔干部。进一步巩固巡视整改成果,在换届过程中要求同一岗位连续任职满两届的处级干部进行交流轮岗。2018年共提任干部55人,平级任用干部86人(含二级党组织换届选举任用17人),16人不再担任处级职务。在换届工作中,聘任正处级干部41人,副处级干部87人。在聘任的正处级干部中,留任11人,转任19人,提任11人;在聘任的副处级干部中,留任30人,转任31人,提任26人。

规范干部管理,强化日常监督 组织完成3名任职试用期满干部的考核,组织召开述职测评大会3场,共有131人次参加测评,25人参加个别谈话,征求了纪委对考核对象在试用期内廉政情况的意见,提交党委常委会确定了考核结果。组织全校处级干部进行年度考核。对处级领导干部在社会团体、基金会、企业和民办非企业的兼职情况进行审批,共计21人次。积极做好处级领导干部因私出国(境)证件的管理工作,全年共审批处级领导干部因私出国(境)63次,出具《同意申办出入境证件的函》19份。进一步完善登记备案工作,根据干部任免进展情况及时到北京市公安局出入境管理局进行信息更新,全年共新增37人、更新19人、撤销19人。组织填报范围内的处级干部进行个人有关事项申报,年度集中填报92人,随机抽取11人,其中正处级干部4名、副处级干部7名,根据反馈结果,向被核查人了解情况,逐一核查比对,按照"两项法规"要求进行核查结果认定。做好提拔和拟转任至填报范围内干部的重点抽查核实,共重点抽查核实44人,其中正处4人,副处16人,无行政级别24人。

做好干部选派挂职和人才项目申报工作 积极推动干部挂职锻炼,及时与相关部门沟通协调，做好挂职干部的后勤保障，保证了学校相关政策的执行和挂职人员的切身利益。除侯书林同志继续挂职新疆塔里木大学机电学院副院长、康定明同志挂职新疆农业大学农学院副院长外，选派韩保峰同志挂职任江西省赣州市政府副秘书长、市农业农村局副局长；骆骢同志挂职北京市委教工委干部处副处长；刘军同志挂职任云南省临沧市镇康县副县长；荆忠海同志挂职任云南省临沧市镇康县勐堆乡帮东村第一书记；王福军同志参加第19批博士服务团，挂职海南省乐东县副县长。积极参与北京市优秀人才培养资助项目，28名教师进行申报，经组织评审等环节，圆满完成了推荐工作，其中1名青年教师通过了北京市优秀人才拔尖项目的审核程序并进入公示环节。

完善制度建设，用制度管人管事 坚持目标导向和问题导向，完善从严管理监督干部体系，扎紧制度的笼子。修订《处级党政领导干部选拔任用工作办法》(党发〔2018〕36号)；进一步加强干部管理，全面改善干部队伍精神面貌，制定《处级领导干部"约法六条"》(党发〔2018〕35号)；根据中央《党政领导干部任职回避》精神，坚持从严管理，进一步落实中央巡视整改的反馈意见，制定《处级领导干部任职回避制度》(党发〔2018〕24号)和《处级干部报告亲属在校学习工作情况的规定》(党发〔2018〕26号)。

(宋岳镇)

【党校工作】

加强党校自身建设 一是修订完善党校工作规程。修订出台《中国共产党中国农业大学党校工作规程》(党发〔2018〕89号)，使党校工作进一步规范化、制度化。增加发展对象培训，完善入党前、入党时、入党后培训体系；取消研究生党校，进一步完善机构设置；调整管理体制，学校党校对二级党校直接管理，党委学生工作部、党委研究生工作部分别负责对本科生、研究生的党支部书记、毕业生党员进行培训。二是调整党校校务委员会。学校党委常务副书记任主任、分管学生工作的副书记任副主任，9个相关单位负责人任委员。三是开展党校工作业务培训。对组织员进行专项培训，讲解学校党校的历史沿革、工作制度、体系设置等，重点讲解了入党积极分子、发展对象、预备党员等发展党员各环节的培训和教职工党员、党支部书记的培训任务及工作要求；同时对本科生、研究生党支部书记分别进行发展党员工作专项培训，讲解《中国共产党发展党员工作细则》和学校发展党员工作程序。四是总结学校2014—2018年党员教育培训情况。五是根据新修订的学校《党校工作规程》，制定《二级党校管理规定(试行)》，规范二级党校管理。

做好师生党员和入党积极分子等教育培训 一是分别举办教职工入党积极分子、发展对象和预备党员培训班，37名教职工入党积极分子、43名发展对象和22名预备党员参加培训。培训采用线上网络和线下辅导相结合、集中授课和分班讲授相结合、理论培训和现场教学相结合的方式，针对不同群体，开展系列教育培训。二是开展教师党支部书记教育培训。组织教职工党支部书记听取《以习近平新时代中国特色社会主义思想武装头脑、指导工作，不断提高适应新时代、实现新目标、落实新部署的能力》(姜沛民)、《学习贯彻党的十九大精神 高质量推进一流大学的建设》(孙其信)、《新时代全面从严治党研究》(张希贤)专题辅导报告；选派50名教师党支部书记参加"2018年教师党支部书记学习贯彻党的十九大精神专题网络培训班"；组织30名教师党支部书记和组织员赴浙江嘉兴南湖进行"红船领航"主题实践教育，加强党性锻炼。三是指导监督二级党校做好学生入党积极分子等系列教育培训。审核培训计划，履行监督职能，规范二级党校全面开展学生入党积极分子、发展对象、预备党员等各类教育培训。2018 年，二级党校累计举办入党积极分子培训班 27 期，学员约 1 900 人；发展对象培训班 29 期，学员约 1 200 人；预备党员培训班 17 期，学员约 1 100 人。党委学生工作部、党委研究生工作部举办党员骨干培训班 3 期，学员 324 人。四是组织党员集体学习“北京长城网”的“月度学习”专栏必修课程，用好“一规一册一表一网”。

大规模开展干部教育培训工作　一是开展处级干部集中轮训。4—5 月，开展处级干部学习贯彻习近平新时代中国特色社会主义思想和党的十九大精神集中轮训。除外地挂职、病休、已参加外出培训经批准免修的干部外，其余处级干部全部参加了此次轮训，实现了全覆盖。集中轮训共两期，每期 5 天，包括理论辅导、实践教学、交流研讨、自学阅读等环节。10—12 月，开展学习贯彻全国教育大会精神专题培训。姜沛民书记讲授“同上一堂教育大会专题课”；校院两级党委理论学习中心组开展专题学习、交流研讨；结合期末集中组织生活，各级党组织邀请校内外专家做专题辅导，开展深入学习。二是安排处级干部调训学习，2018 年共选派 10 名处级干部外出参加国家教育行政学院等单位的脱产培训。三是组织干部网络在线学习。使用“高等教育管理干部培训平台”，组织干部网络在线学习 52 小时，并撰写理论文章。四是总结学校十八大以来干部教育培训工作，形成总结材料并上报各类培训数据。

（周进）

宣传思想文化工作

【概况】

2018 年是学习宣传贯彻落实习近平中国特色社会主义思想、党的十九大精神的开局之年，是学校启动实施“双一流”建设的重要一年。在学校党委领导下，党委宣传部聚焦“统一思想、凝聚力量”中心环节，全面推进“举旗帜、聚民心、育新人、兴文化、展形象”使命任务落实，全面加强宣传思想文化工作，为新时代学校全面加强党的建设和加快推进“双一流”建设做出新贡献。

（刘铮）

【理论学习】

协助党委抓实理论学习中心组学习，提高领导干部理论水平　拟制《中共中国农业大学委员会关于 2018 年党委理论学习中心组专题学习重点内容安排的通知》，学校党委理论学习中心组重点围绕《习近平谈治国理政》第二卷、中央一号文件、全国教育大会精神等内容组织学习活动 12 次，宣传部作为学校党委理论学习中心组的秘书单位，精心做好组织筹备，完成学习材料编印发放等工作。印发《中国农业大学党委理论学习中心组记录本》，定期检查各二级党组织理论学习中心组的学习情况，进一步规范并完善学习活动。

建立教职工理论学习长效机制，坚定“四个自信” 制定《中共中国农业大学委员会关于进一步加强教职工理论学习工作的实施意见》，向二级党组织发放《教职工理论学习记录本》，明确要求二级党组织制定教职工集中理论学习计划，每月要安排1个半天作为教职工集中理论学习时间，每年还应至少组织1次青年教师实践活动，教职工参加集中理论学习出勤情况将作为各类评优推荐的重要依据。全年编印《中国农业大学理论学习简报》7期，推广宣传基层优秀学习案例。组织教师参加“纪念马克思诞辰200周年”等主题征文活动，共报送理论文章16篇，并推荐优秀文章在校内外期刊发表。

开展理论学习活动，做好学习保障工作 组织近100名师生，利用寒假时间，在河北省曲周县组织开展“村村宣讲十九大，农技培训全覆盖”行动，走遍全县342个村庄，培训近10 000名农民，把习近平新时代中国特色社会主义思想、把农业技术送到农民身边。围绕学习习近平总书记“5·2”“5·4”重要讲话精神等制定学习方案和通知。围绕中央一号文件、全国教育大会和改革开放40周年等主题，通过辅导报告会、征文活动、集体观影、参观展览、交流研讨等开展形式多样的学习活动。“首都百万师生同上一堂课活动”，学校党委书记姜沛民、北京师范大学马克思主义学院院长王树荫进行了精彩授课，校长孙其信作为讲师团成员为其他高校师生授课。全年发放《宪法》《新时代理论热点面对面》《政府工作报告》《共产党宣言》《习近平新时代中国特色社会主义思想三十讲》、习近平总书记重要讲话单行本等学习材料万余册；编写《宣传通讯》9期；编发《思想理论动态简报》2期；为全校订阅“两报两刊”及其他理论学习报刊1 000余份。

充分发挥新媒体平台优势，营造浓厚学习氛围 在微信企业号“学习路上”中设立“求是”“荐读”“理论汇聚”“学习动态”等固定栏目和“党的十九大精神”“全国教育大会”“改革开放40周年”等专题栏目，向师生推送党的重要决策部署、最新理论成果、重要讲话及文件精神、校内外理论文章、师生学习动态等内容220余篇。12月，利用企业号平台开展“奋进新时代”理论学习知识竞答活动，300余名师生积极参与。

（刘铮）

【思政工作】

坚持立德树人，着力构建学校思政工作新体系 3次召开思想政治工作质量提升工程研讨会和推进会，牵头校内20余个学院和管理服务部门制定《2018年思想政治工作质量提升工程实施方案》，进一步发挥课程、科研、实践等方面工作的育人功能，明确各项工作安排、牵头单位和完成时限，实现全校思想政治工作“挂图作战”。

坚持以文化人，提高干部教师开展思政工作的思想自觉 开展育人思想研讨，通过微信平台开设“书记院长谈育人”和“思政工作动态”专栏，7位学院书记、院长撰写稿件谈育人理念及实践经验，4个学院或管理服务部门供稿交流思想政治工作质量提升工程落实情况，编制2期《思想政治工作简报》。组织教师参加中宣部、教育部和北京市各类培训30人次，与教师工作部、人事处共同组织111名新教师参加校内教学技能培训、曲周实验站学习实践活动。组织专任教师和管理干部参加“2019年度北京高校思想政治工作研究课题”，4项课题获得立项。5个师生团队项目入选2018年首都高校师生服务“四个中心”功能建设“双百行动计划”。向北京市报送8篇思想政治工作优秀研究成果和思想政治工作动态文章；向第三届全国大学生网络文化节报送我校学生作品共计31件。

弘扬新风正气，努力营造思政工作良好氛围 挖掘专业课教师课程育人的故事和经验，组织采写17篇新闻报道，受到了师生广泛关注，新闻网阅读量累计2万余次，微信平台累计3万余次，教育部网站刊发《中国农业大学扎实推进课程育人》简报，中国教育报头版刊发《让"坚硬"的专业课"柔软"起来》报道。以改革开放40周年和学校恢复招生40周年为契机，开展"师恩如山"征文活动，共收到师生、校友征文113篇，选取34篇有代表性的文章，结集成册并出版《师恩如山——中国农大恢复招生40年怀念恩师文集》。

（刘铮）

【校园文化】

实施精神文化淬炼工程，不断扩大精神共识 利用开学典礼、毕业典礼、入职仪式等重要仪式场合，开展校训、校风、校徽、校歌的文化讲座。研讨调整传承农大精神传统的工作方案，组织优秀毕业生和学生骨干座谈学校精神文化传承。协同策划曲周实验站45年成就展和科技小院10周年成就的展览。校史的挖掘与宣讲工程有序开展，通过调研考察，针对抗战时期我校西迁史料收集工作成果颇丰，共收集到珍贵文件24件，老照片16张，期刊36期，书籍5本。

实施行为文化养成工程，拓展文化感知力 策划"改革开放40周年·农大恢复招生40周年"系列活动。"砥砺奋进 逐梦前行——庆祝改革开放40周年发展成就展"再现了1978年以来学校在各个年代各个方面取得的成绩和为国家做出的贡献，展览持续两月有余，有效鼓舞师生干劲热情，得到师生的热烈赞誉。"师恩如山"征文活动通过追忆师恩，热情歌颂农大教师的光辉形象，营造了良好的师德形象和育人氛围。毕业合影专题网站"稼影网"，集中展示1978—2018年以来学校几个阶段以来各个专业的毕业生合影，增强毕业生向心力和归属感。继续发挥品牌文化阵地的文化育人功能，本年度共举办名家论坛4期、文化艺术讲堂7期、文化艺术展览10期。

实施优秀文化传播工程，增强文化传播力 设立"初心"出版基金，以传承红色基因、传递理想信念、传扬农大精神、传播正向能量为宗旨，支持学校各单位或师生、校友在文化传承与创新方面编著的高水平成果出版，出版《稼缘——中国农业大学校友风采录（之一）》等3本图书。协同马克思主义学院做好"求是论坛"关于"纪念马克思诞辰200周年""庆祝改革开放40周年"等主题的内容设置，积极做好社会主义先进文化的传播。

实施环境文化提升工程，提升环境育人功效 推进学校文化标识在校园公共空间的物化表达，优化耕耘广场（东区）的设计方案，组织专家对稼穑文化广场（西区）进行方案设计。促进学科文化的传承与创新，分别在东西区的公共空间制作安装院士文化墙，对农学、植保、园艺3个学院共同使用的新建楼宇进行了装饰设计，营造出了学科文化特色和学术文化氛围。在迎新、校庆日、运动会等重大活动，制作立体字、道旗、升空气球、拱门、条幅等200余件，营造热烈喜庆氛围。

（刘铮）

【新闻宣传】

聚焦时事热点，加强重点报道和专题策划 新闻网策划完成"学习全国教育大会精神""学讲话 建一流"等11个专题。制作主页大图90余幅，刊发新闻共计约1 900篇，新闻图片9 500余幅。《中国农大》校报共编辑出版21期、100版，并同期发布移动手机报、网络电子报。出版了“课程育人”“曲周实验站建站45周年”“奋斗的青春最美丽”“世界读书日”等《新视线》专刊；开辟了“纪念马克思诞辰200周年”“新时代@教育——学习全国教育大会精神”等专版；开设了“求是”“弘扬爱国奋斗精神，建功立业新时代”等专栏。围绕重大时点、热点事件和典型师生制作《共同成就未来》《圆梦大学课堂 感悟乡村振兴》等12部微视频。2018年，校报选送作品共获得全国高校报协好新闻奖4项（一等奖 2项）、北京市高校新闻研究会好新闻奖6项（一等奖2项）。加强对院系宣传工作队伍培训，全年对各学院、部门开展新闻业务培训8次，完善了院系通讯员队伍建设，提升了院系新闻写作的水平。

稳步推进新媒体运行，传播力进一步提升 加入教育部全国教育政务新媒体星火计划。学校官方微博粉丝数年度增加5 600余人（达到71 200人），全年编发微博400余篇，篇均阅读量稳定在10 000左右，单篇最高阅读量超过100万；学校官方微信公众账号粉丝数达68 303人，比去年增长17 453人。推送文章300余篇，推出“新闻纵横”“农大印象”“校园科普”等专栏，较好地反映了学校的工作动态，师生的精神风貌、校园生活，篇均阅读量稳定在4 000以上，全年有20篇单篇阅读量突破10 000，平均每月有2篇阅读量超过10 000的推送文章，其中《武维华当选全国人大常委会副委员长》单篇阅读量超过60 000，《我为什么让你报考中国农业大学》等推送文章，单篇阅读量突破20 000。

关注响应国家重大需求社会热点，加强对外宣传，扩大社会影响力 在主流媒体发稿430余篇，党委书记姜沛民、校长孙其信在《人民日报》《光明日报》发表3篇署名文章，阐述学习贯彻习近平总书记重要讲话、服务乡村振兴战略的心得体会、工作设想。向主要媒体推送师生感想感受文章稿件20余篇。结合学科特色与社会舆论热点，主动开展科普宣传和理论阐释，邀请媒体入校采访或深入一线采访15次；多名专家学者针对乡村振兴、“一带一路”等主题在《光明日报》《中国教育报》等媒体发表文章。组织主流媒体赴曲周采访，《中国教育报》在头版连续报道曲周实验站45年来在当地改土治碱、造福曲周的成就。邀请“2018高校招办主任光明大直播”团队入校采访，累计观看量达49.38万人次。协同媒体完成了“五月的鲜花”全国大中学生文艺会演外景拍摄、中非合作论坛宣传片的采访报道工作。协助教育部举办教育部教育奋进之笔“1+1”系列发布采访活动第三场新闻发布会，吸引了《人民日报》、新华社等40余家媒体报道。

（刘铮）

统 战 工 作

【概况】

2018年是举国上下深入学习贯彻党的十九大精神和习近平总书记新时代中国特色社会主义理论的开局之年，统战部始终将全面贯彻落实党中央、北京市委和学校党委关于统一战线工作的一系列重要决策部署贯穿于全年的工作中，紧密联系统战工作实际，不断健全和完善统战工作体系，进一步增强对党外知识分子思想政治引导的针对性、政治参与的有序性，积极谋划，结合新的形势任务，依托“三大工程”，以“同心圆工程”强化思想政治引领，以“心桥工程”搭建实践锻炼平台，以“党外代表人士队伍建设工程”吸纳和汇聚人才，不断提升统战工作科学化水平。

（杨志）

【加强党委领导】

进一步贯彻落实《中国共产党统一战线工作条例（试行）》、中央统战工作会议和全国高校统战工作会议精神，学校党委高度重视统战工作，党委常委会专题研究统战工作，形成一系列重要决议。

根据学校机构调整和小组成员单位负责人员变动，学校党委调整学校统战工作领导小组（港澳台侨工作领导小组）和学校民族宗教工作领导小组，进一步加强学校党委对统战工作的领导，统筹协调民主党派和无党派人士、党外知识分子工作，推进港澳台侨和其他统战工作，建立民族宗教工作的组织、协调、研究和处理机制，明确相关部门和单位主要职责分工，进一步压实责任。

党委先后出台《中共中国农业大学委员会关于加强新时代学校统一战线工作的实施意见》《中国农业大学党外代表人士队伍建设规划（2018—2022）》《中国农业大学统战系统“同心圆工程”实施方案（2018—2020）》等文件，为今后一个时期加强统战工作提供了强有力的政策保障。

12 月，召开统战工作会议，统战工作领导小组成员单位负责人、各二级党组织书记、副书记和统战委员参加会议。党委书记姜沛民同志系统总结了党的十八大以来统战工作所取得的成绩，明确了今后一个时期统战工作任务，加强领导，完善布局，创新抓手，压实责任，把握机遇，锐意进取，共同把做好统战工作的职责扛在肩上、抓在手上、落到实处，不断汇聚起新时代干事创业的磅礴力量，全面推动统战工作再上新台阶。

（杨志）

【深入实施思想教育的“同心圆工程”】

在首都高校首先提出统战系统的“同心圆工程”。5 月 31 日至 6 月 8 日，举办党外代表人士培训班，共有 43 名党外教师参加，分别从习近平新时代统一战线思想、当前国际形势与国家安全、如何把专业优势转化为参政议政能力、2018 年中央一号文件解读、深化教学改革等方面进行专题辅导，帮助党外知识分子深刻理解习近平新时代统一战线思想的历史必然和深刻内涵。培训班组织学员到北京高校统战培训基地——重庆，开展“铭记历史传统，坚定理想信念”主题实践教学。11 月 19 日组织党外知识分子青年骨干 18 人参加北京市教工委举办的北京高校党外代表人士高级研修班，深入学习和领会新时代统一战线思想和全国及北京市教育大会精神。

积极开展党外知识分子工作室宣传教育活动。利用“CAU 心桥心语”微信公众号，宣传党外人士在弘扬爱国奋斗精神、服务乡村振兴的伟大事业中建功立业的先进事迹；利用“心语座谈 · 沙龙”，开展多种形式的学习、交流与研讨，为多学科专业交流借鉴和增进归国留学人员、党外知识分子开展学术思想交流起到了积极作用。

着力支持民主党派特色“同心圆”项目。培育民盟委员会的“盟员活动日”“盟员学术交流会”，支持九三学社的“九三小讲堂”“快乐周末活动日”“教育与创新创业论坛”，致公党支部“国际合作与归国留学人才调研”，民建支部“主题研讨交流会”等系列品牌活动。

着力改变部门工作作风，大兴调查研究之风，努力破解高校统战重点难点问题。深入15个学院，就学校和学院统战工作、党外干部队伍和青年党外知识分子队伍建设等开展调研，及时了解广大党外知识分子的思想状况，进一步增强党外知识分子思想政治工作的针对性和有效性。

（刘秀梅）

【深入实施主题实践“心桥工程”】

落实“心桥工程”脱贫攻坚行动纲要，主动对接国家与地方重大发展战略，搭建多种科技助农实践活动平台，发挥党外知识分子独特优势。

落实北京市委统战部工作部署，做好“北京科技小院”建设。5月17日市委常委、统战部部长齐静和民盟中央委员、工程院院士张福锁教授共同为密云区东邵渠镇西邵渠村揭牌第一个“北京科技小院（统农001号）”。先后由党委常务副书记张东军、原校长江树人，带领相关部门和专家多次赴西邵渠村，现场指导农民，并与驻扎科技小院的学生和村民交流。举办西邵渠村民“走进大学校园，圆梦大学课堂”培训活动。

在北京市委统战部的统筹下，在怀柔区梁根村、三岔口村，门头沟区椴木沟村、黄安坨村等4个京郊低收入村进行了“北京科技小院”“统农002”至“统农005”的挂牌，积极为党外知识分子服务北京搭建平台。

继续推进与怀柔区委统战部的“区校统战合作”。利用双方资源，在美丽乡村建设规划、精准帮扶、人才培养等方面，找准切入点，进一步整合、提升、提炼实施方案。在继续教育学院举办怀柔新农人实用人才素质培训班。组织民盟农大委员会盟员在怀柔区长哨营乡召开“民盟林研讨会”，民盟北京市委会领导、怀柔区委统战部和统战部负责人出席，园艺学院崔山老师、食品学院研究生李旭辉同学、食品学院副教授梁志宏等，将“民盟林”文化与怀柔区长哨营满族乡“和谐八旗，美丽乡村”建设相结合，多角度对“民盟林”建设与管理提出建议。11月，致公党支部和怀柔区农委、区校统战部门共同承办怀柔区首届实施乡村振兴“村支书论坛”的圆满举办。

（谢宝红）

【深入实施“党外代表人士队伍建设工程”】

继续完善党员领导干部联系党外代表人士制度。根据学校领导干部的调整，重新印制《校级党员领导干部和党委常委联系民主党派组织与党外代表人士工作手册》。党员校领导、党委常委每人都分工联系2～3位党外代表人士。同时继续要求基层二级党组织委员和行政领导班子中党员领导干部定期联系本单位党外人士，进一步落实基层党委的统战工作责任，强化基层民主协商和民主监督。

初步确立党外代表人士队伍建设工程的规模和结构。努力着眼长远，扩大视野，创造条件，进一步提升选才育才储才用才的工作水平，大力加强党外代表人士队伍建设工程，着力培养大批高素质、有影响、作用大的党外代表人士，适当扩大规模、重点优化结构、着力提升素质，为各级人大、政协和民主党派等组织换届，实现新老交替和政治交接做好人才的准备工作。

积极拓宽党外代表人士挂职与任职渠道，做好多层次党外干部挂职。副校长、无党派人士龚元石参加北京市第四批高层挂职，挂任北京市农委副主任。在学校新一轮中层干部聘任工作中，一批党外同志得到提拔任用。目前干部队伍中，有 35 人担任学校中层及以上领导干部，占现任中层及以上领导干部 227 人的 15.42％。

2018 年，一大批统战系统成员获得多种成就和奖励：校学术委员会主任、生物学院教授、中国科学院院士武维华当选为第十三届全国人大常委会副委员长；张福锁院士获国务院扶贫开发领导小组颁发的“全国脱贫攻坚创新奖”，并被聘为发展中国家科学院院士；杨淑华荣获 2018 年度北京市三八红旗奖章称号；何秀荣获北京市委统战部 2017 年度“北京市无党派人士建言献策优秀成果”二等奖；伍建平获北京市委统战部“2018 年民主党派发挥作用代表人士”；黄卫东获民进中央“2018 年参政议政成果奖励”二等奖和三等奖；朱道林和刘奇志分别获致公党中央“致公党参政议政工作先进个人”；韩鲁佳、夏兆飞、芮玉奎和陈青云分别获农工党北京市“优秀党员”；韩鲁佳、芮玉奎获“参政议政先进个人”“社会服务先进个人”；郝晋珉等获北京市侨联“理论研究与调查研究”优秀成果二等奖；民革党员、理学院应用数学系邓乃扬教授在第六届中国运筹学会上荣获“中国运筹学会科学技术奖终身成就奖”。

芮玉奎撰写的《加强纳米颗粒材料生产、使用和废弃过程中风险管控的意见建议》被中央统战部《零讯》刊物采用。

左停教授牵头完成的《坚持开发式扶贫与综合保障性扶贫并重》专题研究报告，得到中央政治局常委、全国政协主席汪洋同志的批示，并要求将报告作为十三届二次议政性常委会参阅材料印发全体参会人员。

7 月，全国政协副主席、致公党中央主席、中国科协主席万钢视察了致公党农大支部帮扶的毕节农业科技示范基地，致公党农大支部副主委、植保学院教授刘奇志代表课题组进行了详细汇报，万钢主席高度赞扬农大师生“把论文写在大地上”的顶天立地的精神。

（张志成）

【加强民主党派建设工作】

关心支持民主党派组织发展，调动和发挥积极作用。坚持政治引导，协助民主党派组织做好班子换届和组织发展工作。协助九三学社农大委员会完成第四支社增设和委员会届中调整。协助各民主党派组织发展成员的考察工作，及时与党委组织部和有关分党委沟通，做好党内党外统筹协调发展。

支持各民主党派基层组织，发动广大成员，开展形式多样的组织活动，凝心聚力，为国家和学校事业发展建言出力。

协助民盟农大委员会开展工作。大力支持民盟农大委员会恢复《农大盟讯》、“CAU 盟员之家”微信公众号以及统战系统相关微信群等媒体平台建设；承办民盟北京市委“民盟先贤肖像巡回展”。民盟农大委员会河北“广宗科技小院”揭牌、山东济宁市汶上教授工作站落成。民盟农大委员会获得2018年民盟中央“民盟社会服务工作先进集体”并被授予“优秀盟员之家”。

协助九三学社农大委员会开展工作。承办九三学社北京市委员会第二届“三农论坛”;承办九三学社基层组织“第四届教育与创新创业论坛”。部分社员自愿组织起来,作为困难学生“新长城自强社”成长导师,与受助学生定期召开座谈咨询会,帮助同学们踏稳在农大求学的每一步。

协助民建支部原主任委员伍建平承担的北京市“提升农村人居环境,推进美丽乡村建设”课题研讨会,积极为北京市乡村振兴建言献策,受到民建北京市委领导的高度评价。

(张志成)

【做好民宗侨台等相关工作】

认真贯彻落实党的民族政策、宗教工作基本方针和侨务政策,努力促进校园和谐。

贯彻落实习近平总书记系列重要讲话精神和全国宗教会议精神,深入学习新修订的《宗教事务条例》,正确认识我国民族关系与宗教关系。着力提升思想政治工作干部开展民族宗教工作的素质和能力。坚持抵御和防范校园传教渗透,推动相关知识进课堂,帮助师生全面理解和贯彻落实党的民族宗教政策。邀请中央社会主义学院教授沈桂萍来校为学校理论中心组做专题报告。邀请北京科技大学教授左鹏来校做《校园宗教传播与应对》专题报告。为新生辅导员和班主任作《党的民族宗教政策》宣讲,对学生管理干部队伍进行党的民族宗教基本知识的普及培训。

加强少数民族学生工作政策调研。在市委教育工委、北京高校统战理论与实践研究会的支持下,学校多部门参与,深入开展少数民族学生教育的研究,特别是对藏族学生在学业帮扶和培养机制等方面开展调查研究。依托侨联(留联会)、台联等开展活动。协助侨联(留联会)做好组织建设,帮助归国留学人员尽快了解校情、农情、社情,加强联系。2018年,郝晋珉获中国侨联“中国侨界贡献奖”,郑世军获“全国归侨侨眷先进个人”,侯书林获北京市“首都民族团结进步先进个人”。

(谢宝红)

【其他工作】

加强党委研究室统战部党支部建设,制定《党委研究室统战部党支部工作规程》,坚持把思想建设贯穿工作始终,坚持党员履行职权、议事决策,在对标争先、改革发展中激发党员的主动性积极性创造性。

承办教工委“2018年北京高校党外代表人士高级研修班”。

根据学校党委安排,协助做好校内巡察工作的相关工作。

(刘秀梅)

附录

附录1 各级人大代表、政协委员名单

第十三届全国人大代表	武维华(常委,副委员长) 孙其信(常委)
第十三届全国政协委员	韩鲁佳
第十五届北京市人大代表	张福锁
第十三届北京市政协委员	呙于明 李保国 李赞东
第十六届海淀区人大代表	秦世成 龚元石 李 丽 夏朝晖
第十届海淀区政协委员	韩东海 李绍明 王堃(常委) 朱道林 许廷武 芮玉奎

附录2 各民主党派及侨联、台联、女教授协会负责人名单

中国国民党革命委员会中国农业大学支部

主 委 刘广利

副主委 朱世秋

委 员 王海华

中国民主同盟中国农业大学委员会

主 委 赵兴波

副主委 李赞东 袁小艳

委 员 尹靖东 王红清 张葳葳 李筱珍 肖若富 孟庆勇

中国民主建国会中国农业大学支部

主 委 鞠荣华

副主委 曾昭海

委 员 孙桂凤

中国民主促进会中国农业大学支部

主 任 廖小军

委 员 傅金銮 南国良

中国农工民主党中国农业大学支部

主 委 夏兆飞

副主委 许廷武 芮玉奎

委 员 袁建敏 于德海

中国致公党中国农业大学支部

主 委 朱道林

副主委 王淑凤 刘奇志

委 员 安 冬 张蕴薇

九三学社中国农业大学委员会

主 委 王 堃

副主委　凌　刚　孙　明
委　员　刘海虹　杨淑华　吴学民　张　超　陈一飞　经　玲
中国农业大学归国华侨联合会
主　席　郝晋珉
副主席　陈秀禾(常务)　李赞东　刘　培
委　员　杨　晶　冯标俊　刘　英　邵长发　叶海建　刘　仔
中国农业大学台湾同胞亲属联谊会
主　任　佘锐萍
副主任　孟昭清　董　清　沈人德
委　员　王丽莎　周　密　贾慧茹　蒋爱群　陈　薇　卢兆彤　严泰来
首都女教授协会中国农业大学分会
会　长　韩鲁佳
副会长　王建华(常务)　李　伟(常务)　胡三媛　义鸣放　姚彩霞　潘大志
秘书长　李　丽　乔　娟
理　事　牛　霞　宁秋娅　李　红　李志红　佘锐萍　杨明皓　罗海玲　侯彩云
　　　　杨　萍　刘国琴　周志坚

纪检监察工作

【概况】

2018年,在上级纪委和学校党委的坚强领导下,全校纪检监察系统深入学习贯彻党的十九大会议精神,不忘初心、牢记使命,始终坚持以习近平新时代中国特色社会主义思想为指导,牢牢把握党的建设新要求,驰而不息落实中央八项规定精神,持之以恒正风肃纪,不断加大反腐倡廉宣传警示教育工作力度,坚定不移地推动全面从严治党向纵深发展。一年来,学校纪委聚焦主责主业,严肃监督执纪问责,对违规违纪问题发现一起查处一起,绝不姑息。全校各级党组织和党员领导干部在思想认识上、责任担当上、方法措施上贯彻全面从严治党要求,履职尽责,勇于担当,将监督执纪“四种形态”运用到全面从严治党全过程,营造纪律严明、风清气正的良好政治生态。

(吴宝利)

【提高政治站位,推进从严治党向纵深发展】

认真学习贯彻党的十九大、十九届中央纪委二次全会、全国教育大会、教育部以及北京市有关会议精神,从讲政治的高度抓好党建工作,以永远在路上的执着和韧劲切实加强全面从严治党工作,为学校又好又快发展提供坚强的政治保障。学校召开全面从严治党工作会议,成为新时代落实全面从严治党主体责任的重要举措,推动全面从严治党向纵深发展。学校党委深入学习领会中央关于新形势下深入推进全面从严治党的最新要求，不断提高政治站位，增强全面从严治党工作的使命感、紧迫感和责任感，在思想上正本清源，在行动上抓铁有痕，坚定不移地推动学校全面从严治党向纵深发展。准确理解党中央关于全面从严治党的重要部署、深刻把握党的十八大以来全面从严治党的重要经验、坚决落实新形势下深入推进全面从严治党的重要任务，以党的政治建设为统领，全面推进党的建设，统筹推进学校思想建设工程、“双一流”建设工程、人才强校工程、内部治理工程和发展保障工程，以党建质量年为抓手，切实调动各级党组织和全体党员干部的积极性、主动性、创造性。

（吴宝利）

【履行监督责任，强化政治担当】

起草纠正“四风”问题工作方案 以问题为导向，坚决纠正形式主义和官僚主义。抓早抓小，紧盯享乐主义和奢靡之风，克服形式主义和官僚主义，密切关注新动向，紧盯重要节日节点，着重解决人民群众反映强烈的问题。公务接待、公车使用、办公用房等方面强化督查。学校纪委多次进行调研，集中梳理校内“四风”问题十种表现情况，包括学习研究、调查研究、改进文风、贯彻落实、责任担当、服务群众、享乐主义和奢靡之风、对待问题、制度执行、任务完成等十方面内容。

（吴宝利）

进行专项调查 根据学校决定，针对反映强烈的问题分别开展专项核查工作。对是否存在形式主义、官僚主义问题进行核实，先后与相关人员谈话100多人次，调取相关单位材料200余卷份，发现相关工作中存在的不作为、慢作为问题，并向学校进行汇报，责令相关部门进行整改。

（吴宝利）

完善问责机制 制定《中共中国农业大学委员会贯彻落实〈中国共产党问责条例〉实施细则（试行）》，把形式主义、官僚主义的具体表现纳入党内问责范围，组织起草从严治校严肃追责相关办法，提交学校讨论。通过问责，强化责任意识，对阻碍学校事业发展的不担当、不作为、慢作为、乱作为、假作为等突出问题进行核查，经查实需要进行追责处理的行为，进行严肃问责并曝光，坚决防止“四风”问题反弹回潮。

（吴宝利）

强化监督检查 坚持纪委专责监督与职能部门监管相结合、日常监督与阶段抽查相结合，严格履行“监督的再监督，检查的再检查”职责，加强对主责部门的监督。紧盯重点领域和关键环节、关键岗位，加强在干部换届、选人用人方面进行监督，严明换届纪律，对200多名处级干部出具廉政意见，切实维护换届风清气正。加强招生工作监督，对本科生的远程录取全过程监督；组织纪检系统人员和党风监督员全程参与文艺特长生、体育特长生、保送生、研究生复试的监督工作。组织新任、提任处级干部进行廉政谈话，对廉政风险点进行提醒。节日期间，还对公务接待、公车使用等方面进行监督检查。

（吴宝利）

【规范有序，强化信访举报工作】

2018年信访举报去存量、遏增量的任务依然十分繁重。纪委对于信访举报认真处理，建立专门工作台账，严格执行中央纪委问题线索处置标准，对所有信访举报进行逐一分析研判，分解落实，确保信访件和问题线索处置办理规范有序，切实将核查工作落实到位。

（吴宝利）

【运用四种形态，强化纪律审查】

分类施策，本着惩前毖后治病救人的方针，运用监督执纪“四种形态”，尤其是运用第一种形态对问题进行处理。按照全面从严治党要求，学校党委、纪委强化问题导向，把纪律和规矩挺在前面，坚持零容忍、重遏制、强高压、长震慑，真管真严、敢管敢严、长管长严，严格监督执纪问责，始终保持高压态势，严肃查处违规违纪问题。严明纪律要求，发挥警示教育作用。

（吴宝利）

【强化宣传教育，营造风清气正校园环境】

筑牢思想道德防线　严明党的政治纪律和政治规矩，教育引导党员干部秉公用权；认真落实八项规定精神，切实纠正“四风”；强化全校师生的忠诚意识、宗旨意识、责任意识和纪律意识，教育引导全校师生严守底线、敬畏纪律，确保学校中心工作和重要部署落实。筑牢防范腐败的思想道德和党纪国法的两道防线。大力强化正面典型的激励教育，营造良好风尚，同时抓好反面典型的警示教育，使广大党员干部常修为政之德，常思贪欲之害，常怀律己之心。积极开展廉洁文化进校园工作，推进廉洁文化“进教材、进课堂、进头脑”工作，充分营造崇尚廉洁的校园氛围。

（吴宝利）

组织讲师团，开展宣讲全覆盖　为贯彻落实党中央关于《中国共产党纪律处分条例》（以下简称《条例》）的学习要求，进一步强化纪律教育，开展《条例》宣讲活动。纪委委员带头宣讲，同时在校内抽调马克思主义学院、人文与发展学院、纪委办公室等单位的8名教师和干部组成宣讲团，统一课件统一备课，结合各单位落实全面从严治党工作会精神，共组织开展28场宣讲活动，覆盖14个学院、11个单位，参与学习1 500余人。宣讲以党的政治纪律、组织纪律、廉洁纪律、群众纪律、工作纪律、生活纪律为主线，通过典型案例对《条例》规定的红线、底线内容进行重点讲解，并对修订后《条例》内容上的变化进行详细阐述。新修订的《中国共产党纪律处分条例》严明政治纪律和政治规矩，将十九大精神和十八大以来的实践成果以及党内法规的要求进一步细化具体化，给新时代党员廉洁自律提出新要求。通过警示案例，进一步提醒广大党员、干部和教师要“讲原则、守底线”，坚定理想信念，筑牢思想防线，知敬畏、存戒惧、守底线、拒腐蚀，把好权力关，把使命放在心上、把责任扛在肩上，为学校发展营造风清气正的良好氛围。

（吴宝利）

搭建新媒体运用平台，宣传党的方针政策　运营中国农大纪委微信企业号，以专题形式定期推送学习辅导材料和警示案例，持续深入开展党风廉政建设形势任务教育和党规党纪教育，进一步提高对党员领导干部进行党风廉政教育的针对性和有效性。更新、维护学校纪委办公室（监察处）网站，及时更换、填充最新内容。定期编辑电子简报发放校领导、处级干部、有关部门、党员干部。利用廉政短信平台，定期向全校党员干部发送廉政短信。紧盯年节假期重点时段，加强廉洁教育，重申各项纪律规矩，提醒党员干部时刻保持清醒的头脑，实现自我约束，自觉遵守廉洁自律各项规定，营造风清气正的良好氛围。

（吴宝利）

【加强纪检监察干部队伍建设】

不断提高纪委班子立足本职、服务全局、调查研究、科学决策，组织协调、监督检查，依法办事、严格执纪，廉洁自律、解决问题等方面的能力。配齐配强专兼职纪检监察干部，配齐教职工党支部纪检委员。推动处级干部担任二级党组织纪检委员，制定相关办法，进一步明确职责要求，理顺工作关系，推动纪检委员定期逐级汇报工作。组织开展纪委系统干部培训，对纪委委员、二级党组织纪检委员、党风监督员、党支部纪检委员进行系统培训，邀请北京大学廉政中心学者、中国政法大学纪委干部从宏观形势政策、微观实务操作层面进行讲座培训，不断提升纪检系统干部履职能力。

（吴宝利）

教职工思想政治和师德建设工作

【概况】

2018年，党委教师工作部认真学习贯彻党的十九大精神、全国高校思想政治工作会议和全国教育大会精神，大力推进制度建设和工作体系建设，将师德师风建设摆在教师队伍建设的首位。开展“做新时代‘四有’好老师和‘四个引路人’学习实践活动”，并以此作为落实立德树人根本任务、建设高素质教师队伍、推进“双一流”建设的重要载体。

（高菲）

【机构确立】

2018年6月，在学校新一届管理服务机构调整方案中明确，党委教师工作部作为独立的职能部门，负责全校教师思想政治工作和师德建设的组织协调、督促推动，负责教师思想状况调研、师德考核评价的统筹指导、立德树人先进典型选树、师德失范行为查处，牵头开展相关工作研究，为学校相关决策提供政策建议等。

（高菲）

【学习教育】

制定《开展2018年“做新时代‘四有’好老师和‘四个引路人’学习实践活动”实施方案》，在抓制度建设完善长效机制、抓教师党建树立示范标杆、抓学习教育凝聚共识、抓舆论宣传营造良好氛围、抓系列活动突出实践养成等5个方面，推动教师思想政治和师德建设工作落地见效。

以深入开展“弘扬爱国奋斗精神、建功立业新时代”活动为抓手，精心设计、组织实施学习、宣传、实践活动。通过开设“新时代奋斗者”“我们的奋斗故事”专题，深入挖掘宣传学校师生典型事迹，进一步增强广大教师对新时代爱国奋斗精神，党和国家奋斗目标的思想认同、情感认同、价值认同，引导教师在各自岗位上敬业创新、爱国奉献。

按照新时代人才培养使命和要求，结合学校特点和实际，相关部门协调配合，修订完善《教师手册》，内容涵盖学校历史文化、教师资格制度、学术道德规范、教师思想政治工作要求以及教学、育人、科研、对外学术交流等各项工作制度，帮助青年教师认同农大文化、明确职责权利、熟悉政策流程、掌握行为规范。

组织2018年新入职教师赴曲周实验站开展实践活动，共有90余名教学科研、管理岗位和教辅岗位的新教师参加。新教师集中学习习近平总书记在北京大学座谈会上的讲话精神、学习校园文化和“曲周精神”，考察科技小院并深入农户开展调研，开展师德研讨，为尽快成长为合格农大人和“四有好老师”打下基础，同时激励广大教师将“责任、奉献、科学、为民”的“曲周精神”薪火相传。

组织青年教师参加2018年首都高校师生服务“四个中心”功能建设“双百行动计划”，马克思主义学院李桂华副教授负责的《北京市基层党建引领社会治理路径研究》项目团队和人文与发展学院唐丽霞教授负责的《怀柔科学城建设现状及发展建议》项目团队入选。与北京语言大学、北京林业大学和中央民族大学联合开展“城乡体验日”社会实践活动，组织青年教师参观北京市中间艺术区和中关村国家自主创新示范区展示中心。

组织开展“师恩如山”“长大后我就成了你”主题征文活动，共收到来自教师、学生、校友以及新入职教师的稿件近200篇。

2018年选派30名哲学社会科学教学科研骨干和青年骨干教师参加中宣部、教育部和北京市举办的专题培训。

（高菲）

【师德建设工作】

2018年，学校成立师德建设委员会，负责全校师德师风建设工作的统筹规划和协调推进。学校党委书记和校长共同管理师德建设工作，共同承担师德建设责任，是师德建设工作的第一责任人。师德建设委员会主任由校党委书记和校长担任，委员由党政办公室、党委组织部、党委宣传部、纪委办公室（监察处）、党委教师工作部、党委学生工作部、党委保卫部、本科生院、研究生院（党委研究生工作部）、科学技术发展研究院、人事处、国际合作与交流处、工会等单位主要负责人组成。

师德建设委员会办公室设在党委教师工作部，党委教师工作部部长兼任办公室主任。各二级党组织成立本单位师德建设委员会，负责本单位师德建设和师德“一票否决”的具体实施。各二级单位党政主要负责人是本单位师德建设工作的第一责任人。

组织实施2018年度全校教职工师德考核，25个二级党组织进行了师德考核。考核结果纳入年度考核体系，计入教师档案，推动师德建设长效机制落地落实。

研究制定教师职业道德规范和师德“一票否决制”实施细则。细则突出了6方面要求，明确了15项负面清单，为教师教书育人提供行为遵循。指导、协助二级党组织对师德师风举报信息进行调查处置。

（高菲）

保卫工作

【概况】

2018年，保卫处按照学校“5＋1”工程、2018年党建工作计划和2018年党政工作要点的总体要求，围绕“维护校园安全稳定，保障学校改革发展和师生人身财产安全”这一中心任务，稳步推进“平安校园”建设提升工程，进一步建立健全制度机制，强化安全宣传教育，加强安全管理与校园治理，不断夯实安全稳定工作基础，有效维护校园持续安全稳定局面，为学校改革事业发展，师生员工工作学习生活提供和谐稳定的校园环境。

（袁强）

【建立健全制度机制，压实安稳工作责任】

按照“5＋1”工程要求，结合学校实际，制定《中国农业大学“十三五”期间实施“平安校园”建设提升工程的方案》《中国农业大学安全稳定工作责任制》《中国农业大学无毒学校创建工作实施办法》及《国家安全人民防线建设工作任务分解书》等文件，进一步完善安全稳定工作制度，明确方向目标，细化任务分工，落实工作责任。3月，由党委副书记宁秋娅带队，逐一走访各二级单位，代表书记、校长与各二级单位负责人签订安全稳定责任书，将安全稳定工作任务层层落实，压实安全稳定主体责任。制定《保卫干部联系学院工作制度》，完善相应工作机制，密切校院两级之间的衔接与配合，提高安全管理效能。

（袁强）

【制定技防建设规划，提升科技创安水平】

在深入摸排学校视频监控系统、消防系统现状的基础上，先后组织3场论证会，邀请多家长期从事视频监控系统、消防智能平台建设的企业和多位兄弟高校保卫部门负责人，为学校技防、消防建设规划提出解决方案和意见建议。经过多次论证、修改、完善，最终制定《中国农业大学2018—2020年技防、消防系统建设三年规划》，完善学校智能安全管理信息系统建设的顶层设计。投入170余万元，用于2018年学校监控中心管理平台升级改造，新平台引入了校园2.5D地图、安消联动、多任务处理等十余个功能模块，为实现三年规划目标奠定基础。

（袁强）

【强化安全宣传教育，提升师生防范意识】

在4.15全民国家安全教育日、安全生产月、6·26国际禁毒日、119消防宣传月、122全国交通安全日等安全主题宣传日和新生入学后、毕业生离校前进行专题教育；利用各类宣传渠道，通过发放传单、摆放展板、播放视频、举办讲座、组织演习等方式，开展全方位安全宣传教育活动。全年累计发放各类宣传材料12 000份，制作展示宣传展板80块，举办安全教育讲座、培训16场次，组织安全疏散演习10场次，教育师生2万人次。根据安全稳定工作规律和治安警情形势，及时发布提示类信息16条，视频宣传短片12条。

投入13.2万元，为本科新生订制安全教育网络课程，涵盖学前教育和入学教育两大版块，包括28个专题，在入学前和入学后的半年时间里，对本科新生进行系统全面的安全教育。2018年，校园内发生的诈骗、失窃类警情共计48件，较往年明显下降。

（袁强）

【加强安全管理防范，强化重大隐患治理】

切实强化校园安全管理与防范措施。注重总结校园案事件规律，特别是毕业季、夏季、开学季、年底等时间节点的治安警情特点，及时做好防范应对措施，全年共抓获盗窃、变态滋扰等犯罪嫌疑人10人，追回赃款、赃物价值3 000元，有效维护了师生人身财产安全；加强对施工工地的管理，与30个校外施工单位签订交通、治安、消防责任书，登记审查外来人员900人，确保校内施工、用工安全；日常安全巡查与专项检查相结合，组织到各二级单位开展专项巡查5次，出具监督检查整改意见书28份，健全完善8栋高层建筑和2处重点部位消防档案，推进消防“户籍化”管理工作；督促落实彩钢板建筑整改工作，32处彩钢房已整改28处，消除多年影响学校安全的重大隐患；督促园艺楼落实重大隐患整改工作，阻塞消防通道、占用消防救援阳台的状况得到有效改善。

（袁强）

【维护基础设施设备，提升校园安全系数】

全年投入180万元，进行消防、监控、交通等基础设施维修、维护和保养工作。对东、西两校区5 000具灭火器、1 400个室内外消防栓以及疏散指示灯、报警主机、消防水泵、烟感探测器等消防设施进行全面检修、保养；完成21栋楼宇的消防设施设备标识化工作，逐步实现消防安全标准化的“六化”目标；施画道路线、减速线、车位线等各种标线8 558米；网格线、斑马线和人行横道1 197.4平方米；新增交通指示牌、标志牌8套；新增限位器、球面镜、警戒线等交通用具26套；更换路锥、石桩105个；完成公共区域1 040路摄像头、路由、存储等设备的维修、维护工作，对校园公共区域现有监控设施设备现状进行彻底摸查。

（袁强）

【健全联动会商机制，维护校园政治稳定】

每月组织召开安全稳定工作会议，通报首都高校及学校安全稳定形势，传达上级有关会议、文件精神，研判学校安全稳定突出问题隐患，部署落实有关工作，做实安全稳定工作领导小组办公室，切实加强对学校安全稳定工作的统筹协调。进一步加强与安全稳定领导小组办公室各成员单位的联动协作，及时互通信息情况，协同完成涉外、涉稳人员、项目等信息的搜集上报工作，配合公安、安全机关完成人员协查等工作。组织安全稳定工作领导小组办公室成员赴国家安全机关培训基地，接受系统专业的培训，提升实际工作成效。“两会”“六四”“国庆”“中非合作论坛”等重要时间节点和重大活动期间，严格落实干部24小时值班制度，处领导在岗带班，门岗、巡逻启动加强级防控措施，切实保证学校的安全稳定。2018年，在高校安全稳定形势较为严峻的情况下，中国农业大学保持了和谐稳定的良好局面。

（袁强）

【强化师德师风建设,落实服务育人举措】

深入学习贯彻习近平总书记在全国教育大会上的讲话精神,结合“两学一做”常态化学习教育活动,以党员同志为引领,切实加强师德师风建设。以机关服务公约为工作准则,简化办事流程,主动服务、热情接待。全年为 2 300 名本科及研究生新生完成落户及身份证办理工作,为 2 600 名应往届毕业生完成户口迁出工作,完成 1 700 人次的户口借出、850 人次的身份证补办及 1 100 人次的户籍证明开具工作;完成 2018 年毕业典礼、新生报到、学校运动会、校园招聘会、学校 113 年校庆、北京电视台春晚录制、北京市教育工会师德评选以及其他大型活动 40 场(次)的执勤工作,累计动用执勤兵力 600 人次、疏导大型客车 500 余辆,小客车 2 000 余辆,有效保障各项活动的顺利进行;完成 262 辆新增机动车资格审查、信息录入和 75 辆车号变更工作,办理正门出入证 568 个,预约贵宾车辆 1 651 辆次,大型车辆 1 350 辆次;完成师生出国、结婚、工作、落户等相关方面的政审工作,出具相关证明 300 份,切实将育人理念融入管理服务工作中,以优秀的管理行为和模式教育影响学生。

(袁强)

【完善应急响应机制,妥善处理突发事件】

应急处置是检验保卫部门工作实效的重要指标。保卫处坚持在处置中总结,在总结中探索,在探索中提升。2018 年,学校总体安全稳定形势良好,但也发生了多起突发事件,如 3·22 浴室火情、涿州猪场工人闹访、7·16 校园汛情等。在处置突发事件过程中,所有保卫干部、职工、保安员冲锋在前,毫不退缩,应对妥当,未造成人员伤亡,也未给学校造成重大财产损失和不良影响,较好地维护了学校正常教学科研秩序。

(袁强)

【注重业务学习思考,课题研究硕果累累】

鼓励支持年轻干部开展课题研究工作。承担的 2016 年北京市教工委、北京市高教保卫学会重大课题《治安综合治理工作指南》顺利通过结题评审,2017 年重点课题《平安校园提升工程实施问题研究》和一般课题《预防非法侵害,维护人身财产安全》通过中期评审,申报获批 2018 年一般课题 2 项。在 12 月举行的北京高教保卫学会十四届学术年会中,获评优秀学术研究成果奖 2 项,优秀学术论文一等奖 1 项,二等奖 1 项,三等奖 2 项,同时荣获课题研究优秀组织工作单位称号。

(袁强)

【履职学会工作,展示农大名片】

承担北京高教保卫学会理事长单位和秘书处的工作。2018 年,在市教工委的领导下,积极协调学会学术部、培训部和女工部,组织开展干部培训工作,先后组织首都高校安全稳定工作处级干部培训班一期、安全教育专项培训班一期和首都高校保密工作处级干部培训班一期;开展两年一度的学术年会工作,评选、表彰优秀学术成果;开展 2016 年课题结题评审、2017 年课题中期检查和 2018 年课题申报工作；组织首都高校参加华北五省协作组学会年会，加强与兄弟省市高校的交流研讨。学会组织工作得到上级领导和兄弟高校高度认可，2 名同志获评优秀学会工作者。

（袁强）

学生工作

【概况】

根据学校 2018 年党政工作要点和党建工作计划，继续完善学生工作体系和队伍建设，创新开展学生党员教育培训和支部建设，不断丰富学生日常教育管理载体和途径，有效搭建学生资助和心理素质教育发展服务平台，推动学生育人工作一体化建设。

（黄振翔）

【学生党建】

加强大学生党员先锋班建设 开办两期大学生党员先锋班，组织或提供 24 讲理论报告，组织 94 名学员开展“不忘初心，牢记使命”主题系列学习实践活动，举办“新时代新征程 新先锋”大学生党员先锋论坛，“理论学习、实践锻炼、交流研讨”三位一体系统培养 112 名党员骨干，形成理论学习感想 152 篇、实践锻炼感想 115 篇。

深化本科生宿舍“党员责任区”建设 组织调整 2018—2019 学年党员责任区，指导学院设立 2 226 个责任区，任命 1 037 名党员责任人，实现本科生宿舍全覆盖、本科生党支部全覆盖；开展专项工作检查，覆盖 15 个学院的 1 049 名本科生党员和 1 553 名非党员本科生，抽查 134 本《大学生党员日记》，形成工作检查报告和《2017—2018 年学院本科生宿舍党员责任区工作案例集》。

开展“我是一面旗帜”主题党日活动 15 个学院的 79 个本科生党支部以“牢记时代使命，书写人生华章”为主题开展专题学习、读书分享、服务实践等 230 余次党日活动，评选 20 个校级“优秀党日活动”。

开展红色“1+1”党支部共建活动 26 个立项项目、44 个本科生党支部与农村、街道、社区、企业等基层党支部结对共建，累计开展共建活动近 80 次，发放科普资料 600 份，捐献图书 110 余册，开办知识讲座、科技培训、支教活动及文艺晚会 30 余场，累计 2 100 余人次受益。3 项本科生党支部活动获评北京高校示范活动三等奖、5 项获评优秀奖，再获“优秀组织奖”。

开展“假期农校”大学生党员暑期社会实践 本科生党员带领 10 支小队深入新疆、内蒙古、贵州等地农村开办党建农校、政策农校、科技农校、文化农校，累计发放问卷 680 余份，走访调研 530 余户，采访 550 余人次，服务 255 人次，1 支小队获评“中国农业大学优秀社会实践小队三等奖”。

（李萌）

【学生思想教育】

聚焦主题加强理想信念教育 组织200名本科生参加《习近平新时代中国特色社会主义思想研究之坚持在发展中保障和改善民生》市级思想政治理论课；组织开展纪念马克思诞辰200周年主题学习，8批次共1 763名学生观看电影《青年马克思》，1 500余名师生参观“真理的力量——纪念马克思诞辰200周年主题展览”；组织开展“改革开放40周年”主题学习教育活动，3 500余名学生参观《伟大的变革——庆祝改革开放40周年大型展览》。

深化“诚信守法人生计划”教育 组织3 300余名新生签署“做诚信守法农大人承诺书”、开展“我与社会主义核心价值观”主题班会，在新媒体平台推送“原汁原味学宪法”系列内容7期。面向受助学生开展诚信感恩励志教育，召开爱心见面会、受助毕业生代表座谈会等10余场次，参与学生300多人次。组织“助学·筑梦·铸人”主题宣传活动，评选优秀征文18篇、视频优秀奖1项、音频优秀奖3项、优秀组织奖4个、优秀指导老师奖1人。承办了教育部全国学生资助管理中心第五届“助学·筑梦·铸人”主题宣传活动总结大会。

推进课程改革，加强形势与政策教育 推进形势与政策课程改革，设置“全面从严治党、我国经济社会发展、港澳台工作、国际形势与政策”4个教学专题，组建由党政领导干部、思想政治理论课教师、哲学社会科学专业课教师、优秀专职辅导员、党务干部等组成的62人课程教学团队；举办《聆听中国·对话世界》系列报告会5讲，累计为1 600余名学生解读国家发展和国际形势。

开展美育教育，增强文化艺术修养 组织文化之旅，邀请北京皮影剧团来校做了专场演出，参加人数近500人；组织文化艺术进校园——琥珀四重奏农大专场演出，参加人数500余人。

加强军事教育，做好武装部工作 组织新生3 300余人参加军训，完成18天军事技能训练，18学时的军事理论课。征兵工作再获先进单位称号，批准入伍大学生21人，奖励退伍返校学生优抚金24万元。向烈属、伤残军人、复转退军人、军属等发放慰问金额5.9万元。走访13个军营16名参军入伍学生。

（李萌）

【队伍建设】

完善制度建设，加强队伍力量 制定《中国农业大学辅导员工作考核办法》，27名2016届“2＋2”辅导员的期满离岗，6名专职辅导员、25名“2＋2”辅导员入职，选拔28名2019届“2＋2”辅导员，招聘9名专职辅导员。选聘111名2018级新生班主任，选聘109名研究生及高年级本科生作为一年级班级兼职辅导员。

强化业务培训，提升素质能力 选派18人次辅导员参加全国高校辅导员示范培训班；选派22人次参加北京市辅导员专题培训，尹蛟获第六届北京高校辅导员素质能力大赛三等奖。

（范晨辉）

【学生资助】

做好保障型经济资助 评选2017—2018学年综合奖学金、单项奖学金、专项奖学金、院级奖学金6 359人次1 494.24万元，评选专项奖励591人（项）次55.7645万元。认定2018—2019学年家庭经济困难本科学生2 025人，评审国家助学金2 016人次759.75万元、社会助学金21项535人次186.55万元、院设助学金38人次13.5万元。办理助学贷款1 478人，发放贷款总额947.22万元。设立勤工助学岗位约1 500个，发放勤工助学工资348.74万元。办理基层就业和服义务兵役补偿代偿135人，补偿代偿总额146.69万元。减免54人学费，减免总额11.608万元。绿色通道为286名家庭经济困难本科新生办理入学手续，共计224人暂缓缴纳学杂费122.36万元，发放伙食补贴、日用品补贴等40多万元，为13人发放特别困难现金补贴0.95万元。学校层面发放冬衣补助61人3.05万元，就业补助41人3.16万元，寿光受灾地区临时补助2人0.41万元，马工程教材、两课教材补助1 007人约2.47万元，阳光国际交流营学生补助6人2.48万元，划拨学院特困基金234.25万元（含2018年寒假送温暖专项经费20.55万元）。

实施“三大计划”推进发展型资助 开展家庭经济困难本科学生发展需求状况调查，共收到1 700名同学的有效问卷，形成调查报告。实施“添翼工程”系列技能培训课程，开设出国英语雅思课程公开课、四六级英语系列公开课、期末备考复习经验讲座等，累计投入课程经费5.686万元，参与学生300人次。实施“翱翔计划”学生发展支持项目，资助项目74个，支持金额22.1431万元。首次启动“飞跃计划”短期出国交流项目，5人赴美国俄克拉荷马州立大学进行10天的交流访问。实施“学生自助发展计划”，重点建设“新长城自强社”“公益服务队”“微益社”“启曦之家”等受助学生群体（组织），1 500余人加入“中国学生资助志愿者服务联盟”。开展“爱＋行动”公益实践项目，项目直接受益人数约200人。在凤凰山益海学校建立了首个“中国农业大学资助育人实践基地”。

2018年，本科生资助经费支出共计4 159.94万元，受益学生23 642人次。荣获全国学生资助工作“优秀单位案例典型”。

（沈其林）

【心理素质教育】

规范危机预防与干预工作 形成“四到位 四延伸”的心理危机预防与干预工作模式，构建心理危机“井字型”防护网。加强对学生心理异常情况的排查力度，平均每月心理异常学生排查40余人。面向学院举办3次心理危机预防与干预专业培训。危机学生安置宿舍共安置学生16人，住宿295天，全年共干预心理危机学生39人。

完善心理课程体系建设 通过学堂在线MOOC系统制作32学时的《研究生的压力应对与健康心理》在线课程，编写心理素质教育教材。

强化学生心理咨询工作 开展个体咨询3 714人次，新生班级团体辅导109个，单次团体辅导26次，“菜单式”长程团体辅导16个，受益人数达5 775人次。举办讲座35次。

精准建立学生心理档案 修订《中国农业大学心理普查访谈提纲》，对3 343名2018级新生心理状况进行了摸底普查。组织360名学生完成首都大学生心理素质状况调查。

开展新生心理教育活动　“5·25”心理健康节活动期间开展20多项活动，参与人数达4 000余人次，获首都大学生心理健康节一等奖1个、二等奖1个和优胜奖1个，学校获2018年首都大学生心理健康节“最佳组织奖”称号。10·25心理素质教育文化节举办28项活动，5 000余人次参加。开展针对新生家长的“阳光大讲堂”，200余名家长现场参与，同步网络直播点击率达到5 391次，调查了解新生心理成长背景1 448份。编写《大学新生校园适应辅导员班主任工作手册》。

加强心理教育工作队伍建设　考核聘用兼职心理咨询师（含实习咨询师）26人。完成北京高校心理素质教育工作基地3场培训任务，来自北京30多所高校的149名心理老师和379名学生骨干参加了培训。培训278名心理委员，评选25名校级优秀心理委员，10名“心灵使者”。

（周蜜）

【学生管理】

加强少数民族学生教育管理　制定《中共中国农业大学委员会关于全面加强新疆籍少数民族学生教育管理服务工作的实施意见》（中农大党发〔2018〕86号）和政策要点，配强专职辅导员队伍，选拔1名少数民族“2＋2”专职辅导员。为新疆籍少数民族学生发放困难补助等各项费用7.67万元。组织专职辅导员走访新疆高校，看望新疆班预科学生。

做好学生日常管理服务工作　资助服务大厅接待咨询学生约500人次，盖章文件3 600多份，收发文件近3 500份。做好学生公交卡的办理，其中春季补办学生公交卡268张，秋季办理学生公交卡1 363张；为准备考研的2018届本科毕业生共计办理156张临时校园卡。组织优秀毕业生评选，评选出122名“北京市普通高等学校优秀毕业生”、418名“中国农业大学优秀毕业生”。处分36名违纪学生。

（范晨辉）

附录

2018年中国农业大学本科生奖助学金项目汇总表

项目名称	资助金额/万元	资助人数	资助标准/（元/人）
1 奖学金及专项奖励	1 492.9	6 790	
1.1 综合奖学金	582.5	1 076	
国家奖学金	124.0	155	8 000
国家励志奖学金	185.0	370	5 000
校长奖学金	8.0	20	4 000
优秀学生奖学金	265.5	531	5 000
1.2 单项奖学金	562.9	4 412	
理科基地奖学金	2.2	11	2 000
学习优秀一等奖学金	126.6	633	2 000

续表

项目名称	资助金额/万元	资助人数	资助标准/(元/人)
学习优秀二等奖学金	189.5	1 263	1 500
学习优秀三等奖学金	166.6	1 666	1 000
社会工作优秀一等奖学金	8.8	44	2 000
社会工作优秀二等奖学金	19.8	132	1 500
社会工作优秀三等奖学金	22.0	220	1 000
优秀少数民族学生一等奖学金	2.7	9	3 000
优秀少数民族学生二等奖学金	2.8	14	2 000
优秀少数民族学生三等奖学金	1.9	19	1 000
文化活动奖学金	8.8	176	500
学习进步奖学金	11.3	225	500
1.3 专项奖学金	203.0	418	
安莉芳奖学金	3.0	30	1 000
宝钢教育基金奖学金	3.0	3	10 000
春雨奖学金	8.0	10	8 000
大北农奖学金	9.0	30	3 000
何康奖学金	3.6	9	4 000
恒天然奖学金	8.0	20	4 000
金龙鱼奖学金	40.0	50	8 000
金正大二等奖学金	10.0	25	4 000
金正大一等奖学金	4.2	7	6 000
钱正英奖学金	0.8	1	8 000
儒盛奖学金	10.0	10	10 000
曦之教育基金奖学金	78.5	119	6 600
先正达奖学金	3.0	6	5 000
香港崇正奖学金	3.0	30	1 000
杨振辉奖学金	15.9	53	3 000
张纪光奖学金	3.0	15	2 000
1.4 院级奖学金	127.8	423	
1.5 专项奖励	55.8	591	
创新创业成果专项奖励	33.2	440	—
体育竞赛专项奖励	22.6	151	—

续表

项目名称	资助金额/万元	资助人数	资助标准/(元/人)
2 助学金	959.8	2 589	
2.1 国家助学金	759.8	2 016	
国家助学金一等	302.0	671	4 500
国家助学金二等	325.8	905	3 600
国家助学金三等	132.0	440	3 000
2.2 社会助学金	186.6	535	
CAU06 届本科校友爱心助学金	1.4	15	900
CAU07 届本科校友爱心助学金	1.2	15	800
爱心成就未来助学金	18.9	63	3 000
柏年基金助学金	15.0	75	2 000
碧水源助学金	10.0	20	5 000
曾宪梓奖励计划	17.5	35	5 000
常青励志助学金	0.8	2	4 000
春华秋实西部助学金	10.0	25	4 000
怀德助学金	3.0	6	5 000
黄石华助学金	8.0	20	4 000
活逄助学金	2.5	5	5 000
林少华助学金	3.0	10	3 000
芦皑助学金	0.8	4	2 000
欧阳启助学金	43.8	73	6 000
天津校友爱心助学金	0.8	4	2 000
王方名助学金	10.0	20	5 000
王妧蓉助学金	5.0	10	5 000
新长城助学金	19.8	66	3 000
学长助学金	3.0	30	1 000
闫绍樟助学金	9.6	32	3 000
周小玲助学金	2.5	5	5 000
2.3 学院助学金	13.5	38	
总计	2 452.7	9 379	—

就业创业与毕业生教育

【概况】

2018 年,学校共有毕业生 5 144 人,其中本科毕业生 2 748 人,硕士毕业生 1 769 人,博士毕业生 627 人。截至 2018 年 10 月底,本科生毕业生就业率 94.36%(其中深造率 57.78%),硕士毕业生就业率 96.33%,博士毕业生就业率 97.45%,总就业率 95.41%。毕业生中 390 人赴西部就业,209 人入选国家基层就业项目(选调生、大学生村官或参军入伍)。

(臧宇)

【拓展高质量就业空间】

坚持“积极走出去”和“主动请进来”的服务理念,不断完善“大型招聘活动保障数量、专场招聘活动保障质量”的就业市场服务工作格局,进一步完善《中国农业大学学生就业重点单位推荐目录》,推动毕业生高质量就业。2018 年,累计发布招聘信息 7 000 余条,招聘岗位数量超过 5.4 万个。举办大型毕业生校园双选会 35 场、特色招聘会 10 余场,专场宣讲招聘会 177 场,其中包括中粮集团有限公司、中化集团公司、国家电网有限公司、中国建筑股份有限公司等知名企业,单位质量明显提升。

(臧宇)

【引导毕业生基层就业】

积极围绕国家战略需求,引导和鼓励毕业生参加“选调生、征兵入伍、西部计划”等国家基层就业项目,不断探索校地合作人才培养新模式,通过校地合作的方式办好定向选调生人才培养实验班。截至 2018 年底,已与 23 个省(直辖市、自治区)开展定向选调专项人才合作。2018 年,累计邀请 13 位在祖国各地工作的优秀校友回到母校,为同学们分享在基层工作的故事和经验;先后开展 17 场“当代中国基层公共部门人才政策概览”系列讲座。定向选调生(含人才引进)签约人数实现新高。

(臧宇)

【完善创业指导服务体系】

通过内选外聘、专兼结合的方式,组建“优秀涉农双创导师人才库”,邀请企业家、职业经理人、天使投资人和中青年教师、学工干部共同参与,入库导师已超过百人。2018 年,累计开展创业类培训、讲座、沙龙等活动 46 场,与农业项目股权投资促进会联合主办夏季农业项目资本交易大会,吸引 200 余家投资机构来校寻找“乡村振兴”创新创业好项目。2018 年,学校荣获“全国创新创业典型经验高校”称号;学校大学生创业园获评“北京高校大学生创业园高校分园”,纳入北京市教委“一街、三园、多点”创业园建设体系。

(臧宇)

【开展精准就业指导服务】

立足学生特点，整合校内外师资力量参与职业生涯教学与实践，分学历、分年级、分层次、分主题设计开展生涯教育。2018 年，在本科生中开设《大学生职业生涯规划》《大学生求职技能》2 门职业指导类校级选修课共计 12 个班次，选课人数超过 900 人。举办“就业指导服务月”品牌活动，开展职业素养、出国深造、基层就业、公务员考试、求职技巧、求职心理等各类职业发展和就业指导培训活动累计 60 余场。积极利用求职大赛等活动手段拓展职业咨询服务的深度和广度，累计深度指导人数达 200 余人次。

（臧宇）

【支持毕业生赴国际组织实习任职】

注重对学生国际视野和参与全球治理能力的培养，定期在就业信息网上发布国际组织实习任职信息，与相关国际组织积极联系商谈合作，积极为学生拓展实习任职渠道，支持并鼓励毕业生到国际组织及机构实习、工作。开设《农业外事外交导论》选修课，全方位培养学生农业外事外交素质、能力和国际化视野；邀请国际组织专家来校进行相关主题讲座 3 次。2018 年，3 名优秀学生分别赴世界银行、国际农业研究磋商组织和比尔 · 盖茨基金会实习。

（臧宇）

工会与教代会工作

【概况】

2018 年，中国农业大学工会（以下简称“校工会”）在校党委和上级工会的领导、学校行政的支持和广大教职工的参与下，坚持“围绕中心，融入大局、凝心聚力、服务发展”的工作思路，落实《关于加强和改进新形势下北京高校工会工作的意见》，强化思想引领、引导建功立业，开展精准服务。生物学院杨淑华荣获“北京市三八红旗奖章”，动物科技学院吴常信荣获“北京市师德榜样”称号，工学院张宾、理学院周志强、农学院陈源泉荣获“北京市师德先锋”称号。

（孙晓莉）

【思想引领】

2018 年，校工会分别以“铸牢理想信念，肩负育人使命”“重走改革开放路，砥砺爱国奋斗情”为主题，先后组织了 3 期红色实践教育活动，分赴井冈山、延安革命根据地和深圳，共有高层次人才、优秀青年教师代表、党政管理干部、工会干部近 100 人参加。9 月，党委书记姜沛民召集以“弘扬爱国奋斗精神，建功立业新时代”为主题的暑期红色实践教育活动总结大会。

6 月，利用承办 2018 年北京市师德榜样（先锋）推荐和风采展示活动，组织师生 400

多人观摩事迹演讲及风采展示。吴常信院士被评为北京市师德榜样，3 位老师被评为北京市师德先锋。

在教师节召开从教 30 年教职工表彰会。聘请专业摄影师为从事教育工作 30 年的教职工拍摄工作照，并制作成相框，由书记校长亲自送到每一位教师手中，让老师们感受到学校的暖心与诚意，弘扬爱岗敬业、无私奉献精神。

组织学校第十一届青年教师教学基本功比赛。学校和各学院在赛前通过组织专业培训、分类指导、学术沙龙等活动，对青年教师进行了教学基本功培训，提升青年教师教学基本功水平，为教书育人工作打下良好基础。通过系、院、校三级选拔模式将 40 岁以下教师 400 多人全部覆盖，36 名教师参加校级青年教师教学基本功比赛。

举办"最美瞬间"教职工摄影比赛和"改革开放四十年，筑梦美好新时代"教职工诗歌朗诵比赛，激发教职工爱国奋斗激情。

（孙晓莉）

【民主建设】

2018 年校工会积极主动向党委汇报教代会工会工作，接受党委领导。2018 年度工作计划在向党建工作领导小组汇报、接受指导的基础上，列入学校党政工作计划和党建工作计划。提案办理、教代会议题、师德标兵推选等重点工作均提交党委常委会研究决策。

教代会执委会听证学校 2018 年财务预算方案，讨论《中国农业大学高层次人才住房管理办法（试行）》《中国农业大学关于 2018—2019 学年校历编排方案的说明》《中国农业大学专业技术人员兼职兼薪管理暂行规定（征求意见稿）》等事关学校发展和教职工利益的政策事项。

提案委员会根据新修订的《中国农业大学提案工作管理办法》，审核第四届教代会第一次会议 70 件提案，立案 58 件，并案处理 7 件，建议 2 件，未立案 3 件。本次提案涉及学校教务、后勤、人事、国有资产、科研院等 16 个职能部门，召开提案办理工作交流会积极督促职能部门办案，评选出 2017 年优秀提案 5 件，首次评选本科生院为优秀提案办理单位。

12 月，召开第四届教职工代表大会第二次会议，讨论和审议学校工作报告、财务报告、校务公开报告、学术委员会工作报告、教代会工会工作报告，并对学校"双一流"建设工作展开讨论。

（孙晓莉）

【维权服务】

2018 年，校工会继续为教职工办实事，维护教职工的合法权益。全年开展困病帮扶、"五必访"和全员慰问活动，建立动态帮扶慰问机制，利用北京市温暖基金、学校爱心基金，采取日常慰问和集中慰问相结合的方式，及时将党委行政的关心关怀送到每一位教职工的心上。

在学校心理教育中心的支持下，为教职工提供心理健康教育和服务。筹建学校"职工心灵驿站"，接受并通过北京市职工服务中心专家组的实地考察评审。

在东、西两校区为哺乳期及孕期女工建设“母婴关爱室”2间，并获北京市总工会女职工委员会授牌。

与学校法律系合作开展法律宣传，筹建中国农业大学法律咨询室，为广大教职工提供法律咨询和服务，充分发挥权益维护和劳动人事争议调解委员会作用。修订教代会权益维护和劳动人事争议调解委员会管理办法，规范调解流程、调解申请书和调解记录表。举办农民工普法教育讲座。

持续做好关爱工作，组织全校教职工体检和女工体检。三八妇女节为女教工举办烘焙课堂；六一儿童节慰问两校区幼儿园师生，护士节慰问校医院医护人员；三八妇女节和五一劳动节期间，为教职工发放电影票 1 800 张。根据教职工需求，提供教职工寒暑假旅游信息、驾驶员培训班、购车购物服务等信息，为教职工提供便捷服务。

落实非在编教职工入会，实现工会组织在校园内的全覆盖。2018 年，共有 1 600 多名非在编教职工加入工会组织，全校会员人数达到 4 500 余人。

（孙晓莉）

【文化引领】

2018 年，校工会积极组织开展适合教职工特点的各种文化体育活动。举办青年教师读书沙龙活动 2 期。组织观看大型现代评剧《潮白人家》，组织单身教职工联谊活动。组织教职工运动会和各类体育竞赛活动，参加教职工 2 300 余人次。组织开展教职工乒乓球、羽毛球、台球、中国象棋、扑克升级等全校性比赛；举办春季、秋季健步行和登山活动。

组织代表队参加首都高等学校第六届徒步运动大会、首都高等学校第二届瑜伽体式与艺术瑜伽套路展示表演比赛，获得一等奖；承办第八届全国高等农林院校教职工羽毛球联谊赛；参加“中科杯”5 人制足球赛，获得冠军。

制定《教职工协会管理办法》，加大对协会支持力度，鼓励教职工“自我教育、自我管理、共享服务”，各类文体协会健康有序开展活动。教职工合唱团暨海淀区音乐家协会农大合唱团、瑜伽协会、诗歌朗诵协会相继成立，教职工协会数量达到 11 个。

（孙晓莉）

【改革创新】

2018 年学校党政领导学习贯彻市总工会改革方案、市委教育工委和市教育工会《关于加强和改进新形势下北京高校工会工作的意见》以及市教育工会九届十次委员（扩大）会议、第十次代表大会会议精神，加强工会组织建设，推进工会系统改革工作整体发展。

积极与兄弟高校交流工作经验和体会，参加中国高校工会第十九次宣传思想工作会，全国农林水院校工会四届三次常务理事协作会。接待安徽高校工会主席调研团一行 14 人，内蒙古教科文卫体工会干部培训班一行 40 余人，中央民族大学、北京交通大学、北京建筑大学、北京中医药大学、东北大学等高校工会同仁到校交流学习教代会工会工作经验。

对教职工小家进行评定验收，评选出 8 个“模范”小家和 16 个“优秀”小家，并召开表彰会进行奖励，3 年内每年按照建家评级的结果，分等级给予小家建家经费资助。注重小家软件建设，强调小家建设为教职工服务功能，积极建设和谐之家、温馨之家、“精神家园”。

继续落实资源向基层工会、一线员工倾斜，加大分工会项目制建家活动支持力度，支持分工会立项117项，经费总额50万元，支持分工会承办校级活动立项16项。根据分工会需求，支持小家硬件改造升级，支持经费总额10万元。小家建家经费资助5万元，全年分解经费65万元到分工会。

完成“工会会员管理系统”二期工程，提升工会管理服务系统的效率。依托工会会员管理系统，高效、快捷地为会员提供京卡办理服务，京卡互助卡办卡率为94%。工会官方订阅号全年推出信息达190条，搭载市总12351App平台上线7个活动，平均参与率达82%。

建立校工会委员会和各专委员会微信群，各分工会分别建立本级工会委员会和工会会员微信群。设立工会宣传工作奖，编辑四期《工会简讯》。在“北京市教育工会网站”上投稿98篇，在《北京教工》发表工会活动的文字和图片报道4篇，在《劳动午报》刊登了承办第八届全国高等农林院校教职工羽毛球联谊赛的报道。

2018年工会经费上缴比上一年度有所提高，配合完成市总工会2017年度经费审计工作。按照全总、市总工会最新精神，修订《中国农业大学分工会经费使用管理办法》，进一步加强基层工会经费的管理，规范经费开支的范围及标准。

（孙晓莉）

附：2018年度工会评优获奖名单

一、中国农业大学2018年度分工会品牌项目奖：

园艺学院分工会　植物保护学院分工会　生物学院分工会
资源与环境学院分工会　动物科技学院分工会　经济管理学院分工会
理学院分工会　食品科学与营养工程学院分工会　信息与电气工程学院分工会
水利与土木工程学院分工会　工学院分工会　马克思主义学院分工会
机关三分工会　校医院分工会　校办产业分工会　后勤基建分工会

二、中国农业大学2018年度优秀教职工之友名单

史长丽　周旭峰　景　发　高万林　卢兆彤

三、中国农业大学2018年度工会先进个人名单

孙　亮　李　莉　孙坤妹　李璐璐　张贸越　王　颖　楼慧强　焦　讷　左　强
王雅婧　张念之　巫　娟　黄　莺　赵春江　齐顾波　谭　英　韩艳萍　郭淑媛
朱葛军　张佩丽　王玉红　吴晶晶　赵玉梅　赫　静　胡宏伟　奚雪松　张立伟
田　笛　魏　青　乔琪雯　刘亚楠　赵冬青　董　生　刘建伟　李茂茂　崔　菲
金仲章　贾尧凤　周江英　刘学志　丁　鸿　董夫才　李长君　魏　新　陈　迪
刘　蕾　欧阳永志

四、中国农业大学2018年度优秀工会干部名单

郝京辉　周　平　蒋　娜　李　溱　李洁明　高浩嵩　张建云　胡友珍　揣君健
李京杨　李景妍　杨德昌　李凴峰　刘　贤　张玲玲　赵　佳　张中民　李天舒
王　铁　郭　甜　薛宏伟　王　雁　金学英　高维维　陈卫国　刘　亚　张　越

五、中国农业大学2018年度工会宣传工作先进单位名单

生物学院分工会　食品科学与营养工程学院分工会　信息与电气工程学院分工会

理学院分工会　人文与发展学院分工会　图书馆分工会

六、中国农业大学2018年度文体协会先进个人

田国强　张京声　程　怡　王艳彩　高国维　徐双卿　杨金武　余　芳　赵　宁

共青团工作

【概况】

2018年，是贯彻党的十九大精神的开篇之年，改革开放40周年，决胜全面建成小康社会、实施“十三五”规划承上启下的关键一年，是学校学习贯彻全国教育大会精神，推进“双一流”建设的深化之年，是学校共青团坚持以习近平总书记关于青年工作的重要思想为指导，学习贯彻团的十八大精神，全面深入推进改革的关键之年。迈入新时代，共青团在学校党委和上级团组织的领导下，始终高举习近平新时代中国特色社会主义思想伟大旗帜，牢记跟党初心、不忘青春使命，坚定不移走中国特色社会主义群团发展道路，紧紧围绕“凝聚青年、服务大局、当好桥梁、从严治团”的四维工作格局，坚持立德树人，坚持服务学生成长成才，切实保持和增强政治性、先进性、群众性，不断解放思想、实事求是，敦本务实、改革创新，团结带领广大团员青年听党话、跟党走，奋进新时代、建功新征程。

（张银）

【坚持全面深入改革，不断保持和增强共青团的政治性、先进性、群众性】

全面深入推进共青团改革各项工作。严格落实《中国农业大学共青团改革实施方案》的各项具体改革举措，制定《高校共青团改革实施方案》任务分解清单，部署各级团组织改革任务、改革进程。坚持全面推进与试点学院先行先改相结合的原则，及时总结宣传试点学院推进重点改革工作的优秀经验。认真完成团市委的团学改革督导检查工作，以此为契机，逐条梳理问题、总结经验、提出整改措施，进一步推动改革。一同部署学生会组织的改革工作，制定《学联学生会组织改革方案》任务分解清单，起草《中国农业大学学生会组织改革方案》。

（张银　张晓星）

【坚持围绕中心、服务大局，在推进学校“双一流”建设的进程中发挥青年生力军作用】

踊跃投身国家重大战略。始终把围绕中心、服务大局作为工作主线，团结带领广大青年学子响应党和国家的号召，在服务国家重大战略中贡献青春力量。开展以“乡村稼穑情·振兴中国梦”为主题的暑期社会实践活动，3 000余名学子深入120余个贫困县开展调查研究、志愿服务活动，助力乡村振兴战略。组织志愿者参与中非合作论坛北京峰会的志愿服务工作，助力“一带一路”倡议。组织英才班学员深入东北三省调研玉米临时收储制度改革对农户行为和农户收入的影响，助力农业供给侧改革。组织生态环保类社团开展环境科普教育讲座、"绿色兑换"等活动，社团骨干赴井冈山参加全国青少年生态环保组织骨干培训班，服务美丽中国建设。组织"N＋"营养社、蜜蜂文化研究会等社团开展奶茶讲座、"我想陪你吃"食伴一周、食品安全周宣传、蜜蜂文化展示及蜂蜜产品推介等有关活动，服务食品营养与人民健康。

（邢雨凝）

积极主动服务学校"双一流"建设。深度参与本科教学评估工作。派专人入驻评估办公室，参与方案的制定、材料的撰写及专家组的接待等，团委班子多次利用办公会学习评估手册和教师版应知应会，在预评估和正式评估期间接待专家访谈5次。作为学生创新创业实践环节的重要开展单位，积极参与学校创新创业学院的筹建工作，与本科生院、就业创业办公室多次就创新创业学院的组织架构及功能定位开展研究磋商，形成了最终的方案。法律研究协会举办"12·4宪法日"系列活动，普及宪法知识、举办法学大讲堂、组织学生集体诵读宪法、开展法律知识竞答、进行模拟法庭表演赛，增强大学生法治观念、推进校园依法治校。组织国旗班、礼仪队等学生组织参与服务学校重大活动30次，其中包括大型论坛2次、体育赛事6次、文艺比赛4次、各类表彰颁奖活动7次、各类晚会7次，以及学校本科生、研究生的开学典礼及毕业典礼4次。

（秦颖　张晓星）

【坚持加强思想政治引领工作，引导广大青年学子牢固树立"四个自信"】

开展学习宣传贯彻习近平新时代中国特色社会主义思想系列活动　2018年寒假，在全校所有团支部中开展以"宣传十九大精神和习近平新时代中国特色社会主义思想"为主题的教育实践活动，其中校级组织11支实践团队，院级依托团支部组建298支实践团队，走村入户开展精神宣讲、志愿服务和调查研究，足迹遍布全国344个乡镇。深入开展学习宣传贯彻习近平新时代中国特色社会主义思想"四进四信"活动，通过"进支部、进社团、进网络、进团课"，着力引导帮助广大团学干部和团员学生学习领会习近平新时代中国特色社会主义思想的真理魅力和实践品质。加强对学生社团习近平新时代中国特色社会主义思想青年研习社的指导，开展"习近平谈治国理政"专题讲座。

（张晓星　邢雨凝）

扎实开展团员教育活动　春季学期开展"走进新时代青春再出发"主题教育活动，深入学习宣传贯彻党的十九大、十九届二中全会、三中全会和2018年全国"两会"精神，通过举办形式活泼、内容丰富的活动，强化了团员的先进性和光荣感，引导全校广大团员坚定共产主义远大理想和中国特色社会主义共同理想，增强民族自豪感、弘扬核心价值观、汇聚青春正能量。秋季学期开展"乘风新时代，筑梦新征程"专题教育活动，结合不同年级学生的特点，将活动细化为不同年级不同主题，各团支部围绕特定主题开展团员教育活动，帮助广大青年学生从学理和实践等不同层面深入学习和理解团十八大精神，引导他们正确认识世界和中国发展大势，正确认识中国特色和国际比较，正确认识时代责任和历史使命，正确认识远大抱负和脚踏实地，增进政治认同、思想认同、情感认同。过去一年里，以团支部为单位开展了近千余次丰富多彩的活动，其中农水161团支部等10个团支部开展的团日活动，被评为"十佳团日活动"荣誉称号。

（张晓星）

完善宣传思想工作机制 深化校院两级宣传联席会制度，进一步巩固大宣传格局，形成工作合力。依托例会机制，将技能培养常态化，以工作任务为导向，开展多方面技能教学，建立具有政治素养和专业能力的宣传队伍。在原有团属平台（网站、微信平台、微博、报纸、广播）平行发展、各自为政的现状下，积极创建资源共享、互利多赢的格局，改善报纸和广播的发展危机，规范微博的管理机制，大力推进校园媒体融合。

（秦颖　马紫威）

加强网络舆情收集分析工作 进一步落实意识形态责任制，发挥团组织在网络舆情研判、安全稳定中的重要作用。与党委宣传部、各学院团委研究舆情收集工作的改进措施，强调风险的把控应对和主体责任的落实到位。2018 年依托"校-院-团支部"三级舆情收集体系，共计向学校党委宣传部报送学生舆情报告 40 余期，舆情关注点共计 500 余项，针对调研数据进行科学分析，为全面掌握学生思想动态、科学部署工作提供了决策依据。

（章萌　郝琦伟　姚沫男）

深入实施"青年马克思主义者工程" 创新英才学校培养模式，包括理论学习、素质拓展、社会实践、封闭式军训等，学习内容涵盖中国传统文化、青年人才素质、国家政策方针、社会科学、国际视野、团队建设等。2018 年，英才学校共计培养学生 95 人，其中包括 68 名初级班学员，27 名高级班学员，并全部顺利结业。

（张晓星）

强化青年理论研究工作 坚持用理论研究指导具体实践，在具体实践中总结规律，形成指导成果。利用青年理论研究平台，整理 16 项年度考核合格的青年理论研究课题并形成《2017 年青年理论研究课题成果集》。结合团十八大精神，设立 2018 年度青年理论研究课题项目，立项重点课题 5 项、一般课题 7 项。

（张晓星）

【坚持筑牢组织根基，加强队伍建设，切实增强组织活力和凝聚力】

扎实做好基础团务工作 通过各级团组织逐级落实，认真完成团务统计、团员注册、团组织关系转接、团费收缴、团籍管理等方面的工作，有序开展各项团务工作。2018 年共完成 16 558 名共青团员的注册、4 545 名新生共青团员的团组织关系转入以及 5 名共青团员的发展工作，收缴团费 30 194.5 元。

（张晓星）

加强基层组织建设 2018 年全校注册团支部共 691 个，其中本科生团支部 420 个、研究生团支部 249 个、教工团支部 15 个、特色团支部 7 个，实现团组织全覆盖。鼓励和支持社团和学生组织成立团支部，实现团组织对部分团员青年的多重覆盖。发布《共青团中国农业大学委员会开展"班团一体化"工作的实施方案》。

（张晓星）

完善团干部队伍选配机制 为提升团干部队伍的活力和战斗力，经民主推荐、学院党委政审、党委组织部审核、党委常委会讨论通过，同时报北京团市委获批，校团委选拔配备 1 名青年教师兼职副书记、2 名学生兼职副书记，分别为农学院副教授张战营、马克思主义学院硕士研究生郝琦伟、水利与土木工程学院硕士研究生姚沫男。同时推动各学院团委选拔青年教师及学生兼职副书记，全面打造“专兼挂”相结合的团干部队伍。

（秦颖　张晓星）

分层分类完善学生骨干培养体系　完善的学生骨干培养体系为团学工作的改革创新提供了坚实的人才保障。持续开展“知行”团校工作，经过不断总结与调研，逐渐完善团校培养体系，形成以“校级课＋院级课”“必修课＋选修课＋实践课”的“横纵交错”教学模式，2018 年春季学期，“知行”团校校、院两级开课 60 余次，结业学员 600 余人；秋季学期，“知行”团校进一步明确培养对象，招募团干学员 413 人，完善考核机制，在原有基础上加入理论笔试考核，通过“笔试＋论文＋课程记录”的形式，进一步完善团校培养体系。指导学生会、研究生会、社团团工委自我组织开展骨干培训班，内容涉及心理团培、演讲辩论、实践锻炼和研讨交流。

（张晓星）

规范学生荣誉评定程序　2018 年，坚持公开公平公正原则，选树 9 名在精神文明建设、学术创新、躬身实践和校园文化建设等方面取得突出成绩的青年学生，授予学校颁发的在校生最高荣誉“五四青年标兵”称号，同时选树 9 个“五四青年标兵集体”，发挥榜样的示范引领作用。评选社会工作优秀一等奖学金 44 人、社会工作优秀二等奖学金 132 人、社会工作优秀三等奖学金 220 人、文化活动优秀奖学金 176 人、创新创业奖学金 30 人；三好学生 1 461 人、优秀学生干部 561 人、优秀团干部 295 人、优秀团员 428 人。推荐评选北京市三好学生 33 人、北京市优秀学生干部 11 人、首都大学“先锋杯”优秀团员 25 人、优秀基层团干部 26 人。农学 153 班等 42 个班级荣获“优秀班集体”荣誉称号，农学 151 团支部等 66 个团支部荣获“优秀团支部”荣誉称号，水电 161 班等 11 个班级荣获北京市“先进班集体”荣誉称号，峰云社团支部等 22 个团支部荣获首都大学“先锋杯”优秀团支部荣誉称号。

（秦颖　张晓星）

【坚持创新实践育人工作，服务青年学子全面成长成才需求】

搭建创新创业工作平台　结合学科特点和学生需求，探索“中国特色、农业特色、世界一流”的创新创业教育模式，坚持“高、强、重、精、优”五字方针，将创新创业教育融入人才培养全过程，不断提高大学生创新精神、创业意识和创新创业能力。与本科生院、就业创业办公室的双创联动机制确保创新创业工作稳中有进，被教育部授予“2018 年度全国创新创业典型经验高校”荣誉奖牌。举办第六届“溢达”创意大赛，16 个学院的 536 名同学共提交创意作品 231 件，两件作品问鼎校内特等奖，并代表学校参加全国总决赛，获得 1 个二等奖、1 个三等奖。精心组织创新创业大赛，为 2018 年“创青春”全国大学生创业大赛和第四届中国“互联网＋”大学生创新创业大赛选拔和培育优秀项目，14 个学院的 68 个双创项目共计 246 人次参赛角逐，不断丰富竞赛评委库和导师团，加大对各学生双创项目赛前的全方位辅导。“创青春”首都及全国大学生创业大赛中，信息与电气工程学院博士研究生张琛驰的《基于智能分布式的流离法农村污水处理系统》获得市赛金奖和国赛铜奖，另有 5 个项目获得北京市铜奖，获评优秀组织奖。在第四届中国“互联网＋”大学生创新创业大赛北京赛区中斩获 1 个二等奖和 7 个三等奖。在第七届大学生科技创新作品与专利成果展示推介会上，获得 1 个创新金奖、4 个二等奖和 8 个三等奖，并获得最佳组织奖殊荣。进一步修订完善《中国农业大学学生创新创业成果奖励办法》《中国农业大学创新创业奖学金评选办法》并组织评选工作。指导大学生科技协会、创业协会成功举办“CAU·创客行”中国农业大学第三届创新创业嘉年华活动，共计 36 个项目参展。组织全国青少年“情系稼穑、科技筑梦”高校科学营活动，312 名来自全国各地的师生在为期一周的科学营活动中，聆听大师报告，参观校史馆、重点实验室和试验田等，获高校科学营北京营优秀组织奖。

（秦颖　张战营　刘建伟）

不断提升社会实践工作影响力　开展以“乡村稼穑情·振兴中国梦”为主题的暑期社会实践活动，组织学生围绕乡村振兴战略从城乡融合、共同富裕、质量兴农、绿色发展、文化兴盛、乡村善治和精准扶贫七方面扎实开展调查研究和志愿服务工作，按照校院两级的组织管理方式，共组成 318 支实践小队，赴 27 个省市的 120 余个贫困县开展实践活动，参与学生 3 000 余人。本次实践形成调研报告 258 篇、团队总结报告 60 篇、团队随笔 1 193 篇，累计 330 万余字，共评选出 80 支社会实践优秀团队、58 项优秀成果和 80 名优秀个人予以表彰，并出版了社会实践成果集。200 余家校内外媒体对社会实践进行了报道，共发布新闻报道 450 余篇。今年学校作为牵头高校承办团中央 2018 年“乡村稼穑情·振兴中国梦”全国农科学子聚力乡村振兴暑期实践专项行动并荣获优秀单位称号，其中“秸作秆为”农村秸秆处理现状调研小队获 2018 年“乡村稼穑情·振兴中国梦”全国农科学子聚力乡村振兴全国大学生暑期社会实践专项行动优秀团队金奖，2 支社会实践团队获优秀团队铜奖，2 支社会实践团队获优秀团队提名奖。此外作为牵头高校承办了北京团市委“青年服务国家”暑期社会实践“乡村振兴青年作为”阳光使者专项活动，并荣获 2018 年“青年服务国家”首都大中专学生暑期社会实践先进单位称号，35 支小队获评百强团队、8 支小队获评优秀团队、8 名师生获评先进工作者、8 名学生获评先进个人。

（邢雨凝）

推进志愿服务品牌化建设　开展“志愿人生第一课”项目，邀请共青团中央青年志愿者行动指导中心张朝晖书记为全体新生作主题演讲。与北京地铁、北京西站、北京铁路局等共建志愿服务基地，为学生搭建志愿服务平台，扩大学校影响力，为服务社会作出贡献。根据《关于全体团员实名注册志愿北京的通知》相关部署，实现 2018 级全体本科新生志愿者注册率 100%，研究生志愿者注册率也首次突破 80%，进一步激发了广大志愿者的服务热情。依托“志愿北京”平台进一步规范志愿服务项目立项、志愿者招募、时长认证等工作。开展 2018 年“志愿农大”评选工作，以评促建，评选出 64 位优秀志愿者、10 个优秀志愿团体和 10 个优秀志愿项目。2018 年 65 个常态化志愿服务项目累计招募志愿者 4 323 人次，相比 2017 年增长 48.76%，累计时长超过 72 667 小时，是 2017 年的 3 倍。在“12·5”志愿服务周开展志愿服务嘉年华活动，调动全校师生参与志愿服务的热情和活力。先后参与中非合作论坛北京峰会、毛主席纪念堂、“砥砺奋进的五年”大型成就展和“伟大的变革——改革开放 40 周年成就展”等多项大型赛会、展览的志愿服务工作。“服务‘三农’育英才·志愿人生第一课”项目获得第四届中国青年志愿服务项目大赛银奖。

（邢雨凝　郝琦伟）

【坚持推动校园文化繁荣兴盛，熏陶渐染促进学子完善人格】

打造校园文化品牌活动 本年度“五月的花海”和“金色的希望”系列活动，分别以“青春之歌，永颂初心”和“青春在路上”为主题，调整立项方式，支持开展麦田音乐节、“手心里的地球”“诗”说等 14 个内容丰富、形式新颖的活动，极大地丰富了校园文化生活。全年组织高雅艺术进校园共 23 期，其中组织外出欣赏高雅艺术 21 期，地点为国家大剧院、中山音乐堂、北京人民艺术剧院、天桥剧场等，另有 2 期在农大报告厅举办。组织民族艺术进校园共 19 期，其中外出欣赏民族艺术 17 期，地点包括全国地方戏演出中心、长安大戏院、梅兰芳大剧院等，另有 2 期在农大报告厅举办。围绕庆祝五四青年节，打造包括升旗仪式、社团嘉年华、五四晚会等活动在内的“青春之我”系列活动。围绕庆祝学校 113 周年校庆，打造农业嘉年华、亮灯行为艺术秀等活动在内的“金色的家园”系列活动。围绕庆祝改革开放 40 周年，举办纪念“一二·九”运动大合唱活动。

（章萌　姚沫男）

推动文化活动百花齐放 通过各类学生组织举办丰富多彩的活动，繁荣校园文化。举办水泥篮球联赛、校园吉尼斯、新生风采大赛、十佳歌手大赛、毕业晚会等，丰富文体文化；举办四六级模考、辩论赛、研究生学术文化节、新时期农林高校研究生学术论坛等，厚植学术文化；开展心理节活动，举办不同主题的心理舞会和心理剧比赛等，塑造健康心理；举办生活嘉年华、宿舍文化节等活动，引领阳光宿舍文化；继续围绕中华传统文化和学校文化开展更具农大特色的文化活动，举办“CAU1905 读书会”“百团大战”“我想听你说”脱口秀大赛等活动。

（张晓星）

【坚持推进网上共青团建设，积极适应青年学子新特点】

加强网络新媒体平台建设 协调校内外资源，突出产品化战略思维，进行多方位、多领域的线上线下宣传，开发了“一图流”和“微团课”等贴近青年学生的文化产品。为进一步激发优秀网络文化产品的创作，2018 年开展了首届“网络稼园，共绘穑彩”大学生网络文化节，共收到 40 余件作品，并择优推荐参加第三届全国大学生网络文化节。“CAU·我们的团”微信公众平台粉丝量达 15 986 人，全年无休共推送 529 篇内容，总阅读量 52.9 万次，从去年北京市高校团学公众号排行榜 40 名左右稳步提高到 20 名左右。“青年农大”微博现有粉丝数 23 039，全年共发博文 1 274 条，月均 150 万阅读量以上。

（秦颖　马紫威）

拓展网络工作平台服务能力 进一步优化“互联网＋社会实践”平台，在已有网络平台基础上实现了小队成员报名、立项及评审的批量化集中处理，并在实践中期开放在线咨询系统，安排专人负责解答同学们实践过程中遇到的各种问题，确保各小队的实践任务顺利完成。建立社会实践专题网站，在暑期社会实践期间，网站累计发布通知 18 篇和相关制度性文件 6 篇，刊登社会实践小队纪实 148 篇、实践故事 59 篇、人物心语 104 篇、媒体声音 24 篇和图片集锦 8 篇。

（邢雨凝）

【坚持维护青年合法权益，引导广大青年学子合理表达诉求】

着力回应青年学子迫切需求。搭建学生与学校领导、职能部门面对面沟通的常态化机制，2018年共开展10次座谈会，参与交流的学生有200余人，针对“三教清书”、食堂满意度、西区颐园负一楼改造、新图书馆桌椅设计、博士生宿舍搬迁等问题进行交流，及时有效地反馈同学意见、解决同学困难。开展模拟提案大赛，通过自由报名和学院报送的方式，广泛收集同学们的权益问题与建议，典型提案反馈至学校相关职能部门。此外，及时答复并处理38条校长信箱中的涉及信件，内容涵盖学生社会实践、志愿服务、校园文化等各个方面。

（张晓星）

【坚持全面从严治团，塑造团学干部健康向上风貌】

扎实推进从严治团工作。推进共青团工作制度化建设，规范团委文件的制定、发布、归档程序，规范团委合同管理、物资管理与借用、财务管理等工作制度。综合运用党政评价、师生评议、互学互评、第三方评测等方式，开展10个二级团组织的述职考核工作，营造交流学习促发展、树典型和推改革的良好氛围。严格执行工作例会制度，全年召开校团委书记办公会30次、校团委部长例会8次、分团委书记例会7次。严格团学干部选拔标准，注重考核政治素养、道德品质、学习成绩、综合素质等，严格执行资格审查、笔试、面试、公示的选拔程序。注重抓主要团干部的培训教育，结合学校“曲周精神”的宣传教育，组织各二级团组织书记前往曲周实验站学习参观，切身感悟“曲周精神”。

（张晓星、刘建伟）

【坚持构建“一心双环”团学组织格局，指导各类学生组织规范发展】

指导学生会组织勇于改革　深入学习贯彻落实《学联学生会组织改革方案》的文件精神，加快学生会、研究生会的改革步伐。推进“一心双环”工作格局的构建，在校学生会成立社团工作部，继续加强学生会组织对社团的引导、帮助和联系。继续改革完善学生代表大会制度，发布《关于中国农业大学第十五届学生会、第十四届研究生会中期调整的工作方案》，经党委常委会讨论决定，将学生代表大会的召开周期改为两年一次，不召开学生代表大会的年度，以召开常任代表扩大会议的形式审议学生会组织工作报告、选举产生新的主席团成员。继续发挥好校学生会和校研究生会功能性党支部的作用，结合《学生会、研究生会干部自律公约》的发布，举办组织生活会，开展批评与自我批评。

（张晓星）

加强对学生社团的管理与服务　根据《中国农业大学学生社团管理条例》，加强规范社团筹备、申请、成立、转正、注销等程序，严格审核社团指导教师及业务指导单位，2018年度转正学生社团13个，新成立学生社团12个，注销学生社团7个。起草《社团指导教师管理办法》，推进社团建团，今年共建立60个社团团支部，开展团日活动，发挥团支部对社团的思想引领作用，提升社团思想理论高度。举办优秀社长、十佳学生社团的评选活动，完善社团及骨干成员评奖评优机制。开展春秋两季社团文化节、社团年度盛典、社长例会等创新活动，丰富社团文化活动内容，促进社团文化育人作用，不断引导各类社团规范健康发展，取得丰硕成果，其中，国旗班参加北京高校国旗仪仗队检阅式比赛并获得一等奖；峰云社在全国学生定向锦标赛中荣获本科丙组短距个人第3名，在第十届北京市体育大会定向运动比赛中获女子短距个人第1名；跑步爱好者协会获鸟巢全国跑射联项比赛男女组合跑亚军，全国高校百英里女子个人第2名；国际交流协会在第七届中国高校模拟联合国发展合作论坛中获最佳代表团称号。

（邢雨凝）

本科生教育教学

【招生工作】

经教育部批准，2018 年学校在全国 31 个省（区、市）及港澳台地区计划招收普通全日制本科生 3 210 名，除河北、江西国际学院计划安排在提前批次录取，其他计划全部安排在各省本科第一批次录取。其中分省来源计划：安排 450 名烟台研究院本科计划仅在山东省招生；安排 290 名国家专项计划，分布在河北等 21 个省（区、市）的贫困县；安排高校专项计划 65 人，分布在河北等 27 个省（区、市）；安排非西藏生源定向西藏就业招生计划 5 名；安排外语类保送生计划 9 人；安排南疆单列计划 2 名。其他不分省来源计划包括：内地西藏班计划 17 名、新疆高中班计划 22 名、少数民族预科转入计划 35 名、高水平艺术团计划 32 名、高水平运动队计划 32 名、预留计划 32 名。

另在内蒙古、贵州、云南、西藏、青海、甘肃、宁夏、新疆等 8 省（自治区）安排少数民族预科班计划 40 名。

2018 年，录取各类普通本科新生 3 216 名，其中文史类 436 人，占 13.56%；理工类 2 680 人，占 83.33%；综合改革（上海、浙江）100 人，占 3.11%。新录取少数民族预科班 38 人，其中一年制预科 13 人，新疆两年制预科 25 人。

2018 年，录取第一志愿考生 3 202 人，第一志愿率为 99.56%。应届考生 3 065 人，占 95.30%；往届考生 151 人，占 4.70%；录取城镇考生 2 508 人，占 77.99%；农村考生 708 人，占 22.01%；录取考生平均年龄 18.23 岁；年龄最小的 15 岁，年龄最大的 36 岁；汉族考生 2 894 人，占 89.99%，其他 28 个少数民族的考生共 322 人，占 10.01%。；同一中学录取人数达到 5 人以上的有 140 所。其中录取人数较多的中学有：山东省实验中学 26 人、河北省衡水第一中学 23 人、四川省绵阳中学 18 人、河北省石家庄二中实验学校 17 人、山东省东营胜利第一中学 17 人、山东省东营市一中 17 人、山东省淄博实验中学

17 人、内蒙古呼市二中 15 人、山东省泰安一中 15 人、河北省衡水志臻中学 14 人、山东省济南市历城二中 14 人、北京市第二中学 13 人、天津市杨村一中 12 人、北京市清华大学附属中学 11 人、北京市首都师范大学附属中学 11 人、山东省潍坊一中 11 人、新疆区乌鲁木齐市一中 11 人、安徽省合肥市第一中学 10 人、北京市八一学校 10 人、河南省郑州外国语学校 10 人、山东省北镇中学 10 人。

录取新生中，外语类保送生 9 人、高水平运动队 26 人、高水平艺术团 7 人、非西藏生源定向西藏就业学生 0 人(无生源报考)、国家专项计划 290 人、南疆单列计划 2 人、高校专项计划 63 人、内地西藏高中班 17 人、内地新疆高中班 22 人、港澳台学生 10 人、少数民族预科班转入 33 人。

2018 年第一批本科录取的生源质量情况为：理工类录取最低分各省平均比当地一本线高 105.73 分，文史类比当地一本线高 73.23 分。

理工类考生的投档成绩平均超过当地一本线 109.77 分，文史类考生的投档成绩平均超过当地一本线 75.92 分，高考改革省份考生的投档成绩平均超过当地一本线 54.10 分。除海南外，2018 年共招收 600 分以上的理工类考生 1 911 人(2017 年 834 人)占 71.71%(2017 年 34.31%)；招收 600 分以上的文史类考生 216 人(2017 年 107 人)占 49.54%(2017 年 27.79%)；招收 600 分以上综合改革类考生 93 人占 93%。非文史类考生中超过当地一本线 100 分以上的 1 477 人，占 55.11%；超过当地一本线 100 分以下 80 分以上的 603 人，占 22.50%。

2018 级共有 29 名本科新生未来校报到，自动放弃入学资格，另有 6 人因病、因事(多为办理出国)保留入学资格，报到率为 98.91%。

(白菲)

【教学管理】

2018 年春季共编排课程 2 368 门次(包括上课、实验、上机)，任课教师达到 1 139 人。计划开设校选课 297 门次，院选课 271 门次，实际开设校选课 287 门次，院选课 241 门次，停开校选课 12 门次，院选课 30 门次。开设体育专项不同级别的 49 个项目的 267 课次。

2018 年秋季共编排课程 2 581 门次(包括上课、实验、上机)，任课教师达到 1 192 人。计划开设校选课 330 门次，院选课 429 门次，实际开设校选课 308 门次，院选课 361 门次，停开校选课 22 门次，院选课 68 门次。开设体育专项不同级别的 42 个项目的 302 课次。

2018 年为学院路教学共同体开设 5 门次选修课，共有 412 人次选修。

2018 年评选出校级优秀毕业论文(设计)99 篇，学校对获得校级优秀毕业论文(设计)的毕业生和指导教师给予了表彰与奖励。

(李璐 赖瑞琴 谢丽娜)

【考务工作】

1. 校外考试

全国计算机等级考试在 3 月、9 月进行，与计算中心通力合作顺利组织完成了 2 699 人次 22 个批次的上机考试，共安排 47 人次抽签巡考。

全国大学英语四、六级笔试实现了两校区统一调度、专人负责，实现了管理的统一性。6月，两校区共有6 781人报名参加考试，共安排229个考场，456人次监考，55人次巡视，53人次负责试卷及保密室安全工作和25人次参与安全保卫工作；12月，两校区共有6 706人报名参加，共安排224考场，448人次监考，62人次巡视，53人次负责试卷及保密室安全工作和25人次参与安全保卫工作。

全国大学英语四、六级口语考试首次在中国农业大学开考，本次共承接考生1 241人，开考12批次，监考教师112人次，26人次负责巡视及外围组织工作，12人次参与安全保卫工作。

共承担两次全国教师资格考试北京地区中小学教师资格考试考务工作，考试分别于3月和9月进行，考试科目共4科，考生人次为5003人次，169场次，监考教师336人次，巡考40人次。

2018年共组织19次雅思考试，为6 727名（截至12月9日）雅思考生做好服务工作。

北京市普通话水平测试于2018年4月进行。由于北京市语言文字测试中心工作任务有变化，经沟通本次由“北京开放大学语言文字测试分中心”负责为本科生免费进行普通话水平测试工作，教务科组织两校区2015级本科生共1 255人前往北京开放大学参加测试。其中296人获得一级乙等证书，676人获得二级甲等证书，181人获得二级乙等证书，27人获得三级甲等证书，3人获得三级乙等证书。

3月，受农业部委托组织农业部在京单位招聘考试，1434人参加考试，设立25个考场，安排52人监考。

（朱利芬）

2.校内考试

修订制定《中国农业大学本科生考试监考职责》《中国农业大学本科生考试考场规则》，要求监考老师每场考试都要认真宣读《考场规则》，严格履行《监考职责》。在全校师生共同努力下，考试管理工作严格有序、科学规范。各学院对每次考试工作给予高度重视，分别采取各种有力措施保证考试顺利进行。

期末考试周工作 2018年春季学期全校期末考试周共安排308门次课程，参加考试学生17 298人次，安排监考人员840人次，巡考人员128人次。2018秋季学期全校期末考试周共安排477门次课程，参加考试学生23 185人次，安排监考人员1 192人次，巡视人员190人次。

学期中考试周工作 2018年春季学期学期中考试周集中安排在第11、12周的周六、周日进行。全校共安排101门次课程，参加考试学生5 468人次，安排各学院监考教师277人次，本科生院人员以及各学院教学院长校级巡视47人次。秋季学期学期中考试周安排在第10周、13周、14周的周末进行，全校共安排201门次课程，参加考试学生10 351人次，选派监考人员533人次，安排本科生院人员以及各学院教学院长校级巡视83人次。

开学初补考工作 2018年春季学期共安排补考课程204门次，应参加补考学生1 726人次，实考1 306人次，缺考420人次，缺考率24.3%，安排本科生院人员监考75人次。2018年秋季学期共安排补考课程 260门次，应参加补考学生2 134人次，实考1 378人次，缺考756人次，缺考35.4%，安排本科生院人员监考93人次。

新生英语分级考试 组织 2018 级新生英语分级考试，共有 101 个班级，2 988 人参加考试，安排落实监考人员 174 人，本科生院、外语系部分人员参加了考场巡视工作。

（邢淑芬）

【学籍管理】

2018 年本科学籍异动 休学 102 人次；复学 129 人次；退学 71 人；保留学籍 61 人；放弃入学资格 28 人；保留入学资格 6 人；编级（留级）123 人次。申请提前毕业 16 人次、申请延期毕业 67 人次、交流学习（暑期）81 人次、交流学习（一学期）47 人次，其他类 11 人次。（以上学籍异动数据含留学生）

2018 年本科毕业生 毕业生 2 778 人。其中，夏季毕业数据：普通学生毕业 2 670 人，普通学生结业 86 人，留学生毕业 8 人，留学生结业 1 人；冬季毕业数据：普通学生毕业 13 人，普通学生结业 0 人。学士学位授予 2 738 人。其中，夏季学位数据：应届毕业生 2 668 人，2016 届毕业生补发学位证书 10 人，2017 届毕业生补发学位证书 33 人，留学生 8 人；冬季学位数据：应届毕业生 13 人，2018 届毕业生补发学位证书 6 人。2018 届毕业生中，416 人同时获得双学位证书，18 人获得辅修证书。

2018 年推荐优秀应届（2019 届）本科毕业生免试攻读研究生工作 共推荐优秀应届本科毕业生免试攻读硕士学位研究生 720 名，其中普通类 705 名，支教团 13 名，教育部直属师范大学名额补偿 2 名。普通类的 705 名中保留研究生入学资格两年从事学生辅导员 28 名，社会工作创新人才 1 名，艺术特长生 3 名，体育特长生 3 名，按“少数民族高层次人才骨干计划”项目培养的民族生 2 名，特殊学术专长 38 名。

（盖宝川）

【教学检查】

开展教学检查 坚持开学初、期中的教学检查，学期初学校对学生到课情况、任课教师课前准备情况进行了重点检查，着重检查了开学第一周周一至周三的第一大节、第三大节的教师到课、学生出勤等情况，教师到课情况良好，学生出勤率情况：春季学期为 97.28%，秋季学期为 98.53 %。

教学文档检查 3 月 9 日，学校发布《关于做好学院本科教学审核评估工作》1 号文件，动员全部学院对 2015 年春季至 2017 年秋季学期的存档试卷、本科生毕业论文进行了全覆盖检查，各学院均按时按要求完成该项任务。10 月 15—18 日，本科审核评估专家组驻校考察期间，调阅 42 门课程的 2 652 份试卷、23 个专业的 1 102 份毕业论文（设计）以及一门课程的 26 份实习报告、一门课程的两份全英文作业，专家一致对学校教学文档存档工作给予了充分的肯定。

12 月 10—13 日，组织开展秋季学期期中教学检查，主要检查内容为 2017—2018 学年课程考试试卷以及 2018 届毕业论文存档规范度以及教学文档质量，并随机抽查了每个学院 15 门课程近 3 年的试卷的重复率情况。其中，试卷规范性检查共计 512 门次，质量检查共计 453 门次；论文规范性抽查 480 本，质量检查 118 本。检查发现部分学院个别课程存在 3 年内试题重复率较高的问题，本科生院就此问题进行专题讨论，并通报各学院。经研究决定，试卷重复率检查将列入期中教学检查的常规检查内容并重点推进，切实保障教学文档的规范性与高质量。

（张陈文 崔情情）

【视导组】

2018 年，校级本科教学视导组专家维持在 26 人。教学视导工作主要以随堂听课形式检查学校教学秩序、教学质量、教学条件和教学管理状况，调查研究教学活动中的主要经验和问题，提出加强教学工作的建议。2018 年，农学、理学、工学、人文社科四组视导团队集中对动物科学技术学院、动物医学院、农学院、植保学院、园艺学院、信电学院、食品学院、经管学院、人发学院、理学院（数学系、物理系、力学系）等 10 个学院进行教学视导，共计听课 936 门次课程，并于学期末通过座谈等形式向学院进行视导汇报，集中反映问题，提出教学建议。

在充分吸收视导专家建议的基础上，学校本科教学工作内部刊物《教学视导工作通讯》更名为《本科教学动态与研究通讯》，不局限于视导组专家的工作交流，进一步拓展征稿范围，以便能够更加有效的传播课堂动态、交流教学思想、分享学习感悟、发表教学研究成果、宣传教学改革经验。2018 年共发布通讯 2 期，共刊登 12 篇文章，文章内容包括教学视导、教学研究、教学探讨、学习收获分享等。《通讯》以校内平台、微信公众号、视导通讯专栏、邮件等形式进行广泛传播，成为开展经常性教学交流的有效平台与窗口。

2018 年 11 月 30 至 12 月 3 日，林家栋、施大钊 2 位专家赴厦门参加第六届全国高校教学督导、质量评价与质量保障体系建设学术研讨会。12 月 18 日，施大钊、张蜀秋、孙悦芬、李楠、张淑敏、李丽英 6 位专家参加了由北京化工大学承办的第十届北京地区高校教学督导交流。通过参加各类形式的研讨会，加深与兄弟高校教学督导队伍的工作交流，有助于进一步拓展工作思路，学习有效工作经验，提升视导队伍业务水平。

2018 年底，综合聘期、专家年龄、专家本人意愿等多因素，本科教学视导队伍进行了人员更新。林家栋、谢联金、张忠诚、张蜀秋、孙振钧 5 位专家因年龄原因不再担任学校视导专家。腾可导、傅金銮、王敬国、周志坚 4 位教授被聘请为校级视导专家。视导专家队伍年龄结构进一步优化，由平均年龄 67 岁下降到 64 岁。

（崔情情）

【教学评价】

2018 年春季学期学生评教结果　应参评 108 380 人次，实际参评 84 474 人次，学生参评率为 74.8%；有效评价课程 2 338 门，课程参评率 100%；获评教师 1215 人次，教师获评率为 100%。评价得分统计结果：理论课有效评价课程 1 453 门，实验课程 608 门，体育与艺术类课程 277 门。全校课程中，得分在 90～95 分区间的课程占比为 38%；80～89 分区间的课程占比为 59%；60～79 分区间的课程占比为 3%。其中理论课平均分为 88.44；实验类课程平均分为 89.14；体艺类课程平均得分为 90.2。学生对课程的满意度为 88%，对任课教师的满意度为 89%。

2018 年秋季学期学生评价结果　应参评 12 377 人次，实际参评 11 264 人次，参评率为 91%。有效评价课程 2 427 门，课程参评率 100%；获评教师 1 179 人次，教师获评率为

100%。评价得分统计结果：理论课有效评价课程 1 524 门，实验课程 623 门，体育与艺术类课程 280 门。全校课程中，得分在 90～95 分区间的课程占比为 32%；80～89 分区间的课程占比为 64%；60～79 分区间的课程占比为 4%。其中理论课平均分为 87.22；实验类课程平均分为 88.94；体艺类课程平均得分为 88.91。学生对课程的满意度为 87%，对任课教师的满意度为 88%。

教学复评结果 2018 年，本科生院共接受 4 位教师的教学复评申请。通过教学文件评价、专家随堂听课评价、集中公开课同行评价、学生评价 4 个环节，认定 2 位教师达到“优秀”，通过复评考核。复评结果有效期为 3 年。复评结果为“优秀”的课程，在有效期内将取代该课程原学生评价结果。

（崔情情）

【教学条件建设】

教室建设 2018 年，共投入 134.35 万元用于公共教室运行管理，经费主要来源为本科教学运行费 103.78 万元、教改工程专项 12.08 万元、“双一流”引导专项 18.49 万元，主要用于教室内多媒体设备日常管理、维护与更新，投影机灯泡等耗材更换，公共教室局部环境改善等，以保障教学活动的正常进行。

学院公共教学条件建设 2018 年，学校拨款 1 574.77 万元用于教学条件建设，包括公共教室改造与建设和实验教学中心改造与建设两部分。

其中公共教室改造与建设包括：①自习室暖气改造工程 6.76 万元，用于东校区第三教学楼自习室暖气改造；②教室家具、教具购置 4.08 万元，用于新教 2413 美术教室储物柜、画架、雕塑等家具/教具的购置；③服务器购置 5.77 万元，用于东区英语四、六级口语考试平台搭建服务器购置；④教室环境改造及多媒体设备购置与安装 20.45 万元，用于一教 118/120 教室环境改造及多媒体设备购置与安装；⑤门改造工程 14.34 万元，用于新教 2413/二教 109/一教 209/一教国际学院门等工程改造；⑥墙面与门粉刷 15.04 万元，用于西区新教与旧教教室墙与门粉刷工程改造；⑦警示条等零星工程 4.21 万，用于新教 2402、2206 农学楼走廊区域、阶梯教室警示条等零星工程改造；⑧计算中心机房改造零星工程 12.42 万元，用于计算中心机房楼梯间、厕所等零星工程改造；⑨美术教室改造 21.82 万元，用于二教 201 美术教室环境改造及家具、教具购置；⑩美术教室改造工程 8.87 万元，用于将三教一处自习区域进行隔断改造成为一间美术教室，即现 203 教室；⑪临时教室搭建 2.31 万元，用于体育场馆临时美术教室搭建与拆除。

其中实验教学中心改造与建设包括：①公共机房改造及在线考试平台建设 521.12 万元，用于计算中心东、西两校区公共机房设备购置和装修改造；②理学院基础实验室改造 270 万元，用于东校区理学院分布于理学楼、一教、三教的实验室搬迁、整体改造和设备购置；③生院基础实验室改造 380 万元，用于东、西校区生物学院分布于一教、西区主楼的实验室整体改造和设备购置；④动物医学院实验室改造与设备更新 87 万元，用于西校区动物医学院标本实验室整体改造和设备购置；⑤水院实验室设备更新 200 万元，用于东校区水院教学实验室整体改造和设备购置。

（赵磊　王素珍　谢丽娜）

【大学生创新创业训练】

2018 年，累计投入 828.8 万元资助各级各类大学生创新创业训练项目结题 391 项、立项 389 项。其中国家级大学生创新创业训练计划立项 195 项，参加学生 481 人；北京市大学生科研创新与创业训练计划立项 194 项，参加学生 441 人；本科生科研训练计划(URP)共立项 620 项，参加学生 1 506 人。其中本科生科研训练计划(URP)教师立项 330 项，占总项目数的 53.2%；学生立项 290 项，占总项目数的 46.8%。

据不完全统计，2018 年，学生共发表研究论文 155 篇，其中，SCI 30 篇、CSSCI 2 篇、EI 6 篇、CSCD4 篇、中文核心期刊 31 篇。

(何靖)

【学科竞赛】

2018 年，学校承办的竞赛共 24 项，包括：北京市大学生生物学竞赛、全国大学生农业建筑环境与能源工程相关专业创新设计竞赛、全国牛精英挑战赛等高级别赛事、全国大学生智能互联创新应用设计大赛，同时组织了结构设计竞赛、人文知识竞赛、高等数学竞赛、数学建模选拔赛、大学物理实验竞赛、大学生物理学术竞赛等校级竞赛。

2018 年，学校组织学生参加的省部级及以上竞赛共 30 项，包括：全国大学生电子设计竞赛、全国大学生“恩智浦”杯智能汽车竞赛、全国大学生智能农业装备创新大赛、国际大学生数学建模竞赛、全国大学生物联网创新应用设计大赛、全国大学生数学建模竞赛、全国大学生英语竞赛、首都高校机械创新设计大赛、北京市大学生工程训练综合能力竞赛、北京市大学生化学实验竞赛、北京市大学生物理实验竞赛等。

2018 年，共有 2 034 人次学生获各级各类奖励 924 项。其中国家级奖 325 项，包括特等奖 4 项，一等奖 23 项，二等奖 105 项，三等奖 193 项；省部级奖 360 项，包括特等奖 1 项，一等奖 84 项，二等奖 126 项，三等奖 146 项，优秀奖 3 项；校级奖 239 项，包括特等奖 1 项，一等奖 48 项，二等奖 75 项，三等奖 108 项，优秀奖 7 项。

(何靖)

【教材建设管理】

2018 年，以学院为教材建设主体开展教材建设工作。12 个学院共立项 62 项，资助经费 132.1 万元。

积极推进校级优秀教材评选，出台《中国农业大学优秀教材评选办法》，组织开展 2018 年优秀教材评选申报，共申报 42 项。

12 月 6 日，组织召开教材建设推进会，各学院教学管理人员、主管教学的系主任、有教材编写意向的教师等百余人参加会议。

组织开展 2018 年度中华农业科教基金会教材建设研究项目申报，申报项目 11 个。经中华农业科教基金会组织专家评审，有 5 个项目准予立项。

按照《中华农业科教基金教材建设研究项目评审办法》，经中华农业科教基金会组织评审专家鉴定，2015 年度立项的 4 个项目通过鉴定验收。

(王雪华)

【教材选用管理】

根据《中国农业大学教材选用管理办法》，规范教材选用。已出版马工程教材的相应课程全部按规定统一选用了马工程重点教材，并为任课教师免费提供教师用书，为学院提供样书，方便教师查阅。学院对任课教师选用教材及教学参考书、新申报教材进行审核，使教材选用管理工作常态化、规范化。

（王雪华 任卫萍）

【教材供应】

售出正式出版教材 64 000 余册，码洋 258 余万元。印制自印教材 22 种，免费发放 13 000 余册。

（王雪华 任卫萍）

【试卷印刷】

本年度完成了全校本科生 2 209 门次课程的试卷印刷装订工作，共制作 5 363 版，印制 435 323 张试卷，装订了 177 489 份，配备答题纸 157 636 张，草稿纸 86 699 张，研究生英语试卷 4 380 份。

（刘玉琳 董艳华）

【专业建设】

2018 年，增设数据科学与大数据技术本科专业，本科专业数为 66 个，第二学士学位专业 1 个。

2018 年，园艺专业、植物保护专业接受了教育部高等教育教学评估中心组织的中俄联合国际认证。车辆工程、水利水电工程、农业水利工程和电气工程及其自动化 4 个专业接受了工程教育专业认证。计算机科学与技术、电子信息工程、自动化 3 个专业被受理参加 2019 年工程教育认证。

25 位专家担任新一届教育部高等学校教学指导委员会委员。其中，孙其信校长担任植物生产类专业教学指导委员会主任委员，康绍忠院士担任农业工程类专业教学指导委员会主任委员，沈建忠院士担任动物医学类专业教学指导委员会主任委员；王建华教授担任种子科学与工程专业教学指导分委员会主任委员；李召虎、韩振海、胡小松、吴文良、呙于明、毛培胜、辛贤分别担任 7 个教学指导委员会副主任委员；张海林、彩万志、刘庆昌、孙群、韩鲁佳、张国中、廖小军、郭沛、王鹏新、潘学标、李云开、杜凤沛、于静娟、叶敬忠等 14 名专家分别担任了相关专业教学指导委员会委员。与上一届教指委相比，担任主任委员的数量由 2 个增加为 4 个，委员总数由 18 个增加为 25 个。

（刘为民）

【课程建设】

核心课程建设 为提高素质教育课程质量，培养高素质创新人才，2018 年，开展了第三批核心通识课程建设。共遴选 5 门课程作为第三批核心通识课程，核心通识课总数达到45门。将基础和专业核心课程建设经费纳入各学院教学专项统筹资助，支持课程团队开展教学建设。

在线课程建设 在教育部2018年国家精品在线开放课程评选中，信息安全概论（吕春利主讲）和食品营养学（范志红主讲）2门课程获选“国家精品在线开放课程”。

4月，出台《中国农业大学在线开放课程建设实施意见》（教务处〔2018〕第10号文），组织第一批在线开放课程建设，经过遴选，确定建设17门课程建设在线开放课程。

（刘为民）

【教学改革】

教学改革招标项目 2018年，继续支持2016年立项的16个校级教改专项，支持10个体育俱乐部项目，支持经费共计39万元；设立思政课程建设专项，建设经费30万元。组织开展“专业课发挥思政教育功能专项”研究，共批准35门课程开展专业课发挥思政功能专项研究，共资助经费17万元。还支持了农科专业标准研制项目、卓越农林协同育人实验班等教改项目。以上项目均于2018年底通过结题验收。

根据《中国农业大学校级教学研究项目管理办法》（中农大教字〔2014〕8号），经各学院组织立项和结题，教务处组织审核，2018年，以“后立项”方式共确认校级教改项目79项。

（刘为民）

【教师获奖】

“万人计划”教学名师 理学院周志强荣获2018年“万人计划”教学名师，成为学校第3位“万人计划”教学名师。

北京市教学名师 在2018年的第十四届北京市教学名师奖和第二届北京市青年教学名师奖评选中，工学院徐杨、水利与土木工程学院施正香获北京市教学名师奖，理学院何志巍获北京市青年教学名师奖。

校级教学名师 开展第六届“中国农业大学教学名师奖”评选，刘巍、周超、赵淑梅、徐义田、邓学梅、彭惠茹、汤修映、侯士聪、韩海棠、廖媛红10名教师获“中国农业大学教学名师奖”。

青年教师教学基本功比赛 举办第十一届青年教师教学基本功比赛。动物科技学院曹志军、动物医学院高健、理学院马晓栋、生物学院朱蕾四位教师获得一等奖。6人获得二等奖，8人获得三等奖。汪洋获得最佳教案奖，曹志军获得最佳教学演示奖。

（刘为民）

【教学成果】

国家级教学成果奖 在2018年国家级教学成果奖评选中，王涛副校长牵头的《农业现代化创新领军人才“五位一体”培养模式研究与实践》和康绍忠院士牵头的《突出农工交融的农业院校水利工程卓越人才培养体系创建与实践》获得国家级优秀教学成果二等奖。

（刘为民）

【本科教育国际交流】

2018年联合培养项目 2018年学校有联合培养项目12个,“2+2”形式联合培养项目合作院校分别是:美国康奈尔大学(Cornell University)、美国普渡大学(Purdue University)、美国马里兰大学(The University of Maryland)、美国科罗拉多州立大学(Colorado State University)、美国罗格斯大学(Rutgers University)(专业仅限动物科学技术学院各专业)、美国俄克拉荷马州立大学(Oklahoma State University)(专业仅限动物科学技术学院各专业)、加拿大滑铁卢大学(University of Waterloo)、加拿大阿尔伯塔大学(University of Alberta);“3+2”形式联合培养项目合作院校分别是:美国奥本大学(Auburn University)(专业仅限农学院、植物保护学院、园艺学院、经济管理学院、理学院、生物学院、工学院相关专业)、美国康涅狄格大学(University of Connecticut)(专业仅限水利及土木工程学院相关专业)、美国加州大学戴维斯分校(University of California, Davis)(专业仅限资源与环境学院相关专业)。本年度共有72人报名申请,44人被国外大学录取并办理出国手续,其中“2+2”项目43人,“2+4”项目1人。

2018年,学校国际学院中外合作办学项目共派出138人,其中46人赴美国俄克拉荷马州立大学联合培养,92人赴美国科罗拉多州立大学(丹佛)联合培养。

2018年交换生项目 2018年有交换生项目共7个,合作院校分别是美国马里兰大学、俄克拉荷马州立大学、俄亥俄州立大学、加拿大阿尔伯塔大学、新西兰梅西大学、新西兰林肯大学、日本新潟大学。其中,获批国家公派优秀本科生国际交流项目的有3个(俄克拉荷马州立大学交换生项目、新西兰林肯大学交换生项目、日本新潟大学交换生项目)。本年度共派出19人(3人获国家留学基金资助)。

本年度暂停执行台湾地区交换生项目,未选拔学生。

2018年国家建设高水平大学公派研究生项目和国家公派硕士研究生项目 2018年报名53人,向国家留学基金委推荐攻读博士学位候选人8人,录取2人;推荐攻读硕士学位候选人45人,录取16人。

2018年暑期项目 2018年,共开展7个暑期项目,派出学生共83人,其中选派14人赴日本东京农业大学、选派16人赴美国俄克拉荷马州立大学、选派17人赴美国加州大学戴维斯分校、选派10人赴美国奥本大学、选派1人赴美国威斯康星大学、选派12人赴加拿大阿尔伯塔大学、选派13人赴坦桑尼亚进行交流实习。

学校向国家留学基金委加拿大Mitacs科研实习项目推荐候选人5人,录取2人;向国家留学基金委加拿大阿尔伯塔大学科研实习项目推荐候选人1人,录取1人。

(曾佳)

附录

附录1　2018年本科专业一览表

填表日期:2018年12月30日

序号	专业代码	专业名称	修业年限	学位授予门类
1	020101	经济学	四年	经济学
2	020301K	金融学	四年	经济学
3	020401	国际经济与贸易	四年	经济学
4	030101K	法学	四年	法学
5	030301	社会学	四年	法学
6	050201	英语	四年	文学
7	050304	传播学	四年	文学
8	070101	数学与应用数学	四年	理学
9	070202	应用物理学	四年	理学
10	070301	化学	四年	理学
11	070302	应用化学	四年	理学
12	070504	地理信息科学	四年	理学
13	070602	应用气象学	四年	理学
14	071001	生物科学	四年	理学
15	071002	生物技术	四年	理学
16	071004	生态学	四年	理学
17	071201	统计学	四年	理学
18	080102	工程力学	四年	工学
19	080202	机械设计制造及其自动化	四年	工学
20	080204	机械电子工程	四年	工学
21	080205	工业设计	四年	工学
22	080207	车辆工程	四年	工学
23	080301	测控技术与仪器	四年	工学
24	080501	能源与动力工程	四年	工学
25	080601	电气工程及其自动化	四年	工学
26	080701	电子信息工程	四年	工学
27	080703	通信工程	四年	工学
28	080714T	电子信息科学与技术	四年	理学
29	080801	自动化	四年	工学
30	080901	计算机科学与技术	四年	工学
31	081001	土木工程	四年	工学
32	081101	水利水电工程	四年	工学

续表

序号	专业代码	专业名称	修业年限	学位授予门类
33	081801	交通运输	四年	工学
34	081802	交通工程	四年	工学
35	082301	农业工程	四年	工学
36	082302	农业机械化及其自动化	四年	工学
37	082304	农业建筑环境与能源工程	四年	工学
38	082305	农业水利工程	四年	工学
39	082502	环境工程	四年	工学
40	082503	环境科学	四年	理学
41	082506T	资源环境科学	四年	理学
42	082701	食品科学与工程	四年	工学
43	082702	食品质量与安全	四年	工学
44	082706T	葡萄与葡萄酒工程	四年	工学
45	083001	生物工程	四年	工学
46	090101	农学	四年	农学
47	090102	园艺	四年	农学
48	090103	植物保护	四年	农学
49	090105	种子科学与工程	四年	农学
50	090106	设施农业科学与工程	四年	农学
51	090301	动物科学	四年	农学
52	090401	动物医学	五年	农学
53	090502	园林	四年	农学
54	090601	水产养殖学	四年	农学
55	090701	草业科学	四年	农学
56	120101	管理科学	四年	管理学
57	120201K	工商管理	四年	管理学
58	120202	市场营销	四年	管理学
59	120203K	会计学	四年	管理学
60	120301	农林经济管理	二年	管理学
61	120301	农林经济管理	四年	管理学
62	120302	农村区域发展	四年	管理学
63	120401	公共事业管理	四年	管理学
64	120402	行政管理	四年	管理学
65	120404	土地资源管理	四年	管理学
66	120801	电子商务	四年	管理学
67	080910T	数据科学与大数据技术	四年	理学

附录2 担任新一届(2018—2022年)教育部高等学校教学指导委员会委员名单

名称	姓名	职务
植物生产类专业教学指导委员会	孙其信	主任委员
	王建华	副主任委员
	张海林	秘书长
	彩万志	委员
农艺(含农学、植物保护)类教学指导分委员会	李召虎	副主任委员
	刘庆昌	委员
园艺(含茶学)类教学指导分委员会	韩振海	副主任委员
种子科学与工程专业教学指导分委员会	王建华	副主任委员
	孙群	秘书长
农业工程类专业教学指导委员会	康绍忠	主任委员
	韩鲁佳	秘书长
动物医学类专业教学指导委员会	沈建忠	主任委员
	张国中	秘书长
食品科学与工程类专业教学指导委员会	胡小松	副主任委员
	廖小军	委员
自然保护与环境生态类专业教学指导委员会	吴文良	副主任委员
动物生产类专业教学指导委员会	呙于明	副主任委员
草学类专业教学指导委员会	毛培胜	副主任委员
农业经济管理类专业教学指导委员会	辛贤	副主任委员
	郭沛	委员
社会学类专业教学指导委员会	叶敬忠	委员
地理科学类专业教学指导委员会	王鹏新	委员
大气科学类专业教学指导委员会	潘学标	委员
水利类专业教学指导委员会	李云开	委员
大学化学课程教学指导委员会	杜凤沛	委员
大学生物学课程教学指导委员会	于静娟	委员

附录3　第三批核心通识课名单

序号	单位	课程名称	负责人
1	农学院	世界农业概论(1)	李召虎
2	经济管理学院	解读农村经济	蔡海龙
3	人文与发展学院	中国农村土地制度	任大鹏
4	人文与发展学院	生活中的社会心理学	周津春
5	图书馆	文献检索	袁永翠

附录4　2018年中国农业大学本科教学视导组专家名单

序号	学院	姓名	分组
1	农学院	苏胜宝	农科
2	园艺学院	张文	农科
3	植物保护学院	施大钊	农科
4	生物学院	张蜀秋	农科
5	资源与环境学院	孙振钧	农科
6	动物科学技术学院	张忠诚	农科
7	动物医学院	谢联金	农科
8	食品科学与营养工程学院	陈敏	工科
9	工学院	纪威	工科
10	工学院	李丽英	工科
11	信息与电气工程学院	林家栋	工科
12	信息与电气工程学院	屈瑞谦	工科
13	水利与土木工程学院	张燕生	工科
14	理学院	焦群英	理科
15	理学院	贾贵儒	理科
16	理学院	王来生	理科
17	理学院	李楠	理科
18	经济管理学院	乔忠	人文
19	马克思主义学院	戴芳春	人文
20	人文与发展学院	张蓉	人文
21	经济管理学院	李秉龙	人文
22	人文与发展学院	孙悦芬	人文
23	人文与发展学院	于华江	人文
24	理学院	付志一	理科
25	工学院	张淑敏	工科
26	信息与电气工程学院	孟超英	工科

附录 5　2018 年国家精品在线开放课程名单

名单序号	课程名称	课程负责人	学院	主要开课平台
96	信息安全概论	吕春利	信息与电气工程学院	爱课程(中国大学 MOOC)
97	食品营养学	范志红	食品科学与营养工程学院	北京高校优质课程研究会

附录 6　2018 年在线开放课程建设名单

序号	课程名称	课程负责人	开课学院
1	牧草与草坪草种子学	毛培胜	动物科技学院
2	动物解剖学	陈耀星	动物医学院
3	机械制造工程学	张俊雄	工学院
4	工程材料及成形技术	凌刚	工学院
5	微观经济学	臧日宏	经济管理学院
6	物理化学	杜凤沛	理学院
7	遗传学 A	刘庆昌	农学院
8	作物栽培学	王志敏	农学院
9	植物学 A	刘朝辉	生物学院
10	舌尖上的历史与文化	胡小松	食品科学与营养工程学院
11	农业生物环境工程	赵淑梅	水利与土木工程学院
12	设施农业工程工艺	李保明	水利与土木工程学院
13	遥感数字影像处理与分析	苏伟	土地科学与技术学院
14	信息与计算思维导论	赵明/吕春利	信息与电气工程学院
15	机械制图与 CAD 基础/机械制图与 CAD 基础实验	李丽	信息与电气工程学院
16	设施园艺学	高丽红	园艺学院
17	普通昆虫学	彩万志	植物保护学院

附录 7 2018 年资助校级招标类项目名单

序号	单位	项目名称	负责人
1	工学院	工学院大学本科基层教学组织建设模式研究	李海涛
2	水利与土木工程学院	设施农业工程类创新创业人才培养体系机制构建与实践	李保明
3	农学院	中国农业大学种业精英人才培养探索——“中国种业菁英班”	曲瑛德
4	植物保护学院	微媒体在普通植物病理学和普通昆虫学教学中的应用	李贞
5	园艺学院	园艺学科本科生实验实践教学体系的优化	朱元娣
6	生物学院	国家级生命科学实验教学示范中心平台化建设模式探索	王 娜
7	动物医学院	动物医学院本科生临床技能训练平台的建设及运行	钟友刚
8	动物科学技术学院	“动物繁殖学实验”课程建设与实践	傅祥伟
9	食品科学与营养工程学院	食品学科实践教学和创新创业人才培养模式研究	尹淑涛
10	理学院	基于翻转课堂的基础理化实验考核体系的构建与实践	何志巍
11	人文与发展学院	“四自主”框架下的大学英语课程改革	张彩华
12	经济管理学院	基于 AOL 的经管类本科专业人才培养与课程体系研究——以会计学专业为例	任金政
13	体育与艺术教学部	中国农业大学特色体育课微视频研发与制作暨体育微课程在全民健身中发展途径研究	梁 勇
14	信息与电气工程学院	完善制图教学实验设计，改善制图基本教学及实验条件	李丽
15	经济管理学院	中国农业大学创业人才培养机制与实践研究	侯云先
16	人文与发展学院	模拟法庭实践教学课程创新研究	杨述兴

附录 8 2018 年度中华农业科教基金教材建设研究立项项目名单

项目编号	项目名称	项目负责人	所属学院	资助金额
NKJ201802034	犬猫临床解剖与组织学	常建宇	动物医学院	5000 元
NKJ201802038	农业、生活、物理面面观	何志巍	理学院	5000 元
NKJ201802044	基于以学为中心的大学数学公共课教学体系的 构建	庞慧慧	理学院	5000 元
NKJ201803026	高等农林院校《地质学与地貌学实验实习指导》教材建设研究	王数	土地科学与技术学院	非资助项目
NKJ201803027	《工程材料及成形技术基础》教材建设	徐杨	工学院	非资助项目

附录9　2015年度中华农业科教基金教材建设研究项目验收鉴定结果

项目编号	项目名称	项目负责人	所属学院	鉴定结果
NKJ201502023	探索“大学物理实验”之翻转课堂教材建设	何志巍	理学院	通过验收鉴定
NKJ201502024	基于教材建设的翻转课堂教学模式在线性代数课程的探索与实践	甄苓	理学院	通过验收鉴定
NKJ201503024	基于MOOC平台的C＋＋程序设计课程的教学模式和教学手段的研究	冀荣华	信息与电气工程学院	通过验收鉴定
NKJ201503040	“基于三维造型的零部件测绘教程”建设	张彦娥	信息与电气工程学院	通过验收鉴定

附录10　2018年体育俱乐部教改项目名单

项目名称	负责人	项目单位
触摸式橄榄球俱乐部建设	吴卫	体育与艺术教学部
高尔夫球俱乐部建设	束景丹	体育与艺术教学部
篮球俱乐部建设	翟强	体育与艺术教学部
乒乓球俱乐部课程建设	刘文浩	体育与艺术教学部
网球俱乐部课程建设	郭大海	体育与艺术教学部
羽毛球俱乐部建设	徐菲聆	体育与艺术教学部
田径俱乐部建设	王正然	体育与艺术教学部
排球俱乐部建设	单美玲	体育与艺术教学部
足球俱乐部建设	廖俊	体育与艺术教学部
瑜伽俱乐部建设	邓毅明	体育与艺术教学部

附录11　2018年专业课发挥思政教育功能专项教学改革立项名单

序号	学院	申请人	项目名称
1	动物科学技术学院	李胜利	“养牛学”思政教育功能探索与实践
2	动物科学技术学院	戎郁萍	草地资源学课程教学中的伦理哲学思考
3	动物科学技术学院	张蕴薇	牧草与草坪草育种学
4	动物医学院	胡艳欣	将十九大精神贯彻落实于“兽医公共卫生学”课程中
5	动物医学院	于咏兰	学而不思则罔:利用专业课程提升学生社会责任感及“学习”的能力
6	工学院	董向前	科技创新实践活动中思政育人模式研究
7	工学院	娄秀华	思政育人理念在机械设计课程教学内容和教学方法中的渗透
8	工学院	张云文	“产品创新设计”教学融入思政教育功能的探索与实践
9	经济管理学院	冯开文	“政治经济学”课程开展爱国教育的设想

续表

序号	学院	申请人	项目名称
10	经济管理学院	孟婷	政治经济学理论教学与中国特色社会主义农业经济实践相结合的探讨
11	经济管理学院	王玉斌	融入思政教育的参与式教学在管理类课程教学中的尝试
12	经济管理学院	伍建平	财务会计信息系统课程融入思政教育功能研究
13	理学院	李春燕	强调学生主体性、德教同行的物理教学改革
14	理学院	吕洪凤	文化自信在 college physics 中的“隐性教育”实践
15	理学院	张春荣　刘霞 彭庆蓉	寓德育教育于“基础化学及实验”教学中的探索
16	理学院	肖玉梅	有机化学课程中思政教育体系的构建研究
17	农学院	陈源泉	“农业生态学”发挥思政教育功能的内容设计
18	农学院	杜明伟	改进教学模式 探索农学专业课程发挥思政教育功能新途径
19	农学院	康定明	“专业英语”课程授课中的思想政治教育实践
20	农学院	李莉	种子检验技术在“一带一路”我国农作物种子贸易中的重要作用
21	人文与发展学院	王朋进	“马克思主义新闻传播思想经典导读”课程的思政教育功能研究
22	生物学院	曹勤红	社会主义核心价值观在生物化学教学中的渗透
23	生物学院	康友敏　李连芳	构建“普通生物学”“课程思政”的有效途径探索
24	生物学院	杨海莲	借助课堂教学，开展思德教育，培养社会主义的建设者和接班人
25	土地科学与技术学院	艾东	以公有制产权为核心探索地籍管理专业课发挥思政教育功能
26	土地科学与技术学院	段文技	马克思的土地经济学视角
27	土地科学与技术学院	高阳	十九大精神在地理测量实践课程中的引导与应用探索
28	土地科学与技术学院	徐艳	“山水林田湖生命共同体”理念下的土地整治辩证唯物主义路径选择
29	信息与电气工程学院	冀荣华	“微机原理与接口技术”中思政教育教学设计与实践
30	信息与电气工程学院	刘云玲	“接口技术”课程中的思政教育功能探索
31	信息与电气工程学院	仲崇山	“高电压技术”教学中引导学生树立掌握自主核心技术远大志向的探索
32	植物保护学院	刘志琦	在“普虫昆虫学”教学中思政教育的融入与深化
33	资源与环境学院	胡琦	农业气候学实习发挥思政教育功能专项教学改革
34	资源与环境学院	张朝春	专业认知实习中增加“三农”情怀的教育
35	资源与环境学院	张涛	基于农业特色环境工程专业课程的思政教育实效性研究

附录 12　2018 年“后立项”方式确认校级教改项目名单

序号	学院名称	主持人	项目名称
1	工学院	朱忠祥	车辆性能试验条件建设
2	工学院	辛喆	“热工基础”课程实验平台建设
3	工学院	张俊雄	机械制造类课程组实验基础条件建设
4	工学院	徐丽明	农业工程类专业系列课程教学实验平台——“农学概论”实验体系建设
5	工学院	张宾	工程训练中心运转经费项目
6	工学院	王伟	机械电子工程专业英语教学模式探索与实践
7	工学院	陈度	国家级示范教学中心网络信息平台建设
8	工学院	陈建	基于倒立摆控制的“控制工程基础”综合实验改革
9	工学院	王新	供给侧改革趋势下“无线传感器技术”课程教学方法探索与研究
10	工学院	谢斌	汽车电子控制系统嵌入式设计与实践课程建设
11	工学院	李淑艳	“发动机原理”辅助教学模式探索和实践”教学研究
12	工学院	张学敏	新生研讨课教学模式的改革与探索
13	工学院	何志祝	“热工基础”课程中相变传热实验设计与教学研究
14	工学院	辛喆	面向车辆工程专业发动机方向的“内燃机设计”课程建设
15	工学院	凌刚	“工业材料与加工工艺”课程以及配套实验课教学改革
16	工学院	陈雨	工程认证背景下国内外工业设计专业培养方案比较研究
17	工学院	尹丽娟	机械设计多元化实践教学模式探索
18	工学院	张文强	基于智能农机工厂实验平台的工程教育认知研究
19	工学院	张云文	机械原理课程设计教学改革实践
20	工学院	王海强	工业设计专业造型基础课程教学实践基地建设
21	工学院	刘平义	“立足北京设计学会平台，助力实践教学推进”——技术美学课程改革试点研究
22	工学院	吴敏	面向工程认证的农产品加工课程教学内容与方法改革
23	工学院	金晓萍	车辆工程专业毕业要求达成情况的定量评价研究
24	工学院	刘景云	精度与测量实验教学改革
25	人文与发展学院	顾小红	大学生英语实践能力的培养——基于网络的个人语言环境设计
26	人文与发展学院	庄立勇	自我效能感和焦虑对英语写作的影响
27	人文与发展学院	杭楠	基于移动学习的大学英语写作反馈模式研究

续表

序号	学院名称	主持人	项目名称
28	人文与发展学院	崔迎春	“教养教育”与“实用教育”相结合的大学日语多媒体教学研究
29	人文与发展学院	董瑜琳	佩科拉悲剧分析——评托尼·莫里森《最蓝的眼睛》
30	人文与发展学院	梁青	会话互动和显性反馈对英语语法习得的作用研究
31	人文与发展学院	王志芳	中国农业大学研究生学术英语需求、能力及培养模式的调查与分析
32	人文与发展学院	王智杰	英语读写训练对不同起点学生写作水平的影响研究
33	人文与发展学院	徐淑兰	从翻译实践看翻译的历史文化观
34	人文与发展学院	钟燕	水球视域下的英美生态批评研究——“环境文学与生态批评”课程建设
35	动物科学技术学院	曹志军	校企联动-中西结合培养动科人才综合素质——以牛精英计划为例
36	动物医学院	陈耀星	麋鹿前肢肌肉塑化标本的制作
37	动物医学院	曹静	羊驼骨骼标本的制作
38	动物医学院	王子旭	猪、鼠、图、鸡十二指肠组织学切片的制作
39	动物医学院	董玉兰	猪肾脏铸型标本制作技术改良
40	生物学院	于静娟	“分子生物学实验”课程全面评价学生学习情况体系的建设
41	生物学院	胡剑	旨在激励学生自主建构知识体系的分子生物学教改实践
42	生物学院	杨海莲	借助对分易平台，实施“以学生为中心”的教学活动，加强师生互动，提升教学效果
43	生物学院	吴晓岚	以问题为导向的植物生理学实验启发式教学探索
44	生物学院	王　娜	生物化学教学实验室标准操作流程建设助力实践教学改革
45	生物学院	张学琴	新版植物生理学的大纲、题库与素材的更新
46	生物学院	刘朝辉	植物学A课程的建设与实践
47	生物学院	韩海棠	多方位建设“动起来”“笑起来”的“生物化学”课程
48	生物学院	康友敏	“普通生物学”课程多元化考核方式的探讨
49	生物学院	汪洋	分子生物学教学中动画资源的创新利用
50	生物学院	凌毅	“生物信息学”过程化教学内容建设
51	生物学院	王　丽	植物学B实验教学的改革与实践
52	生物学院	邢怡明	“发育生物学”课程的多方位建设
53	生物学院	苏俊	优化动物生物化学课程核酸鉴定实验项目

续表

序号	学院名称	主持人	项目名称
54	生物学院	胡宏宇	增加基础生化实验选修实验的探索
55	经济管理学院	李晓峰	Wind 资讯数据库在教学科研中的应用
56	经济管理学院	俞勤	“审计学”双语教学课程建设
57	经济管理学院	席爱华	自主案例学习与实践性知识的构建——市场营销课程的教学探索研究
58	经济管理学院	赵霞	多维式互动:“现代企业制度”课程 教学模式改进研究
59	经济管理学院	冯开文	农林经济管理专业实习优化方案
60	经济管理学院	席爱华	基于消费者行为分析的中国农业大学招生营销策略研究——暨市场营销课程理论与实践教育探究
61	理学院	陈奎孚	对若干“机械振动”知识点的深耕与拓展
62	理学院	左淑华	“在线测试系统”题库建设及应用
63	理学院	刘霞	无机及分析化学课程优化整合的探索与实践
64	理学院	王学进	大学物理实验翻转课堂课前预习测试系统的构建
65	理学院	徐艳月	突出创造能力培养的大学物理实验新型考核模式探索
66	理学院	路慧哲	提高化学课程教学效果的研究与实践
67	理学院	刘玉颖	互联网＋大学物理全英文课程创新教育教学研究
68	理学院	张莉	“多媒体技术与分组模式”在大课堂教学中的探索
69	理学院	周文峰	定量分析化学实验课程教学内容改革及考核方法探索
70	理学院	周梅	以学生学习兴趣为主导的光学教学改革
71	信息与电气工程学院	耿光飞	“电气工程综合实践课程”的建设与提升
72	信息与电气工程学院	翟庆志	“互联网＋”后的对等互助式电机学教学改革研究
73	信息与电气工程学院	刘云玲	农业无人机应用技术实训与竞赛体系建设
74	信息与电气工程学院	黄岚	基于系统能力培养的计算机组成与系统结构课程建设
75	信息与电气工程学院	陈雷	“数据库原理与实践”课程教学改革
76	信息与电气工程学院	杜尚丰	信号与系统
77	信息与电气工程学院	赵明	新教学计划下“计算机图形学”课程团队建设
78	信息与电气工程学院	袁钢	实验室综合信息管理系统
79	资源与环境学院	胡琦	基于面向对象的教学软件开发研究——以“农业气候实习指导”课程为例

附录13　中国农业大学第十一届青年教师教学基本功比赛成绩

一、单项奖：		
最佳教案奖	生物学院	汪洋
最佳教学演示奖	动物科学技术学院	曹志军
二、总成绩奖：		
一等奖	动物科学技术学院	曹志军
	动物医学院	高健
	理学院	马晓栋
	生物学院	朱蕾
二等奖	工学院	王新
	动物科学技术学院	王书敏
	水利与土木工程学院	韩宇
	信息与电气工程学院	苏娟
	工学院	张俊雄
	食品科学与营养工程学院	郭慧媛
三等奖	农学院	杨晓琳
	植物保护学院	李贞
	人文与发展学院	周超
	马克思主义学院	王琳
	理学院	申振才
	生物学院	汪洋
	理学院	林海波
	体育与艺术教学部	徐菲聆
优秀奖	食品科学与营养工程学院	李媛
	动物医学院	李格宾
	动物医学院	刘波
	经济管理学院	洪如玲
	水利与土木工程学院	郑炜超
	植物保护学院	周涛
	经济管理学院	赵霞
	农学院	刘凤霞
	资源与环境学院	程凌云
	资源与环境学院	张炜平
	园艺学院	常青
	烟台研究院	杨丽
	水利与土木工程学院	钟强
	信息与电气工程学院	李想

附录 14　2018 年各省市普通本科录取分数统计

省份	科类	人数	重点线	最低分	平均分	最高分	最低超线	平均超线	最高超线
北京	理工	129	532	634	639.49	656	102	107.49	124
	理工(中外)	62	532	616	623.15	636	84	91.15	104
	文史	14	576	640	641.79	647	64	65.79	71
	文史(中外)	28	576	626	631.29	643	50	55.29	67
天津	理工	77	554	626	631.16	642	72	77.16	88
	理工(中外)	3	554	616	621.33	625	62	67.33	71
	文史	9	527	615	617.56	619	88	90.56	92
	文史(中外)	3	527	606	608	611	79	81	84
河北	理工	122	511	642	648.3	666	131	137.3	155
	理工(中外)	3	511	629	630.67	632	118	119.67	121
	文史	13	559	646	655.23	659	87	96.23	100
	文史(中外)	2	559	652	652	652	93	93	93
山西	理工	75	516	598	604.79	617	82	88.79	101
	理工(中外)	10	516	565	572.9	593	49	56.9	77
	文史	10	546	601	604.1	608	55	58.1	62
	文史(中外)	7	546	578	580.57	587	32	34.57	41
内蒙古	理工	51	478	609	625.63	647	131	147.63	169
	理工(中外)	11	478	579	596.82	615	101	118.82	137
	文史	5	501	579	596.2	601	78	95.2	100
	文史(中外)	5	501	580	585	592	79	84	91
辽宁	理工	60	517	633	639.23	654	116	122.23	137
	理工(中外)	5	517	621	623	625	104	106	108
	文史	8	553	611	612.88	616	58	59.88	63
	文史(中外)	2	553	604	605.5	607	51	52.5	54
吉林	理工	54	533	601	616.3	637	68	83.3	104
黑龙江	理工	68	472	612	617.88	636	140	145.88	164
上海	综合改革	7	502	540	545.43	550	38	43.43	48

续附录14

省份	科类	人数	重点线	最低分	平均分	最高分	最低超线	平均超线	最高超线
江苏	理工	70	336	374	376.37	383	38	40.37	47
	文史(中外)	5	337	368	369	370	31	32	33
浙江	综合改革	86	588	638	642.97	653	50	54.97	65
	综合改革(中外)	5	588	636	637.2	638	48	49.2	50
安徽	理工	84	505	619	623.38	634	114	118.38	129
	理工(中外)	5	505	601	603.4	608	96	98.4	103
	文史	11	550	624	625.36	629	74	75.36	79
	文史(中外)	2	550	617	618	619	67	68	69
福建	理工	52	490	599	604.58	614	109	114.58	124
	文史(中外)	5	551	604	607.4	616	53	56.4	65
江西	理工	63	527	612	616.06	647	85	89.06	120
	理工(中外)	6	527	589	596.33	606	62	69.33	79
山东	理工	82	517	631	638.49	655	114	121.49	138
	理工(烟台)	280	517	564	573.99	598	47	56.99	81
	理工(中外)	9	517	609	613.22	621	92	96.22	104
	文史	13	550	628	630.46	633	78	80.46	83
	文史(烟台)	170	550	589	594.96	610	39	44.96	60
	文史(中外)	6	550	608	612.33	617	58	62.33	67
河南	理工	108	499	618	622.23	636	119	123.23	137
	理工(中外)	9	499	590	595.33	607	91	96.33	108
	文史	14	547	630	632.07	636	83	85.07	89
	文史(中外)	6	547	616	620.33	631	69	73.33	84
湖北	理工	61	512	619	623	634	107	111	122
	文史(中外)	5	561	607	608.8	611	46	47.8	50
湖南	理工	70	513	614	618.54	639	101	105.54	126
	文史	10	569	637	638.5	644	68	69.5	75

续附录 14

省份	科类	人数	重点线	最低分	平均分	最高分	最低超线	平均超线	最高超线
广东	理工	64	500	584	590.83	614	84	90.83	114
	理工(中外)	3	500	559	560.67	562	59	60.67	62
	文史(中外)	8	550	587	590.75	596	37	40.75	46
广西	理工	68	513	608	617.66	634	95	104.66	121
	文史(中外)	7	547	593	596.57	603	46	49.57	56
海南	理工	12	602	708	721.08	737	106	119.08	135
重庆	理工	52	524	629	635.44	660	105	111.44	136
	理工(中外)	4	524	606	615.25	626	82	91.25	102
	文史	8	524	591	592.25	595	67	68.25	71
	文史(中外)	2	524	578	582.5	587	54	58.5	63
四川	理工	111	546	631	636.55	655	85	90.55	109
	理工(中外)	4	546	621	623.5	627	75	77.5	81
	文史	14	553	608	610.86	615	55	57.86	62
	文史(中外)	3	553	593	594.67	596	40	41.67	43
贵州	理工	35	484	608	613.46	635	124	129.46	151
云南	理工	62	530	623	629.32	650	93	99.32	120
西藏	理工	1	327	425	425	425	98	98	98
陕西	理工	1	445	601	601	601	156	156	156
	文史	65	474	604	614.31	631	130	140.31	157
甘肃	理工	7	518	615	615.86	617	97	97.86	99
	文史(中外)	48	483	591	597.25	625	108	114.25	142
青海	理工	5	502	560	562.8	568	58	60.8	66
宁夏	理工	6	403	523	542.5	564	120	139.5	161
新疆	理工	10	463	574	583.7	596	111	120.7	133
	文史(中外)	46	467	595	603.8	627	128	136.8	160

注:本统计不包括保送生、高水平艺术团、高水平运动队、少数民族预科转入、定向生、国家专项、南疆单列、高校专项等特殊类考生及非一志愿考生。

附录15　2018届中国农业大学本科生校级优秀毕业论文(设计)学生、教师名单

序号	学院	专业	学生	指导教师	论文题目
1	农学院	农学	王兴卫	王向峰	通过全基因组关联分析鉴定玉米杂种优势位点
2	农学院	农学	毕俊祥	彭惠茹	农大3753密穗突变体的遗传分析和分子标记定位
3	农学院	农学	张雄智	张海林	特定农产品碳足迹评价与碳标签制定的探索
4	农学院	农学	曾晓豪	孟庆锋	京津冀夏玉米生育期高温发生规律及对产量的影响
5	农学院	种子科学与工程	卢嘉雯	顾日良	玉米籽粒大小的GWAS遗传解析
6	园艺学院	园艺	曾瑞红	洪波	"梨香菊"组织培养快速繁殖技术研究
7	园艺学院	园艺	王萍	杨文才	番茄疮痂病调控基因SlPUB24的启动子活性区域验证
8	园艺学院	园艺	史晓楠	田永强	盐碱地野生植物根际协同固氮菌群促进黄瓜种子发芽的效果探究
9	园艺学院	园艺	葛星辰	孔瑾	超表达和RNA沉默MzWRKY的转基因苹果愈伤组织的抗旱研究
10	园艺学院	园艺	陈义	张璐生	植物根际促生菌PGPR调控草莓生长效应及机理研究
11	园艺学院	园林	蒋舒婷	孟祥彬	陕西韩合国家农业公园秦风马文化产业园规划设计
12	植物保护学院	植物保护	胡加辉	刘星月	白垩纪缅甸琥珀纤蛉科(脉翅目:蚁蛉总科)的分类修订
13	植物保护学院	植物保护	李丹苑	王丹	果蝇翅芽上皮细胞凋亡和细胞运动的关系探究
14	植物保护学院	植物保护	马梦琪	刘俊峰	生防荧光假单胞菌(2P24)Fic-1蛋白的重组表达、纯化和晶体生长
15	植物保护学院	植物保护	粟耘	李志红	枸杞实蝇线粒体全基因组测序与分析
16	生物学院	生物科学	韩稼葆	吴晓岚	利用CRISPR/Cas9技术构建Tcp-1基因敲除小鼠模型
17	生物学院	生命科学	赵一静	赵倩	合浦珠母贝LAAO-2和DUOX2的基因克隆与组织表达分析
18	生物学院	生物科学	杨畅	隋新华	细菌双杂交验证刺芹侧耳与北京泛菌蛋白互作网络
19	生物学院	生命科学(理科试验班)	彭榆玮	周波	Rac1调控果蝇短时程记忆主动遗忘的分子机理和突触结构研究

续附录 15

序号	学院	专业	学生	指导教师	论文题目
20	生物学院	生物科学（理科试验班）	付禹豪	楼慧强	抗肾小球基底膜病中 IV 型胶原 NC1 区六聚体致病性初步探究
21	资源与环境学院	环境科学	杨青旖	罗文海	不同储存条件下沼液沼渣的化学特性与污染物残留物研究
22	资源与环境学院	环境工程	苗静雨	李国学	辅料秸秆粒径对脱水污泥和厨余垃圾联合生物干化的影响研究
23	资源与环境学院	生态学	张众	李洁明	氮介导的花生壳调控蓝藻生长及生理响应研究
24	资源与环境学院	应用气象学	孙琪	王靖	华北平原冬小麦不同产量需求下施肥量模拟研究
25	资源与环境学院	土壤和水科学	尹英杰	商建英	玉米氨基酸转运蛋白 ZmAAP4b 基因功能研究
26	资源与环境学院	土地资源管理	朱治羽	朱道林	河北省农村土地流转价格空间分异及影响因素研究
27	动物科技学院	动物科学	熊浩哲	刘继军	张掖地区围栏育肥牛场防风墙减风效果的测定
28	动物科技学院	动物科学	段晚晴	杨宁	基于亲权鉴定技术探究母鸡输卵管对精子选择的规律
29	动物科技学院	动物科学	乔竞谊	田见晖	蛋白激酶 CK2β 在小鼠生精细胞分化中的作用
30	动物科技学院	草业科学	靳一丹	杨富裕	添加乳酸菌对构树青贮品质的影响
31	动物科技学院	动物科学	李悦铭	周振明	不同浓度的甲丙混合酸添加剂改善全株小麦青贮品质的比较
32	动物医学院	动医	胡君宜	孙怡朋	H4N6 亚型禽流感病毒的基因变异和生物学特性研究
33	动物医学院	动医	金美玲	张大丙	雏鹅痛风相关病原的分子检测和鉴定
34	动物医学院	动医	董玉慧	周向梅	3 种牛呼吸道致病菌的多重荧光定量 PCR 检测方法的建立
35	动物医学院	动医	许成芳	林德贵	伊曲康唑手性异构体 C 对犬猫皮肤癣菌病致病菌的体外药敏实验
36	食品科学与营养工程学院	食品科学与工程	范家豪	杨栋	秀丽隐杆线虫肠道菌群检测方法开发
37	食品科学与营养工程学院	食品科学与工程	魏星	吴晓蒙	黑果花楸复配果汁开发

续附录15

序号	学院	专业	学生	指导教师	论文题目
38	食品科学与营养工程学院	食品质量与安全	王默涵	张昊	免疫层析试纸条法检测磺胺类药物残留
39	食品科学与营养工程学院	生物工程	杜怡丽	李平兰	益生菌发酵鲟鱼软骨粉产品的研究
40	食品科学与营养工程学院	食品质量与安全	颜婷婷	殷丽君	腐乳发酵过程中生物胺的变化和机制
41	食品科学与营养工程学院	食品质量与安全	马培华	袁芳	姜黄素纳米乳液的建立与优化
42	食品科学与营养工程学院	生物工程	李琪	李平兰	一种植物乳杆菌细菌素的发酵条件优化及特性研究
43	食品科学与营养工程学院	生物工程	王若瑜	陈晶瑜	右旋氨基酸对双菌种生物被膜形成的影响
44	工学院	机械电子工程	钟清	谭彧	磁悬浮高速电动机柔顺辅助轴承设计
45	工学院	机械电子工程	陈馨	张春龙	移动机器人导航控制与信标识别系统设计
46	工学院	农业机械化及其自动化	陈晨	徐丽明	葡萄苗木起苗机设计
47	工学院	农业工程	方晨	黄光群	集约化奶牛养殖场粪污微好氧贮存试验研究
48	工学院	机械设计制造及其自动化	邢包钢	刘彩玲	振动式超级稻精密排种器的设计
49	工学院	机械设计制造及其自动化	方熊琪	汤修映	基于升降调节系统的肉品蠕变检测装置研制
50	工学院	机械设计制造及其自动化	胡闰智	汤修映	基于气力补充模型的肉品流变仪控制系统研发
51	工学院	工业设计	陈俪莎	王海强	儿童互动玩具设计
52	工学院	车辆工程	常艺菲	杜岳峰	自动生产线机器人分拣系统设计
53	工学院	车辆工程	王浩	朱忠祥	电动高尔夫球车自动转向系统设计
54	工学院	车辆工程	李景行	江发潮	小型智能车辆视觉导航系统设计与实现
55	工学院	车辆工程	张恒	何志祝	大功率LED前照灯散热及优化设计
56	信息与电气工程学院	计算机科学与技术(理科试验班)	张成蹊	贾璐	基于异构网络表示学习的主播推荐问题分析

续附录 15

序号	学院	专业	学生	指导教师	论文题目
57	信息与电气工程学院	电气工程及其自动化（理科试验班）	冯蕊	仲崇山	等离子果蔬保鲜处理系统样机的研制
58	信息与电气工程学院	电气工程及其自动化	冯雨思	巨云涛	分布式潮流计算并行迭代算法研究
59	信息与电气工程学院	电子信息工程	李木槿	薛一鸣	基于 FPGA 加速的卷积神经网络手写数字识别系统设计
60	信息与电气工程学院	电气工程及其自动化	罗楚雯	王江波	微网群配电室和机房环境监控系统开发
61	信息与电气工程学院	计算机科学与技术	罗吉文	王海华	基于 Matlab 的菇类特征提取及分类识别
62	信息与电气工程学院	自动化	徐子聪	赵明	基于知识图谱的农作物百科及病虫害智能问答系统
63	信息与电气工程学院	电气工程及其自动化（理科试验班）	许彪	唐巍	城市交直流混合配电网规划及方案评估研究
64	信息与电气工程学院	计算机科学与技术	余曦	陈英义	基于 CNN 的鱼类个体识别系统的设计与实现
65	信息与电气工程学院	地理信息科学	刘昱甫	黄健熙	基于 WEBGIS 的黑龙江农垦作物监测管理系统
66	信息与电气工程学院	电子信息工程（理科试验班）	龙耀威	孙红	便携式作物生长多光谱检测仪开发
67	水利与土木工程学院	土木工程	陈红亮	彭红涛	京昌路棚户区改造回迁房 9 号楼投标报价与施工组织
68	水利与土木工程学院	土木工程	欧雅婷	傅向荣	某办公楼设计
69	水利与土木工程学院	农业建筑环境与能源工程	仲玉婷	施正香	寒区成乳牛舍环境设计
70	水利与土木工程学院	农业建筑环境与能源工程	王贺征	宗超	生猪的 3D 模型设计及对流散热的模拟计算
71	水利与土木工程学院	农业水利工程	孙旻昊	黄兴法	甘肃民勤县重兴乡新地村玉米膜下滴灌系统规划设计
72	水利与土木工程学院	水利水电工程	邱如健	陈明洪	黄河下游物理模型及自动化监测系统设计

续附录 15

序号	学院	专业	学生	指导教师	论文题目
73	水利与土木工程学院	水利水电工程	江雅赛	邱流潮	含刚性有限植被明渠流数值模拟研究
74	水利与土木工程学院	能源与动力工程	王晶晶	严海军	柱塞式注肥泵结构设计与试验
75	理学院	化学	郭真言	郭红超	氮杂邻亚甲基苯醌与N-芳基芳羰基亚肼酰氯的[4+3]环化反应
76	理学院	化学	李恒朝	安杰	新型高选择性α,β-二氘代化合物的合成方法及其在农药中的应用
77	理学院	化学	翟王晶	刘东晖	丙硫菌唑对映体对水生生物的急性毒性
78	理学院	化学	马硕	王成菊	吡噻菌胺对斑马鱼早期生命阶段的急性毒性与行为影响的研究
79	理学院	工程力学	朱剑威	常正	光谱反馈控制下磁控溅射方法制备晶态氧化铝薄膜的生长特性研究
80	理学院	数学与应用数学	闫昱	林海波	非齐型度量测度空间下的加权Morrey空间
81	经济管理学院	会计	吴丹	李平	政经分离框架下的村委会预算管理制度研究
82	经济管理学院	会计学	詹坤	王素义	蓝光发展两次股权激励方案的比较研究
83	经济管理学院	会计学(理科试验班)	孙千和	王素义	新金融工具准则对上市银行盈余管理的影响——以浦发银行为例
84	经济管理学院	金融学	王璐琪	安毅	我国同业存单对商业银行系统性风险溢出效应的影响
85	经济管理学院	金融学	李浩然	穆月英	生计资本框架下金融资本对农户家庭经营的影响研究
86	经济管理学院	金融学	罗晨颖	牛霞	中国资本市场上错误定价对公司投资行为的影响
87	经济管理学院	金融学	周可心	何婧	银行贷款集中度对风险和收益的影响
88	经济管理学院	金融学	位畅斌	臧日宏	基于我国上市银行面板数据的实证研究
89	经济管理学院	工商管理	何欢	廖媛红	网络购物的顾客感知与顾客忠诚研究——基于顾客信任的中介效应
90	经济管理学院	工商管理	赵成志	侯云先	内蒙古玉米种植户农机社会化服务购买意愿研究
91	经济管理学院	国际经济与贸易	唐欢欢	陈永福	中国与RCEP伙伴关系国货物贸易的影响因素研究——基于贸易引力模型的实证分析

续附录 15

序号	学院	专业	学生	指导教师	论文题目
92	经济管理学院	农林经济管理	卢昱嘉	韩一军	我国小麦生产机械投入效率及影响因素研究
93	人文与发展学院	法学	陈啸林	杨述兴	《著作权法》第十五条的理解和适用
94	人文与发展学院	法学	王鑫媛	瓮怡洁	认罪认罚从宽制度中犯罪嫌疑人、被告人权利保障问题研究——以辩护权为视角的考察
95	人文与发展学院	农村区域发展	吴小沔	贺聪志	时势、关系与话语——对有机农业的知识考古学分析
96	人文与发展学院	农村区域发展	余熙瑜	张克云	乡村春晚的组织机制与功能分析—以郝堂村晚为例
97	人文与发展学院	传播学	张译方	安文军	美国主流媒体的中国形象建构——以《纽约时报》十九大期间对华报道为例
98	人文与发展学院	传播学	张晓洁	王朋进	网络视频新闻直播与电视新闻直播的互动比较
99	人文与发展学院	英语	胡可馨	王志芳	文化遗产保护的社会价值：以英国斯莎士比亚出生地为例 Social Values of Cultural Heritage Preservation: the Case of Shakespear's Birthplace

研究生教育教学

【概况】

截至 2018 年 12 月，学校共有全日制在校研究生 8 181 人，其中硕士研究生 4 654 人，博士研究生 3 527 人。共录取硕士研究生 2 581 人，其中全日制 2 281 人（学术型硕士生 1 358 人，专业学位硕士生 923 人），非全日制 300 人（均为专业学位硕士生）。共录取全日制博士研究生 933 人，其中直博生 19 人，硕博连读生 389 人，申请考核制学生 525 人。

全年共授予学位人数 2 535 人，①授予博士学位人数 660 人。其中，学历教育博士 644 人，同等学力博士 12 人，兽医专业学位博士 4 人。②授予硕士学位人数 1 875 人。其中，学历教育硕士 975 人，同等学力硕士 1 人，专业学位硕士 899 人。

（武镒　牛国卫　曲丽华）

【研究生招生】

完善组织保障，调整招生工作领导小组　重新调整研究生招生工作领导小组人员组成(中农大研生字〔2017〕7号)。各招生学院(单位)成立了学院层面的研究生招生工作领导小组、复试工作小组及学院纪检监察组。

进一步完善制度建设,确保招生工作规范有序 完成校级发文2件、研究生院内发文5件,研究生院招生办部门发文8件。

加强招生宣传力度,生源质量不断提高 鼓励并支持各院开展大学生暑期夏令营活动,进一步提高推免生接收比例、吸引其他高校优秀本科毕业生推免或报考。

做好导师年度招生资格审核工作 700名导师获得博士研究生招收资格,1 229名导师获得硕士研究生招收资格。

高质量完成考务工作,确保安全稳定有序 进一步加强考务各环节的规范化管理,所有参与人员签订保密责任书,落实责任与工作任务,确保研考工作安全稳定有序。

顺利完成复试录取与新生入学工作 分别召开硕士研究生复试录取工作启动会和博士研究生复核录取工作启动会,解读2018年研究生复试录取文件及指标分配办法,强调招生工作纪律。

(牛国卫)

【研究生培养】

推进学位点建设工作,促进学科发展 ①完成学位授权点自主审核,继续做好学位自主审核工作。完成自主增设营养与健康科学(目录外交叉学科一级博士授权点)、风景园林学(硕士一级学位授权点)工作。②开展学位点动态调整。新增新闻传播学硕士一级学位点,申请撤销二级硕士学位点3个,分别是营养与食品卫生学、园林植物与观赏园艺、英语语言文学,撤销法律硕士专业学位类型,撤销工程硕士的项目管理、工业设计工程两个领域授权。③完成学位授权点合格评估。共组织51个学位授权点参加合格评估。首次在作物学、植物保护、园艺学、畜牧学、兽医学、农业工程、食品科学与工程开展了国际学位点评估。

加强研究生培养质量保障体系建设 ①完成研究生培养方案修订工作。共修订33个学术学位、9个专业学位类型23个领域的授予标准和培养方案。②加强培养过程管理,完善分流淘汰机制。完成1 323名博士生的资格筛查工作,完成开题报告、实践教育(教学实践)、论文进展报告、学术交流、专业外语5个环节的考核。③启动2018年实践基地和导师备案工作。新增备案基地29个,进一步推进了专业学位研究生教育综合改革工作。④质量监控。继续开展研究生课程质量、毕业生离校调查和校友调查工作。

深化培养模式改革 ①进一步拓展培养平台。一是发挥现代农业产业技术体系的优势;二是以科技小院为基础;三是建设农林高校专业学位研究生创新创业平台。②不断创新培养模式。调整优化招生结构,加大推荐免试招收专业学位研究生的数量。③持续优化应用型人才培养体系。完成编写并入库专业学位教学案例中心9个,新增备案基地29个。④积极推进国际合作。在专业学位研究生培养方面积极推进国际合作。

加强课程建设 通过研究生网络学习空间平台,开展混合式教学课程共计41门。组织任课教师开展课程教学改革专项。

规范落实各项管理工作 ①加强研究生教学日常管理工作。共接收校内外学生选课34 528人次;核算全年课时费759门次;组织178名研究生参加英语四级、3 430名研究生参加英语六级考试;规范课程教学考核试卷档案管理工作。②加强研究生教学实验室和公共教室的日常运行管理。积极改善研究生教学环境,加强对教室和实验室的管理和经费支持。

启动 2019—2020 年“双一流”创新专项建设 完成 2019—2020 年研究生“双一流”项目建设方案编制工作。

(李冬梅　王美玉)

【研究生学位授予与质量管理工作】

落实研究生导师立德树人职责 ①加强导师培训。举办新增研究生导师培训会,为与会导师发放培训资料,并结合导师手册和培训内容组织开展培训测试。②完成导师信息系统维护。将 66 位新增博士生导师、67 位新增硕士生导师基本信息录入研究生综合管理信息系统的导师库中。

校学位评定委员会工作 对第五届校学位评定委员会组成进行两次调整。

完善学位论文质量监控与保障体系建设①国家博士学位论文抽检工作。对 2017 年授予博士学位的论文中选取的 98 篇进行了匿名送审。②北京市硕士学位论文抽检工作。2018 年反馈了 2016 年抽检结果,2016 年共 62 篇硕士学位论文被抽检,涉及 41 个一级学科。③博士、硕士学位论文校级抽查工作。实行博、硕士学位论文抽查制度。对一些特殊类型的研究生学位论文进行了 100%校级抽查。④推动学院使用学位论文评阅系统。建立研究生学位论文评阅系统。⑤优秀研究生学位论文评选工作。评审小组从各院推荐的 26 篇博士学位论文和 24 篇硕士学位论文中,评选出校级优秀博士和硕士学位论文各 10 篇。

同等学力工作 ①新疆高层次人才联合培养专项。一是新疆农业科学院联合培养专项。完成与新疆农业科学院联合培养博士专项协议续签(协议期 5 年),促进项目的可持续发展。二是新疆农业大学专项。特邀生物学院李大伟教授做《博士学位论文写作要点及写作常见问题》的专题报告。②普通同等学力人员学位工作。组织专家完成 11 位以同等学力申请学位人员的资格审查,共 8 人通过审查,并于 9 月入学。

(曲丽华)

【思想政治教育】

加强研究生党建与思政教育 ①深入学习党的十九大精神和全国教育大会精神,面向研究生党员开展多形式、全覆盖的党的十九大精神、全国教育大会精神宣讲实践活动。②坚持德育为先,不断加强科学道德和学风建设。全年累计开展研究生科学道德和学风建设宣讲教育活动 10 场,参与研究生人数 4 000 余人。③坚持以评促建,筑牢建好基层党组织阵地。全年组织 3 次抽查,覆盖 60 个研究生党支部,奖优惩劣,以点带面,进一步规范研究生党支部“三会一课”制度。④加强队伍建设,党员骨干培训覆盖全体党支部。组织完成第十期研究生党员骨干培训班,全校 196 名研究生党支部书记参加,集中培训 56 学时。

推动基层组织建设发展,深化实践育人效果 ①深化实践育人,精准服务脱贫攻坚与乡村振兴。以“践行两学一做,科技助力‘三农’”为主题组织开展研究生党支部红色“1

＋1”科技服务系列活动，共计立项38个。②利用新媒体平台，多渠道多角度为社会提供科技智库服务。“农博士”热线电话全年累计接线服务156次，合作录制“乡村之声”节目65期，“农博士在身边”微信公众号推送文章188篇，开展“农博士帮帮团”基层科技服务活动23次，建立实践基地8个。③积极组织研究生科技创新活动，牵头举办第二届全国农林院校研究生学术科技作品竞赛并斩获佳绩。

平稳对接改革，精心做好研究生资助工作 ①完成学费缓缴及减免工作。全年共有248名研究生通过学费缓缴审核并完成入学注册，其中新生131人，往届生117人。减免636名延期博士生学费，减免总额达636万元。②国家助学贷款工作增量提质。研究生申请国家助学贷款的数量持续大幅度增长，全年生源地信用助学贷款人数增长47.6%。③保质高效完成奖学金评选工作。2018年度获奖学金研究生人数3 252人（计3 446人次），覆盖率达73.31%，发放奖学金总金额2 122.8万元。④完成助学金发放工作。全年共计6 897人获得助学金资助，总金额2 538.8万元。

研究生日常事务管理 ①创新优化内部工作机构设置，进一步加强研究生管理工作，创新搭建研究生锻炼与成长新平台。②不断加强研究生工作队伍建设。全年聘任各类助管、助教276人，累计发放助管助教津贴151.09万元。③完成优秀研究生毕业生评选。春季毕业研究生评选出“校级优秀毕业生”26人、“北京市级优秀毕业生”推荐人选7人；夏季毕业研究生评选出“校级优秀毕业生”331人、“北京市级优秀毕业生”推荐人选101人。④保持研究生群体的安全稳定。充分发挥研究生团学组织作用，积极开展研究生法制教育与安全教育。

（王博）

【研究生学籍管理和教育评估】

学籍管理 制定《中国农业大学研究生学籍管理规定实施细则》（研生[2018]9号）。依托“研究生综合管理信息系统”，深化校院二级管理制度，完成学期注册、学籍异动、毕业答辩和毕业管理等工作。

硕博连读生的选拔 完成对2017年进入博士阶段学习的硕博连读生的再次审核和2018年度的硕博连读研究生选拔工作。

毕业生管理 对2018年毕业研究生进行了信息核对、毕业资格审查，并修改更正错误信息。完成2018年度毕业研究生学历信息审核工作和报教育部的学历证书电子注册工作。完成2019年毕业研究生学历证书图像信息采集工作。

其他工作 ①研究生院信息化建设。完成研究生院门户网站、研究生综合管理信息系统、研究生招生系统、非全日制研究生管理系统、公派出国系统、思政管理系统等应用系统的日常技术维护。②大型活动的组织筹备。完成研究生毕业典礼暨学位授予仪式的组织筹备工作和研究生开学典礼的组织筹备工作、研究生迎新生工作。③两个秘书处工作。完成农业硕士秘书处和学位与研究生教育学会农林学科工作委员会秘书处工作。

（武镒　王文静　韩争艳）

附表

附录 1　2018 年中国农业大学授予博士、硕士学科中英文对照目录(科学学位)

学科门类	序号	一级学科	序号	学科名称	英文名称	专业代码	授权等级
农学 Agriculture	1	作物学 Crop Science (0901)(博士一级学科授权)	1	作物栽培学与耕作学	Crop Cultivation and Farming System	090101	博士
			2	作物遗传育种	Crop Genetics and Breeding	090102	博士
			3	种子科学与技术*	Seed Science and Technology	0901Z1	博士
			4	作物生理学*	Crop Physiology	0901Z2	博士
	2	园艺学 Horticulture (0902)(博士一级学科授权)	5	果树学	Pomology	090201	博士
			6	蔬菜学	Olericulture	090202	博士
			7	茶学	Tea Science	090203	博士
			8	观赏园艺*	Ornamental Horticulture	0902Z1	博士
	3	农业资源与环境 Agricultural Resources and Environment (0903)(博士一级学科授权)	9	土壤学	Soil Science	090301	博士
			10	植物营养学	Plant Nutrition	090302	博士
			11	土地利用与信息技术*	Land Use and Information Technology	0903Z1	博士
			12	农业气象学*	Agricultural Meteorology	0903Z2	博士
			13	生物质工程*	Biomass Engineering	0903Z3	博士
	4	植物保护 Plant Protection (0904)(博士一级学科授权)	14	植物病理学	Plant Pathology	090401	博士
			15	农业昆虫与害虫防治	Agricultural Entomology and Pest Control	090402	博士
			16	农药学(可授农学、理学学位)	Pesticide Science	090403	博士
			17	植物检疫与农业生态健康*	Plant Quarantine and Agricultural Ecological Health	0904Z1	博士
			18	农产品安全*	Safety of Agricultural Products	0904Z2	博士

续附录1

学科门类	序号	一级学科	序号	学科名称	英文名称	专业代码	授权等级
	5	畜牧学 Animal Science(0905)(博士一级学科授权)	19	动物遗传育种与繁殖	Animal Genetics, Breeding and Reproduction	090501	博士
			20	动物营养与饲料科学	Animal Nutrition and Feed Science	090502	博士
			21	特种经济动物饲养(含蚕蜂)	The Rearing of Special-type Economic Animals (including Silkworm, Honeybees, etc.)	090504	博士
			22	畜牧生物工程*	Bioengineering For Animal Husbandry	0905Z1	博士
	6	兽医学 Veterinary Medicine (0906)(博士一级学科授权)	23	基础兽医学	Basic Veterinary Medicine	090601	博士
			24	预防兽医学	Preventive Veterinary Medicine	090602	博士
			25	临床兽医学	Clinic Veterinary Medicine	090603	博士
			26	兽医生物工程*	Veterinary Bioengineering	0906Z1	博士
			27	兽医公共卫生*	Veterinary Public Health	0906Z2	博士
	7	林学(0907) Forestry (硕士二级学科授权)	28	园林植物与观赏园艺	Ornamental Plants and Horticulture	090706	硕士
	8	草学 (0909) Grassland (博士一级学科授权)	29	草学	Grassland Science	090900	博士
工学 Engineering	9	力学 Mechanics(0801)(硕士一级学科授权)	30	一般力学与力学基础	General and Fundamental Mechanics	080101	硕士
			31	固体力学	Solid Mechanics	080102	硕士
			32	流体力学	Fluid Mechanics	080103	硕士
			33	工程力学	Engineering Mechanics	080104	硕士
	10	机械工程 Mechanical Engineering (0802)(博士一级学科授权)	34	机械制造及其自动化	Mechanical Manufacture and Automation	080201	博士
			35	机械电子工程	Mechatronic Engineering	080202	博士
			36	机械设计及理论	Mechanical Design and Theory	080203	博士
			37	车辆工程	Vehicle Engineering	080204	博士

续附录 1

学科门类	序号	一级学科	序号	学科名称	英文名称	专业代码	授权等级
工学 Engineering	11	电气工程 Electrical Engineering (0808) (硕士一级学科授权)	38	电机与电器	Electric Machines and Electric Apparatus	080801	硕士
			39	电力系统及其自动化	Power System and its Automation	080802	硕士
			40	高电压与绝缘技术	High Voltage and Insulation Technology	080803	硕士
			41	电力电子与电力传动	Power Electronics and Power Drives	080804	硕士
			42	电工理论与新技术	Theory and New Technology of Electrical Engineering	080805	硕
	12	计算机科学与技术 Computer Science and Technology (0812) (博士一级学科授权)	43	计算机系统结构	Computer Systems Organization	081201	博士
			44	计算机软件与理论	Computer Software and Theory	081202	博士
			45	计算机应用技术	Computer Applied Technology	081203	博士
	13	土木工程 Civil Engineering (0814) (硕士一级学科授权)	46	岩土工程	Geotechnical Engineering	081401	硕士
			47	结构工程	Structural Engineering	081402	硕士
			48	市政工程	Municipal Engineering	081403	硕士
			49	供热、供燃气、通风及空调工程	Heating, Gas Supply, Ventilating and Air Conditioning Engineering	081404	硕士
			50	防灾减灾工程及防护工程	Disaster Prevention and Reduction Engineering and Protective Engineering	081405	硕士
			51	桥梁与隧道工程	Bridge and Tunnel Engineering	081406	硕士
	14	水利工程 Hydraulic Engineering (0815) (博士一级学科授权)	52	水文学及水资源	Hydrology and Water Resources	081501	博士
			53	水力学及河流动力学	Hydraulics and River Dynamics	081502	博士
			54	水工结构工程	Hydraulic Structure Engineering	081503	博士
			55	水利水电工程	Hydraulic and Hydro-Power Engineering	081504	博士
			56	港口、海岸及近海工程	Harbor, Coastal and Offshore Engineering	081505	博士

续附录 1

学科门类	序号	一级学科	序号	学科名称	英文名称	专业代码	授权等级
工学 Engineering	15	农业工程 Agricultural Engineering (0828) (博士一级学科授权)	57	农业机械化工程	Agricultural Mechanization Engineering	082801	博士
			58	农业水土工程	Agricultural Water-Soil Engineering	082802	博士
			59	农业生物环境与能源工程	Agricultural Biological Environment and Energy Engineering	082803	博士
			60	农业电气化与自动化	Agricultural Electrification and Automation	082804	博士
			61	农业信息化技术*	Agricultural Information Technology	0828Z2	博士
			62	水动力学与水力机械*	Hydrodynamics and Hydraulic Machinery	0828Z3	博士
	16	环境科学与工程 Environmental Science and Engineering (0830) (博士一级学科授权)	63	环境科学	Environmental Science	083001	博士
			64	环境工程	Environmental Engineering	083002	博士
	17	食品科学与工程 Food Science and Engineering (0832) (博士一级学科授权)	65	食品科学	Food Science	083201	博士
			66	粮食、油脂及植物蛋白工程	Cereals, oils and Vegetable Protein Engineering	083202	博士
			67	农产品加工及贮藏工程	Processing and Storage of Agriculture Products	083203	博士
			68	水产品加工及贮藏工程	Processing and Storage of Aquatic Products	083204	博士
			69	食品生物技术*	Food Biotechnology	0832Z1	博士
			70	营养与食品安全*	Nutrition and Food Safety	0832Z2	博士
理学 Science	18	数学 Mathematics(0701) (硕士一级学科授权)	71	基础数学	Fundamental Mathematics	070101	硕士
			72	计算数学	Computational Mathematics	070102	硕士
			73	概率论与数理统计	Probability and Mathematical Statistics	070103	硕士
			74	应用数学	Applied Mathematics	070104	硕士
			75	运筹学与控制论	Operational Research and Cybernetics	070105	硕士

续附录 1

学科门类	序号	一级学科	序号	学科名称	英文名称	专业代码	授权等级
理学 Science	19	化学 Chemistry (0703)(博士一级学科授权)	76	无机化学	Inorganic Chemistry	070301	博士
			77	分析化学	Analytical Chemistry	070302	博士
			78	有机化学	Organic Chemistry	070303	博士
			79	物理化学(含:化学物理)	Physical Chemistry	070304	博士
			80	高分子化学与物理	Chemistry and Physics of Polymers	070305	博士
	20	大气科学(0706) Atmospheric Sciences(硕士一级学科授权)	81	气象学	Meteorology	070601	硕士
			82	大气物理学与大气环境	Atmospheric Physics and Atmospheric Environment	070602	硕士
	21	生物学 Biology (0710)(博士一级学科授权)	83	植物学	Botany	071001	博士
			84	动物学	Zoology	071002	博士
			85	生理学	Physiology	071003	博士
			86	水生生物学	Hydrobiology	071004	博士
			87	微生物学	Microbiology	071005	博士
			88	神经生物学	Neurobiology	071006	博士
			89	遗传学	Genetics	071007	博士
			90	发育生物学	Developmental Biology	071008	博士
			91	细胞生物学	Cell Biology	071009	博士
			92	生物化学与分子生物学	Biochemistry and Molecular Biology	071010	博士
			93	生物物理学	Biophysics	071011	博士
			94	生物信息学*	Bioinformatics	0710Z1	博士
	22	生态学(0713) Ecology(博士一级学科授权)	95	生态学	Ecology	071300	博士

续附表1

学科门类	序号	一级学科	序号	学科名称	英文名称	专业代码	授权等级
管理学 Management Science	23	工商管理 Science of Business Administration (1202) (硕士一级学科授权)	96	会计学	Accounting	120201	硕士
			97	企业管理(含财务管理学、市场营销学、人力资源管理学)	Corporate Management	120202	硕士
			98	旅游管理	Tourist Management	120203	硕士
			99	技术经济及管理	Technology Economy and Management	120204	硕士
			100	物流与供应链管理	Logistics and Supply-chain Management	1202Z1	硕士
	24	农林经济管理 Agricultural and Forestry Economics and Management (1203) (博士一级学科授权)	101	农业经济管理	Agricultural Economics and Management	120301	博士
			102	林业经济管理	Forestry Economics and Management	120302	博士
			103	农业经济史*	Economic History of Agriculture	1203Z1	博士
			104	食物经济与管理*	Food Economy and Management	1203Z2	博士
	25	公共管理 Science of Public Management (1204) (博士一级学科授权)	105	行政管理	Administration Management	120401	博士
			106	社会医学及卫生事业管理	Social Medicine and Health Management	120402	博士
			107	教育经济与管理	Educational Economy and Management	120403	博士
			108	社会保障	Social Security	120404	博士
			109	土地资源管理	Land Resource Management	120405	博士
			110	农村发展与管理*	Rural Development and Management	1204Z1	博士
	26	图书情报与档案管理 Science of Library, Information anArchival (1205) (硕士一级学科授权)	111	图书馆学	Library Science	120501	硕士
			112	情报学	Information Science	120502	硕士
			113	档案学	Archival Science	120503	硕士

续附录 1

学科门类	序号	一级学科	序号	学科名称	英文名称	专业代码	授权等级
经济学 Economics	27	应用经济学 Applied Economics (0202)(博士一级学科授权)	114	国民经济学	National Economics	020201	博士
			115	区域经济学	Regional Economics	020202	博士
			116	财政学(含税收学)	Public Finance(including Taxation)	020203	博士
			117	金融学(含保险学)	Finance	020204	博士
			118	产业经济学	Industrial Economics	020205	博士
			119	国际贸易学	International Trade	020206	博士
			120	劳动经济学	Labor Economics	020207	博士
			121	统计学	Statistics	020208	博士
			122	数量经济学	Quantitative Economics	020209	博士
			123	国防经济	National Defense Economics	020210	博士
法学 Law	28	法学 Science of Law (0301)(硕士一级学科授权)	124	法学理论	Jurisprudence	030101	硕士
			125	法律史	Legal History	030102	硕士
			126	宪法学与行政法学	Constitutional Law and Administrative Law	030103	硕士
			127	刑法学	Criminal Jurisprudence	030104	硕士
			128	民商法学(含劳动法学、社会保障法学)	Civil Law and Commercial Law (including Science of Labour Law and Science of Social Security Law	030105	硕士
			129	诉讼法学	Science of Procedure Laws	030106	硕士
			130	经济法学	Science of Economic Law	030107	硕士
			131	环境与资源保护法学	Science of Environment and Natural Resources Protection Law	030108	硕士
			132	国际法学(含国际公法学、国际私法学、国际经济法学)	International Law	030109	硕士
			133	军事法学	Science of Military Law	030110	硕士
	29	社会学 Sociology (0303)(博士一级学科授权)	134	社会学	Sociology	030301	博士
			135	人口学	Demography	030302	博士
			136	人类学	Anthropology	030303	博士
			137	民俗学(含中国民间文学)	Folklore (including Chinese Folk Literature)	030304	博士
			138	发展研究*	Development Studies	0303Z1	博士

续附表1

学科门类	序号	一级学科	序号	学科名称	英文名称	专业代码	授权等级
	30	马克思主义理论 Marxist Theory (0305)(硕士一级学科授权)	139	马克思主义基本原理	Marxist Principles	030501	硕士
			140	马克思主义发展史	Marxism and Its Historical Development	030502	硕士
			141	马克思主义中国化研究	Marxism and Its Development in China	030503	硕士
			142	国外马克思主义研究	Marxism and Its Development outside China	030504	硕士
			143	思想政治教育	Education in Ideology and Politics	030505	硕士
			144	中国近现代史基本问题研究	Some Historically Fundamental Questions Arising Since the Opium War in China	030506	硕士
医学 Medicine	31	公共卫生与预防医学 Public Health and Preventive Medicine (1004)(硕士二级学科授权)	145	营养与食品卫生学	Nutrition and Food Hygiene	100403	硕士
文学 Literature	32	外国语言文学 Foreign Languages and Literatures (0502)(硕士二级学科授权)	146	英语语言文学	English Language and Literature	050201	硕士
	33	新闻传播学 Journalism and communication (0503)(硕士二级学科授权)	147	传播学	Communication	050302	硕士
			148	广播电视学与数字传播	Television Broadcasting Science and Digital Communication	0503Z1	硕士
			149	发展传播学	Development Communication	0503Z2	硕士

注:1.博士一级学科授权20个,97个博士二级学位授权点,"*"表示在博士学位授权一级学科范围内自主设置学科(共20个)。硕士一级学科授权30个,硕士二级学位授权点149个。

2.2018年新闻传播学由二级硕士学位授权调整为一级硕士学位授权,新增发展研究、物流与供应链管理、食物经济与管理等3个自设二级学科。新闻传播学新增2个自设二级学科。

附录2　2018年中国农业大学专业学位授权点中英文对照目录

序号	专业学位类型	领域名称	英文名称	领域代码
1	农业硕士	农艺与种业	Agronomy and Seed Industry	095131
2		资源利用与植物保护	Resources Use and Plant Protection	095132
3		畜牧	Animal Husbandry	095133
4		渔业发展	Fisheries Development	095134
5		食品加工与安全	Agricultural Products Processing and Safety	095135
6		农业工程与信息技术	Agricultural Engineering and Information Technology	095136
7		农业管理	Agricultural Management	095137
8		农村发展	Rural Development	095138
9	工程硕士	机械工程	Mechanical Engineering	085201
10		工业设计工程	Industrial Design Engineering	085237
11		车辆工程	Vehicle Engineering	085234
12		项目管理	Project Management	085239
13		电气工程	Electrical Engineering	085207
14		计算机技术	Computer Technology	085211
15		农业工程	Agricultural Engineering	085227
16		食品工程	Foodstuff Engineering	085231
17		建筑与土木工程	Architectural and Civil Engineering	085213
18		动力工程	Power Engineering	085206
19		水利工程	Hydraulic Engineering	085214
20		环境工程	Environmental Engineering	085229
21		电子与通信工程	Electronic and Communication Engineering	085208
22	兽医(含硕士和博士)	—	Veterinary Medicine	095200
23	公共管理硕士	—	Master of Public Administration	125200
24	工商管理硕士	—	Master of Business Administration	125100
25	金融硕士	—	Master of Finance	025100
26	风景园林硕士	—	Master of Landscape Architecture	095300
27	会计硕士	—	Master of Professional Accounting	125300
28	法律硕士	—	Juris Master	035100

附录3　2018年中国农业大学硕士研究生招生考试复试分数线

<table>
<tr><th rowspan="2">类型</th><th rowspan="2">学科门类</th><th rowspan="2">总分要求</th><th colspan="4">单科要求</th></tr>
<tr><th>政治</th><th>外语</th><th>业务课一</th><th>业务课二</th></tr>
<tr><td rowspan="8">学术学位</td><td>经济学　[02]</td><td>325</td><td>50</td><td>50</td><td>85</td><td>85</td></tr>
<tr><td>法学　[03]</td><td>300</td><td>50</td><td>50</td><td>80</td><td>80</td></tr>
<tr><td>文学　[05]</td><td>320</td><td>50</td><td>50</td><td>80</td><td>80</td></tr>
<tr><td>理学　[07]</td><td>300</td><td>50</td><td>50</td><td>75</td><td>75</td></tr>
<tr><td>工学　[08]</td><td>290</td><td>45</td><td>45</td><td>70</td><td>70</td></tr>
<tr><td>工学照顾学科
[0801][0815][0828]</td><td>290</td><td>45</td><td>45</td><td>70</td><td>70</td></tr>
<tr><td>农学　[09]</td><td>310</td><td>50</td><td>50</td><td>75</td><td>75</td></tr>
<tr><td>管理　[12]</td><td>325</td><td>50</td><td>50</td><td>80</td><td>80</td></tr>
<tr><td rowspan="10">专业学位</td><td>金融硕士[0251]</td><td>330</td><td>50</td><td>50</td><td>80</td><td>80</td></tr>
<tr><td>法律硕士[0351]</td><td>300</td><td>50</td><td>50</td><td>80</td><td>80</td></tr>
<tr><td>工程硕士[0852]</td><td>280</td><td>45</td><td>45</td><td>70</td><td>70</td></tr>
<tr><td>农业硕士[0951]</td><td>280</td><td>45</td><td>45</td><td>70</td><td>70</td></tr>
<tr><td>兽医硕士[0952]</td><td>310</td><td>50</td><td>50</td><td>80</td><td>80</td></tr>
<tr><td>风景园林[0953]</td><td>280</td><td>45</td><td>45</td><td>70</td><td>70</td></tr>
<tr><td rowspan="2">工商管理[1251]</td><td>170</td><td colspan="4">管理类综合100分,外语50分</td></tr>
<tr><td>160</td><td colspan="4">管理类综合95分,外语40分
(适用于提前面试成绩优良者)</td></tr>
<tr><td>公共管理[1252]</td><td>160</td><td colspan="4">管理类综合100分,外语45分</td></tr>
<tr><td>会计硕士[1253]</td><td>235</td><td colspan="4">管理类综合135分,外语65分</td></tr>
<tr><td colspan="2">少数民族高层次骨干计划</td><td colspan="5">在报考学科复试分数线基础上总分降30分,单科各降10分</td></tr>
<tr><td colspan="2">退役大学生士兵计划</td><td colspan="5">在报考学科复试分数线基础上总分降30分,单科各降10分</td></tr>
</table>

继续教育

【概况】

2018年，继续教育学院按照学校党委、行政的部署和要求，在分管校领导的悉心指导和大力支持下，深入学习贯彻党的十九大和教育大会精神，坚持社会主义办学方向，落实“立德树人”的根本任务，以“切实服务社会需求、创新发展终身教育”为己任，围绕“乡村振兴”等国家重大战略，在党的建设、学院发展方面齐抓共进，加强以内控体系建设为核心的制度建设，稳步推进学院转型发展。

（吴志刚）

【党建工作】

在学校党委的坚强领导和统一部署下，学院直属党支部加强理论学习，扎实推进“两学一做”经常化、制度化，认真落实“双周三学习制度”，重点抓好理论中心组、全体党员和教职工学习，围绕“不忘初心、牢记使命”，组织开展了“寻觅红色基因，弘扬西柏坡精神”“不忘初心、牢记使命，增强国防观念，丰富国防知识”参观“改革开放40周年大型展览”等3次主体党日和实践学习活动。增强党建活动的吸引力和实效性；修订《继续教育学院直属党支部会议议事规则》和《继续教育学院党政联席会议议事规则》，加强党的各项建设，增强党组织的全面领导能力；通过组织学习《中国共产党廉洁自律准则》等条例文件，加强廉洁自律建设，坚决防止出现“四风”问题和违反八项规定现象；在人事任免、制度建设、聘用制员工薪酬制度、学院改革发展等重大问题方面坚持民主集中制原则，发挥集体研究集体决策功能，坚持依法依规办事；进一步加强党支部对成人继续教育的意识形态工作的领导和审核把关作用。

（熊文）

【成人学历教育】

加强制度建设，进一步规范成人学历教育管理　对学校成人高等教育教学教务管理相关规定进行了全面梳理，制定修订制度20项。

优化学历教育结构，提升办学层次。停止“高起专”和“高起本”招生，缩减京外站点招生规模，对到期且招生规模较小和管理不规范的7个站点停止招生，推进学历继续教育转型发展。2018年招生总人数1 756人，分布在7个省市，12个教学站，较去年减少53.4%，其中北京招生1 109人，比2017年减少47.4%。

以保障教学质量为核心，加强教学过程管理　继续开展教师授课情况测评工作，加强教学过程管理，加强对教学站点的教学过程检查，开展20个教学站点的评估，对发现的问题进行整改，对1个不合格站点停止招生，与已到期停招的站点签署合作培养协议，保证在校生学业顺利完成。向各省市教育主管部门提交相关信息以备评估检查、年审等。主管校领导挂帅，积极配合北京市教委组织的高等学历继续教育专项检查，对照北京市教委相关文件中的负面清单，组织在京各办学站点按照要求整理、提供资料，针对自查及北京市教委专项现场检查中发现的问题，逐项整改；针对本科毕业论文答辩环节进行重点检查；组织校本部及19个校外教学站的学生约3 000人参加本科英语课程统一考试；组织北京市学士学位英语考试，加强监考教师的业务培训及巡查力度，联合多部门保障考试安全。2018年，成人教育毕业学生5 377人，授予学位265人。

有效推进成人学历教育信息化建设 全面实行网络收费，通过网络平台缴纳学费6 893人次；与网络学院的课程资源实现全部共享，为实现混合式教学、提升教学质量提供有力支撑。

附表 2018年成人高等学历教育在校生统计表 位

类别	合计	一年级	二年级	三年级	四年级	五年级
函授	4 059	1 742	2 288	9	9	11
业余	4 102	1 901	2 010	25	49	117
合计	8 161	3 643	4 298	34	58	128

（王艳霞）

【教育培训】

教育培训聚焦服务乡村振兴，转型发展初见成效 依托学校多学科优势和资源，积极拓宽培训主题和培训主体，新增高校教师能力提升、公安边防军地两用人才、学校党建等培训任务，举办各类培训班51期，较2017年增长34%，培训人数3 385人次，比2017年增长58.6%，培训班次和培训人数达到历史最高水平。

其中，举办农业管理干部培训班21期，累计培训1 237人，占比36.5%；高校师资培训班14期，累计培训976人，占比28.6%；农业企业负责人和新型经营主体培训12期，累计培训686人，占比20.3%；农技推广人员知识更新培训4期，累计培训486人，占比14.4%。

组织实施新疆汉语骨干教师培训任务 选派经验丰富的党员担任班主任，协调指导新疆进修教师培训班学员在校学习和生活，成立临时党支部，加强培训班党建工作，加强学员党性修养，组织集中学习、参观和主题党日教育活动，圆满完成新疆维吾尔自治区教育厅委托的职业学校汉语骨干教师的培训任务。2018年结业18人，新接收16人。

探索校企合作网络培训模式 与国家行政学院音像出版社合作，拓展网络学习资源，加强网络核心课程资源建设，提高教育培训质量和实效。

（陶宪盛）

现代远程教育

【概况】

2018年，现代远程教育继续坚持以社会需求为导向，以质量为中心，开拓创新，充分发挥网络教育优势与特色，做好统筹规划，加强内涵建设，开展专业与层次结构调整，修订人才培养方案，紧抓优质教学资源建设，改革服务“三农”人才培养模式，在服务“三农”人才培养和高校信息化建设中发挥应有作用。《整合农业优质数字资源　服务国家乡村振兴战略——中国农业大学网络教育的实践探索与创新发展》入选“2018 中国高校继续教育优秀成果库”。网络教育学院获得“2018 中国最具社会影响力高校网络教育学院”荣誉称号。

（梁书华）

【专业建设】

专业层次备案　根据教育部《高等学历继续教育专业设置管理办法》和网络教育招生专业备案结果，完成网络教育专业与层次结构调整。2018 年招生专业调整为：专科专业 4 个，专升本专业 20 个，高起本专业 14 个。按照教育部和北京市教委要求，完成 2019 年拟招生专业申报和各专业学费标准上报备案工作。

教学计划修订　结合新时期产业结构调整、新技术发展以及人才需求的重大变化，优化课程体系和教学安排，更新教学内容，完善人才培养方案。组织完成动物医学专业和食品质量与安全专业教学计划的修订，完成植物保护、电子商务两个拟新增专业教学计划制定工作。

（梁书华）

【教学资源建设】

教育技术创新　引进触摸式屏幕录制技术，实现教学资源形式多样化、内容短小精悍化、视频高清碎片化，高清视频课件比例逐年增加。推进移动学习资源建设，提供基于安卓和 IOS 系统的所有在线运行课程的移动课件，使学生在不同终端随时、随地、按需学习，完成部分电子教材的试点。

资源建设共享　2018 年共完成 20 门课程共 254 课时的高清视频课件设计与制作，其中新课资源 149 课时，老课资源重建 105 课时。累计完成高清视频（大屏、虚拟和录屏）1 166 课时，课程题库资源建设 160 门，标准化试卷 1 352 套，试题 35 906 道，实现在线多种条件快速组卷、发布及评阅。通过“百校千课联盟”共享动物解剖与组织胚胎学、花卉学、农村社会学等优质课程 10 门。

（梁书华）

【招生与学习中心管理】

招生组织与管理　进一步规范招生工作，统一发布招生简章和宣传资料，对招生人员进行业务培训，对校外学习中心招生宣传加强监控与检查。加强入学资格审核，全部在线进行初审、复审、终审，保证学生入学资格审核的规范和效率。增加报名学生回访环节，对异地招生、中介代理的生源进行监控清理。继续推进“农村基层干部学历教育定向培养工程”“一村一名大学生计划”“土木工程 BIM 项目管理”等项目。春秋两季共注册缴费学生 1.4 万人，分布在全国 25 个省市 85 个校外学习中心。

学习中心建设与管理　积极配合各省教育行政主管部门对校外学习中心的年报年

检工作，先后组织完成上海、河北、重庆等省市30多个学习中心的年检和数据信息上报工作。怀化职业技术学院、青岛恒星科技学院等4个新建校外学习中心通过审批备案。通过远程视频例会和集中培训相结合的方式，开展学习中心业务培训，确保学习中心工作规范有序。开展校外学习中心日常工作量化考评，选出29个优秀学习中心，其中徐州生物工程职业技术学院校外学习中心、唐山广播电视大学校外学习中心被全国现代远程教育协作组评选为“2018年全国高校现代远程教育优秀校外学习中心”。

（梁书华）

【教学管理与学生服务】

开课计划与考试组织 春季学期开设课程300门，秋季学期开设课程310门，并提供科学合理的推荐选课方案和选课指导。组织完成3月、5月、11月3次581门次全国统一课程考试工作，累计94个校外学习中心22万人次约考，共委派巡考150余人次。组织完成4月、9月和12月网络教育全国公共基础课统一考试1.5万人次的报考工作。组织完成5月、11月共3 306名学生报考北京市成人学士学位英语考试，并完成网络教育校本部考点的学位英语考试组织工作。集中技术力量提升课程考试信息化管理水平，不断优化网上阅卷系统功能，加快阅卷工作效率和进度。2018年秋季考试实现网上阅卷课程达到226门，占考试总门数的85％以上。

毕业实践与毕业审核 全年两期毕业综合实践，每期约5 500名学生申请毕业论文（设计），360名指导教师进行毕业论文（设计）指导，师生比为1∶15。全年网络教育毕业学生1.6万人，最短修业年限毕业率为63％，获得学士学位446人，占比2.7％。组织第27和28届优秀毕业生评选，共评选出优秀毕业生100多名。

过程辅导与主动服务 新增在线咨询平台，设立“报名咨询”端，提供招生、报名咨询服务，设立“学习咨询”端为在读学生解决教学教务中存在的问题或投诉。教学监控系统增加预约答疑管理、答疑安排管理等功能。成立“学友部落”，开通“学友部落”微信公众号，建立网上农大自媒体，开展各种网络推广活动。组织完成课程辅导523门次，发布学习辅导资料近2万份，解答学生问题20 000余人次。

（梁书华）

【自查自评】

以自查自评为契机，梳理网络教育办学情况。按照《教育部办公厅关于开展现代远程教育试点高校网络教育办学情况自查自评工作的通知》（教职成厅函〔2018〕48号）文件要求，开展自查自评，总结和分析2001年以来开展网络教育所取得的成绩、经验和存在的问题，提出网络教育转型发展的方向和思路举措，完成“中国农业大学网络教育办学情况自查自评工作报告”，经学校党委常委会通过后上报教育部备案。

（梁书华）

一流大学与一流学科建设

“双一流”建设进展

2018年，中国农业大学全校上下坚持以习近平新时代中国特色社会主义思想伟大旗帜和党的十九大精神为指引，以习近平“九个坚持”的重要论述为根本遵循，学习落实《关于高等学校加快“双一流”建设的指导意见》和陈宝生部长“双一流”建设推进会讲话精神，坚持社会主义办学方向，坚守立德树人根本任务，加快推进“双一流”建设，整体办学实力显著提升，向着中国特色、农业特色的世界一流大学目标迈进。

（侯继武）

【总体情况】

（一）高质量完成年度建设目标，建设成果丰硕

1.年度目标完成情况与建设进展

在上级部门正确领导和全校师生的共同努力下，围绕“双一流”五大建设任务和五大改革任务，学校制定了《中共中国农业大学委员会关于统筹推进“5＋1”工程的实施意见》，并以之为统揽，深度落实“315”人才计划，推动人才强校，取得了丰硕的建设成果，圆满完成了预期目标。优势学科跻身世界一流学科前列，加强学科建设力度，巩固学科优势，谋划布局新兴、前沿与交叉学科，取得了显著的成效，其中农业科学学科首次进入ESI世界前万分之一，仅次于荷兰瓦格宁根大学居全球高校第2位；人才培养质量进一步提升，圆满完成本科教学工作审核评估和全部博士、硕士学位点合格评估，2项成果获国家教学成果二等奖，为学校历史最高水平，1项成果获全国唯一的研究生教学成果特等奖；科技创新与社会服务影响力进一步扩大，5项成果（其中主报2项）获国家科学技术奖励，1项成果入选2018年度高校十大科技进展；构建了覆盖全国的社会服务网络体系，为乡村振兴、脱贫攻坚做出了突出贡献；文化传承创新深入推进，传承红色基因、传递理想信念、传扬农大精神、传播正能量效果显著，巩固和提升乡村振兴研究阵地影响力，强化了

全校师生的“四个自信”；国际影响力显著增强，务实推进世界顶尖农业大学“A5联盟”，积极参与“一带一路”、南南农业合作，为世界农业教育科技、农业农村发展贡献中国智慧，提供中国方案，获得了广泛的影响；内部治理改革有序推进，进一步理顺了管理职能，优化了机构设置，完善了治理体系，优化了资源配置，为学校“双一流”建设提供坚实保障。

2. 资金到位及使用情况

建设资金到位并完成使用。2018年，中央高校建设世界一流大学（学科）和特色发展引导专项资金全部到位，学校严格按照有关规定，集中用于拔尖创新人才培养、师资队伍建设、科学研究、社会服务、文化传承创新和国际合作交流等建设任务，全部建设资金已完成使用，达到了预期效果。

完善建设资金管理机制。加大对引导专项、基本科研业务费、改善基本办学条件专项、外国专家项目等各类专项资金和学校自筹资金的统筹力度，完善资金预算机制，强化学院和学科在“双一流”建设中的主体地位，激发学院与学科在建设中的能动性，扩大学院与学科在资金预算与使用中的自主权；探索试行了“双一流”建设奖励机制，在2019年建设资金分配中实施。

（二）面向未来优化学科布局，加强交叉融合

1. 积极谋划面向未来的新时代农科学科体系

加强近期建设与中远期发展之间的衔接，聚焦未来战略领域，优化学科结构，培育新兴前沿交叉学科。围绕营养与健康重大需求，自主设立了“营养科学”博士学位授权一级学科；聚焦服务北京全国科创中心建设，组建农业绿色发展、作物智能育种生物学和智能农业装备工程等前沿学科并申报北京市高精尖学科；聚焦生态文明建设与农业绿色发展，成立了国家农业绿色发展研究院/农业绿色发展学院和草业科学与技术学院；瞄准未来新兴交叉研究战略领域，围绕服务国家经济社会发展重大需求，成立了前沿交叉科学研究院，打造新兴前沿交叉领域的策源地、一流人才队伍的聚集地、新型体制机制的试验地和顶级成果的产出地。

2. 积极推进学科基础设施建设

学校积极推进重大平台和基地建设，重大科技创新平台建设取得阶段性进展。围绕北京市全国科技创新中心建设，组建了国家农业科技创新港；重点加强了国家重点实验室和教育部前沿科学中心培育；模式动物表型与遗传研究国家重大科技基础设施建设稳步推进，进展良好；积极落实《关于做好中央预算内投资支持中央高校“双一流”建设项目储备申报工作的通知》要求，设计并申报了智能农业装备研究中心和作物分子育种创新中心两项科技基础设施项目。

（侯继武）

【各项工作开展情况】

（一）拔尖创新人才培养

2018年，以迎接本科教学审核评估和学位授权点国际评估工作为契机，着力推进卓越人才教育培养计划，人才培养改革深化取得显著成效，人才培养质量进一步提升。

1.本科拔尖创新人才培养

本科教学深化改革成效显著 以教学审核评估评估为契机，学校发布了《中国农业大学关于实施“双一流一卓越”本科教学改革若干意见》实施一系列本科教育教学改革措施，以评促改、以评促建，完善了人才培养质量保障体系，推动本科教育教学工作迈向新台阶。主持完成的“突出农工交融的农业院校水利工程卓越人才培养体系创建与实践”和“农业现代化创新领军人才‘五位一体’培养模式研究与实践”两项成果获国家教学成果二等奖；25 人入选新一届教育部高等学校教学指导委员会，创历史新高；学生获国家级竞赛奖励 353 项，发表论文 158 篇，创新能力持续增强；国家万人计划教学名师增至 3 人。

牵头制定专业标准 与教育部高教司和评估中心密切配合，组织其他农林高校，牵头制定国家大农学门类和兽医专业的专业标准，使我校成为教育部专业认证标准制定的 4 所标杆性高校之一，也使我校向成为涉农专业建设标准制定者的目标迈出了实质性一步，引领国内涉农专业建设与发展。

开展一流本科专业建设。完善人才培养评价机制，开展一流专业认证，促进本科专业建设。开展了一流专业条件建设，重点加强基础学科教学实验室、公共基础实验室和与 9 个“双一流”建设学科密切相关的本科专业教学实验室等教学条件建设，人才培养条件明显改善。

加强一流课程与一流课堂建设 持续开展优质在线开放课程、一流课程体系建设和课堂思政项目研究，出台《中国农业大学在线开发课程建设实施意见》，第一批共立项建设 17 门在线开发课程，涉及 13 个学院；建设核心通识课 40 门，核心基础课 27 门，核心专业课 398 门，合计 465 门；共立项 101 项课堂思政项目，产生了很好的效果，教育部官方网站和中国教育报分别对我校课堂思政进行了报道。

强化一流创新创业人才培养 打造层次鲜明的本科生创新创业训练项目体系，采取“院校两级”管理模式，本科生院对竞赛进行级别认定并提供经费支持，学院具体组织学生参与国家级和省部级竞赛，以及举办校级竞赛，2018 年获得国家级竞赛奖项 330 项，省部级奖项 367 项。

进一步完善学业指导体系 构建完整的学业指导工作体系，构建了在农林高校具有示范价值的学业指导工作体系；完善学业指导导师库、一对一学业指导机制、学业监控及帮扶体系，建立家长信息交流平台和学业指导效果反馈、评价系统。

开展新农科人才培养模式探索 适应农业现代化发展趋势，研究实施人才大类培养模式。在加强研究的基础上，结合学校自身的情况，启动研究人才大类培养模式，制定了卓越农林拔尖创新人才培养改革方案，并围绕“新农科”探索人才培养模式改革的路径。提出了进一步整合校内外试验站资源，依托农科教合作育人示范基地建设平台推动创新创业教育发展的初步方案，并重点支持了中国种业菁英班、中国乡村振兴青年菁英班和牛精英班三个卓越农林协同育人实验班建设。

2.研究生拔尖创新人才培养

着力提升学术型博士生培养质量 2018 年，以拓宽博士生学术视野为重点，通过资助博士生参加国内外学术会议和短期访学、举办博士生学术论坛、学术年会和学术交流周和中外暑期学校以及邀请国外知名专家开设研究生课程、建设国际化研究生课程教学团队等方式，推进博士生培养质量提升和国际化培养水平提高。全年资助了约100名博士生参加了国际学术会议和短期访学；先后举办了5个学院的学术论坛，邀请了世界一流资深专家与博士生互动交流；举办中外暑期学校和中美博士生“1+1”交流，共同激发创新思维；邀请国外知名专家开设研究生课程，并与美国康奈尔大学等知名高校建设国际化研究生课程教学团队，实现我校研究生与美国康奈尔大学等高校的学生共同上课，为研究生提供了更多的国际交流机会。

大力推进专业学位研究生培养模式改革 2018年，我校专业学位研究生教育继续强化产学结合，支持乡村振兴、精准扶贫、科技小院、牛精英、卓越兽医等项目，推进专业学位研究生培养模式改革，培养高层次应用型复合人才，助力乡村振兴，取得了良好的效果。依托“精准扶贫-乡村振兴”专项和现代农业产业技术体系(畜牧)以及牛精英等专项，与公益组织及地方政府等合作开展精准扶贫与乡村振兴的实践机制与模式探索，开展各项扶贫与促进产业发展工作，促进研究生理论与实践的结合。“创建‘五链环’野外综合实训平台与‘四融合’人才培养模式的探索及其实践”获研究生教育成果特等奖，实现了我校特等奖零的突破；牛精英联盟首农畜牧基地获得2018年全国农业专业学位研究生教指委评选的实践教育特色基地，16个案例入库中国专业学位教学案例；在美国举行的ASABE机器人大赛中，我校研究生以总分第一的成绩荣获高级组冠军。

3. 积极推进“三全育人”

组织多种形式的“三全育人”活动 以大学生党员先锋班、英才学校、“农博士”在线等多种形式，推进“三全育人”，农学院入选教育部“三全育人”试点学院。先后对130名本科生党支部书记和党员储备干部进行系统性培养；组织392名研究生为农民提供帮助，覆盖17个学科，开设“农博士”热线电话156次，录制“乡村之声”节目65期，微信公众号推送188篇，开展基层科技服务活动23次，建立实践基地8个；共选拔英才班学员 93名，开展理论课程、素质拓展训练、红色教育实践、中央国家机关暑期实习等活动 11次。

强化创业指导服务体系建设 持续推进重点领域就业，年度就业人数前30家单位中，有5个省委组织部选调、11所农林类院校、3家汽车制造类公司、2所科学院，500强企业3家，国有企业7家，选拔3名优秀学生赴国际组织实习。优化就业创业指导服务体系，举办培训讲座30余场，参与达700余人次；追踪调研促进就业创业服务精准化，建立企业、党政机关、研究机构三个类别反馈机制；加强就业创业师资队伍建设，建立“百名优秀涉农双创导师人才库”，组织创业导师参加创业教育骨干教师高级研修班，累计45人获培训证书。

(二)高素质教师队伍建设

2018年，学校深入实施人才强校战略，按照“引育并举，分类发展”原则，不断深化人事体制机制改革。围绕“双一流”建设的需要，不断打造政治素质过硬、能够顶天立地、教学和科研水平高的师资队伍，为“双一流”建设提供持续的人才保障。

1. 完善师德建设长效机制

落实健全教师师德建设体制机制，将教师思想政治考核和师德师风建设融入教师评聘、考核、评优等环节中。2018年在教师选聘、职务(职称)评聘、晋升晋级、导师遴选、进修深造、评优奖励、人才遴选推荐等方面实行师德“一票否决”；强化基层党组织对政治立场、思想道德、行为规范、师德等方面的考察评价意见，坚持将师德考核作为年度考核的重要环节，并作为考核评优的基础条件和重要依据，切实将师德建设与日常工作有机融合、取得实效。

2. 改革提升人才引入机制

学校通过“规模适度、优化结构、调整布局、提升内涵”的举措，在人才队伍总量相对稳定的前提下，逐步优化人才队伍结构。2018 年，学校推进“315”人才计划，以引进高层次人才为重点，修订人才引进管理办法，实施人才聘用新机制，增强教师活力。2018 年，共入校各类人才 77 人，其中教授 5 人，副教授 27 人，35 岁以下教师比例为 85.7%，学缘结构校外比例达 80%，海外留学回国人员比例为 33%，有效促进了教师队伍结构的调整和青年教师比例的提高。

3. 全面助力教师职业发展与领军人才培育

切实落实十九大和全国教育大会精神，紧紧围绕大学根本任务、教师的根本责任，学校制定和修订了《教师岗位基本职责暂行规定》《教育教学奖励办法》《关于中国农业大学专业技术人员兼职兼薪管理的有关规定》等一系列规章制度，强化教师岗位职责意识，构建全面畅通教师晋升通道，打造完善教书育人奖励机制；在人才引进与培养、晋升等方面予以考虑，激励领军人物发挥作用，带动学科发展；通过举办青年学者论坛、细化人才引进层次及要求、完善特聘教授岗位制度、改革教师退休制度等多种方式，进一步优化了人才发展环境。

4. 提高青年教师教育教学能力

学校遵循教师发展规律，不断深化人事分配制度改革，完善教学激励机制，强化教师教学投入，促进青年教师专业能力发展和教学水平提升。加强青年教师岗前培训，举办青年教师基本功大赛，实施青年教师成长工程，强化实践培训等方式，促进青年教师在互动交流中促进学习和提升。

（三）科学研究和社会服务

2018 年，我校面向世界农业科技前沿、面向国家重大需求、面向现代农业建设主战场，瞄准科学技术前沿，基础研究能力显著增强，重大标志性成果不断涌现，科技发展进入重要跃升期。

1. 科技创新能力显著提升

基础研究能力取得显著进展。2018 年，学校论文累计被 SCI、EI 和 SSCI 收录 2 869 篇次，同比增长 14%。其中 SCI 收录 1 899 篇，同比增长 11%；EI 收录 907 篇，同比增长 37%；SSCI 收录 63 篇，同比增长 24%；SCI 论文中影响因子大于 5.0 的 287 篇，比去年同期增长 12%。在绿色增产增效和玉米基因组学等领域基础研究取得突破，相关成果发表在国际顶级期刊《自然》和《自然遗传学》上。在自然指数生命科学领域排名中，我校首次超过标杆学校荷兰瓦格宁根大学。

应用研究获得新的突破。张福锁院士主持的“土壤-作物系统综合管理技术研究与应用”入选 2018 年高校十大科技进展，园艺学院高俊平教授和食品科学与营养工程学院江正强教授主持完成的项目分别获得国家科学技术进步二等奖。累计申请发明专利 1 062 项，同比增长 19%；获授权发明专利 357 项。获授权国际专利 PCT2 项，1 项成果获国家发明金奖。

智库建设服务国家和区域发展研究取得新的成果。围绕国家重大战略需求，加强乡村振兴智库建设，取得丰硕成果。2018年，共有4项政策建议或研究成果获得党和国家领导人批示。国家农业农村发展研究院获中国社会科学评价研究院2018年中国智库咨政建言“国策奖”，《助力国际发展合作：南南合作评估框架的新探索》入选“中国智库索引（CTTI）2018年度优秀成果”，李德发院士提出的关于玉米替代大豆的建议，为我国饲料产业带来了显著的经济效益。

2. 推动科研组织和科研机制改革创新

我校以国家农业发展重大需求和国际学术前沿为导向，创新科研组织方式，布局链式重大项目，开展科技创新。按照农业领域产业创新链布局，着眼产前—产中—产后全链条创新设计，从基础研究、应用研究、产品研发到市场的创新链一体化部署，推进科研组织模式创新，重点部署玉米生物学与绿色生产、畜禽育种与健康养殖、水资源高效利用、土壤地力提升与生态、生物质资源转化利用与循环农业5个重大科技创新链。

3. 探索完善社会服务模式

结合中国农业大学社会服务的资源、优势和已有工作基础，探索形成和完善了校地校企合作、基地综合、农业产业技术体系、“科技小院”和“抓党建促脱贫”等5种社会服务模式。先后与10余个省、市签署了合作协议，整合80位国家现代农业产业技术体系岗位专家和34位北京市创新团队成员为国家和区域现代农业产业发展做出了重要贡献；新建教授工作站10个，形成分布于全国27个省、自治区、直辖市，包含102个校外试验站和教授工作站的集试验、示范、成果转化于一体的社会服务体系；构建了覆盖全国主要作物的全国科技小院网络，已经建立了121个科技小院，累计开展农民培训1 470场，培训农民68 762人次；开办农民田间学校10个，培养农民技术骨干2 400多人。在镇康县的定点扶贫工作连续第二年获得了教育部精准扶贫、精准脱贫十大典型案例。

4. 大力推进成果转化

积极开拓我校科技成果转化领域，拓展转化渠道，我校积极与地方政府和科技主管部门进行广泛交流，2018年共签署技术服务、技术咨询、技术开发合同700余项，当年有经费到账的合同数达到653项，合同经费18 566万元，合作地区涉及全国20多个省、自治区、直辖市的近百个地市，促成我校与多家企业在作物育种、动物医药、食品加工、农业物联网、富硒农产品生产、有机牛奶生产、有机蔬菜生产等领域的合作，我校科技成果为地方的农业发展和产业升级做出了重要贡献。

(四)传承创新优秀文化

2018年，文化传承创新项目按照精神文化淬炼、优秀文化传播、环境文化提升三大工程有序开展，聚焦大学文化建设，积极弘扬与践行社会主义核心价值观，创造性转化中华优秀传统文化，经过为期一年的实施开展，有效地实现了文化育人的目标。

1. 深入推进大学文化建设

主要包括设立“初心”出版基金、校史的挖掘与宣讲、纪念改革开放40周年系列活动和“曲周精神”专题教育展览等内容，传承红色基因、传递理想信念、传扬农大精神、传播正向能量。以“改革开放40周年·农大恢复招生40周年”系列活动，展示改革开放40年来国家、学校所取得的伟大成就，增强师生自豪感和爱校情怀，牢固树立“四个自信”；以曲周试验站建站45周年为契机，以宣传和弘扬“责任、奉献、科学、为民”的曲周精神为宗旨，积极策划曲周实验站45年成就展和科技小院10周年成就的展览，成为全校师生践行社会主义核心价值观的生动体现。

2. 加强社会主义核心价值观教育

为了进一步贯彻落实总书记重要讲话精神，召开“求是论坛”系列讲座和多次学术会议。通过“纪念马克思诞辰200周年”“庆祝改革开放40周年”系列主题讲座和学术会议，鼓励广大青年学子爱国荣校、励志成才，得到师生的热烈赞誉，营造了良好的师德形象和育人氛围。

3. 坚守和巩固马克思主义理论阵地

发挥学校学术优势，加强《中国农业大学学报(社会科学版)》建设，通过阵地建设，推动优秀传统文化的创造性转化与发展。分别出版了乡村振兴专刊和扶贫专刊以及组织了马克思主义与现实·乡村振兴、纪念马克思诞辰200周年、替代性食物体系、纪念农村改革40周年专栏。2018年，学报的学术影响力进一步得到巩固。在625种综合性人文、社会科学期刊中，《中国农业大学学报(社会科学版)》排名第9位，影响力指数排名第14位，原发论文被新华文摘、中国社会科学文摘、人大复印报刊资料等转载十余篇。

(五)国际合作交流

1. 夯实与世界顶尖涉农大学实质性全面合作平台

与荷兰瓦赫宁根大学、美国加州大学戴维斯分校、康奈尔大学和巴西圣保罗大学于2015年开始建设世界顶尖涉农大学联盟(A5联盟)，在A5联盟框架下推进实质性合作，取得了显著的进展。通过共建农业绿色发展学院、成立中国-巴西农业创新中心、加强优质国际师资引进、推进中外合作办学等方式，进一步夯实了与世界顶尖涉农大学实质性合作平台，取得了实质性的效果。

2. 加大人才培养国际化力度

针对研究生和本科生国际交流工作薄弱环节，国际处积极与A5联盟高校、世界排名前100的综合大学、“一带一路”沿线国家涉农院校和非洲伙伴院校沟通联络，大力开发学生赴海外交流项目，并设立专项奖学金资助学生。2018年，新启动6个本科生暑期国际交流项目，联合研究生院开发研究生海外调研项目，近百名学生参加，分别赴7个国家高校进行交流。

3. 积极参与“一带一路”与南南国际农业合作

依托“一带一路”农业合作学院，承担了商务部、农业部和中国国际扶贫中心等部门减贫培训、研究项目，并为政府提供多项政策咨询，为财政部、商务部、外交部提供关于南南合作、中非合作等领域专家意见。发起成立“一带一路与南南合作农业教育科技创新联盟”，首批入盟的包括40所国内院校和30所“一带一路”沿线院校，成为国内外最大的农业教育科技合作平台。依托“一带一路”联盟，先后在10个“一带一路”农业合作中心，在“一带一路”沿线与南南合作国家引起广泛反响，我校完成的《南南合作评估框架及其在中坦合作中的应用》在联合国总部发布。

(侯继武)

【制度建设】

(一)组织领导

1.坚决贯彻党委领导下的校长负责制

坚持和完善党委领导下的校长负责制,以发布学校章程为契机,不断完善制度建设。修订党委常委会暨校长办公会议事规则,明确校长办公会作为学校行政议事决策机构的根本要求,不断坚持和完善科学决策、民主决策、依法决策程序。

2.健全学术委员会制度

完善学校学术治理体系,制定《中国农业大学学术委员会章程》,明确"校学术委员会是学校最高学术权力机构、学院学术委员会是学院内部治理结构的学术中心"的校院两级学术委员会职责。成立第五届学术委员会,定期召开学术委员会会议,认真审议学校重大事项,提供决策咨询。

3.出台修定各项规章制度

以系统化的制度设计和依法治校为理念,不断推动现代大学制度建设,以系统化的制度设计和依法治校为理念,不断推动现代大学制度建设持续推进规章制度清理,推动各项制度的立、改、废和规范化运作。

4.加强"双一流"资源统筹与协同

聚焦"双一流"建设重点,加强建设统筹设计、明确责任;先导谋划、加强论证;过程管理、狠抓执行;成效考核、奖惩并举,确保加快、高效、有序推进我校"双一流"建设。实施项目分类管理,分类设置学校统筹项目和学院与学科自主项目,推进各类资金统筹和建设年度统筹。

(二)考核评价机制

破除在评价中的"五唯"倾向,建立了人才培养第三方评价机制、师资队伍综合评价机制、学科动态监测与成效评价机制和动态调整机制。

1.探索人才培养第三方评价机制

积极引进第三方评价,2018年开展了4个工科专业通过工程教育专业认证,植物保护、园艺专业成为第一批接受中俄联合国际专业认证的农科专业;在学位授权点合格评估与专项评估的基础上,试点开展国际评估,2018年首先在7个学科进行了学位点国际评估,引入国际视角的评价,更加凸显一流大学建设的目标和特色,构建人才培养质量保障机制。

2.强化与完善师资队伍综合评价机制

坚持以师德为先、教学为要、科研为基、发展为本为基本要求,克服"五唯"倾向,探索建立适应我校发展需求的、利于人才培育的科学化的评价体系;坚持年度考核与聘期考核相结合,全面考核教师的师德师风、教育教学、科学研究、社会服务、专业发展等内容,同时针对当前教师队伍发展的突出问题和薄弱环节,进行重点考察和评价,探索推动教师发展和学校"双一流"建设的有效评价机制。

3.构建学科动态监测与绩效评价机制

与第三方机构合作,对学科发展状况进行了全面的评价,已形成全部采用第三方数据的学科建设分析报告。首次投入专项资金，开展了“双一流”建设成效奖励，在评价中强调学科的发展与进步、强调多维度全方位评价，强调对国家经济社会发展功效，较好地调动了学科建设的积极性和能动性。

（侯继武）

【存在问题与改进措施】

（一）存在问题

在取得显著成绩的同时，我校的“双一流”建设与改革发展也面临着诸多问题，距离世界一流大学的标准仍有一定的差距，主要体现在以下方面：

1. 各类办学资源紧张

学校空间等办学资源紧张，已经严重制约了学校新兴、前沿与交叉学科建设与高水平人才引进。与此同时，由于农业的公益性行业性质，我校仍存在资金紧张，制约了学校各项工作的开展。

2. 学科结构需进一步优化与完善

传统学科在巩固和强化学科优势的同时，迫切需要与现代信息技术、生物技术、智能技术的结合，实现对传统学科的改造；同时，与世界一流大学相比，学科结构尚不完善，新时代农科学科体系尚不完备，学科结构亟须进一步优化与拓展。

3. 人才培养模式改革创新尚需进一步推进

通专平衡的本科人才培养模式改革与创新尚与新时代农业农村现代化和乡村振兴对人才的需求相比尚存在一定的欠缺；科教融合、产学结合的研究生培养机制尚需进一步完善，政治过硬、行业急需、能力突出的高层次复合型人才培养新机制仍需进一步建立。

4. 学术领军人才特别是大师级人才仍显不足

与同领域世界一流大学相比，学术领军人才特别是大师级人才仍显不足且年龄结构仍需进一步改善，学术领军人才特别是青年领军人才的培养与引进需进一步强化。

5. 解决科技创新与产业发展关键问题能力仍需进一步加强

满足国家重大需求，解决重大科学难题和产业关键问题的能力仍需进一步加强，校地合作、校企合作联合攻关和多学科协同创新的能力仍有欠缺，科研组织模式改革仍需推进，高水平科研成果的转化水平仍然不高，破除“五唯”建立科学评价机制工作仍需加强。

6. 文化创新能力与辐射能力仍需进一步提升

对中华民族优秀农耕文化的传承与创新能力仍未得到充分挖掘，对优秀传统文化的当代意蕴的提炼和弘扬仍不充分，发挥高校文化传承创新职能，以优秀文化辐射社会推动社会文化发展的作用仍未得到充分发挥。

7. 国际合作交流仍需进一步坐实、落地

尽管已完成了与世界顶尖农业大学、“一带一路”沿线国家和“南南合作”国家有关政府、高校、科研机构的合作网络布局，但“一带一路”联盟和海外合作基地的效能有待进一步发挥。

8. 内部治理有待进一步完善

内部治理仍有待进一步完善，学校管理部门的服务效能仍有待进一步加强，学院、学科在建设发展中的主观能动性和创造力还没有得到充分发挥，学科发展内生动力仍需进一步释放。

(二)改进措施

继续深入实施“5+1”工程，深入推进学校综合改革，全面落实新时代党的建设总体要求，始终坚持党对学校工作的全面领导，牢牢把握社会主义办学方向，跟上新时代教育现代化步伐，以改革促发展，以关键环节突破带动全面发展。

1. 深化学校内部治理改革

继续改进与加强党的领导，落实党委领导下的校长负责制，进一步完善现代大学制度，推进校院两级改革，激发学院、学科发展内生动力，释放发展活力。

2. 积极谋划拓展办学资源

围绕北京全国科技创新中心建设等区域发展战略，加强与地方政府、企业和国际伙伴对接，力争启动新校区建设，积极争取新的发展空间。进一步加大与地方政府、企业的合作，积极拓展资源筹措渠道，争取多元资金支持学校发展。同时，改革校内资源配置机制，提高校内空间使用效益。

3. 完善学科差异化发展机制

积极谋划学校中长期发展愿景，积极谋划未来学校学科布局。加大资金投入和政策支持，巩固传统优势学科地位，支持优势学科继续冲击世界一流学科前列；建立差异化发展机制，支持更多学科跻身一流学科行列；推进前沿交叉科学研究院建设，构建新的学科建设机制，培育新的学科增长点。

4. 推进人才培养模式改革

以深化改革推进人才培养质量进一步提升，积极推进大类招生与大类培养，探索以大类培养为基础的学部制改革，积极探索构建新时代农科学科专业体系和人才培养机制。

5. 大力实施人才强校战略

继续推进“315”人才计划落实落地，进一步加强领军人才引进；启动实施“兴农人才计划”，破除“五唯”倾向，实现全覆盖的各类人才精准支持，加强学术领军人才和中青年骨干的培育，支持教师职业发展。

6. 提升文化传承创新能力

开展“千年智慧”中华传统农业文化挖掘与传承和“百年传统”大学精神文化传承与大学形象传播两项重点工作，实现对于中华传统农耕文化、革命文化、社会主义先进文化的有效性继承与创新性利用，培养一批对于中华农耕文化有深度理解和认同的传承人，强化师生爱国荣校情怀。

7. 扎实推进国际合作交流

扎实推进“一带一路”/南南国际农业合作，强化工作落地，引领国际高等农业教育。配合第二届“一带一路”国际合作高峰论坛，举办“一带一路”农业合作论坛；做实做强11个农业教育科技合作海外中心，通过“一带一路”农业教育科技创新联盟辐射引领国家农业国际合作；积极推进国际专业认证和国际标准制定，引领国际高等农业教育。

8. 推进科研与社会服务模式与机制改革

进一步改革科研组织模式，破除“五唯”倾向，凝练创新方向，组建创新团队，引导多学科协同攻关，解决重大关键问题；提升服务国家战略水平，正式发布《中国农业大学服务乡村振兴战略行动计划》，力争在服务乡村振兴战略和脱贫攻坚取得新的突破；促进优秀成果转化。

（侯继武）

科学研究工作

【科研项目】

科研经费 2018 年,学校累计到校科研经费 152 026 万元。

科研项目立项 2018 年,承担 600 余项涉农领域国家重大科研项目(课题)。国家重点研发计划:新获批项目 11 个,国拨经费 2.15 亿元;获批课题 52 个,国拨经费 1.88 亿元。国家自然科学基金项目:获批 179 项,直接经费 1.13 亿元,其中面上项目 102 项、青年科学基金项目 47 项、重点项目 7 项、优青项目 3 项、国际(地区)合作与交流项目 12 项、联合基金项目 2 项、重大研究计划项目 1 项、海外及港澳学者合作研究基金 1 项、应急管理项目 4 项。重大专项:转基因生物重大专项获批项目 5 项,合同经费 6 574.25 万元;军口重大专项课题获批 1 项,合同经费 2 335.66 万元;环保部重大课题获批 1 项,合同经费 2 708.36 万元。农业农村部财政项目:获批 162 项,合同经费 4 544 万元。北京市项目:北京市卓越青年科学家项目获批 1 项,经费 5 000 万元;北京市科委项目获批 7 项,经费 604 万元;北京市自然科学基金:获批 21 项,经费 449 万元。省校合作项目:获批 52 项,合同经费 2 783 万元。中国博士后科学基金:获批 50 项,经费 305 万元。现代农业产业技术体系:现拥有 30 个现代农业产业技术体系,岗位专家 80 位,其中首席 6 人,经费 1.97 亿元;北京市现代农业产业技术体系创新团队 34 人,经费 1 385 万元;河北省蛋鸡肉鸡产业技术体系创新团队首席专家 1 人。横向项目:签署技术合同 800 余项,立项 691 项,合同经费 1.94 亿元,合作地区涉及全国 20 多个省、自治区、直辖市的近百个地市。基本科研业务费:经费 4 743 万元,完成组织立项 306 项。

科研项目结题验收 完成国家自然科学基金 2017 年度 178 个项目结题工作。完成“973 计划”项目验收 3 项,课题验收 3 项。完成科技支撑计划课题验收 2 项。完成公益性行业科研专项项目验收 7 项。完成国家转基因生物重大专项课题验收 12 项。完成国际科技合作项目验收1项，财务验收7项。完成北京市科委项目课题验收6项，北京市农委项目验收4项。完成北京市教委共建项目、大北农青年学者研究计划等项目结题验收124项。完成基本科研业务费项目结题验收317项。

（闫文文）

【科研基地建设】

科研基地建设与运行 初步形成"兽医公共卫生学国家重点实验室"建议方案，并组织校内外专家论证；启动教育部前沿科学中心——"农业生物分子设计前沿科学中心"建设方案编制。

2018年，省部级以上平台达到100个，"食品精准营养与质量控制教育部重点实验室"与"奶牛营养及生态健康养殖北京市国际科技合作基地"获认证。新增食品营养与健康学科创新引智基地"111"引智基地1个。新增校级基地8个：国际奶业战略与技术研究中心、国家农业绿色发展研究院、作物功能基因组与分子育种研究中心、健康食品产业研究院（兴化）、农药残留检测与风险评估研究中心、益生菌研究中心、有机循环研究院（苏州）、圆明园研究院。2018年，3个教育部工程中心参加由教育部组织的评估，其中"果蔬加工教育部工程研究中心"获评优秀。植物生长调节剂教育部工程研究中心通过验收。甘薯生物学与生物技术、草地管理与合理利用、葡萄酒加工、农业转基因生物安全评价（食用）、农业信息化标准化及农业灾害遥感6个农业部重点实验室通过验收。

科研基地创新能力条件建设 2018年，6个农业部重点实验室和1个农业部观测试验站承担的建设项目参加农业投资项目延伸绩效考核。农业部精准农业技术集成科研基地（渔业）、精准农业技术集成科研基地（畜牧业）、果蔬制汁加工技术集成科研基地、青贮饲草料加工技术集成科研基地和农业部河北北部耕地保育农业科学观测实验站5个农业建设项目投资计划下达，到校经费6 651万元。

（闫文文）

【科研成果】

科技成果奖励 国家级科技奖励：2018年，获得5项国家奖（2项主报，3项参报），其中第一完成单位2项，园艺学院高俊平教授主持完成的"月季等主要切花高质高效栽培与运销保鲜关键技术及应用"和食品科学与营养工程学院江正强教授主持完成的"半纤维素酶高效生产及应用关键技术"分别获国家科技进步奖二等奖。农学院金危危教授参与完成的"黄瓜基因组和重要农艺性状基因研究"获国家自然科学奖二等奖；植物保护学院刘西莉教授参与完成的"主要蔬菜卵菌病害关键防控技术研究与应用"、动物科技学院王爱国教授和生物学院胡晓湘教授参与完成的"高效瘦肉型种猪新配套系培育与应用"获国家科技进步奖二等奖。省部级科技奖励：2018年度共获得5项教育部高等学校科学研究优秀成果奖（科学技术），其中，农学院孙其信教授主持的"小麦耐热基因发掘与创新技术及育种利用"获技术发明奖一等奖，农学院李建生教授主持的"玉米杂种优势遗传基础解析和新自交系及新品种研制"获科技进步奖一等奖，资源与环境学院崔振岭教授获青年科学奖，生物学院苏震教授主持完成的"组学大数据整合与解析的新技术和算法研究"获自然科学奖二等奖，资源与环境学院李国学教授主持完成的"种—养—加循环利用关键技术与模式”获科技进步奖二等奖。食品科学与营养工程学院郭顺堂教授主持完成的“蛋白质热聚集控制技术与装备的研制及高品质豆制品开发”获北京市科学技术奖二等奖。资源与环境学院张福锁院士团队的“土壤-作物系统综合管理技术研究与应用”入选2018年度中国高等学校十大科技进展。动物医学院沈建忠院士荣获第六届中华农业英才奖。食品科学与营养工程学院倪元颖教授为第一发明人的“一种浓缩苹果清汁大容量罐群低温无菌贮存方法”获第二十届中国专利奖金奖。

学术论文 2018年,发表的论文累计被SCI、EI和SSCI收录2 869篇次,比去年同期(2 425篇)增长18%。其中SCI收录1 899篇,比去年同期(1 710篇)增长11%;EI收录907篇,比去年同期(664篇)增长37%;SSCI收录63篇,比去年同期(51篇)增长24%。在国际顶级学术刊物*Nature*上发表论文1篇,*Nature Genetics*上发表论文1篇。

专利等 2018年,申请国内专利1 062项,其中发明专利申请852项,实用新型200项,外观设计10项;授权专利554项,其中发明专利357项,实用新型184项,外观设计13项。申请国外专利9项,国外专利授权2项。申请软件著作权508项,获得软件著作权登记证书538项。申请植物新品种权19项,授权10项。获得品种审定证书4个,其中3个为国审品种。申请新兽药14项,获得证书6项。

学术期刊 2018年,*Journal of Animal Science and Biotechnology*(《畜牧与生物技术杂志(英文版)》,简称JASB)期刊JCR数据报告显示,论文影响因子增加到3.20。

(闫文文)

【哲学社会科学发展】

“三农”高端智库建设 围绕国家重大战略需求,加强“三农”智库建设。2018年,国家农业农村发展研究院、“一带一路”农业合作学院/南南农业合作学院及北京食品安全政策与战略研究基地等特色智库积极开展研究,取得丰硕成果。多项政策建议或研究成果获得党和国家领导人批示。李小云教授有关扶贫工作、叶敬忠教授关于乡村振兴的研究成果都获得习近平总书记的重要批示。组织专家撰写多篇政策建议,其中3篇被教育部《高校智库专刊》采用。主办“改革开放四十年中国共产党‘三农’思想与实践研讨会”、第二届乡村振兴学术论坛、中国农业发展新年论坛等高端学术交流活动,社会影响力逐渐提高。2018年,国家农业农村发展研究院获中国社会科学评价研究院中国智库咨政建言“国策奖”,中国南南农业合作学院撰写的《助力国际发展合作:南南合作评估框架的新探索》成功入选“中国智库索引(CTTI)2018年度优秀成果”。

社科类科研项目 2018年,人文社科类项目获批158项,合同经费3 380万元。其中国内纵向项目85项,合同经费1 953万元;国内横向项目67项,合同经费1 221万元;国际合作项目6项,合同经费206万元。国家社科基金项目获批9项,其中重大项目1项,“研究阐释党的十九大精神”专项项目1项,达到历史最高水平。

学术论文与成果 2018年,获得农业农村部软科学优秀成果奖2项,发表的论文被SSCI收录63篇,比去年同期(51篇)增长24%。

学术期刊 2018年,中国农业大学学报(社科版)在625种综合性人文社会科学期刊中影响因子提升到2.178,排名第9位,影响力指数排名第14位。*China Agricultural Economic Review*(《中国农业经济评论》(简称CAER)在国内外农业经济领域的影响力不断进一步提升，现已成为向国内外学术界展示有关中国农业经济问题研究成果的重要窗口，是推介和提升学校农业经济管理学科国际影响力的重要渠道。2018 年 11 月，有来自 11 个国家的 206 位专家学者参加了第十届 CAER 国际学术年会，该会议也已成为国内外学者围绕“三农”问题进行交流的一个高端平台。

（闫文文）

附录

附录 1　2018 年度各级各类科研项目到校经费　　万元

项 目 类 型	到校经费
国家重点研发计划	39 133
现代农业产业体系	19 690
横向课题	17 147
国家自然科学基金	15 621
国家重点实验室经费	12 236
其他项目经费	11 660
重大专项项目	9 147
北京市项目	6 539
创收经费	6 107
基本科研业务费	4 743
农业农村部财政/其他项目	4 354
人文类项目	2 910
省校合作项目	1 734
国际合作项目	1 005
总计	152 026

附录 2　2018 年度各部委到校科研经费统计　　万元

项 目 来 源	到校经费
科技部	51 736
农业农村部	33 327
企、事业委托	26 202
国家自然科学基金委	15 621
其他项目	9 478
北京市	6 539
教育部	4 850
其他部委	3 268
国际合作	1 005
总计	152 026

附录 3　2018 年度各学院科研经费统计　　万元

单　　位	到校经费
动物科技学院	28 259
生物学院	22 240
农学院	16 518
食品科学与营养工程学院	14 745
动物医学院	9 601
资源与环境学院	9 433
植物保护学院	7 237
工学院	6 853
水利与土木工程学院	6 423
理学院	6 207
信息与电气工程学院	4 311
园艺学院	3 605
经济管理学院	2 947
食品高精尖创新中心	2 025
人文与发展学院	1 551
其他(含待拨经费,土地学院等)	10 071
合计	152 026

附录 4　2018 年度各学院发表国际论文统计　　篇

学　　院	SCI	EI	SSCI	合计	IF>5
食品科学与营养工程学院	260	140		400	20
动物科技学院	240	21		261	16
资源与环境学院	226	103	14	343	42
理学院	179	65	1	245	27
工学院	147	182	7	336	29
动物医学院	142	9		151	20
植物保护学院	133	10	1	144	14
农学院	132	18	2	152	34
生物学院	129	8		137	47
水利与土木工程学院	127	119	2	248	5

续表

学　　院	SCI	EI	SSCI	合计	IF＞5
信息与电气工程学院	94	213	6	313	11
园艺学院	60	6		66	17
经济管理学院	12	4	15	31	1
土地科学与技术学院	6	4	3	13	
人文与发展学院	2		10	12	
国际学院	3	2	2	7	2
马克思主义学院					
其他	7	3		10	2
合计	1 899	907	63	2 869	287

备注：(1)统计口径为中国农业大学人员为第一作者，且中国农业大学为第一署名单位的论文；(2)IF 表示论文影响因子。

附录 5　2018 年度各学院授权专利和软件著作权统计　　项

学　　院	授权专利		软件著作权
	总数	发明	登记
动物科学技术学院	24	18	5
动物医学院	10	10	1
工学院	214	84	151
理学院	24	23	
农学与生物技术学院	26	26	
生物学院	15	15	4
食品科学与营养工程学院	40	37	
水利与土木工程学院	57	25	40
信息与电气工程学院	114	99	295
资源与环境学院	16	12	24
农学院	8	3	4
植保学院	5	5	
体育与艺术中心			
经济管理学院			4
网络中心			4
烟台研究院	1		2
园艺学院			1
模式动物重大设施建设办公室			3
总计	554	357	538

注：由于专利的滞后性，表中为农学与生物技术学院未分院时的统计数据。

附录6　2018年度科研实验室和基地清单

序号	科研基地名称	建设时间	批准部门	级别	依托学院	负责人
1	农业生物技术国家重点实验室	1987.10.31	科技部	国家级实验室	生物学院	何群(代)
2	植物生理学与生物化学国家重点实验室	2002.01.11	科技部	国家级实验室	生物学院	杨淑华
3	动物营养学国家重点实验室	2005.03.23	科技部	国家级实验室	动物科技学院	呙于明
4	畜禽育种国家工程实验室	2008.11.27	国家发改委	国家级实验室	动物科技学院	杨宁
5	河北沽源草地生态系统国家野外科学观测研究站	2005.12.20	科技部	国家级野外站	动物科技学院	王堃
6	国家饲料工程技术研究中心	2000.06.20	科技部	国家级中心	动物科技学院	谯仕彦
7	国家果蔬加工工程技术研究中心	2011.01.07	科技部	国家级中心	食品科学与营养工程学院	胡小松
8	国家能源非粮生物质原料研发中心	2011.09.28	国家能源局	国家级中心	农学院	王涛
9	生物质能科学与技术国际联合研究中心	2016.12	科技部	国家级国际联合研究中心	工学院	董仁杰
10	国家玉米改良中心	1998.04.14	农业部	省部级中心	农学院	赖锦盛
11	国家家禽测定中心	1999.01.21	农业部	省部级中心	动物科技学院	徐桂云
12	国家兽药安全评价中心	1999.09.26	农业部	省部级中心	动物医学院	沈建忠
13	草业科学北京市重点实验室	2001.06.06	北京市教委	省部级实验室	动物科技学院	毛培胜
14	作物遗传改良北京市重点实验室	2001.06.06	北京市教委	省部级实验室	农学院	李自超
15	果树逆境生理与分子生物学北京市重点实验室	2001.06.06	北京市教委	省部级实验室	园艺学院	韩振海
16	生物饲料添加剂北京市重点实验室	2011.03.21	北京市科委	省部级实验室	动物科技学院	谯仕彦
17	动物源食品安全检测技术北京市重点实验室	2011.03.21	北京市科委	省部级实验室	动物医学院	沈建忠
18	现代农业装备优化设计北京市重点实验室	2011.05.18	北京市科委	省部级实验室	工学院	宋正河
19	种子病害检验与防控北京市重点实验室	2011.05.18	北京市科委	省部级实验室	植物保护学院	李健强

续附录 6

序号	科研基地名称	建设时间	批准部门	级别	依托学院	负责人
20	设施蔬菜生长发育调控北京市重点实验室	2012.05.23	北京市科委	省部级实验室	园艺学院	高丽红
21	植物源功能食品北京市重点实验室	2012.05.23	北京市科委	省部级实验室	食品科学与营养工程学院	籍保平
22	现代精细农业系统集成研究教育部重点实验室	2002.01.11	教育部	省部级实验室	信息与电气工程学院	李民赞
23	植物-土壤相互作用教育部重点实验室	2002.01.11	教育部	省部级实验室	资源与环境学院	张福锁
24	功能乳品教育部北京市共建重点实验室	2003.11.27	教育部	省部级实验室	食品科学与营养工程学院	任发政
25	作物杂种优势研究与利用教育部重点实验室	2005.12.15	教育部	省部级实验室	农学院	孙传清
26	农业部动物遗传育种与繁殖重点实验室	1996.11.14	农业部	省部级实验室	动物科技学院	田见晖
27	农业部动物流行病学重点实验室	1996.11.14	农业部	省部级实验室	动物医学院	杨汉春
28	农业部作物有害生物监测与绿色防控重点实验室	1996.11.14	农业部	省部级实验室	植物保护学院	郭泽建
29	农业部设施农业工程重点实验室	1996.11.14	农业部	省部级实验室	水利与土木工程学院	李保明
30	农业部华北耕地保育重点实验室	1996.11.14	农业部	省部级实验室	资源与环境学院	李保国
31	农业部玉米生物学与遗传育种重点实验室	2002.11.07	农业部	省部级实验室	农学院	赖锦盛
32	农业部农作制度重点实验室	2002.11.07	农业部	省部级实验室	农学院	陈阜
33	农业部土壤微生物重点实验室	2002.11.07	农业部	省部级实验室	生物学院	楼慧强
34	农业部兽药残留及违禁添加物检测重点实验室	2008.07.29	农业部	省部级实验室	动物医学院	沈建忠
35	农业部果蔬加工重点实验室	2008.07.29	农业部	省部级实验室	食品科学与营养工程学院	廖小军
36	农业部饲料安全与生物学效价重点实验室	2011.07.08	农业部	省部级实验室	动物科技学院	张丽英
37	农业部土壤-机器-植物系统技术重点实验室	2011.07.08	农业部	省部级实验室	工学院	张东兴

续附录 6

序号	科研基地名称	建设时间	批准部门	级别	依托学院	负责人
38	农业部可再生能源清洁化利用技术重点实验室	2011.07.08	农业部	省部级实验室	工学院	王涛
39	农业部园艺作物营养与生理重点实验室	2011.07.08	农业部	省部级实验室	园艺学院	韩振海
40	农业部农业信息获取技术重点实验室	2011.07.08	农业部	省部级实验室	信息与电气工程学院	朱德海
41	国家动物海绵状脑病检测实验室	2003.12.18	农业部	省部级实验室	动物医学院	赵德明
42	国家动物寄生原虫实验室	2004.09.16	农业部	省部级实验室	动物医学院	汪明
43	国家兽药残留基准实验室	2004.12.16	农业部	省部级实验室	动物医学院	沈建忠
44	国家级兽药安全评价(环境评估)实验室	2007.10.09	农业部	省部级实验室	动物医学院	沈建忠
45	农业部农产品贮藏保鲜质量安全风险评估实验室(北京)	2011.12.29	农业部	省部级实验室	食品科学与营养工程学院	罗云波
46	国土资源部农用地质量与监控重点实验室	2012.05.10	国土资源部	省部级实验室	资源与环境学院	朱道林
47	农业部草地生态环境科学观测实验站	2005.10.14	农业部	省部级野外站	动物科技学院	王堃
48	农业部武川农业环境科学观测实验站	2005.10.14	农业部	省部级野外站	资源与环境学院	潘学标
49	农业部作物高效用水吴桥科学观测实验站	2008.07.04	农业部	省部级野外站	农学院	周顺利
50	农业部河北北部耕地保育科学观测实验站	2011.07.08	农业部	省部级野外站	工学院	李洪文
51	农业部作物高效用水武威科学观测实验站	2011.07.08	农业部	省部级野外站	水利与土木工程学院	康绍忠
52	农业部桓台农业环境科学观测实验站	2011.07.08	农业部	省部级野外站	资源与环境学院	吴文良
53	种苗健康北京市工程研究中心	2011.04.18	北京市发改委	省部级中心	农学院	李健强
54	先进农业传感技术北京市工程研究中心	2011.12.31	北京市发改委	省部级中心	信息与电气工程学院	李道亮
55	北京市农业物联网工程技术研究中心	2012.05.23	北京市科委	省部级中心	信息与电气工程学院	李道亮

续附录 6

序号	科研基地名称	建设时间	批准部门	级别	依托学院	负责人
56	畜产品北京市高等学校工程研究中心	2010.01.04	北京市教委	省部级中心	食品科学与营养工程学院	任发政
57	河北省低平原区农业工程技术研究中心	2008.09.27	河北省	省部级中心	农学院	王璞
58	玉米育种教育部工程研究中心	2001.01.15	教育部	省部级中心	农学院	陈绍江
59	现代农业装备与设施教育部工程研究中心	2006.06.28	教育部	省部级中心	工学院	高振江
60	果蔬加工教育部工程研究中心	2006.06.28	教育部	省部级中心	食品科学与营养工程学院	胡小松
61	农业节水与水资源教育部工程研究中心	2007.10.12	教育部	省部级中心	水利与土木工程学院	李光永
62	植物生长调节剂教育部工程研究中心	2009.12.21	教育部	省部级中心	农学院	段留生
63	农业部牧草与草坪草种子质量监督检验测试中心(北京)	1998.11.16	农业部	省部级中心	动物科技学院	毛培胜
64	农业部农产品质量监督检验测试中心(北京)	1998.11.16	农业部	省部级中心	食品科学与营养工程学院	黄昆仑
65	农业部家禽品质监督检验测试中心(北京)	2003.04.17	农业部	省部级中心	动物科技学院	杨宁
66	农业部饲料效价与安全监督检验测试中心(北京)	2003.04.17	农业部	省部级中心	动物科技学院	李德发
67	农业部兽药安全监督检验测试中心(北京)	2003.04.17	农业部	省部级中心	动物医学院	沈建忠
68	农业部饲料质量安全监督检验中心	2007.11.23	农业部	省部级中心	动物科技学院	李德发
69	农业部饲料工业中心	1996.04.25	农业部	省部级中心	动物科技学院	李德发
70	农业部保护性精细耕作研究中心	1999.05.19	农业部	省部级中心	工学院	李洪文
71	农业部牧草工程技术研究中心	2010.11.03	农业部	省部级中心	动物科技学院	张英俊
72	国家农业野生植物鉴定评价中心(水稻)	2007.12.10	农业部	省部级中心	农学院	孙传清
73	国家果蔬加工技术研发分中心	2008.10.16	农业部	省部级中心	食品科学与营养工程学院	廖小军

续附录 6

序号	科研基地名称	建设时间	批准部门	级别	依托学院	负责人
74	国家农产品加工技术装备研发分中心	2009.11.12	农业部	省部级中心	工学院	彭彦昆
75	食品质量与安全北京实验室	2012.12.04	北京市教委	省部级实验室	食品科学与营养工程学院	傅泽田
76	畜禽遗传改良北京市重点实验室	2013.06.17	北京市科委	省部级实验室	动物科技学院	连正兴
77	生物多样性与有机农业北京市重点实验室	2013.06.17	北京市科委	省部级实验室	资源与环境学院	吴文良
78	北京市畜禽健康养殖环境工程技术研究中心	2013.06.17	北京市科委	省部级中心	水利与土木工程学院	李保明
79	农业部动物产品质量安全化学性危害因子风险评估实验室(北京)	2013.04.25	农业部	省部级实验室	动物医学院	沈建忠
80	温室设备国际科技合作基地	2013.11.05	科技部	示范型国际科技合作基地	水利与土木工程学院	张天柱
81	北京市畜禽健康养殖环境与福利国际科技合作基地	2014.03	北京市科委	示范型国际科技合作基地	水利与土木工程学院	李保明
82	花卉发育与品质调控北京市重点实验室	2014.06.30	北京市科委	省部级实验室	园艺学院	高俊平
83	北京市供水管网系统安全与节能工程技术研究中心	2014.06.30	北京市科委	省部级中心	水利与土木工程学院	王福军
84	北京市果树良种繁育工程技术研究中心	2014.06.30	北京市科委	省部级中心	园艺学院	韩振海
85	北京市生鲜乳质量安全工程技术研究中心	2015.06	北京市科委	省部级中心	动物科技学院	李胜利
86	食品非热加工北京市重点实验室	2015.06	北京市科委	省部级实验室	食品科学与营养工程学院	廖小军
87	中国农业大学农作物种子全程技术研究北京创新中心	2013.12	农业部	省部级实验室	农学院	王建华
88	农田土壤污染防控与修复北京市重点实验室	2016.12	北京市科委	省部级实验室	资源与环境学院	李国学
89	植物蛋白与谷物加工北京市重点实验室	2016.12	北京市科委	省部级实验室	食品科学与营养工程学院	郭顺堂

续附录 6

序号	科研基地名称	建设时间	批准部门	级别	依托学院	负责人
90	中国农业大学中欧农业信息技术研究中心	2009.1	科技部	示范型国际科技合作基地	信息与电气工程学院	李道亮
91	农业部甘薯生物学与生物技术重点实验室（试运行）	2016.12	农业部	省部级实验室	农学院	刘庆昌
92	农业部草地管理与合理利用重点实验室（试运行）	2016.12	农业部	省部级实验室	动物科技学院	张英俊
93	农业部葡萄酒加工重点实验室（试运行）	2016.12	农业部	省部级实验室	食品科学与营养工程学院	段长青
94	农业部农业转基因生物安全评价（食用）重点实验室（试运行）	2016.12	农业部	省部级实验室	食品科学与营养工程学院	黄昆仑
95	农业部农业信息化标准化重点实验室（试运行）	2016.12	农业部	省部级实验室	信息与电气工程学院	高万林
96	农业部农业灾害遥感重点实验室（试运行）	2016.12	农业部	省部级实验室	信息与电气工程学院	王鹏新
97	作物分子育种国际合作联合实验室	2017.10	教育部	省部级实验室	农学院	李召虎
98	北京食品安全政策与战略研究基地	2017.10	北京市哲学社会科学规划办公室、北京市教委	省部级实验室	经济管理学院	白军飞
99	奶牛营养及生态健康养殖北京市国际科技合作基地	2018.05	北京市科委	省部级国际科技合作基地	动物科技学院	李胜利
100	食品精准营养与质量控制教育部重点实验室	2018.09	教育部	省部级实验室	食品科学与营养工程学院	任发政

社会服务工作

【概况】

2018 年 6 月，学校管理服务机构调整，成立社会服务处（新农村发展研究院），将原新农村发展研究院与地方政府、企事业单位合作、党政办公室对口支援，科学技术发展研究院定点扶贫、校办产业办公室科技成果转移转化等工作并入社会服务处。社会服务处通过体制机制创新，开创社会服务工作新格局，加强了学校与地方政府、企事业单位的合作，积极拓展外部办学资源，为学校“双一流”建设及内涵式发展提供有力支持。

（杜金昆）

【统筹布局，深化教授工作站网络体系建设】

针对国家粮食安全、生态安全、农业节水、农业信息化等重大需求，不断完善科技小院、校外实验站和教授工作站、现代农业产业技术体系为主要平台的“一院两站一体系”社会服务体系，重点围绕粮食生产功能区、重要农产品生产保护区、特色农产品优势区、各类园区和各类企业，建设一批农业应用技术研发基地、科学试验站和区域示范基地。服务京津冀都市农业、东北现代农业、西北绿洲农业的可持续发展需求。

2018 年，结合地方产业发展需求，建立北京平谷、内蒙古察尔湖、重庆江津、河南固始、河南通许、无锡阳山、宁夏吴忠、北京资源亚太、辽宁桓仁、内蒙古黄河河套等 10 个新农村发展研究院教授工作站，至此学校已共建立 76 个综合性和特色产业教授工作站，分布于全国 27 个省、自治区、直辖市，形成集试验、示范、成果转化于一体的社会服务网络。教授工作站是学校与地方合作的重要抓手，为当地经济和社会发展提供规划设计、技术指导、成果转化、人员培训、社会管理等综合服务，提升当地农产品核心竞争力，促进地方现代农业的转型升级。

（王福军）

【模式创新，开创产业技术研究院落地】

积极与地方政府、龙头企业接洽交流，开展大学农技推广服务模式探索，整合学校相关资源，建设产业技术研究院。2018 年先后与苏州市共同建设以城市生态循环发展为特色的“中国农业大学有机循环研究院（苏州）”、与兴化市共同建设以健康食品产业为特色的“中国农业大学（兴化）健康食品产业研究院”，探索形成“高校＋政府＋企业”新模式，促进成果研发、转化和落地，科技创新、成果转化等重要领域和关键环节上取得实质性突破。

成立“国家农业绿色发展研究院暨农业绿色发展学院”，以突破绿色发展关键技术、研发绿色产品、创建农业可持续发展新模式为目标，助力国家“绿色发展、乡村振兴”战略。国家农业绿色发展研究院与曲周县合作，将科技创新、人才培养、社会服务相结合，打造跨学科、多单位、集团式农业绿色发展综合性创新平台。与此同时，学校还与云南省、大同市、平谷区、重庆荣昌高新技术产业开发区等 10 余个省、自治区、直辖市签署合作协议，提供发展规划设计和技术成果支撑，加速科技成果转移转化，促进地方经济水平提升。

（杜金昆）

【建设科技小院，助力脱贫攻坚和社会服务能力提升】

依托全国 23 个省市建立的 121 个科技小院，累计服务农户超过 20 000 户，覆盖 45 个作物体系。科技小院将科技创新、人才培养和社会服务有效结合，以研究生为主体的建设者长期扎根基层，零距离、零门槛、零时差和零费用服务农户及生产组织。2018 年学校共有 419 名研究生进入科技小院开展工作，协助全国科技小院联盟开展农民培训 96 场，培训农民 3 200 人次；开展田间现场观摩会 17 场，累计参观农民 1 530 人次。科技小院服务“三农”事迹引起全国媒体广泛关注，被中央电视台《新闻联播》《人民日报》《中国教育报》《河北日报》《河南日报》等国家级、省市县级媒体报道 537 次。

（王福军）

【智力引领，增加科技成果转移转化效益】

积极与地方政府和科技主管部门交流沟通，与云南、吉林、河北、山西、山东、内蒙古等多个地区建立科技合作关系，并与部分地区签署合作协议，为科技成果转化奠定基础。2018 年共签署技术服务、技术咨询、技术开发合同 700 余项，其中经费到账合同数 653 项，合同金额 18 566 万元；签署技术转让合同 29 项，合同金额 5 890 万元。合作地区涉及全国 20 多个省、自治区、直辖市的近百个地市，促成学校与多家企业在作物育种、动物医药、食品加工、农业物联网、富硒农产品生产、有机牛奶生产、有机蔬菜生产等领域合作，产生一批重大科技成果转化项目。

培育 30 余个植物新品种（包括花卉、蔬菜、果树等）并在全国大面积推广。其中玉米新品种 16 个，推广面积 1 100 万亩，每亩平均增产 40 公斤，共计增产粮食 4 亿公斤；小麦新品种农大 3 486 通过北部冬麦区国家审定；自主研发的小麦新品种农大 5 181，在北京、天津、河北等地推广 10 万亩，增加农民收入 660 万元；农大 211 和农大 212 在北京、天津、河北等推广面积 20 万亩，增加农民收入 1 100 万元；农大 399 在河北推广 30 万亩，增加农民收入 2 000 万元。

（杜雨朔）

【服务北京，助力首都科技创新中心建设】

通过与大北农、德清源、中国化工集团等龙头企业共同建设研发机构，进一步加速高校科技成果转化，促进地方经济水平提高。

针对北京市“都市型现代农业”转型升级发展需求，围绕北京市“全国科技创新中心”建设任务要求，与平谷区签署战略合作协议。双方通过体制机制创新，建设“国家农业科技创新港”，推动农业科技多领域合作，持续产生全球领先的原创性科技成果，引领国家农业科技服务高地。

牵头并成功申报“北京市科技成果转化平台建设专项”和“中关村科技服务平台建设项目”，促进学校科技成果在北京转化和落地。

（杜金昆）

【加强党建，助力镇康打赢脱贫攻坚战】

学校成立“中国农业大学脱贫攻坚工作领导小组”，办公室设在社会服务处，协调有关定点扶贫工作。学校党委捐献党费 200 万元，设立党建扶贫项目，购买镇康县农产品 203 万元，为镇康县培训各类技术和管理人员 400 人。同时召开党委常委会专题研究镇康县党建扶贫项目立项实施工作，派出专家教授赴镇康县帮助策划实施党建扶贫项目。项目采取“村党支部＋科技小院＋合作社＋建档立卡贫困户”模式，由村党支部牵头，科技小院指导帮助建档立卡的贫困户进行科学种植，专家教授跟踪指导，产品由农业合作社统一收购、加工和销售，有效确保建档立卡贫困户收益。

2018 年，中国农业大学镇康县定点扶贫工作再一次获得教育部精准扶贫精准脱贫十大典型项目。张福锁院士荣获 2018 年全国脱贫攻坚奖。

（卜洪震）

【突出重点，提升对口支援工作实效】

学校成立“中国农业大学对口支援与对口合作工作领导小组”，办公室设在社会服务处，统筹协调对口支援与部省合建高校合作工作。坚持“真诚合作、重点支援、加快发展、取得实效”的原则，以加强受援高校人才培养、师资队伍建设为抓手，广泛开展交流合作，大力推进对口支援工作，促进受援高校发展。

2018 年，学校协助成立南疆科技成果转化中心专家技术委员会，教师多次赴塔里木大学开展科技合作与交流，推动南疆科技成果转化中心建设，推进对口支援工作开展。11 月，与西藏农牧学院签署新一轮对口支援协议，全面开展和落实学科建设、专业建设、队伍建设、科研工作、人才培养等各项工作，推动西藏高原特色农业发展、探索服务地方经济社会发展新模式。12 月，与河北大学接洽，研究“部省合建对口合作高校”建设工作。

（杜雨朔）

管理与后勤保障

发展规划工作

【概况】

2018年，发展规划处认真学习贯彻习近平新时代中国特色社会主义思想、党的十九大精神和全国教育大会精神，按照学校第三次党代会、“十三五”事业发展规划、综合改革方案和“双一流”建设方案的部署和要求，在学校党委坚强领导下，在各学院、职能部门的大力支持下，加快推进学校“双一流”建设，圆满完成各项工作。

（戴晓曦）

【推进“双一流”建设项目实施】

2018年，按照学校“双一流”建设总体方案，组织完成2019年中央高校建设世界一流大学（学科）和特色发展引导专项资金项目申报工作。

经过充分调研和反复论证，提出学校“双一流”建设项目实施与管理改革方案，坚持“统筹设计、明确责任；先导谋划、加强论证；过程管理、狠抓执行；成效考核、奖惩并举”的原则，滚动统筹2019年和2020年“双一流”建设项目，扩大学院建设自主权。完成学校统筹建设项目实施方案编制、论证工作；启动学院与学科自主建设项目实施方案编制、论证工作。

按照总体改革思路，学校“双一流”建设项目实行项目分类管理，明确各类项目责任人，建立过程监督，实行年度考核和绩效奖励的管理体系。初步制定《“双一流”建设项目实施方案编制与论证管理办法》《“双一流”建设项目过程执行管理办法》《“双一流”建设项目考核与验收管理办法》《“双一流”建设项目动态监测与成效评价管理办法》等一整套“双一流”建设管理系统。

发起组建“双一流”农科联盟，举办联盟成立大会，推动全国涉农“双一流”建设高校协同发展。

（王雯）

【制定学校新一届管理服务与直属机构设置方案】

按照学校部署，为坚持和加强党的全面领导，适应改革发展的新形势，满足改革发展的新要求，更好地完成改革发展的新任务，尤其是立德树人根本任务，进一步优化内部机构设置，理顺管理职能，强化服务导向，提高工作效能，促进科学管理，推进学校治理能力与治理体系的现代化，为学校"双一流"建设提供坚实保障，会同相关部门启动学校新一轮管理服务与直属机构设置的调研、方案编制与论证等工作，制定《中国农业大学新一届管理服务与直属机构设置方案》。

（金樱）

【学科建设】

依据第四轮学科评估指标及结果，深入分析学校学科建设中存在的短板，并与图书馆、第三方专业机构合作，动态监测各学科发展状态，撰写各类学科、排名分析报告 50 余份，为全校各学科提供全方位数据分析与咨询服务，推动学科"双一流"建设。

启动学科发展动态监测与成效评价研究，编制完成学院与学科 2018 年建设成效奖励方案并全面实施。

（李冬）

【培育新兴前沿交叉学科】

2018 年，学校成立国家农业绿色发展研究院/农业绿色发展学院；完成草业科学技术学院筹建工作；完成农业绿色发展、作物智能育种生物学和智能农业装备工程等 3 个北京市高精尖学科的申报工作。

为加强前沿交叉学科机制建设，起草《中国农业大学前沿交叉科学研究院建设方案》，并通过校长办公会进入筹建阶段。

（侯继武）

【开展学校发展战略研究】

按照学校部署，以引领国内新农科建设为导向，通过战略规划引领和驱动学校"双一流"建设，成立以人文与发展学院李小云教授为组长，多学科、多部门、校内外参与的"学校 2035 发展愿景战略研究"小组，推进学校发展战略研究。

联合华中农业大学、南京农业大学、西北农林科技大学申报工程院咨询项目——新时代"新农科"高等教育体系构建研究。进一步厘清传统农科、现代农科、新农科演变过程与知识体系，回答新农科建设内涵、要素与目标，引领构建未来我国农科高等教育体系。

（王雯）

【拓展办学资源】

着眼学校发展面临的制约因素，谋划学校办学资源拓展工作。紧抓国家北京"四个中心"建设历史机遇，学校与北京市平谷区签订战略合作协议，加快推进国家农业科技创新港建设；紧抓“海南建省兴办经济特区”的改革契机，学校主动参与海南国际教育岛建设，谋划学校在海南的发展布局；围绕中国农业大学烟台研究院办学及人才培养定位，组织召开专题研究会，完成烟台校区初步规划。

（张虎）

【组织完成学校各类数据统计】

紧密跟踪学校在THE、QS、上海软科等大学排名机构的排名情况，准确及时完成学校所需相关数据填报和基础信息提供工作，为提高学校声望、扩大对外影响奠定基础；协调相关单位完成本年度各类统计数据的填报工作；会同本科生院组织协调相关部门完成2018年度本科教学基本状态数据采集工作，保证学校数据按时上报。

（戴晓曦）

【组织完成年鉴编纂】

组织完成《中国农业大学年鉴》(2017)的编制工作，完成本年度《北京教育年鉴》《中国教育年鉴》相关内容的撰稿及校稿工作。

（杜伟）

【学术委员会秘书处工作】

作为学校第五届校学术委员会秘书单位，组织完成本年度学术委员会会议，完成学术委员会相关材料、报告的撰写工作。

（李璟）

人事管理工作

【概况】

2018年，为“人才强校年”，人事工作按照党的十九大和十九届二中、三中全会精神，以习近平新时代中国特色社会主义思想为指导，坚持人力资源是学校发展的第一资源，坚持人才优先发展战略是学校发展的第一战略，以国家人才工程为抓手，紧密围绕选、育、用、留四个关键环节核心问题和衔接机制，构建招贤荐智之“选才”、精准支持之“育才”、人适其岗之“用才”、激励关怀之“留才”的“四位一体”人才制度体系，着力深化人才发展体制机制改革，努力营造人才队伍建设良好氛围，确保人才选得优，育得强、用得好、留得住，使人才队伍建设工作在助推学校“双一流”建设中再上新台阶。

（赵瑞娇）

【教职工队伍现状】

截至2018年12月31日，中国农业大学教职工总规模为6 975人。其中，事业编制教职工2 722人，占39%；非事业编制教职工1 665人，占23.9%；在站博士后研究人员

192 人，占 2.8%；离退休人员 2 396 人，占 34.3%。

事业编制教职工中，专任教师 1 731 人，具有博士学位 1 366 人，具有硕士学位 279 人，具有学士学位及以下的 86 人。其中，教授(含研究员)635 人，副教授(含副研究员)860 人。学校有中国科学院院士 5 人，中国工程院院士 7 人，其中 1 人为双院士(含离退休)。“QR 计划”人才 16 人(含青年项目)。“ CJ 学者奖励计划”入选人员 39 人，其中讲座教授 7 人。“国家杰出青年科学基金”获得者 44 人，国家“973 计划”项目首席科学家 15 人，“百千万人才工程”国家级人选 27 人，享受政府特殊津贴专家 72 人。

(王迎　刘晓航　杨家福　崔晓晨)

【人才培养工作】

2018 年继续实施“青年教师成长工程”，统筹各项目的选派工作，全部满足符合选派条件教师出国研修的需求。国家公派高级研究学者及访问学者(含博士后)项目(即“全额资助项目”)，共有 10 人入选。青年骨干教师出国研修项目(即“1∶1”配套项目)，经专家评审并上报国家留学基金委审批，共有 9 人入选。此外，先后批准 8 人享受学术休假，71 人认定高等学校教师资格；组织 136 人参加青年教师岗前培训，多途径提高教师学术水平，拓宽研究领域；全方位、多层面的加强教职工的业务素质，提高教师可持续发展能力。

(崔晓晨)

【人才选拔与推荐】

周欣、赵要风、秦峰、韩建永、马曦、王战辉、陈芳 7 名教师入选“国家特支计划”科技创新领军人才；周志强教授入选国家“万人计划”教学名师；汪洋、曹志军 2 名教师入选“国家特支计划”青年拔尖人才；杨绍青、马超 2 名教师获得“国家优秀青年科学基金”；张英俊、王璞、李天忠、赵要风、杨敏丽、郭顺堂、江正强 7 名教师入选 2018 年度享受政府特殊津贴专家；郭仰东、杨海莲、李志红、卢凤君 4 名教师获得“宝钢优秀教师奖励基金”；王少林、李媛 2 名教师入选 2018 年度北京市科技新星计划。

(崔晓晨)

【人事调配】

2018 年是学校“315”人才引进计划实施的第一年，人事处根据各学院的实际需求改革人才招聘工作，各层次人才和实验技术岗位招聘由一年一次改革为全年招聘。2018 年全年批准引进各层次专任教师 197 人(评议通过)，其中高层次人才 115 人，普通人才 82 人；评议通过专任教师中 35 岁(含)以下 151 人，占总量 77%。较前 10 年平均年引进人才数量增长近 4 倍。按照学科分布，评议通过“双一流”学科专任教师 96 人，占总量 49%；马克思主义学科 16 人，占总量 8%；其他学科 85 人，占总量 43%。

2018 年全年新入职教职工共计 130 人，其中事业编制 125 人，校聘合同制 A 岗 5 人。事业编制入职人员相比 2018 年增长 33%。新入职的事业编制人员中，按照入职来源分类，包含接收应届毕业生 17 人，留学回国 31 人，博士后出站 44 人，京内调入 33 人；按照入职聘用岗位分类，专任教师 82 人(高层次人才引进 36 人、普通教师 46 人)、管理职员

30 人、实验技术人员 6 人、其他专业技术人员 7 人。

校内调动 12 人;事业编制调出 8 人,校聘合同制 A 岗离职 2 人。

（刘晓航）

【优秀教师评选】

本科生院、党委学生工作部、人事处、工会分别组织了 2018 年度优秀教师以及优秀教育工作者一、二、三类的评选工作,共评选优秀教师 60 名、优秀教育工作者 40 名。

（崔晓晨）

【专业技术职务评聘与晋升】

2018 年,学校共有 42 人晋升正高级专业技术职务,其中,6 名“四青”人员通过学校学术委员会评议,直聘教授。36 人晋升副高级专业技术职务,25 人晋升中级及以下专业技术职务。

（崔晓晨）

【职员晋升与聘任】

2018 年,学校共有 40 人晋升或聘任各级管理职员(含直聘)。其中,五级职员 5 人(含试用期考核合格处级干部 3 人,直聘五级职员)、六级职员 13 人(含试用期考核合格副处级干部 1 人,直聘六级职员)、七级及以下职员 22 人(含校聘合同制 A 岗 4 人)。

2018 年,新入校管理职员 34 人(含校聘合同制 A 岗 4 人),其中,1 人聘任七级职员,18 人聘任八级职员(含校聘合同制 A 岗 2 人),15 人聘任九级职员(含校聘合同制 A 岗 2 人)。

（刘晓航）

【职工年度考核】

2018 年,共有 66 个单位(不含校领导和人才交流中心)组织进行了年度考核,应参加考核 2 783 人(含校聘合同制 A 岗人员),实际参加考核 2 755 人,28 人未参加考核。考核优秀 401 人,占应参加考核总人数的 14.4%;考核合格 2 346 人,占应参加考核总人数的 84.3%;考核基本合格 2 人、不合格 6 人,共占应参加考核总人数的 0.3%。

根据《教师岗位基本职责暂行规定》细化考核数据指标,落实和规范 2018 年教师工作量年度考核,通过与相关职能部门对接,提供有关数据支撑,简化教师填表程序。共有 1 654 位专任教师参加 2018 年度工作量考核,考核达标率 94.7%,对未达到工作量要求的 76 名专任教师下达了提醒或预警通知。

（刘晓航　崔晓晨）

【在职工资管理】

规范人事待遇有关制度,依法依规落实职工各项工资待遇。根据人力资源和社会保障部、财政部相关文件精神,为事业编制人员调整基本工资标准。积极完善校内绩效工资分配办法,探索以业绩和贡献为导向的绩效分配机制,对不同层次人才采取有针对性的激励措施：完善特聘教授岗位聘任制度，提高四类特聘教授的基础年薪待遇；新增教学绩效，由学院自主分配；结合年终考核结果一次性发放业绩津贴和教学科研绩效。完成日常工资管理工作，包括为考核合格档次以上人员晋升一级薪级工资；调整在职人员住房公积金基数；做好各类职务或岗位变动后的工资变动等。

（刘瑞春）

【离退休人员待遇管理】

按照人社部规定，为符合退休条件的113人办理退休手续并核定退休工资。根据国家政策，为56名去世人员（含在职职工2人）核发抚恤金和丧葬费。根据上级工作部署，调整离休费标准。根据中央社保调资文件，增加校聘合同制工人的养老金，比照退职人员标准增加退养人员的养老金。

根据中组部、教育部安排，成立中国农业大学院士退休工作领导小组，上报院士退休实施方案，启动办理院士退休手续，并于7月办理2位院士退休手续，10月办理4位院士退休手续，80岁以上院士退休工作顺利办理完毕。此外，为院士配备一名助手，实现定点精准服务。

起草并颁布《中国农业大学延迟退休的补充规定（暂行）》（中农大人字〔2018〕27号）。按照文件要求，启动两次延迟退休申报，全年审定批准55人延迟退休。

（杨家福）

【社保工作】

2018年5月，按照中央文件精神，顺利完成在职人员养老保险首次征缴确认工作，全体在职和退休人员（不含离休和退养）平稳有序纳入中央社保系统。2018年，学校纳入机关事业单位养老保险的人员共计4 956人，其中在职人员2 628人、退休人员2 282人，暂停缴费46人。缴纳养老保险费9 878万元，其中单位缴费7 056万元，职工个人缴费2 822万元。中央国家机关养老保险基金管理中心累计发放养老保险费12 825万元。

按照《人力资源和社会保障部、财政部关于2018年调整退休人员基本养老金的通知》（人社部发〔2018〕18号）精神，中央国家机关养老保险中心决定对2018年12月31日前退休的教职工从2018年1月1日起调整基本养老金，总增资745余万元，人均增加298元。

（王迎　谢彦明）

【制度建设】

2018年，颁布实施《中国农业大学合同聘用制实施办法补充规定》（中农大人字〔2018〕12号）、《“大北农青年学者奖励计划”实施办法》（中农大人字〔2018〕14号）、《中国农业大学延迟退休的补充规定（暂行）》（中农大人字〔2018〕27号）、《中国农业大学合同聘用制实施办法细则》（中农大人字〔2018〕36号）等文件。完成专业技术职务分级文件修订初稿；起草并完成《关于规范中国农业大学专业技术人员兼职兼薪工作的有关规定（初稿）》。

（赵瑞娇）

【日常工作】

2018 年，全年共办理教职工出入境审核备案 370 人次，其中因公出入境备案 82 人次，因私出入境备案 288 人次。全年补发工作证 28 件，开具在职、收入相关证明 1 900 余份。为教职工申请解决干部夫妻两地分居 22 例，相比 2017 年增长 144%；为教职工解决夫妻两地分居 18 例，相比 2017 年增长 6%。

（董生）

附录

附录1　教授(研究员)名录

（按姓氏拼音为序）

农学院(45 人)

才宏伟	陈　阜	陈绍江	陈源泉	董学会	段留生	何绍贞
贺　岩	胡跃高	华金平	解超杰	金危危	康定明	康玉凡
赖锦盛	李保云	李自超	林中伟	刘庆昌	倪中福	彭惠茹
宋任涛	隋　鹏	孙传清	孙连军	孙其信	谭禄宾	田　丰
田晓莉	王保民	王建华	王　璞	王向峰	王志敏	谢光辉
徐明良	杨小红	姚颖垠	尤明山	曾昭海	翟　红	张海林
张明才	周顺利	朱作峰				

园艺学院(30 人)

高俊平	高丽红	郭仰东	韩振海	洪　波	胡建芳	贾文锁
孔　瑾	冷　平	李冰冰	李天红	李天忠	李险峰	刘青林
马　超	马会勤	马　男	孟祥彬	任华中	沈火林	眭晓蕾
王红清	王　倩	王　忆	许雪峰	杨文才	张常青	张小兰
张新忠	朱元娣					

植物保护学院(38 人)

彩万志	曹永松	杜相革	范　军	范在丰	高希武	郭泽建
国立耘	韩成贵	简　恒	李健强	李正西	李志红	梁　沛
刘俊峰	刘奇志	刘西莉	刘小侠	刘星月	刘志龙	马占鸿
倪汉文	彭友良	沈　杰	石旺鹏	孙文献	王　琦	吴波明
吴学宏	杨　定	张国珍	张力群	张　龙	张忠军	赵章武
周立刚	周　涛	周　欣				

生物学院(53 人)

陈其军	陈三凤	陈益芳	陈忠周	崔　胜	董江丽	封文海
傅静雁	傅　缨	巩志忠	郭　岩	韩建永	韩玉珍	何　群

胡晓湘	黄银花	蒋才富	李大伟	李继刚	李连芳	李　宁
李向东	李　岩	李颖章	刘维全	楼慧强	毛同林	齐俊生
秦　峰	任东涛	宋　渊	苏　震	田长富	王　涛	王喜庆
王献兵	王　毅	文　莹	吴　森	武维华	夏国良	杨海莲
杨淑华	于静娟	于舒洋	于政权	袁红莉	张　华	张　静
张美佳	张子丁	赵　倩	赵要风			

资源与环境学院(69 人)

安萍莉	陈范骏	陈　清	崔振岭	范明生	冯　固	冯利平
龚元石	郭景恒	郭　焱	韩文轩	郝晋珉	胡克林	胡　林
胡树文	黄元仿	江荣风	巨晓棠	孔垂华	孔祥斌	李保国
李国学	李花粉	李　季	李　隆	李品芳	李晓林	李学贤
李子忠	林启美	林　杉	刘　刚	刘来华	刘黎明	刘　培
刘学军	吕贻忠	孟凡乔	米国华	潘学标	潘志华	任　理
任图生	任雪芹	商建英	邵小明	申建波	苏德纯	孙丹峰
孙　英	王　冲	王　钢	王国安	王　数	吴文良	许　艇
杨晓光	宇振荣	袁力行	张宝贵	张凤荣	张福锁	张俊伶
张立祯	张卫峰	朱道林	邹春琴	左　强	左元梅	

土地科学与技术学院(5 人)

黄健熙	杨建宇	张　超	张晓东	朱德海

动物科学技术学院(51 人)

安　磊	曹兵海	邓学梅	董　娜	方美英	呙于明	胡永飞
赖长华	李德发	李胜利	连正兴	刘国世	刘继军	刘剑锋
罗海玲	马秋刚	马　曦	毛培胜	宁中华	朴香淑	谯仕彦
秦应和	曲鲁江	戎郁萍	孙东晓	孙　彦	田见晖	王楚端
王凤来	王军军	王　堃	王雅春	吴中华	武振龙	徐桂云
杨富裕	杨红建	杨　宁	尹靖东	俞　英	玉　柱	袁建敏
曾申明	张　浩	张丽英	张日俊	张胜利	张英俊	张蕴薇
赵广永	赵兴波					

动物医学院(43 人)

曹兴元	陈耀星	丁双阳	董玉兰	郭　鑫	韩　博	韩　军
何　诚	江海洋	金艺鹏	林德贵	刘金华	刘　群	刘钟杰
龙少军	吕艳丽	潘保良	蒲　娟	乔　健	沈建忠	沈张奇
苏敬良	孙怡朋	索　勋	唐　军	汪　洋	王九峰	王战辉
吴聪明	吴清民	吴文学	夏　春	夏兆飞	肖希龙	杨汉春
张大丙	张国中	张素霞	郑世军	周文忠	周向梅	朱　奎
朱要宏						

食品科学与营养工程学院(43人)

陈　芳　程永强　戴瑞彤　段长青　高彦祥　郭顺堂　韩北忠
郝彦玲　侯彩云　胡小松　扈洪波　黄昆仑　黄卫东　江正强
姜微波　冷小京　李　博　李景明　李平兰　李全宏　李兴民
李再贵　梁建芬　廖小军　罗永康　罗云波　马长伟　毛学英
倪元颖　潘秋红　任发政　沈　群　王　军　王世平　吴继红
薛文通　杨绍青　殷丽君　战吉宬　赵广华　郑　浩　朱本忠
朱鸿亮

信息与电气工程学院(36人)

安　东　陈一飞　陈英义　杜尚丰　杜松怀　段青玲　高万林
黄　岚　吉海彦　李道亮　李　丽　李　林　李民赞　李振波
林建涵　刘　刚　梅树立　穆维松　彭　波　孙瑞志　唐　巍
王建平　王鹏新　王忠义　杨建华　叶海建　叶　林　翟庆志
张　莉　张领先　张　漫　张荣群　张彦娥　赵　明　郑立华
郑丽敏

工学院(43人)

陈兵旗　董仁杰　傅泽田　韩鲁佳　何　进　侯书林　黄光群
江发潮　李　栋　李洪文　李问盈　刘守荣　毛恩荣　庞昌乐
彭彦昆　祁力钧　宋建农　宋正河　谭　彧　谭豫之　汤修映
王德成　王国业　王红英　王庆杰　王书茂　王顺喜　王晓燕
辛　喆　徐春城　徐丽明　徐　杨　闫巧娟　杨　丽　杨敏丽
杨增玲　张　宾　张东兴　张绍英　张小栓　赵建柱　郑永军
朱忠祥

水利与土木工程学院(35人)

杜太生　傅向荣　郭　萍　贺冬仙　黄冠华　黄权中　黄兴法
霍再林　蒋秀根　剧锦三　康绍忠　李保明　李法虎　李光永
李思恩　李云开　刘志丹　刘竹青　毛晓敏　施正香　宋卫堂
谭　倩　唐学林　滕光辉　佟　玲　王朝元　王凤新　王福军
王素芬　肖若富　严海军　杨培岭　张天柱　赵淑梅　周凌九

理学院(53人)

安　杰　边庆花　陈　静　陈奎孚　董燕红　杜凤沛　范永亮
傅　滨　高海翔　高　阳　郭红超　何雄奎　何志巍　侯士聪
侯玉霞　黄　峰　经　玲　李国辉　李　静　李学锋　凌　云
刘丰茂　刘尚钟　刘　霞　鲁润华　马永强　闵顺耕　潘灿平
祁　铮　秦太验　邱立红　覃兆海　王成菊　王　敏　王明安
王　鹏　王永岗　吴学民　肖玉梅　徐春晖　徐义田　杨丽明
杨新玲　杨正洪　张红艳　张建军　张葳葳　张振华　甄　苓

郑明奇	钟　萍	周志坚	周志强

经济管理学院(44人)

安　毅	白军飞	蔡海龙	陈红华	陈前恒	陈永福	方向明
冯开文	付文革	郭　沛	韩　青	韩一军	何广文	何秀荣
侯云先	柯炳生	李秉龙	李春顶	李　军	李　平	林万龙
卢凤君	陆　娟	吕建军	马　骥	穆月英	乔　娟	任金政
司　伟	苏保忠	田志宏	王瑞梅	王秀清	武拉平	肖海峰
辛　贤	杨汭华	臧日宏	张莉琴	张正河	赵冬梅	赵　霞
郑志浩	朱俊峰					

人文与发展学院(32人)

陈海丹	付丽洁	高启杰	何慧丽	胡友珍	简小鹰	蒋爱群
靳乐山	李红艳	李焕征	李建华	李鲁平	李小云	刘晓昀
刘永功	陆继霞	罗　洋	齐顾波	饶　静	任大鹏	孙庆忠
唐丽霞	汪力斌	王伊欢	吴惠芳	武　晋	熊春文	徐秀丽
叶敬忠	张克云	郑红娥	左　停			

国际学院(3人)

冯伟哲	许廷武	郅　红

马克思主义学院(7人)

陈冬琼	李　明	刘　巍	刘武根	王冬梅	张　晖	张晓红

体育与艺术教学部(5人)

邓毅明	黄亚茹	彭立刚	束景丹	王　怡

附录2　2018年中国农业大学教职工基本情况

总规模:6 975人,100%

事业编制总人数:2 722人,39%

其中女性:1 258人,46.2%

　　专任教师:1 731人,63.6%

　　教育教学辅助人员:381人,14%

　　管理职员:500人,18.4%

　　工勤人员:142人,5.2%

　　其他人员:32人,1.2%

非事业编制总人数:1 665人,23.9%

离退休总人数:2 396人,34.3%

注:双岗人员同时计入专任教师和管理职员队伍

附录 3 2018 年中国农业大学新增事业编制人员聘用岗位及来源类别情况

单位:位

<table>
<tr><th colspan="2" rowspan="2"></th><th rowspan="2">合计</th><th colspan="4">来源类别</th></tr>
<tr><th>接收毕业生</th><th>留学回国</th><th>博士后出站</th><th>京内调入</th></tr>
<tr><td colspan="2">合计</td><td>125</td><td>17</td><td>31</td><td>44</td><td>33</td></tr>
<tr><td rowspan="3">聘用岗位</td><td>专任教师</td><td>82</td><td>4</td><td>30</td><td>41</td><td>7</td></tr>
<tr><td>管理服务人员</td><td>30</td><td>13</td><td>1</td><td>—</td><td>16</td></tr>
<tr><td>其他专业技术人员</td><td>13</td><td>—</td><td>—</td><td>3</td><td>10</td></tr>
</table>

附录 4 2018 年中国农业大学非离退减员工作岗位情况

单位:位

<table>
<tr><th rowspan="3">合 计</th><th colspan="4">正式事业编制</th><th>合同聘用制 A 岗</th></tr>
<tr><th colspan="2">专任教师</th><th rowspan="2">其他专业技术人员</th><th rowspan="2">管理服务人员</th><th rowspan="2">财会人员</th></tr>
<tr><th>教 授</th><th>副教授</th></tr>
<tr><td>12</td><td>1</td><td>6</td><td>1</td><td>2</td><td>2</td></tr>
</table>

人 才 工 作

【概况】

2018 年 6 月,根据《中国农业大学新一届管理服务与直属机构设置方案》,成立人才工作办公室。人才工作办公室作为学校人才工作领导小组和工作组的日常办事机构,主要负责学校高层次人才引进及评价、博士后队伍建设与管理以及协调落实人才工作领导小组和人才工作组的各项决策。工作中进一步加强党管人才,整合协调学校资源和力量,形成人才工作合力,加大人才引进力度,推进人才强校工程,为中国特色、农业特色世界一流大学建设提供人才保障。

(程子维)

【制度与机制建设】

制定《中国农业大学加强与改进人才工作的若干措施》《中国农业大学高层次人才住

房管理办法(试行)》,修订《中国农业大学人才工作专门委员会工作规程(2018 年修订)》等文件,为深化人才改革提供机制保障。调整人才工作专门委员会,成立农业科学、工程科学和人文社会科学 3 个人才工作分委员会。人才引进实行分类分级评审,进一步突出党管人才,加强基层党组织对人才的政治考察和把关,所有推荐人才由学校党委常委会最终审定。新机制人才聘期由 3 年改为 5 年,修订符合新机制要求的《事业单位聘用合同》及《岗位聘任合同》,明确各类人才聘期考核标准。

(程子维)

【人才引进】

2018 年,改革人才引进方式,采取随到随引,全年招聘的方式,分别于 3 月、6 月、12 月召开人才引进评议会。全年共评审通过引进人才 197 人,其中高层次人才 115 人(领军人才 2 人、杰出人才 20 人、优秀人才 93 人)。对已引进的 32 名人才进行了期中、期满考核。为高层次人才匹配科研启动经费 1 473 万元。信息与电气工程学院王洋入选国家"QR 计划"青年项目。

(程子维)

【博士后管理】

2018 年,入站博士后 89 人,期满出站 76 人。截至 12 月底,博士后在站规模 234 人。获批中国博士后科学基金特别资助 1 项、面上资助 49 项,获批国家自然科学基金青年项目 16 项。7 人入选"博士后创新人才支持计划",5 人获得"博士后国际交流计划"派出项目资助。

(张宏)

财务工作

【概况】

财务处作为学校一级财务机构,主要负责贯彻执行国家财经法规、政策及会计制度,建立健全学校财经工作规章制度,规范财务行为;编制年度财务预算,监督预算执行;编制年度经费决算,总结分析年度财务预算执行情况;负责学校各项经费的管理及收支核算业务,定期上报财务运行状况;负责学校各类人员工资、劳务、住房公积金及学生奖助学金的发放、上缴工作;负责学校收费管理、票据管理及各项税款的代扣代缴工作;负责校园卡管理中心的运行及管理;统筹学校内控体系建设;负责学校财经领导小组的日常工作。

2018 年,在学校的正确领导下,在学校各部门的大力支持及财务处全体员工的共同努力下,学校财务工作以建设具有中国特色、农业特色世界一流大学为中心,以服务教学科研为宗旨,以服务师生员工为根本,紧紧围绕学校事业发展需要,加强预算管理,推进财务管理改革,强化基础工作,努力增收节支,为建设世界一流农业大学提供有效的财力保障和良好的财务服务。

（王凌）

【财务收支】

学校收入稳定增长 2018 年，学校总收入 377 918 万元，完成预算的 103.9%，比 2017 年增长 1 409 万元（表 1）。从收入来源渠道分析：①财政补助收入 162 407 万元，其中，教育补助收入 136 628 万元，科研补助收入 18 972 万元，其他补助收入 6 807 万元；②事业收入 161 762 万元，其中，教育事业收入 26 800 万元，科研事业收入 134 962 万元；③附属单位上缴收入 458 万元；④其他收入 53 291 万元。

表 1 2018 年学校收入情况表

项目名称	2018 年预算/万元	2018 年总收入/万元	完成预算/%	2017 年总收入/万元	增长额/万元	增长率/%
收入总计	363 721	377 918	103.90	376 509	1 409	0.37
一、财政补助收入	162 407	162 407	100.00	163 340	−933	−0.57
1. 教育补助收入	136 628	136 628	100.00	150 594	−13 966	−9.27
2. 科研补助收入	18 972	18 972	100.00	7 303	11 669	159.78
3. 其他补助收入	6 807	6 807	100.00	5 443	1 364	25.06
二、事业收入	164 264	161 762	98.48	175 880	−14 118	−8.03
1. 教育事业收入	33 000	26 800	81.21	32 539	−5 739	−17.64
2. 科研事业收入	131 264	134 962	102.82	143 341	−8 379	−5.85
三、上级补助收入						
四、附属单位上缴收入		458		1 042	−584	−56.05
五、经营收入						
六、其他收入	37 050	53 291	143.84	36 247	17 044	47.02

注：数据包含校本部、涿州教学实验场和曲周实验站。

（冯汀　孙军丽）

学校支出得到合理调控 2018 年，学校总支出 382 220 万元，完成预算的 89.47%（表 2）。从支出方向分析：①事业支出 380 482 万元。事业支出中基本支出 156 164 万元：其中，教育事业支出 111 481 万元，科研事业支出 57 万元，行政事业支出 8 026 万元，后勤保障支出 19 462 万元，离退休支出 17 138 万元；项目支出 224 318 万元：其中，教育事业支出 53 695 万元，科研事业支出 157 748 万元，行政事业支出 30 万元，后勤保障支出 12 845 万元。②其他支出 1 738 万元。

表 2　2018 年学校支出情况表

项目名称	2018 年预算/万元	2018 年总支出/万元	完成预算/%	2017 年总支出/万元	增长额/万元	增长率/%
总 支 出	427 187	382 220	89.47	346 120	36 100	10.43
一、事业支出	427 187	380 482	89.07	344 284	36 198	10.51
(一)基本支出	156 846	156 164	99.57	143 359	12 805	8.93
1.教育事业支出		111 481		86 867	24 614	28.34
2.科研事业支出		57		12	45	375
3.行政事业支出		8 026		5 748	2 278	39.63
4.后勤保障支出		19 462		19 790	−328	−1.66
5.离退休支出		17 138		30 942	−13 804	−44.61
(二)项目支出	270 341	224 318	82.98	200 925	23 393	11.64
1.教育事业支出		53 695		60 052	−6 357	−10.59
2.科研事业支出		157 748		129 043	28 705	22.24
3.行政事业支出		30		30		
4.后勤保障支出		12 845		11 800	1 045	8.86
5.离退休支出						
二、上缴上级支出						
三、对附属单位补助支出						
四、经营支出						
五、其他支出		1 738		1 836	−98	−5.34

注:数据包含校本部、涿州教学实验场和曲周实验站。

（冯汀　孙军丽）

【财务状况分析】

年末资产　2018 年末,学校总资产为 969 887 万元,比 2017 年末总资产 951 448 万元增加 18 439 万元,增长 1.94%。其中:货币资金 255 342 万元,应收账款 741 万元,其他应收款 77 005 万元,存货 577 万元,长期投资 18 234 万元,固定资产 522 910 万元,在建工程 69 177 万元,财政应返还额度 16 407 万元,预付账款 29 万元,无形资产 7 590 万元,待处置资产损溢 1 875 万元。

年末负债　2018 年末,学校总负债为 75 876 万元,比 2017 年末总负债 79 461 万元减少 3 585 万元,减少 4.51%。其中:银行贷款 36 600 万元,应付账款 1 834 万元,其他应付款 29 983 万元,预收账款 8 万元,应付职工薪酬 3 851 万元,应缴税金 2 376 万元,代管款项 1 224 万元。

年末净资产　2018 年末,学校净资产余额总值为 894 010 万元。其中,事业基金 58 783 万元,专用基金 11 033 万元,非流动资产基金 619 100 万元,财政补助结转 21 477

万元，财政补助结余 1 053 万元，非财政补助结转 182 564 万元。

（冯汀　孙军丽）

【财务管理】

创新预算管理　改革预算编制方式，依据年度工作任务，采用零基预算法将原来碎片式分散的资金整合集中投入，进一步扩大部门对资金使用的自主权；将校级财力与专项资金统筹安排，加强预算执行中的管理、控制、情况分析，不断提高资金的使用效益；完成到期银行贷款重组工作，缓解学校还款压力，将学校银行贷款降至 3.66 亿元。

实现银校合作　2018 年学校与中国建设银行签署战略合作协议，双方在教育培训、科学研究、综合融资、存款理财与资金结算、校园卡和个人金融服务等领域开展广泛深入的合作，建立长期、深层次、全面的合作关系。中国建设银行出资 3 500 万元支持学校信息化建设，为加快学校信息化建设提供资金支持。

财务"三步走"战略　2018 年初步完成提升财务服务"三步走"战略的第一步：改进报账服务大厅，整合核算业务，推进"一站式"服务，既向全校师生提供优质、便捷的服务又提高财务核算工作效率；同时启动自助投递机试运行工作，满足报账人随时投单的需求，节省报账人员排队等候的时间。

加强专项资金管理　多举措督促专项资金执行进度，解决项目预算和执行脱节的问题，加快项目的执行进度，确保年底结账前六大专项无资金结余；加强专项资金项目的立项论证工作，提高项目预算的科学性和合理性。

推进财务信息化建设　根据政府会计制度改革和现实要求，编制完成《中国农业大学财务信息化项目建设方案》，账务系统、查询系统、网上报销系统、工资发放系统、收入申报系统、合并计税系统进入调试运行阶段；积极与学校相关部门信息管理系统对接，努力做到业财融合；定期对财务服务器与数据库系统做升级扩容，达到提速目的。

积极落实"放管服"①　结合学校实际以优化流程、提高服务质量为核心，规范科研经费管理，督促中央财政科技经费项目加快预算执行进度，提高资金使用效率。进一步完善学校科研经费管理制度，会同科学技术发展研究院修订《中国农业大学横项科研经费管理办法》，不断强化和规范学校科研经费管理，确保科研项目顺利实施。

有效推进会计制度改革　成立会计制度改革领导小组，制定学校会计制度改革实施方案，召开全校政府会计制度改革工作布置会，明确任务分工、实施步骤和工作要求。开展往来款清理、基建项目、长期投资、固定资产、无形资产等有关数据的核对工作，清理旧账、建立新账，升级核算软件，积极做好新旧会计制度各项衔接工作，确保在学校全面实施政府会计制度。

优化报销流程提升服务质量　采取多项管理和服务措施，优化经费报销业务流程，修订《财务报销指南》，增加学院报账点，优化网上报账系统，实现加急业务一站式服务等，最大限度为师生提供优质快捷的服务。全年共录入凭单 70 万笔，办理支票及汇款业务 4 554 笔、现金业务 5 109 笔、网银业务 14.4 万笔，装订凭单 7 450 余本。公费医疗核算室门诊报销 9 174 人次，报销金额 1 581 余万元，门诊人次较 2017 年上涨 3.64%，报销

---

① "放管服"，即简政放权、放管结合、优化服务的简称。

金额较 2017 年上涨 18.53%；住院报销 1 100 余人次，报销金额 2 000 余万元。外事核算室总业务量近 13 700 条，较 2017 年增加 4 803 条，业务资金核算量为 8 748.90 万元，比 2017 年增加 2 047.34 万元。

完善校园卡管理 全年纳入总资金达 3.2 亿元，其中建行卡 15 630 万元、支付宝 6 413 万元、微信 9 587 万元、现金 617 万元、校内转账及发放补助 208 万元。包括现金充值、卡成本、银行圈存和各类缴费等资金，资金量比上年同期增长 18.51%。顺利完成 6 700 多名毕业生销户及退款工作，8 月份完成 6 800 余名新生卡制作、开户、生活补助及卡发放等工作。完善校园卡系统软件、硬件，编写手机端支付宝、微信充值操作流程，规范内部各项收费业务程序，优化工作流程；全力保障校园卡系统稳定、安全运转，不断增加服务功能。

加强队伍建设 狠抓作风建设，努力营造务实进取、积极向上、团结一心、和谐有序的工作氛围。在加强财务管理和监督的同时，进一步强化服务意识，不断提高财务管理水平和服务质量，为建设具有中国特色、农业特色的世界一流大学提供有力支撑。

（王凌）

审计工作

【概况】

审计处是学校设置的内部审计机构，在教育部财务司指导和学校领导下，依照国家法律、法规和政策对学校及所属单位财务收支、经济活动、内部控制、风险管理等方面实施独立、客观的监督、评价和建议。通过审计促进学校及其下属单位遵守国家财经法规，规范内部管理，防范风险，提高资金使用效益。

审计处设有财务审计科和工程审计科，主要包括财务收支审计、预算执行审计、建设工程及修缮工程项目预(概)算和结算审计、全过程审计、处级领导干部和企业负责人的经济责任审计、内部控制审计、专项经费审计、科研经费审计，以及校领导和上级主管部门交办的其他审计事项。

（李易倩）

【重塑审计理念，明确内部审计定位】

审计处将“依法审计，防控风险，完善治理，提升绩效”作为工作指导思想，主动作为，敢于担当，自觉做学校经济活动的规范者、管理运行的监督者、政策落实的跟踪者、决策咨询的建议者、推动改革的助力者。同时确立了“提高站位，主动作为，坚持原则，务实高效”审计工作要求。

（李易倩）

【调整审计职能，落实审计全覆盖】

根据上级要求，将审计职能调整为对学校及所属单位财务收支、经济活动、内部控制、风险管理等方面实施独立、客观的监督、评价和建议。审计处进一步拓展审计范围，逐步落实审计全覆盖。在下半年开展处级干部经济责任审计中，将政策决策执行、内部控制、风险管理、工作绩效等内容纳入审计范围；工程方面实施了工程管理审计。

（李易倩）

【规范经济活动，改进内部治理】

完成2017年学校预算编制、预算执行及决算审计工作，重点对学校预算编制及程序、项目预算执行及决算管理中的合规性、效益性进行了审计。对审计中发现的问题，提出优化预算管理手段、加强部门之间的沟通协调、提高预算编制科学性等建议。

根据党委组织部的委托，完成党政办公室、党委组织部等23个党政机关处级领导干部任期经济责任审计；完成校医院、图书馆等7个教辅单位处级领导干部经济责任审计，推进了经济责任审计制度化、规范化，增强了干部履职意识和责任意识，规范了学校管理与服务部门的内部管理和经济活动。完成植物生理学与生物化学国家重点实验、北京农大新技术开发总公司、食品营养与人类健康高精尖创新中心等3个部门领导任期经济责任审计。

贯彻落实中央八项规定精神，完成学校2017年度的公务接待费、公务车购置及运行费、公务出国（境）费（以下简称“三公经费”）支出情况专项审计，重点检查了执行中央八项规定精神、“三公经费”使用以及预算的执行情况，“三公经费”管理制度的完善情况，促进了“三公经费”的规范管理和使用。

完成本科生和研究生奖学金、助学金评审与发放工作的审计调查工作、公费医疗经费的专项审计调查，并出具审计报告。完成国际学院3个中外合作办学项目的年度财务收支审计和20余项科研项目的审计审签。

通过检查内控制度建设情况，形成《中国农业大学内部控制评价报告》，提出内控制度建设方面存在的问题，并提出加强内部控制建设建议。

（李易倩）

【规范工程管理，节约建设资金】

完成基建、修缮工程竣工结算审计工作。全年共完成工程结算审计195项，送审金额11 331万元，审定金额11 021万元，审减金额311万元，审减率2.74%。完成留学生与专家公寓建设项目、风雨操场项目投资计划评审，由于职能调整，后续评审工作及相关资料已向财务处移交。

开展重大建设工程项目全过程跟踪审计。完成植保楼工程和新图书馆建设配套工程（包括室内装饰装修等7项）两项工程的全过程跟踪审计工作，送审金额22 435万元，审定金额21 459万元，审减金额976万元，审减率4%。

（许宁）

【开展工程管理审计】

落实教育部要求，组织开展建设工程管理审计工作，提出管理意见书73份，根据审计中发现的问题，汇总提交《关于工程审计中发现的工程管理相关问题的报告》，分析存在问题的原因，提出改善工程项目管理的意见和建议。

（许宁）

【建设审计管理信息系统】

为加快推进学校内部审计管理制度化、业务流程化信息系统建设，经信息化项目采购评审小组研究，与北京用友审计软件有限公司达成客户化开发协议，初步完成审计管理系统和经济责任审计信息化模块建设并进入试运行阶段。

（李易倩）

【完善审计整改长效机制，推进审计问题整改落实】

继续将被审计单位的整改落实情况纳入台账管理，对审计发现的问题召开审计问题整改反馈会，与被审计单位主要负责人进行面对面反馈、交流，帮助分析查找原因，落实整改责任，限时提交整改结果。在处级干部经济责任审计中，对以往审计问题整改情况进行核实，并将整改情况在审计报告中列示。

（李易倩）

【强化审计宣传，优化审计环境】

进一步加强审计宣传工作，除做好审计网页建设，还在学校微信企业号开通“审计之窗”栏目，定期推送审计相关知识。利用审计进点见面会和审计意见反馈会，加强政策宣讲，争取理解和支持。

（李易倩）

国有资产管理工作

【概况】

2018 年，学校国有资产管理工作以服务教学、科研和立德树人为核心，以学校党政工作要点和任务清单为依据，重点围绕强化资产产权管理、优化公用房资源配置、全面落实采购“放管服”、持续推进资产信息化建设等方面积极开展工作，取得了新的进展和成绩。

（马姝婷）

【采购招标】

改革采购管理体制 成立招标采购中心作为国资处内设机构，统筹全校货物、服务、工程采购工作，改进了过去分散采购的管理体制。

完善采购制度，落实“放管服”要求 制定《中国农业大学购买服务管理办法》《中国农业大学网上竞价采购实施细则》；修订《中国农业大学采购管理办法》《中国农业大学工程建设项目采购管理办法》《中国农业大学固定资产采购管理办法》《中国农业大学招标采购工作领导小组议事规则》，为各项采购程序顺利实施提供制度保障。

货物、服务、工程采购项目有序进行 全年货物类采购金额执行 28 266.18 万元，采购仪器设备 15 710 台件。其中组织货物类政府集中采购项目 242 项，采购仪器设备

4 503 台件，预算总额 654.42 万元；组织分散采购项目 713 项，采购仪器设备 2 205 台件，预算总额 3 549.71 万元（包括自购备案采购项目 135 项，采购仪器设备 169 台件，预算总额 804.94 万元；校内网上竞价项目 494 项，采购仪器设备 1 262 台件，预算总额 2 694.07 万元；校内协议供货采购项目 84 项，采购仪器设备 774 台件，预算总额 50.70 万元）；组织 20 万元以上招标采购项目 257 项，采购仪器设备 9 002 台件，预算总额 24 062.05 万元；公开招标采购项目 178 项，采购仪器设备 5 799 台件，预算总额 20 550.65 万元；非公开招标采购项目 79 项，采购仪器设备 3 203 台件，预算总额 3 511.40 万元；财政部政府采购计划管理系统备案 100 万元以上项目 62 项，备案预算金额累计 15 222.04 万元。2018 年全年免税办理项目 208 项，总金额 11 116.5 万元人民币，平均减免税率 20%，合计减免税额约 2 800 万元。

服务类采购金额执行 1 646.7 万元，组织服务类采购项目 6 项。

工程类采购金额执行 7 344.93 万元，组织建设工程采购项目 47 项。

（杜龙龙　高颖　左林贵）

【固定资产管理】

新增固定资产创历史新高　截至 12 月 31 日，全校固定资产累计 526 746.93 万元。2018 年，新增固定资产 37 985.87 万元，同比增长 100.73%，其中新增设备 25 214.79 万元，同比增长 42.84%；家具用具新增 2 419.19 万元，同比增长 507.72%。登记验收设备家具等固定资产 25 476 台件，其中新增 100 万元以上设备 24 台件。

摸清校外实验场站园资产底数　在校外 26 个实验场站园中，拥有土地证的场站园共 4 个（包括涿州、曲周、武威、开封），总面积 22 375 亩；房屋总面积约 18 万平方米；设备价值约 5 002.22 万元。

设备家具资产处置量翻倍　2018 年，审核处置报废设备（含家具）45 431 台件，相比 2017 年增加 31 748 台件。报废资产原值 12 271.95 万元，资产处置量同比增加 140%。

（邵锐　王馨悦　马姝婷　吕娟妃）

【无形资产管理】

新增无形资产 238 个，共计 1 362.64 万元，均为计算机软件。

（邵锐　王馨悦）

【公用房屋管理】

以服务“双一流”为导向，坚持教学、科研和学生优先的原则，严格控制公房出租、严格行政办公用房使用标准，满足服务用房基本需求。调研校内所有可利用公房资源，依据一定标准核算各学院用房面积。全年调配学院使用的公用房 151 间，使用面积 3 365 平方米，建筑面积 5 385 平方米。调配学校机构调整后行政办公用房 24 间，使用面积 503 平方米。

（王亚东　吕娟妃　果雅静）

【不动产登记办理】

积极推进西校区不动产登记证办理工作，完成西校区土地来源等文件的资料准备、宗地划分(教学区、绿苑区、老家属区、三角地、加油站)、争议地初步确认(老家属区配套商业网点)等工作。完成西校区 147 栋建筑物档案资料收集整理。

(王亚东　张立英)

信息化工作

【概况】

2018 年,学校成立信息化办公室,原网络中心更名为网络技术中心,挂靠信息化办公室;编制完成《信息化建设总体方案(2018—2022)》,明确今后 5 年信息化建设目标和任务;根据学校信息化建设总体安排,继续贯彻"三个支撑、一个服务"的工作思路,做好校园网络基础设施和信息化公共应用系统(平台)建设维护、安全管理和用户服务;以师生需求和应用为导向,努力推进信息技术与教学、科研和管理服务的深度融合。

(陈昕)

【信息化管理体制改革】

2018 年,中国农业大学调整了网络安全和信息化领导小组成员,进一步凝练领导小组职责。6 月,学校成立信息化办公室,负责统筹、协调和管理学校网络安全和信息化工作,统一管理学校信息化建设项目,负责学校大数据分析平台的建设与管理工作,为学校教学、科研及管理决策提供信息技术支持。原网络中心更名为网络技术中心,挂靠信息化办公室,是网络安全和信息化的技术服务部门,执行信息化建设任务,负责信息化基础设施和应用软件的运行、维护、服务和网络安全技术管控。

(陈昕)

【编制信息化建设五年总体方案,推动各项规划落实和项目申报】

根据国家、教育部关于信息化工作的相关要求,结合《中国农业大学"十三五"智慧校园建设规划》和《中国农业大学校园网及信息化建设总体方案(2018—2020 年)》规划内容,在调研各部门学院及师生需求、调研国内一流高校信息化建设情况的基础上,信息化办公室、网络技术中心共同编制《信息化建设总体方案(2018—2022)》(以下简称《方案》),从信息化建设现状与形式、总体要求、建设思路、建设内容、保障措施等方面对学校 2018—2022 年的信息化建设进行规划,绘制信息化建设蓝图,明确今后 5 年的建设目标和任务,并对 2019—2020 年主要建设内容进行重点阐述。方案获得学校网络安全和信息化领导小组、校长办公会审议通过,开始逐步实施。

2018 年,按照《方案》规划,信息化团队积极争取政策、经费和人员编制的投入力度,联合有关部门,申报修购专项、"双一流"专项等经费渠道的资助项目,切实推动规划落地实施,不断提升信息化建设水平,加速智慧校园建设进程。

完成申报 2019 年修购专项。按照立项"五项原则"——立足整体规划;解决当前问题;满足用户需求;技术适当超前;预算基本准确要求,在充分调研和撰写可行性研究论证报告的基础上，申报了 2019 年改善基本办学条件专项：《校园网主干网及出口升级项目》《无线校园网二期建设项目（学生宿舍区）》及《信息应用平台项目三期》3 项，总申报经费 3 000 余万元；经学校审核和教育部专家评审，最终调整确定申报项目 1 项，实际预算经费约 900 万元。

完成网络技术中心运行费项目申报和实施工作。2018 年，运行费项目共安排 35 项，完成总预算经费 480 余万元。

（陈昕　邱小彬）

【信息化项目建设任务】

完成出口带宽扩容　为解决校园网高峰期网速慢是近年师生反映的热点问题，研究撰写《中国农业大学校园网基础设施升级方案》报告。11 月，完成公网带宽公开招标，再次扩容，以每年 360 万元的价格采购到 9.7G 公网带宽，校园网总出口量达到 10.4G（其中联通 6.5G，电信 3.2G，教育网 0.7G）。IPV6 出口由 1G 免费扩容至 10G。

完成东区新图书馆及西区新楼网络建设　指导和监督新图书馆及新楼弱电系统工程建设，其中新图书馆网络工程，布设有线点位 584 个，新增无线 AP 262 颗，实现新图书馆无线信号全覆盖。工程已经基本完成，新增有线核心 1 台，接入交换机 31 台；无线汇聚 1 台，无线 AC 板卡 2 块。新楼网络工程，布设有线点位 1 926 个，新增无线 AP 381 个（其中高密接入点 AP740 11 个，有 7 个待装到位；普通放装 AP520 268 个；面板接入点 AP130 102 个），新增无线和有线汇聚各 1 台；新增无线 POE 交换机 18 台，有线接入交换机 47 台（其中 24 口交换机 RG-S2828G-E 10 台，48 口交换机 RG-S2952G-E 37 台）；新增新楼至新综合楼室外 24 芯单模光缆 500 米（12 000 芯・米）；新增新楼至网络技术中心 12 芯室外单模光缆 1 187 米（14 244 芯・米）；新增新楼内多模光缆 10 条，总计 2 393 米（52 860 芯・米）。

完成新数据中心机房建设前期工作（新图书馆机房）　新数据中心机房提供 7 个 5 kW 的中功率密度机柜（承载数字校园虚拟化和图书馆虚拟化），3 个 25 kW 和 4 个 10 kW 的高功率密度机柜（承载高性能计算）。可直接承载不小于 300 万亿次＋2PB 的高算。预留 600 万亿次＋4PB 规模高算扩容承载能力。

完成正版化软件管理平台建设　完成正版化软件管理平台建设，实现全校范围微软产品的正版化使用，包括 windows 系统以及 office 系统产品。截至 12 月底，注册用户数为 7 145 人，登录 22 261 人次，访问量达 110 227 次，累计下载 13 519 个（其中 windows 系统 4 198 个，office 软件 9 321 个），完成激活 6 577 个（其中 windows 系统 1 651 个，office 软件 4 926 个）。

（虞萍　劳凤丹）

【网络设施与信息系统运行维护】

完成无线无感知认证部署　随着无线上网用户数的大幅提高，为提高无线使用体验，推出并上线无线无感知认证功能，无线用户通过设置绑定设备，即可实现校园内无需登录访问互联网。截至 12 月底，已有 3 035 个账号设置了无感知功能。

完成新一代智能 DHCP 设备部署　新智能 DHCP 系统，为 4 节点 2 套高可用 DHCP

服务，分别为两校区3万多有线无线用户提供稳定可靠的动态IP自动分配服务，分配的IP网段有503个，每月累计分配的IP数达17.8万。新DHCP系统为计费系统提供DHCP用户上网信息，辅助计费系统实现无线用户无感知上网。新DHCP系统提供详细的图表统计信息、日志收集与分析、便捷的web管理等功能，方便日常运行管理。

运用网管技术手段提升校园网运维水平 通过iMC华三网管、太阳风网管、锐捷网管、ARUBA网管、流量监控、日志收集与监控等系统，对所有三层设备、数据中心接入设备进行端口流量监控，对所有网络设备(含有线、无线设备)进行全网监控，对网络部所有重要服务器进行服务状态监控。从多维度监控校园网网络运行，主动监管校园网与服务器运行情况，及时发现并解决问题。全网共监控8 385台网络设备，其中有线及无线交换机共计2 242台(有线交换机1 897台，无线交换机345台)，AP共计6 143颗。

持续完善VPN系统，提升校外访问资源体验 部署完成Web VPN，使师生在校外无须单独安装客户端即可登录VPN，进一步方便师生使用；根据不同用户，分类授权，实现精细化管理；清理僵尸资源与账号，提高系统安全性。2018年使用用户数达到19 948人，访问总人次352 827，访问信息量1 403.61G，咨询电话1 000多个，校内热点访问资源包括校内平台、图书馆资源、教学平台等。

落实网络设备保养和机房日常管理 完成春、秋两次的核心机房和配线间机房内网络设备保养除尘工作，通过技术保养维护等手段，使网络设备保持高度完好，提高利用率，延长使用寿命并获取经济的设备寿命周期费用。机房继续实行专人负责制，定期巡检、清理机房空调等机房设备，完成配线间空调保养、维修、加氟、清扫工作；定期检查和维护UPS系统，电池定期放电，发现问题及时处理，保证UPS的正常工作状态。完成机房服务器标识检查清理工作。完成两校区机房内全部服务器(包括自管和托管服务器)的信息梳理，形成《网络技术中心主机房服务器信息汇总表》，重新制定服务器标牌模版，打印并重新挂牌。对无人管理的服务器停机下架，不留管理死角。

数字校园平台运维 数字校园平台包括校内平台、我的空间(易班)及服务大厅三大部分。2018年，为提高系统使用安全性，开展统一身份认证启用强密码工作，经过发布公告、解答用户咨询等阶段，基本实现平稳过渡。全年校内平台共发布校内公告1 891条，平台访问量(PV)非假期每月超过60万次，假期每月超过30万次。系统直通车接入业务系统35个，服务大厅接入服务215个，新增服务31个，访问量(PV)超过13万。数字校园各平台总体运行稳定。

网站群及新闻系统运维 网站群系统管理了全校学院和机关教辅单位的128个网站(不包含测试、下线网站)，2018年，站群日均访问量达到98 775次，学校主页日均访问量25 582次。日常维护工作包括为各单位提供技术支持任务、新建网站审批、已有网站页面模板制作、参数设置、栏目调整、用户或权限变更等。

邮件系统运维 邮件系统服务器和邮件系统运行状态正常，通过升级反病毒网关和防垃圾网关，保障邮件系统安全运行。完成的主要工作包含3项：①邮件系统测评。3月，教育部信息中心对邮件系统进行系统初评和安全漏扫；4月，教育部信息中心提出邮件系统整改建议；5月，对邮件系统等初评整改问题进行整改；6月，复评基本合格，但其中整改项“全局设置强密码策略”未整改；9月，发布《关于校园网邮箱用户采用强密码的通知》公告，于11月28日正式启用强密码。同时，公安部要求邮件日志至少保存6个月，于6月将邮件日志保存期限改为6个月。②校友邮箱工作。2月，校友会提出希望增加校友邮箱及外部自动发送功能需求；3月，网络技术中心调研校友邮箱建设情况；4月，进行邮件系统采购评审会，决定校友邮箱未来托管到网易公司；5月，与校友会、网易技术人员开会商讨迁移前的准备工作；6月，编制校友邮箱托管实施方案；7月，进行校友数据迁移工作；9月，校友邮箱数据迁移完成；10月，完成测试。③系统安全工作。进行一年两次邮件系统安全巡检，定期排查弱密码用户，给弱密码用户发送站内通知信，建议修改成复杂密码。同时，拉黑异常登录IP，清理发送垃圾邮件用户。6月，将海外转发服务升级至SDN。截至12月，邮件用户总数为42 219个。

升级统一通信平台 统一通信平台主要负责校内公共短信的发送，自2013年建设以来，承担了超过百万的短信发送量，运行基本稳定。为了更好地满足各单位短信发送要求，提高系统的可用性和安全性，对系统进行全新升级，新旧系统并行使用到10月份。新平台上线至今已经发送近40 000条短信，运行稳定，并与学校OA系统、工会会员管理系统、后勤电子收费系统等多个业务系统实现了对接。

微信企业号应用 微信企业号新上线网络服务、教学服务、国资服务、财务一卡通等服务，截至12月，共上线应用56个，支撑本科生院、科研院、财务处、人事处、后勤保障处、国资处等多个部门的教学、科研和业务工作。关注人数已达28 384人，每天进入企业号人数14 000余人，进入企业号次数近40 000次。其中，教学服务每天进入应用的人数高峰达到12 000余人，成为最热门、使用度最高的应用之一，学业指导共开设2 531次一对一预约课程。各单位通过微信企业号面向不同师生群体进行消息推送，包括本科生院、人事处、教师工作部等，部分单篇推送消息阅读量达到4 000次。

（虞萍）

【公共应用平台与网络保障服务】

公共云平台服务 2018年共受理全校16个单位34台云主机的申请、创建和部署上线。截至12月底，云平台共为47个单位提供268台云主机。

存储及云盘系统 完成客户端大文件量的级联加载等优化、客户端的错误友情提示、WEB的基于文件夹多级目录的分享、文件同步冲突自主设置等工作。为全校师生每人提供200GB的存储空间。总用户数14 455，群组数577，使用量35.9TB，文件数669.9万，登录设备数2 285个。

多媒体和资源平台 完成IPTV的升级改造，5个高清频道的付费工作。提供65个频道（59个标清频道、6个高清频道）的直播服务，其中57个频道采用歌华数字信号源，7个频道采用卫星数字信号源，1个频道为校内现场直播。点播收看112 963人次，直播收看6 102 305人次。

PT与VOD服务 指导学生社团运营爱思资源平台，更新VOD影片至68 888集，比2017年增加近4 000集，使用用户8 191人，总影片4 958个，日视频点击量0.8万～3万次，站点日访问量2万～8万次。PT服务使用用户8 098人，种子总数111 903个，做种总数7 176个，总容量337.98TB，站点日访问量2万～6万次。

（虞萍）

【全校信息化项目建设与网络安全统筹管理】

职能部门信息化专项的统一建设管理 2018 年学校职能部门信息化专项总经费 322 万元，涉及 8 个单位的 12 个项目。通过统一管理规则，从启动、中期检查到验收，实行全过程控制，保证各项目按时按质完成。

全校信息化项目和产品采购的统筹管理 2018 年审批网络类产品及服务采购申请项目 169 项，涉及 34 个部门，预算总额 3 390.25 万元。

实现实名上网，强化上网安全 通过 IP 控制网关实现校园网准出/无线网准入，实名上网。研发校园网日志查询系统，解决万兆校园网出口海量数据的采集、查询问题，可定位到人。

开展全校服务器安全监控和漏洞扫描工作 加强对全校各类服务器的安全监管。进一步完善对学校核心服务器和服务的运行状态的监控和报警。继续定期对学校各单位的服务器、网站进行安全扫描和及时整改。完成 2018 年春季和秋季的两次漏扫工作。

做好全校各单位系统的备案与等级保护工作 严格执行域名及网站备案、新系统上线前的漏扫工作。2018 年完成新增的 47 个网站/系统上线前的域名和网站备案及漏扫工作。完成等保测评项目。从 1 月 10 日项目启动会到 11 月 30 日验收会，组织、协调教育部测评中心和 11 个单位完成了 15 个等保二级系统的初评、整改和复测工作，帮助国际合作与交流处和科学技术发展研究院进行了部分安全整改，最终 15 个二级系统全部通过测评，获得教育部测评出具的测评报告。另外 3 个单位的 4 个二级系统因系统重大升级调整申请延期测评。按照教育部要求完善教育部网络安全工作管理平台中的中国农业大学网站和信息系统数据。在平台上完成中国农业大学 240 个网站/信息系统数据的导入工作，及在中国高等教育行业网络信息基础数据库 ipdb 的中国农业大学的域名整理工作。

加强特殊敏感时期的网络安全管理和保障服务 配合教育部、公安局等单位完成重点时期的网络安全保障工作：完成 3 月 3—20 日、4 月 29 日至 5 月 1 日、6 月 3—12 日、9 月 1—12 日、9 月 30 日至 10 月 8 日教育部要求的重点时期网络安全保障工作，完成 12 月 8—14 日内保局要求的敏感时期的网络安全保障工作，包括按需调整网络防护策略、加强内网防护、做好预警监测通报工作、加强值班值守和信息报送工作、加强重要网络和数据中心的运维保障工作等。

进一步健全网络安全工作机制，开展安全培训教育 组织“网络安全周”系列活动，为师生普及网络安全知识，增加师生网络安全的参与度，提高师生的安全意识。组织学校安全负责人参加教育部等单位的安全培训及学习，并进行内部的学习分享。网络技术中心安全技术人员参加了教育部科技司组织的“全面加强网络安全　推进信息化”专题网络培训示范班，并获得安全证书。

（虞萍　劳凤丹）

【用户服务与培训】

进一步做好各项服务受理工作 2018 年，共接听用户电话 14 648 个，其中客服部接听电话 5 219 个，全年回访电话 300 多个；回复校长信箱来信 244 封，其中公开回复 59

封，未公开回复185封；校内咨询平台回复247条，发布通知公告70篇，微信平台发布公告17次；网络综合服务平台内容年更新2次。2018年开始，网络技术中心窗口只受理非现金业务，所有现金业务移交校园卡中心受理。

开展用户培训，组织师生参与活动 配合正版软件平台上线，通过海报宣传、传单发放、现场讲座等方式进行全校范围内的校园正版化宣传活动。主办第二届高校校园网大数据竞赛，面向北京所有高校征集参赛队伍。大赛注册报名队伍264支，其中55支队伍参与创新赛，100多支队伍参与算法赛并提交分析结果。

（王笑娟）

【内部管理工作】

科学研究 2018年，网络技术中心共发表论文5篇，其中网络技术中心为第一作者单位4篇，EI收录1篇，核心学术期刊4篇。主持及参与项目7项。获批准软件著作权5项。

制度建设 根据工作实际需要，起草制定《中国农业大学微信企业号消息发布管理办法》《中国农业大学网络域名管理办法》，修订《中国农业大学软件及系统支撑设备建设项目验收办法》(2018年修订版）等规章制度，做到各项工作制度先行，规则公开，统一标准。

（乔军　周南　邱小彬　吕智超）

实验室管理工作

【概况】

2018年6月，根据《中国农业大学新一届管理服务与直属机构设置方案》，实验室管理处成立。按照学校党委和行政的部署及要求，围绕学校中心工作，通过"制度体系、责任体系、教育体系、监督体系"四大体系建设，实行学校、学院、实验室三级管理，保障实验室安全管理。

（席艳霞）

【制度建设】

完善实验室安全管理制度，组织制定《中国农业大学辐射安全与防护管理办法》《中国农业大学辐射安全事故应急预案》等管理制度。下发各类通知文件，进一步规范实验室安全管理及大型仪器共享使用管理工作。

（席艳霞）

【实验室安全管理】

6月，分别与各学院及二级单位签订《中国农业大学实验室安全责任书》，强化责任意识，明确责任分工。

与研究生院、科研院、保卫处共同组织研究生新生实验室安全教育，3 400 余名研究生新生参加；与生物学院、动物医学院及保卫处共同编印《中国农业大学实验室安全知识手册》；组织实验室管理人员，参加上级部门召集的业务培训；邀请专家就实验室安全管理对师生进行安全培训；推行实验室安全考试系统，推进实验室安全准入制度。

严格易制毒品、易爆品采购审批及出入库管理。统一制作并向各学院及相关单位发放实验室易制毒、易制爆等危险化学品存放区域、实验室危险废物暂存区域的标签标识，实验室易制毒、易制爆化学品使用登记台账本、实验室危险废物暂存收集台账本。

加强实验室安全隐患和问题检查，开展“危险化学品安全专项整治检查”“高校科研实验室安全检查”及“实验室危险废弃物自查自纠”等多个实验安全专项检查，并于检查现场及时纠错，对于需要整改的，发放限期整改通知书，严格推行整改。

强化对实验室化学废液、废试剂的收集与处置，减少对环境的污染。截至 12 月底，收集危险废弃物近 90 吨。

（席艳霞）

【大型仪器共享】

组织大型仪器开放共享评价考核工作，摸清大型科研仪器底数，提升师生开放共享科研仪器意识。

（席艳霞）

后勤保障工作

【概况】

2018 年，后勤系统全面加强党委的政治核心作用，继续坚持“为教学服务、为科研服务、为师生员工服务”和“服务育人、管理育人、环境育人”的“三服务、三育人”工作方针，确保管理严格、服务到位、保障有力。以智慧后勤建设为抓手，全力做好水电运行、基础维修、节能减排、绿化美化、卫生保洁、教室管理、饮食服务、宿舍管理、班车运行、报刊收发、房产管理、物业管理、幼儿教育、居民服务等工作，为学校“双一流”建设及内涵式发展提供坚实有力的后勤服务保障。

（胡亚男　肖志刚　郭昱静）

【党委政治核心作用】

2018 年，后勤基建党委充分发挥分党委政治核心作用，上半年召开后勤基建党政联席会 15 次；下半年机构调整后，分党委书记通过列席后勤保障处和基建处处务会参与重点工作的研究；召开后勤基建党委会议 13 次；召开党委理论中心组会议 7 次，党委书记带头讲党课 7 次，不断提高班子成员的思想认识和理论水平，增强班子成员科学决策能力。12 月 26 日召开后勤基建党员大会，完成党委换届，选强配齐班子成员。深入学习贯彻习近平新时代中国特色社会主义思想和党的十九大精神，扎实推进“两学一做”学习教育常态化制度化深入，加强组织领导，强化党委组织责任，抓好党员教育，认真开展民主评议党员，促进党支部创新，全员动员、层层落实、加强学习、务求实效。做好发展党员工作，新发展党员 2 名，转正预备党员 8 名。高度重视党风廉政建设，确保各级领导干部能够认真履行党风廉政建设第一责任人的职责，执行“一岗双责”，加强对重点岗位、重点人员和重点环节的廉政风险防控。

（胡亚男　肖志刚　郭昱静）

【保障校园基本运行及维护】

全年提供用水 186 万吨、用电 6 211 万度和天然气 977 万立方米；完成水、电、暖等各类维修 9 200 余次，确保教学、科研和生活正常供水、供电、供暖。突发情况及时处理，排除安全隐患。利用能源监管平台进行用能监测，杜绝跑冒滴漏现象，减少能源浪费。定期对教学、科研、办公区域、家属区以及校内施工单位节能减排工作进行检查，督促加强节能管理。

（胡亚男　肖志刚　郭昱静）

【加强环卫保洁，营造清新、整洁校园环境】

完成 5.3 万平方米的教学楼日常保洁、教室课程登记安排、常用教学器材保存、丢失物品认领、教师休息室管理等工作，为师生提供干净、舒适的学习工作环境，维护良好教学秩序。完成 41.2 万平方米的校园公共区域日常保洁工作，全面细致清运各类垃圾，清洗果皮箱，清捡绿地杂物，清掏雨水口，擦洗吊箱及卫生死角，营造清新、和谐的外部环境，保证师生正常工作学习。

（胡亚男　肖志刚　郭昱静）

【加强环境治理，打造精致校园】

加强校园环境综合治理，集中清理违规设施　拆除西区 4 号楼周边违章建筑，治理违规堆放的垃圾、杂物，清理废旧车辆、小广告、杂乱条幅等。

落实专项工程计划，完善校园基础设施　完成 37 项基础设施改造工程，包括两校区供暖系统综合改造、东区奥运场馆室外消防管道改造、家属区和教学区暖气管道改造、防水维修、中央空调系统改造、学生公寓水泵改造、锅炉房外墙粉刷、雨水管改造、西区操场路面维修、主楼屋面防水、神内中心南侧温室室外采暖管线更换、监控平台及配电室通讯监控线路改造更换、绿苑西门外排水管线改造、中水站电缆更换、地铁站配套用房外电源敷设等工程，完善校园基础设施建设。完成 8 项绿化养护工程，包括东区体育馆西侧绿化、1 号公寓周边绿化、水院东侧铺设冷季型草坪、校医院南绿化改造、西区操场至神内路南侧种植银杏，植保楼室外绿化，同位素楼前新植绿化，西北门、主楼前等处的补植绿化等工程，营造“四季常绿，三季花开”的校园环境。

（胡亚男　肖志刚　郭昱静）

【确保食品安全，稳定菜品价格，提升就餐质量】

学校现有食堂 13 个，餐位数 8 017 个，年就餐 1 426.74 万人次。食堂采取每日自查、质量安全监控部日常巡检及领导监督检查的三级检查制度，对原材料、菜品进行日检，对餐具进行菌落数周检，确保师生就餐安全。不断加强日成本核算及单菜品成本核算，配合农校对接、基地对接、厂家对接，参加高校联采，拓宽采购渠道，加强市场调研，降低原材料成本，稳定食品价格。2018 年，公寓二食堂获得全国高校食堂评选第一名。公寓一食堂、公寓二食堂、公寓四食堂食品安全等级被评定为 A 级。

（胡亚男　肖志刚　郭昱静）

【加强宿舍管理，改善住宿条件】

学校现有学生宿舍 4 512 间，总面积 212 744 平方米，其中本科生 2 026 间，研究生 2 486 间。学生宿舍严格执行 24 小时巡查与不定期检查制度，加大高峰时段、双休日、重大节日期间的安全巡查力度；执行 24 小时小型维修工作制度，确保设施设备正常运行；工作时间整体清洁，其他时间反复巡查，随时保持楼内清洁卫生；加大投入力度，以常规性和重点性举措相结合，持续做好灭虫工作；暑期完成学生公寓墙面粉刷装修、地砖更换、吊顶更新、床具更换等修缮工作；完成毕业生离校、本科生"东迁西"搬迁、新生及其他人员住宿安排、假期火车票预订等工作。

（胡亚男　肖志刚　郭昱静）

【提升校园综合服务水平】

加强校车管理，全年提供班车服务 6 456 次，行驶 8.4 万公里，运送师生 30.4 万人次，为教学、科研、学生实习实践提供用车服务 260 次，全年无交通安全责任事故。增加工作日和双休日班车班次，为师生工作学习提供便利。两校区负责投递邮箱总数 1 043 个，全年平均每天投递报纸 2 463 份，信件和书刊 1 640 份，确保报刊信件收发投递准确高效。定期、不定期进行商铺现场巡查，要求商家规范经营，并对销售人员着装、服务态度和食品采购、陈列与贮存等环节进行严格管理，切实维护师生合法权益。完成食品学院物业服务、信电楼地下停车场服务、新楼物业服务等 12 项物业服务项目招标工作，为学校各类物业服务顺利进行提供保障。

（胡亚男　肖志刚　郭昱静）

【加大信息化建设力度，推进后勤管理智慧化进程】

不断深化顶层设计，进一步推进智慧后勤建设，2018 年完成后勤人事管理系统建设，持续完善和优化智慧后勤门户网站，初步完成后勤一站式综合业务流程管理系统。智慧后勤建设的目标是：让信息多跑路、群众少跑腿，让职责更明确、审批更高效，让应用更广泛、流程更透明，让管理更精确、监督无死角，给服务对象和管理者带来了更多便利。

（胡亚男　肖志刚　郭昱静）

【加强与学生互动交流，强化育人意识，发挥育人功能】

加强与学生的互动交流，践行"三服务、三育人"工作理念，吸收学生参加民主管理，参加勤工助学和公益劳动，以爱岗敬业、踏实肯干、勤奋求实的工作作风和整洁幽静、优美宜人的校园环境，对学生起潜移默化的教育感染作用，用管理培养人，以服务感染人，让环境影响人，把学校的每一角落都变成教育学生的场所，充分发挥育人功能。

组织与校学生会、研究生会权益部、常代会的主要负责同学以及学生代表进行座谈交流。虚心听取学生对后勤服务工作的意见和建议，交流同学们重点关注的权益问题。对于学生提出的问题有落实、有反馈。组建后勤学生助管宣传团队，创建“CAU 后勤小生”公众号，搭建与学生的沟通平台。开展“世界水日”“节能宣传周”“食品安全周”“食堂开放日”“土豆文化节”“厨艺大赛”“菜品免费试吃”“校园景观设计”等形式多样的共建活动，让学生直接体验、参与后勤服务管理工作。落实环境治理和工程建设计划，深入打造精致校园，营造清新、整洁、幽静、美丽的校园环境，充分实现环境育人。

（胡亚男　肖志刚　郭昱静）

【加强房产管理，推进住宅房产证办理】

完成教工宿舍与博士后用房安排、专家公寓管理、教工住宅出售、人防工程管理，落实国家房改和住房补贴政策；对教职工住房建档备案，完善档案管理；对尚未办理不动产权证的住房进行分类汇总，并对遗留问题进行筛查、统计；完成东区新建教工住宅测绘备案，推进住宅房产证办理；协同财务处完成住房公共维修资金开户。

（胡亚男　肖志刚　郭昱静）

【加强家属区物业管理服务】

加强家属区科技创安和住宅区绿化美化，做好工程修缮和日常维修，定期对消防设施、电梯设备进行维保，增加建设电动车充电桩，推进地下和地面车库的科学管理，加强小区安全监控管理，坚持 24 小时监控与门卫值班，确保辖区安全稳定和谐。

（胡亚男　肖志刚　郭昱静）

【加强幼儿教育，促进幼儿全面健康发展】

多措并举，不断加强幼儿园建设，营造良好环境，满足教职工子女入托需求。开展特色多彩的日常教学活动，促进幼儿健康快乐发展；狠抓队伍建设、注重培训与专业提升，建设良好的师德队伍；改善办园环境和条件，努力营造“温馨、和谐、优美；绿色、生机、童趣”的园所环境。2018 年，东区幼儿园获得推进实施《海淀区三期学前教育三年行动计划（2018—2020）》先进集体奖，西区幼儿园获得“海淀区幼儿园全员全训工作优秀幼儿园”“海淀区高校系统交通安全工作先进单位”称号。

（胡亚男　肖志刚　郭昱静）

【创建宜居、平安、和谐社区】

坚持“以人为本、服务居民”的原则，充分发挥社区服务站作用，推进和谐社区建设。做好子女入学、保健免疫、居住准许、计划生育等社区服务，开展内容丰富、形式多样的妇女和青少年教育活动。积极做好街道与学校沟通互助的桥梁纽带，持续推进老旧小区加装电梯工作。

（胡亚男　肖志刚　郭昱静）

基建工作

【概况】

基建处作为学校管理服务机构，负责全校范围内基本建设、维修工程的规划和管理。2018年，基建处明确管理职能，强化服务意识，梳理基本建设与维修项目管理流程，启动管理制度修编和信息化建设，积极筹划并有序推进新建项目报建，顺利完成在施基本建设工程和维修工程，改善了师生学习生活和科研办公条件，为人才强校和学校"双一流"建设提供硬件服务保障。

（汪九林　张越）

【推进基建项目申报】

继续推进留学生与专家公寓项目前期报建进程　留学生与专家公寓项目规划建筑面积21 900平方米，总投资估算1.45亿元。2018年完成项目设计和勘察招标、设计任务书编制、设计方案、可研报告编制及投资评审、北京市建委建设项目登记备案、绿色建筑三星预评估报告编制和评审、建设项目环境影响备案、文物影响评价报告编制等工作。

筹划作物分子育种创新中心、智能农业装备研究中心等项目　作物分子育种创新中心项目规划建筑面积35 000平方米，总投资估算25 273万元；智能农业装备研究中心项目规划建筑面积45 000平方米，总投资估算33 208万元。2018年完成现状地形图测绘、项目建议书编制工作。

配合推进学校重大项目前期工作　配合北京建设大学和模式动物重大设施建设办公室，协调推进建设大学孵化基地楼、模式动物表型与遗传研究国家重大科技基础设施项目前期工作。

（李红侠　张越　吕祎文）

【完成在施基建工程】

西区新楼工程　西区新楼项目计划总投资2.53亿元，总建筑面积42 025平方米，地上4层(24 946平方米)，地下2层(17 079平方米)。该项目于8月底交付使用。截至年底，项目累计完成投资2.01亿元。

东区新图书馆工程　东区新图书馆项目计划总投资2.89亿元，总建筑面积48 575平方米，地上7层(39 170平方米)，地下1层(9 405平方米)。新图书馆主体建筑已完工，并完成四方验收和电梯、防雷、避雷、消防、规划等专项验收。截至年底，项目累计完成投资2.26亿元。

（韩丰　张越）

【组织实施维修改造项目】

组织实施改善基本办学条件专项修缮类项目　组织实施完成6个改善基本办学条

件专项修缮项目，包括学生宿舍维修工程、学生食堂维修工程、曾宪梓报告厅维修工程、东区一号学生公寓供暖设施维修工程、西区新楼报告厅装修和新图书馆建设配套工程，累计投资 5 180.25 万元（表 1）。

表 1　2018 年改善基本办学条件专项修缮项目列表　　万元

序号	项目名称	投资金额
1	新图书馆建设配套工程	3 747.19
2	西区新楼报告厅装修	330.06
3	学生宿舍维修工程	513.95
4	学生食堂维修工程	245.05
5	东区一号学生公寓供暖设施维修工程	199.00
6	曾宪梓报告厅维修工程	145.00
合计		5 180.25

完成应急、消防安全与民生工程　组织实施完成西区旧教维修、校医院污水处理系统安装、彩钢板房整改、东校区 9 号楼屋顶改造、P2 生物实验室和人工气候室改造等应急、消防安全和民生工程，累计投资 1 009.30 万元（表 2）。

表 2　应急、消防安全与民生工程列表　　万元

序号	项目名称	投资金额
1	西区旧教维修	130.00
2	校医院污水处理系统安装	99.30
3	彩钢板房整改	400.00
4	东校区 9 号楼屋顶改造	110.00
5	P2 生物实验室改造	80.00
6	人工气候室改造	190.00
合计		1 009.30

（韩丰　张越）

【梳理科研类基本建设项目】

2018 年全校在施科研类基本建设项目共计 22 个，总投资 2.96 亿元；新申请项目 9 个，拟申请资金累计 1.67 亿元。基建处全面梳理在施项目进展情况，起草项目管理办法，规范科研类基本建设项目管理。

（李红侠　张越）

【加快改善基本办学条件专项修缮类项目实施节奏】

提前启动 2019 年改善基本办学条件专项修缮类项目　6—12 月，完成 2019 年拟实

施项目可行性论证，明确项目负责人，制定项目实施进度计划，提前启动设计、清单编制等工作(表 3)。

表 3 2019 年拟实施改善基本办学条件专项修缮类项目列表 万元

序号	使用单位	项目名称	评审金额
1	后勤保障处	西区自来水改造工程(一期)	690.15
2		锅炉维修改造工程	500.10
3		学生公寓维修工程	792.72
4		东区三食堂综合改造工程(一期)	447.12
5		东区学生集中浴室改造工程	265.01
6		校园环境改造工程	273.00
7		西区 13 号楼地下室维修改造	220.00
8	信息化办公室	中国农业大学主干网及出口升级项目(一期)	984.80
9	保卫处	消防安装及联网工程	1 061.00
10	校医院	校医院信息系统建设	237.30
11	农学院	玉米楼改造工程	528.00
12	动物科学技术学院	饲料工业中心楼修缮	377.32
13	园艺学院	园艺楼修缮项目	254.00
14	理学院	第四教学楼修缮项目	246.00
15	工学院	工学院大楼修缮项目	192.44
16	动物医学院	预防医学楼	188.07
合计			7 257.03

储备征集 2020 年改善基本办学条件专项修缮类项目 9 月，启动 2020 年改善基本办学条件专项修缮类项目申报准备工作。组织完成项目征集、现场踏勘和项目预评估，初步确定入库项目。

(张越)

离退休工作

【概况】

2018 年离退休工作深入贯彻落实中办发〔2016〕3 号文件及中共北京市委教育工作委员会关于印发《北京市高校贯彻落实〈北京市离退休干部工作领导责任制〉指导意见》(京教工〔2018〕35 号)文件精神，持续推进"两学一做"学习教育常态化制度化，加强离退休干部思想政治建设和党组织建设，深入学习宣传党的十九大精神，组织引导老同志发挥独特优势和积极作用，为党和人民的事业增添正能量。

2018 年共有 113 位教职工办理退休手续，54 位老同志去世。截至 12 月 31 日，全校共有离退休老同志 2 396 人，其中东区 1 144 人，西区 1 252 人，平均年龄 73 岁；离休同志 79 人，退休同志 2 317 人（含退职退养 47 人）。离退休工作处现有在职工作人员 10 人，分两校区一级服务管理，积极组织开展各类文体活动，落实老同志政治和生活待遇，全心全意做好老同志服务保障工作。

（曲越）

【党建工作】

至 12 月底，离退休党委共有党员 965 人，党支部 48 个，其中离休支部 5 个、离休退休混编支部 17 个，退休支部 25 个，在职支部 1 个。

组织建设 2018 年 6 月，离退休党委完成 48 个支部换届工作，将党性强、年轻化、威信高、身体好、肯奉献、有责任心的骨干选入支部班子中。12 月 13 日，召开离退休党委第四次党员代表大会，经大会选举并报校党委批准：王扬（女）、王尚敏（女）、毛志怀、乔惠理（女）、沈人德（女）、陈尚武、高鹏（女）、葛树林、戴芳春九位同志当选为离退休第四届党委委员，葛树林同志为离退休党委书记，王扬、高鹏同志为离退休党委副书记。

加强支部班子培训，组织 266 名支部书记和骨干参加校内外党务培训，48 名支部书记参加市教工委离退休干部支部书记培训班；按照北京市要求，落实党务工作人员工作补贴。

两学一做 积极推进“两学一做”学习教育常态化、制度化。先后组织 12 次理论中心组学习会、8 次支部书记会，学习传达习近平新时代中国特色社会主义思想、全国教育大会精神、全国宗教会议精神、十九大会议精神等。为老同志发放《党章》《十九大报告关键词》《习近平治国理政第二卷》《习近平在马克思诞辰 200 周年纪念大会上的讲话》《宪法》等学习材料 2 000 余份；组织听取 6 场校内外专题报告讲座共计 115 人次；七一前夕，组织 550 多名老同志开展“不忘初心、牢记使命”主题党日联欢活动，校党委常务副书记张东军同志参加活动和老同志一起观看文艺演出，并代表学校党委向全校老党员、老同志致以节日的问候；组织 500 名党员参加“庆祝改革开放 40 周年”有奖知识问答；组织 130 余位老党员赴国家博物馆参观“伟大的变革——庆祝改革开放 40 周年大型展览”，并开展观后感活动。

支部活动 充分调动支部的主动性和积极性，支持各支部根据老党员的年龄、身体特点、居住地等实际情况创新支部活动，围绕“庆祝改革开放 40 周年”等主题，通过集体庆祝党龄生日、送学上门、老党员指导大学生党建、重温入党誓词、创作诗歌朗诵等形式增强支部凝聚力，提升组织力。第 20 支部集体创作的《科技创新之歌》，作为北京市教育系统唯一代表节目参加了“北京市离退休干部庆祝改革开放 40 周年文艺演出”，歌颂改革开放 40 年以来中国在科技创新方面的成就；第 33 支部集体为入党 70 年 95 岁高龄的老党员张仲威祝寿，进行“不忘初心、牢记使命”主题实践活动；第 12、第 49 等多个支部组织支部党员集中收看纪念马克思诞辰 200 周年大会直播，并交流感想。

典型模范 老党员的先进事迹和突出表现受到学校党委的肯定：张仲威、周惠芬、王玉华、白人朴获得校级“优秀共产党员”称号，乔惠理获得“优秀党务工作者”称号。“七一”前夕，62 名老党员参与“共产党员献爱心”捐献活动，共捐款 50 200 元，其中韩纯儒和杨洁彬夫妇分别捐款 10 000 元，充分展现了老共产党员的模范带头作用。通过学校新闻网、校报、《离退休园地》以及学校微信企业号“多彩夕阳”栏目等平台加大宣传力度，广泛报道老党员、先进个人和党支部事迹，带动全体党员做“学习活动好、教育后代好、发挥作用好、保持本色好”的四好党员。

（曲越）

【加强沟通，落实待遇】

1 月 11 日，校领导姜沛民、孙其信、张东军同志出席 2018 年离退休教职工迎新春联欢会，为老同志送上新春祝福，并向老同志通报了学校重点工作和取得的成绩。

4 月，离退休工作处与校医院联合，分校区为离退休老同志进行健康体检，两校区共有 1 500 余名老同志参加体检；配合校医院组织离退休女同志参加妇科体检。

6 月，协助人事处做好退休人员养老金进央保的政策宣传解释等工作，配合人事处开展相关政策宣讲会、发放《退休老人参保信息及基本养老金发放告知》1 855 份、补充搜集个人信息 400 余人次，并做好政策解释和思想疏导工作。

12 月，后勤保障处主要领导与离退休党委委员及部分离退休老同志代表举行座谈会，就老同志关心的老年饭桌、老楼加装电梯、家属区物业管理等问题进行情况通报和交流沟通，取得一定进展。

（曲越）

【困难帮扶，关怀慰问】

元旦春节期间共走访慰问 407 位困难重病老同志，其中，离退休教职工爱心基金及年底特困补助项目为 147 位老同志发放爱心基金和补助共计 20.5 万元，为 260 位老同志发放慰问品价值 3.1 万元；在庆祝建党 97 周年之际，走访慰问 91 位党员，发放慰问金 9.1 万元；关爱离休老同志，日常慰问看望离休老同志 83 人次，发放慰问费、健康疗养费、生日慰问费等价值 8.3 万元；看望慰问生病住院老同志 195 人次，为 31 位首发重病老同志发放补助慰问金共计 6.2 万元；做好 54 位去世老同志家属的安抚工作，并协助做好丧葬费、抚恤金领取等后事工作；建立离休干部、高龄失能、孤寡独居老同志定期电话联系机制。

（曲越）

【正能量系列活动】

举办正能量活动丰富老同志文体生活。春节前分校区举办离退休教职工迎新年联欢会，有 1 200 余名老同志参加；3 月，组织 170 余名女同志参观北京四环花木中心；4 月，组织 260 余名老同志赴平谷金海湖春游并参观旅居养老基地了解新型养老模式；5 月，承办中国老教授协会农专委第一届书画展暨文化交流研讨会；6 月，承办北京市教工委“共筑中国梦、歌舞赞辉煌”北京老教育工作者文艺演出；8 月，组织老同志赴涿州教学实验场参观；9 月，组织协会负责人赴上庄实验站参观，组织 160 余名老同志赴顺义国际鲜花港秋游；9 月底 10 月初，分别在两校区为老同志举办“庆重阳”趣味运动会；10 月，组织老同志参加市教工委举办的“翰墨颂改革丹青绘盛世书画作品展”并获“优秀组织奖”；11 月，为30对离退休伉俪代表举行“夕阳红”集体婚庆，校党委常务副书记张东军出席活动并代表学校为伉俪们送上祝福。

（袁慧敏）

【兴趣协会，文化养老】

支持老同志组建有益于身心健康的兴趣小组和文体协会。截至12月底，在册的协会共有34个，其中西区15个：乒乓球协会、台球协会、门球协会、沙狐球协会、羽毛球协会、太极拳协会、钓鱼协会、游泳协会、舞蹈协会、柔力球协会、摄影协会、心声合唱团、回春医疗保健操协会、书画院、榜书协会；东区19个：晨练队、青松合唱团、门球协会、台球协会、太极拳协会、篮球协会、乒乓球协会、书画协会、“三三”合唱团、回春操协会、钓鱼协会、舞蹈协会、摄影协会、夕阳红服装队、游泳协会、民乐队、交谊舞协会、手工艺协会、诗菊社。

各协会积极开展各类活动助力文化养老：2月，书画院一行28人赴河北固安县开展送文化下乡活动，为当地村民送福写春联；3月，西区舞蹈协会举办成立30周年文艺汇演，北京电视台《生活这一刻》栏目进行了采访报道；5月，东区书画协会到北宫国家森林公园游览采风，柔力球协会获得北京市第二届柔力球公开赛二等奖；6月，舞蹈协会参加北京老教育工作者文艺演出，参演舞蹈“不忘初心、牢记使命”受到好评；9月，西区书画院赴通州参观韩美林艺术馆，西区摄影协会赴河北易县太行水镇摄影采风；10月，东区摄影协会赴延庆百里画廊摄影采风，东区书画协会前往张家口泥河湾采风；11月，青松合唱团参加学院路地区文艺团队风采大赛，获歌唱比赛第2名；春节前后，各协会召开迎春座谈会、茶话会、联欢会，累计1 500余人次参加。

（袁慧敏）

【涉老团体】

支持涉老团体在自愿量力的基础上发挥积极作用。现有关心下一代工作委员会（简称关工委）、老教授协会、老科技工作者协会和老年大学4个涉老团体。

关工委 积极参与学生党建工作：参加共建党支部活动20余次，协助审阅入党志愿书、与新发展的学生党员谈话、参加入党积极分子评议；全年为学生上党课7次，700余人次参加学习。协助举办“院士回母校”活动，邀请朱有勇、刘红做客名家论坛；组织参观北京农业嘉年华，考察河北奶业发展成就，参观正定县发展新面貌，体验“乡村战略”深远意义。获得“北京教育系统关工委信息宣传工作先进单位”，农学院关工委获“北京教育系统关心下一代工作先进集体”荣誉称号，陈金大获“关心下一代工作先进个人”称号，曲瑛德获“关心下一代先进工作者”称号；李珊获“信息宣传工作先进个人”称号。

老教授协会 5月，组织老教授参观第八届北京（通州）国际都市农业科技节；10月，组织老教授参加全国智慧农业论坛；11月，会长江树人带队63位老专家考察北京密云科技小院，与驻扎科技小院的学生和村民交流，现场指导农业生产。

老科技工作者协会 通过“‘三农’科技服务团”积极对接地方与企业开展科技服务：与黑龙江北大荒农垦集团一起参与雄安现代农业规划，提出结合现代互联网手段发挥老教授优势做好科普工作的建议；参加北京市老科协组织的河北承德农业科技服务和科技扶贫工作；赴山东东阿县进行蔬菜生产、循环农业等现代农业技术培训，签署东阿县养生农业发展规划协议；参加广西壮族自治区国家级贫困县科技扶贫项目咨询服务工作。与清华大学老科协、中国农科院老科协等组建“联合体”发挥各自优势；邀请7名国家级法官先后2次给老同志讲解身边法律问题，近100人参加活动，为31人进行了一对一咨询服务。

老年大学 全年共开设国画班、书法班、山水画班、摄影班、微信班、养生班等8个班，共计16期，有近300人次学员参加了学习。学员还自发组织沙龙进行交流与研讨。

（袁慧敏）

【工作交流，队伍建设】

教育部离退休干部局于虹局长一行以及北京邮电大学、广西大学、中国石油大学、华北电力大学等院校离退休工作部门先后来校调研，交流离退休干部工作。离退休工作处充分学习新形式新要求，进一步完善规范相关管理规章制度；着力提升工作人员自身思想政治素质、政策理论水平和业务工作能力，在职干部参加教育部和市教工委组织的业务培训和学习交流共13人次。离退休处获2018年度“北京高校离退休干部信息宣传工作先进单位”，《离退休园地》获2018年度“北京高校离退休干部工作优秀报刊”。

（袁慧敏）

国际合作与交流工作

【概况】

2018年，国际合作与交流处（港澳台办公室）重点围绕学校“双一流”建设和国际化战略布局，加强与“一带一路”沿线国家的教育与科技合作，筹建“一带一路”农业教育科技创新联盟，推进与世界顶尖涉农大学实质性全面合作平台。请进、派出和留学生业务继续完善，加强服务并推进信息化建设，师生满意度显著提升。

（唐莹）

【对外交流总量】

2018年，共举办国际会议（含承办、合办等）14次，其中100人以上国际会议5次，300人以上国际会议3次。“2018年饲料畜牧产业‘一带一路’国际合作论坛”和“‘一带一路’与中非合作农业经济政策论坛”为规模最大的两次会议。发起成立“‘一带一路’动物科技院校联盟”和“‘一带一路’农业教育科技创新联盟”，落实学校在“双一流”建设方案中提出的积极服务国家重大发展需求，引领“一带一路”农业教育科技合作的工作计划，进一步推动“一带一路”、南南合作高端智库建设。

请进境外专家1 317人次，其中短期专家（≤90天）1 272人次，长期专家（>90天）45人次。专家中副教授以上731人次，教授以上604人次。专家数量保持稳定增长。来访高层次专家88人次，包括诺贝尔奖获得者6人，CJ学者1人，QR计划专家3人，科学院/

工程院院士13人，获国家“友谊奖”专家4人，学科领域权威学者63人。请进“一带一路”沿线国家专家372人次，较2017年增加143人次。

2018年，师生因公出国（境）1 424人次（含国家公派出国留学），其中单位公派：教师784人次，短期出国（境）750人次，长期出国（境）（≥90天）34人次；学生640人次，短期出国（境）（<90天）422人次，长期出国（境）（≥90天）218人次。

共接待国外团体来访112批次，409人次。世界排名前100的8所大学共来访27批次。农业科学学科排名世界前5的瓦赫宁根大学、加州大学戴维斯分校、康奈尔大学和巴西圣保罗大学共来访10批次。

截至12月31日，与49个国家和地区的237所大学与研究机构签署了476份合作协议。2018年新签/续签合作协议30份，其中与世界排名前100和涉农学科前10院校新签、续签合作协议10份，与“一带一路”沿线院校新签合作协议15份。

（唐莹　毕蕾蕾）

【“一带一路”联盟建设与援外项目】

3月，动物科学技术学院召开“一带一路”饲料畜牧国际论坛，成立产学研合作平台——“一带一路”动物科技创新联盟，成员包括35所国内农林院校动物科技学院、20家饲料畜牧企业、9所“一带一路”涉农院校，中国农业大学动物科学技术学院为联盟秘书处单位。联盟通过国内和“一带一路”沿线国家院校建设农业合作中心、示范基地的形式，支持我国饲料畜牧走出去，提升当地畜牧业产值，增进民心相通。

6月，发起成立“一带一路”农业教育科技创新联盟，这是国内外最大的农业全领域教育科技合作平台，首批加入联盟的有国内40所农林院校和“一带一路”沿线30所院校。在联盟框架下，筹备成立了以下9个“一带一路”农业合作中心：①中国农业大学与塔里木大学、吉尔吉斯斯坦国立农业大学三校共建“中吉农业科技创新中心”；②中国农业大学与海南大学、柬埔寨皇家农业大学三校共建“中柬农业科技创新中心”；③中国农业大学、吉林农业大学与波兰波兹南生命科学大学共建“中波农业科技创新中心”；④中国农业大学与巴基斯坦国家自然科学基金会、巴基斯坦国家农业研究委员会共建“中巴农业科技创新中心”；⑤中国农业大学与阿尔巴尼亚地拉那农业大学共建“中阿农业科技创新中心”；⑥中国农业大学与罗马尼亚布加勒斯特农业与兽医药大学共建“中罗农业科技创新中心”；⑦中国农业大学与坦桑尼亚苏库因大学共建“中坦农业减贫中心”；⑧中国农业大学与海南大学、巴西圣保罗大学共建“中巴农业创新中心”；⑨中国农业大学与泰国农业大学共建“中泰农业食品科技合作中心”。

2018年，完成商务部培训班项目3个，涉及畜牧科技、农业技术推广和政策研究等领域；继续承办教育部“20+20”框架下促进中国农业发展经验在非洲分享和推广等专业的留学生硕士项目。

（唐莹）

【与世界顶尖涉农大学搭建实质性全面合作平台】

与康奈尔大学本科“4+0”合作办学项目筹备工作顺利，完成制定食品科学与工程、食品质量与安全2个专业本科教育项目的人才培养计划。10月，两校签署合作协议，并提交教育部审批。

（唐莹　毕蕾蕾）

【校际合作关系】

2018年，共8个校级团组出访12所“一带一路”沿线国家院校以及5所世界一流大学，推动学校“双一流”建设和“一带一路”倡议相关工作的落实。

校级领导团组出访东欧、南亚、中亚、非洲、中美洲共计12所“一带一路”沿线国家院校，包括泰国农业大学、坦桑尼亚苏库因大学、马拉维科技大学、波兰弗罗茨瓦夫环境与生命科学大学、匈牙利布达佩斯兽医大学、吉尔吉斯斯坦国立农业大学、巴基斯国家农业研究委员会、柬埔寨皇家农业大学、塞尔维亚土地与蔬菜作物研究所、阿尔巴尼亚地拉那农业大学、罗马尼亚布加勒斯特农业与兽医大学和特多国西印度大学圣奥古斯丁分校，大力推进“一带一路”、南南合作共建工作，与沿线访问院校强化合作，筹建与沿线多所院校共建的“一带一路”农业合作中心，筹备“一带一路”高端培训工作。

校级领导团组出访美国、德国和丹麦共计5所世界一流大学，包括美国康奈尔大学、美国加州大学戴维斯分校、美国耶鲁大学、德国霍恩海姆大学和丹麦奥胡斯大学，围绕学校“双一流”建设方案，深化与世界顶尖涉农大学A5联盟和世界一流大学的合作。

（毕蕾蕾）

【学生海外交流】

2018年，本科生联合培养项目派出学生182名。派出18名学生赴美国、新西兰、日本进行学期交换。

新启动5个本科生暑期国际交流项目和1个研究生暑期国际交流项目，联合研究生院开发1个研究生海外调研项目，近百名学生分别赴美国、加拿大、哈萨克斯坦、坦桑等八个国家学习交流。同时，积极与伙伴院校开展双向交流，先后邀请52名美国康奈尔大学师生和20名荷兰格罗宁根大学学生来校访问。

（唐莹）

【外专项目规模与管理】

2018年共获得国家外国专家局资助1 224万元，与2017年持平。高校学科创新引智计划（“111”计划）项目在内的26个项目获得国家外专局批复，经费1 162万元，比2017年增加9个项目，经费增加417万元。

按照《2018年学科建设资金建议方案》，统筹500万元外专经费纳入学科建设，支持各学院根据学科特色建设高层次国际合作，设立“一院一平台学院外专项目”17项。设立“基于南南合作框架下搭建‘一带一路’及非洲国家的教育援外教学研究平台”等3个引智专项，资助经费43万元。

规范管理12套外国专家公寓，2018年，安排境外专家入住30人次，推进引智工作顺利开展。

（唐莹）

【国家公派出国留学项目】

国家公派出国留学工作保持稳定，国际组织实习项目获得重大突破。2018年，国家公派出国留学各类项目共录取218人，其中教师21人，包括国家公派高级研究学者及访问学者(含博士后)项目10人，青年骨干教师出国研修项目(含高等教育教学法项目)10人，博士生导师1人；学生197人，其中国家建设高水平大学公派研究生项目129人，国家公派硕士研究生项目43人，创新型人才国际合作培养项目12人，国际组织实习项目5人，优秀本科生国际交流项目5人，其他项目3人。

根据“双一流”建设需要，向国家留学基金委申报的中荷农业绿色发展交叉创新人才培养项目获得资助。

（毕蕾蕾）

【留学生工作】

2018年，报到长期留学生112人，其中本科生4人，硕士生38人，博士生28人，专业进修生42人。留学生短期交流团组8个，共计183人。整专业英文授课项目招生60人。

2018年，各类留学生总人数466人，含长期学历生283人，短期非学历生183人。长期生中含博士生128人、硕士生91人、本科生22人，进修生14人、专业汉语补习生27人、语言生1人。按经费来源划分，中国政府奖学金生241人，占全校留学生人数的85%；按洲别划分，亚洲、非洲学生分别占63%(177人)和32%(91人)，欧洲、美洲学生共计15人，占5%。

2018年，毕业和结业留学生90人。其中6月毕、结业89人(博士生23人、硕士生36人、本科生9人、进修生21人)；11月毕业1人。

2018年，新增教育部“中国政府奖学金——丝绸之路奖学金项目”和北京市“一带一路”国家人才培养基地项目。

（张志超）

【港澳台交流】

2018年，办理师生赴台审批17人次，接待港澳台地区团体来访2批次，共计20人。53名港澳台侨学生在校学习，其中学历生47人，交换生6人。

2018年，5名港澳籍学生和6名台湾籍学生获得教育部专项奖学金。

教育部王宽诚教育基金会项目支持园艺学院参加第五届国际园艺研究大会，食品学院承接教育部对台教育交流项目——海峡两岸大学生食品科技创新与创业设计大赛。继续与香港中文大学合作《内地及台湾高校生暑期研究体验计划》，7名来自食品学院和生物学院的研究生前往香港中文大学进行为期49天的研究实习。

（张志超）

【孔子学院建设】

2018年，增派1名教师志愿者赴特多孔子学院任教，特邀特多西印度大学加入“一带一路”、南南合作农业科技教育创新联盟，并列入联盟理事单位。通过“一带一路”教育科技创新联盟平台的综合资源，加大对西印度大学与孔子学院的支持力度。6月，组织特多孔子学院学生代表团一行11人来校参加为期3周的夏季小学期学习文化交流活动。12月，西印度大学校长来访，就未来孔子学院建设与发展进行深入交流。

（张志超）

【制度完善】

修订《中国农业大学外国文教专家项目管理办法》（中农大外字〔2018〕24号），进一步简化境外专家邀请审批流程，优化专家经费支取方式；简化普通教师学术出访因公出国（境）审批手续，提高因公出国（境）审批效率。积极配合审计署审计工作，根据审计意见，进一步完善学校因公出国（境）管理工作，修订《中国农业大学因公出国（境）管理办法》（中农大外字〔2017〕88号）。

（唐莹　毕蕾蕾）

【信息化建设】

升级外事信息服务系统，实现外专项目申报、立项、执行、总结信息一体化管理；全面启用教育部在华举办国际会议管理平台，简化国际会议校内审批流程、进一步提高服务效率。优化升级因公出访系统，实现教职工因公出访线上申请、线上审批的全流程电子化，同时实现申请人、审批人实时短信、邮件提醒，加快各环节信息获取，提高审批效率，提升服务质量。

（唐莹　毕蕾蕾）

附录

附录1　2018年因公出国（境）人员统计（教师）

位

学术交流合作	管理工作访问	国家公派	比赛等其他	总计
654	41	21	68	784

附录2　2018年因公出国（境）人员统计（学生）

位

学术交流合作	国家公派	比赛等其他	总计
320	197	123	640

附录 3　2018 年中国农业大学请进境外专家国家/地区分布统计

位

国别	美国	英国	德国	加拿大	荷兰	澳大利亚	日本	韩国	其他	总计
人数	396	101	82	65	64	42	41	41	485	1 317

附录 4　2018 年中国农业大学港澳台侨学历生统计

位

	合计	一年级	二年级	三年级	四年级	五年级
总计	47					
博士	2	1		1		
硕士	5	2	3			
本科	40	10	7	7	10	6

附录 5　2018 年中国农业大学港澳台毕业学生统计

位

总计	博士研究生	硕士研究生	本科生	普通进修生	高级进修生
15	0	1	8	6	0

资产经营工作

2018 年，校办产业系统按照学校对产业发展工作的总体要求，积极贯彻落实高校所属企业体制改革工作。

【落实教育部、学校有关工作】

积极贯彻落实高等学校所属企业体制改革工作意见，推进企业清理工作。梳理校属企业基本情况，并清理企业 3 家。按照审计署驻校经济责任审计工作安排，配合完成审计工作。

（李洋）

【服务地区及国家建设】

为进一步加强全国农业、林业和水产行业高等院校和龙头企业之间的交流与合作，资产经营公司在家庭联产承包责任制的发源地——安徽省滁州市组织召开了全国农林水高校校办产业协会年会暨高峰论坛会议，共有20余所高校、10余家农业企业和当地涉农单位参加。全国农林水高校与龙头企业联盟、滁州市政府签订政产学研全面合作协议；联盟成员单位与天长市、全椒县签订产业、科研合作协议；资产经营公司与小岗村签订网络职业农民培训协议。学校出版社向小岗村捐赠2 000余册农业科普和农村文化生活图书，价值4万余元。

北京中农大动物医院有限公司在圆明园西路3号院开展小动物义诊，为注册犬免费注射疫苗，回收周边社区动物尸体并做无害化处理等。

北京市富通环境工程有限公司多次举办乡村振兴主题培训班，完成山西省运城市、大同市、山东烟台市等地区乡村振兴专项规划编制，并为山西省长治市沁源县、安徽省宿迁市、北京市平谷区、河南省汝阳县、浙江省安吉县国家级农业园区项目做了规划设计。北京东方畅想建筑设计有限公司协助国家开发银行、鲁能集团等国企，进行农业产业规划设计，助力乡村振兴，全面实现农业生态化、现代化和可持续发展。

（王颖　杨钧）

【服务教学科研】

北京双电电力电子技术有限公司与信息与电气工程学院合作建设了"中国农业大学信息与电气工程学院实习实践基地——双电公司生产基地和中国农业大学信息与电气工程学智能农业创新创业基地（东升联创）"，是学校首家校办企业与学院合作建设的实践创新基地，为校办企业助力学科发展树立了模板。北京中农大动物医院有限公司、北京市富通环境工程有限公司、北京中农大震亚饲料科技开发有限公司、北农（海利）涿州种衣剂有限公司等单位为学校师生提供教学实践平台，全年完成学生实习累计1 680人次，参观培训9 212人次。

（杨钧　石慧）

【上交学校收益】

2018年，产业系统上交学校资金4 698.18万元，其中资产经营公司上缴利润100万元，转让校属企业海南正业中农高科股份有限公司股权获得收益682.46万元，校属企业金码大酒店上交收入1 200万元，物业上交收入2 377.72万元，校属企业北京中农大网络发展有限公司上交管理费338万元。

（王宗涛）

【企业生产经营工作】

安全生产管理　资产经营公司与全部下属企业签订《安全管理责任书》并调整安全生产大检查工作领导小组成员。通过安全生产大检查，完善各企业安全生产管理制度，加大安全隐患排查治理力度，推动公司安全主体责任的落实，确保公司安全生产持续稳定。

企业管理工作 以完善法人治理结构、加强派出人员监管、实施财务监督与管理、内控审计、企业负责人经营业绩考核等几个方面为抓手加强对校办企业监管。落实依法治企工作，资产经营公司及所属企业全年发生法律纠纷案件13起，结案7起，其中被诉8起，起诉5起。推进OA系统建设，提高办公效率；有效利用新媒体，不断加强企业对外宣传力度；加强员工培训工作，进一步提高规范化管理水平。

出租房屋管理 完善房屋出租制度。配合街道办事处完成东西校区沿街商户开墙打洞政策宣传和改建；按照上级要求完成校内对外经营性用房的工商备案手续。

（杨钧 吴煜欢 钟锦）

校友会工作

【概况】

2018年，校友工作办公室继续开展寻访校友、值年返校、校友子女夏令营等品牌系列活动，新策划开展了CAU校友会客厅、CAU笑有惠2个特色校友品牌系列活动；新成立海外校友会1个、社团校友会1个、企业家校友联谊会行业分会1个；1个地方校友会完成换届；落实校友卡服务、校友联系人聘任等工作；出版图书1本，发表期刊论文1篇；开展第二届“中国农业大学全球校友迎新月”“校友返校日”活动；协助筹划和实施校庆日系列活动，建设了实名制校友信息服务平台“稼缘社区”。

（邓娇）

【校友组织建设】

3月22日，中国农业大学首个非洲校友会在坦桑尼亚莫罗戈罗省成立。中国驻坦桑尼亚大使王克、校长孙其信等见证成立仪式。

6月2日，国旗班校友会在公主楼三层招聘大厅召开成立大会。会上举办了国旗班校友会揭牌仪式，并为新当选的第一届理事会理事颁发聘书。国旗班校友会第一届理事会理事长刘春阳，副理事长杨超、杨开敏、郑超。

7月21日，中国农业大学企业家校友联谊会农旅产业分会成立大会在天津举行。天津绿茵景观生态建设股份有限公司总裁祁永当选为农旅分会会长。

11月17日，云南校友会在昆明举行云南校友会换届大会，由尹宏伟担任云南校友会第二届理事会会长。

（邓娇）

【值年返校活动】

1月，2018年值年校友返校活动正式启动。10月13日，1968、1988、1998、2008四个届别30余个班级，500余位校友值年返校；其他时段，11个班级200余位校友值年返校。

（邓娇）

【校友子女夏令营活动】

7月16日，第四届校友子女夏令营活动开营。活动历时6天，涉及大学生活体验、院士讲座、机械与农业工程国家级虚拟仿真实验教学中心参观、结构力学实践课、机器人组装、田野实践教学、西区体验、北京名胜古迹参观等内容。来自13个地方校友会选报的15位校友子女参加此次活动。

（邓娇）

【寻访校友活动】

5月，第四届“寻访校友”社会实践活动正式启动，本届“寻访校友”活动以“脱贫攻坚、担当有我”为主题，以“少而精、重品质”为原则，聚焦脱贫攻坚一线，招募了4支在校生寻访小队，分赴5个省（自治区、直辖市），寻访21位奋战在脱贫攻坚一线的优秀校友代表。

（邓娇）

【开展首届CAU校友会客厅系列活动】

4月起，校友工作办公室与就业创业办公室联合打造CAU校友会客厅活动，搭建创客校友交流平台。每期邀请1位创客校友作为主讲人，平均10～20位业内校友现场交流互动；同时设置“学生观摩区”，让具有创业意向的在校生观摩、旁听，每期均有5～10名在校生观摩旁听。全年已成功举办5期，内容涵盖互联网创业、金融投资、团队打造、畜牧业创业与区块链、茶产业与创业等。

（邓娇）

【开展首届CAU笑有惠系列活动】

9月起，校友工作办公室开展了“CAU笑有惠”系列活动。活动模式是校友企业将自己一定数量的产品奉献出来，采取趣味抽奖的方式，与广大校友们一同分享的同时宣传推广校友产品。2018年活动已成功举办4期。产品包括红心蜜柚、优质红茶、“小甜心”红薯、《稼缘》图书等。

（邓娇）

【兄弟院校工作交流】

1月4日，北京理工大学校友会办公室副主任李芬带队调研交流。校友会秘书长兼教育基金会秘书长周旭峰、校友工作办公室主任骆骢接待了调研组一行。双方就校友品牌活动的组织模式、运行机制以及队伍建设等进行了探讨和交流。

3月21日，中国地质大学（武汉）校友与社会合作处校友会办公室主任张祎带队调研交流。校友工作办公室主任骆骢、水利与土木工程学院校友办公室主任张立伟等接待了张祎主任一行。双方就校友工作的理念与体系、数据库建设和管理、校友信息化平台的建设等内容交流探索工作经验。

12月12日，北京邮电大学校友总会、教育基金会秘书长杨俊带队交流研讨校友工作。校友工作办公室主任骆骢接待了杨俊一行。双方就校友数据库建设、校友活动平台推广、各省及各院校友分会组织建设、返校日活动策划等方面交流探索工作经验。

（邓娇）

【落实 2018 届“校友联系人”聘任工作】

6 月 15 日，校友联系人聘任大会在东区召开。本年度共有 323 名应届毕业生（本、硕、博）新校友受聘成为校友联系人，其中，覆盖 2018 届本科 135 个班级，硕士 149 人，博士 39 人，总人数创历史新高，确保整届毕业生与母校的联系“毕业不断线”。

（邓娇）

【举办第二届“中国农业大学全球校友迎新月”活动】

6 月 15 日，第二届“中国农业大学全球校友迎新月”活动启动仪式在东区举行。活动为 2018 届毕业生/新校友与各地方校友会搭建网上快速对接平台，新校友通过微信、邮件等形式与各地方校友会对接。

（邓娇）

【校庆日活动】

10 月 13 日，“校友返校日”，策划并协助组织校友返校日校园游园活动、第四届校友企业专场招聘会、为返校校友提供免费怀旧午餐等系列活动。

10 月 16 日，协助筹划和实施 113 周年校庆日整体活动方案，配合举办“全校学生校庆日免费午餐”等“常态化”校庆日系列活动。

（邓娇）

【开展校友卡服务工作】

2018 年，制作、发放校友卡 6 500 余张。校友可以凭卡出入校园、在学校图书馆阅览图书、参观校史馆等；以“稼缘社区”为依托，正式推出“电子校友卡”，与实体校友卡享受同等权益；联合校内餐厅、继续教育学院、金码大酒店等校内外单位，推出校友卡校友专属服务，进一步丰富了校友卡功能。

（邓娇）

【建立实名制校友信息服务平台】

校友工作办公室以“校友工作＋专业团队”模式开发建立中国农业大学校友实名制网络平台——“稼缘社区”。7 月 23 日，“稼缘社区”正式上线公测，截至 2018 年年底，平台注册校友 5 000 余人，建立校友组织 90 余个，发布活动 20 余个，上传新闻报道 350 余篇。

（邓娇）

【出版图书】

9 月，在“初心”出版基金支持下，以四届在校生笔触记录的“寻访校友”专访稿为基础，首批选编 113 位校友专访稿，汇编成《稼缘——中国农业大学校友风采录（一）》交付中国农业大学出版社正式出版，首批印量 2 000 册，全书近 500 页，共 53.5 万字。

（邓娇）

【发表课题论文】

分析总结 2016 年、2017 年先后组织的两项校友意识课题的调研成果，9 月，课题论文《高校校友意识影响因素探讨及提升策略研究——以中国农业大学为例》在《北京教育（高教版）》（第 9 期）公开发表。

（邓娇）

【运营中国农业大学校友会微信公众号】

2018 年全年，微信平台共计推送图文 100 余期，新增 2 000 余人关注公众号（截至 2018 年底，关注人数共计 15 000 人左右），新增设“小友漫画”“图说农大”等原创图文专栏，丰富微信号图文内容，增加校友黏性。

（邓娇）

【地方校友会活动】

1 月 6 日，福建校友会 2017 年年会活动在泉州举行，本次活动首次采用“地市轮办”年会机制。来自福建省内各地的校友及家属，以及由福建省外大学校友会联合会副会长兼秘书长黄伟平带队的 25 所兄弟高校福建校友会代表，近 140 人参加此次活动。

1 月 13 日，重庆校友会迎春团拜会在两江新区星光大道 62 号海王星科技大厦底楼举办。会上，增选 93 级园艺系、重庆市农业科学院高级农艺师王远惠校友为副会长。

1 月 20 日，广西校友会 2018 新春嘉年华欢庆活动在南宁青秀万达金座 29 楼校友会活动室举办。校友会理事会成员以及校友代表等 50 余人参加了本次活动。

1 月 27 日，北京校友会举行第三届新春嘉年华活动，活动围绕“凝聚 分享 融合 共进”主题，举行优质食品论坛、举办校友企业优质农产品年货大集、嘉年华晚会等系列活动。校长孙其信，党委副书记、副校长张东军，学校老领导江树人、唐运新、翟志席等出席活动，400 多名校友参加活动。

3 月，李召虎等访问丹麦奥胡斯大期间，看望了在丹麦学习和工作的中国农业大学校友，并就学业、生活、就业等相关话题进行了深入交流。

3 月 17 日，深圳校友会在马峦山举行踏青活动，并实地走访校友企业，多位校友参与活动。

4 月 14 日，北京校友会组织校友参观第六届北京农业嘉年华，50 余名校友和校友子女参与活动。

4 月 21 日，湖南校友会组织在湘校友到中国农业大学校友企业家何桅创办的柯柯农艺梦工厂踏青体验。多位校友及校友子女参与体验。

5 月，上海校友会第三届理事会 2018 年第一次扩大会议在上海交通大学七宝校区召开。会议对上海校友会理事会章程做了表决，优化校友会组织架构。上海校友会理事会 14 位校友参加会议。

5 月 5 日，四川校友会校友足球队参加中国名校四川校友足球协会主办的 2018 中国名校四川校友杯 8 人制足球超级联赛，对战上海交通大学校友足球队，2∶1 首战告捷。

5 月 20 日，江西校友会就“乡村振兴”专题在南昌市红谷滩新区翠林国际大厦 811 召开座谈会。来自江西省政府、事业单位、相关企业多位校友代表参加会议。

7 月 21 日，天津校友会 2018 年校友联谊交流会在天津举行。宁秋娅副书记代表学校发表讲话。全国省(自治区、直辖市)校友会的 40 名负责人应邀出席，110 余名天津校友参加了会议。

7 月 21 日，乡村振兴战略下农村产业融合的机遇与挑战研讨会在天津举行。会议共同研究探讨了“乡村振兴”战略下农村产业融合的机遇与挑战，多位专家做相关专题报告。天津市领导、中国农业大学领导、全国各省市代表及中国农业大学的各界校友等 170 余人参加了会议。

7 月 22 日，北京校友会发起为密云灾区捐赠饮用水活动，3 小时完成捐赠目标，65 位校友为灾区累计捐助矿泉水 4 000 箱，于 7 月 22—27 日分批运抵灾区。

美国当地时间 7 月 28 日，中国农业大学大华府校友会举办户外交流野餐聚会，分享学习工作经历。20 余位校友参加聚会。

8 月，浙江校友会在西子湖畔举办校友沙龙欢迎入浙工作新校友，为入浙工作新校友分享在浙工作经验。

8 月 11 日，重庆校友会 2018 年“双新”(迎新送新)活动在两江新区海王星大学客举行。40 余名在渝老校友、新到渝工作校友、重庆 2018 级中国农业大学新生及部分新生家长参加活动。

8 月 18 日，内蒙古校友会 2018 年“双新”(迎新送新)会在呼和浩特市如意开发区绿地腾飞大厦举行，欢送内蒙古考入中国农业大学 2018 级新生、迎接 2018 年毕业或调动来内蒙古工作的校友。

8 月 18 日，海南校友会在海口为考上中国农业大学的 2018 级海南新生代表们召开交流会，为海南新生分享在母校求学经历，并结合自身的经验给新生、家长答疑解惑。

8 月 19 日，香港校友会理事会召开理事扩大会议，校友会理事、名誉会长、顾问等共 12 人出席。会议就校友会工作的开展状况和需要，对校友会组织框架进行调整，并就校友会下半年的几项工作重点进行了讨论。

9 月 1 日，广西校友会在南宁青秀万达金座 29 楼举行“迎新会”，欢迎刚回广西工作的校友。会议由我校 06 级车辆专业毕业生唐红明主持，校友会秘书长车江旅发言。

9 月 4 日，天津校友会在校友企业瑞普集团公司召开“庆祝教师节，感恩母校老师”专题校友座谈会，天津校友会理事会 17 名理事、校友代表参加了会议。

9 月 9 日，香港校友会于香港旺角稻香酒楼四楼宴会厅举行“迎新交流会”，欢迎今年抵港的新校友，在港新老校友近 60 人参加活动。

9 月 16 日，河北校友区域代表座谈会在校友企业神农庄园酒店举行，河北校友会会长刘福辰等与来自河北各市的 10 余位校友代表就 2018 年推动河北各市校友联络交流工作进行了座谈。会议由副会长王如良主持。

10 月 7 日，厦门校友会在厦门佳丽海鲜酒楼举办中秋博饼联欢会暨庆祝建校 113 周年活动，共抒稼缘情谊。近百名农大在厦校友及家属参加活动。

11 月，贵州校友会对接黔西一中开展首期结对爱心助困活动的第 5 次活动，活动自

2016年上学期开始，以一对一方式，每学期每人资助1 000元，共5个学期。首期结对资助的17名学生，13名应届学生考上大学。

11月17日，云南校友会作为联合主办方在昆明举办了“云南省首届绿色食品品牌论坛暨云投庄园绿色品牌发布会”，来自国内众多的行业专家学者就云南省打造绿色食品的重大战略，进行了以科技引领、绿色健康、模式创新、市场体系、开放合作五大体系建设为目标的多维度多层次的主题讨论和成果发布。

12月15日，上海校友会第33届嘉年华活动在上海市青浦区凯博休闲农庄召开，近百位上海校友、校友家属参与活动。

12月15日，重庆校友会2018年迎春团拜会在西南大学举行，近百位重庆校友、校友家属参与活动。

（邓娇）

教育基金会工作

【概况】

2018年，中国农业大学教育基金会在学校党政和理事会的领导下，坚持以服务学校建设和发展为宗旨，多元培育和拓展筹集渠道，规范开展项目管理，进一步完善管理制度体系，提升内部治理和运行能力，扎实推进年度重点工作。2018年，教育基金会共实现收入5 199万元，其中募集社会资金2 036万元，理财收益469万元，为学校争取中央财政捐赠配比资金2 693万元，年末净资产余额1.33亿元。

（赵静）

【捐赠筹款】

捐赠收入总体情况 2018年，共计争取社会捐赠2 036.6万元。从资金来源看，来自境内自然人捐赠416.9万元，法人或者其他组织的捐赠1 206.2万元，其他基金会的捐赠177.1万元；来自境外法人或者其他组织的捐赠236.5万元。从捐赠用途看，学校发展390.6万元，学院学科发展609.5万元，学生发展759.8万元，教师发展16.2万元，科学研究260.5万元。

重大捐赠项目与活动 1月22日，丰大种业发展与人才培养基金捐赠仪式在西校区主楼712会议室举行。丰大集团捐赠120万元，用于支持农学院玉米学科建设和科技创新工作以及种业人才培养。学校党委常务副书记、教育基金会执行副理事长张东军，中国工程院院士戴景瑞出席仪式。

4月16日，固安九通新盛园区建设发展有限公司向学校捐赠200万元，设立中国农业大学发展战略研究基金，用于学校发展战略规划研究。

4月18日，水利与土木工程学院农建86级两位校友——博天环境集团董事长、上海开能环保设备股份有限公司董事长赵笠钧和博天环境集团执行副总裁王少良，在水利与土木工程学院建院60周年返校之际，个人出资向母校捐赠120万元，支持学院建设与发展。学校党委常务副书记、教育基金会执行副理事长张东军会见并座谈。

4月23日，北京康普森生物技术有限公司捐赠签约仪式在动物科学技术学院第一会议室举行。北京康普森生物技术有限公司向学校捐赠400万元，支持动物科学技术学院学科建设与人才培养。学校党委常务副书记、教育基金会执行副理事长张东军出席。

8月13日，美国佛罗里达大学兽医学院教授、校友谢慧胜博士个人出资向母校捐赠人民币100万元，支持动物医学院的发展。

12月25日，水利与土木工程学院农建93班（程发彬等）向学校捐赠100万元，设立“农建奖助基金”，支持水利与土木工程学院农业建筑与环境工程系发展：奖励学业优秀的学生，资助农建专业贫困生，奖励农建专业青年教师和博士后。

拓展学院筹资渠道 先后走访12个学院，就学院学科优势、筹资工作存在的问题、筹资方式及筹资政策等与学院进行深入沟通和交流，挖掘学院社会资源和筹资潜力，推进学院筹资工作的开展。

（赵静）

【公益项目】

资助学校各方面事业发展 2018年，教育基金会开展各类资助项目118项，公益项目支出2 385.9万元。其中，用于学校发展项目288.1万元，包括学校校园基础建设、校园文化建设、实验站/场建设、图书馆建设等；学院学科发展项目523.6万元，支持相关学院一流学科建设与发展；学生发展项目819.4万元，主要包括奖学金、助学金、创新创业教育、学生竞技比赛、国际交流、社会实践等；教师发展项目380.8万元，主要包括奖教金、教职工爱心基金等；科学研究项目373.9万元，包括资助科研平台建设，激励农大师生积极进取、提升学校的科研水平。

组织实施重点捐赠项目——“大北农教育基金”2018年资助计划 继续实施（大北农）教学名师奖励计划（校级），奖励理学院徐义田等10名教师，奖励额度10万元/人，鼓励教师重视本科生基础教学，提升本科教学质量。资助《农业生物技术学报》《动物科学与生物技术期刊》等5项期刊，着力打造学校有品牌、有影响力的学术期刊，提升学校学术影响力。奖励品学兼优的优秀学生，资助品学兼优的家庭经济困难学生出国交流，提升其综合能力，助力学校人才培养工作。

（赵静）

【内部治理】

加强制度建设 2018年是教育基金会迎接评估年，本着以评促建的原则，通过系统梳理和调研，结合工作实际，对现行管理制度进行了修订和完善。于12月27日召开第三届第3次理事会，审议通过了《中国农业大学教育基金会章程》《中国农业大学教育基金会项目管理办法》《中国农业大学教育基金会财务管理规定》《中国农业大学教育基金会重大事项报告制度》《中国农业大学教育基金会信息公开制度》《中国农业大学教育基金会人事管理办法》《中国农业大学教育基金会印章管理办法》等制度的修订，为进一步提高教育基金会管理科学化、规范化水平提供了制度保障。

做好项目规范管理 落实捐赠项目背景及意识形态审查，推进境外非政府组织捐赠项目备案工作。加强与学校各部门、学院的沟通协调，扎实做好捐赠项目管理。捐赠项目从前期沟通，到协议签署、立项审批、项目执行、后期总结和反馈等各个环节，教育基金会均积极参与、指导、督促和跟踪，确保捐赠项目规范有序开展，并做好项目资料的收集和管理。

有序开展财务管理 严格遵守国家及基金会财务管理制度，认真审核各项财务事项，扎实做好捐赠资金的核算、监督及管理，确保教育基金会财务工作规范、透明。在保证资金安全性、效益性的前提下，积极开展投资理财业务，努力实现捐赠资金的保值增值。

选举产生新的秘书长 12月27日，召开第三届第3次理事会，增补胡金有同志为理事，选举其为秘书长。

（赵静）

图 书 馆

【概况】

12 月底，图书馆总建筑面积 21 665 平方米，馆藏文献总量 212.3 万册，在编工作人员 87 人。设有办公室、资源建设部、流通一部、流通二部、信息服务一部、信息服务二部、系统与数字化部、情报研究中心、综合部和 CALIS 农学中心办公室等 10 个部门。

（雒庆生）

【党建工作】

1 月 17 日下午，中国共产党中国农业大学图书馆党总支在图书馆西馆报告厅召开党员大会，听取上一届总支工作报告，选举产生新一届党总支委员。

2018 年，共发展研究生党员 5 名。截至 2018 年底，总支共有党支部 4 个，其中教职工党支部 3 个，学生党支部 1 个；党员 47 人（其中教师 41 人，研究生 6 人）。

（孙德昊）

【图书流通情况】

全年借出图书 8.55 万册。全年接待进馆读者 85.8 万人次（东馆 37.9 万人次，西馆 47.9 万人次）。

（雒庆生　刘元科　喻浩）

【文献检索课教学】

完成全校本科生“文献检索”公选课教学任务，共 353 个标准学时；研究生公选课“电子资源检索与利用”全年完成教学任务 339.2 个标准学时；研究生公选课“人文社科类电子资源检索与利用”全年完成教学任务 64.4 个标准学时；新生研究生公选课“知识产权保护与利用”，全年完成 59.2 个标准学时。

（袁永翠　陈仕吉）

【培训与讲座】

组织完成 2018 年新生培训，培训本科生 3 200 人，研究生 1 010 人。

共举办专题讲座 36 次，参加师生人数达 2 590 人次。

针对大一本科新生在科技论文写作中存在的问题，举办 2 次“论文写作入门”讲座，参加学生 520 余人；为提高本科毕业生毕业论文写作质量，举办 4 次“本科毕业论文的规范写作”讲座，参加学生 900 余人。

（袁永翠　陈仕吉）

【科技查新】

全年完成科研立项、成果鉴定、技术引进等查新项目共 117 项，每月通报学校教师论文被 SCI、EI 的收录情况，共完成 SCI、EI 检索收录、引用证明 776 份。正式利用江苏“宝和查收查引系统”进行 SCI 收录论文的他引次数确定，开通 CALIS 查收查引系统的学习和使用。

（袁永翠　陈仕吉）

【文献传递与馆际互借】

2018 年，共完成文献传递 2 900 余篇，馆际互借图书 739 册次。

获得“BALIS 原文传递先进集体奖”，1 人获得“BALIS 原文传递服务先进个人奖”。

（徐伟）

【馆藏资源建设】

截至 2018 年底，文献总量达到 212.3 万册，比上年增加 2.74 万册。

全年完成中文图书编目 10 833 种，24 626 册；西文图书编目 381 种，426 册；学位论文编目整理加工 4 687 册；随书光盘 75 种，107 张。

向 CALIS 中心提交原编数据，获得“2017—2018 年度 CALIS 联合目录馆藏数据建设先进单位奖”。

继续开展电子资源的评估分析工作，争取更多电子资源的试用，全年共试用各种数据库 40 余次，新增电子资源有 ASME(美国机械工程师学会)全文电子期刊、Innography 数据库、WAP(荷兰瓦赫宁根学术出版社)电子期刊、智汇“三农”数据库等。

接收中国农业机械化科学研究院图书馆捐赠图书约 15 万册，中国水利水电出版社捐赠图书 700 余册。

继续开展本校机构知识库各项资源建设，全年新增元数据 10 646 条，其中新增硕博士学位论文元数据 2 837 条。

（徐伟　康实）

【新馆建设】

完成家具类（总价 1 920 万元）、设备类（总价 1 835 万元）方案制定－审批－招标－

采购工作。12 月底进入家具进场与安装阶段，89 类、近万件家具国资登记已完成。

（孙德昊）

【图书情报与档案管理学科建设与研究生培养】

2018 年，中国农业大学图书馆“图书情报与档案管理”一级学科硕士学位授权点顺利通过合格评估。

组建学科建设委员会，修订图书情报与档案管理硕士研究生培养方案并在 2018 级研究生正式施行。

2018 年，共招收研究生 10 人，按一级学科招生。同年，8 名图书情报与档案管理学硕士研究生完成学业，获得学位，学生陈雨毕业论文获得校优秀硕士论文。

完成 20 门硕士课程教学任务，其中春季课程 8 门，秋季课程 12 门。

全年主持中央部委和学校各部门科研项目 8 项，参与其他部门主持项目 2 项。发表学术论文 11 篇。其中，CSSCI 收录论文 5 篇、中文核心刊论文 1 篇、普通期刊论文 3 篇、国际会议论文 1 篇、EI 收录论文 1 篇。

（刘子瑜）

【职工队伍情况】

2018 年有 10 人退休，1 人因病去世，1 人新入职，截至 12 月底，在编人员 87 人，其中具有博士学位馆员 12 人。

（孙德昊）

【编辑出版】

2018 年，完成校智库电子期刊《高校与学科发展》出版工作。撰写“深度分析”“管理视界”栏目文章 16 篇(累计 20 万余字)，内容涉及科研诚信、人才吸引政策、学科群布局、高校学报建设、学科专业认证等多个热点主题。

完成《中国农业文摘-农业工程》期刊全年 6 期出版任务，发表各类文章 164 篇。其中原创论文 148 篇，76 万余字。摘编论文 16 篇。新增超星期刊域出版平台收录和维普网全文收录。该刊已被知网、万方、维普和超星四大中文期刊库收录。

（赵勇）

【专题服务与研究】

为学科建设和学科评估提供数据支持，认真做好学科基础数据收集及分析。每两个月提交 1 期基于 ESI 的学科发展报告，并对有可能进入 ESI 前 1%的学科领域进行预测。

利用学科分析工具，对 15 个一级学科开展基于 InCites 学科分析报告的调研与撰写，分别从学科论文产出、学科规范化引文影响力、国际合作论文、高被引论文、高产作者等角度进行分析，明确相关学科在国际及国内的科研水平及所处地位。

继续对院系学科贡献进行数据核对、信息补充及贡献计算。完成自然指数分析报告及学院、一级学科及主要人员的贡献分析报告。

利用专业学科分析工具参与学校人才引进工作，针对各学院推荐的候选人，设计人才评价指标进行综合评价，为学校人才引进提供参考。

聚焦“双一流”建设核心指标（要素）和热点，开展战略性专题研究，承担学校引进人才学术贡献评价、“双一流”建设动态监测及成效评价、2035 年“新农科”发展愿景研究等委托研究。完成《新农科的概念研究》《“双一流”建设院校：标准、分类、评价》《“双一流”建设成效评价的内涵研究》等系列报告 7 份近 20 万字，为学校学科发展及时提供有效支撑。承担农业部《中国农产品供需形势分析》月报、科技部《科研诚信建设工作通讯》等外部委托研究，完成《大豆生产与市场监测报告》12 份，《科技部研究报告（建议稿）》2 份。

（袁永翠　陈士吉　陈卫国　赵勇）

【阅读推广】

以第 23 个世界读书日为契机，组织参与宣传部、学工部、研工部联合主办的以“阅读新时代 引航新征程”为主题的“稼穑书香”系列活动，受到广大师生的关注与好评。

2018 年获得“全民阅读先进单位”称号。

（王鲁燕）

【CALIS 农学中心工作】

9 月 17—21 日，由 CALIS 全国农学文献信息中心主办，云南农业大学图书馆承办的“2018 年 CALIS 全国农学文献信息中心业务交流暨学术报告会”在昆明举行。来自海内外的 46 所高校的 120 余位图书馆代表和 19 家图书或数据库供应单位代表参加会议。

会议围绕主题“新时代、新起点、新方向”，美国卡内基梅隆大学图书馆副馆长 Erika C. Linke 研究馆员、美国佐治亚南方大学亨德森图书馆刘朱胜馆长分别就美国研究型图书馆的发展趋势、美国高校图书馆的价值评估与投资回报做了专题学术报告；东北林业大学图书馆馆长和江南大学图书馆副馆长就图书馆改革与实践探索、图书馆服务趋势等进行了经验交流；EBSCO、CABI 等十余家图书或数据库供应单位代表介绍了其最新的产品与服务。此外，会议还进行了业务培训、分组讨论、评比表彰等一系列活动。

2018 年，共立项研究项目 54 项，22 家农业高校图书馆参与。

组织专家对 2017 年立项的 66 项研究项目进行评审，评出 20 个获奖项目。

组织 The Company of Biologists、The Rockefeller University Press、EBSCO 环境科学全文数据库、EBSCO 园林园艺索摘数据库、JOVE（视频实验期刊）数据库、Agricultural & Environmental Science Database（农学与环境学期刊全文数据库）、Biological Science Database（生物学期刊全文数据库）、American Society for Microbiology、AGRICOLA Database（Ovid 平台）数据库的联盟采购工作。

（徐伟）

【人事变动】

根据校党委 2018 年中农大党发〔2018〕63 号文件，任命王鲁燕为图书馆副馆长（兼），左文革为图书馆副馆长，因年龄原因，韩明杰、潘薇不再担任图书馆副馆长职务；根据中农大党发〔2018〕64 号文件，任命陈卫国为图书馆副馆长。

（雒庆生）

附表　馆藏统计表

项目	2014 年	2015 年	2016 年	2017 年	2018 年
文献总量/万册	198.35	202.90	206.25	209.56	212.30
中文图书/册	1 448 473	1 480 232	1 510 401	1 538 256	1 560 185
外文图书/册	213 002	214 214	215 308	215 962	216 395
中文现刊/种	1 581 (2 003 份)	1 575 (1 985 份)	1 417 (1 695 份)	1 411 (1 688 份)	1 399 (1 671 份)
外文现刊/种	354 (357 份)	352 (355 份)	340 (343 份)	308 (311 份)	289 (292 份)
电子图书/册	48 965	49 103	49 103	50 878	50 878
网上数据库/个	70 (重新统计)	74	74	78	87
中文电子期刊/种	12 000 多	12 000 多	12 000 多	12 000 多	12 000 多
外文电子期刊/种	14 000 多	14 000 多	14 000 多	17 000 多	17 000 多

(徐伟)

档案与校史馆

【概况】

2018 年，档案与校史馆根据《中国农业大学“十三五”事业发展规划》《中国农业大学“一流大学”建设方案》和《中国农业大学 2018 年党政工作要点》等总体要求，进一步完善档案收集工作，推进档案安全保管条件建设，改进档案利用服务，同时积极开展校史研究，较好完成了年度工作计划。

(桂银生)

【档案管理规范化】

档案管理制度　在征求相关部门意见的基础上，对原有的《中国农业大学学生档案管理暂行办法》《中国农业大学产品生产与科技开发类档案管理实施细则》《中国农业大学教学类档案管理实施细则》《中国农业大学人物档案管理实施细则》《中国农业大学声像类档案管理实施细则》《中国农业大学仪器设备类档案管理实施细则》等管理制度，提出初步修订意见，进一步修订完善后报学校审议批准。

根据学校最新的机构调整结果，重新明确了 15 个学院和 35 个职能部门的档案工作主管领导和兼职档案员。

馆区安全管理　全年开展消防安全讲座 2 次，巩固消防安全意识；进行全馆消防安全检查，确保设施到位。下半年，委托专业公司对各库房的基本安全设施和空气质量进行了检查。9—10月份，以学校教学审核迎评为契机，全面开展馆内环境整治工作，落实库房安全管理制度，加强楼层环境卫生管理，清理占用楼道设备；购置、租赁绿植改善馆区环境；完成新保洁员聘任。

（桂银生　王青珍）

【档案收集与业务指导】

档案接收　截至12月底，共接收、整理并上架党群行政类档案3 515件；财务类档案478册；教学类档案3 606卷；科研类档案500余卷；基建类档案60余卷；照片类档案（2018届毕业生合影）157张。

名人档案征、收集方面，采集张福锁院士相关资料电子版共5类，包括：中文文章111篇，简历6份（中英文各3份），奖励证书290张，英文文章633篇，个人照片156张，各类媒体报道631篇；收集并归档石元春院士材料2件。

照片档案方面，利用新上线的“多媒体档案管理系统”，将2018届毕业生共157个班级的照片全部收齐，其中博士班10张，硕士班51张，本科班96张。

业务指导　在确定校属各单位档案工作主管领导及兼职档案员的基础上，对30余名兼职档案员进行在线或面对面培训，确保各归档单位的档案工作正常运转。

借助“多媒体档案管理系统”上线与运行，及时与各学院、图书馆联系，确定具体工作负责人，就毕业生合影照片档案的归档要求与新系统操作方法进行培训。

和网络学院积极沟通，协商档案远程录入、设立档案管理分室等问题的解决方案。

（苏雅澄）

【档案保管与利用服务】

档案实体保管　开展各类档案库房的清查与整理，规范实体管理。在教学类档案中发现52件错误成绩单，经与有关部门沟通，进行了处理；对部分散乱及上架位置错误的档案材料进行核查、重新组卷与上架，共处理13卷。对北京农业大学行政类档案进行核查和信息补录，共完成核对719卷，补录信息5 994条。名人档案的清查、核对和录入，共完成21位名人的450卷档案2 434件材料。

校内利用服务　配合学校各教学管理机构、直属单位等的审计、科研立项与结题、奖励申报、专题研究、基建工程等各类工作，提供各类档案的查阅、复制服务。截至12月底，接待财会档案（凭单）查阅利用650余人次，查档近7 000卷（册）；教学档案利用20余人次，提供材料50多件；党政、基建、科研类档案查询约170人次，查档1 200余卷（件）。

名人档案利用方面，为中国农业出版社提供全部汪懋华院士档案的利用，并进行全文扫描；为院士家属、各学院等提供名人档案10卷；为“改革开放40年中国农业大学发展成就展”提供查找院士照片10余幅。

进一步规范校内各单位的档案借阅利用流程，截至12月底，共处理借阅申请71人次，借出档案488卷（件）。

校外利用服务　逐步提升毕业生学历学位及成绩认证服务的效率。通过认证服务平台接受并处理在线订单1 749份，办结材料7 924份，发送快递752份。线下服务主要为往届毕业生补充干部人事档案、申请户口、找工作、学业进修等办理有关录取、成绩、毕业、学位授予等各类学籍、学历学位证明及档案材料复制，处理现场申请 721 人次，提供证明及各类材料 2 000 余份；处理传真申请 219 人次，发送证明与各类材料 500 余份。

办理教育部学位与研究生教育发展中心认证处的认证请求 736 份，北京高校毕业生就业指导中心的认证申请 84 份。受各企、事业单位委托，核实毕业生毕业、学位、成绩单信息真伪 44 次。（以上均截至 12 月 20 日）

（蔡远渊　苏雅澄）

【人事档案管理】

全年共收集、归档在校教职工人事档案新增材料 6 800 余份，接收、审核、归档新教工档案 65 卷（2018 年入校）；接收本科生人事档案 2 200 余卷（2018 级），硕、博士研究生（2018 级）及博士后人事档案 3 115 卷；收集、归档在籍研究生入党材料 655 份，其他材料如入学登记表、毕业生登记表、奖励、出国及教师资格审批表等 11 000 余份。

按照中组部要求，做好干部档案新产生散材料的重新审核与整理、装订工作。截至 12 月 20 日，共完成 1 500 余卷。

严谨细致做好人事档案转递工作。全年通过 EMS 转出本科生人事档案 1 730 卷，研究生、博士后等人事档案 2 500 卷；通过机要渠道转出调离的职工档案 7 卷，配合人事处往北京市各区职业介绍中心转递自动离职职工档案 3 卷。

持续做好人事档案的利用服务工作。为职能部门、在校职工提供档案利用 653 人次，出具各类证明 442 人次。为教职工家属办理遗产公证、房屋信息登记等，提供档案查阅，信息填报及证明开具 100 余人次。为学生就业、考级考证、出国进修、发展党员等提供学生人事档案的查阅服务 887 次，借阅服务 476 人次，复印材料 120 余份，开具证明 50 余份。

（蔡远渊　孙海燕）

【档案信息化建设】

系统开发与维护　做好现有各系统的维护和升级，包括综合档案管理、档案转递查询等信息系统的硬件、软件维护；做好档案馆门户网站的改进、更新及工作信息发布；对 OA 电子文件归档模块进行深度测试和调整改进，11 月由党政办确认所有功能可正常使用；顺利完成“中国农业大学多媒体档案管理系统”建设项目，经与实施方配合开发设计与部署，7 月系统上线试运行，11 月底完成了相关部门的联合验收。

与本科生院、研究生院合作，积极推进数字成绩单安全归档工作，探讨系统建设的可行性，制定相关工作方案。

档案资源数字化　截至 12 月 20 日，完成 992 卷教学类档案、141 件原北京农业工程大学校报的扫描和图像加工处理，复检核查 244 卷。共计投入 5.9 万元，累计扫描 A3 幅面约 1 000 页，A4 幅面约 63 500 页，磁带数字转录 43 盘，磁盘数字化 10 张。

配合“老科学家学术成长资料采集工程——阎隆飞”项目实施，对阎隆飞院士名人档案进行了数字化处理，共计扫描手稿 5 687 页、幻灯片 1 596 张、照片 566 张、底片 124 张。

（蔡远渊）

【档案编研与校史工作】

资料收集 西迁校史资料采集。先后到西北农林科技大学、西北大学、南京第二历史档案馆、陕西省档案馆等，查找学校在抗战西迁时期（1937—1945 年）的相关历史资料，共收集到珍贵文件 24 件、照片 16 张、期刊 36 期、书籍 5 本（均为电子版），弥补了馆藏史料的不足，为后续研究提供有力支持。

烈士史料采集。在南京雨花台烈士纪念馆查找到黄人祥烈士和吕惠生烈士资料 175 张；在东北烈士纪念馆查找到李廷槐烈士部分资料。

北京农业大学建校资料采集。派专人到中央档案馆、国家图书馆等单位查找 1949 年三大农学院（北京大学农学院、清华大学农学院、华北大学农学院）合并组建北京农业大学的相关背景资料。

知名校友寻访。12 月，到哈尔滨采访老校友梁军（新中国第一位女拖拉机手）及其丈夫王作之校友，征集到两位校友的题词“祝福母校，再创辉煌”，为今后口述史料采集工作的开展打下基础。

研究编辑 延续 2017 年校史研究项目，完成《图说农大》的编写与前期校审工作。

在学校 2018 年“双一流”建设项目子课题——校史文化传承专项资助下，编写校史专刊《农大往事寻踪》第一集，完成栏目设定和内容编辑，进入准备出版阶段。

场馆运维 做好校史馆展区维护，包括展板更新与故障设施的维修、更换。继续和学校志愿总队合作，招募和遴选新一批志愿者，改进志愿者培训和上岗管理办法，培训志愿讲解员，维持校史讲解队伍。通过党课等形式，开展校史讲解宣传工作，普及校史文化，传播农大师生爱国革命精神。截至 12 月 21 日，接待校内外参观团队并提供讲解服务 1 200 余人次。

（蔡远渊　师桂芳）

【对外交流】

档案与校史馆继续参与相关学术社团组织，与国内各兄弟高校同行保持密切的业务联系交流。先后参加了中国高教学会校史研究分会会员第 15 届学术年会、教育部直属高校档案工作协会第八次会员代表大会暨馆长论坛、中国高教学会档案工作分会 2018 年学术年会。

蔡远渊同志荣获教育部直属高校档案工作协会先进个人奖励，苏雅澄、刘建平同志分别获得从事档案工作 20 年和 30 年荣誉证书。

（桂银生）

【内部管理】

健全议事制度，明确馆长办公会议事规则。明确年度工作计划、总结和财务预算方案、单位科室负责人等重要项目申报及建设方案、重要人事任免、涉及单位发展及员工利益的重大事项决定，以及大额资金使用（“三重一大”）等重要事项、面向全校及单位内部的重要规章制度审定，和其他涉及多个科室的重要事项，均需经馆长办公会集体研究决策。

建立健全内部管理规章制度。在此前工作基础上，制定《档案与校史馆财务管理办法》和《档案与校史馆国有资产管理办法》；进一步规范档案与校史馆印章管理。

完善内部沟通机制。用好微信工作群，建立办公会成员管理群、校内空间单位工作区等沟通平台，加强内部信息共享，促进交流沟通，提高议事效率。

（桂银生）

出 版 社

【概况】

2018 年，出版社有员工 60 名，退休 1 人。企编人员中，2 名通过编辑专业中级资格考试。

2018 年，总计出版图书 400 种。其中，新版图书 189 种，重印图书 211 种。印制码洋 5 605 余万元。在新出版的 189 种新书中，教材 160 种，占 90%；业余教育课本（科技书）29 种，占 10%。出版音像制品 12 种、电子出版物 1 种。

2018 年在售图书品种达 3 110 种，发行有效业务量 7 659 单，1 060 777 册，有效码洋 4 297.95 万元（总册数 939 589 册，总码洋 4 733.06 万元）。

2018 年制作完成 12 种音像制品（DVD 产品），印制 3 000 多套光盘。

（童云）

【加强科学管理】

社委会组织班子成员和全社职工，认真学习领会习近平系列重要讲话精神，特别是认真学习领会“十九大报告”精神，用习近平新时代中国特色社会主义思想武装头脑，指导出版工作，牢固树立“四个意识”，坚持“四个自信”，做到“两个维护”，传播正能量，在组织选题策划工作和审核选题工作中能够正确把握政治方向、舆论导向、政策倾向，坚持守土有责、守土负责、守土尽责，严格选题组织和审核。

认真调研，科学策划选题。组织的应用型本科系列教材顺利进入编写工作阶段，主持的中国农业大学核心课程教材建设工作继续推进。在保证已立项的国家出版基金项目按计划进行的同时，组织开展 2019 年度国家出版基金项目申报工作。由专门的社委会成员主持选题策划工作，保障本科教材策划部和高职教材策划部的正常运行。

（童云）

【加强马克思主义主流意识形态出版工作】

认真组织学习，努力提高班子成员和骨干编辑对马克思主义主流意识形态出版工作重要性的认识，从制度建设抓起建立长效机制，同学校马克思主义学院合作，积极组建专兼职的编辑团队，制定选题规划和计划、遴选优秀作者、撰写编辑加工出版发行可操作性强的实施方案，设立 50 万元的出版基金用于马克思主义主流意识形态出版物的出版工作，确保出版物数量和质量双提升。

（童云）

【强化科学发展】

全力支持学校“双一流”建设工作 社委会在积极组织全社职工认真落实中国农业大学核心课程教材编写出版工作基础上，进一步组织动员全社力量积极投身于服务学校一流师资队伍、一流人才培养、一流科学研究、一流社会服务、一流文化传承的工作中，研究制定相关计划和方案，为学校“双一流”建设做出贡献。先后组织人员与理学院、经济管理学院、农学院、植物保护学院、动物医学院以及教务处等单位联系沟通，取得阶段性进展。组织开展了应用型本科食品科学类专业系列教材建设工作，各项工作进展顺利。

加强学术著作出版工作 按照党的十九大提出的要求，围绕国家农业方面的重大战略需求，积极组织出版国内外优秀专家学者撰写翻译权威经典学术著作和译著。承担的3项国家出版基金项目进展顺利，2个项目参与2018年度国家出版基金项目的申报。积极为学校“三农”思想研究中心和乡村振兴战略研究中心提供高质量的出版服务，认真落实乡村振兴战略丛书的出版工作。

实施“初心”出版基金项目 “初心”出版基金(即中国农业大学“双一流”文化传承创新图书出版基金)是中国农业大学文化传承与创新的重要举措，用于资助学校师生创作的在国家战略研究、思想政治教育、校园文化建设、社会实践等方面有较高学术价值和社会效益的作品。项目遴选出《农村组织与农村治理体系现代化》《把根留住：基于乡村价值的乡村振兴》等12种选题予以资助。出版《阡陌共语——全国农科学子联合实践行动纪实录》《稼缘——中国农业大学校友风采录》等6部作品。

(童云)

【加快内容资源数字化建设】

数字出版项目 2018年，筹划《中国共产党农业政策知识服务系统建设项目》进入新闻出版改革发展项目库的申报工作。完成2017年度新闻出版改革发展项目库入库项目“农业教育三层移动大数据教学平台及涉农专业数字课程与传统教材融合建设”项目的年检工作。

传统出版与信息技术融合 二维码系统正常运行，完成30本图书的二维码制作工作，共计制作1 548个二维码。同时，尝试新的媒体形式和新的交互方法，完成《盆景制作与赏析》(第二版)二维码浏览方式的改进；制作《全国大学生先进成图技术与产品信息建模创新大赛命题解答汇编》一书一码，并改进二维码的内容形式。

图书资源管理 完成2018出版社图书排版文件、封面等资源的收集工作，并完成150余种图书信息数据的录入以及PDF和Word文件的转换工作。

电子与音像出版业务 2018年，申请音像号12个、电子号1个；已经制作12个品种的DVD产品，印制3 000多套光盘；完成“大学物理”40余小时数字课程的后期编辑制作和片头片尾的动画的制作工作。素材总容量达16TB。

电子书业务 组织开展电子书业务和数字出版业务的调研工作，实地考察学习开展电子书业务比较早、业内影响力比较大的中国建筑工业出版社、清华大学出版社、中国人民大学出版社的电子书业务及数字出版业务开展情况。

网络出版服务资质的申请 2018年，在调研和分析的基础上，完成《拟申请从事网络出版服务的可行性分析报告》，准备了网络出版服务资质申请的各种材料，年底前完成申报工作。

（童云）

【公益活动】

应有关领导和部门要求，发挥出版社的图书出版特点，2018 年度为安徽凤阳小岗村、西藏贫困山区和边远地区院校捐书合计约 20 万元，所捐图书针对性、实用性强，又通俗易懂，受到当地政府和院校的欢迎和肯定。

（童云）

【团队建设和管理工作】

推进党建工作改革创新　在校产党委的正确领导下，围绕政治建设、社会效益和学校建设等为中心工作，践行群众路线，联合工会组织开展专题学习、携手共建、服务社区、主题活动等形式多样的党建活动。加强特色党建创建工作，将党建工作与学校“双一流”文化传承创新工作有机结合，在乡村振兴、思政教育、培育新人等方面的选题策划和出版工作中发挥核心引领作用。

关心职工生活，改善职工待遇　为更好地调动全体职工的积极性和创造性，实现出版社可持续发展，根据近两年学校职工有关收入调整的政策和出版社整体经营状况，结合北京市和出版行业薪资增长水平，拟定《中国农业大学出版社收入分配办法（草稿）》，为今后的薪酬管理制度化和规范化奠定了基础。

重视业务培训和交流，提高员工素质　按照规定组织完成职工的各项考核，包括年度考核、试用期考核、新员工的招聘及考核等工作，人力资源工作有序进行。组织企编 1 人参加国家新闻出版广电总局组织的职称晋升、企编 5 人参加北京市新闻出版广电局组织的编辑资格考试、数字编辑考试，有 2 人考试合格，获得了出版中级资格。先后派出 42 人次参加新闻出版广电总局等有关部门组织的编辑、发行、会计、网络出版专业技术培训；组织持有责任编辑证的全体人员参加国家新闻出版广电总局要求的 72 学时培训；组织编辑业务交流活动多次，员工业务能力和水平得到了提升。

规范企业全体员工管理　按照中央八项规定和学校对企业的管理要求，起草和修订涉及业务招待、公务车管理、履职待遇、会议费等方面的制度，严格和规范工作审批流程和具体要求。

利用 ERP 系统进行日常出版发行管理　对云因编务系统的编务管理模块进行梳理，修正该系统中原有的流程，更新打印模板以适应当前工作需要。11 月，新的流程和模板上线并进行出版模块测试。

利用钉钉系统进行日常管理　引入钉钉办公系统平台，经过二次开发，将考勤、行政审批、人事管理、薪酬管理等基本日常管理工作通过线上进行，实现智能化办公，大大提高信息化水平和办公效率。

（童云）

涿州教学实验场

【概况】

2018年,中国农业大学涿州教学实验场(以下简称"实验场")深入学习贯彻党的十九大精神、习近平新时代中国特色社会主义思想及全国教育大会精神,紧紧围绕发展建设这一目标导向,不断加强自身基础设施建设和"造血"功能建设,大力激活内生动力,为园区科研项目落地、"人才家园"项目建设及各项农业生产设施建设打下坚实基础。

(李佳兴)

【党建工作】

在学校党委的正确领导下,认真学习贯彻落实习近平新时代中国特色社会主义思想,全力夯实党建工作基础,创新党建工作方法,进一步提高党建工作水平。把落实党风廉政建设责任制作为重要抓手,把加强政治理论武装、提高干部职工思想素质作为首要任务。10月,场党委举办入党积极分子及发展对象培训班,共37人参加集体听课、阅读自学、实地参观、总结考核等环节。11月,场党委召开全面从严治党工作会议,邀请学校纪委为全体党员解读《中国共产党纪律处分条例》。12月,场党委为10名预备党员举行新党员入党宣誓仪式。

截至12月底,实验场党员238名,其中在职党员155名,离退休党员83名;党支部12个,其中教工支部11个,离退休党支部1个。

(李佳兴)

【领导关怀】

3月,北京市教育委员会副主任叶茂林、委员葛巨众及相关部门负责人到实验场考察调研,王涛副校长接见并就大学生培养模式创新,农科类人才培养实习实训基地建设交换意见。

5月,河北省农业厅党组成员、副厅长段玲玲和科技厅农业农村处处长徐成一行6人到实验场调研,与李召虎副校长就推进省校合作共建新型管理实体事宜进行座谈。

7月,保定市委常委、副市长孙其军一行到涿州科技园就农高区建设进行调研。

(李佳兴)

【综合管理】

6月28日,学校任命苏洲为涿州教学实验场(农业科技园)场长(兼),免去肖杰涿州农场场长兼党委副书记职务。

7月16日,学校任命张树川为模式动物重大设施建设办公室主任(正处长级)兼涿州教学实验场(农业科技园)副场长,段刘伟为涿州教学实验场(农业科技园)副场长兼模式动物重大设施建设办公室副主任,姚新宇为模式动物重大设施建设办公室副主任(副处长级)兼涿州教学实验场(农业科技园)副场长。

7月20日,学校任命李克江为涿州教学实验场(农业科技园)党委常务副书记(正处长级),刘杰为涿州教学实验场(农业科技园)副场长。

9—10月,审计署赴中国农业大学经济责任审计组成员入驻实验场,对中国农业大学党委书记姜沛民和原校长柯炳生任职期间经济责任履行情况进行审计。实验场高度重视,积极配合,完成相关工作。

(李佳兴)

【园区建设】

“人才家园”项目 配合审计署赴中国农业大学经济责任审计组成员完成审计工作。按照外聘人员管理办法完成外聘人员合同续聘,完善职工建档手续,完成工资报批工作。完成专家公寓C、D区各项开工手续报批,9月30日取得开工许可证。对专家公寓C、D区销售方案进行细化修订,经营范围进行增项。11月,成立工程验收专项工作组,进行“人才家园”项目高层住宅楼及专家公寓A、B区工程验收工作。

园区建设管理 2018年,争取专项资金支持140万元。具体包括:①河北省科技厅创新能力提升计划项目——《涿州智能农业园区创新创业平台建设与示范》获得立项;②申报河北省省校科技合作开发资金项目和农业科技成果转化资金项目;申报中国农业大学留学生专项5个,获得立项总经费近50万元,涉及餐厅改造、自备井改造、档案室建设、机房网络升级改造、实验站道路建设,并于2018年底全部建设完成;③河北省省级科技计划专项工作类项目——《面向环首都现代农业科技示范带信息服务平台建设》专项经费50万元。加强与市政府的沟通,为园区项目提供资金保障,2018年列入财政资金3 800万元。模式动物表型与遗传研究国家重大科技基础设施、中农航天智慧农业集成试验示范、葡萄酒涿州实训研发中心、中国农大涿州科教基地及公共平台改造三期、玉米全程机械化生产科技创新基地(涿州基地)项目在园区内有序展开。

盘活房屋资源,对实验场近80户房屋租赁合同进行整理汇总,对房屋租赁合同到期且未签订续租合同的租赁户,及时续租并催缴租金,2018年共计收回租金27万元。与北京苗家箩箩酒店管理有限公司合作,利用实验场闲置房屋作为合作示范基地,合作服务费约70万元。

(李佳兴)

【主要工作】

实习实训 完成大学生实习实训和教科基地项目服务工作,全年共接待校内外人员4 000余人次,完成学校各单位教学、科研、实习、会议等接待任务。接待植物保护学院、理学院、信息与电气工程学院等大学生实习1 286人次,研究生、教师参观学习456人次。对接北京市中小学生农业科普及认知实践等课外课程建设,累计接待中小学生300余人;与工会、离退休工作处共同组织发起“教职员工观摩教学实验场”活动,组织采摘鲜桃、鲜食玉米等活动,接待教职工100余人、离退休老干部90余人;接待校内外会议、参观考察近2 000人次。

农业生产 组织职工通过竞标方式承包土地3 789.5亩。自2016年1月以来,根据

《中国农业大学教学实验场承包土地职工安置方案》，先后实施了 6 批次共 227 名承包土地的职工转岗，截至 2018 年底，转岗工作基本完成。

财务管理 根据年度预算和实验场发展需要，及时调度资金，完成职工养老保险金、公积金、取暖费收缴、发放工作，完成土地承包费收缴及农业补贴、农业保险发放工作。按照学校要求，完善发票信息。按照社保要求，7 月份实现退休费社保打卡直发。

实验场运行资金基本保持平衡。2018 年，总收入 1 371.61 万元，固定运行经费支出 1 216.74 万元，结余 154.87 万元；固定运行经费支出相比 2017 年减少 460.85 万元。2018 年职工工资性支出 2 291.2 万元。

人事管理 根据涿州市人社局要求，完成实验场岗位设置方案，并通过涿州市人社局审核。完成全体职工薪级工资调整和退休职工退休费调整工作。对原职工信访人员信息进行核实，工作有序推进，并进入社保补缴养老险审批阶段。截至 2018 年底，全场职工共计 858 人，其中在岗职工 365 人，离退休职工 493 人。2018 年办理退休 35 人。

后勤保障 完成实验场西部 515 线路部分升级改造，重新规划场内三分场 10 kV 高压线路，改造线路 3 公里，新增线路 2 公里，增加了线路负载能力。

安全保卫 开展辖区内各单位综合治理大检查两次，不定期检查督导多次，加强对实验场内各单位防火、防盗、防破坏及外来流动人口排查，以及辖区内包括铁骑力士、种衣剂、牧旺、牛场、猪场、家禽检测中心等多个项目单位、企业的排查，消除不安定因素，做好安全防范。

突发应急事件应对 12 月 3 日，实验场辖区内一养猪场出现生猪不明原因死亡情况。河北省、保定市及涿州市政府高度重视，实验场积极协助并对辖区内养殖单位和个体户进行排查。在非洲猪瘟防控工作中，制定《关于防治非洲猪瘟疫情的专项紧急工作预案》，成立专项工作领导小组，设立检查站点，抽调专职人员 24 小时值班，配合政府盘查过往运送生猪及其制品疑似车辆，在疑似疫情区区域实施封锁，有效杜绝疫情蔓延。

宣传工作 实验场网站全面改版，重新设计网站页面，优化网站栏目结构。在学校信息化办公室、网络技术中心、信息与电气工程学院等单位支持下，将实验场网站并入学校网站群。全年完成新闻采访 80 次，发布信息 102 条。

（李佳兴）

曲周实验站

【概况】

中国农业大学曲周实验站建于 1973 年，是黄淮海平原最早建立的农业科研实验站之一。曲周实验站占地 1 088 亩，总建筑面积 15 200 平方米，实验用地规划规范。2018 年新建无损实验室，拥有 MIR（傅立叶中红外光谱仪）2 台，XRD（X 射线衍射仪），Alpha MIR（傅立叶中红外光谱仪 Alpha），Tracer 5i（手持 X 射线荧光仪），PSA（激光粒度分析仪），ICP-OES（电感耦合等离子体发射光谱仪），Elementar 碳氮分析仪，流动分析仪，原子吸收分光光度计，Milli-Q 超纯水仪，紫外分光光度计，火焰光度计等高端设备。拥有自动气象站、土壤水分检测仪及传感器 TDR、大气 CO_2 和 H_2O 原位连续测定仪、氧化亚氮自动监测系统、原子吸收光谱仪、气相色谱仪等精密仪器 27 台套，可以满足自动气候观测、土壤养分、地下水变化、溶质运移、植物呼吸、碳氮循环等方面常规分析及田间连续数据自动采集。2018 年，成功组织了全国科技小院联盟启动仪式和绿色发展论坛等活动；与曲周县委宣传部共同组织了“十九大精神送到家，农技知识全覆盖”活动；积极推动中国农业大学与曲周县、邯郸市的县校合作，促成地、县、校领导互访，推动院士工作站建设，双方合作不断深入。不断推动国内农资企业、农业部等部门与曲周实验站和曲周县开展合作，先后推动十多批次企业考察曲周实验站；成功组织了建站 45 周年纪念活动并以此为契机，全面提升曲周实验站各项建设、推动农业绿色发展示范区(曲周)建设。以实验站为主体组织“中国·曲周农业绿色发展论坛”，开展了两期“一带一路”国家农业官员培训，接待了西北农林科技大学副校长罗军一行、农业部农技推广中心、学校新入职青年教师、学校团委、校产办等参观学习和传承“曲周精神”的考察培训；承担中国农业大学资环学院 2016 级和河北农业大学资环学院 2016 级本科生两期共 214 人暑期认知实习。接待英国、德国、荷兰等 6 个国家 46 名专家教授的合作交流。全国人大常委会副委员长武维华、校长孙其信、中国工程院院士张福锁、副校长龚元石、原常务副校长李召虎、河北省人大常委会副主任王刚、邯郸市委书记高宏志等先后考察曲周实验站，并对曲周实验站的工作给予充分肯定。

(王绍雷)

【科学研究】

曲周实验站承担了多项国际合作、国家和省部级重点科学研究项目，布置了多项长期定位试验和集成示范，涉及栽培、育种、土壤、蔬菜、果树、农机、生物质等各个领域。曲周实验站在全面支持曲周农业、农村发展的同时，引领了河北乃至整个黄淮海农业综合开发与现代农业发展。所承担的国家科技支撑计划《环渤海区域高标准基本农田建设技术研究与示范》、行业专项课题《主要生态区农作体系氮肥绿色增产增效的综合调控途径》、“973 计划”课题《主要生态区农作体系氮肥绿色增产增效的综合调控途径》、国家自然科学基金项目《中国北方旱作农田土壤氧化亚氮产生过程及主要控制因素》、农业部公益行业专项《化肥面源污染农田综合治理技术方案》《有机、无公害及常规蔬菜长期定位试验》《无污染吨粮田长期定位试验》《污泥农用长期定位试验》《我国活性氮源及其对空气质量与气候变化的影响机理研究》《典型农田包气带氮磷淋溶机理与主控因子研究》《农田景观中非农生境的植物多样性研究》《高标准农田建设中非农生境的配置研究》《不同施肥水平及速、控氮肥的农学与环境效应研究》等科研项目均稳步有序开展，小麦育种组选育的“龙堂 2 号”小麦种通过了河北省审定。

(王绍雷)

【社会服务】

由曲周县政府和中国农业大学资源与环境学院依据“立足曲周、面向华北、走向全国”的指导原则，依托中国农业大学人才、资源、技术、品牌等优势，以曲周实验站为核心，利用“双高”(高产、高效)创建、科技小院等形式推动种植业结构、农业结构和产业结构的优化，探索、建立新型高产、高效技术推广模式，在促进农村经济发展形势转变的同时，增加农民收入。实验站与曲周县、邯郸市、河北省联系，利用中国农业大学绿色可持续现代农业研究基地，探索“科技小院”农技创新、示范推广与人才培养模式，推动“乡村振兴”战略，并由曲周向全国推广，把曲周县打造成为全国农业绿色发展样板县。1月，与曲周县委宣传部共同组织“十九大精神送到家，农技知识全覆盖”活动，先后有60名研究生、25名农牧科技人员、5名企业技术人员、10名实验站老师参与，培训覆盖曲周县10个乡镇342个村，培训农民8 504人。曲周实验站有关技术人员与邯郸市农牧局、山东淄博市有机农业协会、曲周县农牧局、河北肃宁农牧局、北京首农集团等合作，推广杂粮及蔬菜有机栽培技术，召开现场培训会；指导北京市诺亚有机农庄、北京首农延庆农场、石家庄木佛有机农庄、沧州肃宁诚誉农庄，有力地支持了当地农业发展，提高农产品品质。应农牧局邀请，曲周实验站多名老师在曲周县多次进行河北省新型职业农民培训，4月26—27日，举办“中国·曲周农业绿色发展”论坛，在曲周县苹果种植专业村相公庄村举办“曲周·槐桥苹果产业绿色发展论坛”。9月18日至19日，联合曲周县政府共同举办“县域绿色发展规划与实现途径”交流座谈会。在曲周县6个乡镇拥有白寨科技小院、后老营科技小院、相公庄科技小院、王庄科技小院、前衙科技小院、西刘庄科技小院、胡近口德众葡萄科技小院7个科技小院。中国农业大学师生长年驻扎科技小院，接受农业技术咨询，开展田间技术指导。通过科技小院建立起多层次、多形式的贯穿了县、乡、村、农户四级的高产高效技术培训体系，满足了不同种植规模、不同类型农户对不同种类技术的大部分需求。

（范聚芳）

【人才培养】

长期的教学实践和科研经验积累形成了独特的实践教学体系，可为各种专业提供土壤调查、植物分类、地质学、农业气象学、作物栽培学、农业生态学、农村社会调查等十几个学科的教学实习。曲周实验站已经成了重要的教学实习基地，2018年共接待1 000多名本科生、研究生和新入职青年教师来站实习及岗前培训。规划建设专门的高水平、高质量、高技术、有故事的实习基地，涵盖学生实习涉及的盐碱地及不同作物的各个学科，方便各学科顺利完成实习教学。曲周实验站是农业农村部和共青团中央共同认定的“青少年农业科普基地”“中国农业大学思想政治理论课实践教学基地”“河北省院士工作站”“邯郸市爱国主义教育基地”和“邯郸市科普基地”“曲周县科技特派员工作站”，为各类型人才的培养奠定了基础。

（范聚芳）

【制度建设】

为适应曲周实验站发展需要，结合工作实际，完善相关规章制度。以食堂改革为突破口，探索师生共同参与管理的新模式，手机互联网建立食堂订餐群，实行订餐制，职工和在站学生共同参与食材采购，做到公开透明。制定后勤各岗位考核细则，调动后勤员工工作积极性，提高管理服务水平。针对比较突出的环境卫生问题，委派专人每周定时进行环境卫生整治，并对垃圾分类、污水处理等废弃物循环利用的环境清洁模式进行规划设计和现场培训。

（范聚芳）

【领导关怀】

4 月 20 日，邯郸市委常委、副市长高建强在曲周县政府县长李凡、县委副书记黄志勇等陪同下到曲周实验站调研考察。5 月 29 日，省委巡视组正厅级巡视员、省政府参事室特约调研员孙万勇带领省政府参事室和中国科学院创新发展研究中心联合课题调研组一行 6 人来站就创新体系建设和产业结构优化升级进行调研。10 月 21 日，曲周实验站建站 45 周年之际，全国人大常委会副委员长武维华、校长孙其信、中国工程院院士张福锁、副校长龚元石、河北省人大常委会副主任王刚、邯郸市委书记高宏志一行来到实验站视察，看望在曲工作的科技人员。10 月 21 日，中国农业大学党委原副书记翟志席及农大师生来到曲周实验站参加庆祝中国农业大学曲周实验站建站 45 周年活动。12 月 12 日，邯郸市委研究室主任朱鸿文和市委研究室调研一处处长崔光明一行到实验站对“科技小院”助推乡村振兴工作进行调研。12 月 13—15 日，中国农业大学校办产业委员会高恩复一行 14 人来曲考察实验站、科技小院及曲周县当地企业。

（范聚芳）

【对外交流】

6 月 9 日，西北农林科技大学副校长罗军教授一行 28 人对曲周实验站及科技小院等进行考察。6 月 9—10 日，坦桑尼亚莫罗戈罗省政府、姆沃梅罗地区委员会、基罗萨地区委员会以及基隆贝罗河地区委员会的农业官员一行 4 人到曲周实验站考察访问，学习农作物栽培、动物养殖技术以及农业技术推广的经验。6 月 25—26 日，欧洲最大的农业与食品检测与服务集团公司-欧陆集团农业公司（Eurofins Agro）国际销售总经理和欧盟环境政策首席科学家 Oene Oenema 一行就加强与曲周县在农业领域合作、共建食品质量测试实验室事宜进行考察。6 月 27—29 日，中英智慧农业概念验证研讨会在曲周实验站举行。7 月 16—18 日，来自莱索托、阿塞拜疆、朝鲜、老挝、乌兹别克斯坦、埃塞俄比亚、博茨瓦纳、加纳、南苏丹、坦桑尼亚、巴拿马、哥斯达黎加等 12 个国家的 59 名农业官员和专业技术人员到曲周实验站进行农业绿色生产技术研讨交流。8 月 2 日，陕西省榆林市农业科学研究院副院长陈古飞、榆林市畜牧局副局长薛耀荣、榆林市农业科学研究院白水龙一行 3 人到曲周实验站考察。8 月 2 日，山东省菏泽市科技局副局长徐静一行 5 人到曲周实验站参观考察。8 月 23 日，未来金控投资管理公司董事长刘兆龙、北京禾水源智慧农装科技公司董事长/总经理邓玉梅和副总经理李邦成、金色大地智慧农业公司副总经理李道莹等一行到曲周实验站考察。8 月 26 日，黑龙江省汤原县人民政府副县长葛艳华带领汤原县永发乡党委书记欧喜东、农垦总局处长董桂军一行 3 人到曲周实验站就创建科技小院和服务“三农”方面取得突出效果，进行实地考察学习。9 月 5 日，江苏绿港现代农业发展有限公司科研中心总经理司龙亭，江苏绿港现代农业发展有限公司种子工程部部长滕录华，秦皇岛领先生物技术公司经理王永远、杜迎辉，湖北新洋丰股份有限公司副总裁王雁峰等一行到曲周实验站就合作事宜进行考察。10 月 27—31 日吉尔吉斯斯坦 27 名农业官员和专业技术人员到曲周实验站，考察曲周现代农业，进行农业绿色生产技术研讨交流。11 月 17 日,中德项目一行 50 余人到曲周实验站参观考察和技术交流。

(范聚芳)

【45 周年站庆】

为庆祝曲周实验站建站 45 周年,曲周县人民政府出资建成面积 2 660 平方米的国际交流与合作中心、翻建实验站大门,重修辛德惠院士广场,将实验站所有房屋外墙粉刷一新,安装网监系统,安装监控探头 43 个,更新种植草坪 8 000 余平方米,栽植银杏、松树等树木 100 余株,铺设水肥一体化喷灌系统,新建污水处理厂和垃圾处理场。站史馆重新布置,雕塑第一代试区张庄模型、科技小院模型,新装太阳能路灯 20 盏,新修道路 3 258 米,新建围墙 360 米,办公和生活区域实现无线上网全覆盖,完成站内主要植物种类生物学学名资料搜集展示及标识牌制作,全面提升了曲周实验站各项建设、推动了农业绿色发展示范区(曲周)建设。期间举办中国农业大学农业绿色发展示范区(曲周)启动仪式,全国人大常委会副委员长武维华、校长孙其信参加启动仪式并考察实验站,对曲周实验站 45 年来的工作给予充分肯定。

(王绍雷)

【党建工作】

曲周实验站党支部有党员 8 名,按照上级党委要求,定期开展理论学习,提高全体党员的理论水平和政治素养。在"十九大精神送到家,农技知识全覆盖"宣传教育活动和 45 周年站庆筹备工作中,所有党员各司职责,圆满地完成有关工作,党支部起到了战斗堡垒作用,党员起到了先锋模范作用。7 月 7—11 日,全站党员参加了资源与环境学院党委组织的教工党员赴井冈山开展理想信念教育活动。2018 年,曲周实验站党支部被学校党委评选为"先进基层党组织",党支部工作年终考核为优秀。

(王绍雷)

上庄实验站

【概况】

2018 年,上庄实验站顺利完成新老班子交接工作,新一届领导班子紧紧围绕学校各项工作要求和发展需求,深入学习贯彻姜沛民书记和孙其信校长讲话精神,坚持在实际工作中讲政治、守纪律、敢担当,切实从"火车头模式"向"动车组模式"转变。坚持问题导向查找不足,结合实验站自身功能定位和工作实际,组织召开站务会和全体教职工会,找准自身定位,制订未来 5 年发展规划,明确发展方向、目标与改进措施。

(肖杰)

【教学实习和科研试验】

2018 年,克服人员不足和经费紧张等困难,安排专人负责实践实习教学区建设,积极服务于学校实习实践教学任务，满足农学院、植物保护学院、园艺学院、食品科学与营养工程学院、资源与环境学院、水利与土木工程学院、土地科学与技术学院、草业科学与技术学院、理学院、信息与电气工程学院、经济管理学院、工学院和生物学院13个学院的本科生实习实践教学需求。承担团委和国际合作交流处等单位国际留学生实习实践教学任务，完成11项实习实践教学任务，累计承接1 336人次到站实习实践。教学任务执行过程中强化师生安全意识，全年未发生安全事故。同时，为400多名硕士和博士研究生科学研究提供保障。

上庄实验站为学校10余项重大科研成果的产出提供落地保障。年度累计承担农学院、园艺学院、植物保护学院、资源与环境学院、土地科学与技术学院、生物学院、草业科学与技术学院、信息与电气工程学院、水利与土木工程学、理学院、食品科学与营养工程学院、工学院共12个学院84个科研团队的科研项目落地实施工作，承担"973计划""863计划"(国家高技术研究发展计划)、重点基金、重大科研专项、重点研发计划等国家级科研项目70余项，北京市、农业农村部等省部级专项10余项，以及中小学发展项目和转基因基地建设等多个教学科研项目，所有项目执行率均达到100%。2018年各学院在上庄实验站完成的实践教学、实习工作任务情况如表1所示。

(王占森)

表1　2018年完成实践教学、实习工作任务情况

序号	学院名称	实习时间	学生人数/位	实习内容
1	农学院	6月29日(周五上午)	16	作物学一级博士学位授权点国际评估
2	资源与环境学院	7月3日(周二上午半天)	70	项目现场评估
3	经济管理学院	7月9—10日(两个半天)	240	农事认知
4	水利与土木工程学院	7月9日(半天)	52	专业实习
5	农学院	7月11日(半天)	100	农事认知实习
6	食品科学与营养工程学院	7月17—28日(两周)	29	葡萄专业实习
7	校团委	7月20日(全天)	300	高中夏令营
8	东京农大实习队	8月25—29日(四天)	14	农事实习队
9	土地科学与技术学院	9月2—5日(四天三夜)	50	土壤专业实习
10	农学院、植物保护学院、园艺学院	9月25、27、29日(半天)	450	农机专业实训
11	植物保护学院	10月20日	15	植物病理专业实习

(谢虹)

【基地建设】

为加强学校基础学科教学实习基地条件建设，改善本科实践教学条件，累计完成11项建设任务。2018年，园艺作物组培实验室建成并投入使用；挂藏室修缮和改造工程顺利完成，实现了功能分区和封闭隔离，可同时满足不同农作物非转基因或转基因的公共考种和种子挂藏；完成新型农机设备引进和购置，从德国阿莫松公司购进新型喷药机、撒肥机等配套农机具，以及配套购进两台约翰迪尔农机公司的大马力拖拉机并与阿莫松公司建立长期合作关系；完成教学科研服务设施修缮改造，完成宿舍走廊、食堂餐厅、公共浴室与卫生间、围墙、综合楼、环境绿化、大学生双创基地建设等9项修缮维修工程。

（李立公）

【迎评与开拓发展】

提升服务水平，支撑本科教学评估 制定详细迎评方案，积极落实评估工作。开展实施员工培训，规范员工作业流程，保障安全生产；完善工作制度并制作专题宣传资料，加强站内环境卫生整治，切实提高服务水平，全面落实学校下达的本科教学审核评估任务。

开拓服务新阵地，支撑农业转基因生物安全试验基地建设 承担农业部转基因试验基地项目的建设、评审认证与验收工作。按照《农业转基因生物安全管理条例》和《转基因作物田间试验安全检查指南》等文件要求，组织制定和完善农业转基因生物安全试验基地各项管理制度和操作规程以及转基因基地突发事件应急预案等系列规章制度。9月25日，顺利通过农业农村部转基因生物安全试验基地认证。11月20日，农业农村部科技发展中心来站现场检查、评审与验收。按照专家组提出的整改意见和要求，完成转基因试验基地基础设施整改工作，切实提高实验站对科技创新的服务能力。

（谢虹）

【合作共建】

与北京市政府农业部门加强合作 2018年，承担粮食经济作物产业体系北京市创新团体项目。申报的北京市农业局项目—鲜食玉米技术集成和新型职业农民培训项目，已完成评审。

与海淀区政府合作推进校地共建 5月，海淀区农委、农科所领导和海淀区水务局节水办领导分别到站调研考察，对农业科技现状、研发基地与产业化建设和探索新型农业综合体，以及“两田一园”高效节水灌溉试验区项目建设规划和施工方案进行交流研讨。

与马连洼街道合作共建社区科普基地 上庄实验站与马连洼街道进一步加强合作，共同搭建都市现代农业科普教育基地平台，组织开展科普知识讲座、农事体验、种植采摘、郊游观光、摄影、垂钓比赛等活动。马连洼街道拨付资金20万元进行合作共建。

（张旭）

【落实高校支持中小学发展项目】

落实高校支持中小学发展项目，积极与海淀区学院路学区管理中心开展有效对接，5月和9月，完成农大附中、农大附小、清华附小近1 300中小学生社会实践及农事体验课程。

（魏春）

【接待来访与交流】

上庄实验站围绕“双一流”大学建设需要，广泛开展文化、教育国际交流，对接“一带一路”发展战略以及助力南南合作培训项目计划，打造支撑实践教学的广泛合作平台。5 月 23 日，国际学院 OSU 农经系师生及农经专业二年级学生 69 人来站参观学习；6 月 15 日，农业农村部对外经济合作中心承办项目——安提瓜和巴布达国家 26 名学员来站学习交流；7 月 20 日，科技部主办团委承办的全国高中生夏令营 300 名学员（含港澳台学生在内）来站进行农业实践课程学习；8 月 25—29 日，东京农业大学农事实习团 14 名师生（短期留学）来站实习考察；10 月 24 日，商务部主办、农业农村部对外经济合作中心承办的 2018 年吉尔吉斯斯坦农业技术培训班 27 名学员来站参观考察。2018 年上庄实验站试验土地利用情况如表 2 所示。

（谢虹）

【土地使用情况】

表 2　2018 年上庄实验站试验土地利用情况

用地单位	面积/亩	教师数/位	种植作物、设施种类等
农学院	482.91	23	小麦、玉米、水稻、高粱、棉花
园艺学院	95.8	10	果树、蔬菜
植物保护学院	41.5	11	小麦、玉米、棉花
资源与环境学院	97.3	12	小麦，玉米气象站
生物学院	106.6	4	玉米
动物科学技术学院	20.3	4	牧草、玉米
信息与电气工程学院	11.5	4	玉米，农机
水利与土木工程学	5	1	设施农业、农业工程
理学院	20.3	2	玉米、棉花、蔬菜
后勤保障处	10	1	苗木
食品科学与营养工程学院	19.1	1	葡萄
工学院	8	1	玉米、棉花、蔬菜
设施温室	39.5	10	花卉、蔬菜、果树
农业部	75		温室，棉花、大豆
实验站教学用地	60		玉米、甘薯、杏树，鱼池

（王占森）

食品营养与人类健康高精尖创新中心

【概况】

食品营养与人类健康高精尖创新中心(以下简称"中心")是北京市首批启动建设的高校高精尖创新中心之一。

中心聚焦我国重大健康问题"代谢综合征",以"健康评估—风险分析—健康管理—健康促进"为主线,系统解析威胁人群健康的因素及生物机制,建立科学的人体健康评估体系,从流行病特征、分子调控机制、营养干预方面开展系统研究,提出营养干预代谢紊乱的策略,并开发营养干预与智能健康管理产品。

中心依托北京市政府资助,作为中国农业大学的"科技特区"和"人才特区"开展建设。以"面向全球开放,吸引世界一流学者,唯才是用"为宗旨,汇聚国内外优秀人才。其建设目标是成为国际一流的食品营养与人类健康研究的学术创新高地、高水平创新人才培养基地、引领健康食品新技术研发的阵地,为我国健康食品产业的发展提供科学依据、技术支撑和转化平台。

(史娟)

【学科建设】

按照党和国家2030健康发展战略精神,依据营养与健康科学内涵,结合依托高校已有学科优势与条件,积极组织力量申报教育部学科目录外新增交叉学科——"营养科学"一级博士学位授权点,下设的3个二级学科为营养源与健康、农业环境与营养健康、精准营养与健康工程,申报已通过国务院学位委员会评议。

(郭慧媛)

【人才引进与培养】

2018年新聘首席科学家2人,其中,从美国得克萨斯大学奥斯汀分校全职引进1人。入站博士后11人,加入中心研究生207人(中心指标博士9人)。中心自组建以来,共聘任首席科学家29人、岗位科学家57人,入站博士后48人。研究领域覆盖营养科学、食品安全、食品生物技术等多个研究方向。

在人才培育方面,2018年,首席科学家郑浩教授获得中组部"青年QR项目"、江正强教授团队岗位科学家杨邵青教授获得优秀青年科学基金项目、孙宝国院士团队岗位科学家田红玉教授入选第三批国家"万人计划"科技创新领军人才、俞良莉教授团队青年骨干刘慧琳副教授获得优秀青年科学基金项目、入选北京"高创计划"青年拔尖人才、赵谋明教授团队岗位科学家曹雁平教授入选享受政府特殊津贴专家。

中心自组建以来,新增院士1人,CJ学者1人,青年千人计划1人,优青项目获得者4人,北京市科技新星2人,5人通过中国农业大学高层次人才引进。

(史娟)

【承担重大项目】

2018 年中心承担重大科研项目 78 项，国家级项目 45 项，其中包括国家重点研发计划项目 6 项，国家自然科学基金重点项目 18 项，国家自然科学基金优秀青年基金 1 项，科技部重大专项、重点研发计划 9 项；省部级项目 24 项，其他 9 项。项目总金额 18 116.99 万元。

（高杰云　史娟）

【科研成果】

全年发表 SCI/EI 文章 604 篇，其中 SCI 文章 521 篇，EI 文章 83 篇；高精尖为第一标注单位的 SCI/EI 文章 277 篇，其中 SCI 文章 204 篇（IF＞10 分 3 篇，IF＞5 分 24 篇），EI 文章 73 篇；已完成授权专利 40 项，在审专利 108 项；省部级以上奖励 4 项，其中，首席科学家江正强教授团队的“半纤维素酶高效生产及应用关键技术”，获得 2018 年国家科技进步二等奖；科技成果转化 16 项。

（高杰云　史娟）

【学术合作与交流】

启动“营养与健康创新引智计划”，邀请诺贝尔奖获得者法国著名病毒学家 Montagnier 教授、法国国家农业研究院名誉主任 Dusko 教授、贝鲁特美国大学 Pierre 教授赴中心开展学术交流。主办“食品营养与人类健康高峰论坛”，共邀请 170 余位相关领域的国内外专家学者，进行了为期 2 天的交流研讨。主办“第一届分子营养与健康论坛”，邀请来自北京大学、清华大学、中国医学科学院肿瘤医院等 16 位知名专家共话“分子营养与健康”主题。

与国家风险评估中心等共同主办“抗生素耐药性与全链条健康管理会议”，会议邀请 36 位专家做学术报告，涵盖医学临床、动物养殖、生态环境、耐药性研究技术等方面，400 余位专家学者就全链条抗生素耐药性与健康等问题进行交流。

主办中国－新西兰果蔬汁新型加工与包装技术研讨会，会议邀请中国农业大学食品科学与营养工程学院教授、新西兰奥塔哥大学教授、相关企业单位以及相关领域的学者共同参与。

分别在北京市兽药所和辽宁省畜牧局举办食品安全培训，培训内容包括兽药残留快速检测技术及应用、兽药残留限量标准、非洲猪瘟快速检测等，共计培训基层专业技术人员 650 余人。为广大青年教师搭建学术交流平台，每月组织一次青年教师学术沙龙活动。

（史娟）

模式动物表型与遗传研究国家重大科技基础设施

【概况】

模式动物表型与遗传研究国家重大科技基础设施是《国家重大科技基础设施建设中长期规划(2012—2030年)》(国发〔2013〕8号)中明确"十二五"期间优先安排项目。该项目由中国农业大学统筹协调,中国农业大学、中科院昆明动物研究所作为共同项目法人单位,分别负责猪和灵长类动物设施建设。经发改委核定,猪表型与遗传研究设施项目总投资75 914万元,建设地点为河北省涿州市,新建建筑面积29 982平方米,建设期5年。

2018年取得规划用地许可证等成果,完成工艺方案、初步设计及评审、概算核定等工作。至2018年底,项目立项、可行性研究报告、初步设计概算审批工作全部完成,项目进入建设实施阶段。

(张树川　姚新宇)

【专家论证会】

1月,邀请河北省实验动物管委会专家召开工艺平面评审会,听取汇报后,动管会专家进行讨论交流,提出意见和建议,并形成书面意见。

4月,组织召开设施场地标高专家论证会,经过评审,专家一致认为要保证排水和防洪的基本要求,同时尽量减少土方平衡量,节约投资,建议场地平均填土高度为1.2米。

5月,组织召开初步设计临床医学领域和生物学领域设备专家论证会。专家组对两个领域设备清单进行详细评审,经过沟通讨论,形成一致意见:认为总体方案合理,符合建设项目要求和预定目标。

9月,组织电力工程专家论证会。专家详细听取设施用电基本情况及现有电站情况,经过评审,专家认为可采用35kV扩容方案,在施工图设计阶段核实用电负荷,优化变压器设置数量。

(吴寒宇)

【初设批复】

5月,工程经理部召开会议,部署正式启动初步设计工作。设计团队在前期工作基础上,抓紧完成相关工作。6月20日,教育部召开模式猪设施初步设计专家评审会。评审期间,专家组分别听取项目副首席科学家和中元公司项目总设计师就项目初步设计概况、初步设计方案的汇报,对设施建设科学目标和内容、建筑工程内容进行分组评审,并就目标的衔接与实现举行合并会议,汇成总体意见。专家组一致认为:该项目初步设计符合国家相关规定和要求,同意通过评审。

8月6日,获得教育部和中国科学院联合出具的《关于"模式动物表型与遗传研究国家重大科技基础设施项目"初步设计的批复》(教技函〔2018〕56号)。

(温皓杰)

【环评批复】

5 月 29—31 日，由环评中心组织的环评报告专家现场踏勘及评审会在昆明召开，建设团队根据评审意见修改完善环评报告。8 月，生态环境部出具项目环境影响报告书的批复(环审〔2018〕66 号)。

（于坤）

【投资概算批复】

10 月 10 日，国家发改委国家投资项目评审中心在北京组织召开“模式动物表型与遗传研究国家重大科技基础设施”项目初步设计概算评审会。建设团队依据专家意见和建议调整完善方案、补充资料，做好解释沟通，协调设计单位进一步优化初步设计及概算。12 月，获得《国家发展改革委关于核定模式动物表型与遗传研究国家重大科技基础设施项目初步设计概算的复函》(发改投资〔2018〕1954 号)。

（王夏玲）

【工程报建成果】

2018 年，在工程报建等方面取得阶段性成果。5 月，涿州市城乡规划管理局核发模式动物表型与遗传国家重大科技基础设施《建设用地规划许可证》(地字第 130681201800006)。7 月，涿州市城乡管理规划局出具《关于〈模式动物表型与遗传研究国家重大科技基础设施(模式猪)规划设计方案〉的规划意见》。9 月，涿州市人民防空办公室出具《关于中国农业大学模式动物表型与遗传研究国家重大科技基础设施项目申请易地建设防空地下室答复意见的函》。

（姚新宇 王建新）

【合作交流】

重大设施是超前布局、世界领先、工艺复杂的科技平台，需要积极广泛寻求相关力量，共同参与建设。为此，邀请诺贝尔奖获得者卡佩奇来访交流，探讨联合共建诺奖实验室，推动模式猪大科学计划的实施；与北京大学共签合作协议，委托承担个体成像分系统建设；发挥赛默飞公司在专业化实验室规划建设、仪器设备供应一体化的优势，探求战略合作意向；为解决卡佩奇联合共建实验室的经费需求，与天津弘羊生物科技公司开展合作；为降低未来运行能耗成本，与波谱太阳能公司探讨新能源供应方案等。

（张树川　姚新宇）

中国农业大学国家大学科技园/北京建设大学

【概况】

中国农业大学国家大学科技园(北京建设大学)是专门负责学校科技成果向社会推

广转化、科技企业孵化、双创人才培养的支撑平台和直属机构，是学校教学科研的重要服务窗口，是科技部、教育部认定的国家级大学科技园。中国农业大学国家大学科技园占地面积为49.5亩，总建筑面积为7.6万平方米。中国农业大学国家大学科技园入驻国家和省部级实验室8个，入驻企业近300家，解决就业岗位近3 000个，其中高新技术企业49家，园区内企业拥有自主知识产权800余项。

中国农业大学国家大学科技园被北京市科学技术委员会认定为北京市孵化器、众创空间、星创天地；被中关村科技园区管委会认定为留学人员现代农业创业基地；2018年被北京市经济与信息化委员会认定为北京市小型微型企业创业创新示范基地；荣获第九届中国技术市场金桥奖先进集体奖；被北京市教委认定为北京地区高校大学生创业园高校分园；被中国产学研合作促进会认定为中国产学研合作创新示范基地。

（赵忠英）

【党建工作】

深入贯彻落实习近平新时代中国特色社会主义思想和党的十九大会议精神，全面从严治党，加强学习教育，不断开拓创新党建工作的新方法、新模式。全年开展党员特色活动及党课学习50次，坚持“三会一课”制度，召开党员大会8次，支委会16次，民主生活会2次，支部书记讲党课2次，微信平台微党课12次，支部志愿服务特色活动10次；构建“1234”党建服务模式，开展“五步法”全面从严治党的工作措施，编辑两本“党员口袋学习手册”，坚持微信党课“月月讲”学习活动。

（赵忠英）

【制度建设】

不断改进、完善、创新工作讨论、研究、执行的流程、模式以及相关制度，做到开展工作有章可循、有法可依，体现园区管理工作的科学性、规范性。全年共修订18项规章制度、规范8项工作流程，推行“问题导向”工作模式，坚持实施每周一例会交流讨论工作机制。

（赵忠英）

【科技企业孵化】

充分发挥作为北京市孵化器、众创空间、星创天地，中关村科技园农业专业园区和北京地区高校大学生创业园高校分园的职能，积极主动了解科技企业及大学生创业团队的现实困难和需求，完善、创新工作方式方法，为园区的科技企业及大学生创业团队提供“五心”服务。全年共为191家科技企业提供在园成长孵化服务，为68家新入园的科技企业提供初期孵化服务，为72家科技企业提供孵化毕业服务，为6家富有特色的大学生创业团队提供全方位、全过程的孵化服务。

（赵忠英）

【教育培训】

依托中国农业大学、中国农业科学研究院、农业农村部、科技部、教育部等相关院所及部委优质教育资源，为科技企业及大学生团队提供创业创新培训，为行政干部提供管理服务培训，为科研技术人员提供专业技能培训，为社区及其他人员提供素养提升培训，以恢复北京建设大学办学职能，确保北京建设大学办学资质正常延续。全年为科技企业、大学生创业团队、马连洼街道社区人员等开展教育培训活动 13 期，培训双创各类人员 598 人次。教育培训服务内容有政策法规、产业发展、金融财会、质量安全、经营管理、品牌营销、人力资源、创业创新、企业文化、专业知识、实践技能、素养提升等方面。培训方式既有交互式、参与式，也有线上线下混合式等形式。

（赵忠英）

【教学科研服务】

为学校师生提供 29 726 平方米的教学科研及学生住宿用房物业服务。其中为植物保护学院、国家果蔬加工工程技术研究中心、食品科学与营养工程学院、北京食品营养与人类健康高精尖创新中心等提供 14 726 平方米科研用房服务；为 500 名博士生腾退北京建设大学宿舍、搬回学校提供服务；为各类博士生、留学生共计 710 余人，提供 273 间宿舍用房服务，服务面积 15 000 平方米。完成博士生宿舍新床安装、空气能洗浴工程建设、门禁改造、开水器加装工程，新建垃圾中转站、自行车停车棚等设施。2018 年提供物业管理、维修服务 5 000 余次。其中，投递报纸、杂志、信件 14 532 份，清运生活及建筑垃圾 438 车，维护园区绿化 10 000 余平方米，自种植绿化草坪 2 000 余平方米，博士宿舍杀虫打药 8 次，博士生浴室更换清洗喷头 120 余次，清洗空调室外机 320 台，暖气片反复放气及维护 300 余组，更换水龙头或龙头芯 200 余次，疏通管道、卫生间 300 余次，抢修地下水管突发爆裂 10 余次。

（赵忠英）

【安全保卫】

全年共开展各类安全事项检查及教育培训 128 次。其中，开具安全隐患通知 45 份，整改消除隐患 37 项，为园区商户、公安机关调取视频资料 40 次，组织消防演习 3 次，消防安全专业培训 3 次。按照学校及上级单位要求，积极制定及完善各类消防安全的规章制度及相关工作流程。创新制定和实施北京建设大学“三查”“六有”巡查管理制度。完成两处电动自行车充电桩安装工程，可提供 40 辆车同时充电，杜绝飞线充电情况。完成博士生宿舍摄像头监控系统加装、消防系统修缮等改造。全力开展禁止共享单车入园行动，进行机动车、自行车、电动自行车分类划线标示管理。通过各类管理措施，有效保障师生科研、教学、住宿、生活便捷以及园区的安全稳定。

（赵忠英）

【新孵化楼建设】

2018 年取得《北京市海淀区关于北京建设大学建设孵化基地项目园林绿化审查意见的复函》（2018 海绿规意字 020 号），《北京市海淀区水务局雨水利用设计方案意见复函》（2018 年海水节复函 024 号）批复，完成孵化基地楼基坑设计、孵化基地楼绿色建筑设计咨询招标及合同签订，完成项目初步设计以及自备井置换自来水等相关工作。

（赵忠英）

校 医 院

【概况】

为贯彻落实党的十九大及全国卫生与健康大会精神，校医院按照卫健委 2018 年重点工作要求，努力为全校师生及社区居民做好门急诊基本医疗及公共卫生等各项工作。

（陈淑珍）

【重点任务】

基本医疗 按照医疗技术操作规范做好日常门诊、急诊基本医疗工作，全年诊疗门诊、急诊病人 158 496 人次。

健康体检 全年完成本科生、研究生体检 6 156 人；在职职工体检 3 120；离退休、102 医疗照顾人员体检 1 792 人；女工体检 1 744 人；65 岁以上女工乳腺检查 198 人。设立体检预约查询系统，方便受检者预约、查询及对历年数据对比，动态观察体检结果。同时，注重后续服务，组织经验丰富医生及外请专家解读、答疑体检问题。对体检中发现的高血压、糖尿病等病人及时进行慢病管理。

保健服务 为离退休老同志、学生野外实习、新生军训、学校各种会议提供安全有效的医疗保健服务 78 次。

计划免疫 认真做好计划免疫工作，全年完成学生预防接种 7 492 人次；老年人及儿童流感疫苗接种 3 564 人次；儿童预防接种 3 397 人次。

传染病防控及管理 加强传染病防控及管理。2018 年对医务人员进行各类传染病知识培训 22 次。完成结核病筛查及信息统计 6 386 人次；3.24 世界结核病防治日进行现场宣传活动。邀请北京市疾控中心专家对新生进行防艾讲座 4 次、为新生开设艾滋病的网络课程，使学生了解艾滋病，做好艾滋病防控。在两校区学生宿舍楼安装"艾滋病尿液匿名无关联检测服务包自动售卖机"3 台。

慢病管理 完成社区内慢性病如高血压、糖尿病的规范管理。2018 年度管理高血压病人 2 432 人，规范管理 1 700 人。管理糖尿病人 1 179 人，规范管理 689 人。完成冠心病、脑卒中、肿瘤、精神病的日常管理，积极预防并发症及急危重症。各种慢病管理率及控制率达标。在辖区居民中建立高血压自管小组及糖尿病同伴支持小组，进行健康知识传播，指导居民自我监测血压、血糖。

家庭医生式服务 继续做好家庭医生式服务工作，按照家庭医生式全科诊疗模式将家庭医生式服务的各项措施落到实处。根据辖区内不同人群需求，为 65 岁以上老人、孕产妇及儿童提供健康体检、健康评估、一键式电话、中医药管理、上门服务等多方位服务。

中医药服务 大力开展中医中药工作，运用中医、针灸、拔罐等 10 种中医适宜技术服务社区，以满足社区居民对中医中药的需求。开展中医体质辨识，完成目标人群 45% 覆盖率。对 0～36 个月儿童进行中医健康管理，管理率 80%以上。

妇幼保健工作 建立妇幼信息系统，围产保健模块及儿童保健模块，及时准确录入信息。孕产妇建册率、高危孕妇筛查及管理率、产后访视率、新生儿访视率均完成目标管理人群覆盖率。0～1 岁儿童神经心理发育筛查、1～6 岁儿童听力筛查管理达标。

健康教育 东、西校区共举办健康教育大课堂 40 余次，受益人数近 6 000 人，大型咨询活动 45 次，受益人数近 14 000 人。为配合 2018 年学校思想政治工作质量提升工程，将大学生健康教育、急救与自救技能课程纳入学生选修课。

（陈淑珍）

【业务培训】

相关业务培训 对医务人员进行心肺复苏等急诊急救培训，高血压、糖尿病及慢病管理知识培训，处方点评及合理用药讲座，组织院感控制、传染病防治知识等各类学习培训共计 20 余次。

继续教育 做好医务人员“三基、三严”培训。为所有专业技术人员办理年度学习卡，全部完成国家卫计委要求的卫生系列每年网上培训学习 25 学分。

（陈淑珍）

【医疗质量控制】

认真做好医疗质控和医疗安全管理，把医疗质量和医疗安全作为医院重点核心工作。医院设有医疗质量管理委员会，每月对全院临床医生的病历进行质控，对医师处方及抗生素使用进行点评。科主任及院领导每月检查督导，做好质控分析，发现问题及时整改。按照医疗技术操作规范完成年度医疗工作、全年未出现医疗差错事故。

（陈淑珍）

【提高满意度】

在来诊病人中发放满意度调查表，广泛征求患者意见，积极改进工作，提高患者满意度。

（陈淑珍）

【基本建设】

2018 年，东区医院外挂电梯已安装完毕并投入使用。东、西区医院各购买 2 台“口腔综合治疗仪”极大地提高了牙科诊断与治疗效果。东、西区医院污水处理系统已建设完成并投入使用。

（陈淑珍）

【公费医疗管理】

公疗各项管理指标规范。医疗报销认真、仔细，耐心解答患者疑问。年度北京市公疗办审计规范合格。

（陈淑珍）

【计划生育】

积极宣传国家有关法规、条例及政策。做好育龄妇女的服务保障工作。

（陈淑珍）

体育馆管理工作

【概况】

2018 年,体育馆管理中心按照“规范有序、热情主动、务实高效”的工作要求,对内配合学校党政办公室、宣传部、体育与艺术教学部、保卫处、校团委以及各学院、部门,保障学校体育与艺术室内教学、大型文体活动、会议的顺利进行;对外兼顾社会公益效益,严格遵守国家法律法规,拓宽体育馆收入来源,减轻学校财政负担。体育馆管理中心有事业编制人员 4 名,非事业编制聘用人员 22 名。设有办公室、活动管理部、运行保障部、财务物资部 4 个部门。

(杜学振)

【保障体育与艺术教学】

体育馆管理中心本着“教学为主,活动为辅”的原则,全力协调和保障各类室内体育与艺术教学。2018 年体育馆内完成体育与艺术教学 2 192 课时,其中羽毛球教学 279 课时,乒乓球教学 762 课时,舞蹈教学 1 151 课时,合计在馆内上课约 43 840 人次。提供测试场地,保障 2018 年度国家学生体质健康测试顺利完成。

(张景文)

【承办校内外大型活动】

体育馆与学校相关部门沟通协调与密切配合,圆满完成 11 项校内大型活动和会议的承办工作;在保证学校正常使用和丰富师生课余文化生活的同时,承接校外其他活动 13 次(表 1、表 2)。

表 1　2018 年中国农业大学内部大型活动(体育馆内)一览表

序号	日期	活动名称	活动性质
1	3 月 25 日	中国农业大学教职工第一届“羽协杯”双打比赛	比赛
2	5 月 28 日至 6 月 1 日	2018 年教职工羽毛球混合团体赛	比赛
3	6 月 9 日	首都高校第二届体式与艺术瑜伽套路展示表演比赛	比赛
4	6 月 24 日	2018 届本科生毕业典礼	会议
5	6 月 24 日	2018 届研究生毕业典礼暨学位授予仪式	会议
6	8 月 16—18 日	全国大学生智能互联创新应用设计大赛	比赛
7	8 月 28 日至 9 月 14 日	2018 级新生军事理论教育	培训
8	9 月 5 日	2018 级本科生开学典礼	会议
9	9 月 5 日	2018 级研究生开学典礼	会议
10	9 月 10 日	2018 年庆祝教师节暨迎新晚会	演出
11	9 月 24—26 日	第八届全国高等农林院校教职工羽毛球联谊赛	比赛

表 2 2018 年中国农业大学外部大型活动(体育馆内)一览表

序号	日期	活动名称	活动性质
1	1 月 10 日	2018 腾讯北京分公司新年晚会	年会
2	1 月 29—30 日	2018 年北京电视台春节联欢晚会	演出
3	2 月 8 日	瓜子二手车年会	年会
4	2 月 9 日	团博百众公司员工趣味运动会	比赛
5	3 月 31 日	2018 年海淀区中小学生艺术节行进管乐表演展演	比赛
6	4 月 14 日	北京市医院管理局工会“杏林春羽杯”第三届羽毛球大赛	比赛
7	4 月 30 日	筑梦新时代——2018 年“五月的鲜花”全国大中学生文艺会演	演出
8	6 月 17 日	第四届京东杯电子竞技比赛	比赛
9	7 月 5—8 日	中国农业大业附属小学 70 年教育成果汇报	演出
10	9 月 29 日	中关村协调发展投资有限公司工会乒乓球赛	比赛
11	11 月 3 日	朝阳妇产医院趣味运动会	比赛
12	11 月 23 日	城建置业公司羽毛球赛	比赛
13	12 月 1—8 日	国家机关羽毛球赛	比赛

(张景文)

【文化艺术馆工作】

2018 年,文化艺术馆共举办 11 次展览,展出作品 2 452 幅(件),参观人数达 5 524 人次,展览继续传承农大精神,鼓舞师生干劲,以更加昂扬奋进的精神推动“双一流”建设(表 3)。

表 3 2018 年中国农业大学文化艺术馆展览一览表

序号	时间	名称	展览性质
1	1 月 5 日	生活在别处—2017《美术鉴赏与实践》校级核心素质课程汇报展览	综合
2	4 月 3 日	“天文”主题摄影作品展	摄影
3	4 月 18 日	搜妙创真——王长水山水画导师工作室写生展	书画
4	5 月 5 日	时代赞歌——中国当代油画名家学术邀请展	书画
5	5 月 21 日	中国老教授协会农业专业委员会第一届书画展	书画
6	6 月 11 日	艺术的力量——中国农业大学美术 & 设计基础教学汇报展	综合
7	6 月 21 日	中国农业大学园艺学院园林 2018 届本科生毕业作品展	综合
8	7 月 2 日	农和浓情七十期愿——农大附小七十年书画教育成果汇报	综合
9	7 月 10 日	2017 书法篆刻院名家导师工作室书画结业作品展暨典礼仪式	书画
10	9 月 17 日	民盟先贤肖像巡回展	肖像
11	10 月 14 日	砥砺奋斗 逐梦前行——庆祝改革开放 40 周年中国农业大学发展成就展	综合

(于立春)

【场馆健身项目开展】

2018 年，体育馆新增健身房和篮球项目，于 10 月 26 日试运行；继续对外开放羽毛球和乒乓球项目，羽毛球项目累计使用 22 322 场次，乒乓球项目累计使用 1 986 场次。

（张景文）

【运行与保障工作】

加强体育馆硬件设施改造，提升体育馆功能，改善室内体育与艺术教学及健身环境，加强维修改造，保障场馆安全，满足教学与健身需求。

完成体育馆西侧大厅墙壁粉刷及楼梯修缮工程、西侧二层看台修缮工程、场馆内部景观墙及部分标识标牌更新工程，以保障大型活动的顺利进行；完成体育馆阳光走廊改造工程；完善更衣室、淋浴室相关设备设施，保障师生健身需要；完成体育馆西侧外墙散水工程、体育馆西侧绿化工程及体育馆东侧操场台阶的修缮工程，有效改善体育馆外围景观。

组织员工消防知识培训和防汛培训各 1 次，加强场馆安全管理。

（刘淑梅）

中国农业大学2018年工作总结

2018年，是全面学习贯彻落实习近平新时代中国特色社会主义思想和党的十九大精神的开局之年，是改革开放40周年，是决胜全面建成小康社会、打赢脱贫攻坚战的关键一年。2018年，也是学校高质量推进“双一流”建设的关键一年，全校上下坚持以习近平新时代中国特色社会主义思想和党的十九大精神为指引，全面落实全国教育大会精神，坚持社会主义办学方向，坚守立德树人根本任务。在学校党委的领导下，以着力推动“5+1工程”为统揽，解放思想、深化改革，紧抓机遇、迎接挑战，加快推进中国特色、农业特色世界一流大学建设，在人才培养、科学研究、社会服务、文化传承创新、国际交流合作等方面取得了新的进步。

一、持续深入，推动全校学习宣传贯彻习近平新时代中国特色社会主义思想和党的十九大精神

（一）统一部署，继续深入学习党的十九大精神

党的十九大召开后，学校党委将认真学习宣传贯彻习近平新时代中国特色社会主义思想和党的十九大精神作为首要政治任务。通过个人原原本本学、理论中心组集中学、专家解读深入学等多种方式，引导全校师生学习领会习近平新时代中国特色社会主义思想，学习领会党的十九大精神的政治意义、历史意义、理论意义、实践意义，切实增强“四个意识”和“四个自信”。开展为期5天的处级干部学习贯彻习近平新时代中国特色社会主义思想和党的十九大精神集中轮训，全校192名处级干部参加轮训，培训率达100%，实现了全覆盖。党委书记与校长分别做专题报告，强调全校干部要进一步贯彻“学懂弄通做实”要求，在思想上坚定不移地用习近平新时代中国特色社会主义思想和党的十九大精神武装头脑，做好世界一流大学的战略谋划。

（二）理论联系实际，贯彻落实十九大精神

全体校领导、全体处级干部以“贯彻落实党的十九大精神，统筹推进‘5+1’工程”为主题，围绕如何贯彻落实中央重大决策，围绕落实“四个服务”和立德树人根本任务，围绕服务农业农村现代化，围绕服务国家战略、提升办学水平，围绕增强办学实力深入交流，把十九大提出的新思想、新观点、新论断逐步转化为推动工作的新思路、新方法、新举措。

学校300支社会实践团队结合农科特色，走村入户开展精神宣讲、志愿服务和调查研究，足迹遍布全国344个乡镇，把新思想、新技术送到农民身边。其中，人发学院139名师生奔赴全国20多个省、自治区、直辖市的乡村一线，开展围绕“中国乡村振兴”76个主题的实地调研活动；资环学院近百名师生在河北省曲周县组织开展的“村村宣讲十九大，农技培训全覆盖”行动，走遍了全县342个村庄，和农民面对面宣讲、膝对膝交谈，培训了近10 000名农民。

二、加强思想理论武装，学习宣传贯彻全国教育大会精神

(一)高度重视，切实做好传达学习大会精神

党委常委会第一时间传达学习全国教育大会精神和北京市教育大会精神，传达学习中央关于教育工作的有关文件精神。教育引导广大师生深刻理解召开全国教育大会的时代背景，充分认识召开全国教育大会的重大意义，准确把握全国教育大会的战略要求，深刻学习、牢牢把握教育改革发展的“九个坚持”，切实增强学习贯彻习近平总书记重要讲话精神和大会要求的责任感使命感。充分利用“双周三”学习、“三会一课”、期末集中组织生活等形式和载体，抓好全国教育大会精神和北京市教育大会精神学习，确保大会精神传达到每一个党支部、系、所、中心和班级，传达到每一位师生员工。

(二)周密部署，大力实施教育培训计划

学校党委出台《学习贯彻全国教育大会精神教育培训计划》并大力推动实施。党委书记结合学校实际，给学校领导班子成员、全体处级干部、骨干教师讲授“同上一堂教育大会专题课”。邀请有关专家学者做专题辅导报告，对全国教育大会精神进行深入解读。校、院两级理论中心组进行专题学习，重点学习习近平总书记在全国教育大会上的讲话，并开展研讨交流。在此基础上，二级党组织结合学校重点工作，围绕“推进全面从严治党”“教学审核评估整改”“加快学校‘双一流’建设”等，组织本单位骨干教师、师生员工开展系列学习研讨。

三、进一步落实全国高校思政工作会议精神，提升思想政治工作质量

(一)完善队伍保障体制，深化思政课程教学改革

成立“中国农业大学思想政治工作领导小组”，加大思政课教师招聘力度，聘请若干符合条件的校外专家学者为兼职教授，吸纳哲学社会科学专业课教师、优秀专职辅导员、党务干部等，充实思政课教师队伍，结合难点和热点问题，开展专题教学和互动教学。坚持以立德树人为根本，以理想信念教育为核心，大力推进习近平新时代中国特色社会主义思想“进教材，进课堂，进头脑”，增强学生对于马克思主义中国化这一最新成果的理解和应用能力。牵头组织编写出版全国农林高校思政课教学改革案例集。继续深入推进以问题为导向的“三三制”协同育人思政课教学改革，按照“体系＋专题”的教学安排，聘请校内外专家参与专题讲授，探索和完善师生互动教学模式，不断提升教学的针对性和亲和力。编印《专业课发挥育人功能专项教学改革成果集》。微视频《稼穑缘 思政情 振兴梦》获得第二届“我心中的思政课”全国高校大学生微电影展示活动二等奖。

(二)坚持改革创新，进一步推进思想政治工作质量提升

不断创新思政工作方式方法，充分发挥课堂、科研、实践、文化、网络、心理、管理、服

务、资助、组织等方面工作的育人功能，构建学校思想政治工作“十育人”新体系。重点实施“理想信念熔铸计划”和“诚信守法人生计划”，不断加强学生理想信念教育和学风建设教育。以青马协会等学生组织、“CAU易班网”“CAU思想客”“CAU我的团”“农博士在线”等网络载体为抓手，大力推进理想信念、社会主义核心价值观、中华优秀传统文化、红色文化教育，引导学生奋发成长为社会主义合格建设者和可靠接班人。挖掘专业课教师课程育人的故事和经验，组织采写17篇新闻报道，受到了师生广泛关注。其中，教育部网站刊发《中国农业大学扎实推进课程育人》简报，中国教育报头版刊发《让“坚硬”的专业课“柔软”起来》报道。农学院党委获批教育部首批“三全育人”综合改革试点学院。

（三）庆祝改革开放40周年，感受教育发展进程

学校党委以庆祝改革开放40周年为契机，开展庆祝“农大恢复招生40周年”系列活动，让师生进一步感受高等教育的发展进程。通过多场专题讲座，加深全校师生对改革开放的理解和认识；通过赴广东、安徽小岗村、江西华西村，深刻体会改革开放前沿阵地的发展盛景及改革开放的辉煌成就；通过“师恩如山”征文活动，追忆师恩，热情歌颂农大教师的光辉形象，营造良好的师德形象和育人氛围；通过毕业合影专题网站“稼影网”，集中展示1978—2018年学校几个阶段各个专业的毕业生合影，增强毕业生向心力和归属感；通过“砥砺奋进 逐梦前行——庆祝改革开放40周年发展成就展”，再现1978年以来学校在各个年代在各方面取得的成绩和为国家做出的贡献，大力弘扬扎根祖国大地的“三农”情怀，激发广大师生改革创新、不懈奋斗的精神。

（四）以纪念马克思诞辰200周年为契机，不断提高师生马克思主义理论水平

以纪念马克思诞辰200周年为契机，重温《共产党宣言》，发放《共产党宣言》等学习资料，鼓励引导师生深入学习和研究马克思主义理论。举办3场专题辅导报告、6场读书交流活动，组织观看影片《青年马克思》、参观“真理的力量”主题展览等，理论与实践相结合，个人自学和支部促学相结合，不断提高师生马克思主义理论水平。理学院本科生讲授的《马克思的〈数学手稿〉蕴含的辩证法》在第二届全国高校大学生讲思政课公开课展示活动（北京地区）中获二等奖。

四、大力推进全面从严治党，切实加强党委的政治核心作用

（一）强化巡视整改落实，推动全面从严治党向纵深发展

学校党委把巡视整改作为政治建设的基础性、经常性工作，把深化巡视整改作为全面从严治党的重要内容，从“整改不落实就是对党不忠诚”的政治高度，推动巡视整改工作。制定《中国农业大学深化巡视整改工作方案》，成立“深化中央专项巡视整改工作领导小组”，对照《落实中央专项巡视反馈意见整改方案》《落实中央选人用人工作检查反馈意见整改方案》《意识形态工作专项整改方案》《整改学科建设和人才培养中马克思主义指导地位严重边缘化问题专项工作方案》等，推动巡视整改常态化、制度化。从思想上、行动上围绕学校“双一流”建设和“5＋1”工程等重要工作，坚持从严从实、抓常抓长，强化日常监督，严肃追责问责，确保认识到位、责任到位、落实到位，促进学校事业全面健康发展。

（二）以经济责任审计为契机，强化从严治党，推动依法治校

在中央审计委员会办公室、审计署对学校的经济责任审计工作中，学校党委高度重

视，召开专题工作会研究经济责任审计工作安排。成立学校配合经济责任审计工作领导小组，下设10个专项工作组，积极配合审计组工作需要，对照审计范围，及时、准确、真实、完整地提供相关数据和资料，客观如实回答审计工作问询，实事求是反映情况，快速做出解释说明，不延误，不推诿，不隐瞒。以此次经济责任审计为契机，全面梳理学校发展规划、人才培养、科研成果、管理服务等方面的工作，全面提升学校从严治党和依法治校工作水平。

（三）牢牢把握政治巡察定位，启动对二级党组织巡察工作

学校党委高度重视巡察工作，明确巡察是党委履行管党治党、全面从严治党主体责任的重要政治任务。围绕这一定位，学校党委成立巡察工作领导小组，并专门设置巡察督导办公室，强化了巡察作为重要抓手的制度安排，并提出党委一届任期内对二级党组织巡察全覆盖的工作目标。通过修订《巡察工作实施办法（试行）》，按照以“两个维护”为根本任务，以“六个围绕、一个加强”为主线的巡察全覆盖工作方案，目前已完成第一轮对4个学院党委的集中巡察，正在开展第二轮对3个学院党委的集中巡察。

（四）持之以恒推动作风建设，深入推进反腐败斗争

学校党委切实加强党风廉政建设和反腐败工作，紧抓责任落实，强化管党治党的责任意识，锲而不舍落实中央八项规定精神，保持党同人民群众的血肉联系。坚决整治形式主义和官僚主义，紧密联系学校工作实际，重点纠正一些领导干部爱惜羽毛、回避问题、慵懒无为的问题，加大通报曝光力度，坚决防止“四风”反弹回潮。完善干部考核评价机制，建立激励机制和容错纠错机制，鼓励担当和主动作为。切实加强党内监督，再次梳理排查十八大以来，不收敛不收手，问题线索反映集中、群众反映强烈、政治问题和经济问题交织的腐败案件，重启遗留问题调查程序，依纪依规对相关人员进行党纪处理。

（五）突出基层党组织政治功能，扎实提升基层党建工作质量

推进落实“党建质量年”工作，强化基层单位党的领导，制定出台《学院党委会议议事规则（试行）》，修订《学院党政联席会议议事规则（试行）》，明确规定涉及学院领导班子建设、干部推荐、办学方向、教师队伍建设、师生利益等重大问题，学院党委会先进行研究讨论再提交党政联席会议决定，保障学院党组织在本单位干部和教师队伍建设中发挥主导作用。实现二级党组织书记和教职工党支部书记抓党建现场述职评议考核全覆盖，抓实党组织书记作为抓党建工作第一责任人的职责。强化党的一切工作到支部的鲜明导向，推行教师党支部书记担任副系主任职务，或与系（中心）行政领导互认制度，完善教职工聘用、晋职晋级、评奖评优必听党支部意见，干部选拔任用必找党支部书记谈话，年终师德考核必经党支部审核的“三必”工作机制，进一步夯实组织评价，不断凸显党支部政治功能。理学院党委、动物医学院党委基础兽医学系教工第二党支部和水利与土木工程学院党委水利系教工党支部入选首批全国党建标杆学院、样板党支部培育创建单位。连正兴工作室获批全国高校首批“双带头人”教师党支部书记工作室。

（六）调整干部选任工作方式，做好干部培养、选任和管理

修订学校《处级党政领导干部选拔任用工作办法》，进一步规范完善干部选任工作程序。以中层干部换届为契机，创新干部选拔任用工作方式方法。在选任方式上，由过去民主推荐为辅、竞争上岗为主，调整为以民主推荐为主；在选任方法上，采取多种方式广泛深入进行民主推荐，扩大群众参与力度。2018年换届工作聘任正处级干部41人，副处

级干部 87 人。其中，转至学院 8 人，由学院转出 14 人。认真组织干部申报个人有关事项，规范干部兼职审批，严格干部因私出国（境）管理，强化干部学习教育，持续做好干部挂职的选派与接收工作。

（七）强化党委统一领导，提升统战工作科学化水平

继续加强统战工作，进一步协调力量，整合资源，加强和改进学校党委对统战工作领导，不断加强民主协商，促进大团结大联合。不断健全和完善学校统战工作体系，进一步增强对党外知识分子思想政治引导的针对性、政治参与的有序性。积极谋划，依托“三大工程”，以“同心圆工程”强化思想政治引领，以“心桥工程”搭建党外知识分子实践锻炼平台，以“党外代表人士队伍建设工程”吸纳和汇聚人才，不断提升学校统战工作科学化水平。举办学校党外代表人士和青年骨干专题培训班，增强了党外人士和青年骨干的“四个意识”，坚定了“四个自信”。带领民主党派、无党派人士围绕学校中心工作深入调研协商，凝聚发展智慧。主动对接国家与地方重大发展战略，搭建以“北京科技小院”为代表的党外知识分子服务北京的实践锻炼平台，推进与怀柔区的美丽乡村建设规划项目。

（八）推进群团工作改革，更好凝聚群众力量

依法依规推进学校民主建设，召开第四届教职工代表大会第二次会议。进一步完善教代会提案制度，全年立案提案 58 件，充分发挥教代会执委会和各专门委员会的作用和广大教职员工在学校重大决策中的调研、论证、审议、监督作用，使学校的决策更民主、更科学，更有感召力和凝聚力。建立动态帮扶慰问机制，加大分工会支持力度，不断完善非在编会员管理方式，积极探索开展适合我校教职工特点的各种文化体育活动。全面深入推进共青团改革各项工作。充分发挥学代会、研代会、校长信箱桥梁纽带作用，积极搭建联系学生、服务学生、贡献学校的平台，畅通听取和征求学生的意见建议的渠道，有效发挥学生为学校建设发展献计献策、贡献力量的作用。团结带领广大青年学子响应党和国家的号召，在服务国家重大战略中贡献青春力量。开展以“乡村稼穑情·振兴中国梦”为主题的暑期社会实践活动。推进中非合作论坛北京峰会等志愿服务。

五、解放思想，深化改革，高质量推进中国特色、农业特色世界一流大学建设

（一）教育教学改革持续深入，人才培养质量提升

顺利完成本科教学工作审核评估。学校接受教育部本科教学工作审核评估，本次评估在农林高校中首次包含国际专家参与，达到了以评促改、以评促建的目的，推动本科教育教学工作迈向新台阶。

生源质量持续提高。本科生源质量再创新高，全校普通理工类新生投档成绩平均高出当地一本线 109.77 分，理工类录取最低分院校平均排名较 2017 年提升 4 位，录取分数实现十一连增。通过提高接受推免生名额比例、组织夏令营活动吸引优质硕士生生源等手段，2 511 名硕士新生中推荐免试生比例达到 28%，其中“双一流”、211 高校生源占 47%。

专业建设取得新突破。植物保护和园艺专业成为第一批通过中俄联合国际认证的农科专业，开创全国农科专业国际认证先河。学校牵头制定国家大农学门类和兽医专业的专业标准，成为涉农专业建设标准制定者。首次开展工程教育专业认证，车辆工程、农业水利工程、水利水电工程、电气工程及其自动化 4 个专业通过工程教育专业认证，总数位居农林高校之首。完成覆盖学校所有 51 个博士、硕士学位授权点合格评估，首次开展

了作物学等7个A类学科学位授权点的国际专家评估。开展学位授权点优化和动态调整，申报增设营养与健康科学交叉学科一级博士学位点和风景园林学一级硕士点。

本科教学深化改革初显成效。出台“双一流一卓越”本科教学改革若干意见，实施个性化和兴趣导向的人才培养政策、通专平衡的核心课程体系等一系列本科教育教学改革措施。获北京市高等教育教学成果特等奖1项，国家高等教育教学成果二等奖2项。25人入选新一届教育部教育指导委员会，4人担任主任委员，均创历史新高。国家万人计划教学名师增至3人，名列全国高校前茅。

研究生教育改革取得成果。作为全国专业学位培养模式改革试点单位，开展专项培养改革，形成了“科技小院”、产业体系、“牛精英”、精准扶贫和乡村振兴等全国特色培养模式典范，16个教学案例入选中国学位与研究生教育中心案例库中心。康绍忠院士团队获中国学位与研究生教育学会研究生教育成果奖特等奖，沈建忠院士团队获得二等奖，张福锁院士团队依托科技小院模式在国际顶尖期刊 *Nature* 上发表文章。

人才培养质量进一步提升。2018届毕业生总就业率95.41%，其中，赴基层就业人数提高至184人。在校本科生发表论文158篇，申请专利及软件著作权19项，在校博士生发表论文人数超90%，学校发表的国际论文中60%以上的第一作者为研究生。学生共获得国家级竞赛奖励353项，含特等奖3项和一等奖40项，其中获全国大学生机械创新设计大赛一等奖5项，全国大学生数学建模竞赛一等奖19项，美国ASABE大学生机器人设计竞赛一等奖1项，全国大学生英语竞赛特等奖3项，全国大学生智能互联网创新应用设计大赛一等奖4项，全国大学生农业建筑环境与能源工程相关专业创新设计竞赛特等奖1项。

双创工作迈向新台阶。成立就业创业办公室，进一步深化就业创业工作改革。支持开展大学生国创、北创、URP项目1 010项，理学院本科生郭真言“国创”项目研究成果发表在化学一区期刊 *Organic Letters*（影响因子6.579）。荣获教育部“全国创新创业典型经验高校”称号，获批北京市教委“北京高校大学生创业园高校分园”。

学生工作屡获佳绩。学生体质健康合格率保持在95%以上，足球队在北京高校11人制和5人制比赛中获双料冠军，男子橄榄球代表国家参加世界大学生橄榄球比赛获奖。艺术团荣获北京大学生音乐节混声合唱组金奖、民乐合奏组金奖、西乐室内乐组3项银奖。学生资助体系进一步完善，发放各类奖学金3 598万元，助学金13 775万元，建立首个“中国农业大学资助育人实践基地”，学校获全国学生资助工作“优秀单位案例典型”。心理素质教育工作凸显特色，学校编写的《大学新生校园适应辅导员班主任工作手册》在北京高校广泛推广，3名学生当选首届“全国百佳心理委员”，学校荣获首都大学生心理健康节“最佳组织奖”。研究生校外社会实践和科技服务基地总数达到147个，覆盖专业学位点90%以上。“农博士在线”“红色1+1”、科技小院等成为全国知名的研究生服务扶贫攻坚和乡村振兴的模式。红色“1+1”共建活动立项65项，创近年新高。农学院研究生联合党支部获北京高校红色“1+1”一等奖，学校获“优秀组织奖”。

（二）提升科技创新能力，进一步扩大科技创新与影响力

科研经费与项目稳中有升。面向国家重大战略需求和国际科学技术前沿，紧抓机遇，全力提升科技创新能力，布局基础前沿、关键技术、重大工程等重大攻关，打造高水平创新团队，科技创新影响力进一步扩大。累计到校科研经费15.20亿元。获批国家研发

计划项目10项;国家自然基金176项,其中面上基金102项,青年基金45项,重点项目7项;横向项目立项653项。

科研成果稳步增长。学校论文累计被SCI、EI和SSCI收录2 869篇次,同比增长18%。其中SCI收录1 899篇,同比增长11%;EI收录907篇,同比增长37%;SSCI收录63篇,同比增长24%。SCI论文中影响因子大于5.0的287篇,同比增长12%。累计申请专利1 062项,同比增长19%,获授权国际专利PCT 2项。

科技成果再创佳绩。学校获得国家科学技术进步二等奖2项,北京市科学技术二等奖1项。李德发院士推广低蛋白质日粮饲料技术,将猪饲料中大豆含量由16%降至14%,每年可减少大豆需求量1 130万吨,对国家的经济建设具有重大的战略意义。张福锁院士"土壤-作物系统综合管理技术研究与应用"入选"中国高等学校十大科技进展"。倪元颖教授获得第二十届中国专利奖金奖。

重大创新平台建设迈向新层次。深化改革食品营养与人类健康高精尖中心建设体制机制,大力推进模式动物大设施项目建设。积极筹划建设兽医公共卫生学国家重点实验室和教育部农业生物分子设计前沿科学中心。果蔬加工工程中心获评2018年教育部优秀工程研究中心。新获认证省部级实验室2个,全校省部级以上平台数量突破100个,新增校级基地7个,总数达到91个。

哲学与社会科学研究成果显著。2018年学校共有4项政策建议、研究成果获得党和国家领导人批示。获得国家社科基金重大项目1项,中国农业大学学报(社会科学版)在全国625种综合性人文社会科学期刊中排名第9位,影响力指数排名第14位。

(三)深化人事改革,全面推进人才强校战略

推进"315"人才计划。打破传统招聘模式,各层次人才和实验技术岗位招聘由一年一次改革为全年招聘,教师引进可根据需要随时进行。充分发挥学院的招聘主体地位,可两年内统筹使用进人指标。组织8场进人遴选评审会,新入职共计126人,相比2017年增长了36%。专任教师83人(其中,高层次引进37人,普通教师46人),管理岗30人,实验技术岗6人,其他专业技术岗7人。进站博士后89人,博士后在站252人,7人入选"博士后创新人才支持计划",5人入选"博士后国际交流计划",49人获得博士后科学基金面上资助,16人获得国家自然科学基金青年奖资助。举办第二届大禹青年学者论坛,延揽海内外优秀青年学者。

落实以贡献为导向的人才激励机制。构建人才管理新机制,6名在校"四青"人员通过新机制选拔直聘教授。进一步完善特聘教授岗位制度,注重考察各类人员的学术成就和科学贡献,将二级教授纳入特聘教授选聘,提高特聘教授待遇分别到80万元、70万元、60万元和50万元。

健全人才考核、晋升体制。改进年度考核评价方式,细化考核工作量,增强考核评价工作实效。打通专业技术职务晋升通道,完善管理人员职业晋升机制,促进人才分类评价,充分释放人才活力。首次开设实验技术系列正高级岗位2个,继续设立教学型教授指标2个。开展两次延迟退休申报工作,审定批准55人延迟退休申请,充分发挥高水平教师的传帮带作用,破解人才断档难题。

提升人才服务、保障质量。调增课时津贴教学绩效,鼓励广大教师潜心教学。启动奖励津贴改革方案,统筹各类奖励性津贴,优化薪酬资源配置。为新机制引进的杰出人

才提供200多万元科研启动经费，依法依规调整薪酬标准，平稳有序进入国家社保系统。解决学校教职工夫妻两地分居18例，建立人才住房专项维修基金，充分保障人才权益，排除后顾之忧。

（四）谋划学科布局，完善“双一流”建设机制

聚焦发展战略，谋划“双一流”学科布局。系统谋划学校长远发展，以服务国家战略需求为导向，以引领国内新农科建设为突破，以高质量推动双一流建设为契机，系统布局学校长远发展学科布局，培育新型前沿交叉学科，成立国家农业绿色发展研究院、草业科学与技术学院，申报农业绿色发展、作物智能育种生物学和智能农业装备工程等3个北京市高精尖学科，全面提升服务国家战略能力，提升学校基础科学研究能力，通过战略规划引领和驱动“双一流”建设。

完善“双一流”建设机制。制定《“双一流”建设项目实施方案编制与论证管理办法》《“双一流”建设项目过程执行管理办法》《“双一流”建设项目考核与验收管理办法》和《“双一流”建设项目动态监测与成效评价管理办法》等，强化“双一流”建设管理保障机制。实行项目分类管理，明确各类项目责任人，建立过程监督机制，完善年度考核和绩效奖励的管理体系。

聚焦“强优势，补短板”。根据教育部第四轮学科评估指标及结果，深入分析学校学科建设的优势和短板，形成各类学科、排名分析报告50余个，为各学科发展提供全方位数据分析与咨询服务。启动学科发展动态监测与成效评价工作，完成学院与学科2018年建设成效奖励方案，优化学科资源配置，完善组织管理机制体制，促进学科发展。发起组建“双一流”农科联盟，召开农科发展论坛，进一步强化优势学科。

加强校地合作，拓展办学资源。着眼学校发展面临的制约因素，积极谋划进一步拓展办学资源，满足学校的未来发展需求。密切结合国家政策，紧抓国家北京“四个中心”建设和“海南建省兴办经济特区”的改革契机，积极主动参与海南国际教育岛建设，并与北京市平谷区签订战略合作协议，加快推进国家农业科技创新港建设。围绕中国农业大学烟台研究院办学及人才培养定位，组织召开专题研究会，完成烟台校区初步规划。

（五）创新社会服务机制，积极主动服务国家战略

服务国家乡村振兴战略结硕果。成立社会服务处，更好地服务国家乡村振兴战略等政策的有效实施。叶敬忠教授《乡村振兴亟待避免七种错误倾向》被《人民日报内参》采用，获得了中央领导的重要批示。“百名博士老区行”活动中，200余名研究生分赴广西防城港市、江苏泗洪县、内蒙古赤峰市、云南勐腊县河边村、临沧市镇康县、海南琼中黎族苗族自治县开展“稼穑之路——农科学子助力精准扶贫”科技服务，进一步发挥了农科研究生在脱贫攻坚及推进乡村振兴战略实施中的智库作用。

全面参与脱贫攻坚。对口扶贫云南镇康，加强对深度贫困综合治理的研究和实践，优化和总结服务国家深度性贫困的脱贫攻坚模式，连续两年获得教育部精准扶贫精准脱贫十大典型项目。李小云教授河边村深度性贫困综合治理实验获人民日报社和中国扶贫基金会“精准扶贫综合治理模式”推荐案例；林万龙教授撰写的“关于产业扶贫主要模式的调查与思考”获汪洋副总理的重要批示；司伟教授撰写的“稳定和恢复大豆生产关系重大，建议尽快采取措施予以支持”获胡春华副总理的重要批示；张福锁院士荣获全国脱贫攻坚奖。

服务国家绿色发展战略。先后与苏州市共同建设以城市生态循环发展为特色的“中国农业大学有机循环研究院(苏州)”、与兴化市共建以健康食品产业为特色的“中国农业大学(兴化)健康食品产业研究院”、与吉林省共建国家黑土地现代农业研究院,力争在科技创新、成果转化等重要领域和关键环节上取得实质性突破。立足曲周 45 年科技攻关成果,依托国家绿色发展研究院创建曲周农业绿色发展示范区,引领区域绿色发展。

探索建立服务国家地方发展的新模式。依托 121 个科技小院、63 个教授工作站等载体,形成“学校+政府+企业”集促进成果研发、转化、落地为一体的社会服务新模式。与云南省、大同市、平谷区、重庆荣昌高新技术产业开发区等 10 余个省、市签署了合作协议,为地方科技创新、成果转化等重要领域和关键环节提供强有力支撑,推动地方经济社会发展。

科技成果转移转让效果显著增加。学校共签署技术转让合同 29 项,合同金额 5 890 万元;签署技术服务、技术咨询、技术开发合同 700 余项,合同经费 18 566 万元。学校培育的 30 余个植物新品种在全国进行了大面积推广,推广玉米种植面积 1 100 余万亩,每亩平均增产 40 公斤,共计增产粮食 4 亿余公斤;推广小麦种植面积 60 万亩,农民增加收入 3 760 万元。

对口支援等工作扎实开展。学校对口支援塔里木大学,推进南疆科技成果转化中心建设;对口支援西藏农牧学院,推动西藏高原特色农业发展;对口合作河北大学(生物学)、贵州大学(植物保护学)、石河子大学(农业工程)、海南大学(作物学、园艺学、植物保护学、食品科学与工程),各项工作扎实开展。

稳步发展继续教育。着力办好成人学历教育和非学历教育培训,整合优质教育资源,加强内控体系建设,规范教学管理过程,不断提高教育教学质量。联合梨树、曲周建设新型职业农民培训基地 2 个,举办乡村振兴等培训项目 51 期;搭建了农林高校继续教育联盟在线教学平台并申请备案,初步实现了高校间优质资源共建共享。

(六)以“一带一路”为突破,推动农业教育科技国际合作

深化顶尖涉农大学 A5 联盟和世界一流大学合作。与美国康奈尔大学启动了“牛精英”创新人才博士生培养项目,签署了食品科学本科人才中外合作办学协议,与加州大学戴维斯分校启动了本科生暑期项目并签署本硕连读项目协议,与巴西圣保罗大学签署了学生交流协议并共建中巴农业创新中心。学科创新引智项目“111”计划新增 1 项,“111”计划总数共 9 项位列全国高校第一。研究生国际合作培养交流进一步深化,获得 CSC 资助 156 人,研究生国际合作培养和交流 432 人次,较 2017 年增加 15.2%。加强与一流大学和“一带一路”沿线国家国际交流,新启动 7 个海外暑期交流项目,分别赴美国、加拿大、哈萨克斯坦等世界一流农业院校和“一带一路”沿线国家交流,国际化办学能力和影响力进一步增强。

引领“一带一路”、南南合作农业教育科技创新。配合中非合作论坛北京峰会召开,举办世界农业青年领袖培训项目等系列高端培训项目,召开中国与非洲农业合作发展的系列政策论坛,与联合国南南合作办公室签署了合作备忘录,在联合国总部共同举办了全球南南合作智库对话会,发布了南南合作智库研究报告,切实提升“一带一路”、南南合作新高度。积极开展国际减贫和援助工作,坦桑尼亚“千户万亩”玉米增产示范二期工程入选南南合作农业减贫杰出实践案例,完成了马拉维科技大学学科建设评估。积极推进

“一带一路”农业教育科技学科合作平台、院校合作平台建设，学校先后发起成立了44所中外院校参加的“一带一路”动物科技联盟、中外70所院校参加的“一带一路农业教育科技创新联盟”。在联盟框架下，举办了“一带一路”饲料畜牧等多个大型产学研合作论坛，新建了覆盖南亚、中亚、东欧、拉美、非洲“一带一路”全线的10个教育科技合作中心，为我校长期引领“一带一路”农业教育科技合作奠定了坚实的基础。人文与发展学院唐丽霞老师获中国-联合国粮食及农业组织南南合作项目特别贡献奖。

（七）管理服务不断优化，打造现代化大学内部治理体系

强化依法治校政策制度保障。坚决贯彻依法治校理念，新制定校级规章制度30项，修订制度13项，建立健全科学决策、教育教学、学生管理、教师队伍建设、干部管理、科学研究、财务资产管理等校级规章制度447项，逐步形成了以学校章程为统领的规章制度体系。全面开展校级议事协调机构清理工作，调整或撤销部分机构，建立议事协调机构台账。学校治理做到有法必依，有章可循。

完成管理服务机构调整和定岗定编。为适应快速发展新形势，满足深化改革新要求，完成新一届管理服务与直属机构设置及调整，进一步理顺管理职能，强化服务导向，提高工作效能，促进科学管理，推进学校治理能力与治理体系的现代化，为学校“双一流”建设提供坚实保障。

加大校务信息公开力度。通过信息公开网向校内和社会公开信息，累计公开信息1 000余项，总访问量近16万人次；通过校园网加大制度公开力度，最大限度地保障学校师生员工以及社会公众的知情权、参与权和监督权。校长信箱全年共受理师生来信2 700余封，利用客户端及微信平台保证工作日及节假日期间正常运转，提高校长信箱运行效率。

实验室管理进一步强化。成立实验室管理处，统筹实验室管理工作。完善实验室管理相关制度，推进实验室安全责任体系建设。加强危险化学品、废弃物泄漏事故应急演练，编发实验室安全工作简报。建立实验室安全检查联动监督机制，开展科研实验室安全专项检查。建立实验室安全隐患自查台账，组织开展全校各级各类实验室危险源调查工作，下达安全整改通知书。规范危险化学品申购、使用管理，加强基础条件建设，规范危废物处置，积极推进大型仪器开放共享和实验试剂耗材采购管理平台建设，实验室管理水平明显提升。

进一步提升财务工作质量。积极筹措办学资金，成功与中国建设银行签署了战略合作协议，建设银行支持学校信息化建设3 500万元。综合财力收入达36.36亿元，综合财力支出37.36亿元。学校在确保教学科研、人才培养、学科建设、队伍建设、后勤保障等工作正常开展情况下，依照上级部门相关文件精神，配合各项改革，增加人员经费支出8 000余万元，切实提高在职和离退休人员待遇。助力会计制度改革，推进财务信息化建设。积极落实“放管服”精神，不断完善服务措施。加强专项资金管理，推进项目执行进度。进一步规范教育收费行为、出国经费管理、后勤实体财务管理，进一步提高医疗费报销效率、校园卡服务功能。

不断强化审计监督职能。重塑审计理念，创新方式方法，拓展审计范围，提升审计质量，认真履行内部审计职责。初步完成审计管理信息系统建设，完善审计整改长效机制，推进审计问题整改落实。完成校级财务预算审计、22个单位的干部经济责任审计、年度

三公经费审计及相关专项审计。强化工程审计，做好建设工程投资评审、基建、修缮工程竣工结算审计、造价咨询公司招标、建设工程全过程跟踪审计等工作。

不断提升国有资产管理水平。积极推进土地产权界定工作，西区不动产登记工作取得阶段性进展。完成26个校外实验场站固定资产数据信息的普查。完善公用房资源配置办法，探索建立以绩效为导向的公用房配置机制，进一步提高公用房的利用效率。加大采购"放管服"力度，为优化教学科研服务提供了制度保障。资产管理信息建设大步推进，加强固定资产、无形资产全生命周期管理，促进国有资产保值增值，防止国有资产流失。

进一步梳理资产经营状况。积极推进企业的分类清理工作，妥善处置"僵尸"企业、脱钩剥离与学校教学科研不直接相关的企业。企业清理工作已完成1家，正在推进7家。以完善法人治理结构、加强派出人员监督、实施财务监督与管理、内控审计、企业负责人以经营业绩考核为抓手，继续深化企业规范管理。依法治理企业，保障安全生产，经营规范有序，对学校贡献总额5 020万元。

稳步推进校园基本建设。高标准完成西区新楼与东区新图书馆项目建设，新增用房面积9万平方米。有序推进留学生与专家公寓项目及北京建设大学孵化基地楼项目的报建工作。组织完成2018年改善基本办学条件专项修缮任务，提前启动2019年改善基本办学条件专项项目。顺利组织完成西区旧教维修、校医院污水处理系统安装、彩钢板房整改、东校区9/10号楼屋顶改造、P2生物实验室、人工气候室改造等应急、消防安全和民生工程，打造精致的育人环境。

不断提高后勤服务水平。不断推进后勤智慧化，通过监测能源流量促进节能减排。完善37大项基础设施改造工程、8大项绿化工程，集中拆除2处违章建筑，清理废旧车辆、小广告，保持校园整洁，打造精致校园。确保食品安全、稳定食品价格。改善住宿环境，保障安全整洁。校车规范有序，报刊投递准确高效，竭力满足校园内各项需求。加强房产管理，推进房产证办理。加强社区绿化美化、维修管理，完善社区配套功能，提升教职工幸福指数。

公共服务体系建设进一步完善。加强校医院医德医风建设，健全医患沟通机制。努力提高医疗人员的专业水平与服务质量。加强传染病和突发性公共卫生事件的防控机制，进一步改善就医环境及医疗条件。加强体育馆硬件修缮与改造，提升体育馆功能，举办23场校内外大型活动，充分满足体艺教学活动需求。进一步完善健身项目，新增健身房和篮球项目。充分利用文化艺术馆，举办各类展览11期，陶冶师生情操。图书馆馆藏资源更加丰富、结构更加优化，信息咨询、学科服务工作水平稳步提升。新图书馆内部建设持续推进。持续推进档案信息化建设，档案管理规范有序，校史编研成果颇丰，编纂出版《图说农大——中国农业大学校史简本》。校园信息化建设统筹推进，完成新数据中心建设、新图书馆及植保楼网络建设、正版化软件平台建设。完成网络设施与信息系统运行维护。公共应用平台与网络安全工作力度不断加强。

平安校园建设持续加强。建立健全制度机制，压实安稳工作责任，学校投入专项资金升级改造2018年学校监控中心管理平台，提升科技创安水平。全年累计发放各类宣传材料12 000余份，制作展示宣传展板80余块，举办安全教育讲座培训16场次，组织安全疏散演习10场次，教育师生近2万人次，提升师生安全防范意识。2018年，校园内发生的诈骗、失窃类警情较往年明显下降。开展二级单位专项巡查5次，整改彩钢房28处，完成21栋楼宇的消防设施设备标识化。妥善处置3·22浴室火情、7·16校园汛情，校园安全水平显著提升。

（八）统筹协调拓宽渠道，有效凝聚多元力量促进学校发展

教育基金会、校友工作稳健发展。多渠道拓展社会资源筹集资金，认真做好项目管理和服务，稳健开展基金投资理财业务，各项业务取得平稳较快发展。本年度基金会共实现收入5 195万元，其中募集社会资金2 036万元，理财收益466万元，为学校争取中央财政捐赠配比资金2 693万元。2018年公益支出2 382万元，年末净资产1.33亿元。进一步加强校友工作宣传力度，推动校友信息化平台的建设。实名制校友信息服务平台“稼缘社区”正式上线，注册5 500余人、校友组织90余个。积极搭建更加丰富的校友工作信息平台，加强校友联络工作，值年返校、校友子女夏令营、寻访校友等品牌活动不断完善，创新开展校友会客厅、CAU校友会等活动，校友活动形式不断丰富。完善校友组织建设，成立荷兰校友会瓦赫宁根分会和格罗宁根分会以及非洲坦桑尼亚校友会，并完成美国大华府地区校友会在校友工作办公室的正式备案。

用心用情做好离退休工作。学校党委认真听取和研究离退休老同志的意见建议，引导离退休老同志为学校发展贡献智慧。为关工委、老教授协会、老科协等组织开展活动提供各项保障，高度重视其在考察农业论坛、行业发展、科技小院等工作中提出的意见建议。整改紫苑教职工活动中心，为21个老同志协会举办各种活动提供更好的设施条件。组织联欢、集体婚庆、送文化下乡、郊游、采摘、画展等老同志喜闻乐见的集体活动，丰富离退休老同志精神生活。建立老同志爱心基金，设立专项福利费，慰问老同志200余人次，及时向老同志送去党组织的关怀。

过去的一年，在党中央的坚强领导下，在教育部等部门的正确指导下，在学校广大在职教职工的辛勤耕耘下，在离退休老同志、广大校友和热心人士的大力支持和热心帮助下，学校各项工作取得了可喜的进展。2019年，全校师生员工要紧跟党的十九大提出的中国特色社会主义现代化建设三步走战略步伐，肩负加快建设教育强国、科技强国、实施乡村振兴战略的艰巨任务，勇赶改革开放40年推动中国经济社会不断前进的时代浪潮，向中国特色、农业特色的世界一流大学建设目标奋勇前进！

2018年党发、校发文件

2018年中国农业大学党发文件目录

文号	文件标题
中农大党发〔2018〕1号	中共中国农业大学委员会关于召开2017年度基层党组织组织生活会和开展民主评议党员的通知
中农大党发〔2018〕2号	中共中国农业大学委员会关于印发《2017年度党员领导干部民主生活会方案》的通知
中农大党发〔2018〕3号	中共中国农业大学委员会关于张晓星同志任职的通知
中农大党发〔2018〕6号	关于成立中国农业大学人才工作领导小组的通知
中农大党发〔2018〕7号	中共中国农业大学委员会关于张国中等同志任职的通知
中农大党发〔2018〕10号	关于印发《中共中国农业大学委员会2018年党建工作计划》的通知
中农大党发〔2018〕11号	关于印发《中国农业大学2018年党政工作要点》的通知
中农大党发〔2018〕13号	中共中国农业大学委员会关于周进等同志任职的通知
中农大党发〔2018〕15号	中共中国农业大学委员会关于张树川同志任免职的通知
中农大党发〔2018〕17号	中共中国农业大学委员会关于2018年党委理论学习中心组专题学习重点内容安排的通知
中农大党发〔2018〕18号	中共中国农业大学委员会关于统筹推进“5+1”工程的实施意见
中农大党发〔2018〕19号	中共中国农业大学委员会关于调整思想政治理论课建设领导小组的通知
中农大党发〔2018〕21号	中共中国农业大学委员会关于杨凌晔等同志任职的通知
中农大党发〔2018〕22号	关于印发《中共中国农业大学委员会2018年思想政治工作质量提升工程实施方案》的通知

续表

文号	文件标题
中农大党发〔2018〕23 号	中共中国农业大学委员会关于印发《贯彻落实中央八项规定及实施细则精神的实施办法》的通知
中农大党发〔2018〕24 号	关于印发《中国农业大学处级领导干部任职回避暂行规定》的通知
中农大党发〔2018〕25 号	中共中国农业大学委员会关于张东军等同志任免职的通知
中农大党发〔2018〕26 号	中共中国农业大学委员会关于印发《处级干部报告亲属在校工作学习情况的规定》的通知
中农大党发〔2018〕27 号	关于印发《中国农业大学信访工作办法》的通知
中农大党发〔2018〕29 号	关于印发《中共中国农业大学委员会开展 2018 年"做新时代'四有'好老师和'四个引路人'"学习实践活动实施方案》的通知
中农大党发〔2018〕30 号	中共中国农业大学委员会关于进一步加强教职工理论学习工作的实施意见
中农大党发〔2018〕31 号	中共中国农业大学委员会关于马少军等同志任免职的通知
中农大党发〔2018〕32 号	中共中国农业大学委员会关于开展党政机关及教辅单位处级干部任期考核的通知
中农大党发〔2018〕33 号	关于印发《中共中国农业大学委员会推进领导干部落实党风廉政建设主体责任全程记实工作办法(试行)》的通知
中农大党发〔2018〕34 号	中共中国农业大学委员会关于转发《中共教育部党组关于教育系统深入学习贯彻习近平总书记在北京大学师生座谈会上重要讲话精神的通知》的通知
中农大党发〔2018〕35 号	中共中国农业大学委员会关于印发《处级领导干部"约法六条"》的通知
中农大党发〔2018〕36 号	关于印发《中国农业大学处级党政领导干部选拔任用工作办法(2018 年修订)》的通知
中农大党发〔2018〕37 号	中共中国农业大学委员会关于李桦等同志免职的通知
中农大党发〔2018〕38 号	中共中国农业大学委员会关于深入学习贯彻习近平总书记在纪念马克思诞辰 200 周年大会上重要讲话精神的通知
中农大党发〔2018〕39 号	中共中国农业大学委员会关于倪立红同志免职的通知
中农大党发〔2018〕41 号	中共中国农业大学委员会关于成立思想政治工作领导小组的通知
中农大党发〔2018〕42 号	中共中国农业大学委员会关于印发《2018 年管理服务机构及直属机构处级干部换届聘任工作方案》的通知
中农大党发〔2018〕43 号	关于印发《中国农业大学教学科研一线教师党支部书记考核激励经费发放办法》的通知
中农大党发〔2018〕44 号	关于印发《中共中国农业大学委员会落实高校党建工作重点任务清单》的通知
中农大党发〔2018〕45 号	中共中国农业大学委员会关于部分校领导职务任免及校领导分工调整的通知
中农大党发〔2018〕46 号	关于印发《中国农业大学教师职业道德规范》的通知

续表

文号	文件标题
中农大党发〔2018〕47号	关于印发《中国农业大学师德“一票否决制”实施细则（暂行）》的通知
中农大党发〔2018〕48号	中共中国农业大学委员会关于张晖等同志任免职的通知
中农大党发〔2018〕49号	关于成立中国共产党中国农业大学土地科学与技术学院委员会的决定
中农大党发〔2018〕50号	中共中国农业大学委员会关于刘尚民同志任职的通知
中农大党发〔2018〕51号	中共中国农业大学委员会关于李保国等同志任免职的通知
中农大党发〔2018〕52号	中共中国农业大学委员会关于表彰先进基层党组织、优秀共产党员、优秀学生党员和优秀党务工作者的决定
中农大党发〔2018〕53号	关于印发《中国农业大学教师党支部书记“双带头人”培育工程建设规划（2018—2020）》的通知
中农大党发〔2018〕54号	关于印发《中国农业大学“双带头人”教师党支部书记工作室建设方案》的通知
中农大党发〔2018〕55号	关于印发《中国农业大学新一届管理服务与直属机构设置方案》的通知
中农大党发〔2018〕56号	中共中国农业大学委员会关于李培景等同志任免职的通知
中农大党发〔2018〕57号	中共中国农业大学委员会关于张银等同志任免职的通知
中农大党发〔2018〕58号	中共中国农业大学委员会关于开展2018年春季学期期末集中组织生活的通知
中农大党发〔2018〕59号	关于成立中国农业大学师德建设委员会的通知
中农大党发〔2018〕61号	中共中国农业大学委员会关于曲瑛德等同志任免职的通知
中农大党发〔2018〕62号	中共中国农业大学委员会关于傅泽田等同志任职的通知
中农大党发〔2018〕63号	中共中国农业大学委员会关于张树川等同志任免职的通知
中农大党发〔2018〕64号	中共中国农业大学委员会关于江丽等同志任免职的通知
中农大党发〔2018〕65号	关于印发《中共中国农业大学委员会“对标争先”建设计划实施方案》的通知
中农大党发〔2018〕66号	中共中国农业大学委员会关于宋岳镇等同志任职的通知
中农大党发〔2018〕67号	关于成立中共中国农业大学委员会巡察工作领导小组的通知
中农大党发〔2018〕68号	关于印发《中共中国农业大学委员会巡察工作实施办法（试行）》的通知
中农大党发〔2018〕69号	中共中国农业大学委员会关于印发《2018年部分副处级空缺岗位选任工作方案》的通知
中农大党发〔2018〕70号	关于印发《中共中国农业大学委员会贯彻落实 中国共产党问责条例 实施细则（试行）》的通知
中农大党发〔2018〕71号	中共中国农业大学委员会关于在师生中深入开展“弘扬爱国奋斗精神、建功立业新时代”活动的实施方案
中农大党发〔2018〕72号	中共中国农业大学委员会关于印发《学院党委会议议事规则（试行）》的通知

续表

文号	文件标题
中农大党发〔2018〕73号	中共中国农业大学委员会关于印发《学院党政联席会议议事规则（试行）（2018年修订）》的通知
中农大党发〔2018〕75号	中共中国农业大学委员会关于调整统战工作领导小组（港澳台侨工作领导小组）的通知
中农大党发〔2018〕76号	中共中国农业大学委员会关于调整党务公开工作领导小组的通知
中农大党发〔2018〕77号	关于调整中国农业大学党的建设工作领导小组的通知
中农大党发〔2018〕78号	中共中国农业大学委员会关于谭豫之同志任职的通知
中农大党发〔2018〕79号	中共中国农业大学委员会关于撤销部分议事协调机构的通知
中农大党发〔2018〕80号	关于调整中共中国农业大学保密委员会的通知
中农大党发〔2018〕81号	中共中国农业大学委员会关于认真学习宣传贯彻全国教育大会精神和北京市教育大会精神的通知
中农大党发〔2018〕82号	关于印发《中国农业大学学习贯彻全国教育大会精神教育培训计划》的通知
中农大党发〔2018〕83号	中共中国农业大学委员会关于校领导分工临时调整的通知
中农大党发〔2018〕84号	关于成立中国农业大学脱贫攻坚工作领导小组的通知
中农大党发〔2018〕85号	关于印发《中国农业大学深化巡视整改工作方案》的通知
中农大党发〔2018〕87号	中共中国农业大学委员会关于印发《2018—2019年度学院（部）行政领导班子换届聘任工作方案》的通知
中农大党发〔2018〕88号	中共中国农业大学委员会关于刘宇等同志任免职的通知
中农大党发〔2018〕89号	关于印发《中国共产党中国农业大学党校工作规程》的通知
中农大党发〔2018〕90号	关于调整中共中国农业大学党校校务委员会的通知
中农大党发〔2018〕91号	中共中国农业大学委员会关于张战营等同志任免职的通知
中农大党发〔2018〕92号	中共中国农业大学委员会关于部分校领导职务任免及校领导分工临时调整的通知
中农大党发〔2018〕93号	中共中国农业大学委员会关于何志巍同志任职的通知
中农大党发〔2018〕94号	中共中国农业大学委员会关于印发《关于执行“三重一大”决策制度的规定（2018年修订）》的通知
中农大党发〔2018〕95号	关于印发《中国农业大学落实研究生导师立德树人职责实施细则》的通知
中农大党发〔2018〕98号	中共中国农业大学委员会关于统筹规范督查检查考核工作的意见
中农大党发〔2018〕99号	中共中国农业大学委员会关于胡云等同志任免职的通知
中农大党发〔2018〕100号	关于同意召开中国农业大学第四届教职工暨工会会员代表大会第二次会议的批复
中农大党发〔2018〕101号	中共中国农业大学委员会关于印发《2018年二级党组织书记抓基层党建工作述职评议考核实施方案》的通知

续表

文号	文件标题
中农大党发〔2018〕102 号	关于调整中国农业大学离退休工作领导小组的通知
中农大党发〔2018〕103 号	中共中国农业大学委员会关于江淼同志任职的通知
中农大党发〔2018〕104 号	中共中国农业大学委员会关于对离退休党委选举结果的批复
中农大党发〔2018〕105 号	中共中国农业大学委员会关于印发《2018 年度党员领导干部民主生活会方案》的通知
中农大党政办发〔2018〕1 号	关于印发《中国农业大学 2018 年党政工作要点任务清单》的通知
中农大党政办发〔2018〕2 号	关于印发《中共中国农业大学委员会 2018 年党建工作计划任务清单》的通知
中农大党政办发〔2018〕3 号	关于召开 2018 年高校团队对口支援塔里木大学工作领导小组秘书处联席会议的通知
中农大党政办发〔2018〕5 号	关于印发《中国农业大学庆祝 2018 年教师节工作方案》的通知
中农大党政办发〔2018〕6 号	关于成立中国农业大学本科教学工作审核评估迎评专项工作组的通知
中农大党政办发〔2018〕7 号	关于进一步做好毕业生就业工作核查的通知
中农大党政办发〔2018〕8 号	关于印发《中国农业大学 2018 年校庆日"活动工作方案》的通知
中农大党政办发〔2018〕9 号	关于调整中国农业大学信息公开工作领导小组的通知
中农大党政办发〔2018〕10 号	关于召开高校团队对口支援塔里木大学工作 2018 年工作例会的通知

2018 年中国农业大学校发文件目录

文号	文件标题
中农大校字〔2018〕1 号	关于印发《中国农业大学督查督办工作办法》的通知
中农大校字〔2018〕11 号	关于印发《中国农业大学高层次人才住房管理办法(试行)》的通知
中农大校字〔2018〕12 号	关于成立中国农业大学对口支援与对口合作工作领导小组的通知
中农大学字〔2018〕1 号	关于表彰 2018 届北京市普通高等学校优秀毕业生中国农业大学优秀毕业生的决定
中农大学字〔2018〕2 号	关于调整中国农业大学学生心理素质教育工作领导小组的通知
中农大学字〔2018〕3 号	关于调整中国农业大学学生就业创业工作领导小组的通知
中农大学字〔2018〕4 号	关于成立中国农业大学学生资助工作领导小组的通知
中农大学字〔2018〕7 号	中国农业大学关于公布 2017—2018 学年辅导员、班主任考核结果的通知
中农大学字〔2018〕8 号	中国农业大学关于表彰 2018 年暑期社会实践优秀集体、优秀个人和优秀成果的决定

续表

文号	文件标题
中农大规划字〔2018〕1号	中国农业大学关于成立人才工作办公室的通知
中农大规划字〔2018〕2号	中国农业大学关于落实《关于统筹推进北京市高等教育改革发展的若干意见》精神的通知
中农大规划字〔2018〕3号	关于印发《中国农业大学人才工作专门委员会工作规程(2018年修订)》的通知
中农大研生字〔2018〕3号	关于印发《中国农业大学校领导班子成员指导研究生工作管理办法》的通知
中农大研生字〔2018〕6号	关于印发《中国农业大学博士硕士学位授权自主审核实施办法》的通知
中农大研生字〔2018〕7号	关于调整中国农业大学第五届学位评定委员会的通知
中农大研生字〔2018〕8号	关于调整中国农业大学学位授权点合格评估领导小组的通知
中农大研生字〔2018〕12号	关于调整中国农业大学第五届学位评定委员会的通知
中农大教字〔2018〕1号	关于印发《中国农业大学全日制普通本科学生学籍管理规定(2018年修订)》的通知
中农大教字〔2018〕2号	中国农业大学关于实施“双一流—卓越”本科教学改革的若干意见
中农大教字〔2018〕3号	关于调整中国农业大学创新创业工作领导小组的通知
中农大教字〔2018〕4号	中国农业大学关于加强课堂教学建设提高教学质量的实施意见
中农大教字〔2018〕7号	关于成立中国农业大学学生学业指导工作领导小组的通知
中农大教字〔2018〕8号	中国农业大学关于表彰2018届校级优秀毕业论文(设计)获奖学生的决定
中农大教字〔2018〕9号	中国农业大学关于加强本科教学基层组织建设和管理的指导意见
中农大教字〔2018〕11号	关于印发《中国农业大学中央高校教育教学改革专项项目管理办法》的通知
中农大人字〔2018〕1号	中国农业大学关于组织2018年度技术工人职业技能鉴定工作的通知
中农大人字〔2018〕3号	关于成立“中国农业大学作物功能基因组与分子育种研究中心”的通知
中农大人字〔2018〕4号	关于成立“中国农业大学国家农业绿色发展研究院”的通知
中农大人字〔2018〕5号	中国农业大学关于公布2017年度专业技术职务及管理职员晋升聘任人员名单的通知
中农大人字〔2018〕6号	中国农业大学关于调整人才工作专门委员会及成立分委员会的通知
中农大人字〔2018〕7号	中国农业大学关于公布2017年度师德考核优秀和年度考核优秀人员名单的通知
中农大人字〔2018〕8号	中国农业大学关于解除倪中福警告处分的决定
中农大人字〔2018〕9号	关于成立“中国农业大学健康食品产业研究院(兴化)”的通知
中农大人字〔2018〕11号	中国农业大学关于刘英等科级干部任免职的通知
中农大人字〔2018〕12号	关于印发《中国农业大学合同聘用制实施办法补充规定》的通知

续表

文号	文件标题
中农大人字〔2018〕13号	中国农业大学关于戚成庭等科级干部任免职的通知
中农大人字〔2018〕14号	中国农业大学关于印发《“大北农青年学者奖励计划”实施办法》的通知
中农大人字〔2018〕20号	关于成立中国农业大学院士退休工作领导小组的通知
中农大人字〔2018〕22号	中国农业大学关于表彰奖励2018年度优秀教职工的决定
中农大人字〔2018〕24号	中国农业大学关于孙伟等科级干部任免职的通知
中农大人字〔2018〕25号	关于调整中国农业大学教职工处分工作委员会的通知
中农大人字〔2018〕27号	关于印发《中国农业大学延迟退休的补充规定(暂行)》的通知
中农大人字〔2018〕31号	中国农业大学关于2018年教职工年度考核的通知
中农大人字〔2018〕32号	关于调整中国农业大学管理人员招聘评审委员会及职员评议组的通知
中农大人字〔2018〕33号	中国农业大学关于2018年度职员晋升聘任的通知
中农大人字〔2018〕34号	中国农业大学关于2018年度专业技术职务晋升聘任的通知
中农大人字〔2018〕35号	关于印发《中国农业大学马克思主义理论学科人才引进办法(2018年修订)》的通知
中农大人字〔2018〕36号	关于印发《中国农业大学合同聘用制实施办法细则》的通知
中农大研字〔2018〕3号	关于调整北京食品营养与人类健康高精尖创新中心相关领导机构人员的通知
中农大研字〔2018〕8号	中国农业大学关于聘任农业部甘薯生物学与生物技术重点实验室(试运行)主任、学术委员会主任等人员的通知
中农大研字〔2018〕9号	中国农业大学关于聘任农业部农业信息化标准化重点实验室(试运行)主任、学术委员会主任等人员的通知
中农大研字〔2018〕10号	中国农业大学关于聘任农业部草地管理与合理利用重点实验室(试运行)主任、学术委员会主任等人员的通知
中农大研字〔2018〕11号	中国农业大学关于聘任农业部葡萄酒加工重点实验室(试运行)主任、学术委员会主任等人员的通知
中农大研字〔2018〕12号	中国农业大学关于聘任农业部农业灾害遥感重点实验室(试运行)主任、学术委员会主任等人员的通知
中农大研字〔2018〕13号	中国农业大学关于聘任农业部农业转基因生物安全评价(食用)重点实验室(试运行)主任、学术委员会主任等人员的通知
中农大研字〔2018〕21号	中国农业大学关于聘任农业部动物遗传育种与繁殖(家畜)重点实验室主任、学术委员会主任等人员的通知
中农大研字〔2018〕30号	关于成立中国农业大学国家黑土地现代农业研究院的通知
中农大研字〔2018〕31号	关于调整北京食品营养与人类健康高精尖创新中心领导小组与建设管理委员会人员的通知
中农大研字〔2018〕33号	关于成立中国农业大学有机循环研究院(苏州)的通知

续表

文号	文件标题
中农大研字〔2018〕34 号	关于成立中国农业大学益生菌研究中心的通知
中农大研字〔2018〕35 号	关于成立中国农业大学农药残留检测与风险评估研究中心的通知
中农大研字〔2018〕36 号	关于成立中国农业大学—圆明园研究院的通知
中农大研字〔2018〕37 号	中国农业大学关于聘任植物生理学与生物化学国家重点实验室主任、副主任、学术委员会成员的通知
中农大研字〔2018〕38 号	关于印发《中国农业大学横向科研项目及经费管理办法(2018 年修订)》的通知
中农大研字〔2018〕39 号	中国农业大学关于调整"农业农村部饲料效价与安全监督检验测试中心(北京)"等五个中心主任的通知
中农大财字〔2018〕8 号	中国农业大学关于下达 2018 年财务预算指标的通知
中农大财字〔2018〕10 号	关于印发《中国农业大学改善基本办学条件专项资金及项目管理办法》的通知
中农大财字〔2018〕11 号	关于印发《中国农业大学建设世界一流大学（学科）和特色发展引导专项资金管理办法》的通知
中农大财字〔2018〕17 号	关于印发《中国农业大学政府会计制度实施方案》的通知
中农大财字〔2018〕22 号	关于印发《中国农业大学银行账户管理办法(2018 年修订)》的通知
中农大财字〔2018〕23 号	关于印发《中国农业大学预算管理办法(2018 年修订)》的通知
中农大财字〔2018〕24 号	关于印发《中国农业大学基本科研业务费管理办法》的通知
中农大财字〔2018〕25 号	关于印发《中国农业大学资金使用审批办法(2018 年修订)》的通知
中农大国资字〔2018〕2 号	关于印发《中国农业大学辐射安全与防护管理办法》的通知
中农大国资字〔2018〕3 号	关于印发《中国农业大学辐射安全事故应急预案》的通知
中农大国资字〔2018〕4 号	关于印发《中国农业大学教材供应及公共教学设备设施维护服务招标采购实施细则》的通知
中农大国资字〔2018〕7 号	关于印发《中国农业大学国有资产管理办法补充规定》的通知
中农大国资字〔2018〕10 号	关于印发《中国农业大学科技成果转化评估项目备案工作实施细则》的通知
中农大国资字〔2018〕11 号	关于调整中国农业大学公用房出租管理委员会成员的通知
中农大国资字〔2018〕12 号	关于成立中国农业大学招标采购工作领导小组的通知
中农大国资字〔2018〕13 号	关于调整中国农业大学国有资产监督管理委员会成员的通知
中农大国资字〔2018〕16 号	关于印发《中国农业大学采购管理办法（2018 年修订)》的通知
中农大国资字〔2018〕17 号	关于印发《中国农业大学固定资产采购管理办法(2018 年修订)》的通知
中农大国资字〔2018〕18 号	关于印发《中国农业大学工程建设项目采购管理办法(2018 年修订)》的通知

续表

文号	文件标题
中农大国资字〔2018〕19号	关于印发《中国农业大学招标采购工作领导小组议事规则(2018年修订)》的通知
中农大国资字〔2018〕21号	关于印发《中国农业大学网上竞价采购实施细则》的通知
中农大国资字〔2018〕22号	关于印发《中国农业大学购买服务管理办法》的通知
中农大保字〔2018〕1号	关于调整中国农业大学交通安全委员会组成人员的通知
中农大保字〔2018〕2号	关于调整中国农业大学社会治安综合治理委员会的通知
中农大保字〔2018〕3号	关于调整中国农业大学安全稳定工作领导小组的通知
中农大保字〔2018〕4号	关于印发《中国农业大学无毒学校创建工作实施办法》的通知
中农大保字〔2018〕6号	关于印发《中国农业大学安全稳定工作责任制》的通知
中农大校产字〔2018〕2号	关于调整中国农业大学科技成果转移转化领导小组的通知
中农大校产字〔2018〕3号	关于同意挂牌转让中国农业大学持有的海南正业中农高科股份有限公司8.95%股权的决定
中农大校产字〔2018〕8号	中国农业大学关于同意挂牌转让北京中农大科技企业孵化器有限公司持有北京国农物业管理有限公司20%股权的决定
中农大校产字〔2018〕13号	关于调整中国农业大学技术转移中心人员组成的通知
中农大校产字〔2018〕23号	关于调整中国农业大学经营性资产管理委员会的通知
中农大校产字〔2018〕28号	关于调整中国农业大学科技成果转移转化领导小组的通知
中农大校产字〔2018〕29号	关于调整中国农业大学技术转移中心挂靠单位的通知
中农大继教字〔2018〕1号	关于印发《中国农业大学成人高等教育学生学籍管理规定(2018修订)》的通知
中农大外字〔2018〕24号	关于印发《中国农业大学外国文教专家项目管理办法(2018年修订)》的通知
中农大审字〔2018〕1号	关于印发《北京建设大学原常务副校长胡金有同志任期经济责任审计报告》的通知
中农大审字〔2018〕2号	关于印发《中国农业大学继续教育学院原院长吴加志任期经济责任审计报告》的通知
中农大审字〔2018〕4号	关于印发《中国农业大学国际学院院长黄冠华同志任中经济责任审计报告》的通知
中农大审字〔2018〕5号	关于印发《中国农业大学曲周实验站原站长吴文良同志任期经济责任审计报告》的通知
中农大审字〔2018〕6号	关于印发《中国农业大学经济管理学院院长郭沛同志任中经济责任审计报告》的通知

续表

文号	文件标题
中农大审字〔2018〕7 号	关于印发《中国农业大学后勤基建处处长马国玉同志任中经济责任审计报告》的通知
中农大审字〔2018〕8 号	关于印发《植物生理学与生物化学国家重点实验室原主任武维华同志任期经济责任审计报告》的通知
中农大审字〔2018〕9 号	关于印发《中国农业大学教务处处长林万龙同志任中经济责任审计报告》的通知
中农大审字〔2018〕10 号	中国农业大学关于公布 2017 年度“三公经费”审计情况的通知

2018年度获奖科研成果

序号	奖励名称	成果名称	第一完成人	所属学院	获奖等级	参与形式	备注
1	国家科技进步奖	月季等主要切花高质高效栽培与运销保鲜关键技术及应用	高俊平	园艺学院	二等奖	主报	
2	国家科技进步奖	半纤维素酶高效生产及应用关键技术	江正强	食品科学与营养工程学院	二等奖	主报	
3	国家自然科学奖	黄瓜基因组和重要农艺性状基因研究	金危危	农学院	二等奖	参报	
4	国家科技进步奖	主要蔬菜卵菌病害关键防控技术研究与应用	刘西莉	植物保护学院	二等奖	参报	
5	国家科技进步奖	高效瘦肉型种猪新配套系培育与应用	王爱国/胡晓湘	动物科技学院/生物学院	二等奖	参报	
6	教育部高等学校科学研究优秀成果奖（科学技术）—技术发明奖	小麦耐热基因发掘与创新技术及育种利用	孙其信	农学院	一等奖	主报	

续表

序号	奖励名称	成果名称	第一完成人	所属学院	获奖等级	参与形式	备注
7	教育部高等学校科学研究优秀成果奖(科学技术)—科技进步奖	玉米杂种优势遗传基础解析和新自交系及新品种研制	李建生	农学院	一等奖	主报	
8	教育部高等学校科学研究优秀成果奖(科学技术)—青年科学奖	—	崔振岭	资源与环境学院	—	—	
9	教育部高等学校科学研究优秀成果奖(科学技术)—自然科学奖	组学大数据整合与解析的新技术和算法研究	苏震	生物学院	二等奖	主报	
10	教育部高等学校科学研究优秀成果奖(科学技术)—科技进步奖	种—养—加循环利用关键技术与模式	李国学	资源与环境学院	二等奖	主报	
11	北京市科学技术奖	蛋白质热聚集控制技术与装备的研制及高品质豆制品开发	郭顺堂	食品科学与营养工程学院	二等奖	主报	
12	2018年度山东省科技进步奖	调水工程关键技术研究及应用	王福军	水利与土木工程学院	二等奖	参报	
13	2018年度中国高等学校十大科技进展	土壤—作物系统综合管理技术研究与应用	张福锁	资源与环境学院	—	主报	
14	第六届中华农业英才奖	—	沈建忠	动物医学院	—	—	
15	第二十届中国专利奖金奖	一种浓缩苹果清汁大容量罐群低温无菌贮存方法	倪元颖	食品科学与营养工程学院	—	主报	
16	2017年度农业部软科学优秀研究成果	农业补贴政策“黄转绿”问题研究	田志宏	经济管理学院	一等	主报	
17	2017年农业部软科学优秀研究成果	中国功能农业发展与政策研究	赵桂慎	资源与环境学院	一等	主报	

2018 年国家级教学成果奖获奖名单

序号	成果名称	成果完成人	所在单位	奖项
1	农业现代化创新领军人才“五位一体”培养模式研究与实践	王涛/傅泽田/高万林/林万龙/周志强/宋正河/刘庆昌/刘尚民/金帷/陈昕/张漫/史银雪	中国农业大学	二等奖
2	突出农工交融的农业院校水利工程卓越人才培养体系创建与实践	康绍忠/李云开/王福军/杨培岭/杜太生/黄冠华/霍再林/肖若富	水利与土木工程学院	二等奖

2018 年获教学名师奖名单

获奖名称	获奖人	学院	颁奖部门
国家高层次特殊人才支持计划（“万人计划”）教学名师	周志强	理学院	中共中央组织部
北京市教学名师	徐杨	工学院	北京市教委
北京市教学名师	施正香	水利与土木工程学院	北京市教委
中国农业大学教学名师	刘巍	马克思主义学院	中国农业大学
中国农业大学教学名师	周超	人文与发展学院	中国农业大学
中国农业大学教学名师	赵淑梅	水利与土木工程学院	中国农业大学
中国农业大学教学名师	徐义田	理学院	中国农业大学
中国农业大学教学名师	邓学梅	动物科学技术学院	中国农业大学
中国农业大学教学名师	彭惠茹	农学院	中国农业大学
中国农业大学教学名师	汤修映	工学院	中国农业大学
中国农业大学教学名师	侯士聪	理学院	中国农业大学
中国农业大学教学名师	韩海棠	生物学院	中国农业大学
中国农业大学教学名师	廖媛红	经济管理学院	中国农业大学

2018年中国农业大学优秀教师

农学院:解超杰、王志敏、张海林

园艺学院:李天红、任华中

植物保护学院:李贞、刘奇志、吴学宏

生物学院:曹勤红、陈立群、何群、洪旭晖

资源与环境学院:李贵桐、邵小明、王国安、张卫峰

动物科学技术学院:安磊、邓波、刘剑锋、罗海玲

动物医学院:曹杰、盖新娜、汪洋

食品科学与营养工程学院:陈晶瑜、倪元颖、沈群、郑海涛

工学院:王书茂、杨德勇、张俊雄、朱忠祥

信息与电气工程学院:陈一飞、董乔雪、孙红、孙瑞志、翟庆志

水利与土木工程学院:王素芬、奚雪松、袁林娟

理学院:段红霞、李春燕、李佳奇、秦太验、王新平、姚广伟

经济管理学院:高颖、侯云先、苏保忠、郑小平

人文与发展学院:蒋爱群、李红艳、汪淳玉、瓮怡洁、王振文、许峰

马克思主义学院:吕文林

国际学院:Peter Srmack

体育与艺术教学部:单美玲、姜旭明

土地科学与技术学院:黄健熙

2018年中国农业大学优秀教育工作者

农学院:彭惠茹、王美芹

园艺学院:孙伟

植物保护学院:刘俊峰

资源与环境学院:尹蛟、王雪娟

动物科学技术学院:张蕴薇、周旭峰、郭晓旭

动物医学院:许建海、王可通

食品科学与营养工程学院:何非、张虎

工学院:高茹英

信息与电气工程学院:段颖昕

水利与土木工程学院:孙艳京

经济管理学院:王素义

人文与发展学院:杨述兴、龚利

国际学院:刘亚楠、杨子华

党政办公室:刘艳菊

党委宣传部:欧阳永志

党委学生工作部:饶晓盼

纪委办公室(监察处):蒋俊朋

本科生院:邢淑芬

研究生院:曲丽华

图书馆:陈兰贞、张淑琴

档案与校史馆:蔡远渊

涿州教学实验场:苏洲

上庄实验站:谢虹

继续教育学院:陶宪盛

资产经营公司:李洋

团委:刘建伟

出版社:刘军

后勤实体:张静宇、江淼、李伟、陈久明

全国高校首批“双带头人”教师党支部书记工作室

动物科学技术学院动物遗传育种与繁殖教职工党支部连正兴工作室

首批“全国党建工作标杆院系”

理学院党委

首批“全国党建工作样板支部”

动物医学院基础兽医系教工第二党支部

水利与土木工程学院水利系教工党支部

教育部首批“三全育人”综合改革试点单位

农学院

教育部首批研究生样板党支部

科技小院硕士党支部

第八届“首都民族团结进步先进个人”

侯书林

中国农业大学先进基层党组织

（20 个）

农学院党委作物生态与农作学系教工党支部
园艺学院党委本科生 2015 级党支部
植物保护学院党委本科生第一党支部
生物学院党委研究生第十七党支部
资源与环境学院党委曲周实验站教工党支部
动物科学技术学院党委动物遗传育种与繁殖教职工党支部
动物医学院党委基础兽医学系教职工第二党支部
食品科学与营养工程学院党委食品科学与工程教工党支部
食品科学与营养工程学院党委本科生第二党支部
工学院党委机制本科生第二党支部
工学院党委车辆系党支部
信息与电气工程学院党委硕士 171 党支部
水利与土木工程学院党委大学生第三党支部
理学院党委教工数学第一党支部
经济管理学院党委金融系教工党支部
人文与发展学院党委法律系教职工党支部
马克思主义学院党总支中国化马克思主义系党支部
机关党委国际合作与交流处党支部
机关党委人事处党支部
后勤基建党委东区幼儿园支部

中国农业大学优秀共产党员名单

（50 人）

王玉华	王　雯	王鹏新	王　靖	叶霜红	田　笛	白人朴
冯丽华	朴香淑	吕玉龙	刘　佳	苏若群	杜金昆	杜　洋
李冬梅	李　军	杨汉春	杨建华	吴　敏	邱晓松	宋岳镇
宋　悦	张立伟	张仲威	张国珍	张建云	张　玲	陈卫国
陈青云	林孟君	林　菲	周　梅	周惠芬	赵　红	胡克林
胡艳欣	贾会起	高　峰	郭　岩	陶益清	黄兴法	曹建康
龚　利	崔振岭	扈炳江	税　勇	路慧哲	谭豫之	潘　薇
戴瑞彤						

中国农业大学优秀学生党员名单

（50 人）

丁　舒	于江楠	王启蒙	王洪江	王祥云	王雁楠	王　晶
王鑫磊	平宇轩	伍　越	向莹莹	刘　妃	齐海坤	齐　琳
许　苗	孙龙杰	杜楠楠	李佳琪	杨永森	杨志佳	杨佳明
杨家钧	辛爱丽	张灵箫	张琛驰	张　瑀	张　鹏	陈　帅
庞思成	郑辰星	房晓东	孟凡磊	赵　岩	赵金鑫	逄新颖
贾文吉	晏　妮	徐俊宏	徐煜敏	曹晓钰	常艺菲	董　斌
蒋　怡	蒋　瑶	程　青	程　亮	靳倩兰	雷　超	鲍志远
潘　龙						

中国农业大学优秀党务工作者名单

（20 人）

于静娟	马秋刚	王　潇	朱葛军	乔惠理	刘文浩	闫　晶
孙艳争	苏艳平	李洪栋	张云文	张建军	张　艳	张筱慧
范晨辉	胡亚男	栾志强	高浩嵩	曹兆红	燕国梁	

首都大学、中职院校“先锋杯”优秀基层团干部

（26 人）

安　欣	程　境	崔遵康	冯　睿	高　翔	黄琬茹	李杰桠
李景行	李　宁	梁　哲	刘亚楠	刘　泽	潘　琦	庞　悦
秦瀚翔	秦　颖	谭　畅	王　琳	王倩玉	邢雨凝	徐存韵
姚炳乾	姚沫男	张　裕	张子旭	周佳敏		

首都大学、中职院校"先锋杯"优秀团员

（25 人）

陈宇霏	戴雯婷	范　喆	桂宇清	韩天圣	韩　悦	郝　泽
贾慧婷	焦苏宁	郎家林	李荣耀	李禹佳	林百欣	娄凯皓
罗　霞	宋宜恬	汪雪滢	王佳琪	王宇婷	王梓安	伍　琼
于心睿	张贝贝	赵成志	资琦韬			

首都大学、中职院校"先锋杯"优秀团支部

（22 个）

中国农业大学峰云社团支部
中国农业大学草业 151 团支部
中国农业大学东校区幼儿园团支部
中国农业大学发展 162 团支部
中国农业大学农水 161 团支部
中国农业大学公管 161 团支部
中国农业大学植物保护学院新闻中心团支部
中国农业大学艺术团团支部
中国农业大学经济 163 团支部
中国农业大学食工 165 团支部
中国农业大学动医 162 团支部
中国农业大学精准扶贫专项硕士班团支部
中国农业大学工学院新闻通讯社团支部
中国农业大学马克思主义学院直属团支部
中国农业大学生物 151 团支部
中国农业大学自动化 151 团支部
中国农业大学园林 151 团支部
中国农业大学生态 151 团支部
中国农业大学国旗班团支部
中国农业大学阳光车协团支部
中国农业大学传播 173 团支部
中国农业大学理学院数学 151 团支部

2018 年北京市"先进班集体"

（11 个）

数学 161 班	水电 161 班	草业 161 班	工商 172 班	发展 162 班	农学 153 班
公管 171 班	电气 162 班	植保 161 班	车辆 153 班	食工 163 班	

2018 年北京市"优秀学生干部"

（11 人）

杨雁泽	程　亮	刘　泽	潘　琦	李荣耀	崔单丹	张雅娴
薄瑛楠	任思洋	史雪晴	孙梦峣			

2018年北京市“三好学生”

（33人）

徐艺源	杨勇琴	揭　华	任天怡	徐士雯	姜志豪	陶俣寰
邓彦宇	秦文宽	田丰实	杨明辉	靳倩兰	于　荷	代　蕾
方梓庄	陆　瑶	王　军	许世成	尹黛霖	刘安诺	吴千署
张琛驰	李钰坤	马壮壮	卯笙辰	闫　红	蔡清舟	金　天
吴以宁	陈星月	吴　乐	黄延喆	王雪纯		

2018年中国农业大学“五四青年标兵集体”

（9个）

生物141班	14级土建党支部
烟院公管152团支部	中国农业大学国旗班
科技小院赴河北曲周“十九大精神”宣讲团	中国农业大学峰云社人文科考队
工院新闻通讯社团支部　麦哒哒烘焙小屋	寻蜜人生国家级创业实践团队

2018年中国农业大学“五四青年标兵”

（9人）

李雪莹	陈广锋	耿仲钟	程　楠	潘　龙	陈功峻	许汉泽
逄金吉	赵永宁					

2017—2018学年中国农业大学“优秀团支部”

（66个）

农学151支部	种科171支部	农学173支部
园艺153团支部	园林161团支部	园艺171团支部
植保161团支部	植物保护学院志愿者支队团支部	植保163团支部
分子植物病理学团支部	生物防治重点实验室团支部	生物163团支部
试验171团支部	生物172团支部	环境172团支部
土资171团支部	土资161团支部	生态161团支部
生态151团支部	动科171团支部	草业161团支部
草业151团支部	动医171团支部	动医161团支部

葡工 151 团支部	食工 176 团支部	食工 163 团支部
食品 152 团支部	食工 174 团支部	机化 151 团支部
工学院励耘班团支部	工学院新闻通讯社团支部	车辆 172 团支部
机化 161 团支部	试验 172 团支部	电气 162 团支部
试验 162 团支部	自动化 161 团支部	地信 161 团支部
农水 161 团支部	水电 161 团支部	水利 172 团支部
水利 173 团支部	数学 161 团支部	化学 171 团支部
化学 172 团支部	经管 161 团支部	国经 161 团支部
工商 172 团支部	经济 173 团支部	工商 174 团支部
发展 161 团支部	社会 161 团支部	法学 172 团支部
发展 172 团支部	法学 162 团支部	经济 175 团支部
农经 171 团支部	传播 173 团支部	营销 164 团支部
公管 161 团支部	公管 173 团支部	设施 172 团支部
营销 172 团支部	东区幼儿园团支部	峰云社团支部

2017—2018 学年中国农业大学“优秀团干部”

（295 人）

黄　梅	王淑敏	程航远	顾雪琪	施　磊	李隆睿	崔　宁
王　婷	曹华春	张月夕	殷铭阳	蔡文龙	吕梓秦	杨国娥
蒲一静	赵晨宇	郭梦婷	李禹佳	贺文琪	何杨柳	王　晨
刘丰瑞	李冬蕾	陈荻雅	补天天	于依雯	周郅颖	魏　鹏
呼　倩	赵欣欣	郭　畅	李晓宇	徐　敏	张文卓	赵　倩
张　璐	张克瑜	王小雨	闫华玉	赵晓敏	廖舒捷	韩　悦
武养志	李思韵	李　潇	倪徐平	岳嘉雪	何冰凡	李卓楠
陈伟杰	赵笑冉	成宇琪	王宣宁	樊晗璐	李文丽	梅　娟
杜　鹃	朱　劲	欧文婷	王珂嘉	张韫琦	王　宁	李睿孜
赵敏楠	杨婷婷	郑诗然	孙嘉宝	钊斌文	刘彤彤	彭明喜
李　超	赵向阳	赵　硕	董和鸣	那书豪	李英男	王一帆
颜　丽	徐爱娇	何帅涵	陈　航	姚炳乾	张灵玉	解　湉
武海新	王　澳	张钰鑫	戴雯婷	胡峻铭	于宗恺	卓　越
梁茜宁	王亭婕	许　烁	张格格	向昭颖	郜平平	江海洋
卢嘉茵	钟景川	陆　瑶	辛爱丽	雷舒媛	段惠娟	刘　楠
高　婧	李双宏	李冰雁	李天顺	王宇婷	华　姗	刘美希
沈超钰	陈羽萌	杨金宇	施润颉	张　硕	寇嘉熠	周晓璐
高源远	何文钦	杨然伊	张　锐	任　静	熊劲鹏	施　哲
周迎港	刘文君	张乐平	邢静静	易湘玮	郭思琮	任慧敏

刘慧敏	王译正	温昌凯	朱莹丹	薛　咏	朱　政	张帅辉
尹竑婕	封煜亮	王程笑	尹世杰	秦瀚翔	陈姝伊	柳雅倩
赵　媛	李　洁	吴雨微	陶涵婋	吕传翰	刘祚德	韩　琳
岳佳琪	苗茂之	张小旋	吴雨清	岳晓琴	王振宇	朱　霖
柏为民	赵春雪	王豪瑞	刘嫚殊	朱博文	邹国伟	梁媛媛
彭秋珺	蓝情情	张子希	吴千署	张颢晖	祝长鑫	林金柱
安星润	李长硕	程　亮	程湫雅	董林玥	宋来福	裴沙沙
张　通	伍　娟	鲁　萍	陈宏泽	刘　爽	李正浩	张　军
杨　敏	贾慧婷	潘　琦	魏梦晗	刘疏桐	孔维双	王梓安
李杰椏	孟紫薇	敖　彧	赵益禄	孙　迪	李沅芳	吴　颖
李弘翔	黄扬明	林鸿霄	安全顺	何国星	乔　睿	王　添
余王昕	刘明一	矫　越	李雨桐	宋　超	陈阿丽	陈　晨
陈静依	解　瑶	苟稀溪	张志强	徐小茹	赖继惠	刘　泽
叶文义	胡晓宇	李晶晶	吴　琦	李美琪	于　琪	陈嘉瑶
孙思敏	刘梓童	王兆雄	丁志超	崔子盈	康慧薇	谢　悦
王　硕	向　磊	刘欣然	吕晓娟	柳　荻	石鑫鉴	彭正猩
延　然	于嘉睿	魏　汇	王悦岩	仝鑫钊	夏钰忻	侯雅茜
苏华雨	热伊莱·艾山江		李泓博	赵泽宇	夏学文	刘姝君
刘可媛	郭嘉诚	李晓霞	王格典	弓于龙	李嘉颐	王姝懿
卢正凌	于武帅	沈家豪	杨柳雪	吴若璇	高鹤天	杨　柳
王宁雅	马一丹	韩天意	张雪筠	安子文	王亚伟	闫　安
陈昕楠	孙晓彤	王竹青	赵鑫宇	田　雨	邓硕真	周凌风
赵依凡	陈黛晗	周昊泽	周卫东	郭宇涵	朱文佳	吴兴训
纪欣玥	徐馨琦					

2017—2018 学年中国农业大学“优秀团员”

（428 人）

赵雪晴	杨　雨	高　睿	邹晓蔓	傅漫琪	孔维铄	孙思远
祝一帆	芦　颜	窦文昊	龙　源	段兆言	路之纤	王金娥
薛璐瑶	阚正荣	吴　巩	宁芳芳	吴庆钊	王　冲	周志瑾
张泽钦	李　欣	张　欣	张钟仁	刘青竹	胡文裕	卢　杉
刘浩玮	杨品兰	雷诗瑶	汪生林	赵　霈	肖苏琪	郑　静
周　倩	徐　洁	才旺曲宗	高凯星	李升郅粲	伍晓艳	谢边悦
谢慕然	王昭然	郭园康	冯建路	党鹏琴	胡海瑶	李培航
刘启宇	刘　彤	万欣怡	张建月	董佳玉	郑　祥	韩　敏
季迎宁	闫雪珊	金　倩	王剑琴	魏羽桐	李雅诗	王翊涵
吕晓晖	宋　可	郑荔丹	任新敏	李樾华	刘国永	许文雅

付 晨	李欣岳	宋林霏	孙龙杰	唐闻达	李佳萍	彭高闯
陈晨曦	金于皓	邓彦宇	韩子言	李 颖	刘译泽	罗智瀚
沙依甫加玛丽·玉素甫		孙欣然	王 洋	王子彤	徐静怡	唐嘉悦
臧祎娜	王 娜	辛秀秀	周亚岚	陈澳回	武庆慧	苗 琪
庄 坚	白 帆	冉 佳	张 璐	王乐宜	师奕琳	杨 浩
崔 奇	张稼乐	方若琪	叶 馨	杨顺然	张嗣禹	韦 斌
林欣奕	刘 振	石辰玉	宋 璟	邓蓉蓉	汪 源	崔晓婧
宋建楼	邓梦婷	程玲华	霍学婷	孙 妍	杨潜颖	任 成
东琬婷	葛玲巧	郑 杰	徐恒康	曾正程	朱 颖	孙若栖
邹文佳	韩昊书	张格格	符莹莹	李 桐	燕星月	王思宇
李宜霏	蒋智民	马誉芸	刘梦瑶	江海洋	卢嘉茵	钟景川
刘 婕	张温婧	贾国梁	金雪花	尤子牵	谭 燕	彭思嘉
曾汇娟	周 航	姜凯睿	高陌笛	王若瑜	林 君	梁 哲
申 靖	邵妍慧	张祯煜	王晓晗	郑 祺	李琪琪	裴慧敏
王靖麟	张怡然	王晓冰	庄康元	向芷璇	宋 熙	刘 沄
艾颖超	王笑语	毕原铭	牟康义	高源远	唐艺芳	希吉日
吉蓉蓉	牛宇雪	朱 彧	顾 赛	王梦丹	李夜宸	赵艺颖
肖怡宁	王 琳	吕 猛	朱丽君	黄启航	荣文慧	王暮遥
马新春	罗 震	刘晓婷	方 晨	董昊轩	姚萧萧	马若飞
谢焦莉	李素文	姜大龙	彭 旷	陈计远	何畅然	秦嘉浩
王正岳	王 栋	孙晓曦	武红剑	孙庆运	曲百儒	赵鸿健
尚振宇	赵剑桥	陈丽利	董明鑫	董彦君	黄嘉华	陈泓亦
吴雨涵	郑绥君	匡开明	赵筱钰	李汶怡	金倩倩	韩照洋
王 丹	李怡蕾	乔怿雅	田 泽	纪泰鹏	翟胜方	程一帆
葛夫超	张慧林	许连香	王 欢	李云霞	郑 瑾	彭 雄
陈云强	胡丹蕾	赵春雪	赵 亮	米 丰	欧阳雪蕾	陈晖萱
唐诗叶	田 娟	张脐尹	王 杰	马晓春	吴若旻	李彤姝
吴昕蕾	刘 俊	吴沛锦	赵萍楠	杨 帅	乔 晶	汪诗雨
郑 翰	王巍瑾	林文青	安晓洁	张 允	孟洋洋	王艺颖
张 欢	王 宁	郭珊珊	王 凯	陈利鑫	岳俐李	叶爽英
肖润国	王 楚	陈星月	孙 迪	宋涵博	朱建慧	陈梦园
盛 景	施梓薇	刘钰函	许钦沁	马 媛	刘紫嫣	陈佳艺
杜欣然	蒋标标	林鸿霄	牛飞飞	周源琳	张永萍	朴世香
苗笑羽	梅俊美	王汤越	朴世香	张雨欣	王程澄	刘雨润
余 帅	丁雅文	张泽文	张肇麟	孙思敏	李 峥	郭 航
郭 晴	马晓薇	郑晓冬	甄婧含	张哲昊	张 蕾	张 晶
张嘉琪	徐燕茹	吴飞燕	王 越	田登凤	卢艳平	刘宇晶
李 杰	葛静芳	杜安然	徐霖露	王玥璇	石雨欣	刘海峡
高铭熙	李永威	苏玮佳	李明俐	邹尚瑾	庞雪琳	杜佳信

艾　阳	曹庆玲	王　瑞	潘　怡	高　睿	高晨妍	杜凯瑞
于欣然	刘姝君	杨中雅	任文锦	董　慧	李记铭	李俊毅
刘嘉诚	刘懿锋	王天帅	黄骞婷	段成涛	孙弋帏	史伟韬
陈亚姣	陈　蕊	于凌霄	常婧怡	庞　洁	蒋　燕	周晗玥
江愫敏	万潇潇	杨雁泽	田　园	王思凡	孙雨奇	李圆圆
李沐阳	马李睿政	贡　铭	黄怡澄	戚长润	胡慧铭	郑　时
潘启璐	廖泽宇	马　赛	谢玙璠	周晨鹭	狄可慧	张　琦
肖雪霁	林凯伦	李祺如	甄子毅	李金奕	丰　竹	武小楠
段宜宏	武玥汝	宋东桓	李可心	罗　霞	牛衍铭	王　洋
郑　鑫	孟晨星	马鸿祯	王书扬	邢恩臻	于　健	姚艺璇
矫宜珊	刘艳梅	吴昊东	苏锴	陈祥虎	刘晨光	王鸿屹
任彦欣	孙　鑫	宁向楠	程亚格	张佳婕	王　睿	王思雨
王齐兴	王　旭					

2017—2018 学年中国农业大学“优秀班集体”

（42 个）

农学 153 班	农学 173 班	园艺 171 班	园艺 173 班	植保 161 班	植保 172 班
生物 162 班	生技 162 班	环境 172 班	环工 172 班	草业 161 班	草业 151 班
动医 174 班	动医 161 班	食工 163 班	食安 152 班	食工 173 班	机化 151 班
车辆 153 班	车辆 151 班	机电 171 班	地信 161 班	电气 162 班	计算 161 班
水电 161 班	农水 161 班	数学 161 班	化学 172 班	工商 172 班	经济 173 班
国经 161 班	工商 171 班	发展 162 班	发展 161 班	英语 161 班	经济 172 班
农经 172 班	传播 171 班	公管 171 班	设施 171 班	营销 173 班	营销 161 班

2017—2018 学年中国农业大学“优秀学生干部”

（561 人）

王淑敏	程航远	张吉瑾	刘静阳	刘　斌	谢小明	周志瑾
康月花	朱章华	张祎旋	李欣桐	苑芷荟	顾煸闪	常　琦
王　珺	舒家悦	于永洪	李书玥	张　锐	郑辰星	刘亚茹
柯文胜	包维卿	赵影星	元旭朝	郝丹丹	杨铭远	张润晗
支玉海	宋志伟	刘　鹏	马天赫	王文钟	向慧卿	王翠翠
卢政彤	王司博	姚启圣	焦嘉乐	赵志奇	邹　豪	刘妍汝
李禹佳	李钰婷	许雅玲	何齐秀美	张雅娴	杨　璐	王孜睿
芦　瑶	唐　荥	王　燕	张聪慧	宋　乐	王宇宁	徐　草

杨文钊	张博文	黄玉乾	苑轲轲	马志豪	蒋沁宏	宋飘飘
蓝杨铭	孙慧雯	王　荣	王一童	卫　静	杨　乐	张　迪
赵添羽	周惠汝	张莉威	李晓倩	马　慧	竹怀婷	刘　岩
孟德豪	周　萍	王志萌	程　境	齐　琳	贺　炜	胡孝虎
刘艳琴	杨子嘉	徐一玉	吴京京	高　源	纪　爽	张雅纯
马一凡	姜自琴	唐闻达	房晓东	孙龙杰	刘佳文	付　晨
韩亚宁	荆　朦	朱　帆	田　菁	刘　凡	高登峰	刘国永
郭　勍	郭昭宇	胡雨丝	郅明雷	刘亚男	高　眺	刘香凝
颜可染	陈乃馨	林　璐	刘宇衡	卢　烨	冉海艳	孙欣然
唐嘉悦	王姝纯	杨婷婷	张校凡	郑诗然	朱　劲	费佳颖
关浩然	许泽豪	刘梦琳	徐存韵	董和鸣	任思洋	孙　权
贾军涛	刘海鹏	于英钗	孙福海	郑彦佳	陈　红	魏　雪
李鑫林	吴塔娜	邓　静	曾　巧	李桂龙	郭孝理	冯丽媛
陈先锋	孟凡磊	郭　豪	窦志扬	袁维颖	郭昊楠	刘丹丹
张锦瑞	周伯睿	钟培阁	武祎凡	张馨培	姜风岩	贾曼漪
王雨菲	李佳英	马永航	郭雪燕	王玉婷	任晓晗	李厚诚
唐　嘉	何雄杰	朱晓慧	沈　丹	朱　敏	陈泳妍	祝皎月
马玉林	李玉龙	张　蕾	钟雨杉	徐晶晶	杨　涛	孙彦烽
党世彬	郝阳毅	王翔宇	钟景川	张格格	江海洋	李相怡
王昱儒	刘　曦	李美玲	吴嘉斓	周　方	赵天彤	刘欣然
王昊然	白家齐	梁　娟	凌梦琪	余沛轩	廖红玲	袁姗姗
谢银侠	王　琪	徐紫净	王煜超	姚宇晨	盛中亭	赵洁羽
汤初美	徐　妍	王启蒙	孙梦峣	谢育杨	张　昊	王芯媛
郑晓美	李昌辉	刘鑫宇	孟彦彤	陈君玉	苏静雯	孔瀚宇
欧阳成政	梁智璇	李伊宁	杨可盈	卞筱嘉	郭艺展	梁立坤
王梦丹	顾　赛	罗天伦	姜福铭	刘宇航	吕　猛	丘　靖
王以俨	吴文俊	尹黛霖	李鸿盛	林嘉豪	林　曦	王新宇
周馨蕾	宋　凯	于　璐	王乐钧	章　勋	丁　锐	毛羿茹
方虹懿	卢一凡	蔡培原	李思标	许艺斌	崔单丹	刘烙阳
宋嘉伟	王梦妍	王志策	李博文	李　伟	王镇东	陈鹏枭
张　通	朱广飞	宋清椿	李同辉	王鑫磊	张梦杰	李岩磊
赵广路	刘子良	王文琪	于　淞	齐　亮	曹力戈	俞国江
李　倩	闫佳钰	王子文	梁　硕	张博凯	刘安诺	赵世栋
卢凡为	朱望茹	杨　艺	吴娴萍	韩　航	李松霖	陈彦君
章馨叶	张　瑜	吴雨涵	陈泓亦	黄嘉华	康宇萌	朱博文
张梦琪	董明扬	纪思雪	王　言	张梓葳	李琲琲	韩泽阳
王千航	唐　微	宋怡馨	王　楠	蔡一欣	季宇寒	蔡永翔

王子洋	彭 雄	高欣然	史凯特	李思聪	苗 政	郭 蕾
陈云强	李镓辰	李 越	宋姝	王 琦	卢 娜	程月颖
孙佳佳	马梓棋	王家鑫	王一聪	苏权巍	徐浩林	谭 昊
赵 云	李 智	朱思恬	杨欣欣	翁 桢	郭怡心	郑飞鸿
王鸿儒	罗元颖	薛毅杰	刘慕霖	王月瑶	黄航行	金 凯
林金柱	张艺非	杨格远	莫 尧	张方芳	陈雨琦	黄婉茹
谢树华	黄思捷	汪小珊	李连杰	高 雅	杨永森	卢 炤
徐 耀	刘 洋	王思凡	曾秋娟	朱建慧	徐璐珂	杜欣然
李爱羚	吴 波	施梓薇	汪 云	赵楚斌	周天歌	姚 鑫
张 洁	翁超群	纪嘉文	王思佳	张雅琦	牛飞飞	林鸿霄
赵 远	刘子恺	秦益楠	刘超然	钱 恒	史济生	罗 猛
章雅璇	贺美琛	李米畦	杨锓瑶	曾庆珂	盛剑琴	侯倩怡
杨楷元	李贵城	郭 航	夏雨嫣	文锡炜	樊聪玥	贾诗玥
郭瑞彬	李丹阳	姚学超	梁本波	杨静怡	崔孟奇	包珊珊
陈潇宇	李冬卉	吴玥娇	柴思奇	安茹琪	周政权	熊 灵
曹佳阳	陶泽赟	胡 楠	刘镇宁	李荣耀	文 博	刘建奕
张若兰	唐殿雯	王一航	郑 燕	张智恒	张哲晰	张思佳
张靖娜	叶碧蓉	晏 妮	闫姿君	王匡胤	王佳蓉	史宏达
饶 蝶	罗 屹	刘光泽	李 杰	冀琼辉	华中昱	胡雅淇
胡可为	杜安然	丁存振	袁 震	崔暄翌	辛育航	杜文文
王逸韵	刘 岩	戴小燕	赵 磊	陆昱蓉	程宏伟	王 煦
郑垂尘	王 栋	赵娅楠	霸雨辰	徐佳蕾	孙一铭	段泽丽
张楚珩	顾鼎元	赵泽宇	赵逸群	王思懿	计芳芳	梁 洁
王梓萱	巩恩义	李芷韬	程业棋	史雪晴	裘佳楠	张启眉
王 一	梁新宇	高奕吉	孙浩钟	许 溪	程昕雨	张铨颖
刘佳玲	陈星月	王智生	王悦岩	关 昕	顾 晋	王雯睿
韩天圣	鲍厚霖	毕 鑫	赵晗旭	刘心蕊	王一然	罗子翔
银 达	毛培根	杨 倍	马丹青	张铧月	郭莹然	束 晨
刘梦荧	袁晓甫	金玉格	夏天宇	梁振轩	王 宁	杨柳怡
訾 洁	赵一阳	张铁越	尹潇涵	靳依青	贾逸涵	李鸿图
由 甲	申 珅	王果然	靳 彤	刘 霄	宋衍蕾	郑 舜
张楚旋	丛祝杰	张建宁	杨 易	李 玥	武奥林	葛徐立阳
苏 雅	台子晗	李煜喆	王玥琛	郭天煜	孙 然	刘星辰
唐圣奎	贾景皓	戴晨雪	李 非	方 堃	徐勤超	王 雪
马静姝	赵金玺	耿翔宇	杜鹏程	杨贵龙	宋家珍	廖鹏程
刘潍嘉						

2017—2018 学年中国农业大学“三好学生”

（1461 人）

王淑敏	王宏蕊	姜兆雄	邹晓蔓	徐艺源	杨 雨	黄 梅
卢奇棋	舒家悦	李蔓蔓	刘 斌	路之纤	任 文	汪梓静
王菁与	褚俊聪	龙 源	程航远	郭紫钰	赵 聪	庄俊杰
戴 黛	孙思远	艾俊民	高 睿	朱珂慧	吴虹宇	祝一帆
吴伟锋	钟娅丹	李玄霜	陈欣怡	孙 悦	张 越	齐海坤
娄鸿耀	向莹莹	贾 浩	郑辰星	许晨晨	杨勇琴	包维卿
刘 鹏	苌淑敏	杨 祺	宋书宁	王亚晓	徐鹏举	杨铭远
宋志伟	张祎旋	李 彤	戴小琴	王佳宁	辛 明	支玉海
揭晓婧	张晓迪	黄玉成	刘一彤	常振凯	邵玉杰	张润晗
高晓茹	徐忆楠	龙钏	李 莎	李 晴	冯宇鹏	乔亚琪
郭晓磊	李金鹏	刘杰安	崔吉晓	李 骏	潘 婷	汪亚中
唐朝臣	孙思凡	刘亚茹	周佳敏	揭 华	向慧卿	陈 洁
时笑笑	鹿 鸣	崔茜茜	吴奕萱	陈珊漫	王雅茹	高宇童
景美兮	黄子乐	王安然	姚 燚	刘雯雯	王明菲	石 璐
黄 梅	韦佩君	王 鹏	郭思颖	焦嘉乐	刘妍汝	杨琴琴
龙志琴	黄文嘉	王 晨	邹 豪	卢 杉	张子迁	贺文琪
郭子璠	陈雨童	许雅玲	蔡文博	程 青	戴正蓉	顾 冉
韩立杰	何齐秀美	雷诗瑶	李田田	刘天丽	芦 瑶	罗 陈
宋 丹	唐 荥	王小云	王孜睿	肖苏琪	徐 洁	杨 璐
袁 媛	张 凯	张雅娴	郑 静	朱 蕊	李云泽	王皎洁
汪 洋	王汉灵	班令伟	崔博文	单小玲	高尔馨	卿 澄
王婷婷	李鸿宇	李盈曦	梁月婷	林百欣	刘石佳慧	刘玉姿
任天怡	祝 琳	宋 爽	田京京	吴 沁	谢 萌	谢雨晴
徐小燕	杨俊杰	张栋源	朱佳馨	曾泽贤	张若冰	沈婧欢
崔静娴	彭玉帛	徐士雯	侯羽柔	钟昊晖	陈萌萌	焦志远
霍 红	安月晴	刘 彤	高旭辉	邢永杰	单提升	李 浩
卢国彩	蒋青山	尚福弟	闫凤成	赵子婧	李梦林	林敏怡
刘亚囡	徐小舟	毛 雯	唐 刚	张 岳	曾译影	易 盼
陈 鹏	刘彦君	申忠健	张文兵	耿倩倩	杨叶青	牛俊凡
蒋云岚	李俊州	梁 友	唐楚飞	王小雪	张 鑫	吴思颖
任俊达	莫东青	王震铄	高郅皓	郝芳池	余 歌	赵思文
彭思斯	齐 琳	马一凡	严小涵	张雅坤	邵吉祺	王志萌
唐慧贤	陈雨婷	李卓楠	王子榕	史忆戎	廖舒捷	闫雪珊

王子懿	于嘉瑄	曾乐嘉	李思杰	成宇琪	李佳琦	卢怡宁
陈伟杰	马学君	阎彧萱	王宣宁	谭象天	孟泽宁	李婧滢
陈怡人	尹　瑶	吕晓晖	郑　磊	宋英铎	翁妤佳	盛铭浩
杨　月	杜亚奇	孙艳伟	李俊鸿	李樾华	何美娜	阿卜杜拉
安晓蒙	张　强	王　艳	齐　琪	汪晨晨	石　跃	孙博迪
李维林	樊晗璐	孙龙杰	郅明雷	王　萍	曹　青	陈乃馨
陈天直	杜　丽	韩亚宁	胡　月	荆　朦	李　聪	李欣岳
连娴奕	刘华歌	刘香凝	刘亚男	庞　博	宋林霏	张艺帆
张　泽	朱　帆	房晓东	李沛然	刘国永	田绣琳	邢艳玲
郑茗之	郭晓莉	岳　宁	王春霞	金于皓	高　眺	彭高闯
唐闻达	付　晨	陈晨曦	颜可染	陈家书	戴　杰	杜翊瑄
顾恬玮	顾文杰	郭昊楠	郭世博	何孟轲	何玉婷	黄　晶
姜汝琦	焦苏宁	李　成	李家庆	李柯欣	李科为	李睿孜
李许红	李　颖	林　璐	卢　烨	罗智翰	秦文宽	冉海艳
任姝琳	宋长春	王朝崑	王　洋	王　有	王禹凡	王悦颖
王子彤	吴若兰	徐静怡	徐乔迪	许冰洁	许家辉	薛　颖
尤　越	张文梦	张雪妮	赵江萌	钟洋洋	朱子扬	王　楠
祖　健	温良友	张　平	谢小婷	孙　涛	惠　放	张鸿渊
史鑫蕊	曹　梦	王计磊	王　洋	朱晓亚	陈秀秀	张济世
营　浩	王利阳	刘梓桐	查海涅	孙伊辰	孙希超	续　珍
胡　婷	刘萌丽	虞光辉	谭琦亓	张地方	蒲承君	张　鑫
王　佳	李　赟	李丹阳	王　森	郑彦佳	尹文娟	张镇涛
瞿　婷	贺文艳	褚献献	章征程	张文丽	田英豪	吴长春
臧祎娜	韩雪丰	谢耀如	李昀倩	任思洋	蔺瑶瑶	成青青
于英钗	郭　豪	王玮玥	孙少泽	李　涵	李瑶瑶	郑亚楠
王乐宜	王一帆	徐晶晶	马晓钰	康濒月	林诗豪	胡峻铭
戴子奇	杨文静	李厚诚	陈紫薇	钟雨杉	何恒迅	宁　然
石辰玉	陈一丹	谢深民	张馨培	张利雯	何帅涵	黄上真
贾曼漪	李金晓	曾正程	刘　振	胡子尧	姚鸿钦	吴泽辉
黄千千	赵禹欣	郭雪燕	扶佳欢	全书丽	宋秋红	林欣奕
张钰成	徐　松	张　宇	颜海波	李玉龙	王开丽	徐恒康
张寒雪	孙　妍	何　阳	王晶晶	龙沈飞	何贝贝	马晓康
朱晓慧	郑　杰	杨　涛	王　丹	张萌萌	刘　壮	刘禹辰
王喜琼	邓梦婷	李凤宁	李　煜	宁　超	沈　丹	宋海亮
赵希桐	葛玲巧	杨潜颖	杨明辉	李广栋	甄文瑞	周　克
张　鑫	赵天赐	孙　伟	刘燕蓉	陈泽鹏	武玉钦	杨　超
安　捷	祝皎月	马　宁	张　蕾	于卓玲	明月香	王　昱

李 曦	赵梦洋	关雅琴	李馨秋	马腾云	夏一丹	岳 红
孙若栖	沈洁宇	侯传名	林雨珊	韩 坤	吴 丛	林翔宇
邹文佳	杨 洛	符莹莹	李 桐	许 烁	张格格	赵一萌
郜平平	冯军利	陈若怡	李宜霏	唐丽华	冯梓鑫	朱 灵
曹莹琪	李雨珏	杨瑞华	杨庚慧	李 娇	彭 涛	郝玉欣
吴晓倩	杨东明	倪家敏	孙菲菲	李森煊	高 琛	梁上月
章施施	蒋智民	王朋朋	刘梦瑶	邢一丹	邓敏儿	张梦思
梁静泊	魏孝辉	杨立新	陈丝雨	程 佳	冯献程	周信荣
任书凝	刘权剑	傅佳妮	高 翔	李 霞	孙晓娟	王博文
王梦玲	王细花	周期律	李 笑	孙萌萌	秦晓静	杨永芳
闫明珠	宋鑫华	宋洪东	代 蕾	李 冉	贾世亮	徐瑗聪
张恩祥	王丽敏	谢宏凯	李天歌	王永泉	陈 海	王筠钠
曾祥权	王坤立	李丽珍	周子逸	阿尔孜古丽·阿不力孜		韦 阳
邵子航	孙 渊	张韫玥	张宇琪	陈 冲	常思盎	吕沛峰
王煜超	吴若宾	辛爱丽	刘佳怡	庞思成	曹 悦	程晓惠
青 鑫	孙雅馨	崔梦楠	李金华	刘欣然	常智尧	穆 硕
赵 祎	于文清	张淑娟	房 烁	朱瑞欣	叶 婷	杨 帅
方梓庄	冯金璐	李奇科	刘 博	王启蒙	肖可人	王佳欣
王 媛	杨奕君	杨艺涵	黄馨柔	高婧昕	郑晓美	徐 妍
杨芷蕊	张 倩	潘雨晴	舒 心	王珂雯	孟彦彤	项晴晴
郎新旭	袁雨晴	欧阳成政	陈秀琳	宋锐豪	陆 瑶	王宇婷
李伊宁	蒋燕萍	刘美希	李旭蕾	卞筱嘉	周中帆	满久露
胡嘉鑫	张若宁	毕金甜	王笑语	胡雨楠	成 贺	施润颉
陈禹蒙	陈利然	常茹欣	娄鑫玲	韩晨瑞	孙慧娟	张静宇
陈学敏	王鸿轩	艾颖超	白皓宸	尹黛霖	徐 垚	邓旺敏
丁 锐	何文钦	王 锐	施 哲	史高雅	杨 婷	任 静
顾 赛	韩晓萱	张哲雨	刘继琳	杨 珂	高铭锷	王梦丹
崔单丹	刘 江	李恩赐	宋黎宣	孟博伟	周昱安	史卓林
熊劲鹏	杨然伊	黄 悦	丘 靖	孔若思	杜瑞铭	朱丽君
左寅初	张睿云	章程军	郑兆麟	廖子锐	刘倩倩	邱雪健
荣文慧	王芷菁	李子涵	叶梦雪	石云鹤	王 琳	王若伊
于 璐	张非凡	张乐平	周盛国	温宇方	赵 诣	李 琳
王乐淇	姚 莹	梁玉莹	宋 凯	陈诗颖	徐 鹏	高 源
徐心宇	封煜亮	王子元	刘慧敏	马金磊	金铭心	朱哲慧
兰天然	方虹懿	刘懿如	黄启航	周馨蕾	朱子熠	李素文
易湘玮	李 晨	何蔚梁	文永琨	许 蕾	侯泽禹	李菁菁
吴飞凡	胡宝颜	王志策	张 波	邢海茜	胡 勇	孙 岳

吴召恒	薛　咏	余　雷	张　通	徐　蔚	张自超	姜　磊
王　栋	王　津	赵广路	王广琦	田玉泰	马云良	王洁琼
王　禹	邢智超	孙晓曦	何雪琴	倪昕东	尹冬敏	赵　楠
白效鹏	朱莹丹	何畅然	李岩磊	李　延	王　军	张新雁
姜洪喆	刘　宁	王扬州	孙庆运	秦嘉浩	马双双	武红剑
金　楠	张　帆	赵剑桥	刘鑫莉	李佳宇	陈子睿	吴千署
田　冉	唐晓彬	刘　妃	田　泽	王蔚然	冯姝榕	张诗琴
储苏红	冯雪扬	向昕玥	董昕玉	董佳楠	应花梅	王振宇
刘　珂	纪泰鹏	袁　姝	闫佳钰	黄嘉华	曹博文	肖颖欣
陈泓亦	胡志超	许茂泽	崔　根	柏为民	吴娴萍	戴斌华
于宗民	黄杰明	左晓婧	刘安诺	黄　睿	陈姝伊	赵春雪
吴雨涵	蔡凌翰	柳雅倩	赵　媛	耿芳琳	刘明成	郑绥君
申　林	杨　艺	李　洁	张梦琪	牛丹彤	程思萌	吴雨微
余　晓	岳佳琪	赵筱钰	陶涵娩	李焕菁	陈昂轩	崔立昊
董玉博	于小航	纪思雪	张　瑜	金倩倩	张雅涵	王　丹
王玥心	何　珊	许　诺	韩照洋	杨凯涛	王天琪	唐　微
李怡蕾	刘祚德	李春梅	范　超	裴晓帅	徐　丹	赵永宁
闫　涛	王　聪	黄凤春	李　莉	王洪美	白雪冰	马　军
曹如月	褚晓泉	任占奇	李永伟	肖瑞超	周新辉	谷黎阳
顾进锋	霍　昕	张慈杭	杨　波	屈晓旭	齐志男	李镓辰
张振乾	王　鹏	李光耀	李思聪	彭　芳	周江辉	苏日娜
魏鸿怡	吴　莉	和晓彤	张　函	胡鑫磊	朱晨光	钮冰姗
郑思佳	郝　泽	胡　乾	韩盛柏	张　艳	林　樱	高　戈
任家朋	程　亮	赵长泽	汪斯雅	曹　涵	吴菁菁	李钰坤
杨欣欣	鲁笑瑶	吴青阳	朱能杰	鲁　航	黄航行	王　宇
刘家备	缑天宇	鲁赛红	刘妍琦	肖润国	杨　睿	王月瑶
孙志鹏	翁　桢	徐晓宇	王宣宣	马壮壮	黄煜祺	郑飞鸿
张惠迪	张　政	黄逸云	王　楚	史凌杰	周　玲	鲁天云
李　敏	罗　琳	程泳铭	冯杨明	梁传彬	李子涵	弓　艺
彭　澄	吕嘉葆	忻佳丽	郭怡心	望喻虎	段　练	王馨宜
周　易	王佳佳	刘慕霖	张　智	王超楠	杜　佳	佘婷婷
何沁锶	方天钰	侯　鹏	王槿妍	陈宏泽	刘　爽	陈　慧
张驰也	赵　洋	张　帆	庞凯文	李昌见	刘明欢	邹民忠
李敬军	潘梦绮	李宗洋	资　丹	姚珍珠	赵　引	田　雷
王友芝	喻启华	张田媛	王梓安	杜　岩	武　琦	李沅芳
时　涛	马新宇	杨金澎	宋涵博	陈传志	武　霞	赵葳蕤
刘　杨	董　学	朱东宇	魏思媛	陈诗卉	李丽莎	李正剑

刁新宇	盛 景	施梓薇	吴 波	董继盼	宋况惠	任泓远
苗晓丹	翁超群	刘钰函	刘翔宇	何 翎	谷依萱	李弘翔
许钦沁	严 陈	骆筱桐	蒋绍冬	申思涌	庄琬月	刘 昊
何国星	张冰清	陆思洁	李杰桠	卯笙辰	陈 然	童 彦
乔 睿	于泳博	杜欣然	高宇珂	李顺烨	千雅茹	耿 瑞
马思捷	孟鹏程	牛飞飞	庞皓升	闫 红	张 鹏	赵 远
詹 菁	张学博	王李锋	许世扬	陈相助	滕苗苗	陈 丽
朱玉涛	姜震东	周磊杰	刘 畅	姚 炜	艾 阳	安茹琪
李晶晶	王丁一	蔡清舟	陈兆静	褚菁菁	李 梦	侯倩怡
胡 楠	俞一凡	黄婧瞳	黄佳诗	叶文义	黄小凡	贾金梦
贾诗玥	张 笑	康慧薇	李佳雯	栗欣雨	李美琪	王 硕
郑书臣	陈羽昕	李心如	于 琪	翟雨亭	刘 逸	路钰秾
吕俊霖	倪 端	胡晓宇	胡心玥	邵雪诗	秦绍锋	魏 炜
张泽文	谭凌佳	张可馨	王洪江	王兴佩	王亚玮	王怡靓
王兆雄	魏雪宁	崔孟奇	吴以宁	范书妤	金 天	杨蓥浠
杨泽蓁	王笑宇	温殷佳	张家瑞	张杰皓	张津硕	张靖瑜
张 琅	张苏琰	陈立佳	张亚慧	李小丹	卓伊琦	李文韬
包珊珊	李雨桐	王玮晨	余 帅	吴玥娇	尚宇澄	周雨晴
郑 燕	郑晓冬	甄婧含	赵沛如	张哲晰	张哲昊	张展轶
张思佳	张 锐	张嘉琪	翟世贤	袁青青	叶碧蓉	杨智玲
杨 鑫	晏 妮	闫姿君	许 荣	徐依婷	徐燕茹	徐诗纯
吴飞燕	文洪星	王 越	王匡胤	王佳蓉	田雅群	谭 畅
孙 浙	饶 蝶	裴春晨	罗 屹	芦千文	刘宇晶	刘光泽
刘春鹏	梁本波	李赛薇	李丹阳	冷熙媛	冷晨昕	雷金桥
贾旭博	冀琼辉	华中昱	胡雅淇	胡可为	撖晓宇	韩丽敏
关佳晨	公 雪	葛静芳	范亚辰	丁存振	仇泸毅	程 竹
程 鸯	陈蔡春子	曹芳芳	陈星月	杜梦雪	吴一鸣	仝鑫钊
李泉霖	周信达	张英健	胡 彦	董 慧	苏瑞淇	刘文婧
唐语新	郝兆佳	陈功峻	张翼沐雪	张菁秋	王智生	张 裕
杨姝晗	张采奕	王书同	张楚珩	富楚楚	雷心怡	张雨睿
张沅嘉	许 溪	李 婧	马敬涛	刘雨璇	史雪晴	延 然
程业棋	敬玉清	陈怡文	张梦昕	潘一诺	董一帆	李梓源
王洁玲	刘 润	魏旭丹	王 鹏	王梓萱	段泽丽	李泓博
江 璐	侯雅茜	刘 蕊	王 一	赵珮汝	傅 天	佟嘉钰
姜雨希	梁 玉	陆昱蓉	赵心源	万潇潇	袁 震	王 康
杨 喆	霸雨辰	郭鸿雁	王晓琳	王逸韵	程宏伟	董晓婕
辛育航	崔暄翌	孙弋帏	杜文文	吕晓娟	瞿娅莉	马文慧

汤庆爽	陈　婷	康跃南	计芳芳	郭　源	柳　荻	吴　乐
金　菁	桑　坤	苏志豪	王　添	吴存玉	李　卓	华　峰
李丹梦	卓文玥	李欣怡	吴　桐	金玉格	刘倚岍	张铁越
李睿琦	王天一	常凯朝	高天辰	赵慧凝	蒋鹄泽	刘品楠
宋沛函	殷相杨	吴　璠	尹潇涵	王艺涵	陈文欣	张洋淇
马潇源	郭欣怡	王德沅	何亦庄	弓宇龙	李嘉璇	王竟如
王宁雅	章予菲	赵一皓	周　翼	倪佳琪	裴芸萱	刘心蕊
高　鑫	孟大鹏	孙郡晨	殷笑寒	洪艺玲	石薇贻	田　睿
盛雪琪	王若羌	徐昕欣	蔚　悦	邹一滔	张羽翔	肖博文
方铃博	蔡芃芃	周鼎乂	安慧雯	李知璇	孙　莹	何枫霖
何穆欣	王　全	李舒桐	韩子萱	路发顺	孟　宇	曹一一
冉　楠	赵天时	王翼飞	任意歌	宋雨凝	刘婧思	易若曈
乔思琦	蒋鸿增	曾泽宇	邱靖涵	侯怡巍	杨滨莲	徐亦可
高航淇	石伟岳	杨玟轩	辛笑丛	张田欣	王浩锟	邵翎希
吕竹君	张祖旋	秦兴丹	郑智寰	郭安琪	李友轩	刘怡汝
吴晓曼	杨晓丽	徐　杨	寇思宁	张　爽	孙迟瑶	刘亚楠
苏　杭	吕悦馨	王瀚晨	张惠淼	范俊钊	韩璞聪	赵璐彤
刘心怡	张康宁	吴苏婷	徐明月	范心雨	宋宜恬	胡晨曦
何璐瑶	崔冠云	张宇清	邵　悦	李　慧	张文青	孙　溪
葛晓翰	孙　盈	季俊霖	张超越	高　上	薛同宣	米广宇
张羽飞	武　月	王禹霄飞	姜凯阳	王　琛	陈　炀	高希龙
孔雀飞	韩梦琪	国一凡	薛　原	潘晓晗	刘　磊	姜晨润
衣明蕾	刘　璐	孙　然	赵玉涵	李光亚	孔　烁	广泽宇
徐小雨	王玥琛	邢恩臻	郭天煜	索　宁	田　雨	马秋月
阴佳滢	林爱齐	张皓月	李小沛	王越鸣	张序铭	赵　茹
葛猜猜	马乐昊	武配君	姚俊羽	高胜寒	徐长东	刘　馨
綦慧心	马洪莹	于　俊	葛雅南	王绍龚	乔金玲	刘　欣
高天娇	衣明丽	范　帅	王雅哲			

2018年毕业生、学位获得者名单

获得学历教育博士学位人员名单

（644人）

阿不都热扎克·依沙克　艾百拉·热合曼　安卫东　敖　畅

巴　枫　白萨茹拉　卞艺斐　才冬杰　蔡吉晨　曹东艳　曹　佳

曹　莎　曹雪美　曾剑飞　曾南方　曾　珠　常　倩　常　笑

晁娜娜　陈衵曦　陈崇娟　陈　灯　陈广锋　陈　昊　陈红星

陈　欢　陈吉吉　陈　军　陈丽燕　陈俐均　陈明文　陈　宁

陈　奇　陈秋红　陈婉芝　陈为凯　陈相儒　陈　祥　陈晓辉

陈　啸　陈兴龙　陈雪瑞　陈雅娟　陈燕呢　陈子敬　程　安

程　程　程　楠　程琼仪　程学谦　褚　璇　丛鹏伟　崔　峰

崔国林　崔晓庆　崔正之　戴　玮　单　楠　邓　超　邓宇芳

刁剑雄　丁　正　董　泓　董　晴　董士伟　豆丽茹　杜宏超

杜立啸　段　婧　段蒙蒙　段晓杰　樊超凤　范新光　方安菲

方　慈　房文文　冯　波　冯　浩　冯金奎　付梦姣　付　琴

傅小香　甘增宇　高道明　高　歌　高　慧　高　明　高嵩涓

高　炜　高旭声　高　杨　高　震　耿仲钟　谷　丰　谷医林

顾生浩　顾　炜　顾小龙　关爱莹　关攀锋　郭　刚　郭金菊

郭力维　郭立群　郭　琳　郭孟楚　郭　苗　郭韶堃　郭晓飞

郭孝萱　韩丹丹　韩丹丹　韩洁楠　韩诗雯　韩思宁　韩　笑

郝天象　何　铭　何至远　和贤桃　贺长彬　侯柄竹　侯凌燕

胡朝兴　胡　帆　胡方萌　胡洪梅　胡　慧　胡鹏程　胡雪萍

胡月明　黄　成　黄广平　黄　杰　黄　凯　黄　堃　黄令淼

黄　敏　黄艳华　黄　颖　黄永裕　黄玉玺　黄振宇　霍进喜

霍　兴	纪冠亚	纪守坤	季　昀	贾东杰	贾青辉	贾晓琳
贾玉鑫	江　勇	姜松松	姜　英	蒋　涛	焦会青	焦　宁
焦银山	康　忱	孔　君	寇　瑾	兰义宾	郎　明	雷　敏
雷　鹏	雷晓华	李　博	李超斯	李春杰	李道稳	李　峰
李凤梅	李国瑞	李　宏	李继龙	李建锐	李　蛟	李结平
李　景	李竞远	李　静	李克鸿	李　靓	李麟霄	李玲伊
李龙龙	李隆玲	李茂娜	李梦华	李淼淼	李　明	李培丽
李朋涛	李　鹏	李　清	李树成	李恕艳	李　帅	李斯屿
李婷玉	李婉影	李维华	李　蔚	李文娟	李　昕	李秀霞
李　旭	李旭娇	李亚奎	李亚伟	李延啸	李艳杰	李　阳
李　阳	李依璇	李长江	李柘锦	李　追	连　娜	梁飞扬
梁瑞英	梁若冰	梁　森	梁文卓	刘澳星	刘　策	刘　聪
刘　飞	刘海舰	刘　虎	刘焕宝	刘计涛	刘济源	刘金栋
刘晶晶	刘俊安	刘俊莹	刘开业	刘乃郗	刘　强	刘　晴
刘　庆	刘少金	刘少莉	刘胜利	刘　文	刘小凤	刘晓倩
刘晓庆	刘晓晔	刘昕晔	刘　雪	刘雪科	刘　妍	刘　艳
刘一帆	刘　莹	刘元辉	刘　源	刘　悦	刘云霄	刘志刚
刘志海	刘志平	柳亚楠	龙金成	卢秀梅	芦俊俊	罗　迈
吕　聪	吕　蒙	吕树伟	吕远达	吕增鹏	马鸿元	马玲玲
马双羽	马　腾	马　伟	马英辉	梅　宇	孟晶晶	孟兰环
孟　雯	孟羽莎	苗建强	宁　康	牛东泽	牛纪苹	牛文静
潘　龙	庞晓娜	裴慧敏	彭军波	齐少华	齐晓兰	乔　璐
秦雨虹	秦玉圣	邱静涛	邱　凯	屈　哲	曲扬华	任东阳
任国平	任海翠	任　欣	任延昭	任永峰	任志彤	荣恩光
山　楠	申瑞霞	申　思	沈东旭	沈鸿翔	沈亚文	盛　耀
石皓文	石建云	石　径	石凯威	石少川	史常亮	史发超
史倩倩	司　展	宋红燕	宋　焕	宋金修	宋丽梅	宋　倩
宋鑫华	宋志琦	苏晓梅	孙城涛	孙翠霞	孙二娜	孙国绍
孙　赫	孙　红	孙慧波	孙　倩	孙三民	孙　爽	孙思龙
孙小龙	孙效名	孙雪芳	孙亚朋	孙昭安	孙志娟	孙子淇
谭　贻	谭月臣	谭　振	汤新明	唐建昭	唐　鸣	唐士明
陶景丽	陶　俐	陶　群	陶　然	陶　涛	田聪颖	田旷达
田雪军	佟雨佳	佟玉欣	万　川	万亚男	汪芳甜	汪　海
汪　辉	汪激扬	王阿利	王　彬	王　斌	王昌陵	王德振
王　芳	王飞飞	王光州	王华荣	王华子	王　欢	王　辉
王会芳	王吉坤	王纪元	王建旭	王晋芳	王俊亚	王　凯

王　楷	王　坤	王力栓	王丽红	王丽君	王丽颖	王　琳
王　明	王明亚	王　娜	王平	王倩倩	王　琼	王睿粲
王　山	王　胜	王士林	王树芳	王思一	王塑天	王天舒
王天志	王伟涛	王文秀	王　熙	王宪良	王翔宇	王　想
王　晓	王晓晗	王晓玲	王晓梅	王晓煜	王孝林	王孝忠
王新锋	王　旭	王学雷	王雪娇	王雅雅	王娅静	王叶群
王　源	王月琴	王照鹏	王　振	王治文	魏　超	魏　莱
魏灵芝	魏文良	魏文松	魏潇淑	魏镇华	温敏敏	温　馨
文　佳	邬　威	吴启华	吴　琼	吴问广	吴　阳	吴瑶瑶
吴　泽	吴兆海	伍大利	武秀恒	夏传齐	夏　兴	夏长剑
相金柱	肖鉴鑫	谢珊珊	辛晓云	邢　飞	邢俊杰	邢思年
邢振龙	修晓青	胥春龙	徐晨晨	徐　聪	徐丹丹	徐　芬
徐　根	徐加玉	徐　磊	徐　荣	徐学欣	徐　颖	许汉泽
许晓婷	许一仁	许语辉	薛景元	薛　涛	闫　鹏	闫宗运
颜丙新	颜　昊	杨光辉	杨　健	杨　萌	杨　倩	杨瑞飞
杨　森	杨升辉	杨　婷	杨夏云	杨晓玲	杨晓雯	杨　鑫
杨　暄	杨亚东	杨　扬	杨　杨	杨　旸	杨　晔	杨宇晖
杨智基	姚艳春	叶　青	于辉辉	于　娇	于　静	于　莎
余雏琳	余慧芸	余述琼	原一桐	翟百强	张贝贝	张蓓蓓
张　标	张　斌	张　弛	张德云	张东升	张港红	张　红
张佳然	张靖琳	张　君	张　亢	张　坤	张　阔	张　磊
张立梅	张立新	张丽梅	张　亮	张满丰	张美霞	张　明
张人予	张水勤	张　硕	张　拓	张卫鹏	张雯雯	张湘博
张　晓	张晓芬	张晓梅	张晓鹏	张晓艳	张煦庭	张　璇
张亚茹	张　怡	张　翼	张翼翔	张泽宾	张　震	张志海
张宗玲	张宗喜	章芳芳	章志强	赵春芳	赵宏媛	赵洪雪
赵鸿远	赵建龙	赵建明	赵　江	赵鹏举	赵鹏伟	赵文圣
赵肖玲	赵晓胜	赵　欣	赵　璇	赵亚荣	赵彦朋	赵　阳
赵　烨	郑　侃	郑　林	郑威强	郑文鑫	郑先瑞	郑晓春
郑　洋	周陈平	周　锋	周海洋	周天骄	周晓飞	朱　斌
朱丹丹	朱　峰	朱　虹	朱巧梅	朱　翔	朱欣頔	朱艳秋
朱燕云	朱耀华	朱张兵	祝步拓	祝　蕾	庄晓晖	邹世颖
邹志超						

A K M KANAK PERVEZ	ABD ALLAH ADAM HASSAN MOHAMMED
ABDOU MATSALABI ADO	ABDOULAYE AGUIBOU DIALLO
ALI TARIQ	ASHFAQ AHMAD SHAH

ASIF AMEEN
ASLI GARGILI KUEHL
DALAL EZALDEEN ABDELRHMAN ALGAPANI
FATHI M. ALI BUHAJAR
HESHAM YOUSSEF AWAD DARWISH
JAHANGIR KHAN
JOHN CHRISOSTOM PESHA
KHURSHIED AHMED KHAN
SARFARAZ ALI FAZLANI
SHAHID AHMED
SIBA KOLIN KOIVOGUI
SUTTHIWAREE，PHAKWIPHA
SYED ASIF ULLAH SHAH
SYED ZAHID ALI SHAH
UMUHOZA KAREMERA NOELLA JOSIANE
USMAN ALI ABBASI
WAQAS AHMAD(阿迈德)

获得同等学历博士学位人员名单

（12 人）

高　越　郭绍贵　孔　杰　李广阔　李青军　刘海洋　刘美玉
赛力汗·赛　杨　华　张董燕　张　强　宗伏霖

获得兽医博士学位人员名单

（4 人）

陈　洁　刘建钗　曲向阳　原　霖

获得硕士学位人员名单

（975 人）

安兵兵　安　婵　安朝严　安　欣　白　冰　白丽娟　白茜薇
白　暄　柏玉胜　包建霞　包　冕　包　蕊　包烨珺　贝　嘉
毕　荃　毕瑞芳　毕淑娜　毕馨方　卞晓慧　蔡慢弟　蔡　爽
蔡月淇　曹程鹏　曹军琳　曹林荣　曹明琳　曹　娜　曹世豪
曹文轩　曹晓庆　曹亦兵　曹瀛丹　曹　哲　曾　浩　曾浩哲
曾　琪　曾永顺　柴莉莉　常　蕊　常　旋　陈本垚　陈　晨
陈冬旭　陈海亮　陈海洋　陈合花　陈鹤丽　陈洪密　陈计霞
陈佳慧　陈佳琪　陈剑亮　陈　娇　陈景天　陈俊威　陈凯歌
陈联坤　陈林俐　陈　琳　陈玲玲　陈孟征　陈　茗　陈绮妍
陈清华　陈瑞婷　陈素贤　陈西福　陈希悦　陈　熙　陈　曦

陈曦	陈小松	陈亚运	陈伊童	陈易雨	陈宇霞	陈雨
陈雨瑶	陈紫嫣	程国栋	程进	程玲	程喜臣	程晓娜
程一帆	程湛	程卓	初亚男	崔海洋	崔昊杰	崔佳韵
崔琳琳	崔向元	崔晓彤	崔艳智	崔羽	崔珍珍	崔遵康
代贺	戴莉	戴倩倩	单春洋	党茗	邓婷	邸斌
刁志成	丁璨	丁成志	董翠翠	董洪伟	董礼宾	董盼
董晓宇	董莹莹	董雨涵	董泽潇	董政祎	杜传慧	杜杨微
段雍明	段玉涵	范红俊	范梦扬	范亚楠	房晓倩	冯超越
冯静静	冯睿蕊	冯舒涵	冯瑜祥	付少明	付亚群	付艳
盖向荣	甘佩典	高贵	高佳彤	高捷	高金鑫	高明远
高娜	高琪	高乾钟	高赛男	高翔	高兴	高亚芳
葛战一	耿娜	耿荣融	龚思怡	顾邢炜	关欢欢	管金来
桂晓辉	郭冰敏	郭冰怡	郭崇敬	郭贺楠	郭惠敏	郭慧
郭稷桁	郭娇	郭金桂	郭丽珍	郭梦迪	郭诗文	郭双辉
郭思江	郭斯华	郭天亮	郭天禹	郭韦佟	郭晓旭	郭艳丽
郭赟	韩碧云	韩洁	韩京男	韩敏	韩佩汝	韩若竹
韩耀谋	韩瑛	韩玉洁	韩云静	韩志山	郝培彤	郝祖慧
何戈锋	何泌承	何思垣	何晓明	何亚红	贺超	贺鹏宇
贺雅欣	贺颖	侯林凤	侯凌云	侯曼	侯晓洁	侯奕敏
侯钰	侯正红	呼鑫荣	胡海宁	胡庆勇	胡冉冉	胡文雁
胡晓莉	黄灿	黄冠	黄佳琳	黄建军	黄建伟	黄金
黄晶淼	黄婧瑶	黄琳	黄龙女	黄娜	黄昕	黄幸媛
黄泽军	黄展	黄政源	冀晓花	贾海	贾皓	贾焕
贾林	贾婉彤	贾文吉	贾希望	贾子涵	简林强	简澍瑜
江元春子	姜欢	姜丽	姜晓静	姜旭	焦桦烨	焦文捷
金晨憬	金含	金利杰	金旺晨	晋玉洁	靳曼	靳雅帅
景思琦	景圆	琚佳伟	康琛琛	康凯	康坤	康文喆
柯悦莹	孔丹丹	孔靖元	孔玉	邝怡	兰辉	兰田玉
雷贝贝	雷俊	雷天骄	黎丽霞	李晨	李晨曦	李晨艳
李春林	李聪	李德程	李东润	李东阳	李恩宏	李恩凯
李歌	李婠婠	李桂善	李国庆	李浩宇	李和平	李红霞
李鸿飞	李佳	李佳佳	李佳琪	李佳欣	李嘉鹏	李嘉瑶
李杰	李金栋	李菁菁	李静	李静	李珂	李路朋
李梅	李美娟	李梦华	李民选	李念櫆	李宁	李倩雯
李容	李融	李瑞	李瑞琦	李润	李胜	李胜兰
李世超	李淑娟	李顺琴	李烁	李硕	李硕	李嵩博

李 涛	李甜甜	李 暾	李伟柳	李文博	李文康	李文婷
李武笄	李 霞	李 想	李肖林	李晓丽	李欣潞	李欣芮
李 鑫	李 鑫	李 鑫	李鑫晨	李 星	李秀娟	李 雪
李雪华	李雅芳	李雅洁	李亚男	李 艳	李 艳	李 晔
李怡乐	李亦嘉	李英杰	李 莹	李雨晨	李 煜	李 玥
李召召	李兆达	李 振	李正普	李志申	李 智	李 智
李子豪	栗子茜	梁博伦	梁晨晨	梁曦彤	梁臻妮	廖 崴
林芳斌	林金雪娇	林梦阳	林梦圆	林尚纬	林 洋	林枝宏
刘 畅	刘 聪	刘 丹	刘 迪	刘海华	刘汉卿	刘祜宇
刘慧芳	刘嘉静	刘嘉莉	刘嘉敏	刘晶晶	刘静文	刘兰杰
刘丽娜	刘璐璐	刘梦瑶	刘觅知	刘 敏	刘 明	刘 铭
刘 乾	刘青霄	刘胜蕊	刘 帅	刘 爽	刘松源	刘腾义
刘婷洁	刘 童	刘伟赫	刘蔚雯	刘犀灵	刘袭雨	刘小尘
刘晓东	刘晓雯	刘旭东	刘 萱	刘雪婷	刘雪瑜	刘训达
刘雅新	刘亚男	刘妍妍	刘艳艳	刘怡然	刘 莹	刘永美
刘禹良	刘玉欢	刘 源	刘 悦	刘紫璇	刘祖强	娄思涵
楼 沸	卢丽珍	卢 佩	卢晓彤	卢旭红	鲁晶晶	鲁梦瑶
鲁天宇	陆婉颖	罗碧雪	罗红祯	罗 玲	罗婷婷	罗晓莎
罗媛媛	吕 月	马蓉蓉	马如慧	马 帅	马 爽	马甜甜
马卫玲	马 西	马 翔	马笑笑	马艳梅	马一畅	马子萱
毛亚平	梅祖麟	孟高旗	孟华杰	孟 瑾	孟 丽	孟 宁
米 雪	苗冬丽	牟 畅	穆 青	倪子璇	聂 唯	宁慧娟
宁银中	欧嫣然	欧扬雯珊	欧阳舒苗	潘家翀	潘家浩	潘林沛
潘梦诗	潘佩珠	潘文君	潘亚男	庞 博	逄新颍	裴艳铮
彭兵忠	彭方玉	彭浩原	彭佳琳	彭佳宁	彭梦香	彭 鑫
彭星月	强文文	乔冠宇	乔宏柱	乔可欣	乔 敏	乔照钰
秦 彪	秦少川	秦毓敏	秦子芳	卿潇潇	邱天成	曲艺伟
冉梦梦	任娜欧	任晓磊	桑伟娜	尚纹如	邵 文	申 琪
申志杰	沈 欢	沈罗兰	沈 盼	师天然	师馨一	师亚波
师跃兵	石安卓	石东峰	石 坚	石 靓	石倩倩	石文宽
时光营	史碧娇	史良玉	史 帅	史 田	史晓敏	史雅楠
宋辉斐	宋庆庆	宋润科	宋士凯	宋世新	宋晓东	宋晓萍
宋晓桐	苏 梦	苏启迪	苏诗森	隋书婷	孙 彪	孙繁荣
孙李敏	孙 亮	孙明霞	孙 攀	孙淑娟	孙 欣	孙 鑫
孙 雪	孙妍妍	孙燕博	孙一聪	孙翌彬	孙元洁	索志勇
谭晓妍	唐春燕	唐佳敏	唐明雪	唐晓丽	陶红旭	陶 鑫

陶彦利	滕奉魁	滕培培	田聪聪	田丹丹	田金灵	佟　欣
涂柯玲	万华云	万　琪	汪　晓	汪元清	汪梓寒	王　冰
王　博	王彩金	王春燕	王春英	王丹婷	王　东	王　栋
王方颖	王　菲	王福云	王公乐	王海鹏	王　航	王浩铭
王浩天	王洪宇	王加升	王佳婉	王家哲	王嘉惠	王　健
王　姣	王金金	王　晶	王　婧	王靖俊	王　静	王　静
王　磊	王　蕾	王丽丽	王丽娜	王　琳	王　柳	王　璐
王美君	王　梦	王梦梦	王梦瑶	王梦雨	王　楠	王　楠
王　宁	王　萍	王　祺	王　倩	王秋月	王瑞琦	王仕鹏
王帅杰	王天泽	王　亭	王　伟	王炜康	王文聪	王文慧
王雯染	王　晓	王晓雯	王新新	王秀秀	王亚菲	王艳明
王伊晨	王依帆	王乙然	王亦君	王意婷	王英超	王　颖
王永吉	王玉龙	王钰乔	王　媛	王泽江	王治玉	王壮壮
王子珺	王宗伦	魏　丹	魏　璐	魏培玲	魏佩瑶	魏帅均
魏文君	魏向向	魏小红	魏　燕	温胜慧	温　文	温啸宇
文　婷	吴冰洁	吴　昊	吴　亮	吴　伦	吴朋香	吴文章
吴亚冉	吴依行	吴怡然	吴　云	吴政楠	伍琳琳	武晨光
武凯丽	武玉珺	武志权	席玉轩	夏博辉	夏西聚	向　洁
肖　霞	肖　瑶	谢　涵	谢　静	谢　清	谢汝姗	谢　姝
谢羽斐	熊楚翘	熊华云	徐　晨	徐翠薇	徐力涵	徐　林
徐　麒	徐　嫱	徐秋子	徐　然	徐　瑞	徐欣毅	徐新涵
徐雅雯	徐泽乾	徐志远	许国升	许昊文	许　苗	许沁心
许世杰	许尊秋	轩晨光	薛国娟	薛　瑞	荀　兰	鄢雄磊
闫姝颖	严　钦	严世杰	阎晓菲	颜钰阳	阳　磊	杨　帆
杨芳丽	杨　慧	杨佳明	杨　利	杨　林	杨鹏宇	杨　珊
杨圣慧	杨　斯	杨天任	杨婷婷	杨　潇	杨新杰	杨　幸
杨雅菲	杨永强	杨　宇	杨志峰	姚会美	姚介缘	姚俊竹
姚　然	叶诚诚	叶静怡	叶淑一	叶彦雄	叶艳梅	叶　莹
伊　然	易俊杰	易淋凯	易　路	殷文慧	尹凯民	尹诗文
尤　雅	游广炬	游　禛	于宝超	于　辉	于慧敏	于婧洋
于文佳	于晓虹	于晓雯	于晓愿	于跃宗	于　喆	于志远
余贺杰	虞异茗	宇　妍	袁国敏	袁国强	袁建丽	袁　俊
袁　铭	袁启鹏	袁瑞萌	苑丽丽	岳蓓蓓	岳李炜	昝糈莉
臧文静	翟　姗	翟宇涵	翟照辉	占必元	张宝月	张秉哲
张炳超	张　超	张程程	张椿莉	张聪聪	张丹丹	张　鼎
张方亮	张　纷	张　恒	张华阳	张慧星	张将将	张　洁

张金鑫	张经文	张 莒	张俊稳	张珂嘉	张 磊	张 璐
张曼曼	张明明	张 沫	张 楠	张芑芃	张 蕊	张 森
张淑阳	张天娇	张天柱	张 田	张婷婷	张伟波	张伟涛
张小雪	张晓博	张晓琳	张筱琳	张 欣	张欣倪	张欣禹
张雪彬	张雪花	张亚丽	张燕琴	张怡宁	张怡萍	张 优
张 瑜	张宇帆	张雨柔	张 悦	张云龙	张韵涵	张喆葳
张 姿	张子源	赵得琴	赵东岳	赵 芳	赵航海	赵浩翔
赵宏业	赵 珂	赵丽媛	赵 粮	赵琳娜	赵 淼	赵沛清
赵清娜	赵天晴	赵文歆	赵希花	赵潇潇	赵晓凤	赵晓慧
赵旭红	赵亚敏	赵亚楠	赵 宇	赵苑伶	赵云汉	赵振焱
郑海宁	郑鸿旭	郑升祥	郑伟然	郑项楠	郑 欣	郑 玄
钟蓓蕾	钟 珊	仲 皓	周 宾	周冰心	周博林	周金玉
周静逸	周 黎	周立洋	周霈威	周 倩	周 倩	周文艳
周孝煌	周 洋	周 芸	周运转	朱方娇	朱康莹	朱丽娜
朱 琳	朱 玲	朱娜娜	朱文静	朱晓芳	朱晓彤	朱晓暐
朱新慧	朱宇旭	祝 凌	祝 萍	庄云飞	邹 柳	邹治本
左 斌						

ABASS ABDULAI	ABDUL——RASHEED SALIFU
ADAM WITNEY KABANGO	AMA POKUAA GYAN
ANDOCHIUS AUDAX	ANGELA ALIAMIN SHESHA
ARI SHANTI DEWI	CHARLOTTE CHATUKUTA
CHEBET JACKLINE	CHISOMO IVY KINTU
EMMANUEL JACKSON MWANGA	EMMANUEL LUCAS MTENGA
HARDI ALHASSAN	JANET OLIVE MACHINJIRI
JOSEPH TOUMED	KELA JOSEPH KASUNGA
KENNEDY ALFRED JADA	LINET JEPCHIRCHIR KOSGEI
MANATTHAKONE BOUNSOURATH	MARIE CLAIRE INGABIRE
MD SAZZADUR RAHMAN	MICHAEL JOHN SEMINDU
MILLY DORU WARAN ZAKARIA	MOLLISTER MAROVANYANGA
NOEL DICKSON DAKAMAU	OKYEREBEA ADDO KORANTENG
PARFAIT BUKURU	PEMPHO MACDONALD MWINJILO
RAHEEM OLATUNJI AMINU	REMIDIUS MWEMA EMMANUEL
ROMAN PERSHIN	SHAUN ORBAIN BRITTON
STEVE CHIFUNDO DONDA	TER GATWECH CHIOK KORYOM
TOMAS KRAL	WILLY BENSON GIHANGANGE

获得同等学历硕士学位人员名单

（1 人）

王　丹

获得农业推广/农业硕士学位人员名单

（352 人）

艾斯哈尔江·吾守尔			巴音道尔吉·赛尔格林			厉扬眉
王　婷	张　雷	白海玲	白娇娇	白鹏飞	柏　雪	柏珍珍
班祥奔	曹丽蓉	曹天一	曾　杨	常暖迎	车　澳	陈琳天翔
陈亚超	陈　勇	程希兰	仇如梦	崔　晓	崔　鑫	代小霞
丁梦琳	董　可	董　玥	杜腓利	杜　浩	杜开通	杜云飞
樊宝明	樊嘉琦	范　倩	范闻春	方柯兴	方玉珍	封　伟
冯学佳	付　乐	付磊方	高　虹	高立斌	高　敏	高雪峰
高志标	葛浩源	耿云姝	耿正颖	郭杰龙	郭露芳	郭艳伟
郭玉莹	郭　昱	郭昱含	韩彩霞	韩佳星	郝科比	郝林果
何　灿	何　珺	贺　蕤	贺晓婷	侯春香	胡冰冰	胡慧中
胡汝宽	胡　仪	胡艺凡	胡　玥	黄含光	黄华宁	黄　冉
黄蓉蓉	黄世铮	黄维亮	回世君	惠楷桐	吉　高	纪　然
江赵宁	姜鲁艳	姜　瑶	焦芳芳	康文静	寇　娇	雷恒树
雷　帅	李安琪	李　贝	李彬彬	李冰颖	李传战	李昊霖
李俊姣	李凌云	李美玲	李梦捷	李明馨	李明月	李倩倩
李瑞敏	李　昕	李修松	李　杨	李瑶瑶	李　暘	李佑闯
李玉霞	李　越	李志真	梁济舟	梁　振	廖国媚	林兴涛
林　颖	刘　彬	刘　畅	刘佳盟	刘江峰	刘江涛	刘晋诚
刘静雯	刘克强	刘利宁	刘　林	刘鸣畅	刘盼晴	刘　晴
刘舜齐	刘　婷	刘伟茜	刘晓骏	刘炫君	刘　洋	刘　洋
刘　洋	刘振宇	龙海东	卢星辰	鲁振亚	陆雅坤	栾银银
罗　璇	吕蔚然	吕沿莹	马　磊	马文鹏	马亚男	马怡斐
马煜桐	马中正	莽逸麟	孟少华	孟伟婷	孟昭洋	弥世荣
尼姣姣	聂　力	牛　婧	牛　琳	牛晓琳	欧冰琳	庞少月
逄晓萌	彭洪博	戚中奇	齐　婷	齐　钰	祁文竹	祁香雪
乔鹏飞	乔　宇	邱桂如	邱　申	曲乔文	任　亮	任司娜
茹　艺	邵永光	申月敏	申兆勐	施闵媗	石　磊	石香雪

时国峰	时亚辉	舒　畅	司纪升	司雪萌	宋英杰	苏晓宁
孙　飞	孙风清	孙茂龙	孙梅玲	孙梦遥	孙　琦	孙思成
孙菀鸿	索菲娅	覃苏迪	谭秋月	谭　蕊	唐晓丹	唐亚娟
滕骥南	田小龙	万国强	汪诗凯	汪伟坚	王冰华	王　晨
王翠翠	王丹妮	王鼎昌	王　钢	王　海	王浩淼	王俊英
王　宁	王　庆	王冉冉	王　蕊	王思琪	王天正	王　伟
王笑娟	王　鑫	王鑫涛	王　兴	王　旭	王　璇	王学凯
王雅静	王佑成	王宇彤	王　媛	王　越	王　越	王增新
魏红茹	魏　巍	魏　星	温静芳	吴　昊	吴世英	吴　阳
吴智姝	武　威	肖鸶鸶	肖志斌	谢佳蕾	谢子文	辛　悦
辛芸娜	邢　晋	邢　蕾	邢　森	徐　立	徐灵丽	徐民乐
徐　敏	徐　硕	许豆豆	许鸿飞	许伟升	闫　超	闫东哲
闫建羽	闫锦涛	闫梦玲	闫少佳	闫世艳	闫贞贞	杨东旭
杨　光	杨　宁	杨小田	杨秀山	杨　妍	殷龙龙	殷诗凯
尹翠娟	尹文静	尹忠涛	迂莹莹	余　健	郁雅琼	袁海旭
袁志鹏	翟延蕾	张琮焜	张　帆	张福萍	张国邦	张国兴
张华艳	张　卉	张继红	张　静	张　凯	张琳梅	张敏婕
张　强	张秋爽	张瑞强	张　睿	张世清	张书华	张书伦
张伟东	张小雪	张晓磊	张晓雅	张　旭	张旭	张雪洁
张亚鑫	张　阳	张　晔	张宇辉	张雨葭	张圆圆	张云婷
张之拓	章　余	赵　宾	赵海明	赵海楠	赵晶晶	赵　乐
赵　力	赵鲁邦	赵　娜	赵天晨	赵亚杰	赵　莹	赵钰磊
甄斯涵	甄晓星	郑　旭	周　婕	周　兰	周　倩	周青霞
朱冰琳	朱朝晖	朱　逴	朱大鹏	朱秀华	祖　健	

获得工商管理硕士学位人员名单

（147 人）

白云龙	毕晓雪	卞世海	陈　红	陈　琳	陈　曦	陈　彧
陈雪芳	程　珩	程　璐	程　思	丛笑晗	邓　萍	邓许娜
丁博治	窦慧姣	杜正昇	段小丽	房　洁	冯大勇	冯海明
付月桂	傅青若	甘慧慧	高　源	葛鹏辉	葛子龙	郝　佳
郝　泉	胡海洪	胡利红	姜芳菲	姜　宇	李初洛	李春梅
李逢春	李福育	李光杰	李　辉	李疆勇	李　静	李　诗
李　霞	李晓红	李晓娟	李　宜	李　洋	廉明彬	练德勇
廖　薇	刘冬立	刘　栋	刘　方	刘家倩	刘江南	刘　娜

刘　伟	刘文思	刘惜华	刘　禹	吕婷婷	马　广	马云鹏
毛圣杰	孟凡亮	宁艳霞	潘　霖	彭　博	彭　楠	钱　娴
钱泳臣	饶德俊	任　丽	任晓兵	申海涛	申巍葳	舒世恒
宋　焦	宋万峰	宋永彪	苏碧丹	孙　键	孙　雪	孙　洋
汤云宁	唐　晓	王道溥	王　欢	王婧博	王俊海	王立晶
王　倩	王　权	王树国	王肖阳	王新媛	王　颖	王有根
王　玉	王月芹	韦志壮	吴金鑫	武建铭	武志博	谢冰心
辛云飞	徐　萍	许　胜	闫鸣慧	阎　广	杨　斌	杨　春
杨家勇	杨明哲	杨志伟	于艳秋	余瑞东	岳　超	张传亮
张洪臣	张怀龙	张　娟	张　雷	张丽梅	张　亮	张　满
张　佩	张乾坤	张思谊	张松钰	张卫卫	张　旭	张艳涛
张怡然	张　宇	张　桢	赵　娜	赵　囡	赵荣臻	赵　旭
赵　宇	郑雷雷	郑晓慧	周　爽	周文博	周笑宇	祝浩天

获得公共管理硕士学位人员名单

（53 人）

曾　喆	曾祥霞	陈肖楠	丁　鹏	杜金澎	付　可	付　巍
韩　寒	郝　爽	胡海波	胡宏丽	吉晓宇	靳永占	李富龙
李　亮	李璐洁	李　明	李　由	李志雄	林少莉	吕鲲鹏
马少锋	那音达来	欧阳小沛	司晓霞	陶文雯	万多蓉	王　帅
王　健	王　伟	王晓宇	肖　霄	徐　菡	徐红伟	徐　静
徐廷力	杨　静	杨辉云	杨　磊	杨　潘	余　彬	喻文远
张　觅	张文峰	张晓诚	张　亚	赵　申	郑小青	钟玉淑
仲米江	周颖钊	朱天星	朱文娇			

获得风景园林硕士学位人员名单

（25 人）

包慧敏	程洪伟	高　超	郭　芃	郭永丽	郭贞莉	韩　东
姜蜀钰	兰　妮	李贝贝	李　芳	鲁　森	孟令舟	宁先汉
任　硕	王柄婷	王世伟	王颂婷	王泽坤	杨凤桥	杨淑琪
张旭波	张学政	张雪玲	赵　杰			

获得工程硕士学位人员名单

（202 人）

卜晓朴	曹 明	曹 涛	陈怀民	陈俊豪	陈 萍	程宏胜
程浈浈	初晓宁	褚晓泉	丁国强	丁 宁	董 俊	董 云
杜冠群	杜欣怡	范 萌	冯洋洋	冯银辉	付 宝	付慧彦
付 静	付强林	高佳琦	高明青	高晓锋	郜斌斌	葛建兵
耿红叶	顾建康	桂 萍	郭 辉	郭佳欣	郭秋月	郭书君
郭唯伟	郭艳红	哈布热	韩思齐	郝 炯	黄良美	惠云婷
贾晓铭	姜萌萌	姜旭曈	焦 钢	孔令敏	孔玉瑶	赖洪荣
雷艳艳	李博文	李丁丁	李浩阳	李欢欢	李 璐	李梦黎
李 鹏	李 强	李士敏	李小朋	李 旸	李 野	李亿杨
李永亮	李雨奇	李 岳	李泽霖	廖 倩	林 波	刘晨楠
刘 浩	刘和璞	刘华猛	刘君禹	刘立群	刘 琦	刘秋霞
刘 瑞	刘瑞强	刘 胜	刘 武	刘小龙	刘宇斌	刘月真
刘长卿	龙晓旭	卢丹丹	卢宏松	鲁煜建	陆志恒	鹿铁彪
马光华	梅姣姣	孟 思	苗 苗	倪 邦	牛晨启	牛丽丽
牛 莹	潘虹宇	庞娟娟	彭朝晖	彭丽华	秦 洋	邱青璐
屈维丽	任梦梦	任 爽	任 秀	茹立鹏	尚娜娜	沈 阔
盛希宇	石 雅	史梦莹	宋 洁	苏 宏	苏杨牧语	孙 淼
孙 瑞	孙世平	他旭翔	滕景竹	涂 广	涂 江	晚春雪
王 聪	王大海	王 航	王 浩	王 欢	王建超	王 菁
王凯正	王 宁	王秋云	王 坦	王文胜	王 枭	王绪涵
王雪莉	王 琰	王艳宁	王 钊	魏博宇	温 豪	吴昊天
项 飞	谢 锐	邢晓婷	邢瑶瑶	熊 露	顼晓媛	徐成维
徐 虹	徐 帅	徐向林	薛 丽	颜 婧	杨广友	杨航宇
杨红宝	杨洁	杨思雨	杨雪丽	杨亚超	姚 巍	于海涛
于 洲	袁 凯	翟浩州	张 聪	张 林	张蒙蒙	张纳川
张 沛	张 茜	张森清	张 珊	张 帅	张天罡	张 通
张相雨	张晓建	张晓荣	张耀南	张逸博	张洲笔	赵 恒
赵 杰	赵连圆	赵晓阳	郑 钰	郑裕东	周程程	周雪亮
周 易	朱大友	朱国宁	朱鸿斌	朱 玮	邹再超	

获得兽医硕士学位人员名单

（62 人）

阿地拉·艾山	安　妮	白　璐	包　钢	蔡晓琳	蔡云鹏	曹晓霞
陈蓍蒖	成艳辉	程云龙	代禾根	邓又天	冯　伟	韩贞艳
何　婷	李家骥	李鹏宇	李祎宇	李　滢	李永平	李周阳
梁　宁	林亚龙	刘　楚	刘　琳	刘　颖	罗　清	马少芹
马增光	宁　硕	任欣欣	邵　葳	邵艳艳	申兴海	施　琴
施　尧	宋怡文	宋子域	孙海通	唐倩倩	唐玉玲	田　萌
汪艺玮	王海婷	王开敬	王　然	王思莹	王妍博	王以笑
吴甲佳	熊晨昱	于国纲	张　洁	张涛涛	张　雪	张　巽
张志轩	赵洪涛	赵忠才	钟雪峰	周梦洁	周娅楠	

获得会计硕士学位人员名单

（29 人）

白　雪	毕佳文	杜娟丹	杜宇英	傅　娆	高慧斐	郭丽霞
郭丝宇	郭　莹	李　蕾	刘鼐鼐	刘思园	刘泽宇	欧阳湘宜
陶雪凝	王丝蕊	王维潇	王　焱	王一凡	王誉博	韦周康
肖兴宇	于　茜	赵安飒	赵华宁	赵婧文	赵聆荻	周玮玮
朱　莉						

获得金融硕士学位人员名单

（29 人）

蔡程程	陈晨曦	陈培磊	邓于靖	关　雪	李晨曦	李佳莹
李乐群	李林子	李　闻	李　欣	廖辰媛	刘奥申	刘　凯
鲁惠中	孟令轩	宁佳佳	潘晓生	乔　珊	施佳慧	苏　航
王爱滨	王天娇	王　跃	徐添添	杨赜祎	张凯淇	张沁瑶
赵士荣						

2018 年本科毕业生名单

农学院

农学专业(93 人)

杨 凯	孙砚青	范金建	葛怡安	权宁玉	高 洋
陈 林	张雄智	石善恒	杨正钊	张 琪	邓艾汶
吴晓艳	王 岩	姚前位	杨雨豪	王兴卫	杨小传
李帅帅	央 宗	普亮亮	杨木京	何珮宇	席华悦
杨 全	邬欣尧	黄俪瑛	李佳钰	黄军左	齐辛夷
罗 凯	刘昊升	马兴坤	赵昱权	赵 瑞	黄凤玉
赵 学	董曼琳	刘韵佳	岳刘明	徐笑笑	毕俊祥
金思雨	朱 瑜	王若衡	黄玉婷	杨 绒	张俊峰
张美憧	龚雨晴	霍明月	韩 桐	马超齐	代灵知
张俣达	周鹤鸣	王乃娇	曾子达	洪应静	刘远亮
安可心	崔 理	何胜凤	何 香	许行春	张雨婷
刘倩男	顾嘉慧	江春艳	蒋文超	张爱佳	娄凯皓
赵梦宇	刘储韬	谭斯予	刘宇新	李雄涛	张诗婧
翁光正	米尔阿迪力·麦木提敏		刘国强	高尧天	王 雯
王 孜	唐努尔·卡德尔别克		白宜冬	周 涵	吴 铎
金竑宇	贾雪伟	秦 戬	曾晓豪	张 力	

种子科学与工程专业(25 人)

朱珏妃	卢嘉雯	黄湘慧	秦 阳	白嘎丽	陈海超
王春予	敬志晴	郑 慧	范慧慧	官 睿	李嘉琪
李 程	臧茂森	杨静繁	王雨蓓	李子晨	冀 婧
刘 杰	邓明星	张潇尹	岑玉梅	王丽云	向莹莹
吴长宁					

园艺学院

园艺专业(106 人)

宋维源	胡 风	蒋 瑶	刘一璇	王一雷	罗文霞
蒋 韬	梁 潇	杜尚霖	袁应象	陈 好	冯静宇
许家铭	白如月	丁诗语	余修忞	王温妍	黄 庆
于丹荷	李冰洁	高 睿	王怡心	彭兴鑫	王怀坦
马雯月	高德航	毕治中	葛星辰	王 皓	王于冰
张雯静	栾绍菲	余靖怡	姚 婷	王 萍	蒋金函

林 玉	刘 婷	曹睿珉	王文慧	金美含	王 兵
谢冬玲	曾瑞红	金则龙	魏 桦	廖 佩	周玉兰
张 蘅	祝皓诚	赵 杰	张美晨	汤若凌	王俐璇
石 然	黄建桃	霍文颖	张心怡	陈诗杰	白若雪
陆叶子	郑婳婳	高梦澜	金宗民	桂思雨	林鑫鹏
刘佳林	陈 义	鲁 航	李昭航	史晓楠	李 玲
唐瑞雪	王瑞彤	高宇辉	申晓帅	王慧明	徐宏伟
杨 密	任如意	钟楚婷	程娅丽	莫国文	杨晟方
李春雨	邢 莹	张采艺	张睿芸	黄闻霆	赵亚楠
刘凤林	常力侨	陈满丽	曹蔚圻	彭景云	张红梅
马晓阳	余学琼	勾邦睿	郑雅南	周佳琪	王亚莎
安 然	谷 馨	艾力呀·艾旦	冯钟萱		

园林专业(33人)

刘宇蛟	傅晓彤	陈雪凝	王怡翎	李凯蔚	陈欣然
赵春艳	李欣俞	黄欣怡	陈 果	崔雨欣	陈楚鋆
卢晓玮	吉雪梅	吴悦玮	王钰嘉	张 果	郗之羽
蒋舒婷	何美薇	纪明琪	王宇菲	王 姝	郭羽丰
伍诗洋	王丽容	袁卓蓉	李宣萱	赵丹青	马 铮
程红柳	何轩宇	王 露			

植物保护学院

植物保护专业(96人)

金则宇	童 路	王雁楠	赖圣昀	阿斯哈尔别克·那色依哈提	
吴元瀚	韦涵雅	何冬月	土海龙	白 鸽	赖柳如
张月芳	黄诗嘉	孙 蕊	宋璐璐	俸明月	杨 澍
王姣妮	徐圣杰	刘锦涛	张 凡	秦紫芳	霍道雯
陈 曦	王雪纯	张春敏	张雨馨	梁佳媛	粟 耘
努尔阿丽耶·麦麦提江		文 婧	张三飒	陈垦西	柯双兰
李雅洁	吴 冕	韩 丹	田 愉	马 萍	唐 蓉
刘奇正	蔡 冲	夏卫军	梁 爽	杨凯丽	王梦雪
李丹苑	刘 悦	徐竹宣	王 琳	赵 岩	郭小宇
沈明鹤	卢春晓	马梦琪	沈雪丽	谌祖晋	卞 悦
胡加辉	何少清	文 浩	曹怡宁	徐 晓	吴季秋
黄佳晨	布尼玛	薛 佩	李梦菲	马佳瑞	次仁旺拉
董 斌	杨业宏	郑 琳	白 松	张开阳	王之莹
张文越	杨 玲	翟 黛	马汉骁	陆柳伊	高媛辉

王沁轩	王　畅	努尔依力·马木提	苏祥岚	赵新杰
宁金金	荣　容	买买提托热孜·司依塔洪	罗子罗珑	高　翔
孙铭优	夏嘉琪	阿布呼马尔·恰也合买提	关　昕	

生物学院

生物科学专业(59人)

游　璐	熊妍宇	曾　鑫	朱泽健	王楚桐	李春玉
韩稼葆	陈文莉	王梦涵	曹　瑞	冯鼎凯	邵　琦
马原溪	曾　璐	史岩鑫	任乐川	薛泊宁	李　溪
马雪璟	闫　耕	董　谦	马素晨	贾　麒	丁　睿
林　立	张新燃	王天恺	王浩宇	黄梦涵	马　钧
李　轩	沈斌彬	张文婷	王玉东	杨　畅	费一凡
王筱洁	赵一静	李阳志	范文超	吴　昊	王杰妮
钱启衡	蔡楚凡	于　迪	姜涵清	王姜庆榕	贾紫荆
刘颖政	高秉铮	王　傲	李明俐	杜睿森	朱子健
杨俊鹏	王屹尊	张长江	邓莉冬	陈娜娜	

生物科学(理科试验班)(36人)

李舒捷	赵　磊	王文静	叶思成	谈方琳	谢秋行
赵　杰	李光远	车曼菊	喻　悦	彭榆玮	付禹豪
顾闻今	王紫晔	刘雅茜	李可心	王一然	黄杰莹
陈　阳	许凤喆	雍自昊	刘雨晴	张馨奕	俞锦超
范悦滢	李　宁	陈鸿茜	王子健	杜乘乘	眭　艺
卢逸洁	黄羽中	王玮琪	田　丰	李尚锦	管嘉旌

生物技术专业(22人)

卢家灿	王西希	曾子珊	任倩楠	周杨子	易珍妮
廖媚妹	班文宁	严浩松	祝洪晨	宋银娜	陈　婷
赵小宁	雪　兰	董嘉程	张淼蛟	冯梦雅	隋超凡
张登娅	陈张媛	徐慧君	刘洋秀		

生物技术(理科实验班)(1人)

王俐颖

食品科学与工程(理科试验班)(3人)

刘子琦	高　崇	郑　艺

葡萄与葡萄酒工程(理科试验班)(1人)

孙靓靓

园艺专业(理科试验班)(1人)

邸伟良

动物医学(理科试验班)(1人)

刘锦星

资源与环境学院

环境工程专业(34人)

张安琪	张　妍	孔　微	吕一凡	崔馨怡	苗静雨
何　玥	姚　萌	王晓雨	高纹曾	张　阳	刘立全
罗丽韵	王琦琪	杨芷昱	郭锴莹	崔　蕾	赵子澄
曾　妮	付平南	樊　瑜	刘隽斐	陈婷婷	李　慧
邱子珂	刘雅睿	张潇萌	伍　莹	崔若凡	咸　昊
张心怡	潘星艺	陈　卫	周文硕		

资源环境科学专业(14人)

常斐然	楚龙港	于星辰	尹英杰	熊佳怡	李志东
卢志林	张　雨	荆海航	向　涛	刘家楠	雷景霞
张瑜璐	袁维颖				

环境科学专业(22人)

贾男正芳	李彩婷	汪如月	王奕轩	燕凌云	贾　璇
向芷芊	唐宇轩	廖宝淦	史佳稳	费钰辰	李佩晔
冯　安	李净珊	杨青旖	刘亦玮	魏辉煌	姜若晗
邵泽西	李雨涛	蒲　周	朱　艳		

土地资源管理专业(37人)

胡亦丁	唐宇娣	钟一鸣	王萌萌	高　婵	徐浩东
扎西措姆	朱治羽	闫宇辰	张　瑞	王建霖	姜　萌
卢文路	魏　静	宋瑞琳	张蓝月	黄敬文	韦晓菲
高艺菡	王　琳	武子晗	王志超	熊朝鑫	黄　舟
赛力克·努尔多拉		金文纨	王　森	陈知夏	张朝桓
朱丽德孜·木汗		徐牧天	平宇轩	李昕泳	赵　旸
娜丽玛·叶列吾		吴欣怡	申　琪		

应用气象学专业(18人)

刘　聪	乔　晗	祝欣荣	孙　悦	彭瑞琦	陈　飘
贺付伟	黄秋婉	朱晓蕾	孙　琪	陆天蔚	吴蓓蕾
毛红丹	邱子键	艾合买提·吐尔地		马瑞阳	王敏航
杨　杰					

生态学专业(18人)

乔丹妮	张　众	沈敬轩	林炜佳	武泽浩	李江蕴
蔡晓旭	陈亚男	赵玮晗	梅中奇	那书豪	张林麒
金义鸣	孙　悦	刘子豪	张晓婧	杨子仪	郭　婷

动物科学技术学院

草业科学专业(12人)

白　鹭	杭　楠	展如意	吴利彩	曲　毅	李梦琦
靳一丹	马晨蕊	白玛曲珍	原大山	逄　悦	刘智硕

动物科学专业(93人)

刘美岑	赵艺竹	秦瑀浛	王月君	罗宇茜	康　晟
王嘉熠	常　瑶	王墨涵	刘　超	于亚冬	黄铭逸
李广胜	陈兴旺	韩金澄	李源韬	周子文	高朝煜
方志鹏	李代琳	陈永庆	孟成真	熊浩哲	娄文琦
张庆贺	贾　爽	赵新钢	林蔓菁	王　智	胡昌辉
马　畅	贺腾飞	陈　静	任怀彦	巩　璐	苏义童
陶富平	次　央	姚春燕	文彬丞	王　秀	张　驰
郑宇慧	秦　柔	阿依旦·艾黑海提		白　蓉	李悦铭
高　龙	杨光新	江　娟	叶长川	姚　蕾	张霞霞
段晚晴	乔竞谊	曾祥洲	鲍成玲	马晓燕	杨爱玲
王俊健	高　晏	卓　嘎	方艺蒙	张艺馨	文　惠
周杰珂	孙　萌	杨伯宁	姚松阳	李翠宇	李晓畅
季长臻	闫庆洁	徐一洺	黄乐然	央宗曲尼	薛佳锴
苏丁然	沙贝尔·沙塔	钮一鸣	罗艺萌	朱莹琳	贾　钰
刘沫言	胡浩文	裴　迪	安　涛	张广胜	陈　曦
阿加尔古丽·塔斯恒别克		张舒媛	张吉文	刘　盼	

动物医学院

动物医学专业(82人)

陈舒培	陈登金	于　田	宋　昱	梁贝贝	韦思远
张礼贤	郭思凡	陈裔雄	陆智颖	远　洋	林子翔
金美玲	姜子墨	王丽娅	陈于思	汪富涵	姜　楠
佟天琦	张颖欣	唐塔娅	胡钰峰	胡梦霏	张思淼
赵　永	马业为	陈友涵	崔文昊	白　羽	武小海
胡子娟	何宛蔚	曹晓钰	格勒图	别克吐尔·艾买提	
董玉慧	刘雨洁	何婕敏	李颖鑫	刘莉萍	奚柳青
文一帆	周　芳	李玉立	何思婧	牙生·木沙	支　都

张莹莹	张　婕	林　梦	向雅頔	徐嘉璐	陈云珂
傅子洋	严可晴	关芷玲	史　晗	李沁言	李一鸣
裴　育	舒　航	王书扬	杨俊杰	张　鑫	李启诚
余儒洋	蔡珠明	冯国佼	许成芳	李宁伊	胡君宜
余力行	张骞文	扶　晓	叶尔兰别克·沙哈提		逄金吉
李　逸	刘婧雯	蒋　慧	凯赛尔·库尔班		蒋无砚
曹泽丰					

食品科学与营养工程学院

食品科学与工程专业(81 人)

龚依静	赖孟瑄	陈子怡	魏　星	黄子彧	林佳璐
李若宇	陈　琦	张雪涵	施文映	林佳慧	王思琪
宋思家	任小彤	黄光曦	庞至同	肖娅琳	林　君
陈炜铠	刘春雪	康震涛	李思程	吴超男	梁晶晶
辛风芸	孟祥楠	吴　燕	刘晓彤	王天旗	陈星儒
孙婧萱	李　玥	庄　帅	张诗琦	甫拉提·达吾提	付宇彤
王樱锜	张靖宇	崔力元	陆威奕	张　坤	刘权尹
吴志飞	董祉嫿	荣　丽	邓逸文	张洋中正	栗瑜婉
姜玉池	李大景	韦思博	薛　衡	刘怡茗	胡瑶琪
张子杨	孙　赫	张思敏	范家豪	刘心语	陈婧晗
陈　云	潘博闻	杨小雪	罗　涛	李云舒	裘肖霞
张庆远	郭毓凯	于堡俊	刘瑞苑	徐晓乐	魏婧洁
李承昊	周培苑	李二浩	杨瑾莉	刘　航	赵玉青
唐　岑	小　曼	孙小惠			

食品质量与安全专业(54 人)

付钊龙	周　颖	马培华	陆　瑶	吴相佚	赵　霞
陈鸿强	林孟毅	杨　欣	彭　欢	覃一凡	鲍文静
兰　天	高如心	陈朵朵	宋馨然	赵晓晨	袁苏婧
刘　畅	马　禛	王默涵	许明菲	李旭东	代毓敏
李子玉	袁宜霖	宋　妤	李悦畅	陈　雪	陆心怡
孟祥静	刘　斯	宋小叶	曾庆晗	陈康妮	安一恒
唐梦雪	王　泽	李　贝	刘嘉欣	黄青怡	段涛涛
朱　琳	袁　欣	姜胜美	李沐凡	王馨娴	王水寒
黄馨仪	刘蕴德	颜婷婷	杨　熙	董雨萌	梁　铭

葡萄与葡萄酒工程专业(29 人)

修　齐	姜凯睿	叶婉琼	王　倩	宋子骐	李妍锐
王娇娇	章雨馨	韩蕗阳	孙正阳	孟杨筱雪	武　瑶

唐婉诗	李秋雨	胡　娟	刘晓彤	李涵哲	王裕雅
张玉妹	余　龙	王秋辰	徐慧敏	黄晓玲	杨雅凡
努尔拉西汗·达吾肯		安梦娇	刘兰君	李瓅君	姜铭枢

生物工程专业(25人)

徐　畅	杜怡丽	于心睿	郭　京	何会班	孟祥飞
胡紫玉	徐俊宏	刘　莹	白　杰	申　靖	赵　菁
陈宇锟	谢绣莲	王若瑜	张鸣宇	马　岩	李　琪
罗　晨	陈　虔	靳虹博	袁雪桐	张金玉	周鹏宇
杨　辰					

工学院

车辆工程专业(89人)

周　闯	唐　硕	潘　翔	林　樾	陈跃平	周心远
胡　亮	杨　琦	张　波	赵子都	段毅菲	潘沈杰
李景行	吴秋心	江国安	陈广利	肖　瑞	邓凯元
丁怡宁	高艺枫	杨世钊	王　浩	刘晓月	韩　放
彭　旷	洪佳毅	李长春	张　琰	何壮壮	柴　烜
葛子康	黄博厚	彭思杰	张　斌	李博闻	于新凯
梁文曦	曹亚蓉	汤龙民	吴林峰	王丹昱	石　伟
张传威	吕威龙	贾云心	常艺菲	李健锟	杨红梅
孙德能	黎成帅	谭嘉翔	龙　飞	马　航	陈　瑞
杨　成	倪晓通	刘环涓	宋云龙	骆亚泰	陈师禹
王　芮	段正龙	赵　勇	陈　泓	付理彭	赵东伟
谭　丹	金　天	杨金鑫	杨大为	冀鸿翼	冯茗熹
杨文华	许津榕	蒋金良	冯熠硕	李卓明	张　恒
岳稳准	苟思维	于青垅	刘　静	黄园梦	黄云龙
郭　缘	王梦瑶	张文馨	姜斯文	李若晨	

工业设计专业(32人)

郭靖雯	高　菲	祁　强	陈俪莎	黄博阳	黎仲盼
李　垚	程　灿	符　睿	陈　辰	李　燕	赵　芮
向　欣	柯　婷	郝蕴琪	刘子琪	李奕菲	田诗朦
石　燕	张东泽	吴筱瑞	陈　宸	曾　茜	魏敬珂
尚雨博	唐　嘉	陈　曦	邓里程	杨　凤	谢祯飏
佟心圆	汪华超				

机械设计制造及其自动化专业(49人)

肖剑英	王泽明	许　跃	张贝贝	张嘉军	杜楠楠

王国庆	薛子浩	曾梦梦	王咏琳	刘世界	张洁茹
张凯飞	夏国艺	李金宇	李　虎	扶　君	郭文治
郑培根	钟家宝	朱旭龙	方熊琪	张子鑫	何煊芳
韦超予	刘　琪	陈礼东	许尚杰	陈　鑫	宋　博
卜锦锋	王　健	王祥存	张广雄	胡闰智	徐楚皓
何永献	卓淑容	张　希	鲍　征	郗泽鑫	杨　欢
陈　钟	王　通	蔡生恩	丁繁星	何一鸣	邢包钢
白翰钦					

农业工程专业(43人)

陈铭媛	孙玮怡	林觉亿	李　昕	罗　俊	邱　楠
范　润	李东风	梁聿昕	刘　畅	纪宪伟	王紫鸣
吕向盼	陈相宇	李志伟	方　晨	贾　乙	孙　月
李晨曦	姚锦霞	罗　琪	隋　超	王亚伟	牛译娴
谢依含	廖科科	郭晓宇	回金林	邱惟谨	李一博
杨振东	吕　雪	赵一洁	李　卫	吕　冀	吴鹏飞
南　风	刘雨薇	申鸿飞	巴哈尔古力·托哈尼亚孜		杨瑞梅
陈祎霖	孙炅宇				

农业机械化及其自动化专业(29人)

邱　瑜	宋明昊	张永禄	杜一童	叶森波力·贾尔恒	
陈　晨	鲍锨斌	李宏敏	崔钰萍	姆　瑟	农叶玲
刘亚楼	赵晨斯	赵丽青	朱圣晓	杜超群	马旭阳
黄静茜	黄珂巍	赵泉钧	潘　帅	杨可菲	郑成宇
杜　冲	木哈买提·呼安干		马铭婕	朱柯昕	刘　越
祝　露					

机械电子工程专业(44人)

张　舸	刘　勇	路　卓	严　硕	王　丹	王　敏
张愈进	李　静	姜亚孟	高博扬	黄锦涛	符祝富
张　萌	王勃蒙	候金强	钟　清	王昱翔	贾　涵
邱　鹏	白玉顶	王亚舟	罗惠方	潘　越	周书兰
张雨琛	周秀芳	昝映成	刘雪迎	陈　馨	罗　石
陈禄海	罗光举	陈兴旺	伍佳星	王　远	王梓宇
程　龙	葛　琦	冉　昊	黄宇敏	蔡　伟	陈　旭
代　冬	李　所				

信息与电气工程学院

电气工程及其自动化专业(62人)

张烜荧	卢　莹	王君颖	杨　欣	姜映雪	杨荣淞
吴延淞	郭鑫博	邹　明	刘生财	刘小畅	涂培程
王琦媛	廖寅钦	吴　彤	黄荷心	刘子腾	韩文博
吴志祥	刘玥昊	李鹏丽	王　良	高　洁	何卓伦
陈　杰	陈韦韬	丁天皓	乌力吉	陈子卉	贺亭宇
胡钰琳	方中健	刘志鹏	杨　臣	王　天	范鹏森
罗欣欣	张宇轩	赵一鸣	王子妍	隋建宇	程远竹
李心宇	朱翘楚	武董一	赵增辉	冯雨思	陈郁典
慕宗达	夏　艺	吴亚强	李思飏	褚晓飞	罗楚雯
何金鉴	李卓阳	吴　进	宋鑫鹏	王敏骁	朱浩灵
王兢科	徐梓潇				

电子信息工程专业(18人)

李木槿	韩明强	吴　渺	祝孟璐	刘雅琪	吴晓楠
孙建桐	李宗儒	胡浩森	王玉竹	赵　赫	陈　宏
刘艾奇	李碧月	张　倩	高建银	洪泽坤	雷　萌

计算机科学与技术专业(40人)

李　领	郑维汉	苏桂清	王　卓	陈钧吾	郭天龙
王　涵	杨忠富	李　蔻	高思奇	曾　璞	汤子贤
王　康	赵彦海	阳赵雪	吴文君	詹娜娜	游学杭
梁玉妍	朱滢	张赵星	秦小煌	杨宜蔚	李　鑫
王　莹	曹新凯	曾　浩	黄双银	韩曜航	黄帅琪
孙　菁	房子荃	邵佳鑫	周　坤	方昕昶	巨　颖
罗吉文	李浩男	曾可沁	刘振兴		

通信工程专业(19人)

李　涛	石素绮	徐恩晓	刘书成	张　焱	侯婧宇
张　巧	张维丽	吴雪盟	王祥祥	王　瑾	姜骁宵
尹劝辉	刘颖鑫	张型元	赵洁琼	潘思聪	崔　佳
高　扬					

地理信息科学专业(22人)

李珊儿	刘一德	袁　钰	祁晓英	朱君伟	高祺开
邢　畅	杨　菡	马莹轩	刘树文	王鑫磊	张　缘
吴开新	郑子睿	柳苗苗	李子悦	唐毅宽	王晓蓉
冀际安	傅筱白	侯　宁	杨　枭		

自动化专业(26 人)

程　远	李昊昙	徐　宁	唐芳玉	杨　肖	肖旭辉
翟嘉徽	戴琼芳	黄思宇	马源彬	李保科	高　杨
欧　强	徐子聪	许　蕊	马青玉	王明钰	龚淦豪
吴　霞	叶粉仙	张士澜	雷云光	杨　柳	闵　黎
谌业雄	刘泰阳				

电子信息工程(理科试验班)(12 人)

邓　爽	宁　川	徐弘祯	郭嘉祺	眭畅豪	史丹妮
张　磊	汪思源	廖文璇	裴艺敏	刘　昭	龙耀威

电气工程及其自动化(理科试验班)(18 人)

刘　睿	阎宇航	伊　珊	陈秋月	梅　杰	冯　蕊
李　磊	王照琪	许　彪	薛文景	靳开元	吴丹曼
刘宇婷	范　喆	张天睿	江伟强	赵明伟	阮梦洁

计算机科学与技术(理科试验班)(11 人)

王怡珺	张椿溪	董晓宇	常浩东	宿　鹤	于志远
余　曦	张智斌	许瑄庭	姚　瑱	张成蹊	

金融学(理科试验班)(1 人)

白伊璇

会计学(理科试验班)(2 人)

孙千和　王婧璇

地理信息科学(理科试验班)(6 人)

刘昱甫	邬佳昱	李卓宇	王欢欢	谌罗超	姜澍辰

自动化(理科试验班)(2 人)

万家伟　范立岩

水利与土木工程学院

农业建筑环境与能源工程专业(29 人)

卜韵谌	胡莹莹	刘钇彤	胡顺帆	吕棂轩	陈艾婷
陈建基	王贺征	崖理圣	刘彦珩	赵雅昕	吴俊杰
王常洁	郑　飞	廖紫薇	王恺川	金　策	张文瑾
格列尼玛	刘思宇	孙智慧	叶蓉蓉	王少杰	苏　蕊
欧阳贵星	仲玉婷	周振宇	刘佳希	韩斌润	

能源与动力工程专业(35 人)

马　婧	王远营	宫恩宇	江信宽	张世杰	张　迪

陈艳鑫	胡昕宇	高　芮	周亚珍	李团丰	王诗婷
吴限彬	沈　磊	穆金浩	齐　鑫	王丹阳	冷东洋
汪　超	何　茜	王晶晶	屈冬平	郭苏颖	张梦娇
闫建宇	柯雨莎	资琦韬	王　燕	牛智杰	彭　赛
闫亚斐	许海琰	赵　明	张富毅	顾春晨	

农业水利工程专业(29 人)

周　蔚	丁世博	郑潇怡	王雨泉	孙旻昊	法　晨
于　伟	刘　宜	王正男	史汶艳	杨凤茹	曹汇汇
郭　锐	王玮沁	刘　璇	房　丹	雷　超	张　桐
孙雨晴	张黄威	魏　榕	张　彤	武　慧	付　航
古丽帕尔·巴当		陆凌峰	张琼方	房志达	曹　斌

水利水电工程专业(46 人)

张　洌	刘政道	古　玉	谢雨卿	张玮嘉	王　璞
孙子日哈	李雪莹	贺年嵩	马　楠	谢　超	杨胜举
游　芬	邵　傑	朱江会	王星晖	刘彦铄	王淑萍
李荣勇	许晶晶	黄　奕	宋　歌	旦　增	祁继霞
陈　阳	李佳骏	李志颀	张　鑫	任倩倩	格　桑
姚沫男	范霈涵	张　妍	郝瑞晶	王昭程	王鹏翔
刘寒青	邱如健	刘天瑞	旦增旺扎	江雅赛	陈榆汉
赵　崛	傅鸿飞	丁　杰	刘梦涵		

土木工程专业(43 人)

文　爽	许　智	雷承丰	谢　萌	杨福波	陈秀娟
欧雅婷	郑　茜	张智博	盛婉琦	程　浩	马显旗
彭书华	钱佳佳	张　超	孙立霞	朱晓蔚	黄　明
黄泽敏	孙　锋	林文静	赵　祺	李绍领	王斌泰
欧阳紫茵	潘常春	尚　程	罗时磊	石家华	雷辉文
李　靖	刘伟伟	李文俊	温锭良	文　姝	鲁国忠
刘　磊	陈红亮	葛根宏	许长浩	李重霄	金　鹏
张皓志					

理学院

化学专业(51 人)

杨　阳	曲　媛	魏一木	李恒朝	孙方皓	张冠瑜
严子涵	曹　泱	王安然	张　瑜	刘　翀	韩云榭
贾晨迪	曾　元	李　燕	崔景娜	鲍志远	郭真言
阎昱好	金小宇	翟王晶	许晔飞	朱先建	杨　辰

刘　阳	刘澍雨	李子璐	徐　鑫	扈圆芷	王　堑
马　硕	黄钱卓尔特	孙歌杉	孙秀鹏	王建力	林　璇
陈　峰	孙　伟	万修权	朱方正	任丹晖	方莹莹
刘　婷	胡　钰	侯文博	尹书君	黄苇静	李成晨
程　浩	吴永皓	宁小寒			

应用化学专业(44人)

谷容田	吴国兴	王韵书	王宜珂	畅温旭	王秋晓
李　成	薛元基	黄　战	王光宇	盛　开	徐芷怡
李婵娟	陈艺琳	罗家琪	朱稚晨	方昕旸	李晓理
曾文波	黄肖梦	周奕霏	杜夏瑜	王子康	吉木阿日
刘正涛	陈　旭	辛佳康	刘　蕊	毕莹莹	杨　森
王　南	李晓晗	李　琦	张泽阳	曹灏东	广建辉
邓　忭	徐少卿	史望宇	瓦哈甫江·吾麦尔		雒文頔
武杨柳	陈罗云	井　婧			

工程力学专业(22人)

付春雨	尹桂起	邵文辉	朱思琪	黄　灿	赵晓旗
金子轩	朱剑威	孙维玲	盛劲伟	张鹏翀	方　涵
田　诚	王健璇	王　鑫	聂鹏程	杨晓野	孟　岩
邹　雍	王梦莹	刁俊辰	杨益涛		

数学与应用数学专业(30人)

门　敏	闫　昱	肖昕塽	鄢雨霏	达　文	刘牧涵
薛惠文	方悦如	李汭芹	张　雪	于　芳	高子敬
李　丽	高梓婷	杨禹菁	原馨荃	李皓辰	宋　璟
马欣雅	刘月明	崔梦言	陈　聪	吴彦坤	谢　凡
代雅涵	雷开宇	朱玉可	汪　锋	范若龚	唐昕蕊

经济管理学院

工商管理专业(35人)

王　智	范文婷	马松照	陈　慧	伊　伊	陈宏振
唐芳玉	王　超	戚新萍	泽仁江增	张　昕	韩雅茹
周振宇	张　玮	赵琳琦	何　欢	田璐伊	赵成志
吴永慧	梁安迪	韩　璐	宋雨奇	扎西曲措	边　成
贡觉尼玛	陈熙婧	张　毅	严可忻	王治方	刘　佳
徐斌斌	刘　莹	孟云霞	于凌翔	马小可	

电子商务专业(8人)

朱家政	周梦楠	张荣真	刘书昕	孙怡莉	王熙文

姜俐延	张　晓				

国际经济与贸易专业(12人)

曹利民	田艳阳	王学清	冯禄薇	卢兰云	陈雨蒙
孔　佳	梁海波	杨曦露	张　超	唐欢欢	罗书弈

会计学专业(76人)

廖家超	马有朋	乔龙武	张任飞	李　斌	汪皓昀
杨宇婧	刘宏宇	符慧敏	郑　蕾	高　月	邹嫣泥
王思辉	周永鑫	王敬天	常嘉倩	王　婧	涂志伟
吴　丹	姚力彬	季　杰	赵　震	许宝平	张铭悦
陈玉莹	刘明亮	李　晗	黄　潇	杨　彤	詹　坤
杨　帆	钱柯怡	骆　雪	张梦苏	武滨晖	任嘉欣
韩佳芸	刘　荣	张卓然	葛芊奕	孙　涵	杨少飞
赵梓涵	纪承名	王静仪	张佳伟	曾露颖	时　悦
朱叶维	张馨文	陈佳祎	樊嘉怡	陈宇扬	张冰洁
余　涛	史泽佳	司　兵	张明洁	臧梓伊	刘子怡
周　颖	廉森媛	张弛也	贺　静	孔祥璐	滕　誊
周彩虹	崔　莉	黄思源	李子豪	刘云裳	陈亦琦
程仰之	张潇菡	阳　光	任卓然		

金融学专业(113人)

王　楚	阎贞希	唐婉琳	张云菲	王　丽	窦　智
施佳倩	李　钰	朱海金	张煜杉	位畅斌	赵晶石
柴晓融	王睿峰	李浩然	赵婉彤	金　融	曹　珂
姜　赫	苏　丽	王晓雯	于　歌	吕沛瑶	符凝思
叶仪静	李明洋	王博贤	陈　晨	苏　瑞	赵静波
颜赠耀	李天煜	程　妍	朱　洋	李承帅	胡逸哲
查苏娜	史鸿杰	朱淑仪	黄兴悦	邵文静	李世熠
张恩民	王　缘	田若梦	孙乐祺	黄　鲲	王芷薇
杨见康	马德龙	霍　鑫	吕欣欣	张新竹	刘　晨
张慧中	朱美羲	陈朋雨	刘思含	张慕瑶	陈雨菡
张　帅	周可心	曹宇纯	高　迪	苑嘉榕	吴其倡
李美琳	夏　锋	王祥云	汪　洋	林文达	息　晨
罗晨颖	杨志坚	王璐琪	陈　琪	王芯蕊	林星宇
王梦琪	张　扬	杜欣蓉	冯　锐	熊艳莉	高　源
简先城	刘泰一	文　扬	马　婷	刘春利	
加林努尔·马达尼亚提		宋子月	孙怡然	赖慧茹	庞　川

朱天顺	于新彦	王慕尧	于　航	郝晟希	李东怀
王语涵	刘馨璐	倪　杰	许真译	茶常茂	王宝珠
闫　晗	许　喆	巩为东	宋远航	刘海泉	楼乾元
满孝斌					

农林经济管理专业(31人)

李昊泽	石　竺	林　深	史　磊	姜琳瑶	王晓璐
武　玉	钱嘉瑞	罗万邦	杨　藤	李诗宇	邢昱群
刘欣月	马　玉	丁逸飞	王　祝	刘梦夏	唐　伟
王佳琪	哈斯得尔·阿斯哈提		卢昱嘉	姚羽佳	乐桢宇
江晓丹	黎子流	张潇逸	尹雪晶	朱　佳	周　颖
胡　君	高润泽				

人文与发展学院

传播学专业(37人)

吴　桐	葛子菡	鲁益宁	陈梦莹	胡琬丽	顾　焱
王　坤	于　溪	郑子聪	扶婧颖	王一斐	张译方
田　梦	楼雪丽	朱嘉恩	张皓媛	陈浩然	王美月
王　琦	辛陈伊囡	滕　天	闫　奕	成　钰	李若嘉
潘红豆	张晓洁	杨　芃	于亚青	曹　爽	李涤晨
刘倩影	王琳媚	安雨昕	邱　天	李　洁	熊凡一
王耀莉					

法学专业(37人)

罗燚浩	刘　宇	凌　听	牛亚梦	于　欣	张　朋
王鑫嫄	周根源	郭　森	张　越	刘泉志	戴　琦
何孟圆	薛媛兮	杨书晨	王　琪	温笑寒	光晨晨
耿世雷	张博源	郭　雨	乌日很	包扬远	陈德峰
邵明旭	张晓阳	岳至柔	赵林彤	张海涛	文博生
蔡雨欣	张　歌	陈啸林	狄倖宇	王手坤	杨　婧
蒋　怡					

农村区域发展专业(45人)

张严允	汪　瑾	赵珺婕	贾中雪	张　璐	茅佳艺
曹梦迪	汪东升	次仁央宗	李银萍	李子璇	徐祯祥
杨　康	朱　琳	刘冰航	余熙瑜	黄新蕊	邢晨琛
巴桑单增	宋嘉程	黄文博	吴旻泽	吴心怡	夏千童
徐晓蕾	张　曾	郑梦珍	唐若琪	吴小沔	郑维维
莫浩然	庞　欣	文　静	喻小雨	许梦陶	朱　茜

胡　琴	卢娇立	张明晔	唐奴尔·吐斯别克		潘秀想
王　崑	叶擎天	许以言	麦丽旦·扎伊尔		

社会学专业(18人)

吕思敏	李　萌	吴佳宝	毕乃炜	颜　旭	德吉卓嘎
李梦雅	陈　曦	王小榕	王亮量	史东雁	赵龙伟
黄洪洁	许　越	黄晶晶	李雨萌	田一诺	尼玛卓多

英语专业(27人)

伍楷文	李甲鹏	林秋君	徐梓婧	刘惠姗	杨诗雨
胡可馨	张文君	杜冬琴	赵家鑫	马云鸽	陈　越
王超越	孙铱繁	杨　泽	窦佳琪	孟沁甜	李妍青
王玲玲	周唯榛	蔺琪瑞	方　圆	尚偲绮	王柯然
彭兴伟	周　晶	程星宇			

国际学院

国际经济与贸易专业(109人)

严　权	赵子晴	孙　羽	陈心仪	田欣雨	张雨萌
唐佳爽	马梦妤	吴欣蔓	谢天琦	杜晓艳	牛　童
温开一	任宇轩	刘　畅	张椿萱	董柔嘉	董凡歌
贾景潇	刘行韬	袁鹏飞	龙奕伶	易心怡	卓　娜
王馨珧	郝益嘉	李杭霏	荆　晶	魏晓凡	范秋雨
李　周	胡加琦	孙培元	童敬宜	石韫豪	杨诗蕾
李佳琪	许昊桥	付亦辉	刘　悦	张　括	秦　毓
张若然	王子桐	吴思锐	田　圆	陈星月	王京海
夏琴瑶	侯淑玮	果睿涵	黄婧麒	林竺音	袁小伦
李孟韬	钟雨杉	刘姝君	斯　雯	周　妍	王　哲
宋欣泽	曹思琦	王怡雯	张　昇	王思易	黄鸿伟
王　博	李佳雯	宋伊环	郑　旭	蔡宜彤	焦雅萱
杨予萌	马　晨	郭真歌	孙新寓	耿济同	侯姗雨
董文川	王皓谊	赵子嫣	陈羽书	叶运新	郑红阳
吴琬莹	周　珩	任　爽	张　瑀	侯孟婕	牛思涵
冯里滨	林梦晗	李佳璐	左　森	杨宇遨	王　迪
张飘月	徐　阳	刘庆志	孙诗豪	黄先亮	张文晋
寇　奇	韩羡茹	栗兆民	裴　茹	宗　爽	杨怀佳
田　申					

金融学专业(44人)

胡佳玮	周虹均	赵　雪	王俊人	张卓然	朱　琳

张　硕	孙　珂	吴　茜	李　琦	阿茹娜	郭子萱
陈芊羽	李景辉	郭建男	王楚登	袁　帆	刘高洁
梁　铨	邱馨毅	刘　桢	许晨阳	苑成武	刘望舒
高　源	徐晓磊	王　栋	吴锦昊	刘昱彤	宁媛媛
马允洲	吴昱璇	吕泽坤	苏楚童	孙煜翔	周向媚
杨佳燚	王一丹	赵乐山	何思影	陈子妍	陈　祎
张不凡	班昊钰				

农林经济管理专业(28 人)

刘　越	杜啸楠	高　禹	孙文璐	李文瑄	魏　珩
刘　畅	杨佳晨	蔡学成	赵　恒	薛逍旸	张　远
管怡然	王诗仪	范　允	陈绪之	赵若萌	冯　科
胡京昕	孙　星	张心怡	崔　航	李欣芸	刘兆一
张舒禹	种法宇	王俊翔	于心田		

传播学专业(16 人)

姜孟祺	宋诗谣	高鹰石	陈砚竹	王晓萱	仇　璇
王汉巍	赵子莹	綦　湉	赵诗慧	史浩成	刘逸凡
倪　宁	金梦含	吴欣坤	曲文迪		

烟台研究院

公共事业管理专业(62 人)

邹鹤丰	王普洁	谢慧芳	张红	张怡然	张雯雯
张颖慧	蔡泽宇	李瑞辰	周　源	朱冬青	王殿凯
宋丹丹	肖　雪	姜　浩	王之琦	王慧清	韩长燊
徐晓林	邢　润	鹿文丽	杨　树	赵　禛	刘　娟
吴博阳	朱林霏	王小雨	杨　潘	周艺卓	闫纪印
张益群	刘　存	管静仪	王煜晨	韩淑冰	韩　越
李　鑫	李丹丹	刘　慧	韩　帅	蔡玉恒	夏钰涵
王　浩	卞晓洁	蒲威东	唐明珠	毕　琳	王春雁
马雨希	马润志	孙　萌	张　欣	刘雅男	郭泰彬
栾威华	王艺璇	吕宗刚	王　婷	鞠　萌	李梦真
朱蕙冉	王欣欣				

市场营销专业(145 人)

马小泽	杨　晗	李欣瑞	李　萍	车兴程	叶永青
崔晗硕	董　琦	高宇圻	刘天媛	郭庆阳	孙　铭
许文婧	吴　洁	李　丹	刘湘鲁	李红玉	梁家甄
韩子梅	刘芳冰	武　岳	高德宇	苏　航	荆　琦
赵文慧	王金灿	吴　越	韩文欣	贾尚月	王晓通

张程程	张帆	刘鑫	牛雅文	单莲新	王帅
法慧	董雪梅	刘皓伟	王广运	吴萌	李世媛
马靖茹	苏权慧	张晓娟	王桂超	任德鑫	王钊
赵正伟	魏小杰	樊昕宇	梁如佳	杨明	刘纪昕
王纲	耿一苇	张新洁	王艺璇	李淑珍	张海凤
寻静雅	高敏	王德寰	高鹏	高翰	杨燕
纪鹏飞	李焕宝	綦敬海	孔冰娴	刘姝君	李登睿
孙曦雨	寻玉迪	时佳敏	赵倍	张煦晨	张璐瑶
王明婧	刘磊	姜彬	王慧	张晓霞	丛嘉禾
樊玉静	梁磊	姜加晓	张俊换	林涥夏	邓雪静
于菲	姬玉然	田晓涵	刘宇通	张惠鑫	潘智斌
王珺瑶	王紫薇	范晓杰	贺立	陆江南	连奕昕
程强生	莫月	殷浩文	林会靖	陈思远	张玉欣
段成龙	王忠林	毛伟超	李豪豪	李文成	曹仪
李卓群	孙晓佳	张忠宁	赵晔	曹成志	程康
韩子君	张文康	董玉鑫	董文韬	黄抱慈	刘菀桐
赵蕊	周宝栋	张玉龙	史冠宇	柯超原	魏昭
张心悦	庄晓程	王昊	王宣伶	于璐	张宇辰
于浩森	张耀	孙朝阳	赵丹阳	葛泽仁	栾琳
马岚					

设施农业科学与工程专业(50人)

许方雯	栾正润	韩青玉	刘文清	徐晓阳	刘铎
于超	侯秀宁	曲彤	刘婷婷	王一然	侯云霄
李琪	张敬夫	何迎宁	马晓凡	王潇涵	谢汉友
王上	宋华文	蒋恬梦	王艺璇	姜姝璇	安宝树
李纪芳彤	周航	桑硕	吴曰程	王鸿远	张琦
谢凯丽	马前磊	齐铭钧	杨鹏飞	张子娴	冯莉
丁莹	李孟涵	沙见浩	姜文迁	王兆亮	安毅
阎雪容	王旭	肖雯琦	仪姝岐	王佳宇	徐铭泽
梁宇	于金铭				

水产养殖学专业(35人)

刘科阳	魏元戎	周功磊	王嘉君	孙涛	孙元昊
孙晓睿	温洋	彭赛君	张泉涛	贾雪	孙灏然
高恬恬	蔡禹	张浩然	马学伟	刘沛仪	刘鑫帅
毕研恒	刘旭春	于晨	于士翔	姜菁桦	高琦
刘沁霄	高萌	贺静	董彦志	张晓宇	云霄
李雪	王稚晴	徐志龙	张晓晓	金永行	

2018年媒体报道目录索引

标题	媒体	时间
中国农大举办大禹青年学者论坛	中国科学报	1月2日
2017年12月"科学"流言榜发布喝久煮的火锅汤会中毒？假的！	北京晚报	1月2日
朱启臻：振兴乡村要明确两个问题	农民日报	1月3日
环保税登场，养殖业或迎理性发展	中国科学报	1月3日
精准扶贫与乡村振兴示范基地在云南勐腊成立	云南日报	1月3日
【一个不能少】与草原相许，农牧民对美好生活的向往就是我们的奋斗目标	中国西藏网	1月5日
解码2017年"舌尖关键词"：网络外卖、网红食品等	新华社	1月5日
扶贫进入重"质"阶段 精准破解返贫问题	21世纪经济报道	1月6日
云南省政府与中国农大签署战略合作协议	云南网	1月6日
2017年度国家科学技术奖今天揭晓 北京获奖总数创历史新高	北京卫视	1月8日
林万龙：中国特色社会主义乡村振兴道路的七个关键词	央视网	1月8日
动科学院曹志军带队精准帮扶丰宁奶牛养殖	北京市科委网站	1月8日
中国农业大学积极服务乡村振兴战略	教育部网站	1月9日
张福锁：砥砺前行，探寻绿色发展路	中国科学报	1月10日
李军：实现小农户和现代农业发展有机衔接	光明网	1月15日
李道亮：农业4.0引领我国乡村振兴	央视网	1月15日
王立彤率队赴中国农业大学对接校地合作	邯郸日报	1月15日
平谷今年将打造农业科技创新区	北京晚报	1月16日
朱道林：采取多样化土地供应方式支持高精尖企业发展	新京报	1月17日
土地"醒了" 房子"活了" 农民有盼头了	人民日报海外版	1月23日

续表

标题	媒体	时间
王福军:守护农田水利的心脏	中国科学报	1月24日
李克强主持召开各民主党派中央全国工商联负责人和无党派人士代表座谈会	中央电视台	1月24日
中国农村宅基地"三权分置"改革将带来哪些红利?	中国青年报	1月26日
中国农业大学北京校友会举办第三届新春嘉年华	中新网	1月27日
曹兵海:"肉牛产业何去何从?"	中国畜牧兽医报	1月28日
国土部、住建部同意11个城市利用集体建设用地建租赁房试点方案	央广网	1月28日
河北曲周:"流动课堂"进农村 农民家门口"上大学"	新华社	1月29日
农大在平谷建"国家农创港"	北京日报	1月29日
CCTV 2017年度"三农"人物颁奖典礼在京举行	人民网	1月29日
绿色转型成效初显 减肥减药促农业品质提升	人民日报海外版	1月29日
李小云、许汉泽:2020年后扶贫工作的若干思考	人民网	2月1日
村村宣讲十九大 农业技术进农家	中央电视台	2月1日
中国农业大学赴阳光使者雅安戴河基地实践活动正式开启	新浪	2月2日
中国农业大学:十九大精神送到村,农业技术全覆盖	中国教育电视台	2月2日
北京电视台春晚今年"数星星" 明星阵容为历年之最	北京日报	2月2日
培训技术更要培训人——中国农业大学"村村宣讲十九大,农业技术送农家"行动侧记	中国科学报	2月6日
李小云左停:深度贫困地区脱贫攻坚——挑战与对策	中国社会科学报	2月6日
兴化市政府与中国农业大学签约 共建中农大兴化健康食品产业研究院	兴化电视台	2月6日
中国农业大学深化创新创业教育改革	教育部网站	2月7日
乡村振兴须先"留住人"	光明日报	2月7日
中国农业大学大力加强思想政治理论课教师队伍建设	"V思想"微信公众号	2月8日
如何讲好南南合作的中国故事	科学网	2月8日
实现村村全覆盖、培训送万家——中国农大师生深入乡村宣讲十九大精神	宣教之窗	2月8日
冬日暖阳照乡村——曲周县和中国农大"村村宣讲十九大·农业技术送农家"行动见闻	农民日报	2月9日
张宏彦:从大地走出来的"基层科研者"	科学中国人	2月10日
中国农业大学田东支教汇报会	广西百色教育网	2月11日
1个月深入342个村庄,这所学校只为这件事	微言教育	2月12日

续表

标题	媒体	时间
我校陈功峻在平昌冬奥会上当志愿者	重庆晨报	2月12日
中国减“肥”：化肥使用量实现零增长农业的转折	中国青年报	2月14日
有你的地方才是家・农大教授李小云：把新家安在河边村	中央电视台	2月19日
朱启臻：乡村振兴中的生态文明智慧	光明日报	2月24日
中国农业大学：构建“科技创新、社会服务、人才培养”三位一体应用型人才培养新模式	教育部网站	2月26日
深耕国际发展十年，为什么要设立南南农业合作学院？	国际发展时报	2月27日
中国农业大学师生冬季“送课下乡” 一村一课不重样 农业技术送农家	中国教育报	2月28日
专家呼吁建立我国大援外体系，改变碎片化格局	凤凰网	2月28日
全国高校积极开展学生寒假社会实践活动，用青春丈量大地——从“要我去”到“我要去”	人民日报	3月1日
张晖：深刻把握乡村振兴道路的中国特色	长江日报	3月1日
让教师成为令人羡慕的职业	中国教育报	3月4日
专家观点：生产和提供全球公共产品将成为中国对外援助的新焦点	财经时报网	3月5日
【共鸣】聆听习近平总书记政协联组会重要讲话，民盟盟员、致公党党员和无党派人士心潮澎湃……	统战新语	3月5日
开启乡村振兴新篇章——通俗理论节目《乡村振兴战略大家谈》引发社会热烈反响	光明日报	3月5日
韩鲁佳委员：公派留学资源应向“三农”倾斜	中国教育新闻网	3月6日
武维华：一大批九三学社的中青年科学家在科技前沿领域奋发有为	新华网	3月6日
武维华：“墨子”“天眼”这些重大科技成果都有九三人的突出贡献	新华网	3月6日
十年大型田间试验显示：减少化肥使用可改善中国粮食安全	Nature	3月7日
贫困发生率已低于5%，如何“精准扶贫”	文汇报	3月7日
我国学者在酵母DNA复制与姐妹染色单体黏连取得新进展	科学网	3月8日
李小云：深度贫困区脱贫需超常规对策	民生周刊	3月9日
中国农业大学校长孙其信：人才短缺是乡村发展的最大制约	中国网	3月9日
36位“农大人”履职“两会”参政议农	中国农业新闻网	3月9日
“科二代”会选择科研吗？	中国科学报	3月10日
千万别再劝别人“多喝热水”！有可能是在害他	新浪	3月12日

续表

标题	媒体	时间
国际发展合作署将成立 中国如何突破“援外碎片化”瓶颈	财新网	3月13日
中国农业大学师生深入乡村宣讲习近平新时代中国特色社会主义思想	教育部网站	3月13日
安徽代表团举行全体会议审议全国人大常委会工作报告 李锦斌参加审议	安徽日报	3月13日
张福锁荣获荷兰瓦赫宁根大学荣誉博士学位	中国科学报	3月14日
左停:完善社会救助兜底保障功能 激发贫困人口内生发展动力	中国社会报	3月14日
美媒:中国研究人员发现农业奇迹 可能会养活地球	参考消息	3月15日
印媒:中国的农业奇迹,印度可学习	环球时报	3月15日
央视315晚会:西红柿螃蟹一起吃会产生砒霜系谣言	澎湃新闻	3月15日
用法律保护中国的“霍金”	检察日报	3月15日
绿色“双增”为农业发展蓝图添彩	科普时报	3月16日
今年央视315晚会曝光了这些问题	环球时报微信公众号	3月16日
你加热牛奶的方法对不对	人民网	3月16日
每种饺子都有最佳蘸料	人民网	3月16日
专家学者研讨规模猪场智慧养殖和产业创新发展	中国新闻网	3月16日
中国农业大学教授何雄奎呼吁——要尽快制定喷杆式喷雾机技术生产标准	农民日报	3月16日
十三届全国人大一次会议选举产生新一届国家领导人	新华社	3月17日
中华人民共和国全国人民代表大会公告	中央电视台	3月18日
李晓林:集合多方力量服务小农户,助力农业现代化	中央电视台	3月19日
“一带一路”动物科技创新联盟成立	中国新闻社	3月19日
葡萄酒过期能不能喝?	人民网	3月20日
教育现代化农村不能缺席—— 全国人大代表关注农村教育现代化	中国教育报	3月22日
对话中国农业大学经济管理学院教授何广文:保持持续性是土地规模化经营的关键	金融时报	3月22日
中国农大陈益芳课题组在磷稳态调控机制研究中取得重要进展	搜狐	3月23日
《自然》发文:中国科学家携手千万农民实现绿色增产	中国新闻社	3月24日
Chinese varsity, SUA team up to improve maize production	The Citizen	3月24日
把希望带到非洲的田野上——中国专家帮助坦桑尼亚农民提高玉米产量	新华社	3月24日
农大舞蹈协会成立三十周年文艺汇演	新华社客户端	3月24日

续表

标题	媒体	时间
张福锁院士团队：携手千万农民实现农业绿色增产增效	中国农业新闻网	3月25日
中外专家献计甘肃“平凉红牛”：保持本土特色“拓市场”	中国新闻社	3月25日
驻坦桑尼亚大使王克出席中方在坦实施的“千户万亩玉米高产示范工程”启动仪式	中国驻坦桑尼亚使馆微信公众号	3月25日
2018年中国农业大学新增本科专业名单	新浪	3月26日
葛长银：善用“数字思维”指导实践—— 毛泽东的一门“童子功”	北京日报	3月26日
中外专家献计甘肃“平凉红牛”：保持本土特色“拓市场”	中国新闻网	3月26日
中国农大携手千万农民实现绿色发展	中国科学报	3月27日
Must signs pact with Chinese university	The Nation	3月27日
中国农业发展经验的南南合作探索与实践	中国发展门户网	3月27日
中坦“千户万亩玉米增产示范工程”启动	中国扶贫在线	3月27日
中国农业发展经验落地非洲　助力农业可持续性发展	中国扶贫在线	3月27日
中坦农业合作田间论坛在坦桑尼亚举行	中央电视台	3月27日
专家为我省乡村振兴献良策	西宁晚报	3月28日
车厘子怎么洗才干净	人民网	3月28日
中国农业发展经验落地非洲初显成效 “授人以渔”探索可持续发展	财经时报	3月28日
这个学校的支部建在小院里丨实效奖展示	“V思想”微信公众号	3月29日
携手千万农民 共创科技硕果	中央电视台	3月29日
2018中国各区域大学排行榜10强全新出炉	人民网	3月30日
春天不能少了芽苗菜 黑豆芽富含叶酸 豌豆苗补充维C	人民网	3月30日
星巴克回应致癌风波：法院裁决是针对整个咖啡业	澎湃新闻	4月1日
“从风土到佳饮——大师的选择”主题论坛在京举行	人民网	4月2日
张家口宣化区举办乡村振兴战略专题讲座	张家口在线	4月2日
酿酒大师米歇尔·罗兰来华 汇源力促中法葡萄酒文化交流	中国新闻网	4月2日
储备人才备战东京奥运	南方日报	4月2日
Plant Cell丨中国农大等单位合作研究发现ABA信号调节新组分	植物科学最前沿微信公众号	4月5日
河南外出务工者为子女教育举家搬迁	工人日报	4月5日
火爆背后冷思考 发展乡村旅游要重视潜在问题	央广网	4月5日
专家为昭通苹果提质增效把脉开方	云南日报	4月5日
五招让炒饭变营养	人民网	4月7日

续表

标题	媒体	时间
瞄准特定贫困群体下功夫	人民日报	4月8日
中国农大:让中国技术穿上非洲外衣	中国科学报	4月10日
教育部离退休干部局赴中国农业大学调研离退休干部工作	教育部网站	4月10日
钟扬同志先进事迹报告会举行	中国教育报	4月10日
李德发任中国奶协新一届会长	北京商报	4月11日
中国农业大学(兴化)健康食品产业研究院成立	新华日报	4月11日
纯天然、手工食品并没有你想得那么好	科技日报	4月11日
学校永远是家 老师永远是后盾——中国农业大学悉心关爱村官成长	中国青年网	4月11日
加强校地合作促产业发展 中国农大成立(兴化)健康食品产业研究院	中国经济网	4月12日
中国农大张学琴课题组揭示 AtNOP10 基因影响拟南芥雌雄配子体的发育	植物科学最前沿微信公众号	4月13日
怀柔承德培训农村实用人才	北京日报	4月13日
合力创新谱写乡村振兴新篇章	学习时报	4月13日
适当“挨饿”7大好处！给身体减负 打开长寿基因	人民网	4月16日
华北地区农科高校在京举行大学生农业创新创业大赛	法制晚报	4月17日
华北地区农科高校举行农业创新大赛	北青网	4月17日
教育部离退休干部局赴中国农业大学调研离退休干部工作	教育部网站	4月17日
河北78岁老人上大学:我要做一个新时代的奋斗者!	新华社	4月18日
任发政:我国生鲜乳质量安全达国际先进水平	中国经济网	4月20日
广西现代生态养殖专题研修班在中国农业大学举办	中国水产养殖网	4月26日
丰乐种业与中国农业大学举行玉米单倍体育种技术合作签约仪式	人民网	4月26日
【新时代新气象新作为】精准扶贫新模式加快勐腊瑶族村寨脱贫攻坚步伐	国际在线	4月27日
2018青年服务国家暑期社会实践“乡村振兴·青年作为”阳光使者专项活动启动	千龙网	4月28日
“双一流”建设背景下大学体育育人功能分析	北京教育	5月1日
2018高考咨询大直播——中国农业大学	中国教育电视台	5月2日
“放管服”放大招 高校学位授权自主审核意味什么?	中国教育电视台	5月2日
五月的鲜花 筑梦新时代 全国大中学生文艺会演4日播出	央视网	5月2日
乡村振兴战略实施元年 多项农业农村改革政策正孕育	上海证券报	5月4日

续表

标题	媒体	时间
奋勇投身新时代 接力建功中国梦	中国教育报	5月4日
办出一流！高校书记校长热议习总书记北大考察重要讲话	“微言教育”微信公众号	5月4日
中国农业大学教授朱启臻：保留院落乡土特色避免“千村一貌”	海南日报	5月6日
专家献策南南合作和国际发展合作	中国网	5月8日
中国工程院院士汪懋华：安全农产食品既靠“产”又靠“管”	中国科学报	5月9日
中国科学家在缅甸琥珀中发现一亿年前昆虫拟态行为	中国新闻网	5月9日
有机蔬菜缘何遭遇信任危机？	中国教育电视台	5月9日
习近平总书记在北京大学师生座谈会上的重要讲话在教育系统引起强烈反响	教育部网站	5月9日
中国农大杨淑华/施怡婷团队揭示脱落酸和细胞分裂素信号途径拮抗调控逆境应答的新机制	“植物科学前沿”微信公众号	5月11日
“中国国际发展合作人”是什么群，加吗？	财经时报	5月11日
刘启明：提高农村价值是实施乡村振兴战略的重要遵循	光明网	5月11日
吉米壹號与中国农大达成战略合作 携手推进食品科学检测工程	中国网	5月14日
李召虎：坚持农业特色服务乡村振兴战略	中国教育报	5月16日
中国乳业的“黑科技”来啦	中国网	5月16日
中国农业大学固始教授工作站揭牌成立	固始电视台	5月16日
国家重点研发计划立项密集发布 16 专项经费 51 亿元	经济参考报	5月17日
专家对话国际发展合作：新时代援外工作要重视人才与金融	光明网	5月17日
超范围经营 外卖下一个严打区	北京商报	5月17日
过半北京在校大学生在控制饮食 不吃早餐比例占 10%	人民网	5月18日
新高考来了，高校招录政策变化几何	中国教育报	5月21日
我们去扶贫，但农民说想致富	“中国农业新闻”微信公众号	5月22日
昆虫基因组学：绿色防控的核心	中国科学报	5月23日
中国与世界携手消除贫困	人民网	5月23日
扩大农产品进口 满足多元消费需求——聚焦扩大开放系列述评之九	新华社	5月23日
中国农业大学农学院李自超/张洪亮团队解析水稻抽穗期与产量三要素相关性遗传基础	“植物科学前沿”微信公众号	5月24日

续表

标题	媒体	时间
全国无党派人士考察团赴甘肃考察调研:聚焦产业扶贫 助力乡村振兴	中央电视台	5月24日
盐水泡菠萝真的能防止蜇嘴吗	中国科学报	5月25日
方便面是没营养的垃圾食品？这种想法得改变了	人民网	5月25日
研究生驻村当农业管家	北京日报	5月27日
以政治建设为统领,深入推进学校党建质量提升攻坚	教育部网站	5月28日
“双一流”农科联盟在京成立	中国教育报	5月29日
冷静看待这一轮农产品期市行情	中国经济网	5月29日
营养专家教你做一锅营养又美味的炒饭	人民网	5月29日
把思政课上到田间地头 产学研一体化带动农民增产增收	未来网	5月29日
北京以改革创新精神不断提升高校党建水平——党旗飘起来 党员站出来	中国教育报	5月30日
思政助发展 开门办党建——涉农高校党建质量提升攻坚采访纪实	中国农业新闻网	5月30日
姜沛民:建设中国特色世界一流大学的行动指南	光明日报	5月31日
打赢脱贫攻坚战需要三个“再聚焦”	光明日报	6月1日
韦伯艾利斯杯来到中国农大,如此近,那么远!	搜狐	6月3日
“洞见”中非交往一线的援外专家	农民日报	6月4日
思政助发展开门办党建——涉农高校党建质量提升攻坚采访纪实	农民日报	6月4日
心中有阳光,脚下有力量 让高校党建扎根在乡土大地	新华社	6月5日
教育奋进之笔“1+1”走进北京:改革深下去 党建活起来	中国教师报	6月6日
记者观察:中国进入“高考时间”	中央人民广播电台	6月7日
高校基层党建,打响质量提升攻坚战(教育奋进之笔)	人民日报	6月7日
专家畅谈“中非合作一线”	中国网	6月11日
如何在乡村振兴中助推妇女赋权与发展——“乡村振兴与妇女发展”学术研讨会之新视点	中国妇女报	6月12日
全国首个构树院士工作站揭牌仪式在然泉农业举行	央广网	6月14日
中国农大在基因组印记调控机制研究中取得重要进展	“植物科技前沿”微信公众号	6月15日
中央网信办等部门为何狠抓“网络扶贫”?	“网络传播杂志”微信公众号	6月15日
今后,名下有多少套房一查就知道	羊城晚报	6月19日

续表

标题	媒体	时间
“品牌农业”颜值越来越高	经济日报	6月19日
从肥胖“代言”到十大富营养食物之一 肥猪肉“逆袭”,也别急着大快朵颐	科技日报	6月19日
“‘一带一路’/南南合作农业教育科技创新联盟”在京成立	新华社	6月22日
中国农业大学:一流学科支撑优势专业	光明日报	6月22日
“‘一带一路’/南南合作农业教育科技创新联盟”成立	中国教育电视台	6月22日
“‘一带一路’/南南合作农业教育科技创新联盟”成立	中国教育报	6月23日
农村产权制度改革行至中场 股份改革需防止少数人操控	经济观察报	6月23日
破解人类共同挑战的“金钥匙”——中国扶贫启迪世界	中国网	6月24日
百名扶贫“巾帼”进农大 分享创业经验 共话脱贫攻坚	央广网	6月30日
新专业 心选择:农业情 数据梦 未来路	中国教育电视台	7月1日
给耕地“减压” 给粮仓“加油”——东北黑土地保护利用试点项目综述	农民日报	7月3日
对接城市消费 助力农户脱贫——对中国农业大学探索“小农扶贫”模式的调研	人民日报	7月4日
中国发展研究基金会秘书长卢迈:扶持儿童发展 从根源上阻断贫困的代际传递	每经网	7月4日
陈孟杰与他的“池海湿地”—— 一个中国农业大学毕业生的返乡创业路	重庆日报	7月4日
中阿农业科技创新中心揭牌	外交部网站	7月5日
专家:未来扶贫策略应转向“防贫”和“助贫”	中青在线	7月5日
绝对贫困消除之后,学者称要解决贫困的代际传递问题	第一财经 App	7月5日
引导青年学生投身乡村振兴 全国大学生乡村振兴夏令营在中国农大开营	中国科技网	7月7日
老骥千里犹奋蹄	中国教育报	7月7日
激励青年投身乡村振兴事业 2018年全国大学生乡村振兴夏令营开营	中国社会科学网	7月8日
科学精神容不得急功近利	经济日报	7月10日
“2018-坦桑尼亚现代农业技术推广与转化机制海外培训班”项目在坦隆重开幕	非洲华侨周报微信公众号	7月11日
【实践探索】川中社区大学:从实验到经验	人民政协报	7月11日
【记者手记】道路曲折 光明可期	人民政协报	7月11日
张福锁:推广“科技小院” 实现农业绿色增产增效	新华网	7月12日

续表

标题	媒体	时间
2018智慧农业创新发展国际研讨会召开 专家热议数字农业	新华网	7月13日
“小麦科学家”蔡旭学术成长资料采集项目在京启动	新华社	7月14日
中国农业大学贺岩教授课题组在玉米减数分裂研究中取得新进展	“植物科学最前沿”微信公众号	7月16日
叶敬忠:乡村振兴不是乡村过度产业化	北京日报	7月16日
中国综合农业技术走进坦桑	农民日报	7月17日
圆桌对话:创新发展促品质升级 中国乳业全面振兴	中国经济网	7月17日
中国农业大学公布各省第一志愿最低录取分数线	人民网	7月18日
乡村振兴中的青春实践	中国科学报	7月18日
汪洋出席统一战线参与毕节试验区建设座谈会	中央电视台	7月19日
面对网络原住民,家校何为	光明日报	7月19日
全国大学生乡村振兴夏令营 鼓励青年学子心系乡土	中国县域经济报	7月22日
[北京您早]大学生捎书信使出发 给图书插上爱心的“翅膀”	北京卫视	7月22日
中国农业大学成立农业绿色发展学院	新京报	7月22日
武维华:发挥科技优势 助推毕节发展	光明日报	7月26日
孙其信:自觉担当政治责任 助力决胜脱贫攻坚	光明日报	7月26日
中国农业大学内蒙古黄河河套教授工作站举行启动仪	人民网	7月31日
孙庆忠:守望乡土	中国慈善家	8月1日
孙其信:涉农高校该为乡村振兴做些什么	光明日报	8月2日
姜沛民:把立德树人内化到大学建设各环节	人民日报	8月2日
重视留守妇女在乡村振兴中的正向价值	中国社会报	8月3日
中国农大:以一流专业建设为基培养人才	中国教育报	8月4日
吴常信院士:培育抗病家畜是长久课题	科技日报	8月6日
中国农业大学圆明园研究院成立 研究圆明园水环境、园林景观	北京青年报	8月8日
柯炳生:以创新推动乡村振兴	农民日报	8月9日
High unemployment rate dims future of Malawian college graduates	CGTN	8月11日
加油向未来	中央电视台	8月11日
拯救可能被手机游戏废掉的孩子们	光明日报	8月13日
中非合作论坛——减贫与发展会议在北京举行	中国网	8月14日
“一带一路”助力中非减贫合作	国际在线	8月15日
彰显新时代知识分子的奋斗精神	中国社会科学报	8月17日

续表

标题	媒体	时间
中国农业大学校长孙其信出席中非合作论坛	未来网	8月17日
“赛佰特杯”大学生智能互联创新应用决赛举行	中国教育报	8月20日
中农大企业家校友会茶业分会 走进北京马连道	中华合作时报	8月21日
[北京您早]大学生智能互联创新应用设计大赛 北京高校斩获四个一等奖	北京卫视	8月23日
《中国奶业质量报告(2018)》显示——国产奶品质不亚于进口奶	经济日报	8月23日
China-Africa farm cooperation to provide potential import source amid trade row with US	Global Times	8月23日
潜力挑战 机会共赢——记“中国能为非洲农业发展提供什么”研讨会	国际援助官微微信公众号	8月24日
《非洲农业发展潜力及中非农业合作建议报告》在京发布	中国网	8月25日
李小云:脱贫摘帽重在不返贫	人民日报	8月26日
中国农大新生报到惊喜多“寒门学子”可申请缓交学费	北京日报	8月27日
农大“爱心大礼包”增共享单车季卡	法制晚报	8月27日
同名同专业又被分到同一个宿舍	北京晚报	8月27日
中国农业大学27日开学	新京报网	8月27日
动物源食品安全重大,如何把好安全“入口关”	中国科学报	8月27日
Youth Leadership Program in Belt and Road / South——South Agricultural Cooperation Launched in Beijing	联合国南南合作办公室	8月27日
农大迎新“新意”多 有缘兄弟开启奇妙大学之旅	“北京考试报”微信公众号	8月28日
“青年服务国家”·捎书信使:与孩子们一起夸家乡	北京卫视	8月28日
非洲农业发展青年领袖项目正式启动	腾讯网	8月28日
发挥农技专家优势助力中非农业合作	农民日报	8月28日
非洲农业发展潜力及中非农业合作建议报告发布——中非农业互补性强合作潜力大	农民日报	8月29日
“非洲农业现代化要靠自己”	中国科学报	8月29日
中国经验助非洲农民减贫增收	新华社客户端	8月30日
中国农业大学扎实推进课程育人	教育部网站	8月31日
我国全面推广低蛋白质日粮饲料技术	经济日报	8月31日
“真实亲诚”照亮中非合作之路	人民日报海外版	8月31日
中国投资非洲九成是民企 私营企业在中非合作中发挥重要作用	中国日报网	8月31日

续表

标题	媒体	时间
南南农业合作学院发起首届“南南合作/‘一带一路’——非洲农业发展青年领袖培养项目”	农民日报	9月1日
夯实民族复兴的人才之基——党的十八大以来全国教育系统推进立德树人工作纪实	光明日报	9月4日
2018 中非合作论坛北京峰会 中非合作吹响新号角	中国青年报	9月4日
非洲青年领袖青睐沈阳远大农业	农民日报	9月4日
中非青年为中非减贫事业建言献策	农民日报	9月4日
看沧桑巨变 中国农业大学实验站扎根曲周 45 年	人民日报客户端	9月4日
志愿者服务峰会,不断刷新岗位纪录之最!	北京青年微信公众号	9月4日
记者手记丨中国农民的农活技术,如何改变非洲的玉米田	财新网	9月4日
唐丽霞:如何理解中国的对外援助	澎湃新闻	9月5日
助非洲基本实现粮食安全 中国将实施 50 个农业援助项目	21 世纪经济报道	9月5日
Experts helping to boost corn yields in Tanzanian villages	China Daily	9月5日
吃粗粮别选黏玉米 应选荞麦、燕麦、青稞等	生命时报	9月5日
发挥专业优势让金融扶贫见实效可持续	新华社	9月5日
中国农业大学“开学第一课” 校长孙其信勉励新生求知树人	中国青年网	9月6日
中国农业大学张福锁任第七届教育部科学技术委员会副主任	中国网	9月6日
“中国经验”在非洲这片热土上“开花结果”	中国科学报	9月6日
财经时评丨从 600 亿美元对非援助的舆论之争,看中国崛起走向世界还缺什么?	财经时报	9月6日
[北京您早]青年服务国家 阅读“益”起来梦圆武川县	北京卫视	9月6日
台阶上的“答疑课”	光明日报	9月7日
“科技小院”:创新教学科研 滋养“‘三农’情怀”	新华社	9月7日
“00 后”迈入大学时代 各高校校长寄语 2018 级新生	央广网	9月8日
瞄准供应链 方便食品强势进军餐饮业	中国经济网	9月8日
中国农业大学校长孙其信寄语 2018 级本科生:养成健全人格 担当公民责任	人民网	9月9日
中国农业大学校长孙其信寄语 2018 级研究生:勇做新时代创新排头兵	人民网	9月9日
龚元石:中国农业大学四方面助力新时期东盟+3 合作	中国网	9月10日
田志宏、潘彪:扩大中非农业贸易 助推双边互利共赢	中国贸易报	9月11日

续表

标题	媒体	时间
中国专家在坦桑尼亚教农民种地:将中国小农经验与当地发展水平结合	观察者网	9月12日
中国教授在坦桑尼亚教农民种地	环球时报	9月12日
李保明:新常态下蛋鸡行业发展转型升级迫在眉睫	和讯网	9月12日
谱写新时代"三农"发展新篇章	中国社会科学报	9月12日
习近平总书记在全国教育大会上的重要讲话引起热烈反响——全力推动新时代教育工作迈上新台阶	人民日报	9月12日
把培养社会主义建设者和接班人作为根本任务——广大教育工作者热议习近平总书记在全国教育大会上的重要讲话	光明日报	9月12日
为加快实现教育现代化作出新贡献——习近平总书记在全国教育大会上的重要讲话在高校引发强烈反响	中国教育报	9月12日
习近平总书记重要讲话引发热议 16位大学书记校长这样说	人民网	9月12日
中国农业大学扎实推进建设高水平本科教育	教育部网站	9月13日
大蒜炝锅致癌？专家:不能闻癌色变	新华网	9月14日
UN official commends Chinese university for role in South—South Cooperation in Agriculture	XinhuaNet	9月15日
康绍忠:心系"三农"将科研成果写在大地上	央视网	9月16日
"三农问题"的概念界定并不明确	北京日报	9月17日
中国农业大学与联合国南南合作办公室共同发布 南南合作特别报告	联合国南南合作办公室	9月17日
总局教你看懂月饼上的标签	北京青年报	9月19日
32所高校志愿者建功中非合作论坛北京峰会(第二辑)	"志愿北京"微信公众号	9月19日
"各显神通"写出助力脱贫"生花笔"——各高校推进定点扶贫对口支援工作综述之一	教育部网站	9月21日
"绣花功夫"织出精准扶贫"教育锦"——各高校推进定点扶贫和对口支援工作综述之二	教育部网站	9月21日
姜沛民:努力实现新时代教育的新作为	光明日报	9月22日
《财富剧场》本期关注 北京市志愿者公益助残服务	北京卫视	9月23日
一条中秋祝福引来的中国援非女教授的月下独白	"财经时报 BT"今日头条号	9月24日
我国葡萄酒市场出现恢复性增长	新华社	9月24日
稳定脱贫的制度设计和路径选择	光明日报	9月25日
以确定的价值观面对不确定的未来	光明日报	9月28日

续表

标题	媒体	时间
弘扬工匠精神 潜心立德树人 “2018年北京市师德榜样风采展示”活动举行	人民网	9月29日
2018年师德榜样风采展示 中国农业大学吴常信	人民网	9月29日
“新时代高校思想政治理论课教学理念创新与实践探索”学术研讨会成功举办	光明网	9月30日
“新时代高校思想政治理论课教学理念创新与实践探索”研讨会举办	中国教育新闻网	9月30日
菊花文化科普展开展 延庆大手笔描绘世园大格“菊”	人民网	9月30日
均龄32岁:青春的风采——记北大荒建三江国家农业科技园区研发中心团队	黑龙江日报	10月2日
华中农业大学120周年校庆 全球校友重回母校	荆楚网	10月2日
葛长银:“9月工资在10月发放”适用于个税新政吗?	中国新闻网	10月6日
团中央:完善学生代表大会制度	北京青年报	10月8日
中国农业大学出台一系列政策引导专业课教师挖掘学科思政教育元素——让“坚硬”的专业课“柔软”起来	中国教育报	10月9日
95名国家青年英才集中研修,接力爱国奋斗火种——选择了远方,便只顾风雨兼程	中国组织人事报	10月10日
共生固氮:根瘤菌的“精准扶贫”	中国科学报	10月10日
时间用一年,荒地变良田	中国科学报	10月10日
预防多种疾病? 咱们自己的益生菌也做到了	北京青年报	10月10日
叶敬忠:钢笔都去了哪里	光明日报	10月11日
农业智慧转型期待高端人才	中国教育新闻网	10月15日
中国农业大学精准扶贫精准脱贫典型项目——党建扶贫“1234培养“一懂两爱”农业队伍	教育部网站	10月15日
国际社会赞赏中国减贫成就	中央电视台	10月17日
[新闻周刊]本周视点 留守的“养”与“育”	中央电视台	10月20日
中国农大农业绿色发展示范区启动	中国教育报	10月22日
中国农业大学首个农业绿色发展示范区在曲周启动	中国科技网	10月22日
不毛之地变身良田——中国农业大学盐碱地改良示范基地见闻	农民日报	10月22日
农业科研跳出“一亩三分地”	经济日报	10月23日
“大学心脏”图书馆:该如何摆脱“贫血”	中国科学报	10月23日
2018年大循环:农业水土有机污染防治技术研讨	中新网	10月23日
农村基建启幕规模或超四万亿 多部门加快酝酿施工图	新华网	10月23日

续表

标题	媒体	时间
草种对生态修复作用大 依赖进口局面亟待改变	中国科学网	10月23日
千年盐碱滩上的“温饱试验”——中国农大一场接力45年的“赶考”记(上)	中国教育报	10月23日
千年盐碱滩上的“小康试验”——中国农大一场接力45年的“赶考”记(下)	中国教育报	10月24日
生产实践是最好的磨刀石	中国教育报	10月24日
中国农业大学副校长王涛出席人民网2018大学校长论坛	人民网	10月25日
孩子们戴上VR眼镜体验，了解“舌尖上的安全”	扬子晚报网	10月25日
写好快特高的“双一流”建设新篇章——“双一流”建设现场推进会观察	中国教育报	10月26日
中国农大首个农业绿色发展示范区河北启动	中国教育电视台	10月26日
[聚焦三农]创新科学技术平台助力农业绿色发展	中央电视台	10月26日
[聚焦三农]中国农业大学启动首个农业绿色发展示范区	中央电视台	10月26日
陆继霞、李小云：美国的非洲战略，心思歪了	环球时报	10月26日
中国的发展给世界带来什么?	光明网	10月27日
儿童食品“低盐”陷阱 你能过几关?	北京晚报	10月30日
高峰对话：中国的发展给世界带来什么?	财经时报	10月31日
热点关注 大学生求双十一宿舍不断网 这个要求合理吗?	中国教育电视台	11月1日
中国农业大学工学院毕多特机器人团队获2018中国农业机器人大赛特等奖	中国科学报	11月6日
中阿农业科技创新中心举办园艺蔬菜培训班	中国驻阿尔巴尼亚大使馆	11月6日
中国农业大学：打造乡村振兴“样板间”	中国科学报	11月6日
中国乡村振兴战略高峰论坛长沙举行	中国经济网	11月6日
12万首都大中专学生参与社会实践	中国经济网	11月7日
200支首都大中专学生暑期社会实践团队受表彰	千龙网	11月8日
“三农”传播高端论坛聚焦乡村振兴战略 学者与记者热议“三农”传播的新机遇与新挑战	人民网	11月11日
第二届“三农”传播高端论坛在京举行	中国社会科学网	11月11日
第二届“三农”传播高端论坛在京举行	农民日报	11月12日
聚焦乡村振兴政策话语与国家传播 第二届“三农”传播论坛在中国农大举办	中国教育新闻网	11月12日
国家重点研发计划经费分配图谱明晰	经济参考报	11月12日

续表

标题	媒体	时间
中国共产党"三农"思想与实践研讨会在农大举行	北青网	11月12日
院士携作家赠书 河北郭家屯中学举办一堂"励志课"	中新网	11月12日
坚决打赢脱贫攻坚战让特色产业覆盖每个贫困户——易县探索产业精准扶贫路径	河北日报	11月14日
这项新规出台,中国援外顶层设计思路更清晰	海外网	11月15日
专家齐聚"一带一路"乡村振兴国际论坛共论中国与南亚东南亚乡村的现状和未来	云南网	11月15日
细胞合成褪黑素 产出仔猪量多质好	中国科学报	11月16日
孙庆忠:让乡村教育回归乡土	中国教育报	11月20日
京东农牧正式发布 京东数字科技用机器人推动养猪业数字化	北青网	11月20日
国家大爱为经济困难学生撑起"全覆盖"大伞	中国青年报	11月22日
走进中以国际农业研究培训中心	环球网	11月23日
《高三这一年》受家长热捧 讲述焦虑的另类化解方法	中新网	11月25日
培养担当民族复兴大任的时代新人——人民网"2018大学校长论坛"发言摘编	人民日报	11月29日
14名中国大陆科学家当选发展中国家科学院院士	中国教育报	11月29日
张福锁院士忆高考:走出塬上 立地顶天	中国科学报	12月7日
叶敬忠:照料负担已成为留守妇女面临的最大难题	中新网	12月13日
中国对外援助总额接近美国,真的吗? 权威解读李小云来了	文汇网	12月14日
改革开放40年|高振江:走科技助农之路	九三学社中央网站	12月16日
李德发精准营养院士工作站在江门蓬江揭牌	金羊网	12月17日
改革开放四十年心系祖国共前行——本市各民主党派、无党派人士助力首都发展	北京日报	12月20日
杜占元任中国外文局局长	新华网	12月27日
任洪斌履新国资委副主任 卸任国机集团党委书记、董事长	人民网	12月29日

2018 年大事记

1 月

3 日，学校召开 2018 年工程教育专业认证工作动员暨专家报告会，车辆工程、农业水利工程、水利水电工程、电气工程及其自动化 4 个专业接受工程专业认证。

5 日，农学院小麦研究中心在《植物细胞》发表小麦多倍体研究新成果。

5 日，学校省部级社科研究基地实现零突破，北京食品安全战略与政策研究基地揭牌。

5 日，学校与云南省人民政府签署战略合作协议。

6 日，学校首个乡村振兴合作示范基地落户河边村。

8 日，学校荣获 6 项国家科技奖励大奖，其中工学院彭彦昆教授项目成果获得 2017 年度国家技术发明奖二等奖，水利与土木工程学院王福军教授项目成果获得 2017 年度国家科学技术进步奖二等奖。

9 日，农学院田丰教授课题组在玉米适应性分子机制方面取得重要进展。

10 日，副校长龚元石会见土耳其共和国食品、农业和畜牧部副部长 Mehmet Danis。

13 日，党委书记姜沛民、副校长李召虎会见邯郸市委副书记、市政府市长王立彤、副市长徐付军，并就校地合作 45 年来邯郸市委市政府的支持表达感谢。

14 日，中国高校种业科技创新战略联盟启动会暨一届一次会议举行，学校发起成立中国高校种业科技创新战略联盟。

14 日，九三学社中国农业大学委员会举行 2017 年度总结暨表彰大会。

17 日，“牛精英计划”入选高校创新型人才国际合作培养项目。

18 日，学校举行民盟中国农业大学组织成立 65 周年纪念大会。

18 日，第十届大北农科技奖颁奖揭晓学校 3 项成果获奖励。

19 日，学校召开 2017 年度二级党组织书记抓基层党建工作述职评议考核会。

22 日，副校长李召虎会见北京市科委副巡视员张虹，平谷区常委、副区长杨东起，洽谈合作事宜。

24 日，学校党委召开第八次全委会，审议 2017 年党委工作报告。

27 日，学校北京校友会举行“凝聚 分享 融合 共进”主题的第三届新春嘉年华活动。

28 日，学校牵头，中国农业大学、西北农林科技大学、南京农业大学、华中农业大学 4 所高校首次开创联合招生宣传新模式，拉开 2018 年招生宣传帷幕。

30 日，学校召开 2017 年度校领导班子民主生活会。

31 日，校长孙其信应邀访问泰国农业大学，出席“高等教育与时代变革”国际大学校长论坛，并代表学校与泰国农业大学签署“中泰农业食品科技合作研究中心”合作框架协议。

是月，学校 7 门本科在线课程入选“国家精品在线开放课程”。

是月，学校开展人才引进、晋升聘任工作。

是月，学校获北京高校党建和思政工作优秀成果奖。

是月，学校青年教师 9 项社会调研成果获市教工委表彰。

是月，学校入选首批北京市深化创新创业教育改革示范高校。

是月，人文与发展学院左停教授两份政策咨询报告获李克强、汪洋批示。

是月，校领导代表学校分别看望慰问老领导、院士及教师代表。

是月，学校获北京高校党建和思政工作优秀成果奖。

2 月

4 日，中国工程院院士、资源与环境学院教授张福锁首个工作站落户曲周。

5 日，曲周县举行“中国农大师生村村宣讲十九大·农技培训全覆盖”实践活动总结会。

5 日，党委书记姜沛民在邯郸市会见市委书记高宏志，就市校合作事宜与邯郸市领导进行座谈交流。

7 日，在老校长、书画院院长江树人的带领下，学校书画院老教授们为河北省固安县温泉园区纪家营村村民书春送福。

8 日，北京市委教育工委副书记、市政府教育督导室主任唐立军一行来校看望慰问假期留校同学，与学校党委书记姜沛民、副书记宁秋娅一道，和寒假留校学生座谈。

9 日，学校两项目获评北京高校学习宣传贯彻党的十九大精神优秀项目。

11 日，云南省勐腊县河边村全体村民致信学校：祝全体师生员工春节愉快。

是月，学校领导看望慰问离退休校领导，走访慰问两院院士，表达节日问候和新年祝福。

是月，学校党委书记姜沛民、校长孙其信看望部分生活困难、罹患疾病的教职工和离退休老同志，表达学校的关心问候和新春祝福。

是月，学校 3 项成果获 2017 年度教育部高等学校科学研究优秀成果奖（科学技术）奖励。

3 月

1 日，学校设立分会场参加 2018 年教育系统全面从严治党工作视频会议。

1 日，学校设立分会场参加全国学校安全工作电视电话会议。

2 日，学校召开 2018 年度工作会议，部署年度重点工作。

2 日，学校举行 2017 年度学校领导班子和成员考核工作会。

3 日，武维华院士、孙其信教授、韩鲁佳教授参加全国“两会”。

5 日，学校教授、校友有 18 人当选十三届全国人大代表，同时有 20 位农大人当选十三届全国政协委员。

6 日，学校新一轮中德项目通过德国科学基金会专家评审。

7 日，国际顶级学术刊物《自然》（*Nature*）在线发表资源与环境学院崔振岭教授、张福锁院士团队新成果。

8 日，学校启动 2018 年硕士研究生招生复试录取工作。

9 日，张福锁院士荣获世界农业领域排名第一的荷兰瓦赫宁根大学百年历史上第一位中国籍荣誉博士。

14 日，国家外国专家局副局长周长奎带队一行 6 人到学校专题调研指导。

15 日，学校临床医学（Clinical Medicine）领域进入 ESI 世界前 1%，至此，学校进入 ESI 世界前 1%的学科数已达 11 个。

16 日，海淀区委常委、区委办公室主任高念东带队来校调研，交流区校合作。

16 日，党委书记姜沛民、副校长李召虎会见深圳市金新农饲料股份有限公司董事长陈俊海，洽谈校企合作事宜。

17 日，中国科学院院士、生物学院教授武维华当选为第十三届全国人大常委会副委员长。

18 日，校长孙其信当选为第十三届全国人民代表大会常务委员会委员。

18 日，校长孙其信召集召开我国农业科技改革创新专题调研座谈会。

19 日，学校举办 2018 年饲料畜牧产业“一带一路”国际合作论坛。

22 日，校长孙其信率团访问坦桑尼亚，在莫罗戈罗省姆泰格瓦辛巴村启动了学校中坦“千户万亩玉米增产示范工程”。

22 日，校长孙其信参加了由南南农业合作学院、人文与发展学院主办的“中坦农业合作与减贫”田间高端论坛。

22 日，学校第一个非洲校友会在坦桑尼亚莫罗戈罗省成立。

23 日，校长孙其信访问坦桑尼亚的苏库因大学，双方签署了合作协议，并为两校合作中心揭牌。

23 日，学校启动 2018 年博士研究生招生复核录取工作。

24 日，张福锁院士团队《自然》新成果引广泛关注。

26 日，北京市委常委、统战部部长齐静来校调研，并与学校民主党派和无党派人士代表交流座谈。

是月，学校 8 位专家入选第三批国家“万人计划”。

是月，全国人大代表、校长孙其信在“两会”中建言：人才短缺是乡村发展的最大制约。

是月，全国人大代表九三学社中央主席、生物学院教授武维华等回答记者提问：一大批九三学社中青年科学家在科技前沿领域奋发有为。

是月，全国政协委员、工学院院长韩鲁佳在“两会”的提案：乡村振兴需要人才支撑。

是月，生物学院杨淑华教授荣获“2018 年度北京市三八红旗奖章称号”。

是月，学校获批北京高校思想政治理论课教改示范点。

是月，学校荣获“第五届首都大学生思想政治工作实效奖特等奖”。

是月，学校党建课题成果获评北京高校党建研究会 2017 年度优秀。

是月，小麦研究中心在小麦小分子 RNA 调控籽粒发芽势和穗发芽分子机制中取得重要进展。

是月，学校再获“优秀单位案例典型”全国资助工作表彰。

是月，植物生理生化重点实验室在揭示磷稳态调控的分子机制中取得重要进展。

4 月

2 日，教育部离退休干部局党委书记一行来校调研离退休工作。

3 日，学校设分会场参加 2018 年全国大学生征兵工作网络视频会。

4 日，学校启动处级干部学习贯彻习近平新时代中国特色社会主义思想和党的十九大精神集中培训。

4 日，首农集团副总经理常毅、中信现代农业投资股份有限公司总经理毛长青一行来校访问，校企双方就战略合作事宜进行商谈。

4 日，学校与北京市平谷区在平谷区政府签署战略合作协议，中国农业大学国家农业科技创新港揭牌。

10 日，学校与江苏省兴化市在该经济开发区成立“中国农业大学（兴化）健康食品产业研究院”。

12 日，怀柔区委常委、组织部部长、统战部部长迟行刚带队来校调研交流区校统战合作工作，校党委副书记、副校长张东军会见。

12 日，荷兰瓦赫宁根大学校长亚瑟摩尔率团访问学校，并出席了中国农业大学“瓦赫宁根大学百年全球百树”植树活动，双方共同种植了该校“百年校庆、全球百树”活动的全球第一棵树。

16 日，学校与华夏幸福基业股份有限公司签署战略合作框架协议。

17 日，电影《厉害了，我的国》导演卫铁应邀做客学校名家论坛，以“做新时代有梦想的奋斗者”为主题分享了影片幕前幕后的故事。

18 日，美国农业部前副部长、学校名誉教授任筑山博士来校访问，校长孙其信、副校长龚元石会见了任筑山博士。

20 日，学校举行 2018 年春季田径运动会。

23 日，红旗出版社赠书暨“稼穑书香”启动仪式举行。

23 日，北京康普森生物技术有限公司捐赠签约仪式在动科学院举行，该公司捐赠 400 万元支持学校学科建设与人才培养。

23 日，校长孙其信与英国洛桑研究所所长阿齐姆 · 多伯尔曼（Achim Dobermann）代表双方签署了合作框架协议。

24日，农业绿色发展国际研讨会在金码国际会议中心举行，百余位国内外学者研讨农业绿色发展。

25日，2018年“青年服务国家”暑期社会实践“乡村振兴 青年作为”阳光使者专项活动在学校启动。

25日，北京市农委副主任马荣才一行来校洽谈合作。

26日，学校技术转移中心被授予首批中关村示范区高校技术转移办公室，并获得100万元的经费支持。

26日，党委书记姜沛民、党委副书记副校长张东军率队前往云南省临沧市镇康县调研考察定点扶贫工作，并看望在镇康工作的支教学生和挂职干部。

28日，学校与中国化工集团签署战略合作协议。

30日，央视2018“五月的鲜花”全国大中学生文艺汇演在学校体育馆完成录制。

是月，学校协办第15届世界马医大会。

是月，学校成首批学位授权自主审核单位，新闻传播学获得硕士学位一级学科授权。

5月

3日，学校5个团队入选北京高校师生服务首都“双百行动计划”。

3日，新疆科技厅副厅长高旺盛带队来校商谈科技合作。

3日，新西兰梅西大学副校长雷蒙德·格尔来校访问，商讨校际合作事宜。

4日，党委书记姜沛民与青年学生座谈青春、奋斗和梦想。

9日，云南省政协副主席、科技厅厅长徐彬一行来校调研、交流座谈。

17日，首个“北京科技小院”在密云区正式挂牌启动。

17日，教育部高教司副巡视员宋毅一行来校调研在线教育工作情况。

18日，南京农业大学党委书记陈利根带队来校访问，双方就进一步加强两校的合作与交流进行座谈。

23日，2018年度全国高校创新创业总结宣传工作专家调研组来校进行实地调研。

23日，“首都百万师生同上一堂课活动”启动，党委书记姜沛民出席，并和部分教师一起听取首场报告。

24日，校长孙其信出席首届中国科技智库论坛并作主题报告。

25日，校长孙其信会见来访的海南省副省长王路一行，双方就教育合作进行了交流。

25日，学校校友、中国工程院院士朱有勇做客名家论坛，向学校师生分享了《一个“农民教授”的科研经历》。

28日，“双一流”农科联盟成立大会在学校金码国际会议中心举行。

30日，学校举行党政机关及附属单位负责人任期考核述职测评会。

30日，农业水利工程、水利水电工程两专业接受工程教育认证现场考查。

31日，学校党外代表人士学习党的十九大精神专题培训班举行开班仪式。

31日，校长孙其信出席“新时期的南南合作”国际研讨会。

31 日，学校与联合国南南合作办公室签署合作谅解备忘录。

31 日，新希望集团董事长刘永好带队来校访问，商讨企校合作事宜。

31 日，校长孙其信会见来访的甘肃省定西市渭源县委书记吉秀一行。

31 日，党委书记姜沛民在《光明日报》发表题为《建设中国特色世界一流大学的行动指南》的署名文章。

是月，新闻传播学获得硕士学位一级学科授权。

是月，学校首次获得北京市高教成果特等奖，学校申报成果获奖总数量创下历史新高。

6 月

1 日，世界杯巡展中国农大站巡展暨中农橄榄球嘉年华在学校举行。

1 日，党委书记姜沛民会见来访的西藏自治区党委组织部副部长党静一行，双方就专招工作相关问题进行了商谈。

4 日，农学院朱作峰教授课题组在水稻功能基因组和进化研究新成果在《自然-植物》(*Nature Plants*)上发表。

6 日，学校开展本科教学工作审核预评估。

8 日，学校与北京市农委领导共同研讨农业科技创新中心建设。

9 日，美国内布拉斯加林肯大学校长鲁尼·格林率队来校访问，校长孙其信会见了代表团。

11 日，学校联合主办第 25 届世界猪病大会，校长孙其信出席并致辞。

11 日，科技部农村中心主任贾敬敦一行来校调研。

13 日，学校召开管理服务机构及直属机构处级干部换届动员大会。

19 日，学校举行优秀共产党员、优秀党务工作者、先进基层党组织评审答辩会。

20 日，学校模式动物表型与遗传研究(模式猪)设施初步设计通过教育部组织的评审。

20 日，学校与西北农林科技大学、福建农林大学共同发起成立“一带一路”茶产业科技创新联盟。

21 日，学校设分会场参加新时代全国高等学校本科教育工作会议。

22 日，党委书记姜沛民会见“一带一路”东欧国家院校领导。

22 日，学校发起成立“‘一带一路’/南南合作农业教育科技创新联盟”。

24 日，学校举行 2018 届本科生毕业典礼。

24 日，学校举行 2018 届研究生毕业典礼。

24 日，新疆农业大学党委书记黄建昆带队来校洽谈合作。

26 日，李德发院士主编的国际期刊 JASB 影响因子进入领域前 3 位。

27 日，学校离退休党委举行“不忘初心、牢记使命”主题党日联欢会。

是月，食品科学与工程学位授权点接受国际评估。

7月

3日，党委书记姜沛民出席第三届丝绸之路农业教育科技合作论坛。

5日，党委书记姜沛民出席学校首个东欧"一带一路"合作中心成立大会。

5日，教育部财务司来学校专题调研预算执行工作。

6日，学校举办第十一届青年教师教学基本功比赛，青年教师曹志军、高健、马晓栋、朱蕾获一等奖。

6日，党委书记姜沛民会见阿尔巴尼亚农业部长和我国驻阿大使。

7日，学校参与主办生态文明贵阳国际论坛2018年年会高峰会议，常务副校长李召虎代表学校参加论坛。

8日，党委书记姜沛民为学校罗马尼亚"一带一路"农业科技中心揭牌。

13日，山东省副省长于杰带队来校访问，推进烟台研究院建设与发展等省校合作事宜。

14日，《蔡旭纪念文集》赠书仪式暨蔡旭院士学术成长资料采集工程项目启动仪式举行。

17日，党委书记姜沛民、校长孙其信视察本科招生远程录取现场，对招生工作提出新要求。

17日，张福锁院士被英国兰卡斯特大学授予荣誉博士学位。

18日，学校与北京工商大学，北京农学院签约开展学科共建工作。

18日，中国农业大学有机循环研究院(苏州)揭牌成立。

19日，海峡两岸(北京)体育交流运动会橄榄球赛开赛式在学校举行。

19日，中国科学院院士武维华，校长孙其信参加汪洋出席的统一战线参与毕节试验区建设座谈会，《光明日报》刊登武维华、孙其信在座谈会上的发言。

22日，学校举行"国家农业绿色发展研究院暨农业绿色发展学院成立大会"。

23日，沈建忠院士课题组在泛耐药基因传播及风险的关联研究的最新进展在 *Nature Microbiology* 上在线发表。

25日，副校长龚元石会见罗马尼亚布加勒斯特农业与兽医大学代表团。

26日，"内蒙古黄河河套教授工作站"及"河套灌区农业高效用水与生态环境试验示范基地"启动仪式在内蒙古巴彦淖尔市顺利举行。

27日，党委常务副书记张东军、副书记钱学军会见安徽农大党委书记江春一行。

28日，党委理论学习中心组专题学习习近平总书记关于实施乡村振兴战略的重要指示和《乡村振兴战略规划(2018—2022年)》。

30日，赖锦盛教授课题组在玉米基因组学方向的最新研究进展在国际著名期刊 *Nature Genetics* 上在线发表。

是月，玉米全基因组水平可变剪接调控研究成果在 *The Plant Cell* 上发表。

是月，畜牧学学位授权点接受国际评估。

是月，植物保护学一级学科学位授权点接受国际评估。

是月，学校喜获2018年度全国创新创业典型经验高校50强。

8 月

1 日，党委书记姜沛民应邀出席河北省选调生工作座谈会并看望在冀工作选调生代表。

2 日，校长孙其信在《光明日报》发表题为《涉农高校该为乡村振兴做些什么》的署名文章。

2 日，党委书记姜沛民在《人民日报》发表题为《把立德树人内化到大学建设各环节》的署名文章。

4 日，2018 年国际动物健康及抗病遗传育种研讨会(AHIDR 2018)在校召开。

4 日，《中国教育报》在头版刊登报道学校新一轮本科教育改革成果。

8 日，学校与圆明园管理处共建“中国农业大学——圆明园研究院”。

13 日，校友、美国佛罗里达大学兽医学院教授谢慧胜博士向动医学院教育发展基金捐赠 100 万元人民币。

14 日，校长孙其信出席中非合作论坛——减贫与发展会议。

27 日，学校党委书记姜沛民、校长孙其信看望新同学，并慰问工作人员及志愿者。

27 日，联合国南南合作办公室报道学校南南农业合作学院(CISSCA)、联合国南南合作办公室(UNOSSC)，联合发起的“非洲农业发展青年领袖培养项目”。

31 日，《中国科学报》报道沈建忠院士团队在动物源食品安全方面的成果。

31 日，《经济日报》报道动科学院主导研发的低蛋白质日粮饲料技术。

31 日，教育部网站报道学校课程育人成绩。

是月，李天忠教授课题组在苹果斑点落叶病抗性机制的最新研究在国际顶级植物期刊 *The Plant Cell* 上在线发表。

是月，刘国世教授团队在褪黑素调控自噬与炎症的最新研究在国际知名期刊 *Autophagy* 上在线发表。

是月，学校田径队在中国高等农业院校第九届大学生运动会中斩获 2 金 3 银 1 铜。

是月，校领导班子召开暑期务虚会。

是月，动物科学技术学院学子摘得第三届全国农林高校“牛精英挑战赛”两项桂冠。

是月，工学院学子在美国 ASABE 机器人大赛中囊括两个组别的第 1 名。

是月，食品科学与营养工程学院学子荣获“首届全国大学生食品工程虚拟仿真大赛(全国总决赛)”特等奖。

9 月

3 日，马克思主义学院院长张晖荣获“高校思政理论课教师 2017 年度影响力人物”称号。

5 日，《中国科学报》报道中国工程院院士、动物医学院院长沈建忠院士团队在动物源食品安全方面的成果。

5 日，学校举行 2018 级本科生和研究生开学典礼。

6 日，校长孙其信、常务副校长李召虎会见吉林梨树县委书记、县长。

7日,联合国南南合作办公室报道非洲农业发展青年领袖培训项目。

7日,新华社报道学校科技小院发展成果。

7日,党委书记姜沛民、校长孙其信与从事教育工作30年教职工代表座谈。

7日,资源与环境学院潘学标教授入选首届全国气象教学名师。

8日,校长孙其信带队参加第五届大同车河国际有机农业论坛。

8日,学校与山西大同市委市政府共商深化校地合作发展。

10日,校长孙其信会见塔里木大学党委书记赵光辉一行。

10日,党委书记姜沛民参加全国教育大会。

13日,教育部网站报道学校本科教育成果。

15日,校长孙其信在联合国主持学校南南合作特别报告发布会。

15日,校长孙其信赴特多西印度大学推进"一带一路"工作。

16日,央视网"中国梦实践者"栏目报道中国工程院院士、水利与土木工程学院教授康绍忠事迹。

17日,民盟先贤肖像巡回展在校文化艺术馆举行。

18日,园艺学一级学科研究生学位授权点接受国际专家的现场评估。

23日,学校通过"兽药临床试验质量管理规范"监督检查。

25日,人文与发展学院教授左停在《光明日报》发表题为《稳定脱贫的制度设计和路径选择》署名文章。

26日,党委书记姜沛民会见学校在基层工作的校友。

26日,车辆工程专业接受工程教育专业认证。

26日,学校设分会场参加教育系统学习贯彻全国教育大会精神视频会。

是月,吴常信等四名教师获"2018年北京市师德榜样(先锋)"表彰。

是月,叶敬忠教授团队探索"小农扶贫"模式政策建议获中央领导批示。

是月,*Current Biology* 杂志在线发表农学院田丰教授课题组玉米适应性分子机制研究新成果。

是月,中共广西壮族自治区委员会组织部向学校发来感谢信,希望继续深化多领域合作,引导和鼓励更多优秀毕业生到广西干事创业。

是月,动物科技学院教授连正兴工作室获批全国高校首批"双带头人"教师党支部书记工作室。

10月

2日,校长孙其信出席华中农业大学建校120周年纪念大会并致辞。

3日,校长孙其信出席"国际高等农业教育论坛暨中外大学校长论坛"并做主题报告。

5日,校长孙其信出席塔里木大学举行建校60周年庆祝大会并致辞。

9日,《中国教育报》报道学校课程育人成果。

12日,党委书记姜沛民、校长孙其信等参观庆祝改革开放40周年中国农业大学发展成就展。

13 日，民革党员、理学院应用数学系邓乃扬教授荣获“中国运筹学会科学技术奖终身成就奖”。

15 日，学校接受教育部本科教学工作审核评估专家组审核评估。

16 日，两院院士、资源与环境学院教授石元春先生主导的国家“六五”至“九五”期间的“黄淮海平原中低产地区综合治理”项目获颁“全国粮安之星”奖项。

17 日，中国工程院院士、资源与环境学院教授张福锁荣获全国脱贫攻坚奖。

19 日，“党建扶贫‘1234’培养‘一懂两爱’农业队伍”项目再次获评教育部第三届直属高校精准扶贫精准脱贫十大典型项目。

19 日，学校国家农业农村发展研究院荣获 2018 年中国智库咨政建言“国策奖”。

21 日，学校首个农业绿色发展示范区（曲周）启动仪式在河北曲周县举行。

21 日，全国人大常委会副委员长武维华视察曲周实验站。

24 日，《中国教育报》头版连续报道学校曲周实验站发展成就。

24 日，北京市教育工会主席张锦一行来校看望 2018 年北京市师德榜样、中国科学院院士吴常信先生。

25 日，校长孙其信出席“南南合作和国际发展合作洞见”高端论坛并致辞。

27 日，学校学子斩获 2018 中国农业机器人大赛特等奖。

29 日，中国建设银行北京市分行行长袁桂军带队来校访问。

29 日，大同市常务副市长薛明耀带队来校访问。

31 日，华中农业大学集体领导来校交流访问。

是月，学校 5 名教师入选科技部中青年科技创新领军人才。

是月，研究生教育成果荣获“中国学位与研究生教育学会研究生教育成果奖”特等奖。

是月，人文与发展学院院长叶敬忠教授撰写的政策建议被《人民日报内参》采用，获中央领导的重要批示。

是月，学校上榜 2018 年度人民网优秀校园新闻作品。

11 月

5 日，电气工程及其自动化专业接受工程教育专业认证考查。

8 日，学校党委巡察工作组正式启动校内巡察工作。

9 日，学校发起成立“国家肥料产业绿色发展科技创新联盟”。

14 日，资源与环境学院张卫峰教授荣获 2018 年度诺曼·博劳格奖。

19 日，学校与中国建设银行签署战略合作协议。

23 日，哈萨克斯坦农业部副部长伊萨耶娃一行来校访问。

26 日，学校艺术团出征 2018 年大学生音乐节荣获两金三银。

27 日，张福锁教授当选发展中国家科学院院士。

28 日，“中坦千户万亩玉米增产示范工程”成功入选博览会南南合作杰出实践案例。

29 日，校长孙其信带队赴西藏农牧学院参加学校对口支援西藏农牧学院 2018 年工作会议。

30 日，“服务‘三农’育英才·志愿人生第一课”项目荣获第四届中国青年志愿服务项目大赛银奖。

是月，学校三位教师荣获北京市教学名师、北京市青年教学名师奖。

是月，学校荣获全国大中专学生志愿者暑期“三下乡”社会实践活动优秀单位等多项称号。

是月，学校在新时代高校党建示范创建和质量创优工作审评中获佳绩。

12 月

1 日，学校举行国家玉米改良中心成立 20 周年学术研讨会暨农业农村部玉米生物学与遗传育种学科群学术交流会。

5 日，植物保护、园艺学两专业接受中俄联合国际认证。

7 日，巴西南大河联邦大学校长 Rui Vicente Oppermann 教授带队来校访问。

8 日，工学院在“东方红”杯第四届全国大学生智能农业装备创新大赛中荣获 2 项特等奖、3 项一等奖、4 项二等奖，同时获得大赛的优胜杯。

9 日，李小云教授当选行动者联盟 2018 公益盛典“年度十大公益人物”。

10 日，国务院扶贫办为学校致感谢信，对李小云教授及其团队为扶贫所做的努力表示感谢。

14 日，中国工程院院刊农业分刊《农业科学与工程前沿》工作交流会在学校举行。

20 日，学校召开第四届教职工暨工会会员代表大会第二次会议。

21 日，市委常委、教工委书记、副市长王宁，市委教工委常务副书记郑吉春一行来校调研。

24 日，人文与发展学院唐丽霞教授荣获“中国-联合国粮农组织南南合作特别突出贡献奖”。

25 日，食品科学与营养工程学院教授、国家果蔬加工工程技术研究中心副主任倪元颖获得中国专利金奖。

26 日，西藏农牧学院党委书记、副院长云丹加措带队来校访问，就推进对口支援工作进行交流。

27 日，学校隆重举办我国著名动物营养学家杨胜先生教书育人研讨会暨百年诞辰纪念活动。

27 日，学校举办第二届大禹青年学者论坛。

30 日，工学院隆重举行曾德超百年诞辰纪念暨学术研讨会。

30 日，学校召开中国农业大学草业科学与技术学院成立大会。